농촌지도사·농업연구사
작물생리학

서울고시각

**Stand by
Strategy
Satisfaction**

새로운 출제경향에 맞춘 수험서의 완벽서

머리말

작물생리학은 작물 체내에서 일어나는 여러 가지 생명현상을 체계적으로 연구하고 기술하는 학문이다. 늘 시간이 부족한 공무원 수험생에게는 결코 녹록치 않은 과목임에는 분명하다. 이러한 한계를 극복하기 위하여 「컨셉 작물생리학」은 농촌지도사 및 농업연구사 수험서로서 가장 최적화되어 있다.

본서의 구성은 다음과 같다.
1편은 작물의 구조와 작물이 양수분을 흡수하여 체내 물질을 전류시키는 식물생리 기초원리로 구성하였다.
2편은 작물생리에서 가장 중요하게 다뤄지는 작물의 광합성과 호흡작용과 그로 인해 생성된 탄수화물·단백질·지방·2차대사산물에 관한 물질대사로 구성하였다.
마지막 3편은 작물이 생장함에 따라 종자 생리·생장 생리·개화 생리에 대하여 구성하였고, 이러한 과정에서 체내 호르몬의 변화와 환경 스트레스에 대하여 작물이 반응하는 메커니즘을 기술하였다.
각 장의 끝부분은 신뢰도가 높은 출제예상문제와 기출문제를 실어 작물생리의 기본 개념을 정립할 수 있도록 하였으며 실전에 활용할 수 있는 유용한 문제들로 구성되어 있다.

전국 광역자치단체에서 매년 농촌지도사를 선발한다. 2021년 시행한 경북, 2022년 시행한 경기, 2020·2023년 시행한 서울시 농촌지도사 기출문제는 최근 작물생리학 문제 경향을 반영하는 바로미터이다.
컨셉 교재는 기존의 기출문제뿐만 아니라 최신 출제경향을 완벽하게 반영한 수험서라고 자부할 수 있다.

단언컨대, 해마다 출제되는 모든 작물생리학 문제는 「컨셉 작물생리학」을 크게 벗어날 수 없다. 컨셉 교재 1권으로 단권화하여 완벽하게 대비하자!
다른 과목 "컨셉" 시리즈와 동일하게 본서의 목적은 오직 객관식 공무원 시험에 최적화되어 있음을 재차 강조한다.

마지막으로 신자유주의 하에서 이루어지는 정치·경제·사회적 변화와 과학기술의 빠른 진전은 그동안 인간이 누려왔던 양질의 일자리를 점점 잠식하고 있다. 특이점을 넘은 인공지능은 앞으로 더욱 그러하다. 수험생 여러분은 이제 직업공무원이 되어 인간으로서 누려야 할 가장 기본적인 근로할 수 있는 권리를 회복하고 행복을 추구할 수 있는 그러한 삶을 열어갔으면 좋겠다.
공무원 시험에 반드시 **합격**하자!

그리고 어려운 출판 환경 속에서도 「컨셉 작물생리학」이 출간되어 세상의 빛을 볼 수 있게끔 배려해 준 도서출판 서울고시각 김용관 회장님과 김용성 사장님께 감사를 드리며, 양서를 만들기 위해 늘 애쓰고 수고하는 편집부원들에게도 감사를 드린다.

필자 씀

이 책의 차례

PART 01. 작물 생리 기초

CHAPTER 01 식물 기본구조 ... 3
- 제 1 절 재배식물의 종류 ... 3
- 제 2 절 식물체 구성요소 ... 6
- 제 3 절 식물 조직 ... 13
- 기출 및 출제예상문제 / 26

CHAPTER 02 식물세포 ... 33
- 제 1 절 식물세포의 기본구조 ... 33
- 제 2 절 세포분열 ... 51
- 기출 및 출제예상문제 / 56

CHAPTER 03 수분생리 ... 66
- 제 1 절 수분 퍼텐셜 ... 66
- 제 2 절 수분 흡수 ... 77
- 제 3 절 수분 배출 ... 83
- 제 4 절 작물 체내 수분이동 ... 91
- 기출 및 출제예상문제 / 97

CHAPTER 04 무기양분 생리 ... 114
- 제 1 절 작물 필수원소 ... 115
- 제 2 절 무기양분 흡수·이동 ... 134
- 제 3 절 무기양분과 작물생육 ... 147
- 기출 및 출제예상문제 / 152

CHAPTER 05 동화물질 전류 ... 173
- 기출 및 출제예상문제 / 184

이 책의 차례

PART 02. 물질 대사

CHAPTER 01 광합성 191
- 제 1 절 광합성 기초 192
- 제 2 절 광합성 기구 200
- 제 3 절 광합성에 영향을 미치는 요인 215
- 기출 및 출제예상문제 / 220

CHAPTER 02 호흡 작용 239
- 제 1 절 호흡 기구 240
- 제 2 절 호흡에 영향을 미치는 요인 259
- 기출 및 출제예상문제 / 262

CHAPTER 03 탄수화물 대사 272
- 제 1 절 탄수화물 종류 272
- 제 2 절 탄수화물 합성과 분해 280
- 기출 및 출제예상문제 / 285

CHAPTER 04 N(단백질·핵산) 대사 290
- 제 1 절 질소 영양 290
- 제 2 절 아미노산 298
- 제 3 절 단백질 306
- 제 4 절 핵 산 315
- 기출 및 출제예상문제 / 322

CHAPTER 05 지질 대사 329
- 제 1 절 지질의 종류 329
- 제 2 절 지질의 생합성·분해 338
- 기출 및 출제예상문제 / 345

CHAPTER 06 2차대사물질 350
- 제 1 절 2차대사물질의 개념 350
- 제 2 절 2차대사물질의 종류 352
- 기출 및 출제예상문제 / 365

CONTENTS

PART 03. 작물 생육 생리

CHAPTER 01 종자 생리 — 371
- 제1절 종자 — 371
- 제2절 작물 휴면 및 휴면타파 — 378
- 제3절 종자의 발아 — 387
- 기출 및 출제예상문제 / 400

CHAPTER 02 작물 생장·발육 생리 — 416
- 제1절 기관 생장 — 416
- 제2절 생장과 환경 — 425
- 기출 및 출제예상문제 / 436

CHAPTER 03 개화·결실 생리 — 448
- 제1절 화아분화에 관여하는 요인 — 448
- 제2절 화기의 형성 — 464
- 제3절 작물 결실 생리 — 468
- 기출 및 출제예상문제 / 479

CHAPTER 04 식물생장조절물질 — 500
- 제1절 옥신(auxin) — 502
- 제2절 지베렐린(gibberellin, GA) — 507
- 제3절 사이토키닌(cytokinins) — 512
- 제4절 에틸렌(ethylene) — 515
- 제5절 앱시스산(abscisic acid, ABA) — 519
- 제6절 기타 식물호르몬 — 522
- 기출 및 출제예상문제 / 526

CHAPTER 05 작물 Stress — 540
- 제1절 수분 stress — 541
- 제2절 온도 stress — 550
- 제3절 기타 Stress 요인 — 557
- 제4절 환경오염 — 562
- 기출 및 출제예상문제 / 569

이 책의 차례

CHAPTER 06　**작물수량 결정**　　　　　　　　　　　　　　　　588
　　　　　　　기출 및 출제예상문제 / 601

부록. 최신 기출문제

- 2023. 서울시 농촌지도사 작물생리학　　　　　　　　　　611
- 2022. 경기 농촌지도사 작물생리학　　　　　　　　　　　618
- 2021. 경북 농촌지도사 작물생리학　　　　　　　　　　　623
- 2020. 서울시 농촌지도사 작물생리학　　　　　　　　　　628

PART

01

작물 생리 기초

01 식물 기본구조
02 식물세포
03 수분생리
04 무기양분 생리
05 동화물질 전류

컨셉 작물생리학

Chapter 01

단원 키워드

1. 단자엽식물과 쌍자엽식물의 비교
2. 영양기관 : 뿌리·줄기·잎의 구조
3. 생식기관 : 꽃의 구조
4. 분열조직 : 정단분열·측생분열·절간분열 조직
5. 영구조직의 구성요소
6. 유관속 조직계 : 물관·체관의 구성요소
7. 체관부에서 P-단백질과 칼로스(callose) 기능

식물 기본구조

제1절 재배식물의 종류

1 재배식물의 분류

(1) 작물 분류 기준

대부분 재배식물은 고등식물로서 식물분류학적으로 유관속식물에 해당한다.
① 유관속식물의 분류 : 양치식물, 나자식물, 피자식물(대부분 작물) 등으로 분류
② 이용특성에 따라 : 식용작물, 원예작물, 공예작물, 사료작물 등으로 분류
③ 구조·형태적 특성에 따라 : 초본과 목본, 피자와 나자, 단자엽과 쌍자엽 등으로 분류

(2) 초본성 vs 목본성

초본성(草本性, herbaceous)	목본성(木本性, woody)
• 2차생장을 하지 않거나 아주 미미하며, 다시 1년생과 다년생으로 분류 • 식용작물, 사료작물, 특용작물, 원예작물 중 채소 예) 벼, 보리, 옥수수, 무, 배추, 마늘, 팬지, 코스모스	• 2차생장을 매년 되풀이하면서 재(材)를 형성하며, 다시 교목과 관목으로 분류 • 원예작물 중 과수·화목류 예) 사과, 배, 복숭아, 대나무, 무궁화, 목련, 은행나무

(3) 꽃의 유무에 따라

나자식물(겉씨식물, gymnosperms)	피자식물(속씨식물, angiosperms)
• 은화식물(꽃이 없음) • 소나무, 전나무, 은행나무 등과 같이 다년생교목으로 좋은 재목을 제공함 • 자웅이화로 종자는 심피에 싸여 있지 않고 나출되어 있으며 잎은 상록의 침엽을 가짐 • 다자엽(multicotyledon) : 나자식물은 1~수개가 달림 예) 소나무, 향나무, 측백나무, 이깔나무, 소철, 은행나무	• 현화식물(flowering plants) • 자방(씨방)을 가지며 그 안에 배주(밑씨)가 형성되고 이 배주가 발달하여 종자가 되기 때문에 종자가 자방에서 유래한 과실에 싸여 있음 • 단자엽식물 · 쌍자엽식물로 구분 (자엽 : 발아 후 처음 전개되는 잎) 예) 사과, 배, 벼, 보리, 무, 배추, 토마토, 국화, 코스모스

(4) 피자식물은 단자엽 vs 쌍자엽 식물로 구분

단자엽식물(monocotyledones)	쌍자엽식물(dicotyledones)
• 형성층이 없어 줄기와 뿌리의 비대생장이 없음 • 약 5만 종 • 초본이 90%, 목본이 10% 예) 벼, 옥수수, 마늘, 부추, 잔디, 난초, 백합(나리), 토란, 바나나, 코코야자	• 형성층을 가지고 있어 줄기와 뿌리는 비대생장을 함 • 약 20만 종 • 초본과 목본이 각각 50% 예) 대두, 완두, 무, 배추, 토마토, 참외, 장미, 사과, 포도, 해바라기, 과꽃, 선인장

보충 외떡잎 식물 vs 쌍떡잎 식물

	단자엽(외떡잎) 식물	쌍자엽(쌍떡잎) 식물
사례	벼, 보리, 밀, 옥수수, 수수, 귀리	콩, 메밀, 감자, 고구마
떡잎(자엽)	1장의 떡잎(단자엽)	2장의 떡잎(쌍자엽)
잎맥(엽맥)	주요 잎맥이 평행(평행맥, 나란이맥)	주요 잎맥이 가지형(그물맥, 망상구조)
기공	잎 앞면과 뒷면에 고르게 분포	잎 뒷면에 많이 분포
줄기(경)	• 산재유관속 : 관다발이 복잡하게 산재되어 배열 • 기본조직계 전체에 관다발이 분포함	• 관다발이 1개의 원통형으로 배열 • 원형의 관다발로 이루어져 있고 두 부분(수+피층)의 기본조직계로 나뉨
꽃(화서)	꽃잎은 주로 3의 배수로 구성	꽃잎은 주로 4~5의 배수로 구성
화분 발아구	1개인 단구형	3개인 3구형
뿌리(근)	수염뿌리(관근) : 식물체 지지역할과 뿌리 표면적을 넓혀 물과 무기염류를 쉽게 흡수함	원뿌리(주근) • 감자의 괴경에서 전분 저장 • 고구마, 사탕무, 순무는 괴근에서 전분 저장
발아	지하자엽형 발아 : 떡잎집(coleo-ptile)이 둘러싸고 줄기를 보호하며 흙을 뚫고 자람	지상자엽형 발아 : 어린줄기 끝부분이 갈고리 형태(hook)로 구부러짐 예외) 완두, 팥, 잠두는 지하발아

2 식물 관련 용어

(1) **식물체는 기부와 말단부로 구분**
   ① 기부(基部) : 지표와 맞닿은 부분
   ② 말단부(末端部) : 기부를 기준으로 하여 줄기와 뿌리의 선단 부분
   ③ 향정적(向頂的) : 기부에서 말단부로의 진행
   ④ 향기적(向基的) : 각 말단에서 기부로의 진행
   ⑤ 향축(向軸)·배축(背軸) : 줄기를 축으로 하여 안쪽을 향축, 바깥쪽을 배축

(2) **변태, 기형, 퇴화**
   ① 변태(metamorphosis)
      ㉠ 어떤 기관이 현저하게 변화해서 그 근본적 형질이 그대로 나타나지 않는 현상으로, 영구적으로 자손에게 전달(유전됨)된다.
      ㉡ 사례
         - 무와 배추는 줄기가 극단적으로 단축됨
         - 마늘과 양파의 잎은 저장기관으로 변해 인경을 형성함
         - 선인장은 잎이 가시로 변해 그 기능이 전혀 다름
         - 감자와 고구마는 저장기관으로 유사한 형질을 나타내지만 감자는 줄기가 변한 것이고, 고구마는 뿌리가 변한 것임
   ② 기형(abnormality)
      ㉠ 변형이 유전되지 않고 일시적으로 이상한 형태를 보이는 현상이다.
      ㉡ 사례 : 동백나무의 잎 선단이 2개로 갈라지거나, 포도나무에 작은 잎이 생기는 것, 네잎클로버와 가랑무 등
   ③ 퇴화(degeneration)
      ㉠ 어떤 기관의 발달이 불완전하여 다만 그 흔적만을 남기는 경우이다. 일시적 또는 영구적으로 일어나는 경우도 있다.
      ㉡ 사례 : 박과채소의 자웅이화에서 암꽃은 수술이 퇴화하고, 수꽃은 암술이 퇴화하여 암수의 성분화가 일어나고, 식물에 따라서는 생장점이 퇴화하여 분지가 일어난다.

제2절　식물체 구성요소

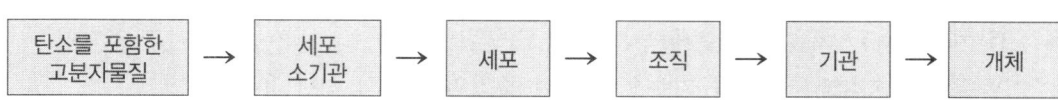

탄소(Carbon)를 기본골격으로 하는 분자에서 시작해서, 식물의 기본단위인 세포(cell)를 구성하며, 세포는 다시 고유의 기능을 발휘하기 위해 분열하고 증식하여 특화된 조직(tissue)을 이룬다. 조직은 다시 기관(organ)을 형성함으로써 최종적으로 식물체(plant) 개체가 된다.

1 식물의 기관

(1) 영양기관 : 뿌리, 줄기, 잎

① 뿌리

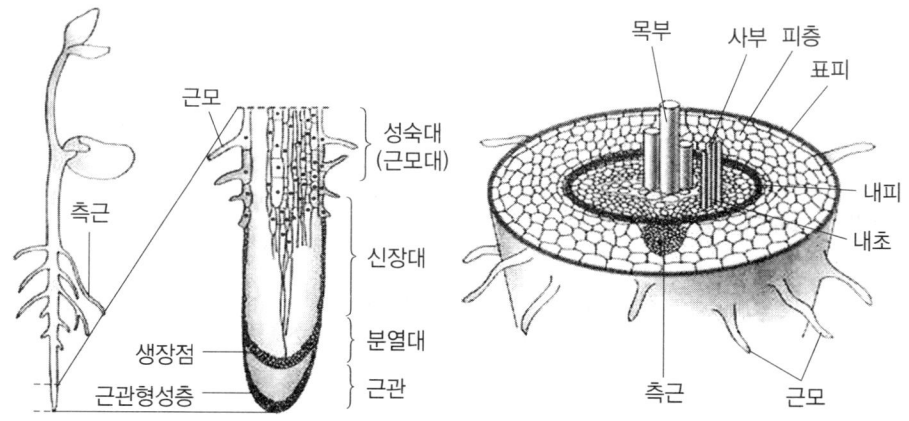

㉠ 역할
ⓐ 식물체를 토양에 고착시켜 자리잡게 하고, 토양에서 물과 양분을 흡수한다.
ⓑ 때로는 저장기관(뿌리는 줄기보다 유조직이 많음)이나 번식기관으로 기능하며, 뿌리가 변형되어 저장근(무, 고구마)이나 기근(난, 옥수수) 등의 특수 기능을 한다.
ⓒ 식물의 줄기와 달리 뿌리에서는 마디의 발달이 미약하다.

㉡ 종류
ⓐ 유근 : 발아할 때 가장 먼저 종피에서 출현되는 뿌리. 배의 근단분열조직에서 유도된다.
ⓑ 주근 : 쌍자엽식물에서 유근은 1차근으로 발달하며 주근이 된다.

ⓒ 측근 : 내초는 분열조직 활성을 유지하고 있는 새로운 측근의 성장이 시작되는 부위이다. 측근 형성이 시작될 때는 뿌리 내부에 매몰되어 있다가 측근이 신장하면서 피층과 표피를 뚫고 나온다.

ⓓ 섬유근(수염뿌리, 실뿌리, 수근; fibrous root) : 단자엽식물은 1차근으로 생장이 정지되고(발아 후 유근은 곧 죽음), 그 후로는 부정근이 많이 발생하는 섬유근이 발달된다.

ⓒ 1기구조 : 근단의 구성

ⓐ 성숙대(흡수대, 근모대)
- 뿌리털(근모)이 발달하여 양수분 흡수가 촉진되는 부위. 조직의 분화가 이루어지며, 근모가 발달하면 수분흡수에 유리하도록 뿌리의 선단부와 토양과의 접촉면적을 확대시켜 준다.
- 성숙대 단면의 바깥부터 근모(표피) → 외피 → 피층 → 내피 → 내초 → 물관 순이며, 양수분 흡수 순서도 이와 동일하다.
- 관다발부위가 중앙에 있는 중심주·내피·피층·표피로 구성되어 있으며, 중심주의 관다발과 내피 사이에 존재하는 내초가 분열능력을 가지고 있어 내초에서 측근이 발달한다(측생분열).

ⓑ 신장대 : 분열된 세포가 신장하는 부위

ⓒ 분열대 : 뿌리 끝에는 뿌리골무(근관)로 둘러싸여 보호되는 생장점이 있어 세포분열이 일어나는 부위

ⓓ 근관(root cap) : 뿌리의 생장점을 보호해 주며, 근관은 점액성 물질을 분비하여 뿌리의 토중 침투를 용이하게 한다. 흙과의 마찰로 떨어져 나가며, 근관형성층의 세포분열로 보충된다.

ⓔ 2기구조

뿌리의 유관속(관다발)은 내피와 내초로 둘러싸여 중앙에 배열된다.

ⓐ 유관속형성층은 전형성층세포와 내초세포가 분열하여 생성된다.

ⓑ 유관속형성층 안쪽으로 2기물관부가, 바깥쪽으로 2기체관부가 생성된다.

ⓒ 2기생장으로 뿌리둘레가 확장되면 표피와 피층은 파괴되어 떨어진다. 확장압력으로 자극을 받은 내초세포가 다시 분열하여 코르크형성층으로 전환되어 주피를 형성한다.

② 줄기

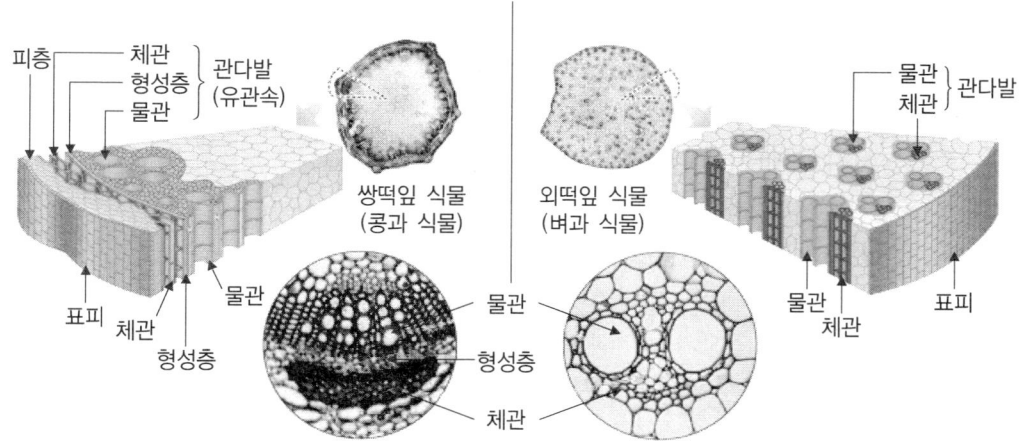

㉠ 역할
ⓐ 줄기는 수분과 양분의 이동통로가 되는 부위. 뿌리에서 흡수된 물과 무기양분이 잎으로 운반, 잎에서 생성된 광합성물질은 필요한 부위로 운반된다.
ⓑ 선인장처럼 광합성을 하기도 하고, 감자나 콜라비처럼 저장기관이 되기도 한다.

㉡ 1기구조 : 초본식물 줄기
1기생장을 마친 줄기는 표피, 유관속, 기본조직(피층 + 수)으로 구성됨
ⓐ 어린줄기의 내부는 표피조직, 유관속조직, 유조직이 모인 중심주로 구성되며, 성숙하면서 외떡잎·쌍떡잎 식물의 내부구조가 차이가 난다.
ⓑ 외떡잎식물의 줄기는 수(pith, 줄기의 중심에 위치)를 중심으로 관다발조직이 흩어져 있고(산재), 쌍떡잎식물은 수를 중심으로 동심원적 배열(환상 배열)을 하고 있다.
ⓒ 유관속조직을 둘러싸고 있는 피층은 유조직세포로 구성되어 있다.
ⓓ 줄기 정단에는 분열조직이 있어 세포분열이 계속되면서 잎·가지·다른 부속물들이 분화된다.
ⓔ 잎과 가지가 분화되는 곳이 마디이며, 마디와 마디 사이를 절간(internode)이라 한다. 벼과식물에서 절간의 길이 생장은 절간에 분화된 세포의 신장으로 이루어진다.

㉢ 2기구조 : 목본식물 줄기
목본식물의 2기생장은 유관속형성층과 코르크형성층이 주도한다.

③ 잎

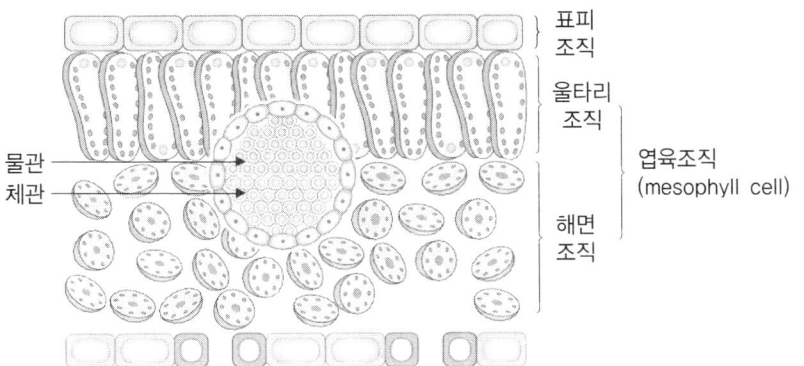

㉠ **역할** : 잎은 광합성을 수행하는 장소. 빛을 효율적으로 받아들여 이용할 수 있는 납작하고 편평한 형태를 가지고 줄기에 배열된다.

㉡ **구조**

ⓐ **잎자루** : 쌍떡잎식물의 잎은 잎자루(엽병)에 의하여 줄기에 붙어 있고, 외떡잎식물의 잎은 마디에서부터 시작되는 잎집(엽초)이 잎자루를 대신한다.

ⓑ **표피세포** : 잎의 엽육세포(mesophyll cell)는 상하에 표피세포로 둘러싸여 있고 표피세포의 외부에는 각피(cuticle)가 있어 수분의 소실을 막는다.

ⓒ **엽육세포** : 광합성을 수행하는 유조직세포로, 책상조직(울타리조직)세포와 해면조직(갯솜조직)세포로 구성되어 있다. 상면표피 바로 밑에 세로로 촘촘히 배열된 울타리조직세포와, 그 밑에 세포간 간격이 있어 엉성하게 배열된 해면조직세포에는 엽록체가 많이 있다.

ⓓ **엽맥** : 잎은 관다발조직으로 구성된 엽맥(vein)을 가지고 있어 줄기의 관다발조직과 연결되어 있다.

ⓔ **기공** : 표피에는 기공(stoma)이 있어 안팎의 가스교환이 이루어지고, 아래쪽 표피에는 모용이 나 있는 것이 많다.

(2) 생식기관 : 꽃, 종자, 과실

① 꽃(화엽)

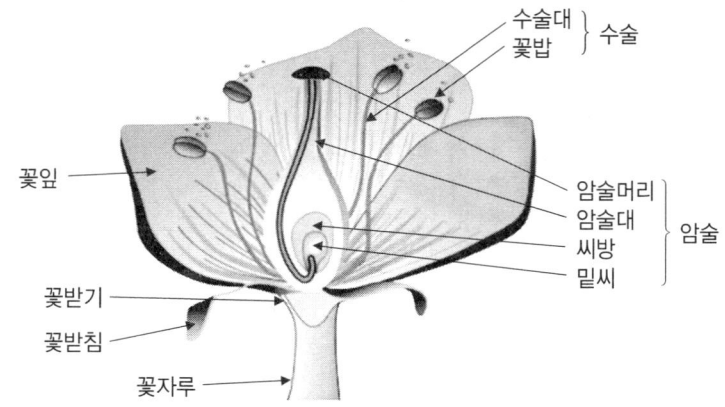

㉠ 꽃의 구성

암술·수술·꽃잎·꽃받침 → 모두 갖추면 완전화

ⓐ 암술(자예)
- 암술의 기본단위는 심피이며, 각 심피는 주두(암술머리)·화주(암술대)·자방(씨방)으로 구분
- 자방은 과실로 발달하고, 배주는 종자로 발달함. 배주 안에서 배낭모세포가 분화됨
- 자방벽은 유조직으로 구성되어 있고, 주두는 단백질성 피막으로 건성주두와 습성주두로 구분됨
- 암술은 심피로부터 발달하는데 심피의 하부가 팽대하여 자방이 되고, 그 위는 신장하여 주두와 화주가 됨. 자방 속에 배주가 붙는 자리를 태좌라고 함
- 자방과 꽃잎의 위치에 따라 상위자방, 중위자방, 하위자방으로 구분. 자방이 수술·꽃잎·꽃받침보다 위에 달리면 상위자방(포도 등), 중간에 달리면 중위자방(벚나무 등), 아래에 달리면 하위자방(사과, 박류 등)

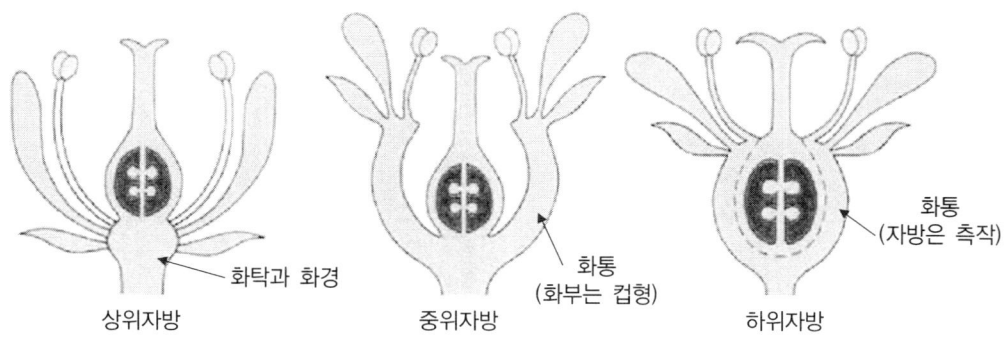

ⓑ **수술(웅예)** : 약(꽃가루주머니)과 화사(꽃실)로 구성. 약은 수개의 방으로 나뉘고, 외부로부터 표피·내피·중간층·융단조직·화분모세포로 구성
ⓒ **화피** : 꽃잎·꽃받침을 말하며, 암수술을 보호하고 수분을 돕는 역할을 한다. 화곡류의 꽃은 내외 화영이 암수술을 보호한다.
- **꽃잎(화판)** : 꽃잎은 모여서 화관을 형성함. 꽃잎 표피는 휘발성 기름을 함유하여 고유 향기를 풍김
- **꽃받침(악)** : 수개의 꽃받침잎(악편)으로 구성. 꽃받침은 엽록체를 갖고 있어 광합성을 함

ⓒ 암·수술의 유무
ⓐ **양성화** : 암술과 수술을 같이 가지고 있는 꽃
ⓑ **단성화** : 꽃 중에서 암술이 없어 수술만 있는 꽃을 수꽃, 수술이 없이 암술만 있는 꽃을 암꽃
㉮ **자웅동주** : 단성화 중 암꽃과 수꽃이 같은 그루에 있는 식물
예 옥수수, 호박
㉯ **자웅이주** : 다른 그루에 피는 식물 예 은행, 시금치

ⓒ 꽃차례(화서) : 꽃의 배열
ⓐ 꽃은 줄기의 끝 생장점에서 분화된 것이며, 잎의 변태이기 때문에 화엽이라고도 한다. 꽃은 줄기에 해당하는 화축에 달려 있음
ⓑ 튤립같이 하나의 화축 끝에 꽃이 하나만 있는 단정화와, 여러 개의 꽃이 하나의 화축에 피는 다양한 꽃차례가 있다.

② 종자 및 과실

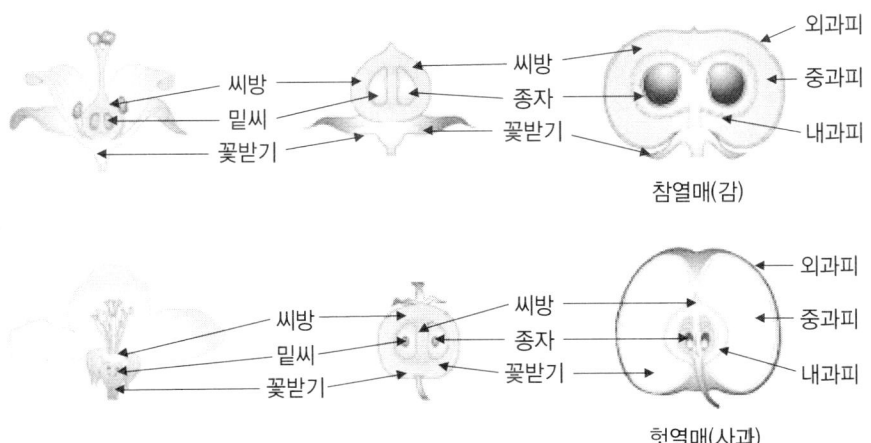

참열매(감)

헛열매(사과)

㉠ 발달 : 자방(씨방) 안의 배주(밑씨)가 수정된 후 발달하여 종자를 형성하고, 자방과 주변의 기관들이 비대·발달하여 과실을 형성한다.
㉡ 과실
　ⓐ **진과** : 자방이 비대하여 형성된 과실
　　◉ 핵과류(복숭아, 자두, 살구), 감, 포도, 가지, 고추, 토마토
　ⓑ **위과** : 자방 이외의 화탁 등이 함께 발달하여 형성된 과실
　　◉ 인과류(사과, 배, 비파), 박과채소(오이, 호박), 딸기, 무화과, 파인애플
㉢ 과실을 구성하는 자방수에 따른 구분
　ⓐ **단과** : 대부분 과실은 1개의 자방이 1개의 과실로 발달함
　ⓑ **복과** : 파인애플·딸기·블랙베리 등은 여러 개의 자방이 발달하여 하나의 과실을 구성함
㉣ 과실의 종류
　ⓐ **수과(여윈 과실, 과실적 종자)** : 화곡류의 자방벽이 비대·발육하지 못하고 자방벽이 그대로 종피 위에 말라붙은 과실 ◉ 벼, 보리, 상추, 시금치, 우엉 등
　ⓑ **건과** : 열매가 건조한 것. 성숙하면서 과피가 열리는 건개과(콩, 완두, 복숭아 등)와 닫혀있는 건폐과(벼 등)로 구분
　ⓒ **다육과** : 열매가 육질성인 것
　ⓓ **과실의 여러 사례**
　　• 복숭아는 진과로 자방이 비대하여 외과피, 중과피, 내과피로 구분됨
　　• 사과는 단과이면서 위과로, 화탁의 일부가 발달하여 과육을 이룸
　　• 딸기는 위과로 화탁이 비대하여 식용부위가 되고 그 위에 점점이 박혀있는 것이 수과임
　　• 블랙베리는 복과이며, 벼는 건폐과이고, 완두는 건개과에 속함

제3절 식물 조직

○ 조직(tissue) : 세포가 모여 구조상·기능상 다른 세포군과 구별될 때 그 세포집단. 조직은 거의 비슷한 세포로 구성되기도 하고 서로 다른 세포로 구성되기도 한다.
  1. 분열조직 : 세포분열이 계속되는 부위
  2. 영구조직 : 분열조직에서 생성된 새 세포들은 영구조직으로 발달해 간다.
○ 조직계(tissue system) : 서로 관련 있는 여러 조직이 집합하여 형성한다.
  예) 표피조직계, 유관속조직계, 기본조직계 등

참고 | 식물조직의 다양한 분류법

1 발달 순서에 따라 : 1차조직(primary tissue), 2차조직(secondary tissue)
  ① 1차조직 : 1차분열조직에서 발달하는 조직 예) 전형성층에서 발달하는 유관속을 1차유관속
  ② 2차조직 : 2차분열조직에서 발달하는 조직 예) 형성층에서 발달하는 유관속을 2차유관속

2 기능에 따라 : 동화조직, 저장조직, 기계조직, 통기조직, 분기조직, 통도조직 등
  ① 동화조직 : 주로 잎에 분포하면서 엽록체를 함유하여 광합성을 하는 조직
  ② 저장조직 : 과실과 같은 저장기관에서 볼 수 있는 조직으로 저장세포는 물질저장에 알맞은 세포구조를 가짐
  ③ 기계조직 : 후막조직과 후각조직이 있는데, 모두 세포벽이 비후하여 식물체를 견고하게 해주는 역할
  ④ 통도조직 : 줄기와 뿌리에서 물·양분의 통로가 되는 조직. 형태가 다양한 세포로 구성됨

3 형태에 따라 : 유조직(parenchyma), 방추조직(fusiform tissue), 관상조직(tubular tissue)
  ① 유조직 : 세포벽이 얇고 원형질을 함유하는, 살아 있는 유세포로 구성된 조직. 식물체의 대부분을 차지하는 유세포에는 세포질 외에 핵, 색소체, 전분립, 단백립 등 여러 가지 물질이 함유됨 예) 동화조직, 저장조직, 분비조직, 통기조직 등
  ② 방추조직 : 양끝이 가늘고 긴 방추형의 세포로 형성된다. 방추세포는 원형질은 없고 죽은 세포로 생활기능이 없으며 주로 조직을 견고하게 하고 수분을 운반하는 통로 기능을 수행
    예) 후막조직, 섬유, 가도관 등
  ③ 관상조직 : 일렬로 나란히 병렬된 세포간에 세포벽이 소실되어 세포간에 길게 연결통로가 형성된 조직. 이를 구성하는 조직은 죽은 세포
    예) 수분의 통로가 되는 도관, 양분의 통로가 되는 사관, 유액을 저장 분비하는 유관 등

4 형태학적 조직계
  ① 표피조직계(dermal system) : 표피, 이에 부수하는 기공·모용 등
  ② 유관속조직계(vascular system) : 목부, 사부, 그에 부수하는 부분
  ③ 기본조직계(fundamental system) : 표피·유관속조직계를 제외한 조직

5 생리학적 분류계(11계) : 표피조직, 기계조직, 흡수조직, 동화조직, 통도조직, 통기조직, 저장조직, 분비조직, 운동조직, 감각기관, 자극전달기관 등. 이 중 표피와 흡수조직은 표피계, 통도조직은 유관속계, 기타 조직은 기본조직계에 해당함

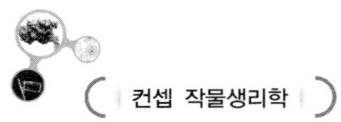

1 분열조직(meristem)

식물 조직	분열조직	정단분열조직	생장점
		측생분열조직	유관속형성층, 코르크형성층
		절간분열조직	생장점(화본과)
	영구조직	표피조직	근모, 기공, 배수조직, 모용, 주피
		유관속조직	물관, 체관
		기본조직	<u>유조직</u> : 동화, 저장, 분비, 통기 조직
			<u>기계조직</u> : 후각, 후벽(보강세포, 섬유세포) 조직

○ 발생 위치에 따라 : <u>정단분열조직(생장점)</u>, <u>측생분열조직(형성층)</u>, <u>개재분열조직</u>으로 구분
                      ↳ 1차분열조직   ↳ 2차분열조직   ↳ 절간분열조직

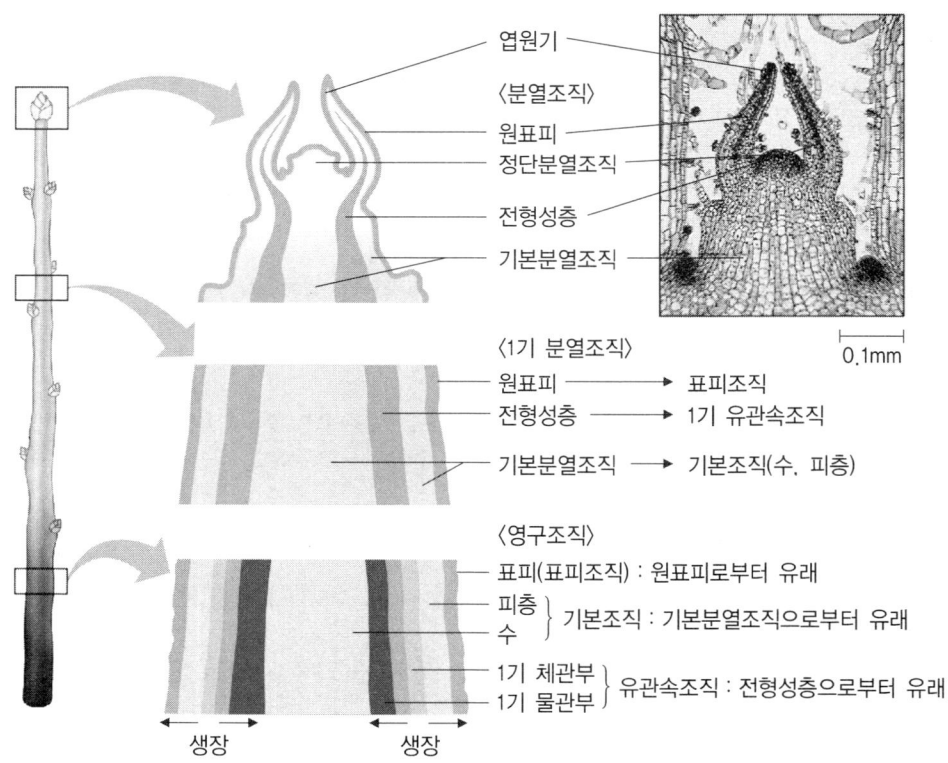

(1) <u>정단분열조직</u>(apical meristem)
   ① 생장점(growing point)
      ㉠ <u>1차분열조직</u>(primary meristem) : 줄기·뿌리의 선단에는 서포분열이 일어나는 생장점이 있고, 정단에서 분열을 반복하는 시원세포군과 주변분열조직의 복합체로서 구성되는 1차분열조직을 말한다.
      ㉡ <u>생장점의 형태는 원추상으로</u>, 줄기는 어린잎으로 싸여 있고, 뿌리는 근관조직으로 둘러싸여 보호를 받는다.
   ② 특징
      ㉠ 정단분열조직은 세포간극이 없고 세포막이 얇으며, 핵은 크고 액포는 작으며 세포마다 원형질이 충만하고 세포간에 차이가 크지 않다.
      ㉡ 시원세포를 중심으로 하는 원시분열조직(promeristem)은 세포의 생장보다는 세포수의 증가가 활발하지만, 그 주변분열조직은 세포의 크기와 모양이 변하면서 줄기에서는 원표피·기본분열조직·전형성층 등으로 분화되고, 뿌리에서는 원근관조직이 분화된다.
      ㉢ 정단분열조직에서 분화된 전형성층은 세포가 가늘어지면서 즈변세포와 구분되는데 여기서 형성층과 유관속이 분화된다.
      ㉣ 정단분열조직에서 만들어진 새로운 세포는 1차조직으로 분화되어 간다. 생장점은 계속 새로워지고 그 위치가 구정적(줄기는 위로, 뿌리는 아래로)으로 나아가기 때문에 줄기와 뿌리의 신장생장이 나타난다.

> **참고** 생장점 이론
>
> **1** 외의내체설(tunica-corpus theory)
> 피자식물의 줄기생장점은 세포분열 방향을 기준으로 외의와 내체로 구분
> • 외의(tunica) : 정단을 둘러싸는 1~수층의 세포층으로 표면에 직각으로 수층분열이 행해지는 부분. 세포분열의 결과로 외의는 표피와 피층의 외부로 분화
> • 내체(corpus) : 분열의 방향이 안쪽 각 방향으로 병층분열이 일어나는 부분. 내체는 피층의 내부와 중심주로 분화
> **2** 생장정지부설(quiescent center theory)
> 뿌리의 정단분열조직 중심부에는 정지중심이 있으며, 이곳은 세포분열이 약하거나 전혀 일어나지 않으며, 주로 그 주변의 분열세포가 활발하게 분열활동을 함

(2) <u>측재(측생)분열조직 : 유관속형성층, 코르크형성층</u>
   정단분열조직에서 분화된 원표피는 표피로 발달, 기본분열조직은 피층·내초·수 등으로 발달, 전형성층은 목부·사부·형성층으로 발달

① 유관속형성층(vascular cambium)
   ㉠ <u>2차분열조직(secondary meristem)</u> : 세포분열 능력을 그대로 간직하며 목부(물관)와 사부(체관) 사이에 위치하여 2차유관속을 만든다.
   ㉡ 측생분열조직(lateral meristem) : 줄기와 뿌리세포와 같은 방향으로 평행하게 측방으로 배열된다.
   ㉢ 측생분열조직의 활동결과로 형성층의 안쪽으로 2차목부, 바깥쪽으로 2차사부가 발달하여 줄기나 뿌리는 비대생장을 하게 된다. 대부분의 <u>초본식물은 이 분열조직이 없거나 활동이 미미하여 비대생장이 이루어지지 않는다.</u>
   ㉣ 형성층 구성 세포 : 도관, 섬유, 유조직 등 종렬 방향에 있는 요소들은 방추형시원세포에서 발달하고, 방사조직 유세포와 같은 수평 방향에 있는 것은 방사조직시원세포에서 발달한다.
② 코르크형성층(cork cambium)
   ㉠ 코르크형성층은 2차생장으로 줄기가 굵어지는 수목의 피층에서 분화되는 분열조직이다. 2차조직에서 형성되기 때문에 2차분열조직이고, 측방으로 병층분열하기 때문에 측생분열조직이다.
   ㉡ 세포분열하여 외측에 코르크조직을, 내측에 코르크피층을 발달시켜 주피를 만들고, 이 주피는 2차생장으로 찢어지고 파괴된 표피를 보호해 준다.

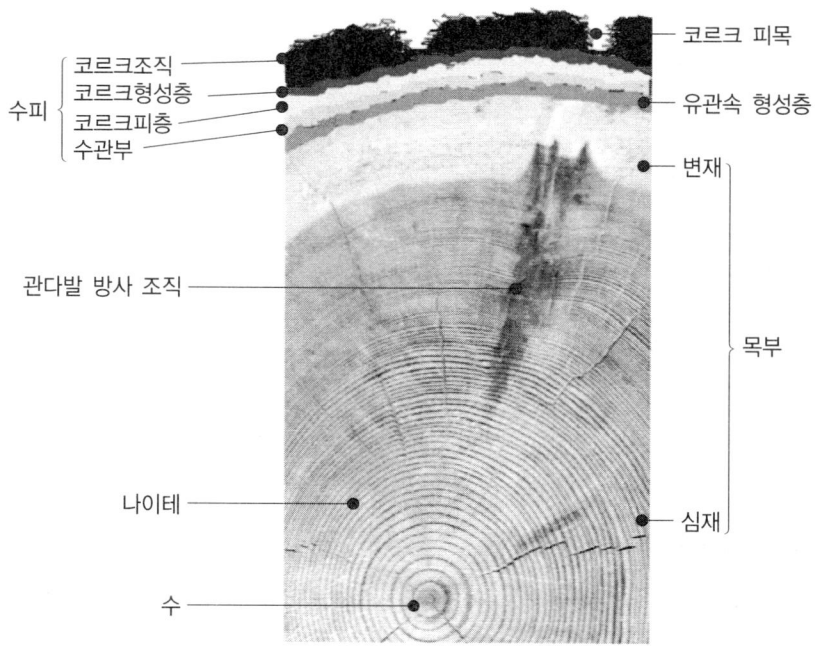

■ 소나무 줄기 단면도

(3) 개재분열조직(절간분열조직, 부간분열조직, intercalary meristem)
① 부간분열조직은 이미 분화되어 활발하게 생장하고 있는 1차 조직 내에 분포한다. 주로 엽신의 기부나 줄기의 마디 사이(절간)에 분포한다.
② 쌍자엽식물의 절간생장은 세포신장에 의해 이루어지지만, 단자엽식물에서는 절간에 있는 분열조직의 활동으로 일어난다.

2 영구조직(성숙조직)

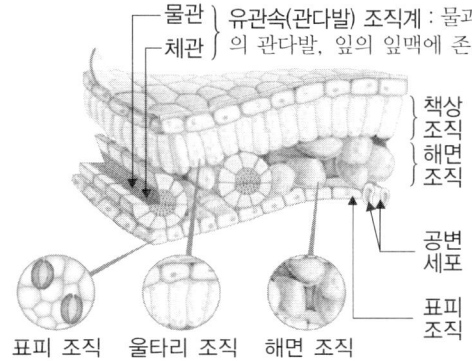

- 유관속(관다발) 조직계 : 물과 양분의 이동 통로로 뿌리와 줄기의 관다발, 잎의 잎맥에 존재하며 물관부와 체관부로 구성됨
- 기본 조직계 : 표피 조직계와 관다발 조직계를 제외한 식물체의 대부분을 구성하는 조직계로, 유조직과 기계조직으로 구성됨. 저장 기능, 지지 기능, 광합성 기능을 수행함
- 표피 조직계 : 표피 조직으로 이루어지며 내부를 보호하고 수분의 발산을 막음
  예) 표피 세포, 뿌리털, 가시, 솜털, 공변세포 등

(1) 표피조직계(dermal system)
표피조직계는 식물체 외면을 덮는 세포층으로 내부조직을 보호하는 역할을 한다.
① 표피조직의 구성
  ㉠ 표피(epidermis) 특징
    ⓐ 표피는 대개 한 열의 세포층으로 구성되지만 다층으로 구성되는 것도 있다. 세포간극이 없이 조밀하게 배열되어 있지만, 꽃잎의 표피에는 세포간극이 있다.
    ⓑ 표피세포는 살아 있는 원형체가 있으며 액포가 잘 발달되어 있고 백색체를 가지고 있지만, 일부 식물에서 엽록체가 분포되어 있어 광합성을 하기도 한다. 여러 가지 세포 내 소기관도 발견되며 단백질, 탄닌, 결정체, 화청소 등이 함유되어 있기도 하다.
  ㉡ 표피세포의 세포벽 구조 : 세포 외벽은 지질유도 중합체인 큐틴(cutin)이 퇴적하여 각피(cuticle)를 형성한다. 세포벽 위에 큐틴이 집적되는 것을 큐틴화(cutinization)라고 하고, 세포벽의 큐틴화로 각피가 형성되는 과정을 큐티클화(각피형성, cuticularization)라고 한다.
    ⓐ 상각피왁스 : 각피 상층부(표면), 왁스(납질, wax)가 퇴적하기도 하는데 퇴적하면 물이 잘 묻지 않는다.

ⓑ **순각피층** : 각피 두 번째 층, 큐틴과 왁스로 구성되어 있다.
ⓒ **각피층** : 순각피층 아래에는 큐틴과 셀룰로오스로 구성된다. 왁스가 분포되기도 한다.
ⓓ **펙틴층** : 각피와 세포벽 사이에 펙틴층이 있을 수도 있다.

② **기공(stomata)**
㉠ 의미 : 서로 인접한 2개의 표피세포가 특수화하여 그 사이에 생기는 공극
㉡ 구조
  ⓐ **기공복합체(stmatal complex)** : 공변세포 + 부세포
  ⓑ **공변세포(guard cell)** : 기공을 만드는 2개의 표피세포
  ⓒ **부세포** : 기공은 공변세포로만 구성되어 있는 경우도 있지만 대부분은 공변세포 주변에 2~3개의 부세포가 인접해 있다.
㉢ 분포 : 기공은 공기와 접하고 있는 부위인 잎·줄기·가근(rhizome)에 있고, 일반적으로 뿌리나 수생식물에는 없다. 화판·화사·심피·종자 등에도 기공이 분포하지만 대개는 비기능적이다.

③ **배수조직**
㉠ **수공(water pore)** : 체내의 과잉수분을 배출하며, 기공과 마찬가지로 2개의 공변세포로 구성되며 그 사이에 소극(小隙)을 만든다. 주로 잎맥의 말단에 해당되는 엽연에 위치하여 잎맥의 끝에서 넘쳐 흐르는 수분이 흘러나온다(일액현상).
㉡ **배수세포** : 표피세포 가운데 직접 막을 통과하여 수액을 배출시키는 특정세포
㉢ **배수모** : 모상으로 돌기한 세포의 선단에서 수액이 배출되는 경우이다.

④ **모용(trichome)**
㉠ 표피조직의 부수체로서 모용(잔털, 毛茸)이 있다.
㉡ **선모(glandular)** : 염분, 당액, 점액, 지질, 단백질 등을 분비하는 기능을 갖는다.
㉢ **비선모 중 일부** : 수분손실을 막아주며 어떤 것은 운동성을 나타내기도 한다.

⑤ **근모(root hair)** : 뿌리털
근모는 관상의 신장된 표피세포로서 커다란 액포와 얇은 세포벽으로 되어 있다. 뿌리 선단의 신장대 위에서 형성되는데 처음에는 표피세포의 정단에서 시작되고 세포가 신장하게 되면 표피세포의 중앙부에 위치하게 된다.

⑥ **주피(periderm)**
㉠ 의미 : 형성층의 활동에 의하여 2차생장하는 식물은 줄기와 뿌리가 굵어지면 그 외부에 있는 표피와 피층은 영구조직이기 때문에 내부의 압력으로 찢어지거나 갈라지기 쉽다. 이렇게 되면 보호조직이 없어지므로 이를 대신할 새로운 조직이 필요한데 그것이 바로 주피이다.

ⓒ **발달** : 주피는 비대생장하는 목본 쌍자엽식물·나자식물에서 잘 발달하며, 초본 쌍자엽식물의 오래된 줄기나 뿌리에서도 볼 수 있다.
　ⓒ **주피 구성**
　　ⓐ **코르크조직** : 죽은 세포로 대개 세포벽에 지방질성 물질인 목전소(suberin)가 퇴적된다.
　　ⓑ **코르크형성층** : 측생분열조직으로 병층분열하기 때문에 주축의 직경이 커지게 된다.
　　ⓒ **코르크피층** : 세포벽이 목전화되지 않고 살아 있는 세포로 구성되어 있다. 주피의 일부가 되는 코르크는 기체나 액체의 흐름을 막고 강도와 탄력성이 뛰어나 병마개 등으로 이용된다.
　ⓔ **피목(lenticel)** : 주피에서 비교적 느슨히 배열된 부위이다. 피목은 표피보다 돌출하여 세포간극이 풍부하게 발달하고 주축기관의 내부와 연결되어 있어 기체교환의 기능을 가진다.
　ⓜ **수피(bark)** : 유관속형성층의 외측에 있는 모든 조직(2기체관부와 주피)을 총칭한다.

(2) 기본조직계(fundamental system)

표피조직계와 유관속조직계를 제외한 모든 조직. 유조직과 기계조직으로 구분

① **유조직(parenchyma)** : 유조직은 식물체의 대부분을 차지하며, 유조직 세포는 구형 또는 다각형으로 대형이며, 액포와 원형질을 가지는 살아 있는 세포이다. 분열능력을 보유하여 재분화, 상처치유, 측지와 측근 형성, 접목 등에 중요한 역할을 담당한다. 즉, 유세포는 전체형성능(totipotency)을 갖고 있다.
　⊙ **동화조직(assimilation tissue)** : 탄소동화작용이 이루어지는 유조직으로 세포 내에 엽록체를 함유한다. 동화작용에는 광선이 필요하기 때문에 줄기·잎에 주로 분포하고, 뿌리에는 없다. 잎은 대부분 동화조직으로 구성되어 있으며, 엽육을 구성하는 동화조직은 책상조직과 해면상조직으로 구별된다. 줄기에는 표피 아래에 책상조직과 비슷한 것이 있지만 뚜렷하지 않다. 뿌리나 지하경에는 백색체가 빛을 쪼이면 엽록체로 변하여 동화조직이 생기는 경우도 있다.
　ⓒ **저장조직(storage tissue)** : 저장물질을 다량으로 함유하는 대형의 세포로 구성된 유조직이다. 다육질의 괴경, 괴근, 과피, 종자 등은 저장을 위해 특수하게 발달된 저장조직이다. 저장조직은 함유된 물질에 따라 저수조직(예 선인장 줄기), 저당조직, 전분저장조직, 단백질저장조직으로 구분되며, 세포의 형태와 크기에는 큰 차이를 보이지 않는다.
　ⓒ **분비조직(secretory tissue)** : 여러 가지 분비물을 함유하는 조직이다. 분비조직은 기본조직에 산재해 있는데 주요 분비물에는 결정, 탄닌, 정유, 유지, 수지, 유액,

고무, 점액 등이 있다. 이러한 분비물은 일반세포나 특별한 분비세포, 관상조직의 분비관이나 주머니모양의 분비실에 함유되어 있다. 분비세포는 함유되어 있는 물질의 종류에 따라 결정세포, 탄닌세포, 유세포, 수지세포, 점액세포 등으로 구분한다. 예 소나무 송진관, 밀선(蜜腺)

ⓛ 통기조직(aerenchyma) : 공기・수증기의 통로가 되는 조직으로 대부분 세포간극으로 구성되고, 세포간극은 서로 연결되어 망상으로 분포하고 기공과 연결되어 외부와 통한다. 통기조직을 구성하는 세포간극은 크기와 모양이 다양한데 수생식물에서 특별히 잘 발달한다. 세포간극은 발생적으로 이생과 파생으로 구분하는데, 보편적으로 이생이며, 볏과식물의 줄기 중심 수강은 파생간극이다.

② 기계조직(mechanical tissue) : 식물체는 유조직세포의 긴장(팽압)으로 형태가 유지되지만 기계조직이 각 부위에 배치되어 단단하게 지지해 준다. 뿌리와 줄기에 적절하게 분포하여 식물체가 꺾여지거나 뽑히는 것을 막아 준다. <u>세포벽이 비후되면서 후각조직・후벽조직이 생긴다.</u>

㉠ 후각조직(collenchyma) : 生

ⓐ 후각조직은 유세포와 모양이 비슷한 후각세포로 구성되어 있다. 후각세포는 세포벽이 불균등하게 비후되어 있는데 특히 모서리 부위가 비후되어 구별된다. 그리고 세포벽은 대개 얇은 1차벽으로 구성되어 유연하며 분열능을 가진 원형체를 가지고 있다.

ⓑ 후각조직은 어린 목본식물과 초본식물의 줄기 주변에서 흔히 분포하며 뿌리와 잎에도 일부 분포한다. 특히 유관속 주변에는 유조직이 후각조직화 하여 유관속초(bundle sheath)를 형성한다. 후각세포의 세포벽은 펙틴 45%, 헤미셀룰로오스 35%, 셀룰로오스 20%로 구성되어 있는데 펙틴함량과 섬유소함량 비율이 서로 다른 여러 개의 층으로 구성된다.

㉡ 후벽조직(후막조직, sclerenchyma) : 死
후벽조직은 목화되어 있거나, 목화되지 않은 2차벽을 가진 보강세포와 섬유세포로 구성된다.

ⓐ **보강세포(sclereid)** : 다각형의 불규칙한 모양을 하고 두꺼운 2차벽을 가지며 세포벽에는 많은 벽공이 있어 세포간의 물질이 이동된다. 보강세포는 배의 과육, 호박의 과피, 대두의 종피 등에 분포하며 모양에 따라 여러 가지로 분류한다. 배의 과육에 있는 <u>석세포(stone cell)</u>는 대표적인 보강세포 중의 하나이다.

ⓑ **섬유세포(fibrous cell)** : 길고 가늘며 특히 양끝이 뾰족하고 종류에 따라서는 세포벽이 두꺼워 안쪽 공간이 거의 없는 경우도 있다. 세포벽은 목화되어 있으며 세포들 간에는 서로 밀집해서 튼튼한 조직을 구성하고 있다. 식물체의 여러

부위에 분포되어 망상, 원통형, 띠 등으로 나타난다. 특히 유관속조직에 많이 분포하는데 목부섬유와 목부외섬유로 구분한다.

(3) 유관속조직계(vascular system)

유관속조직은 목부(물의 통도기능), 사부(주로 광합성 물질의 수송기능)로 구성.
유관속은 식물체의 뿌리-줄기-잎에 이르는 전 부분에 걸쳐 연결되어 있으며 통도기능 외에 기계적 지지기능도 가진다.

구분	물관(xylem)	체관(phloem)
세포의 생사 여부	죽은 세포	살아있는 세포
세포벽 두께	두꺼움	얇음
세포벽 주요물질	lignin	cellulose
세포질	없음	살아있음
수송물질	물·무기양분	동화물질
수송되는 장소	잎	성장하는 부분·저장조직
전류 방향	위로	위·아래로
주변 조직	fibres(목부섬유)	companion cells(반세포)

① 물관부(목부, 도관, xylem)

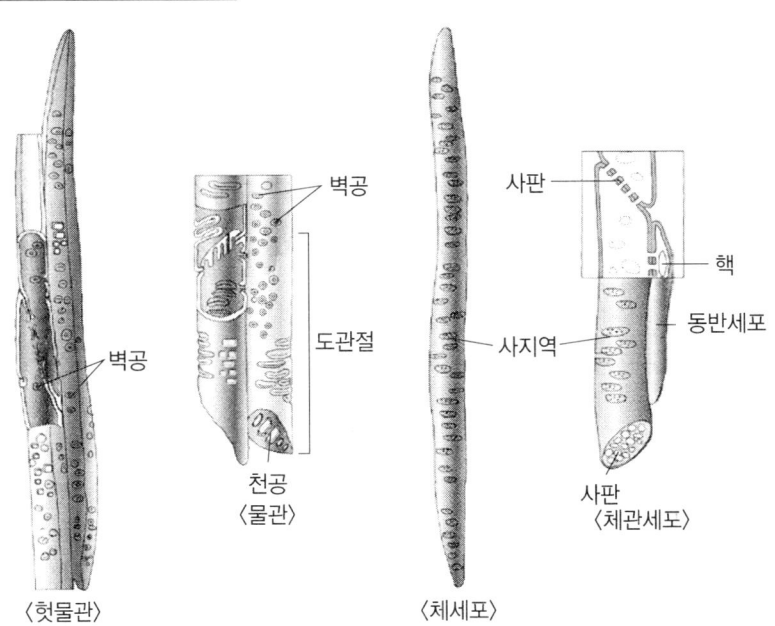

〈헛물관〉 〈물관〉 〈체세포〉 〈체관세도〉

종류	물관부		체관부	
	헛물관	물관(피자식물)	체세포	체관세포(피자식물)
격벽(격막)	× or ○	○	–	○(체판)
격벽의 천공	×	○	–	○(체공)
측벽(측막)	○	○	○	○
측벽의 벽공(막공)	○	○	○	○

㉠ 의미 : 서로 다른 세포로 구성된 복합조직으로 물과 무기물질의 이동통로이다.
㉡ 형성
  ⓐ 정단분열조직에서 분화 → 전형성층 → 1차목부 → 2차목부
  ⓑ 1기물관부(1차목부) 중에서 먼저 생기는 것을 원생목부, 후에 생기는 것을 후생목부라고 한다. 줄기나 뿌리 끝에서 형성되는 원생목부는 생장하면서 모양이 변하고 기능이 상실된다.
  ⓒ 2기물관부(2차목부)는 누적되면서 목재를 만들기 때문에 목부라 함
㉢ 구성 요소 : 가도관, 도관, 섬유, 유조직(유세포)
도관과 가도관은 수분과 무기양분을 통과시키는데, 도관은 천공을 통하여 위로 이동시키고, 가도관은 위로도 옆으로도 통과시킨다.
  ⓐ 가도관(헛물관, tracheid)
    • 모든 유관속식물에 있지만 도관이 없는 나자식물·양치식물에서는 물을 수송하는 유일한 요소임 예 소나무, 은행나무 등
    • 원시적이며, 특수화가 덜 된 물관요소로 속이 빈 1개의 죽은 세포
    • 가도관은 도관보다 가늘고 끝이 다소 뾰족하며 끝부분 위아래에 있는 다른 헛물관과 중첩되어 있음
    • 물은 오직 측벽에 생기는 벽공을 통해서만 통과할 수 있음. 격막이 있으나 천공은 없고 종류에 따라서는 격막이 없는 경우도 있다. 벽공(측막)에는 도관과 같은 무늬가 발달하여 여러 가지로 구분된다.
  ⓑ 도관(물관, vessel)
    • 모든 피자식물은 물관과 헛물관을 모두 가짐(일부 제외)
      예 식용작물, 단풍나무 등
    • 개개의 물관세포(물관요소, 도관절)가 격벽(격막; end wall)이 소실되어 길게 연결된 관
    • 물관은 헛물관보다 짧고 넓으며, 끝이 중첩되지 않고 서로 맞닿아 연결됨. 물관세포의 격벽이 분해되어 생긴 구멍을 천공(perforation)이라 하고, 천공을 갖는 격벽을 천공판(천공 수와 모양이 다양함)이라 함

- 도관의 측벽에는 벽공(측막)이 있어 물의 횡방향 이동(물관에서 다른 물관으로 이동)이 가능함
  ⓒ 목부섬유 : 지지기능을 담당하며, 가늘고 길며 양끝이 뾰족한 세포로 세포벽이 두껍고 천공이 없다.
  ⓓ 목부유조직 : 저장기능을 담당하며, 짧은 기둥모양으로 원형질을 포함하는 살아 있는 세포이다.
② 체관부(사부, phloem)

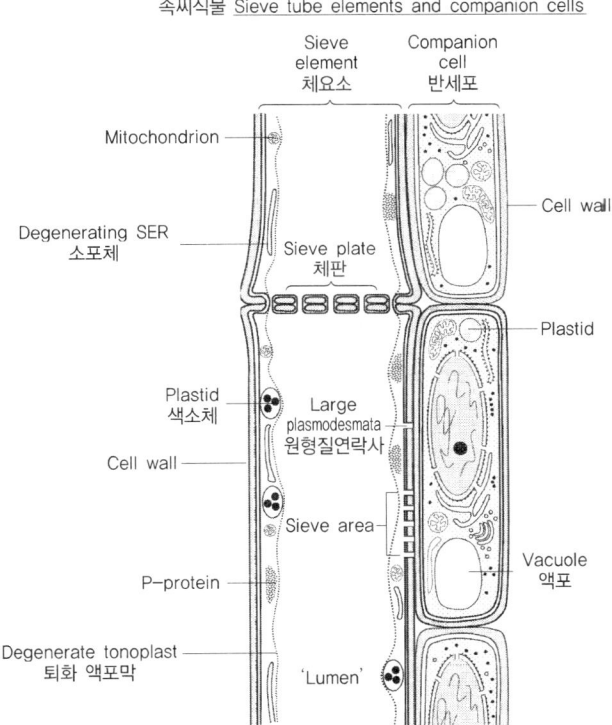

㉠ 의미
  ⓐ 체관부는 물에 녹은 당과 같은 유기물질을 수송하는 통로(세로로 길게 뻗은 세포)이며, 물관부는 물을 주로 위쪽으로 수송하는데 체관부의 용질은 모든 방향으로 이동됨
  ⓑ 체관부 역시 전형성층에서 발달하는 1기체관부와 그 후 형성층에서 발달하는 2기체관부로 구분됨
㉡ 체관부 구성
  체요소(체세포, 체관세포), 반세포, 체관부유조직, 체관부섬유, 보강세포, 방사세포(ray cell) 등으로 구성됨

ⓐ 체요소(체관요소, 사요소; sieve element)
  ㉮ 식물체 안에서 당과 다른 유기물질을 통도하는 체관부세포
  ㉯ 체관부의 통도요소인 체세포와 체관세포를 체요소라 함. 체요소는 성숙해도 살아 있으며, 얇은 1차세포벽만을 가지며, 핵을 갖고 있지 않은 세포임

체세포	• 체세포는 원시적인 통도세포로 피자식물 이외의 유관속식물(양치·나자식물)에서 발견됨 • 헛물관처럼 긴 방추형이며, 끝이 뾰족하고 서로 중첩됨. 체지역은 세포벽의 전 표면에 분포됨 • 나자식물의 체세포에는 알부민세포라는 유세포가 붙어있어 체세포의 활성을 조절함
체관세포 (체관요소, 사관절)	• 체관세포는 오직 피자식물에서만 발견됨 • 위아래 격벽이 서로 연결되어 체관(사관)을 형성하고, 체판에는 격벽에 넓은 체지역과 직경이 큰 체공으로 이루어짐 • 측벽에는 체세포에 비해 좁은 체지역을 가짐 • 체관세포는 체관부단백질(P-protein)을 합성하거나 칼로오스(callose)를 갖고 있음

ⓑ 동반세포(companion cell)
  ㉮ 성숙한 잎의 세포에서 소엽맥의 체관요소로 광합성 산물(탄수화물)을 수송하는 역할을 한다.
  ㉯ 체관세포와 동반세포는 동일한 모세포에서 발생하여 상호의존적이며 원형질연락사로 연결되어 탄수화물 수송을 조절함
  ㉰ 모든 체관세포에는 반드시 동반세포가 붙어 있으며, 밀도가 높은 세포질과 핵을 가지고 있다. 사관의 기능이 활발하면 존재하고 사관이 노화하면서 파괴된다.

ⓒ 체관부유조직(사부유조직; phloem parenchyma)
  ㉮ 저장기능과 체내 당 합성이나 전류에 작은 역할을 담당한다. 엽록체를 함유하며, 양분은 체관요소로부터 → 반세포, 유조직세포를 통해서 → sink(분열조직이나 저장부위)로 이동한다.
  ㉯ 유조직세포(parenchyma cell) : 대사적인 펌프(pump)로서 작용하여 양분을 source(공급부위에 있는 체관부)에서 sink(수용부위에 있는 체관부, 분열조직이나 저장조직)로 보낼 때 에너지를 공급한다.
  ㉰ 반세포와 체관유조직세포는 세포벽이 얇고 원형질을 함유하며, 체관의 압력구배의 유지에 주요한 역할을 한다.

ⓓ 체판(사판; sieve plate) : 서로 닿은 체관부세포는 체판에 의해 연결되고, 체판은 작은 구멍(체판공, 체공, 사공)이 많이 있으며 동화물질 이동을 쉽게 한다.

ⓔ 체관섬유 : 방추형의 가느다란 후막세포(두꺼운 세포벽)로서 압력에 견디어 기계적으로 지지하는 역할을 한다.
　ⓒ P-protein(사부단백질, phloem protein)
　　체판이 손상되면 일시적으로 P-단백질로, 장기적으로 callose로 메워짐
　　ⓐ P-단백질(수종의 섬유단백질) : 동반세포에서 합성된 단백질(체관부섬유단백질과 체관부렉틴)이 체관요소에 수송되어 결합된 P-단백질섬유와 P-단백질체를 지칭함. 피자식물 체관요소에는 체관부단백질인 P-단백질체(P-protein body)가 풍부하다. 처음에는 분리된 작은 단백질체로 보이다가 사관요소가 성숙하면서 점차 커진다.
　　ⓑ 특성 : 사관추출액이 공기에 노출되었을 때 gel화 하는데 관여하며, 탄수화물과 쉽게 결합하는 특성을 가진다.
　　ⓒ 역할 : P-protein은 사관요소가 수송 기능을 수행하는 동안에는 세포 내벽에 위치하며 사판(체판)의 사공(체공)을 막지 않지만, 사관요소가 상처를 입게 되면 곧바로 gel화 되면서 점질성 마개 역할을 하면서 사판 구멍(체판공, sieve plate pore)을 막아 수액의 외부방출을 방지하거나 미생물 감염을 방지한다. 체관액을 흡즙하는 곤충에 대한 방어기작으로 보기도 한다.
　ⓔ 칼로스(callose)
　　ⓐ 합성 : 체판 손상을 장기적으로 해결하기 위해 체판공에서 칼로스가 생성된다. 칼로스는 상해나 기계적인 자극, 고온과 같은 스트레스, 휴면과 같은 정상적 발달과정에서 합성된다. 칼로스는 원형질막의 효소에 의해 합성되며, 원형질막과 세포벽 사이에 쌓여 물질 이동을 막는다. 칼로스(β-1,3-glucan)는 포도당 중합체로서 전분이나 셀룰로오스 등과 관련이 깊다.
　　ⓑ 기능 : 정상 기능을 하는 사관요소에서는 소량이 사판의 표면에 발견되지만, 사관요소가 상처를 받거나 기능을 상실한 사관요소에서 callus(유합조직)의 형성과 함께 급격히 합성되어 사판 주변에 축적되어 장기적으로 체판 구멍을 봉합하여 전류시스템을 유지할 수 있도록 한다.
　　　stress에 의해 체판공에 상처 칼로스가 침적되면 주변의 온전한 조직으로부터 손상받은 체관요소를 효율적으로 차단한다.

기출 및 출제예상문제

01 〈보기〉에서 쌍자엽식물을 모두 고른 것은? ● 23. 서울지도사

| 보기 |
| 가. 바나나   나. 야자 |
| 다. 선인장   라. 해바라기 |

① 가, 나
② 가, 다
③ 나, 라
④ 다, 라

[해설]

단자엽식물	쌍자엽식물
벼, 옥수수, 마늘, 부추, 잔디, 난초, 백합(나리), 토란, 바나나, 코코야자	대두, 완두, 무, 배추, 토마토, 참외, 장미, 사과, 포도, 해바라기, 과꽃, 선인장

02 식물조직 및 세포의 구조와 기능에 대한 설명으로 가장 옳은 것은? ● 20. 서울지도사

① 엽록체의 틸라코이드막에는 광합성색소, 전자전달계, ATP 합성효소 등이 배열되어 있다.
② 물관부는 물관, 헛물관, 동반세포, 섬유세포, 유세포로 구성된다.
③ 조면소포체는 단백질과 RNA로 구성된 과립이며, 단백질 합성장소이다.
④ 체관부는 천공을 통해 동화산물이 통과하는데, 상처가 났을 경우 칼로오스로 막아 물질의 이동을 차단한다.

[해설] ② 물관부는 물관, 헛물관, 섬유세포, 유세포로 구성되며, 동반세포는 체관부를 구성한다.
③ 리보솜은 단백질과 RNA로 구성된 과립이며, 단백질 합성장소이다.
④ 체관부는 체판공을 통해 동화산물이 통과하는데, 상처가 났을 경우 칼로오스로 막아 물질의 이동이 외부로 누출되는 것을 차단한다.

[정답] 01 ④ 02 ①

03 다음 뿌리의 선단부 중 근모부에 대한 설명으로 틀린 것은?
① 세포신장이 주로 일어난다.
② 조직의 분화가 이루어진다.
③ 뿌리털이 신장된다.
④ 다량의 수분이 흡수된다.
⑤ 뿌리에서 각종 영구조직의 분화가 이루어지는 곳이다.

[해설] 식물 뿌리는 근관, 생장점, 신장대, 흡수대(근모대)로 구성되어 있다. 세포신장이 일어나는 곳은 신장대이다.

04 다음 중 뿌리선단부에 존재하는 근관의 중요한 기능은?
① 근모의 수분흡수를 조절한다.
② 뿌리의 생장점을 보호해 준다.
③ 양분과 수분의 흡수를 조절한다.
④ 뿌리에 필요한 산소를 공급해 준다.

[해설] 근관은 뿌리의 생장점을 보호해 주며, 뿌리골무로 된 부분이 흙 입자와의 마찰로 생기는 뿌리의 손상과 파괴를 막아준다.

05 뿌리에서 카스파리대가 발달하는 조직은?
① 표피
② 내피
③ 내초
④ 피층

06 곁뿌리가 생길 때 그 원기가 형성되는 부위는?
① 표피(epidermis)
② 내피(endodermis)
③ 중심주(stele)
④ 근모(Root hair)
⑤ 내초(pericycle)

[해설] 내초는 분열조직 활성을 유지하고 있는 새로운 측근의 성장이 시작되는 부위이다. 측근 형성이 시작될 때는 뿌리 내부에 매몰되어 있다가 측근이 신장하면서 피층과 표피를 뚫고 나온다.

07 수분흡수에 유리하도록 뿌리의 선단부와 토양과의 접촉면적을 확대시키는 방법이 될 수 있는 것은?
① 신장부의 부위가 길다.
② 신장부의 신장속도가 빠르다.
③ 근모가 많이 발생된다.
④ 근관이 토양과 접촉하고 있다.

[정답] 03 ① 04 ② 05 ② 06 ⑤ 07 ③

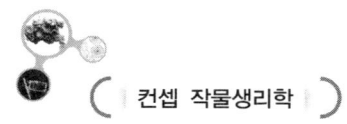

08 논과 밭에서 재배한 각각의 벼뿌리를 비교할 때 밭상태에서 자란 뿌리의 특징으로 볼 수 없는 것은?

① 근모가 밭상태에서 특히 잘 발달한다.
② 표피조직이 발달한다.
③ 피층조직이 잘 발달한다.
④ 파생통기조직이 잘 발달한다.
⑤ 지근발생이 많아진다.

[해설]

밭상태	담수상태
• 토양산소가 풍부함 • 관근이 길게 자람 • 여러 개의 분지근을 발생	• 토양산소가 적음 • 뿌리 신장 · 분지근 발생이 적고 가늚 • 근모발생도 적음 • 파생통기조직이 발달함

09 다음의 식물조직 중 영구조직에 속하는 것은?

① 생장점조직
② 형성층조직
③ 동화조직
④ 절간분열조직

[해설]

식물 조직			
	분열조직	정단분열조직	생장점
		측생분열조직	유관속형성층, 코르크형성층
		절간분열조직	생장점
	영구조직	표피조직	근모, 기공, 배수조직, 모용, 주피
		유관속조직	물관, 헛물관, 체관
		기본조직	유조직 : 동화, 저장, 분비, 통기조직
			기계조직 : 후각, 후벽(보강세포, 섬유세포)조직

10 다음 중 설명이 옳지 않은 것은?

① 식물의 동화조직은 유조직에 해당된다.
② 영구조직에 속하는 통도조직에서 사관부는 양분을 수송하는 조직이다.
③ 식물조직 중 유조직, 기계조직, 형성층, 표피조직은 영구조직에 해당한다.
④ 통도조직에는 물관, 헛물관, 체관 등이 있다.

[해설] 유조직, 기계조직, 표피조직은 영구조직이지만, 형성층은 분열조직에 해당된다.

[정답] 08 ④ 09 ③ 10 ③

11 뿌리 조직에 대한 설명 중에서 틀린 것은?
① 뿌리의 생장점은 근관으로 싸여 있다.
② 측생분열조직을 형성한다.
③ 굴지성을 가진다.
④ 중심주는 토양과 직접 맞닿아 있다.

[해설] 뿌리 표피가 토양에 맞닿아 있고, 중심주는 뿌리단면 가운데 부위이다.

12 다음 중 도관부에 대한 설명으로 틀린 것은?
① 도관부 유세포(유조직)는 그 구성요소이다.
② 도관부 섬유는 저장역할을 담당한다.
③ 가도관은 양치식물과 나자식물에 있다.
④ 도관과 가도관은 벽공(pit)을 가진다.

[해설] 도관부 섬유(목부섬유)는 지지기능을 담당한다.

13 물관과 헛물관에 대한 설명 중 틀린 것은?
① 목화된 2차벽이 발달하였다.
② 물관은 세포가 상하로 연결되어 관을 형성한다.
③ 헛물관은 천공과 막공을 통해 수분이 이동한다.
④ 헛물관은 주로 나자식물이나 양치식물에서 관찰된다.

[해설] 헛물관은 천공이 없다.

종류	물관부		체관부	
	헛물관	물관(피자식물)	체세포	체관세포(피자식물)
격벽(격막)	× or ○	○	–	○(체판)
격벽의 천공	×	○	–	○(체공)
측벽(측막)	○	○	○	○
측벽의 벽공(막공)	○	○	○	○

정답 11 ④ 12 ② 13 ③

14. 식물조직에 대한 설명으로 옳지 않은 것은?

① 식물체에서 체관부의 양분전류시에 전류에 필요한 에너지를 공급하는 조직은 유조직세포이다.
② 사관, 헛물관, 동반세포, 사관부유세포는 유기물질의 수송과 관련된다.
③ 물관은 목부조직을 구성한다.
④ 체관은 유관속계 중에서 원형질을 가진 살아있는 조직이다.

[해설] 헛물관은 뿌리에서 흡수한 양수분의 이동통로 역할을 한다.

15. 식물조직에 대한 설명으로 옳지 않은 것은?

① 생장점, 형성층, 절간분열조직은 세포분열이 일어나는 대표적 장소이다.
② 후각조직과 후막조직은 세포벽의 비후에 의해 형성된다.
③ 식물줄기와 달리 뿌리에서는 마디의 발달이 미약하다.
④ 셀룰로스와 아밀로스는 자당으로 구성되어 있다.
⑤ 공변세포와 뿌리털은 표피세포가 변형되어 형성된다.

[해설] 셀룰로스와 아밀로스는 포도당(glucose)이 글리코시드결합을 한 중합체이다.

16. 식물뿌리에 대한 설명 중 틀린 것은?

① 생장점은 근관으로 싸여 있다.
② 뿌리끝의 근관은 점액성물질을 분비하여 뿌리의 토중침투를 용이하게 한다.
③ 뿌리털은 양수분 흡수를 담당한다.
④ 뿌리에도 체관과 물관이 발달되어 있다.
⑤ 뿌리의 피층에는 카스페리대가 발달되어 있어 공기유입을 원활하게 한다.

[해설] 뿌리의 내피에는 카스페리대가 발달되어 있어 아포플라스트를 통해 운반되는 수분의 유입을 차단한다.

정답 14 ② 15 ④ 16 ⑤

17 각 식물의 조직에 대하여 서로 관련성이 없는 것은?

① 분비조직 – 송진관(소나무)
② 후막조직 – 배의 석세포
③ 동화조직 – 울타리조직
④ 후각조직 – 선인장줄기
⑤ 통도조직 – 헛물관

[해설] 선인장줄기는 저장(저수)조직에 해당되며, 일반적인 식물세포벽이 후각조직에 해당된다.

18 사부의 구성요소 중 저장기능과 함께 동화물질을 물과 함께 측면으로 운반하는 작용을 하는 것은?

① 사관요소
② 사부유조직
③ 반세포
④ 보강세포

[해설] 수송기능을 수행하는 것은 반세포이지만, 저장기능과 운반기능까지 동시에 수행하는 것은 사부유조직이다.

19 완두와 같은 두과식물의 잎에서 관찰되는 운반세포(transfer cell)가 생성되는 세포는?

① 유세포
② 반세포
③ 섬유세포
④ 사관요소

20 P-protein에 대한 설명 중 틀린 것은?

① P-protein의 형태와 크기는 식물에 따라 다양하다.
② 사관추출액이 공기에 노출되었을 때 겔화 하는데 관여한다.
③ 사관요소가 상처를 입게 되면 곧바로 겔화되면서 사관의 구멍을 막아 수액의 외부방출을 방지한다.
④ P-protein은 사관요소가 기능을 수행하는 동안 사판의 사공을 막는다.

[해설] P-protein은 사관요소가 기능을 수행하는 동안 세포 내벽에 위치하며 사판의 사공을 막지 않는다.

정답 17 ④ 18 ② 19 ② 20 ④

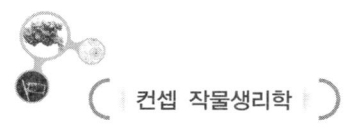

21. 체관요소에서 칼로오스의 중요한 기능은?

① 수송을 차단한다.　　② 수송을 촉진한다.
③ 상처를 치유한다.　　④ 설탕을 저장한다.

[해설] 정상 기능을 하는 사관요소에서는 소량이 사판의 표면에 발견되지만, 사관요소가 상처를 받거나 기능을 상실한 사관요소에서 callus(유합조직)의 형성과 함께 급격히 합성되어 사판 주변에 축적되어 사판 구멍을 봉합하여 전류시스템을 유지할 수 있도록 한다.

22. callose에 대한 설명 중 틀린 것은?

① 칼로스는 $\beta-1,3$ 결합에 의한 포도당 중합체이다.
② 사관요소가 상처를 입으면 callus의 형성과 함께 callose도 급격히 합성되어 사판주위에 축적된다.
③ 성숙한 기능을 하는 사관요소에서 다량의 칼로스가 사판위에 축적되어 있는 것을 볼 수 있다.
④ 식물의 전류시스템을 유지할 수 있도록 도와준다.

[해설] 성숙한 기능을 하는 사관요소에서 소량의 칼로스가 사판위에 축적되어 있는 것을 볼 수 있으나, 사관요소가 상처를 입으면 callose가 급격히 합성되어 사판주위에 축적된다.

정답　21 ①　22 ③

Chapter 02 식물세포

단원 키워드

1. 세포외피를 구성하는 세포벽, 원형질연락사의 의미와 기능
2. 세포막의 유동모자이크모델과 세포막의 구조와 기능
3. 핵, 미토콘드리아, 엽록체, 소포체, 골지체, 미소체, 액포의 기능
4. 세포골격을 구성하는 소단위체 단백질과 보조단백질의 종류
5. 세포골격을 담당하는 미세소관, 미세섬유의 구조와 기능
6. 체세포분열과 감수분열에 대한 차이점
7. 세포주기

제1절 식물세포의 기본구조

세포 구성			
	원형질	핵(1)	핵막(2중막), 핵액, 염색사, 인(rRNA+단백질)
		세포질	2중막(복막) : 미토콘드리아(MT, 200), 엽록체(CP, 20)
			단일막 : 소포체(1), 골지체(100), 페록시솜(200), 글라이옥시솜
			무막(無膜) : 리보솜, 중심체
			세포기초질 – 세포골격물 : 미세소관(1000), 미세섬유(1000) – 세포함유물 : 전분, 단백질, 탄닌 등(후형질)
		세포막(1)	인지질, 막단백질
	후형질	액포(1)	단일막, 삼투압 조절
		세포벽(1)	1차세포벽, 2차세포벽

* ( )는 세포당 개수

- **식물세포에서만 존재하는 기관** : 색소체, 액포, 세포벽, 원형질연락사, 세포간극
- **동물세포에서만 존재하는 기관** : 중심체
- ATP 합성장소 : MT, CP, 세포질
- DNA 함유기관 : 핵, MT, CP
- 동화(합성) 기관 : 핵, 리보솜, CP
- 이화(분해) 기관 : MT, 리소좀

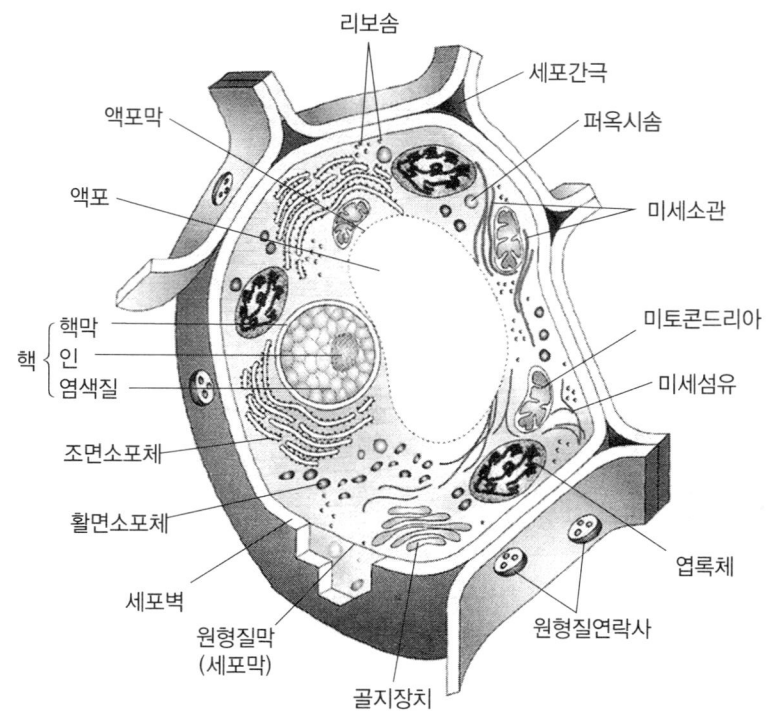

> **정리**
> - 원형질(protoplasm) : 세포가 생길 때부터 있던 핵, 소기관, 세포막을 말하며, 일반적으로 원형질막에 싸인 내용물 전체를 지칭함
> - 후형질(metaplasm) : 세포활동 결과로 생긴 세포벽, 액포, 대사산물을 의미함
> - 원형질체(protoplast) : 세포에서 세포벽을 제거한 부분
> - 세포질(cytoplasm) : 원형질에서 핵을 제외한 나머지 부분
> - 시토졸(cytosol) : 세포질에서 소기관들 사이에 있는 가용성 기질
> - <u>외피구조</u> : 세포벽과 원형질막
> - <u>골격구조</u> : 미세소관과 미세섬유
> - <u>세포기질</u> : 원형질막과 소기관들 사이에 있는 가용성 투명질

1 세포 기관

○ Hookes(1665) : 세포 발견

○ Schleiden(1838)과 Schwann(1839) : 세포설(세포는 모든 생물의 기본단위)을 주장. 각각 동물·식물이 세포로 되어 있다고 제안. 원형질체(protoplast)는 생명현상의 가장 기본이 되는 최소 단위이며, 핵(核)을 가진 세포만이 세포를 만들 수 있다고 주장

(1) 핵(核; nucleus)

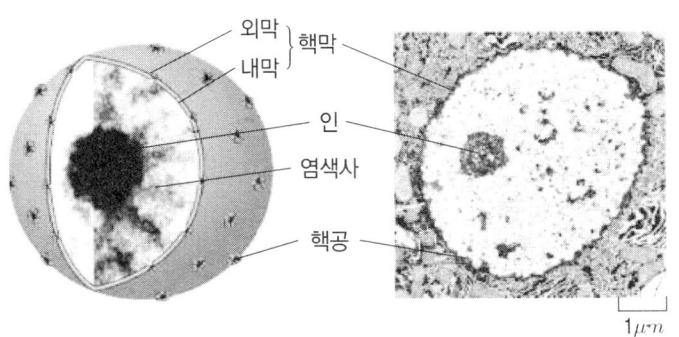

■ 핵의 구조

① 의미
 ㉠ 핵은 세포의 활동을 종합적으로 통제하는 기관. 지름이 약 5~30㎛
 ㉡ 핵은 유전물질인 DNA를 보존하고, DNA의 단백질을 암호화하는 부위인 유전자를 RNA로 전사시키는 과정을 조절한다.

② 핵 내 구조
 ㉠ DNA-단백질 복합체 : 핵 내 DNA는 histon 단백질과 복합체 구조를 형성하며, 세포주기 단계마다 간기는 염색체가 느슨한 상태의 염색질로 존재하고(유전자 전사가 활발히 진행됨), 분열기는 DNA-단백질 복합체 구조가 고도로 응축된 염색체 구조로 되어 있다(유전자가 발현되지 않음).
 ㉡ 핵막(nuclear envelope) : 핵은 2중막인 핵막으로 둘러싸여 있으며, 내막은 핵라미나(nuclear lamina)라고 하는 지지섬유들의 네트워크와 연결되고, 외막은 소포체막과 연결됨. 세포분열 전기에 핵막이 소낭으로 해체되었다가, 세포분열 말기에 새로운 딸세포의 핵막이 형성될 때 사용된다.
 ㉢ 핵공(nuclear pore) : 핵막에는 핵공(nuclear pore)이 발달되어 있어, 핵과 세포질 사이의 물질교환이 이루어진다. 핵질에서 전사된 RNA는 세포질로 수송되어 단백질로 번역되며, 이렇게 합성된 단백질 중 핵 안에서 작용하는 단백질은 핵공을 통하여 핵으로 수송된다.
 ㉣ 인(nucleolus) : DNA의 rRNA(리보솜리보핵산)가 대량으로 전사되고, 전사된 rRNA가 가공되어 리보솜 구성 단백질과 결합되는 동안에는 핵 내에서 인이 형성된다.

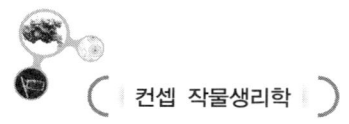

(2) 리보솜(ribosome)

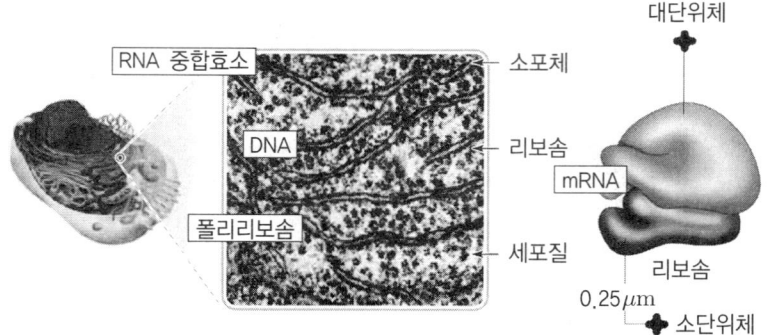

① 기능 : 단백질 합성이 이루어지는 장소
② 합성 : 리보솜의 소단위체는 핵 안의 인에서 합성되고, 세포질에서 리보솜으로 조립된다.
③ 구조
　㉠ 리보솜은 rRNA와 단백질의 복합체로서, 리보솜은 2개의 소단위체(subunit)로 되어 있는데, 하나는 크고(L, 60s) 다른 하나는 그보다 작은 것(S, 40s)이 모여 기능을 수행하는 기본단위가 된다. 리보솜은 소포체에 부착(부착 리보솜)되어 있는 것도 있고 세포질에 퍼져(자유 리보솜) 있기도 하다.
　㉡ 폴리솜(polysome) : 단백질이 합성될 때 여러 개의 리보솜이 mRNA 사슬에 연결되어 있는 리보솜 집합체. 단백질이 다량으로 합성되는 곳에서 발견된다.

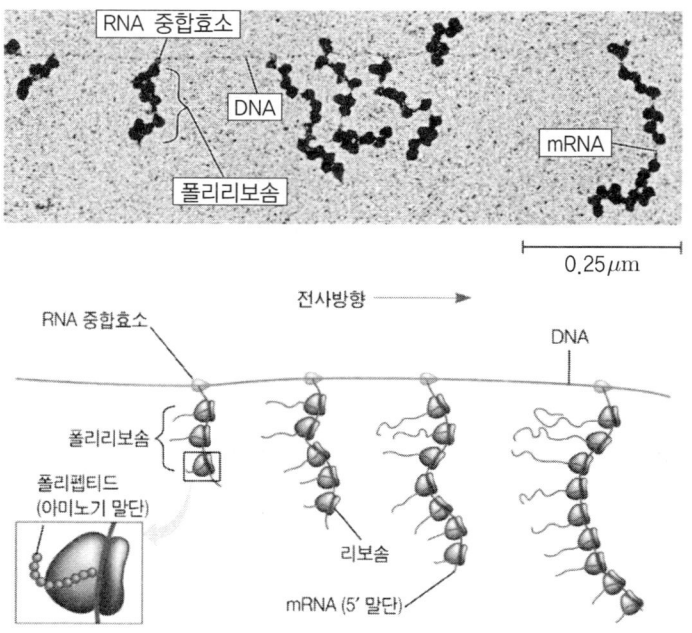

(3) 미토콘드리아(mitochondria)

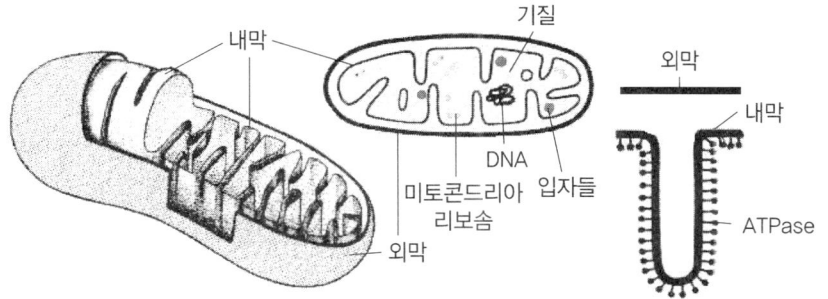

① 의미 : 시트르산(TCA) 회로와 산화적 전자전달계(ETS)를 통해 ATP를 생성하는 호흡계(respiration system) 기관
② 구조
　㉠ 모양은 구형 또는 타원형, 2중막 구조, 미토콘드리아 두께 $0.5 \sim 1 \mu m$, 길이 $1 \sim 4 \mu m$, 외막은 매끄럽고 내막은 주름이 많이 잡힌 구조이다.
　㉡ 내막으로 둘러싸인 공간인 기질(matrix), 내막이 기질 깊숙이 주름지게 접혀진 내강(cristae), 내막과 외막의 사이인 막간 공간(intermembrane space)으로 구성되어 있다.
　㉢ 내막(cristae)에는 전자전달계를 구성하는 단백질 복합체로 구성(막의 75%가 단백질로 구성됨)
③ 특징
　㉠ 고리형의 2중가닥 DNA를 갖고 있어 유전적으로 반자치적인 자기복제가 가능하다.
　㉡ 시트르산회로 과정에서 유기산과 아미노산 등의 합성에 사용되는 다양한 화합물을 공급한다.

(4) 색소체(色素體; plastid)

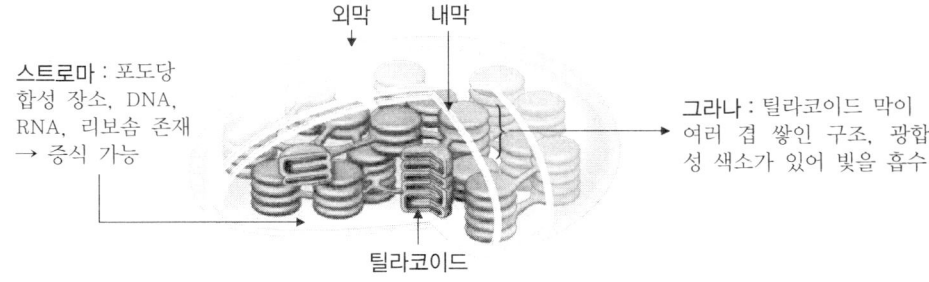

① 의미 : 색소체는 광합성, 다양한 물질의 저장(전분 등), 세포의 구조와 기능에 필요한 물질의 합성을 담당하는 기관이다. 엽록체는 광합성, 광호흡, 질소동화, 황동화 작용

등을 함
② 구조 : 동심원의 2중막 구조. 2중막의 내막·외막은 조성, 구조, 기능이 각각 다르다. 고리형의 2중가닥 DNA 분자를 포함(유전적으로 반자치적인 특성을 가짐)
③ 전색소체의 분화

전색소체 (前色素體; proplastid)	• 모든 색소체는 발육상으로 전색소체로부터 유래 • 어린 분열조직 세포에 약 20여 개가 존재, 내부 막계의 발달이 빈약	
	엽록체(chloroplast)	전색소체에 빛이 조사되면 엽록체로 분화
	황백화색소체(etioplast)	전색소체가 엽록체로 발달하는 과정에서 광이 부족하여 발달이 정지된 색소체
	잡색체(chromoplast)	황색·주황색·적색 등의 색소를 갖고 있는 색소체로서 꽃과 과일의 색깔을 결정
	백색체(leucoplast)	무색의 색소체로서 정유에 함유되어 있는 모노테르펜의 생성에 관여. 저장조직의 유세포 안에 존재하며 광합성은 하지 못함
	전분체(amyloplast)	색소가 없는 색소체로서 녹말입자로 구성됨

④ 엽록체 구조

고등식물의 엽록체는 평면이나 양면 볼록렌즈 모양으로 지름 5~10μm, 두께 2~3μm. 성숙한 엽록체의 외막과 내막의 두께는 약 7nm, 막 사이의 공간은 4~70nm

　㉠ grana
　　ⓐ 틸라코이드막이 10~100겹으로 쌓여 있는 부분. 그라나는 하나의 엽록체에 40~60개가 존재한다.
　　ⓑ ETS(전자전달계) : 틸라코이드막에는 엽록소, 적황색 색소, 단백질, 빛 에너지를 이용하여 NADPH와 ATP를 생성하는 전자전달계가 존재한다.
　　ⓒ lumen(내강) : 틸라코이드(thylakoid)막으로 둘러싸인 공간
　㉡ stroma : 내막 안쪽 공간으로 스트로마에는 복잡한 틸라코이드막계로 구성된다.

(5) **소포체**(小胞體; endoplasmic reticulum, ER)
① 의미 : ER은 세포 내 기관 중 가장 광범위하게 적용능력이 큰 소기관으로 물질 운반이나 분비물·노폐물의 배출 통로로 작용한다.
② 구조 : 세포질을 가로질러 원형질막과 핵막을 연결하는 연속적인 관과 편평한 소낭으로 구성된 3차원적 망상구조이다.
③ 종류
　㉠ 조면소포체(rough endoplasmic reticulum) : 거친면소포체
　　소포체의 세포질 쪽에 리보솜이 부착되어 있는 영역으로 단백질을 합성한다.
　㉡ 활면소포체(smooth endoplasmic reticulum) : 매끈면소포체

리보솜이 부착되지 않은 영역으로 지질을 합성하며 탄수화물 대사에 관여하고, 막 조립의 기능을 한다.
④ 기능
  ㉠ ER은 막·액포·분비경로로 운송될 단백질의 합성·가공·분류, 이들 단백질에 대한 배당결합(glycosidic bond)의 형성, 다양한 종류의 지질분자 합성 등을 수행한다.
  ㉡ 내부막계 구성 : 측면확산이나 소낭의 운반에 의해 막 분자를 교환하는 핵막, 분비 경로 막(소포체, 트랜스 골지체, 원형질막, 액포 및 다양한 종류의 수송, 분비 소낭), 세포 내 섭취와 관련된 막 등으로 구성된다.
  ㉢ 소포체의 특정 영역에는 식물성 지방저장조직인 기름체(유체, oil body)와 종자 단백질이 축적되는 단백질체(protein body)가 형성된다.

(6) **골지체(Golgi apparatus)**

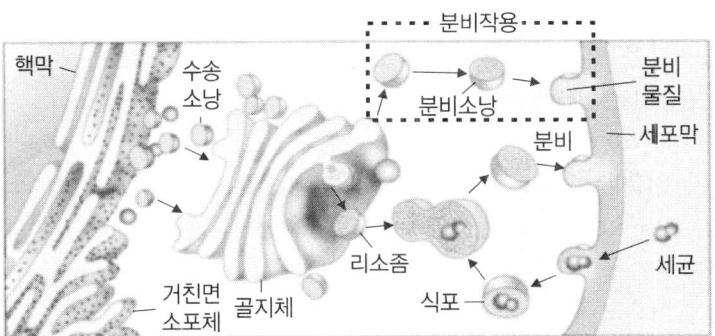

① 의미 및 구조
  ㉠ 세포 내 딕티오솜(dictyosome)의 집합체
  ㉡ 양 끝이 부푼 모양을 한 낭구조(cisternae)가 여러 개 겹쳐져 있는 모양이다.
  ㉢ 골지체는 지름 $0.5\mu m$ 정도의 원판상의 층판이 몇 겹씩 일정한 간격을 두고 쌓여 있는 구조이다.
② 구성 : 골지층판, 층판과 연관된 전이-골지망(trans-Golgi network), 이들을 포함하는 골지기질(matrix)로 구성된다.
③ 기능
  ㉠ **분비** : 골지체는 분비경로의 중앙에 위치하여 소포체에서 합성된 단백질과 지질을 받아서 액포나 세포의 표면으로 보낸다. 세포벽 복합체 다당류의 조립, 분비되는 단백질의 올리고당 측쇄의 형성과 가공, 원형질막과 액포용 당지질의 합성 등에 관여한다.

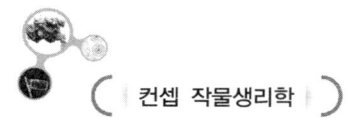

　　ⓒ 분해 : 당전이효소(glycosyltransferase)와 배당결합 가수분해효소(glycosidase)는 골지체의 기능을 촉매하는 효소이다.

> **참고** | 소포체, 골지장치, 세포벽의 상호관계
>
> 소포체에서 분비되는 단백질은 골지장치에 저장되고, 이 곳에서 합성된 탄수화물과 결합되어 세포벽 물질인 탄수화물-단백질 복합체를 만들고, 이것은 작은 알갱이(vesicle)에 의해 세포벽으로 이동한다. 시스테네의 두께는 $1\mu m$ 정도이다.

(7) 미소체(微小體; micro body)

① 구조 : 지름이 $0.2 \sim 1.7 \mu m$인 단일막으로 둘러싸인 기관 ⓔ 퍼옥시솜, 글리옥시솜

② 퍼옥시솜(페록시솜, peroxisome)
　　㉠ 잎의 페록시솜은 엽록체와 미토콘드리아와 함께 광호흡을 진행한다.
　　ⓒ 광호흡으로 생긴 글리콘산(gluconic acid)을 받아들이고 산화과정에서 H_2O_2(hydorgen peroxide)를 생성함
　　ⓒ catalase 효소가 들어있어 식물에 해로운 과산화수소(H_2O_2)를 분해하여 물분자(H_2O)와 산소(O_2)로 분해하여 무독화시킴

③ 올레오솜(oleosome)
　　㉠ 종자의 발달과정에서 소포체에서 합성된 중성지방을 저장하는 소기관
　　　스페로솜(spherosome), 지질체(lipid body), 유체(oil body), 기름방울이라 부름
　　ⓒ 기관 자체도 소포체에서 유래하며 인지질 단일층인 반단위막(half-unit membrane)으로 둘러싸여 있음
　　ⓒ 올레오신(oleosin) 단백질이 반단위막에 분포되어 있어 올레오솜이 서로 융합하지 못하게 함
　　ⓔ 종자가 발아할 때는 중성지방이 분해되어 지방산이 되어 글리옥시솜으로 들어감

④ 글리옥시솜(glyoxisome)
　　㉠ 지질함량이 높은 종자의 발아과정에서 지방산의 분해를 돕는 역할을 한다.
　　ⓒ 글리옥시솜에서 분해된 지방산의 대사물질은 미토콘드리아를 거쳐 세포질에서 당으로 전환된다.(포도당신생합성; gluconeogenesis)

⑤ 리소좀(lysosomes)
　　㉠ 단막으로 싸여 있는 작은 액포로서 여러 가지 가수분해효소를 가진다.
　　ⓒ 조면소포체에서 합성된 효소단백질은 활면소포체를 지나면서 화학적인 보완을 받고 골지장치에 축적되든가 리소좀으로 들어가게 된다.
　　ⓒ 리소좀은 성숙한 동물세포에서 속이 비는 과정에서 중요한 역할을 담당한다.
　　　(ⓔ 올챙이 꼬리가 짧아지는 현상)

(8) 액포(液胞; vacuole)
① 구조 및 특징
㉠ 액포는 두께가 5~6nm의 단일막(액포막; tonoplast) 구조이고, 식물세포만 관찰된다.
㉡ 액포에는 사멸한 세포 구성요소의 분해와 재활용에 기여하는 다양한 가수분해효소가 들어 있다.
㉢ 정단분열세포에는 많은 수의 작은 액포가 있으나, 세포가 성장하면서 액포들이 통합되어 하나의 큰 액포로 성장하여 성숙세포의 액포가 되고, 이는 세포 부피의 약 90%를 차지한다.

② 기능
㉠ 액포에는 무기물 이온, 유기산, 당, 효소, 저장단백질, 2차대사산물 등 다양한 물질이 저장된다. 액포는 용질의 농도가 높아 물을 흡수하고 세포의 팽압을 유지하는 역할을 한다.
㉡ 액포의 산도는 보통 약산성(pH 5.5)을 띠며, 양성자나 다른 이온의 세포질로의 방출을 조절하여 세포질의 산도, 효소의 활성 및 세포골격 구조의 조립 등을 조절한다.
㉢ 액포에는 세포질에 존재하고 있는 유해한 물질이 축적되어 세포가 유해한 물질로부터 보호된다.

정리 | 세포 소기관

세포 소기관	구조의 특징	주요 기능	기타
엽록체	타원형의 2중막 구조	광합성	독자적인 DNA가 있어 스스로 증식 가능하고 리보솜이 있어 단백질 합성 가능
미토콘드리아	긴 타원형의 2중막 구조	세포 호흡으로 ATP 생성	독자적인 DNA가 있어 스스로 증식 가능하고 리보솜이 있어 단백질 합성 가능
리보솜	rRNA와 단백질로 구성	단백질 합성	펩타이드 결합 형성 장소
소포체	주머니 모양의 층상 구조	물질 이동 통로	거친면 & 매끈면
골지체	납작한 주머니가 포개진 구조	물질의 저장과 분비	이자세포 등에 많음
리소좀	구형의 주머니 구조	세포 내 소화	가수 분해 효소 함유
중심립	미세 소관 다발	세포 분열시 방추사 형성	섬모, 편모와 관여

2 세포막(cell membrane)

(1) 유동모자이크 모델(fluid mosaic model, 세포막 모델)

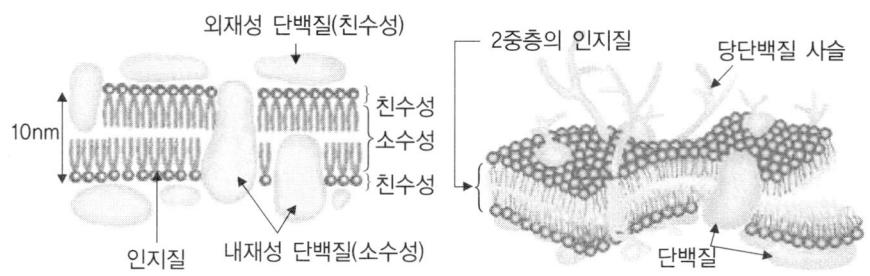

▣ 유동모자이크막 구조 모형도

① <u>유동모자이크 모델</u> : 세포막이 지니고 있는 선택적·능동적 투과성의 특이성을 설명하기 위한 가장 실증성이 높은 단위막의 분자적 구성에 관한 가설
② 인지질의 양친매성(兩親媒性)
  ㉠ 세포막 주성분인 인지질 분자는 <u>친수성 영역과 소수성 영역을 함께 갖고 있어 양친매성</u>을 나타낸다. 수용액 환경에서 소수성 영역이 물분자와 접촉하지 않도록 무리를 지어 자발적으로 이중층으로 조립되어 닫힌 공간을 만든다.
  ㉡ 인지질 2중층의 내부에 존재하는 소수성 영역은 소수성 결합을 형성하여 <u>극성분자나 하전(荷電)된 분자의 확산·투과를 억제시킨다.</u>
  ㉢ 세포막 유동성은 인지질 분자의 조성에 의하여 달라지는데, <u>불포화지방산의 증가는 세포막 유동성을 증가시킨다.</u>
③ 막단백질의 유동성 : 세포막 단백질은 막의 친수성 영역 표면에 존재하거나 막에 내재되어 있으며, 일부 막단백질은 <u>인지질 이중층의 유동성에 의해 측면이동</u>이 가능하다.

(2) 원형질막(plasma membrane)

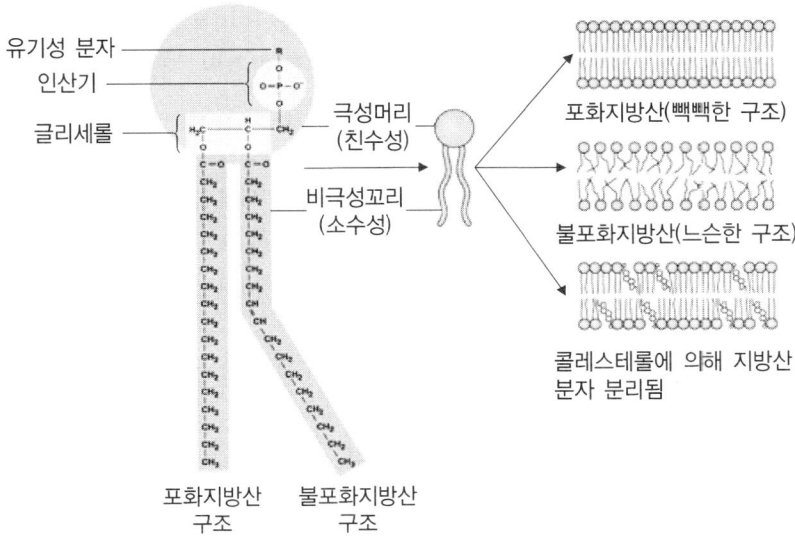

세포는 세포막인 원형질막으로 둘러싸여 있고, 핵·엽록체·미토콘드리아의 외막과 내막, 세포질 내부를 다양한 공간으로 구획하는 소포체도 원형질막으로 구성된다.

① 기능
  ㉠ 세포막은 세포 내부의 수용성 분자의 확산을 막는 장벽으로 작용한다.
  ㉡ 세포막에는 단백질이 존재하여 막을 통한 세포 내·외부로의 분자의 수송, 신호의 전달, 세포벽 성분의 합성과 조립, 세포골격과 외부기질과의 물리적 연결 등을 조절한다.
  ㉢ 원형질막은 소포체의 특별한 영역을 관모양으로 둘러싸서 세포 사이의 소통 통로인 원형질연락사를 형성한다.

② 구성
  ㉠ **비율**: 식물세포 원형질막은 지질 : 단백질 : 탄수화물 분자 = 40 : 40 : 20의 비율로 구성되며, 두께는 9~10nm이다.
  ㉡ **지질분자**: 인지질·당지질·스테롤이 존재하나, 조직·식물 종에 따라 구성비는 다양하다.

③ 세포막 단백질
  ㉠ 세포막의 일부 단백질은 인지질 분자의 지질 부분과 공유결합을 형성하여 이중층에 연결되어 있다. 막단백질은 세포골격과 상호작용을 하여 막 구조를 형성한다.

ⓛ 막단백질의 측면 이동과 제한
    ⓐ 막 주변 단백질은 내재형 단백질(內在型 蛋白質)이지만 인지질 분자와 비공유결합적 인력에 의해 부착되어 있어 측면확산이 가능하다.
    ⓑ 세포골격·세포벽·내재단백질·생체막에 연결된 단백질은 이동이 제한되어 단백질이 분포하는 막의 영역도 제한된다.
ⓒ 기능
    ⓐ 원형질막에 있는 단백질은 운송과 신호전달, 세포골격 요소의 세포벽 분자에 대한 고정, 세포질의 기질로부터 섬유소 미세섬유의 조립, 전자전달계 구성요소(PQ, Cy, PC, Fd 등), 물질의 선택적 수송통로(channel, carrier, pump 등) 등으로 작용한다.
    ⓑ 막을 관통하여 활성에 관여하는 단백질은 내재형 단백질이며, 주변의 단백질과 큰 복합체를 형성한다.
    ⓒ H^+-ATPase는 원형질막을 가로질러 전기화학적 구배(electro-chemical potential, 양성자 구배)를 만들어 이온과 용질을 운송하는 동력으로 작용하여 식물세포의 능동수송 체계에 관여한다.
    ⓓ 원형질막에 존재하는 H^+-ATPase(P-Type H^+-ATPase)는 ATP가수분해반응을 이용하여 세포질에서 세포 외부로 막을 관통하여 양성자를 운송함 → 세포벽의 산성화와 세포질의 알칼리성화를 유도함 → 세포활성 및 세포의 성장·발달에 영향을 준다.

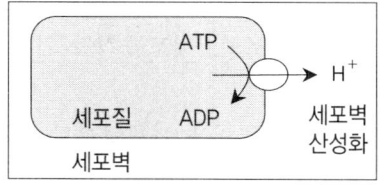

3 세포골격(cytoskeleton)

(1) 개념

① 구성 : 세포골격은 미세소관과 미세섬유로 이루어져 있으며, 이들은 각각 tubulin과 actin 단백질로 구성되어 있다. 이러한 섬유단백질이 3차원적으로 연결된 망상구조로 되어 있다.

② 기능 및 특성
  ㉠ 세포골격은 세포 구성요소를 공간적으로 고정시키거나 최적의 위치로 이동시켜 세포를 조직화하며, 세포의 분열과 성장 및 분화에 중요한 역할을 한다.

ⓒ 미세소관과 미세섬유는 간단한 분자의 집합체로 가역적으로 하리와 결합이 가능하여 기초질의 변형구조체이며, 세포특이성이 없고 인접 세포간 교환이 어느 정도 가능하다.

> **보충** 세포의 기초질
>
> ㉠ 세포 내에 단위막에 의해 만들어지는 구조체 이외의 것
> ㉡ 세포 기초질에는 각종 이온, 저분자물질, 고분자물질이 용해되어 있다.
> ㉢ 효소단백질을 중요한 분산상으로 하는 콜로이드계는 물리적 성질이 극단적으로 변동하는 경우는 gel과 sol로 분리된다. 세포막 가까이는 주로 겔상태이며, 내부는 졸상태에 있다.

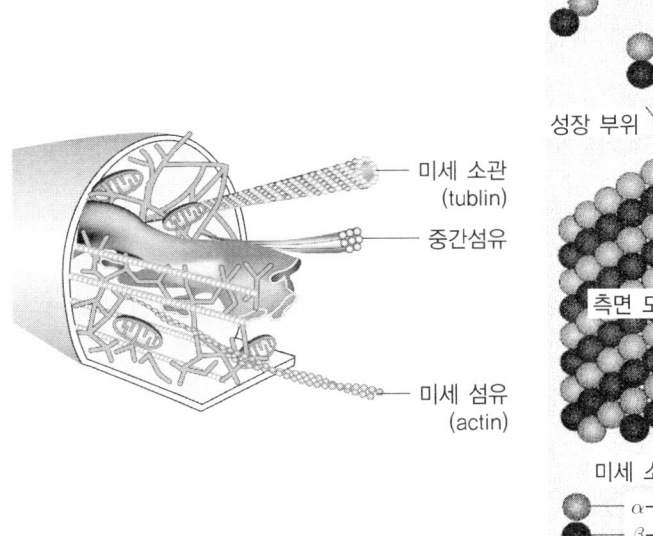
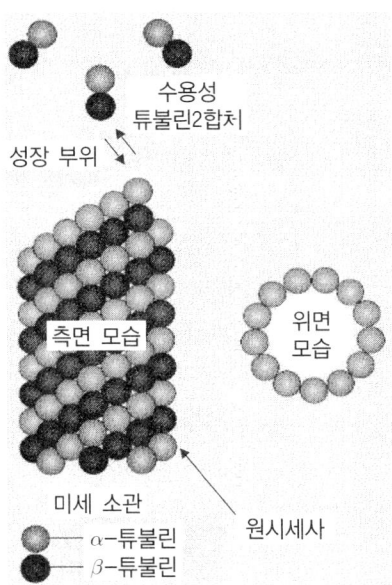

③ 액틴(actin)과 튜불린(tubulin)의 중합반응
  ㉠ 세포골격 중합체는 다수의 비공유결합에 의해 연결된 거대분자 소단위체로 구성되어 있어서, 이온농도·온도 같은 요인에 반응하여 구조가 조립되거나 해체되므로 골격구조는 역동적인 성질을 지닌다.
  ㉡ <u>극성 구조</u> : 미세소관과 액틴섬유(미세섬유)는 이를 구성하는 소단위체가 비대칭 구조로 되어 있어 극성을 지니며, 소단위체는 양끝이 일렬로 늘어서서 조립되므로 일정한 방향성을 갖는다.

(2) 종류

① 미세소관(microtubule)
　㉠ 구조
　　ⓐ α-튜불린·β-튜불린의 이형2합체로 구성된 중합체이다.
　　ⓑ 튜불린 이형2합체(heterodimer)는 양 측면과 양 단면이 함께 결합하는데 2합체는 직선적으로 배치되어 원시세사(protofilament)를 구성하며, 대부분 미세소관은 13개의 원시세사로 구성된다(변이도 나타남).
　　ⓒ 미세소관은 관상의 고분자 복합체로서 외경 25nm, 내경 14nm, 벽 두께 11nm, 분자량 50~120kD에 달한다.
　㉡ 특징 : 콜히친(colchicine)을 튜불린에 처리하면 특이적으로 결합하는 성질이 있기 때문에 미세소관(방추사)이 형성되지 못한다.
　㉢ 기능
　　ⓐ 세포 형태의 형성 : 셀룰로오스 원섬유의 배열을 조절하여 세포의 생장방향을 조절한다.
　　ⓑ 세포의 분화와 세포벽 건축 : 세포막 바로 안쪽에 위치하여 세포생장과정에서 세포벽 물질의 정렬에 관여한다.
　　ⓒ 세포 내부 수송 : 딕티오솜 알갱이를 세포벽 쪽으로 움직이도록 해 준다.
　　ⓓ 방추사에 의한 염색체 이동과 세포판을 형성한다.
　　ⓔ 섬모와 편모에 의한 세포의 이동 등에 관여한다.

② 미세섬유(microfilament)
　㉠ actin 구성 : 액틴 단백질의 중합체로서 용해성 액틴은 375개의 아미노산으로 구성된 구형 단백질이다. 액틴 소단위체가 중합체를 형성하여 두께가 8nm인 단단한 이중나선형 섬유를 형성한다.
　㉡ 기능
　　ⓐ 미세섬유 다발은 외계로부터의 자극을 세포 내로 전달하며, 마이오신(myosin)과 함께 원형질 유동의 원동력이 되며 세포 내 운동방향에 관여한다.
　　ⓑ 꽃가루관 신장에 필요한 세포벽 물질 분비소낭을 선단부로의 배열에 관여한다.
　　ⓒ 미세소관과 함께 유연성을 지닌 세포골격(세포벽)을 형성한다.
　　ⓓ 미세섬유의 일종인 체관부단백질(P-protein)은 체관의 체공을 막아 물질수송을 조절함

③ 보조단백질
- ㉠ 보조단백질(accessory protein)
  - ⓐ 의미 : 세포골격 중합체와 함께 정제되는 단백질
  - ⓑ 역할 : 보조단백질은 미세섬유와 미세소관 같은 세포골격(비계; scaffold)에 연결하는 연결체, 비계를 변형하는 도구, 비계를 움직이는 모터(예 myosin, dynein, kinesin) 역할을 수행한다.
- ㉡ 가교(결체) 단백질 : 세포골격 중합체 사이에 결합을 형성한다.
  - 예 핌브린(fimbrin)과 α-액티닌(α-actinin)

구분	미세소관	미세섬유	중간섬유
모양			
구성 성분	튜불린	액틴	케라틴
기능	방추사, 편모와 섬모 등을 구성	근섬유의 수축과 이완	세포 소기관의 위치 고정

4 세포벽 : 세포외피(細包外皮)

세포외피는 원형질막 외부를 둘러싸고 있는 물질과 구조이며, 식물세포의 모양 결정, 세포 보호, 세포 사이의 상호작용 매개, 세포가 다양한 기능을 수행토록 특별한 세포로 분화하는 데 역할을 한다.

(1) 세포벽 구조 · 기능

① 세포벽 구조
- ㉠ 세포벽은 1차벽과 2차벽으로 구분 : 1차벽은 세포 안쪽을 향해 처음 형성되는 벽. 2차벽은 추가로 형성된 벽으로, 미소원섬유(microfibril)의 배열방향에 따라 S_1, S_2, S_3 3개층으로 세분된다.
- ㉡ 벽공 · 원형질연락사
  두꺼운 벽($1\mu m$)에는 벽공(pit)과 원형질연락사(plsmodesmata)가 발달
  - ⓐ 벽공 : 세포벽이 발달하는 과정에서 2차벽 물질이 부분적으로 퇴적되지 않아 형성되는 2차벽의 몰입부를 말하며, 인접한 두 세포의 벽공은 서로 접하고 있어 벽공쌍(pit-pair)을 이루며, 벽공쌍은 벽공격막(pit membrane)으로 분리되어 있다. 벽공부위는 2차벽이 없고, 격막은 중층과 1차벽으로만 구성된다.
  - ⓑ 원형질연락사 : 격막을 가로지르며, 인접세포간 물질투과 등 원형질연락을 담당한다.

② 세포벽 기능
　㉠ 세포벽은 미섬유 사이에 lignin, suberin, cutin 등이 퇴적되면서 조직을 견고하게 하며 외부환경의 영향을 완충하는 동시에 수분, 가스, 병원균 등의 출입을 제한한다.
　㉡ 삼투현상으로 팽압이 증가해도 그 압력에 견딜 수 있는 것은 세포벽이 있어 형성되는 벽압이 작용하기 때문이다.
　㉢ 세포벽은 가소성을 가지기 때문에 독특한 구조가 형성되고 세포의 기능이 특수화된다.
　㉣ 세포벽의 물리적 성질, 탄성과 함수량 등에 의한 용적변화로 식물체는 기공개폐 같은 운동을 할 수 있다.
　㉤ 세포벽 구성성분

구분	%(건물)			
	밀(짚)	귀리(짚)	전나무	너도밤나무
셀룰로오스	39	44	57	44
헤미셀룰로오스	32	32	14	24
리그닌	17	19	28	22
펙틴	1	1	-	-

　　＊ 식물의 세포벽 구성성분 가운데 셀룰로오스가 가장 큰 비중을 차지하며, 수목의 경우 리그닌 함량이 현저히 많음

(2) 1차세포벽(primary cell wall)
① 섬유소(cellulose)
　㉠ cellulose : 1차세포벽의 주성분(세포벽의 15~30%)으로 500~14,000개의 포도당의 $\beta(1 \to 4)$사슬 중합체로 구성된다. 섬유소(5~12nm)는 수십 개가 동일한 방향으로 정렬하여 수소결합으로 연결 → 섬유소 집합체인 미세섬유(수백 μm)를 형성한다.
　㉡ 구성 : 섬유소 중합체에는 포도당·만노스·갈락토스·우론산·5탄당인 자일로스와 아라비노스 등이 포함되어 있으며, 꽃가루 세포벽에는 $\beta(1 \to 3)$사슬 중합체인 캘로스(callose)가 함유되어 있다.
② 헤미셀룰로오스(hemicellulose) : 1차세포벽의 25~50%를 차지하며, 미세섬유를 서로 연결하여 망상구조를 형성한다. 자일로스·우론산·아라비노스 등의 당으로 구성되어 있다.

③ 펙틴(pectin)
　㉠ 1차세포벽의 10~35%를 차지하며, 갈락투론산이 많고 다른 당들도 포함한다. 분지되어 있고, 수화도가 매우 높다.
　㉡ 미세섬유와 헤미셀룰로스 사이에 형성된 망상구조의 뼈대는 젤 상태의 펙틴질에 싸여 있으며, 펙틴질은 이웃 세포를 결합시키는 역할을 하는 중엽층(middle lamella, pectin+Ca^{2+})의 주성분이다.
　㉢ 펙틴은 세포의 다공성과 표면 전하에 영향을 미쳐 pH, 이온균형, 세포 간 부착, 토양미생물과 병해충 인식에 관여한다.
④ 기타 세포벽 물질 : 수화프롤린이 풍부한 당단백질, 프롤린이 풍부한 단백질(proline-rich protein), 글리신이 풍부한 단백질, extensin 등의 구조단백질, 방향성 물질도 포함되어 있다.

(3) 2차세포벽(secondary cell wall)

세포 성장이 멈추면 1차세포벽 내부에 2차세포벽이 형성되고, 가장 외곽의 1차세포벽은 2차세포벽에 비해 강도가 낮음

① 구성 : 셀룰로스(섬유소)・헤미셀룰로스・펙틴・리그닌(lignin)
② 리그닌 : 리그놀 단량체의 연쇄적인 중합체이다.
　㉠ 리그닌+다당류와 결합을 형성하여 섬유소보다 더 높은 강도의 구조를 형성한다.
　㉡ 뿌리・줄기의 표피, 주피의 코르크세포, 손상된 조직의 표면세포에는 수베린(suberin)이 쌓여 목화되고, 잎・줄기 표면에는 큐틴(cutin)과 왁스(wax) 성분이 있어 수분 증발을 차단한다.

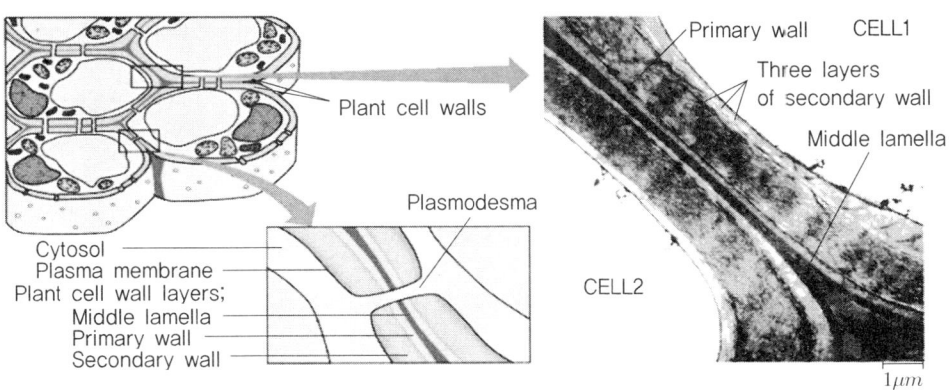

(4) 원형질연락사(plasmodesmata)
   ① 분포 : 대부분 세포에서 다량 존재하며, 세포벽 $1\mu m^2$에 0.1~10개가 분포한다.
   ② 구조
      ㉠ 원형질연락사는 세포벽을 가로질러 세포 사이에 형성되어 있는 가느다란 원형질막 관으로서 두 세포 사이에 연결된 소포체로 둘러싸여 있다.
      ㉡ 원형질연락사를 통과하는 소포체는 원통형의 가닥모양(desmotubule)으로 되어 있다. 데스모튜불의 중앙부는 중심봉(central rod)이라 하고, 데스모튜불과 원형질막 사이의 공간을 세포질관(세포질 환대)이라 하며, 원형질연락사의 원형질막과 소포체막에는 단백질이 삽입되어 미세통로(microchannel)가 형성된다.
   ③ 기능 : 원형질연락사는 자극의 전달, 물·신호전달물질·특별한 종류의 단백질 등의 수송통로로 이용되어 세포 사이의 소통·물질을 교환한다.

제2절 세포분열

1. 세포분열(cell division)

(1) 세포분열의 종류

무사분열 (無絲分製; amitosis)		원핵세포의 정상분열 형식과 진핵세포의 이상분열에서만 나타남
유사분열 (有絲分製; mitosis)		진핵세포의 기본적인 증식방법
	체세포분열 (somatic cell division)	유사분열의 기본형. 진핵세포를 갖고 있는 하등생물의 개체발생 및 다세포생물의 체세포 분열방식
	감수분열 (meiosis)	• 체세포분열의 변형. 종의 보존 및 발달에 기여함 • 감수분열에서는 상동염색체의 접합과 교차를 통한 유전자재조환에 의해 새로운 유전자형을 갖는 개체가 발생함

(2) 체세포분열 vs 감수분열

구분	체세포 분열	감수 분열
분열 장소	모든 세포	생식 세포
분열 횟수	1회	2회(연속)
딸세포 수	2개	4개
염색체 수	2n → 2n	2n $\xrightarrow{1차분열}$ n $\xrightarrow{2차분열}$ n
2가 염색체	형성 안됨	형성됨
분열 결과	성장, 재생	생식 세포(배우자) 형성
분열과정	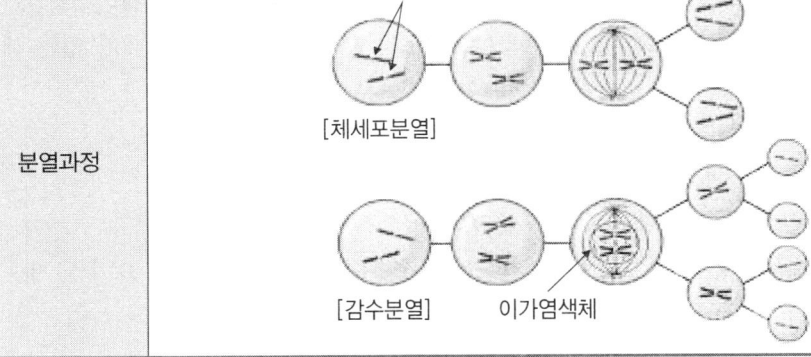	

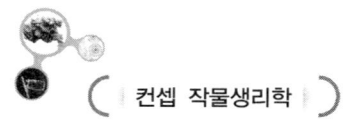

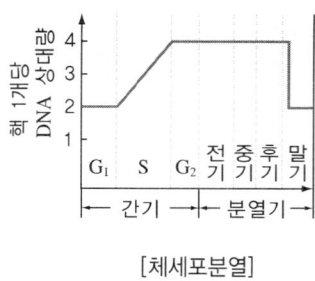
[체세포분열]

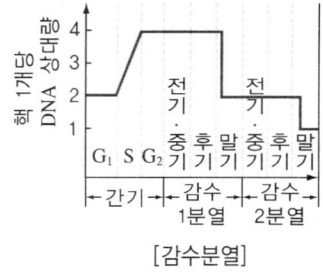
[감수분열]

(3) 유사분열

① 의의 : 유사분열 결과 생겨난 2개의 낭세포는 염색체 수와 유전적 조성이 똑같다. 식물의 모든 체세포는 동일한 염색체와 유전적 조성을 갖는다.

② 유사분열 소요시간 : 생물 종류, 세포 종류, 환경조건에 따라 달라 수시간에서 일주일이 걸린다. 일반적으로 전기와 말기는 길고, 중기와 후기는 짧고 간단하다.

③ DNA 양 배가 : 체세포분열의 DNA 합성기(S) 이후에는 핵 DNA 양이 배가되어 각 염색체는 2개의 염색분체로 구성된다. 2n 가(2개의 염색체) × 2(1개의 염색체는 2개의 염색분체로 이루어짐) = 4n 가의 DNA가 나타난다.

④ 염색사(chromonema) 응축 : 세포가 분열을 할 때에는 먼저 DNA-histone으로 구성되어 있는 염색질(chromatin)이 응축되면서 실모양의 염색사로 되고, 분열이 진행됨에 따라 응축이 일어나 막대모양의 염색체(chromosome)가 나타난다.

⑤ 세포 분열 : 4n DNA → 2n DNA + 2n DNA로 분배되면서 한 번의 세포주기가 끝난다.

  * 세포나 개체구성요소의 배가·복제에 의한 증식은 바이러스·원핵생물(原核生物; prokaryote)·진핵생물 모두 나타나지만, 세포격막 형성에 따른 세포분열은 진핵생물(眞核生物; eukaryote)만의 증식 방법임

(4) 세포분열의 방향

① 무정형 분열 : 조직배양을 하면 임의 방향으로 분열하여 무정형의 캘러스를 형성한다. 분열조직에서 분열 축 없이 무방향으로 세포가 분열하면 일정한 형태가 없는 세포덩어리가 된다.

② 분열 축과 방향이 있는 세포분열 : 생장점·형성층 같은 분열조직

  ㉠ 수층분열 : 생장점
  - 어떤 기준면에 대하여 세포분열면이 직교하는 세포분열이다.
  - 쌍자엽식물의 생장점에서 외의층 세포나 엽원기 표피세포는 표피를 기준면으로 했을 때 직교하는 수층분열에 의해서만 증식한다.

  ㉡ 병층분열 : 형성층
  - 기준면에 대하여 분열면이 평행하게 일어나는 세포분열이다.

- 엽원기가 외의내층으로부터 또는 측근원기가 내초로부터 발달할 때는 표피에 평행한 병층분열에 의한다.
- 형성층이 방사방향으로 세포를 증식하거나 기관이 두께를 증대시킬 때 일어난다.

2 세포주기

(1) 세포주기 4단계 : $G_1 \rightarrow S \rightarrow G_2 \rightarrow M$

간기 (정지기, interphase)	G_1(gap1)	• 세포가 주로 성장하며 물질을 생합성하고 소기관을 형성하는 기간 • 유사분열기 이후에서 합성기 전까지의 단계
	S(synthesis)	DNA의 합성과 복제가 이루어지는 기간
	G_2(gap2)	• DNA 합성 후 유사분열을 준비하는 성숙기 • 합성기 이후에서 유사분열 전까지의 단계
유사분열기 (M ; mitotic phase)	전기 (pro-phase)	염색사가 압축·포장되어 염색체 구조로 되며, 인과 핵막이 소실됨
	중기 (meta-phase)	방추사가 염색체의 동원체에 부착하고, 각 염색체는 적도판에 이동 배열
	후기 (ana-phase)	자매염분체(상동염색체×)가 분리되어 각각 반대극으로 이동
	말기 (telo-phase)	• 핵막과 인이 다시 형성되고 세포질분열이 일어나 2개의 딸세포가 형성 • 세포판이 형성되면서 세포질이 분열됨

(2) 세포주기(cell cycle)

① 의미 : 유사분열에 따라 세포의 형태적 및 생리·생화학적 변화가 일정한 시간적 간격을 두고 반복되는 것

② 특징
  ㉠ 하나의 세포는 전기-중기-후기-말기로 구분되는 유사분열기(M)를 거쳐 2개의 낭세포로 분열되고, 이 낭세포는 간기에 들어가 다시 생장하고(G_1), DNA를 복제하여 (S), 분열을 준비한다(G_2).
  ㉡ G_1기의 세포 중 분화가 일어나 세포분열이 더 이상 일어나지 않는 경우는 G_0기(예 신경세포, 근육세포 등)로 구분하고, 제한점(R)에서 세포의 분화 여부가 결정된다.
  ㉢ 세포주기에서 간기가 차지하는 시간이 90% 정도이다.

③ 세포주기의 조절
  ㉠ cyclin : 세포주기는 각 시기에 주기적으로 출현하고 소실되는 사이클린(cyclin)에 의해 조절된다.

ⓐ G_1 사이클린 : D형 사이클린, E형 사이클린
ⓑ 유사분열 사이클린
  - S 사이클린 : A형 사이클린
  - M 사이클린 : B형 사이클린

ⓛ CDK : 세포주기의 변화는 사이클린의존성 인산화효소(cyclin-dependent kinase, CDK)의 활성변화에 의해 조절되며, CDK의 기질 특이성과 세포 내 위치는 사이클린에 의해 조절된다.

ⓒ CDK-Cyclin 복합체(MPF, mitosis-promoting factor)
  ⓐ CDK는 사이클린과 복합체를 형성하여 활성화가 시작되며, 다른 인산화효소·인산가수분해효소·특정 저해단백질에 의해 활성이 조절된다.
  ⓑ 유사분열 촉진인자(mitosis-promoting factor)는 G_2기의 세포의 분열을 유도한다.
  ⓒ DNA합성에 필요한 단백질 복합체의 조립은 M기의 후기와 G_1기에 촉진된다.

ⓔ CDK 저해제(CDK inhibitor, CKI)
  ⓐ CDK-Cyclin 복합체를 불활성화시켜 기질단백질의 인산화반응을 저해하는 효소이다.
  ⓑ CKI는 세포주기의 전이 전에 CDK-Cyclin 복합체의 활성을 조절하고, DNA 손상이나 다른 신호경로에 반응하여 세포주기를 일시적으로 정지시킨다. CKI 복합체가 분해(형성×)되어야 G_1에서 S기로 세포주기가 전이될 수 있다.

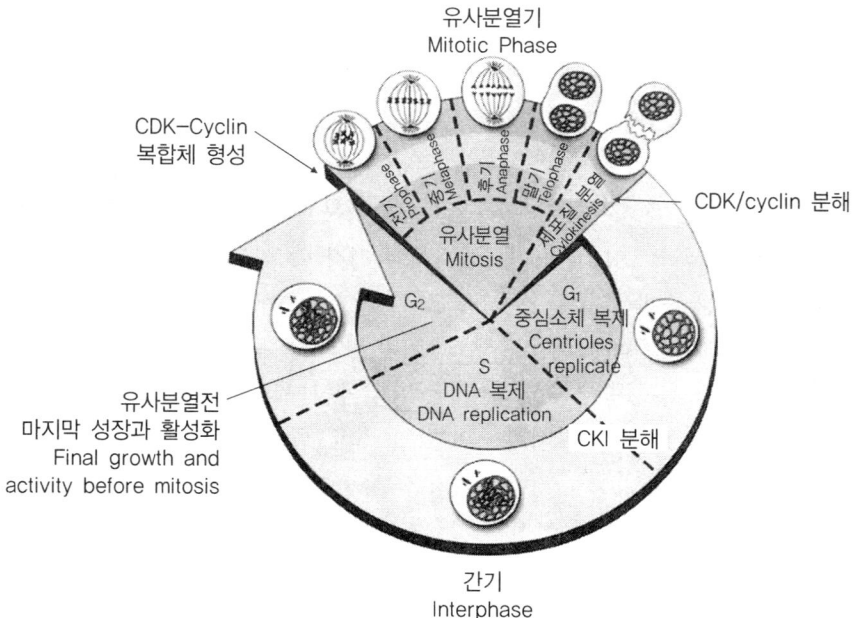

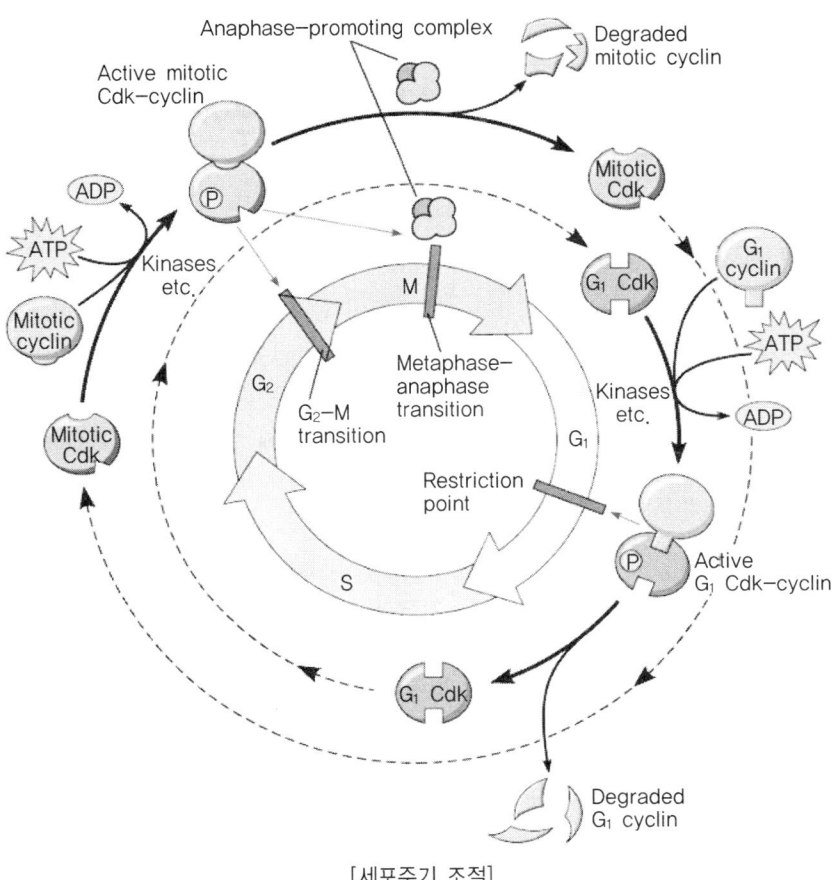

[세포주기 조절]

기출 및 출제예상문제

01 작물의 세포외피에 대한 설명으로 가장 옳지 않은 것은? ● 23. 서울지도사

① 1차세포벽의 주성분은 섬유소(cellulose)이다.
② 2차세포벽의 주성분은 섬유소(cellulose), 헤미셀룰로스, 리그닌 등이다.
③ 가장 외곽의 1차세포벽은 2차세포벽에 비해 강도가 높다.
④ 원형질연락사는 세포벽을 가로질러 두 세포 사이에 연결된 소포체를 둘러싸고 있다.

[해설] 가장 외곽의 1차세포벽은 2차세포벽에 비해 강도가 낮다.

02 작물의 세포막에서 물을 통과시키는 기작과 가장 관계가 높은 요인은? ● 23. 서울지도사

① 튜불린(tubulin)
② ATP합성효소(ATP synthase)
③ 아쿠아포린(aquaporin)
④ 액틴(actin)

[해설] 아쿠아포린 채널은 지질2중층보다 물을 비선택적(일부 이온도 이동시킴)으로 매우 빠르게 확산시켜 식물세포로 물의 이동을 쉽게 돕는다.

03 세포 소기관에 대한 설명으로 옳지 않은 것은? ● 22. 경기 농촌지도사

① 핵, 엽록체, 미토콘드리아는 단위막이며 복막구조계이다.
② 핵 내에서 가장 크게 차지하는 부분은 DNA와 단백질이다.
③ DNA가 핵공을 빠져나와 세포질에서 단백질로 번역된다.
④ 세포주기 중 간기는 염색질로 존재하고, 분열기는 고도로 응축된 염색체 구조로 되어 있다.

[해설] DNA에서 전사된 mRNA가 핵공을 빠져나온다.

[정답] 01 ③ 02 ③ 03 ③

04. 미토콘드리아의 특징으로 옳은 것은?

● 21. 경북 농촌지도사

① 미토콘드리아는 이중막 구조이며 내막의 75%가 인지질로 구성된다.
② ATP를 합성하는 동화기관이며, 세포 내에서 엽록체 개수보다 더 많다.
③ 자체 유전자가 존재하여 반자치적 자기복제가 가능하다.
④ 원핵세포 내에 미토콘드리아가 존재한다.

[해설] ① 미토콘드리아는 이중막 구조이며 내막의 75%가 단백질로 구성된다.
② ATP를 합성하는 이화기관이며, 세포 내에서 엽록체 개수보다 더 많다.
④ 원핵세포에는 미토콘드리아가 존재하지 않고 진핵세포에 존재한다.

05. 과산화수소(H_2O_2)를 분해하여 물분자(H_2O)로 무독화시키는 효소는 무엇인가?

● 18. 경북 농촌지도사(변형)

① superoxide dismutase
② peroxidase
③ catalase
④ lipase

[해설] 페록시솜(peroxisome)에서 catalase가 과산화수소(H_2O_2)를 분해하여 물분자(H_2O)로 무독화시킨다.

06. 세포골격에 대한 설명으로 옳지 않은 것은?

● 18. 경북 농촌지도사(변형)

① 세포골격은 미세소관과 미세섬유로 이루어져 있으며, 이들은 각각 tubulin과 actin 단백질로 구성되어 있다.
② 세포골격의 형태는 섬유단백질이 3차원적으로 연결된 망상구조로 이루어져 있다.
③ 액틴섬유와 미세소관은 이를 구성하는 소단위체가 대칭 구조로 되어 있어 극성을 지닌다.
④ 대부분 미세소관은 13개의 원시세사로 구성되어 있다.

[해설] 진핵세포의 구조와 기능은 섬유단백질이 3차원적으로 연결된 망상구조인 세포골격의 영향을 크게 받는다. 액틴섬유와 미세소관은 이를 구성하는 소단위체가 비대칭 구조로 되어 있어 극성을 지닌다.

07. 원형질을 식으로 표시할 때 가장 적당한 것은?

① 원형질 = 세포질 - 핵
② 원형질 = 핵 + 세포질
③ 원형질 = 핵 + 세포 내 기관
④ 원형질 = 핵 - 세포 내 기관

[해설] 핵, 세포질, 세포막은 원형질이지만, 액포와 세포벽은 후형질이다.

정답 04 ③ 05 ③ 06 ③ 07 ②

08 세포벽의 구성성분 중 밀짚 건물 내 함유율(%)이 가장 적은 것은?
① 셀룰로오스
② 리그닌
③ 펙틴
④ 헤미셀룰로오스

[해설]

구분	%(건물)			
	밀(짚)	귀리(짚)	전나무	너도밤나무
셀룰로오스	39	44	57	44
헤미셀룰로오스	32	32	14	24
리그닌	17	19	28	22
펙틴	1	1	–	–

09 다음 중 설명이 옳지 않은 것은?
① 세포막의 주요 구성성분은 인지질과 단백질이다.
② 식물 세포벽의 중층은 주로 펙틴질로 구성되어 있다.
③ 동물세포와 식물세포에 있어서 형태적으로 가장 뚜렷한 차이를 나타내는 것은 세포벽이다.
④ 세포 내 핵, 엽록체, 액포는 2중막구조계에 속한다.

[해설] 세포 내 2중막 구조는 핵, 엽록체, 미토콘드리아뿐이다.

10 세포막에 대한 설명 중에서 틀린 것은?
① 인지질과 단백질로 구성되어 있다.
② 인지질이 이중으로 배열된 상태이다.
③ 인지질은 친수성 꼬리부분과 소수성 머리부분으로 이루어져 있다.
④ 소수성 단백질은 인지질층 속에 들어 있다.

[해설] 인지질은 친수성 머리부분(porphyrin 환)과 소수성 꼬리부분(phytol)으로 이루어져 있다.

11 다음 중 핵에 대한 설명으로 잘못된 것은?
① 핵막에는 핵공이 존재하고 있어 핵과 세포질 간의 물질의 이동통로가 된다.
② 핵액은 콜로이드 상태의 액체이며, 그 속에 인과 염색사가 존재한다.
③ 핵산은 항상 염색체의 형태로 발견된다.
④ 인은 핵속에 1개 또는 수 개가 들어 있으며 단백질과 RNA로 이루어져 있다.

[해설] 염색체가 발견되는 시기는 세포분열기이며 간기에는 염색사 형태로 존재한다.

정답 08 ③ 09 ④ 10 ③ 11 ③

12 염색체를 구성하는 주요성분은?

① 단백질과 인지질
② 리그닌과 펙틴질
③ 단백질과 DNA
④ 탄수화물과 DNA

[해설] 히스톤단백질을 DNA가 2바퀴씩 감아도는 뉴클레오솜을 이루고 있다.

13 다음 중 유전자를 구성하는 물질은?

① ribosome
② chloroplast
③ DNA
④ mitochondria

14 세포의 분열, 형질의 유전현상에 가장 중요한 역할을 하는 것은?

① 핵
② 액포
③ 엽록체
④ 미토콘드리아

15 식물세포의 엽록체에서 엽록소와 카로티노이드 색소가 존재하는 곳은?

① 스트로마
② 외막과 내막의 사이
③ 틸라코이드막
④ 엽록체의 표면
⑤ 루멘

16 다음 중 엽록체에 대한 설명으로 틀린 것은?

① 광합성을 수행하는 세포 내 소기관이다.
② CO_2 고정효소를 함유하고 있다.
③ 동화전분이 일부 축적된다.
④ 단백질의 합성이 주요 기능이다.

[해설] 리보솜이 세포질에서 단백질을 합성한다.

17 다음의 세포 내 소기관 중 크기가 가장 큰 것은?

① 엽록체
② 미토콘드리아
③ 페록시좀
④ 미세소관

[정답] 12 ③ 13 ③ 14 ① 15 ③ 16 ④ 17 ①

18. 세포 내부의 미토콘드리아를 모두 제거한다면 예상되는 결과는?

① 세포의 에너지대사가 현저히 감소된다.
② 세포의 삼투압이 높아진다.
③ 세포 안에 있는 RNA와 DNA가 파괴된다.
④ 세포의 생식능력이 상실된다.

[해설] 미토콘드리아는 세포 내 호흡을 담당하는 역할을 하고, 호흡의 결과 ATP를 합성한다.

19. 다음 중 미토콘드리아에 대한 설명이 옳지 않은 것은?

① 엽록체와 같이 복막구조계에 속한다.
② 내막은 크리스타를 이룬다.
③ DNA를 일부 함유하고 있어서 자기증식이 가능하다.
④ 핵과 함께 ATP를 생산하는 중요한 장소이다.

[해설] 세포 내 ATP를 합성(인산화)하는 곳은 세포질(기질수준의 인산화), 엽록체(광인산화), 미토콘드리아(산화적 인산화)이다.

20. 소포체에 대한 설명으로 잘못된 것은 어느 것인가?

① 조면소포체와 활면소포체가 있다.
② DNA를 부착한 소포체를 조면소포체라 한다.
③ 리보솜을 부착하지 않은 소포체를 활면소포체라 한다.
④ 조면소포체의 막포상에서는 단백질 합성이 이루어진다.

[해설] 조면소포체는 DNA를 부착한 것이 아니라 리보솜을 부착한 소포체이다.

21. 핵내에서 m-RNA는 전사된 핵공을 통해 세포질로 이동하여 t-RNA의 아미노산 활성화 과정을 통해 폴리펩티드가 형성된다. 이때 폴리펩티드를 형성하는 것은?

① 색소체
② 리보솜
③ 골지체
④ 미토콘드리아

[해설] 형질발현 중에서 폴리펩티드가 펩티드결합을 하는 장소는 리보솜이며 이러한 과정을 번역이라고 한다.

정답 18 ① 19 ④ 20 ② 21 ②

22 리보솜에 대한 설명 중 옳은 것은 어느 것인가?
① 후형질에 속하는 작은 입자이다.
② rRNA와 단백질로 구성된다.
③ 미토콘드리아의 복합체이며, 색소체의 일종이다.
④ 세포분열시 핵산을 합성한다.

[해설] 리보솜은 원형질에 해당하며, rRNA와 단백질로 구성되어 있고, 단백질을 합성한다.

23 세포 내에 존재하는 액포의 기능이 아닌 것은?
① 에너지 대사
② 팽압의 유지
③ 세포 내 고분자화합물의 분해
④ 물질의 저장

24 식물의 세포 내에서 DNA가 포함되어 있지 않은 세포 내 소기관은?
① 핵
② 엽록체
③ 리보솜
④ 미토콘드리아

25 다음 중 핵산이 발견되지 않은 곳은?
① 핵
② 엽록체
③ 세포질
④ 세포막

[해설] 핵산에는 DNA와 RNA가 있으며, DNA는 핵, 엽록체, 미토콘드리아에 존재하고, RNA는 핵, 엽록체, 미토콘드리아뿐만 아니라 세포질에도 존재한다.

26 다음 중 세포분열이 왕성하게 일어나는 조직으로 볼 수 없는 것은?
① 형성층
② 액포막
③ 생장점
④ 정단분열조직

정답 22 ② 23 ① 24 ③ 25 ④ 26 ②

27. 세포 소기관 중 복막구조계와 DNA를 함유하는 기관을 모두 고르면?

가. 액포	나. 소포체
다. 핵	라. 엽록체
마. 미토콘드리아	바. 골지바디

① 가, 나, 다　　② 나, 다, 라
③ 다, 라, 마　　④ 라, 마, 바

28. 측근이 내초로부터 발달할 때의 세포분열 방향은?

① 수층분열　　② 병층분열
③ 복합분열　　④ 무방향분열

[해설] 형성층이 방사방향으로 세포를 증식하거나 기관이 두께를 증대시킬 때, 엽원기가 외의내층으로부터 또는 측근원기가 내초로부터 발달할 때는 표피에 평행한 병층분열이 일어난다.

29. 쌍자엽식물의 생장점에서 외의층 세포나 엽원기의 세포분열은?

① 병층분열　　② 수층분열
③ 감수분열　　④ 유사분열

[해설] 쌍자엽식물의 생장점에서 외의층 세포나 엽원기 표피세포는 표피를 기준면으로 했을 때 직교하는 수층분열에 의해서만 증식한다.

30. 저장조직의 유세포에 들어 있고 광합성을 하지 않는 세포기관은?

① 엽록체　　② 유색체
③ 백색체　　④ 색소체

31. 미토콘드리아에서 호흡에 필요한 효소와 전자전달계가 자리잡고 있는 곳은?

① 외막　　② matrix
③ 막간공간　　④ cristae

[해설] 미토콘드리아 전자전달계는 내막에 존재하며, 내막이 주름지어 있는 것을 cristae라고 한다.

정답　27 ③　28 ②　29 ②　30 ③　31 ④

32 다음 중 기초질의 일반적 성질이 아닌 것은?

① 세포의 기초질에는 각종 이온, 저분자물질, 고분자물질이 용해되어 있다.
② 기초질 가운데 저분자와 이온은 세포의 삼투압이나 pH 완충능을 지배하여 다양한 효소계가 있어 세포의 기초적인 대사에 관여한다.
③ 효소단백질을 중요한 분산상으로 하는 콜로이드계는 물리적 성질이 극단적으로 변동하는 경우는 겔과 졸로 분리한다.
④ 세포막 가까이는 주로 졸상태이며, 내부는 겔상태이다.

[해설] 세포막 가까이는 주로 겔상태이며, 내부는 졸상태이다.

33 다음 중 미세소관의 기능이 아닌 것은?

① 세포의 성장과정에서 세포벽의 합성, 즉 세포벽 물질의 정렬에 관여한다.
② 셀룰로스 원섬유의 배열을 조절하여 세포의 생장방향을 조절한다.
③ 딕티오솜 알갱이를 세포벽 쪽으로 움직이도록 도와준다.
④ 세포의 원형질 유동에 관여한다.

[해설] • 원형질 유동처럼 세포 내 운동을 담당하는 것은 미세섬유의 기능이다.
• 미세소관의 기능 : 세포 형태의 형성, 세포의 분화와 세포벽 건축, 세포 내부 수송, 방추사에 의한 염색체 이동과 세포판 형성, 섬모와 편모에 의한 세포의 이동 등에 관여

34 다음 세포주기에 대한 설명 중 틀린 것은?

① 세포주기는 $M-G_1-S-G_2$기의 순서로 진행한다.
② M기는 핵이 분열하여 새로운 딸세포를 형성하는 유사분열기이다.
③ G_2기는 DNA의 합성과 복제가 이루어지는 기간이다.
④ G_1기는 세포가 주로 성장하며 물질을 생합성하고 소기관을 형성하는 기간이다.

[해설] DNA의 합성과 복제가 이루어지는 기간은 S기이다.

[정답] 32 ④ 33 ④ 34 ③

35 감수분열에 대한 설명 중 틀린 것은?

① 감수분열은 식물의 생식기관에서 일어나는 세포분열이다.
② 감수분열을 거쳐 생겨나는 낭세포들은 모두 핵상이 반수체인 n상태이다.
③ 감수분열 과정은 전기-중기-후기-말기-세포질분열기이다.
④ 꽃에 있는 자방의 배주와 약에서 발달하는 생식모세포에서 일어난다.

[해설] 전기-중기-후기-말기-세포질분열기를 거치는 것은 체세포분열이다. 감수분열은 제1차감수분열(전기-중기-후기-말기), 제2차감수분열(중기-후기-말기) 과정을 거친다.

36 다음 중 세포벽에 관한 내용으로 틀린 것은?

① 세포벽은 1차벽과 2차벽으로 구분되며 두꺼운 벽에는 벽공과 원형질연락사가 발달하여 인접한 세포와의 연락을 담당한다.
② 1차벽은 미소원섬유의 배열방향에 따라 S_1, S_2, S_3의 3개층으로 세분된다.
③ 세포와 세포 사이에 중층과 세포간극이 있다.
④ 세포간극은 1차벽이 중층에서 분리되면서 발달한다.

[해설] 2차세포벽은 미소원섬유의 배열방향에 따라 S_1, S_2, S_3의 3개층으로 세분된다.

37 식물세포의 구조와 기능에 대한 설명 중 틀린 것은?

① 액포는 세포질의 염농도나 pH 조절을 위한 완충역으로서의 기능과 영양분, 이차대사산물, 노폐물 저장기관으로서의 역할을 함께 한다.
② 세포 내 소기관 중 핵·엽록체·미토콘드리아는 이중막으로 되어 있으나, 액포·골지체·소포체·리소좀 등은 한 겹의 단위막으로 되어 있다.
③ 소포체에는 막의 표면에 리보솜이 붙어 있는 활면소포체와 붙어있지 않는 조면소포체가 있으며 단백질 합성은 활면소포체에서 이루어진다.
④ 미토콘드리아의 주요기능은 TCA회로, 전자전달계, 산화적인산화반응을 거쳐 ATP를 만드는 것이다.
⑤ 모든 색소체는 이중막으로 둘러싸여 있으며, 내부 막구조 형태는 색소체의 종류와 분화단계에 따라 다르다.

[해설] 소포체에는 막의 표면에 리보솜이 붙어 있는 조면소포체와 붙어있지 않는 활면소포체가 있으며 단백질 합성은 조면소포체에서 이루어진다.

정답 35 ③ 36 ② 37 ③

38 식물 세포막과 세포벽에 대한 설명 중 옳은 것은?

① 엽록체와 미토콘드리아의 막은 단일막으로 구성되어 있다.
② 세포막에는 지질로 구성된 channel, carrier, ATP생성복합체가 있다.
③ 세포벽과 세포막은 팽압과 삼투압 형성에 중요한 역할을 한다.
④ 리그닌은 포도당의 중합체로 구성되어 있다.
⑤ 세포막의 불포화지방산의 증가는 세포막의 유동성을 감소시킨다.

[해설] ① 엽록체와 미토콘드리아의 막은 2중막으로 구성되어 있다.
② 세포막에는 단백질로 구성된 channel, carrier, ATP생성복합체가 있다.
④ 리그닌은 리그놀의 중합체로 구성되어 있다.
⑤ 세포막의 불포화지방산의 증가는 세포막의 유동성을 증가시킨다.

정답 38 ③

Chapter 03

수분생리

단원 키워드

1. 물의 특성 및 수분퍼텐셜 개념
2. 뿌리에 의한 수분흡수 원리
3. 뿌리로부터 수분의 이동통로
4. 식물에서 증산작용의 생리적 의의
5. 증산작용·일액현상·일비현상의 차이
6. 토양에서의 유효수분
7. 식물에서 기공개폐의 원리
8. 식물에서 수분상승 원리
9. 증산작용에 미치는 환경요인

제1절 수분 퍼텐셜

1 물의 특성

(1) 물분자의 구조적 특징

① 공유결합

　수소원자와 산소원자가 2개의 공유전자쌍을 만들고 전자를 서로 공유하면서 서로 안정된 상태의 최외각 전자수요를 만족시킨다.

② 수소결합

　물분자는 쌍극성분자로, 산소원자 쪽으로 전자가 치우쳐 분포하여 산소원자는 음전하를 띠고 수소원자는 양전하를 띠고 있기 때문에 서로 만나면 수소를 사이에 두고 정전인력에 의해 서로 잡아당기게 된다(전기음성도 차이 때문). 이러한 수소결합은 매우 약한 결합이기는 하지만 물의 물리화학적 특성을 지배하는 중요한 힘이 된다.

참고 | 전기음성도

일반적으로 원자는 전기적으로 중성이지만 최외각 전자의 일부가 방출되거나 흡수되면 양전하(+) 또는 음전하(-)를 띠는 소위 대전원자(이온)가 된다. 이때 한 원자가 다른 원자의 전자를 끌어당기는 힘의 상대적 크기를 전기음성도라고 한다.

이 전기음성도는 두 원자 사이의 결합방식을 결정지어 주는 주요 요인인데, 두 원자 사이의 전기음성도 차이가 크면(1.7 이상) 이온결합을 하고, 차이가 작으면 공유결합을 한다. 즉 이온결합은 전기음성도가 작은 원자와 큰 원자 사이에서 가능한 결합방식이고, 공유결합은 두 원자 사이의 전기음성도가 크지 않은 경우에 이루어지는 결합방식이다.

▶ 원소 주기율표

1껍질	H (1, 1) (2.1)							He (2, 4)
2껍질	Li (3, 7)	Be (4, 9)	B (5, 10)	C (6, 12) (2.5)	N (7, 14) (3.0)	O (8, 16) (3.5)	F (9, 19) (4.0)	Ne (10, 20)
3껍질	Na (11, 23)	Mg (12, 24)	Al (13, 27)	Si (14, 28)	P (15, 31)	S (16, 32)	Cl (17, 35) (3.5)	Ar (18, 40)
4껍질	K (19, 39)	Ca (20, 40)		Mn (25, 55)	Fe (26, 56)	Cu (29, 65)	Zn (30, 65)	

범례: H ← 기호 / (1, 1) ← (원자번호, 질량수) / (2.1) ← (전기음성도) / 금속

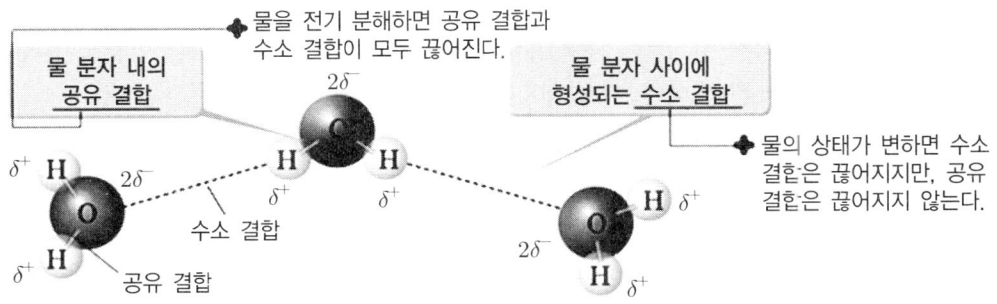

- 물 분자 내의 공유 결합
- 물을 전기 분해하면 공유 결합과 수소 결합이 모두 끊어진다.
- 물 분자 사이에 형성되는 수소 결합
- 물의 상태가 변하면 수소 결합은 끊어지지만, 공유 결합은 끊어지지 않는다.
- 수소 결합
- 공유 결합

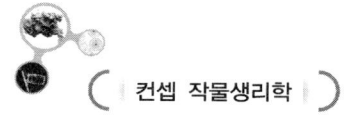

(2) 물의 물리화학적 특성

① 물은 <u>비점(끓는점, boiling point)이 매우 높다</u>.

수소결합을 하고 있기 때문에 비점이 매우 높고, 상온에서 액체로 존재한다. 세포질의 물이 세포벽을 미는 압력으로 식물의 형태를 유지하고, 세포를 팽창시켜 생장시키며, 특수세포에서는 세포의 수압변화에 따라 꽃과 잎이 열리거나 젖히는 운동을 한다.

화합물	분자량	비점 ℃
물(H_2O)	18.0	100.2
네온(Ne)	20.0	-246.0
메테인(CH_4)	16.0	-161.3
황화수소(H_2S)	34.1	-59.5
셀렌화수소(H_2Se)	81.0	-41.3

② 물은 <u>비열(specific heat)이 매우 높다</u>.

비열은 단위질량의 물질을 1℃ 올리는데 필요한 에너지의 양이다. 1cal는 순수한 물 1g을 1℃ 높이는데 소요되는 열량이다. 이것은 물이 다른 물질에 비하여 많은 열을 흡수하고 방출할 수 있음을 의미한다. 물은 비열이 크기 때문에 <u>높은 잠열</u>을 가지고 기화시는 기화열을 흡수하고, 액화 또는 고체화될 때는 융해열을 방출한다. <u>높은 기화열</u>은 증산작용으로 잎이 냉각되는 의미가 있다. 이러한 특성은 지상의 기온을 유지하고 온도의 급격한 변화를 방지하며 식물체가 체온을 유지하고 주위의 기온변화에 대처할 수 있게 한다.

③ 물은 <u>용해성이 매우 높다</u>.

물분자는 극성공유결합하는 분자이기 때문에 다른 액체들보다 더 많은 종류의 물질을 다량으로 용해시킬 수 있다. 물의 용해성으로 각종 염류를 포함하는 양분을 분해, 흡수, 이동시키며 체내 여러 가지 대사작용을 가능케 한다.

④ 극성을 가진 물은 <u>부착력과 응집력이 크다</u>.

물의 수소결합으로 인해 다른 많은 물질들과의 친화력이 있어 다른 물질을 젖게 한다. 물과 다른 분자들 간 인력을 부착력이라 하고, 물분자들 간 인력을 응집력이라고 한다. 응집력은 줄기 도관 내의 물의 장력을 높여 나무 꼭대기까지 물이 끌려갈 수 있도록 한다. 표면장력이나 모세관현상도 응집력으로 설명된다.

2 수분 이동 원리

○ 물의 이동은 확산과 집단류에 의한 수동적 이동과, 에너지의 소비에 의존하는 능동적 이동으로 구분될 수 있다.
○ 물의 수동적 이동은 자유에너지 또는 수분퍼텐셜의 구배에 따라 일어난다는 의미에서 물리법칙에 따른다.

(1) **집단류(集團流; mass flow, bulk flow)**

① 집단류 의미
  ㉠ 집단류 : 압력구배에 따라 분자들이 이동하는 것
    ⓔ 강물의 흐름, 고무호스를 통한 물의 이동, 대류, 강우, 물관부 조직의 통도세포
  ㉡ 물질의 이동은 이동하는 물질에 어떠한 힘(중력, 압력 등)이 외부로부터 작용하기 때문에 압력구배에 따라 물질의 분자는 하나의 집단으로 모두가 같은 방향으로 이동한다.
  ㉢ 식물의 집단류 : 줄기 물관부에 있는 수액은 유체역학적 장력, 뿌리로부터 지상부를 향하여 존재하는 정수압 등 압력퍼텐셜의 구배가 원인이 되어 집단류가 발생한다. 토양과 식물조직의 세포벽을 통하여 일어나는 물의 이동이 집단류이다.
  ㉣ 집단류는 확산과 다르게 용질 구배와 무관하다.

② 집단류의 원리

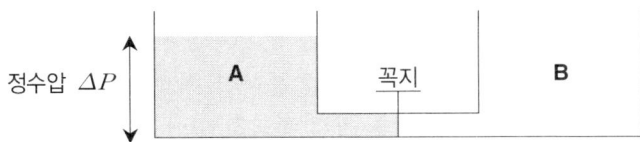

물로 채워진 관 A와 빈 상태인 관 B를 파이프로 연결하면 물은 꼭지(T)를 열면 양쪽 관에 있는 물의 수준이 같아질 때까지 A에서 B로 흐른다.
유속(dv/dt)은 정수압의 차 ΔP와 연결된 파이프에 의하여 생긴 저항 R에 좌우되고, 저항 R은 연결된 파이프의 길이(L), 반지름(r), 물의 점도에 영향을 받는다.
집단류에서 용해된 물질을 포함한 액체상태로 존재하는 분자는 모두 같은 방향으로 동시에 이동된다.

(2) **확산(擴散; diffusion)**

① 확산의 의미
  ㉠ 분자들의 운동에너지에 의하여 무방향으로 분자나 이온이 이동하는 것으로, 대부분 물과 용질의 세포 내외 출입은 집단적 이동이 아니라 한 분자씩 일어나는 확산운동에 의한 것이다.

ⓒ 모든 물질의 구성 분자는 절대온도(-273℃) 이상에서는 운동에너지를 가지고 움직임으로써 방향성이 없이 서로 충돌하면서 평행상태를 유지하기 위하여 분자들은 화학퍼텐셜이 높은 부위에서 낮은 부위로 확산이 일어난다.

② 확산의 원리 : 확산이 일어나는 경향과 방향은 화학퍼텐셜의 구배에 따라 좌우된다. 화학퍼텐셜의 구배가 크면 클수록 확산속도는 더욱 빨라지며, 화학퍼텐셜의 구배가 없으면 확산은 일어나지 않는다.

③ 확산에 영향을 주는 요인 : 온도, 압력, 용질, 흡착표면 등
  ㉠ 온도·압력 : 온도가 증가되거나 용액에 압력을 주면 수분퍼텐셜이 증가되어 온도·압력이 높은 쪽에서 낮은 쪽으로 확산된다.
  ⓒ 용질 : 용질입자를 용액에 첨가하거나 물과 결합하려고 하는 표면을 가진 기질(단백질·당류)이 존재하면(수분퍼텐셜이 낮아짐), 물분자는 수분퍼텐셜의 구배에 따라 용질이 첨가된 용액이나 단백질·당류로 확산된다.

(3) 삼투

① 삼투(osmosis) : 반투성 막(semipermeable membrane)을 통하여 화학퍼텐셜의 구배에 따라 물이 확산되는 현상
② 반투성 막(물은 통과되지만 용질은 통과되지 못함)에 의하며 소금용액이 순수한 물과 분리되었다면, 물분자는 수분퍼텐셜의 구배에 따라 순수한 물로부터 소금용액으로 확산되어 이동한다.
③ 순수한 물(삼투퍼텐셜이 높음)은 용질이 첨가된 짙은 용액(수분퍼텐셜이 더 낮음)으로 이동하여 수분퍼텐셜이 같아질 때까지 반투성 막을 통하여 확산하여 이동한다.
④ 세포막에서는 물(용매) 입자가 용질 입자보다 쉽게 통과하지만, 1차세포벽에서는 두 입자 모두 쉽게 통과한다. 세포막이 있기 때문에 삼투현상(삼투압)이 가능하며, 세포벽이 있기 때문에 압력(막압)이 증가한다.

정리 수분 이동 원리의 비교

집단류	확산	삼투(확산의 일종)
Ψ_p	Ψ_w	Ψ_w
압력 구배	화학퍼텐셜의 구배	화학퍼텐셜의 구배
일정한 방향	무방향	반투막을 통해 확산
집단으로 이동	한 분자씩 이동	용매의 이동

3 수분퍼텐셜

(1) 개념

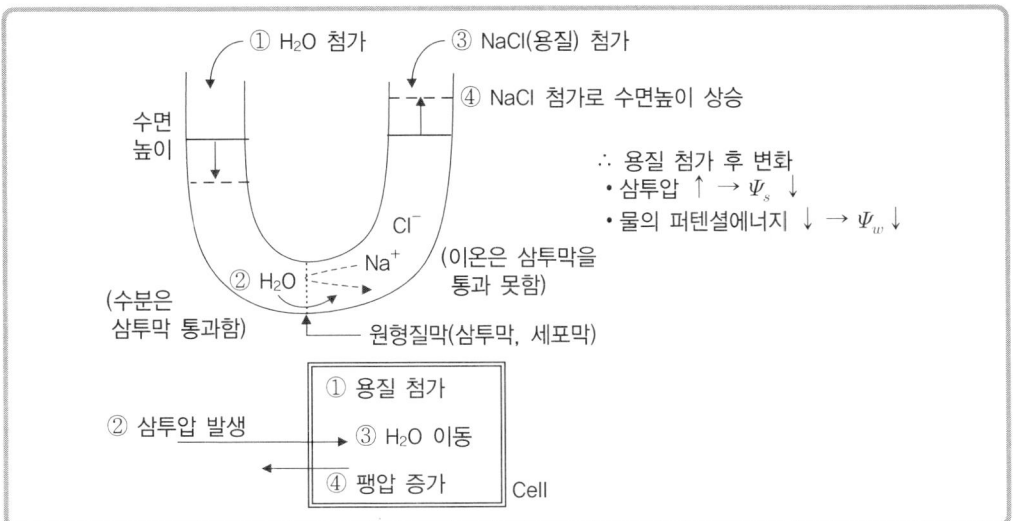

① 수분퍼텐셜(Ψ_w) 공식

$$\therefore \Psi_w = \frac{(\mu_w - \mu_w^0)}{V_w}$$

- μ_w : 어떤 조건에서 용액 중의 물의 화학퍼텐셜
- μ_w^0 : 기준상태(대기압 하의 같은 온도)에서 순수한 물의 화학퍼텐셜
- V_w : 물의 부분몰용적
- Ψ_w : 수분퍼텐셜(water potential)은 열역학에 기초함
- <u>수분퍼텐셜 단위</u> : 기압단위인 bar 또는 MPa

② 화학퍼텐셜

㉠ 의미

ⓐ 어느 물질 1g 분자량의 자유에너지로서, 어떤 반응에 이용될 수 있는 에너지의 측정값(상대적인 값)이다. 항상 주어진 상태에서 한 물질의 퍼텐셜과 표준상태에서 같은 물질의 퍼텐셜과의 차이로 나타낸다.

ⓑ 화학퍼텐셜의 정확한 절대값은 측정할 수 없고, 대기압 하에서 같은 온도조건의 기준상태에서 물의 화학퍼텐셜을 임의로 0MPa로 설정하였다. 화학퍼텐셜 단위는 물질 1몰(mol)당 에너지(joules/mol)을 사용한다.

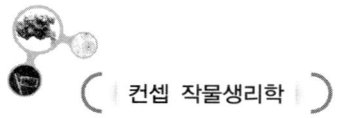

ⓒ 물의 화학퍼텐셜(Ψ_w) : 수분퍼텐셜이라 하며, 항상 0보다 낮은 (-) 값을 가진다.
  ⓐ 식물에서는 삼투현상을 고려하여 압력단위인 파스칼(Pascal, Pa)로 나타낸다.
  ⓑ 파스칼 : $1m^2$에 균일하게 작용한 1뉴톤(Newton)의 힘으로, 1bar는 10^5Pa(0.1MPa)에 해당한다. 예를 들어, 28℃에서 1몰 포도당 용액의 수분퍼텐셜은 -2.5kj/kg의 에너지로 표시되었지만 압력으로 표현하면 -2.5MPa가 된다.
    * Pa = $1m^2$에 균일하게 작용한 1뉴톤(N)의 힘($1N/m^2$)
    * N = $1kg \cdot m/sec^2$
    * 1MPa = 10atms(기압) = 10bar = 1,000kPa = 1,000,000Pa

③ 수분 이동
  ㉠ 수분퍼텐셜이 높은 곳에서 낮은 곳으로 평형에 도달할 때까지 이동, 수분퍼텐셜은 두 곳에서 같아질 때 수분퍼텐셜의 낙차(落差)는 0이 되어 평형상태에 도달된다.

  $$\Delta \Psi = \Psi_1 - \Psi_2 = 0$$

  ㉡ 수분퍼텐셜은 용질의 농도가 높아짐에 따라 감소되고, 압력이 증가·온도가 상승하면 증가된다.

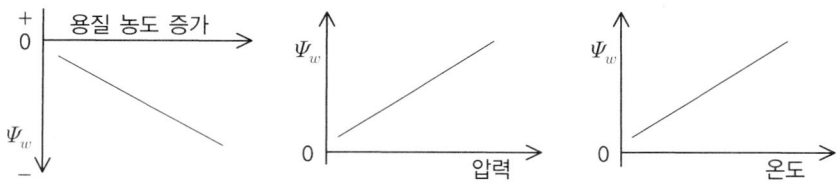

(2) 수분퍼텐셜의 구성성분

$$수분퍼텐셜 : \Psi_w = \Psi_s + \Psi_p + \Psi_m + \Psi_g$$

식물의 수분퍼텐셜은 압력퍼텐셜(pressure potential), 삼투퍼텐셜(osmotic potential), 매트릭퍼텐셜(matric potential)에 따라 결정된다. 매트릭퍼텐셜의 영향을 거의 받지 않고 삼투퍼텐셜과 압력퍼텐셜이 좌우한다. 세포의 부피와 압력퍼텐셜이 변화함에 따라 삼투퍼텐셜과 수분퍼텐셜이 변화한다.

① 삼투퍼텐셜 : Ψ_s, π(pi)로 표시
  ㉠ 의미 : 삼투퍼텐셜은 수분퍼텐셜에 영향을 미치는 용질의 양을 나타내며, 용질(대부분 액포에 존재)이 첨가됨에 따라 생기고(용질퍼텐셜, solute potential), 용질의 농도가 높아짐에 따라 물의 농도가 감소하게 되어 삼투퍼텐셜은 낮아진다(삼투

압 ↑). 0 또는 항상 음(-)의 값을 가진다.
ⓒ Ψ_s 크기 : 삼투퍼텐셜은 작물 종류·기관·조직에 따라 다르다. 대개 뿌리가 가장 높고, 잎은 뿌리보다 낮으며, 줄기 끝에 있는 잎일수록 더욱 낮은 값을 나타낸다 (∵용질이 많기 때문).
ⓒ 작물체의 세포액 삼투퍼텐셜에 영향을 주는 체내 조건
ⓐ 함수량이 증가되면 가용성 물질의 농도가 상대적으로 낮아져서 삼투퍼텐셜은 증가된다.
ⓑ 함수량이 감소하면 체내 가용성 물질(용질)의 농도가 높아지기 때문에 세포액 삼투퍼텐셜은 감소된다.
ⓒ 체내 가용성 물질(용질)의 함유량이 증가하면 함수량의 변화가 없을지라도 세포액 삼투퍼텐셜이 감소된다.
② 체외조건 : 함수량과 가용성 물질 함유량과의 체내 조건에 대한 영향을 통해서 작물체의 세포액 삼투퍼텐셜에 영향을 미치게 된다.

② 압력퍼텐셜(pressure potential) : Ψ_p로 표시
㉠ 의미
ⓐ 팽압(turgor pressure) : 식물세포는 단단한 세포벽을 갖고 있기 때문에 세포 안쪽에 생기는 매우 큰 정(+)의 정수압(hydrostatic pressure)이 생긴다.
ⓑ 팽압은 벽압(wall pressure)과 같은 값이나, 방향이 정반대이다.
㉡ 특징 : 삼투퍼텐셜이나 매트릭퍼텐셜과 달리 (+)값을 가짐
ⓐ 팽압의 주야간 변화는 일반적으로 수분함량의 주야간 변화와 일치된다. 초본작물 잎에서 세포의 팽압은 여름 정오에는 0.3~0.5MPa이고, 밤에는 약 1.5MPa이며, 원형질분리를 일으키는 팽압은 0MPa 이하이다.
ⓑ 증산작용이 왕성하게 일어나는 시간에 물관부 안에 있는 물에는 장력(張力; tension) 또는 부(-)의 정수압이 생긴다. 부의 압력은 식물을 통하여 물을 장거리로 이동시키는 데 매우 중요하다.
㉢ 압력퍼텐셜 측정 : 수분퍼텐셜에서 삼투퍼텐셜을 뺀다.

$$\Psi_w = \Psi_s + \Psi_p$$
$$\Psi_p = \Psi_w - \Psi_s$$

③ 매트릭퍼텐셜(matric potential) : Ψ_m로 표시
㉠ 의미
ⓐ 물분자와 이와 접촉하는 매트릭스(토양입자, 세포벽 또는 유기분자) 간의 장력이다.

ⓑ 대기압 조건에서 물분자를 흡착하는 성향에 대한 척도로서 토양에서 물의 화학퍼텐셜을 결정하는데 중요하다. 항상 (−) 값을 가진다.
　　　ⓒ 교질물질과 식물세포(원형질 또는 세포벽 물질)의 표면에 대한 물의 흡착친화력으로 표시한다.
　　ⓛ 특징
　　　ⓐ 매트릭퍼텐셜은 젤라틴·셀룰로스와 같은 물질을 물에서 부풀게 하고, 침지된 종자를 처음에 부풀게 하는데, 이와 같이 부풀게 될 때 상당한 압력이 생기게 된다.
　　　ⓑ 매트릭퍼텐셜(흡착친화력)은 액포가 없는 세포를 가진 조직에서는 상당히 높다. 풍건된 완두종자를 물에 침지할 때 100MPa 이상의 압력이 발생된다.
　　　　건조한 콜로이드나 친수성 표면은 매우 낮은 매트릭퍼텐셜을 나타내지만, 물속에 잠겨 있으면 매트릭퍼텐셜이 0이 된다.
　　　　건조지대에 적응된 식물이나 풍건된 종자는 매트릭퍼텐셜이 매우 낮지만, 성숙한 액포를 갖고 있는 조직은 매트릭퍼텐셜이 거의 0에 가깝다.
　　　ⓒ 매트릭퍼텐셜은 여러 식물 조직에서 0.01MPa 정도로 매우 작은 값을 나타내어 수분퍼텐셜에 거의 영향을 주지 않기 때문에 고려하지 않지만, 건조 종자나 토양에서 매트릭퍼텐셜은 매우 중요하다. 종자가 발아할 때 수분을 흡수하는 것은 매트릭퍼텐셜 때문이다.
④ 수분퍼텐셜 구성요소의 상호관계
　ⓘ 수분퍼텐셜의 구성요소 간의 상호관계 설명

	수분퍼텐셜(Ψ_w) = 삼투퍼텐셜(Ψ_s) + 압력퍼텐셜(Ψ_p)
팽만상태	0MPa = −2.0MPa + (+2.0MPa)
약간 팽만상태	−1.2MPa = −2.5MPa + (+1.3MPa)
원형질분리상태	−2.5MPa = −2.5MPa + 0MPa

• 팽만상태 : 삼투퍼텐셜과 압력퍼텐셜이 같으면 세포의 수분퍼텐셜(Ψ_w)은 0
$$\Psi_w = 0\text{이면, } \Psi_s = \Psi_p$$
• 원형질 분리 : 수분퍼텐셜과 삼투퍼텐셜이 같으면 압력퍼텐셜(Ψ_p)이 0
$$\Psi_p = 0\text{이며, } \Psi_w = \Psi_s$$
• 순수한 물 : 삼투퍼텐셜 및 수분퍼텐셜 값은 0MPa
(순수한 물은 삼투막을 자유롭게 이동할 수 있고, 용질이 없기 때문에 삼투압도 형성되지 않음)

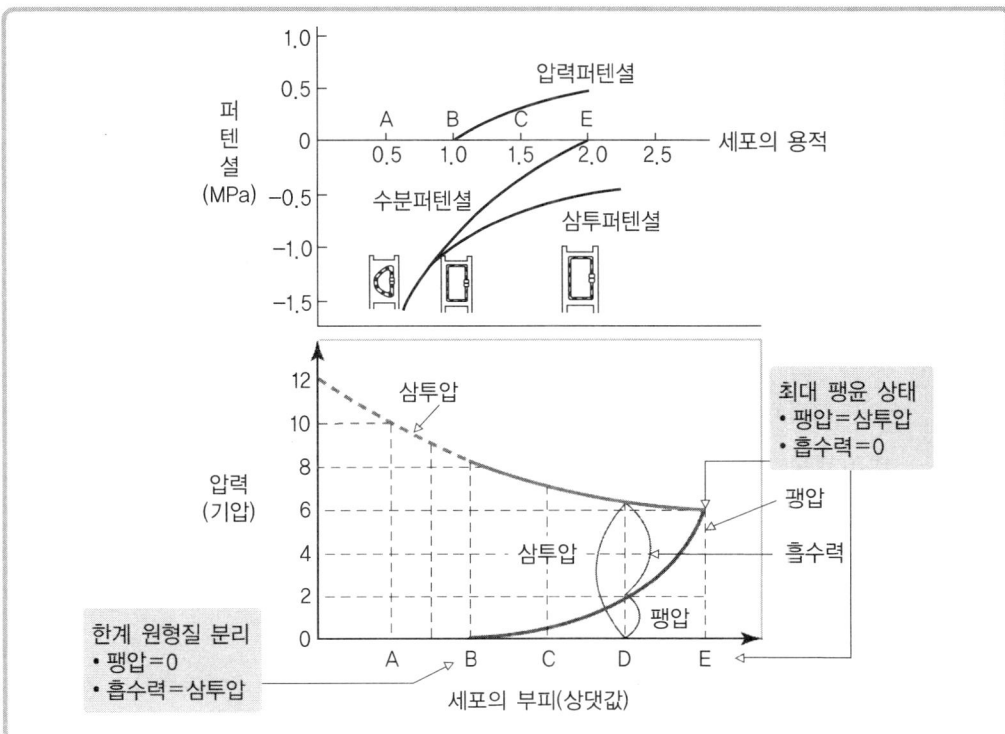

* A : 식물세포를 고장액에 넣었을 때로 원형질 분리가 일어나 세포의 부피가 줄어든 상태
* B : 식물세포를 등장액에 넣은 것으로 식물세포의 크기는 정상이며, 이때가 원형질 분리 한계점이다.
* C : 식물세포를 저장액에 넣었을 때 삼투압과 팽압의 차에 해당하는 흡수력을 나타낸다.
* D : C보다 세포의 크기는 크지만, 흡수력은 작은 상태
* E : 삼투압과 팽압이 같아 흡수력이 0인 최대 팽윤 상태

  ⓒ 세포의 수분퍼텐셜과 이를 조절하는 요소와의 상호관계는 팽압의 변화에 따라 부피가 크게 변화되는 세포에서 볼 수 있다. 세포의 부피와 압력퍼텐셜이 변화함에 따라 삼투퍼텐셜과 수분퍼텐셜은 변화된다.

  ⓒ 수분 이동 : 토양 → 식물체 → 대기로 수분이 이동
  여러 세포 간의 물의 이동은 수분퍼텐셜 구배에 따라 높은 쪽에서 낮은 쪽으로 확산하여 이동한다. 일련의 인접 세포들은 삼투퍼텐셜과 압력퍼텐셜의 값 차이에 따른 수분퍼텐셜 구배에 따라 높은 세포에서 낮은 세포로 이동한다.

(3) 식물체 내 수분퍼텐셜 수준

① 수분퍼텐셜 구배 : 토양에서 가장 높고, 식물에서는 중간값, 대기에서 가장 낮다. 토양으로부터 식물을 통하여 대기 중으로 구배가 이루어진다. 식물세포·조직은 수분퍼텐셜이 높아질수록 더 탈수된 다른 세포·조직에 물을 공급할 수 있는 능력이 커진다.

㉠ 토양수 : 토양용액은 희석되기 때문에 압력퍼텐셜이 0이며 삼투퍼텐셜은 이보다 약간 낮은 (-) 값이므로 수분퍼텐셜도 다소 낮은 (-) 값을 나타낸다.
㉡ 물관 내에 있는 물 : 용질이 거의 없기 때문에 삼투퍼텐셜은 다소 낮은 (-) 값을 나타내나 물은 장력을 받게 됨으로써(압력퍼텐셜은 -값) 수분퍼텐셜은 토양수보다도 더 낮은 (-) 값을 갖게 됨에 따라 식물체 내로 흡수·이동된다.
㉢ 잎 세포 : 더 진한 용액을 갖게 되므로 삼투퍼텐셜은 매우 낮은 (-) 값이 되어 물은 안으로 이동되어 압력퍼텐셜이 생기지만, 세포 내 수분퍼텐셜은 물관 내에서보다 더 낮은 (-) 값을 유지하게 된다.
㉣ 대기 : 잎 세포보다 좀 더 낮은 (-) 수분퍼텐셜 값을 나타낸다.

② 식물조직에서 수분퍼텐셜 범위
㉠ 뿌리세포 : 보통 약 -0.5MPa의 수분퍼텐셜
㉡ 잎 세포의 수분퍼텐셜
　ⓐ -0.2 ~ -0.8MPa : 통기가 잘되는 토양에서 뿌리를 내린 식물 잎의 수분퍼텐셜
　ⓑ -0.8MPa 이하 : 토양수분 공급이 감소됨에 따라 잎의 수분퍼텐셜은 보다 낮아져 잎의 생장속도는 감소된다.
　ⓒ -1.5MPa : 대부분 식물조직은 생장이 완전히 정지되며, 초본식물 잎은 생장하지 못한다.
　ⓓ -2.0~-3.0MPa 이하 : 초본식물 잎은 회복하지 못한다.
㉢ 사막지대 관목의 잎 : -3.0~-6.0MPa 범위로 매우 낮은 수분퍼텐셜, 수분퍼텐셜이 낮은 상태에 놓여도 살아남을 능력이 매우 높아 오랫동안 생존할 수 있다.
㉣ 발아력이 있는 건조한 종자 : -6.0~-10.0MPa 또는 그 이하의 수분퍼텐셜
㉤ 해안지대·간척지 식물 : -0.5MPa 또는 그 이하의 수분퍼텐셜

참고　MPa · bar · pF의 비교

pF(log H)	수주 높이 H(cm)	기압(bar)	MPa	토양수분항수
7.0	10,000,000	10,000	-1,000	건토상태
4.5	31,000	31	-3.1	흡습계수
4.2	15,000	15	-1.5	영구위조점(위조계수)
4.0	10,000	10	-1.0	초기위조점
3.0	1,000	1	-0.1	대기압 상태
2.5	310	0.31	-0.031	최소용수량 (포장용수량, 수분당량)
0	1	0.001		최대용수량 (포화용수량)

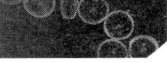

제2절 수분 흡수

1 뿌리의 수분흡수 경로

물이 토양 → 식물체 → 대기로 이동할 때 매우 다양한 매질(세포벽·세포질·원형질막·세포공극)을 경유하며, 이때 물의 이동기구도 매질의 종류에 따라 달라진다.

(1) 뿌리 표피 → 내피까지 이동경로

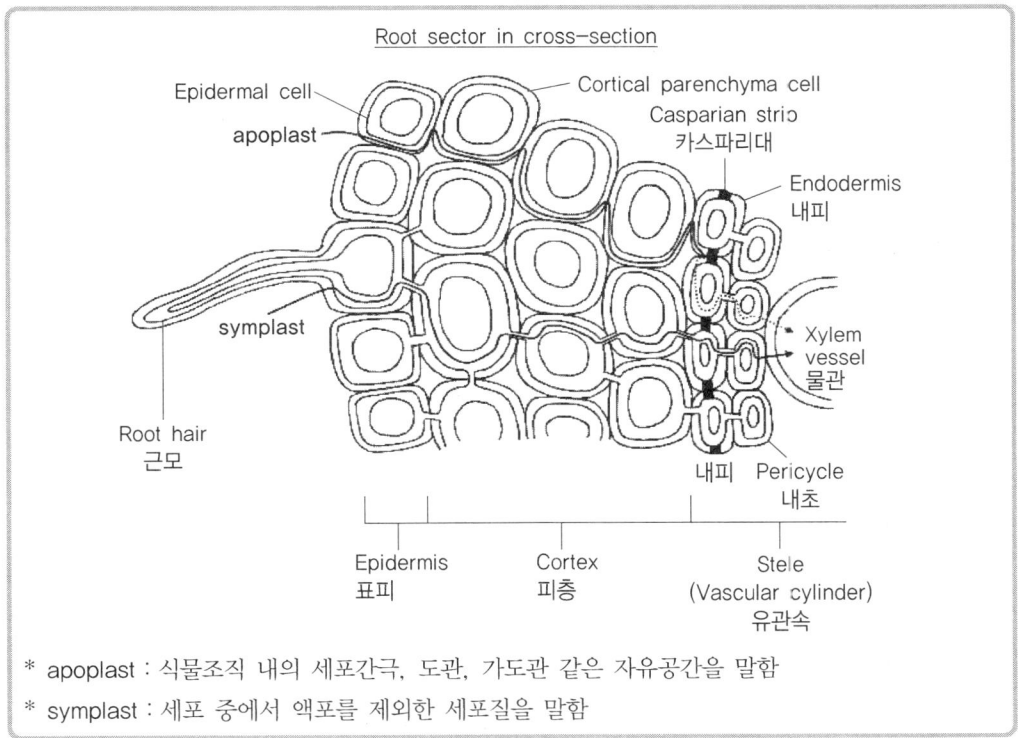

* apoplast : 식물조직 내의 세포간극, 도관, 가도관 같은 자유공간을 말함
* symplast : 세포 중에서 액포를 제외한 세포질을 말함

아포플라스트와 심플라스트 경로는 서로 분리되어 있는 것이 아니다. 아포플라스트 공간의 물과 심플라스트와 액포의 물은 일정한 평형을 이루며 세포막과 액포막을 통하여 끊임없이 교환된다. 물이 피층을 통과할 때에는 2가지 경로를 다 함께 이용한다.

① <u>아포플라스트</u>(apoplast, 전세포벽) 경로

  ㉠ <u>어느 막도 통과하지 않고 식물의 죽어 있는 부위인 세포벽과 세포간극을 통하여 수분과 용질을 한 세포에서 다른 세포로 이동시키는 것이다.</u>

  ㉡ 아포플라스트를 통한 물의 이동은 카스파리대(Casparian strip)에 의하여 방해를 받는다. <u>카스파리대는 내피에서</u> 왁스(wax)와 비슷한 소수성 물질인 수베린(suberin)

이 세포벽에 집적된 환상의 띠(대(帶); strip)이다. → 내피를 우회하여 운반된 모든 분자는 원형질막을 통과하여 세포질로 들어가야만 한다.
- ⓒ 피층조직은 세포배열이 느슨하여 심플라스트보다는 아포플라스트 경로를 더 많이 택하는 것으로 보인다.

② 심플라스트(symplast, 전원형질) 경로
- ⊙ 원형질연락사(plasmodesmata)를 통하여 살아 있는 부위로 계속하여 연결된 세포질을 통하여 <u>세포에서 세포로 수분이나 용질을 운반시킨다.</u>
- ⓒ <u>근모에서 흡수된 수분은 주로 심플라스트 경로를 통하여</u> 안쪽으로 흡수된다.

③ 막횡단 경로
- ⊙ 아포플라스트 · 심플라스트 경로 외의 경로
- ⓒ 수분이 세포의 한 면에서 들어가 다른 면으로 나오고 이것이 반복되면서 이어지는 일련의 이동경로이다. 아포플라스트 · 심플라스트 경로의 물이 교환되는 경로와 액포막을 가로지르는 수송이 막횡단 경로이다.

(2) 수분 이동 순서

① 토양 – 뿌리 접촉
- ⊙ 뿌리의 표면과 토양 간의 긴밀한 접촉은 근모(根毛; root hair)가 토양 속으로 생장함에 따라 뿌리의 표면적을 크게 넓힘으로써 극대화된다.
- ⓒ 뿌리의 끝 부분에 있는 생장점과 근관은 수분을 거의 흡수하지 않으며, 근모대를 지나 위로 올라갈수록 목질화가 진행되어 수분흡수가 제한된다.

② 뿌리의 수분흡수부위
- ⊙ 인지질이중층 : 수분은 근모의 느슨한 세포벽과 세포막의 인지질이중층을 확산운동으로 침투해 들어간다.
- ⓒ 막단백질 : 일부의 수분은 세포막의 내재성단백질 '아쿠아포린'을 통하여 집단류로 들어가기도 한다.
- ⓒ 벽간 공간 : 세포벽과 세포벽 사이의 공간으로 침투해 들어가는 수분도 있다.

③ 근모의 흡수 : 일반적으로 뿌리세포의 세포액(cell sap)은 토양용액보다 더 짙으므로 세포액의 삼투퍼텐셜은 토양용액의 삼투퍼텐셜보다 더 낮게 된다. → 수분퍼텐셜 구배에 따라 물은 토양으로부터 뿌리세포로 들어온다(세포액의 삼투퍼텐셜은 -2~18bar, 토양용액은 11bar).

④ 이동 순서 : 근모는 물을 흡수함에 따라 팽만상태(수분퍼텐셜 높음) 유지 → 수분퍼텐셜 구배에 따라 피층세포(수분퍼텐셜 낮음)로 이동 → 인접 피층세포 → 내피의 통도세포(passage cell) → 내초세포 → 물관부로 이동

> **보충** 아쿠아포린(Aquaporin)
>
> 일종의 막단백질로서, 매우 높은 투수성을 지님. 아쿠아포린 채널은 지질2중층보다 물을 비선택적(일부 이온도 이동시킴)으로 매우 빠르게 확산시켜 식물세포로 물의 이동을 쉽게 도움. 물분자가 식물세포 원형질막의 지질2중층을 통과하는 것은 아쿠아포린에 의한 것임

2 뿌리의 흡수 메커니즘

모든 물의 흡수 · 이동은 토양에서 뿌리로의 수분퍼텐셜이 저하(구배)되어 일어나며 그 구배 원인은 수동적 또는 능동적 흡수에 따라 다르다.

(1) 뿌리의 수동적 흡수

① 수동적 흡수(passive absorption) : 증산하고 있는 식물에서 뿌리의 역할은 수동적인 흡수 면에서 볼 수 있으며, 뿌리를 통해 흡수되는 물은 주로 세포벽을 통해서 집단류에 의하여 내부로 이동하는 흡수이다.

② 증산과 흡수 기구
  ㉠ 뿌리의 수분 흡수는 뿌리의 표면에 접해 있는 토양용액에서 뿌리 내부의 물관부까지 수분퍼텐셜의 구배가 존재하기 때문에 일어난다. 물은 토양 → 표피 → 피층 → 내피 → 뿌리의 유관속 조직으로 들어가 물관요소를 통하여 → 위로 올라가서 잎으로 이동 → 마지막으로 증산작용에 의하여 대기 중으로 날아간다.
  ㉡ 증산작용에 의하여 엽육세포가 건조해지면 잎 세포 내에서 수분퍼텐셜은 감소되어 엽맥의 물관의 물기둥을 잡아당겨 물은 잎 세포 안으로 들어온다. 물관의 물이 사라지면 물관 내 수액에 압력이 감소되며, 이때 뿌리의 능동적 흡수보다 잎의 증산이 많은 경우에 물관 내의 물은 장력(부압)이 생긴다.
  ㉢ 엽맥의 물관 – 줄기의 물관부 – 뿌리의 물관부는 서로 이어져 있고, 이 안의 물기둥 역시 잎에서 뿌리까지 이어져 있으므로, 엽맥에서의 부압은 이 물기둥을 집단류에 의하여 끌어올리고 뿌리의 물관부에도 부압을 생기게 한다. 이 부압(즉 장력)에 의하여 물은 물관을 둘러싸는 세포를 통하여 수동적으로 흡수된다(증산이 왕성할 때 수동적 흡수가 능동적 흡수의 10~100배에 달함).

③ 흡수속도(=증산속도) : 증산작용이 왕성한 식물에서 수분흡수의 원동력은 뿌리보다 지상부의 증산작용에 의하여 생기며, 흡수속도는 증산작용에 의한 물의 손실속도에 크게 지배된다(이는 흡수와 증산이 식물체 물관부의 연속된 물기둥에 의하여 상호 연결되어 있기 때문).

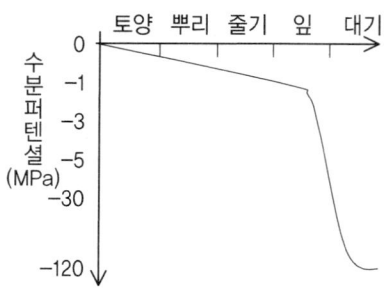

■ 토양-식물-대기의 수분퍼텐셜

(2) 뿌리의 능동적 흡수

① **능동적 흡수(能動的 吸收; active absorption)**: 근압(root pressure)에 의한 수분흡수는 튼튼하고 통기가 잘되는 근계(根系)를 가진 식물에서 볼 수 있으며, 뿌리에 있는 살아있는 세포의 생활력에 의한 흡수이다. 용질 흡수와 같이 뿌리의 수분 흡수는 부분적으로 비삼투적 과정(대사에너지의 방출)에 의한 능동적 흡수가 일어난다.

② **식물 뿌리의 근압 발생**
  ㉠ 증산 ↑: 잎의 증산작용이 왕성하여 식물체로부터 물이 증산되면 물관부 중의 수액은 부(-)의 압력(장력)을 받게 되어 근압은 생기지 않고 일액현상도 일어나지 않는다.
  ㉡ 증산 ↓: 증산작용이 천천히 일어나는 식물에서 토양수분이 많고 토양온도가 높으면 물관부 내의 물은 정(+)의 압력(근압)을 받게 된다.
  - 예 저녁에 잎의 증산작용이 쇠퇴하였을 때 잎의 가장자리에 있는 수공(水孔; water pore)에서 물이 나오는 일액현상
  - 예 줄기의 절단면에서 세포액이 나오는 일비현상
  - 예 꽃의 밀선에서 유기용질이 배출되는 현상

③ 능동적 흡수에서 뿌리 물관부의 수분통도조직 중의 수분퍼텐셜 저하는 대부분 물관부 수액 중의 용질이 집적되기 때문이다. 이 경우 내피와 기타 조직이 반투성 막의 역할을 하고 뿌리는 삼투계로 작용하여 물은 수분퍼텐셜의 구배에 따라 뿌리 외부에서 내부로 이동하게 된다.

(3) 수분흡수에 영향을 미치는 요인들

① **뿌리의 분포**: 뿌리가 깊고 넓게 분포하면 그만큼 수분의 흡수가 촉진된다. 배수가 잘되고 통기성이 좋은 토양에서는 뿌리가 깊게 들어가지만, 배수가 불량한 점질토에서는 지표 가까이 분포한다. 건조한 토양에서는 깊고 넓게 퍼지고, 밀식하면 뿌리의 분포범위가 좁아진다.

② **토양수분**: 토양수분이 풍부하면 토양입자의 수분보유력은 감소하고 뿌리의 수분흡수는 용이해진다. 그러나 과습하면 통기성이 나빠지고 뿌리의 호흡이 저해되며, 결국에는 뿌리의 생육과 흡수기능이 억제된다. 증산작용이 왕성할 때 과습한 토양에서 식물이 오히려 시드는 것을 볼 수 있다.

③ **토양온도**: 지온이 낮으면 물의 점도가 높아지고 원형질막의 투과성이 떨어지며 뿌리 세포의 생리적 기능이 약해져 수분의 흡수가 억제된다. 지온이 내려갈 때 식물이 시드는 것은 바로 수분흡수가 억제되기 때문이다.

④ **염류농도**: 지나치게 토양이 건조하거나, 염류농도가 높으면 삼투퍼텐셜이 감소하여 수분흡수를 억제하고 생육을 저해한다.

3   뿌리의 수분흡수와 토양수분과의 관계

(1) 토양수분의 종류

결합수(화학수) (combined water)	• 점토광물에 결합되어 있는 수분으로 토양에서 분리시킬 수 없음 • pF 7.0 이상, 작물이 흡수할 수 없음
흡습수(흡착수) (hygroscopic water)	• 건토를 공기 중에 두면 분자간 인력에 의해 수증기가 토양 표면에 흡착된 수분, 토양콜로이드 입자의 팽윤에 의하여 흡수·보유되어 있는 물 • pF 4.5~7(31~10,000기압), 토양입자와 흡착된 힘은 매우 강하기 때문에 작물에 흡수·이용되지 못함(작물의 흡수압은 5~14기압)
모관수 (capillary water)	• 토양공극 내에서 표면장력 때문에 중력에 저항하여 유지되는 수분, 모관현상에 의하여 지하수가 모관공극을 상승하여 공급됨 • pF 2.7~4.5, 작물이 주로 이용하는 수분
중력수 (gravitational water)	• 포장용수량 이상의 수분으로 토양입자와의 결합친화력이 약하고 중력에 의하여 비모관공극을 통해 흘러내리는 물 • pF 0~2.7, 작물에 용이하게 이용되지만, 곧 근권 아래로 내려간 수분은 직접 이용되지 못함
지하수 (underground water)	• 지하에 정체하여 모관수의 근원이 되는 물 • 중력수는 아래로 내려가서 지하수가 되는데 지하수는 토양이 건조하면 모관인력에 의하여 다시 토양 중에 올라오므로 작물에 대한 물 공급원의 하나이지만, 이 물을 토양이 빨아올리는 높이에는 제한이 있고 상승속도도 극히 느리기 때문에 물 공급원으로서의 가치가 낮음 • 지하수위가 낮으면 토양이 건조해지고, 수위가 높으면 과습해짐

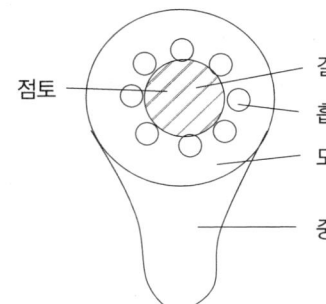

- 결합수 : pF 7.0 이상, 토양에서 분리 불가능
- 흡습수 : pF 4.5~7.0, 토양 입자 피막상에 흡착된 수분
- 모관수 : pF 2.7~4.5, 중력에 저항하여 유지되는 수분
- 중력수 : pF 0~2.7, 흘러내리는 물

* 흡착수는 토양입자에 직접 닿아 있고, 모관수는 그 바깥쪽에 자리잡고 있으며, 양자는 피막으로 토양입자를 싸고 있음. 토양과 물의 친화력은 양자 간의 거리가 가까울수록 강해짐

(2) 토양 중의 유효수분

무효수분 (unavailable water)	• 토양함수량이 저하하면 물은 토양입자의 주위에 점점 강한 힘에 의하여 유지되게 되는데 뿌리의 흡수력이 이 힘을 이기고 물을 흡수한다는 것은 불가능해져서 결국 작물이 이용할 수 없는 토양수분 • 영구위조점(pF 4.2) 이하 수분
위조계수 (wilting coefficient)	• 무효수분과 유효수분과의 경계(pF 4.2, −1.5MPa) • 위조계수 이하의 토양수분에서는 작물이 흡수할 수 없음
유효수분 (available water)	• 작물이 토양 중에서 흡수·이용하는 물, 대부분 모관수(毛管水) • 포장용수량(pF 2.5, −0.03MPa)에서 영구위조점(pF 4.2, −1.5MPa)까지의 수분 • 초기위조점(pF 4.0) 이하의 수분은 작물생육을 돕지 못함 • 유효수분의 범위는 사질토에서 좁고 점질토에서는 넓음
잉여수분 (surplus water)	• 강우나 다량의 관수에 의한 포장용수량(pF 2.5) 이상의 토양수분 • 과습상태 유발

제3절 수분 배출

○ **액체상태로 수분 배출** : 작물이 특수한 조건에서 자라게 되면 액체로 수분을 배출하는데 일액현상과 일비현상이 있다. 보통 액체상태로의 배출량은 증산작용에 의한 수분 배출량에 비하여 훨씬 적다.
○ **기체상태로 수분 배출** : 증산작용(transpiration), 수증기의 형태로 물을 배출하는 것이다.

1 액체상태로 수분 배출

(1) 일액현상(guttation)

① 의미 : 뿌리에서 수분 흡수가 왕성하게 이루어지고 증산작용이 억제되어 있을 경우, 외떡잎식물은 잎 선단에서, 쌍떡잎식물은 잎 가장자리에서 물이 물방울 형태로 되어 배출되는 현상. 배출액은 순수한 물에 가깝다.
   - 예) 초본작물에서 널리 발견, 화곡류 · 토마토 · 양배추 · 양딸기 · 클로버 · 고구마 등
② 원인 : 배출될 때 액압(液壓)은 뿌리의 능동적 흡수에 의하여 물관부 안에 성립되는 압력, 즉 근압(根壓)에 기인한다.
③ 조건
   ㉠ 낮에는 따뜻하고 밤에는 차가워지는 날(가을)의 밤중이나 이른 아침에 일액현상에 의한 물방울이 많이 생기며, 흔히 이슬과 혼동되는데 이슬방울은 아니다.
   ㉡ 밤에 토양온도가 높고 토양함수량이 많으며, 공기의 온도가 낮고 습도가 높아 포화상태에 가까울 때(새벽녘) 일어난다.
④ 발생장소 : 배수조직의 수공
   * 배수조직(hydathode) : 잎에서 물방울이 나오는 곳의 특수한 조직
   ㉠ 잎의 선단이나 가장자리에 엽맥이 끝나는 부분에 배수조직이 위치하며 그 끝에 헛물관이 있다. 물은 헛물관의 바로 위에 있는 누수조직을 거쳐 표피에 있는 수공(water pore)을 통하여 배출된다.
   ㉡ 수공은 기공과 동일하게 2개의 공변세포로 구성되어 있지만, 수공은 개폐작용이 없고 항상 열려있다.
   ㉢ 유관속초는 물이 다른 조직으로 이동되는 것을 막는다.

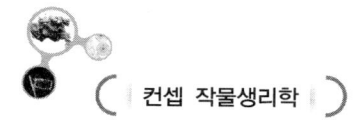

(2) 일비현상(exudation, bleeding)

① 의미 : 식물 줄기를 절단하거나 물관부에 도달하는 구멍을 뚫으면 절단면에서 다량의 수액(樹液; 대개는 다량의 탄수화물·유기산·무기염류 등 함유)이 배출되는 현상. 배출액은 줄기 물관부의 물관 또는 헛물관에서 흘러나온다.

② 원인 : 줄기 절단면에 압력계를 연결하면 어떤 압력이 표시되는데, 이 압력은 뿌리의 조직 안에 나타나는 근압에서 유래한다. 즉 근압에 의해 생긴 물관부 안의 액압에 의하여 일어나며 절단면에서의 수액 배출은 작물체 내에 있는 높은 압력에 의하여 흘러나오는 것이다.

③ 발생시기 : 일비액은 봄철 발아 전에 최대가 되고 발아 이후에는 급격히 감소된다(겨울눈이 트면 잎에서 증산작용이 일어나기 때문). 뽕나무나 수세미 등은 증산작용이 왕성한 여름에도 지상부를 절단하면 일비현상이 일어난다. ◉ 고르쇠 수액

2 기체상태로 수분 배출 : 증산작용

(1) 증산작용(transpiration)

<u>작물이 흡수한 수분의 대부분은 증산작용을 통해 기체 상태로 배출되며, 수분 흡수량이 많으면 증산이 활발해짐</u>

① 증산작용

뿌리에서 흡수된 물이 지상부의 식물체 표면에서 수증기 형태로 배출되는 현상. 증산작용은 지상부의 어느 곳에서나 이루어지는데, <u>대부분 잎 표면에서 발생</u>하며 표면의 성상이나 표면적의 대소에 따라 다르고 기관에 따라 차이가 있음

　㉠ <u>기공증산</u>(stomatal transpiration) : 기공을 통해 이루어지는 증산작용이다. 잎 뒷면에는 많은 기공(氣孔; stomata)이 있고, 공변세포(guard cell) 사이의 공극(slit)은 엽육세포의 세포간극에 연락되므로 물을 많이 함유한 엽육세포의 세포벽을 통하여 세포간극에 배출되는 수증기는 기공을 통하여 대기 중에 방출된다.

　㉡ <u>각피증산</u>(cuticular transpiration) : 잎은 표면적이 크므로 표피세포에는 각피화(cutinization)가 일어나서 물의 발산을 제한하고 있지만 증산작용 일부분(약 10%)은 표피세포를 통해서 이루어진다.

② 증산 장소 : 잎, 줄기 등

　㉠ 잎 : 증산작용의 대부분은 기공증산작용이고, 기공이 열려 있을 때 각피증산은 전체 증산의 10%에 불과하다. 잎이 얇고 각피의 발달이 나쁜 음엽(陰葉)에서는 25% 정도이다.

　㉡ 수목의 어린 가지·초본식물의 줄기 : 증산작용이 상당히 이루어지는데, 잎에 비하여 그 표면적이 좁기 때문에 이러한 증산은 크게 문제되지 않는다.

ⓒ 수목의 가지 : 표피세포 바로 아래 코르크층이 발달하고, 코르크화된 세포벽은 물을 통과시키지 않아 증산작용이 거의 이루어지지 않는다.
③ 증산의 의의
  ㉠ <u>수분흡수와 체내 이동의 원동력</u> : 증산작용에 의하여 다량의 수분이 잎에서 배출되면 <u>잎세포의 수분퍼텐셜이 낮아(증가X)</u>져서 증산이 약한 경우에도 <u>뿌리로부터 수동적 흡수가 증가</u>되므로 체내에 있어서 <u>수분의 상승이동이 촉진</u>된다.
  ㉡ 잎의 온도조절기능 : 증산작용에 의하여 물을 기화열(氣化熱)로서 빼앗기므로 엽온이 저하된다. 한여름의 직사광선에 노출된 작물의 엽온은 기온과 큰 차이가 없으며 때로는 오히려 낮은 경우도 있다.
  ㉢ 광합성 원료를 원활히 공급 : 증산작용이 활발하면 <u>수분(H_2O) 흡수가 촉진</u>되고 기공이 열린 상태가 되고 <u>탄산가스(CO_2)의 유입</u>을 원활하게 하여 정상적 광합성을 가능케 한다.

(2) 증산에 영향을 미치는 외적 조건

증산작용은 물리적인 증발현상에 의하여 많이 지배되고 있으므로 증발에 영향을 주는 외계조건(外界條件)은 모두 증산작용에 영향을 준다.
① 일조 ↑ : <u>증산작용은 뚜렷한 일변화를 보이며 낮에는 증가하고 저녁에는 감소한다.</u> 증산량과 일조도·기온·공중습도의 일변화 간에 상관계수는 매우 높다(일조도[日照度]와의 상관관계가 가장 높음).
② 대기습도 ↓
  ㉠ 대기가 건조하면 증발이나 증산은 촉진된다.

> • 대기의 건조 표시
>
> $$\text{상대습도(relative humidity)} = \frac{\text{일정한 공기가 함유하는 수증기량}}{\text{포화수증기량}} \times 100$$

  ㉡ 증발·증산에 직접 관계있는 것은 그 공기가 현재 얼마나 수증기를 보유하고 있는가 보다 앞으로 얼마나 수증기를 더 함유할 수 있는가이다.

> • 포화부족량(saturation deficit) : $W-w$
> W : 그 공기가 수증기로 포화되었을 때 함유되는 수증기의 양
> w : 일정한 공기에 함유되어 있는 수증기 실량
> • 증기압부족량(vapor pressure deficit) : $E-e$, $W-w$의 수증기의 차
> E : 그 공기의 포화수증기압
> e : 대기의 증기압

컨셉 작물생리학

> **참고** 수증기압포차(VPD, kPa)
>
> ㉠ 의미
>   ⓐ 수증기압포차는 증기압부족량(Vapor Pressure Deficit)을 의미함
>   ⓑ 수증기압포차(VPD) = 포화수증기압(SVP) - 실제 수증기압(AVP)
>   ⓒ 공기 중에 수분이 많으면 VPD는 작아지고, 건조하면 커진다.
>   ⓓ 작물 생장의 적정 VPD는 0.5~1.2kPa임(식물·생육기에 따라 달라짐)
>   • VPD가 0.5kPa 이하면 공기가 과습하여 증산이 억제되고, 발병이 증가함
>   • VPD가 1.2kPa 이상이면 공기가 건조하여 증산량 증가, 수분스트레스 증가함
> ㉡ VPD에 영향을 주는 요인
>   ⓐ 온도 : 온도가 상승하면 VPD는 증가하고, 온도가 내려가면 VPD는 감소함
>   ⓑ 습도 : 대기 습도가 증가하면 VPD는 감소하고, 습도가 감소하면 VPD는 증가함
>   ⓒ 광도 : 광도가 증가하면 잎 온도가 상승하여 VPD가 증가하고, 광도가 낮아지면 VPD가 감소함
> ㉢ VPD에 따른 식물 반응
>   ⓐ 기공 : VPD가 증가(건조)하면 기공이 작아짐
>   ⓑ CO_2 흡수 : VPD가 증가하면 기공이 작아져 CO_2 흡수가 감소함
>   ⓒ 증산 : VPD가 증가하면 잎과 공기 사이의 증기압차가 더 크기 때문에 증산량이 증가함
>   ⓓ 양분흡수 : VPD가 증가하면 증산량 증가로 인해 뿌리의 양분흡수량도 증가함
>   ⓔ 수분스트레스 : VPD가 증가(건조)하면 식물은 건조에 대한 스트레스가 증가함

㉢ 잎의 증산작용은 잎의 수증기압(E, 엽육세포가 함유하는 물의 증기압)과 대기의 증기압(e)과의 차에 비례한다. 엽온은 보통기온과 거의 같거나 또는 이보다 약간 높으므로 증기압의 차는 대기 자체의 증기압부족량과 같다. 대기의 증기압부족량이 커지면 커질수록 증산작용은 왕성해진다.

③ 온도 ↑ : 기온이 상승하면 증기압부족량이 커져서 증산작용은 촉진되고, 기온이 떨어지면 증기압부족량이 감소되어 증산작용은 억제된다. 온도는 공기 습도에 영향을 주므로 간접적으로 증산작용에 영향을 끼친다. 증산작용은 엽온이 기온보다 높아지면 엽육세포의 수증기압이 상승하므로 증기압 차가 커져서 증산작용이 증가된다.

④ 바람 : 연풍일 때

증산으로 배출된 수증기가 잎 표면에 퇴적하면 잎의 수증기압과 대기의 수증기압의 차가 작아져 증산작용이 저하되는데, 바람이 불면 잎 표면에 수증기가 퇴적되는 것을 방지하여 증산작용을 촉진한다. 풍속이 증가되면 증산작용이 왕성해지지만 한도를 넘은 강한 바람은 기공이 닫혀 오히려 증산작용을 저하시킨다.

⑤ 토양조건 : 토양의 함수량, 토양수의 삼투퍼텐셜, 지온, 토양의 통기 등은 뿌리 흡수와 밀접한 관계를 가지며 간접적으로 증산작용에 영향을 미치는데, 토양조건에 따라 뿌리 흡수가 적으면 증산작용도 저하된다.

(3) 증산에 영향을 미치는 내적 조건

증산작용은 외적 조건과 함께 작물 자체의 내적 조건에 의해서도 지배된다.

① 잎의 형태 및 구조
  ㉠ 엽면적이 감소하면 증산면적이 감소하여 1개체당 증산량도 감소된다.
  ㉡ 엽면적이 작을지라도 단위엽면적당 기공수가 많고 기공이 크면 증산이 활발해짐
  ㉢ 기공이 닫혀 있을 때는 주로 각피증산작용이 이루어지므로 잎 표피세포 표면에 각피가 발달하였거나 납물질(wax)이 많으면 증산작용을 감퇴시킨다.

② 기공
  ㉠ 기공은 어린 줄기에도 있지만 주로 잎에 분포되어 있다. 잎의 표피에 기공이 발달해 있으면 증산작용이 왕성해진다. 잎에 분포하는 기공수, 향축 면과 배축 면의 분포비율, 기공의 크기 등은 식물의 종류와 재배환경에 따라 다르다.
  ㉡ 1mm²당 향축 면 : 배축 면의 분포비율·기공수
    ⓐ 목본쌍자엽식물은 배축 면에만 기공이 분포하고, 쌍자엽식물은 향축 면보다 배축 면에 기공수가 많으며, 단자엽식물은 양면이 비슷한 분포비율을 보임
    ⓑ 단자엽식물은 쌍자엽식물에 비하여 단위엽면적당 기공수가 적음
      ◉ 목본쌍자엽식물 – 사과 0 : 294, 떡갈나무 0 : 340
        쌍자엽식물 – 감자 51 : 161(212개), 토마토 12 : 130(142개)
        단자엽식물 – 밀 33 : 14(47개), 귀리 25 : 23(48개), 옥수수 52 : 68(120개)
      * 상이한 기술(記述) : 단자엽식물은 쌍자엽식물에 비하여 표면보다 뒷면이 훨씬 많다.
  ㉢ 기공 크기
    ◉ 쌍자엽식물 : 콩 7×3μm, 토마토 13×6μm
      단자엽식물 : 밀 38×7μm, 귀리 38×8μm

③ 기공 개폐에 영향을 미치는 요인
  ㉠ 광과 기공 개폐 : 기공의 개폐에 영향을 주는 요인 중에서 광·잎의 함수량이 가장 큰 영향을 준다. 기공은 저녁(적색광)에 닫히고 일출 후(청색광)에 급속히 열리는데, 기공의 개도와 광의 강도는 거의 평행적으로 증감하고, 오후는 광의 감소보다 약간 늦게 기공의 개도가 감소하며, 광이 가장 강한 정오에 기공도 최대로 열린다.
  ㉡ 공기 습도와 기공 개폐 : 뿌리에 대한 물의 공급이 충분할 때 공중습도가 감소하면 어느 정도까지 기공이 잘 열리고 증산작용이 왕성해진다.
  ㉢ 증산작용과 기공 개폐 : 증산작용의 대부분은 기공을 통해서 이루어지므로 기공 개폐가 증산작용에 큰 영향을 미치며, 증산작용의 일변화와 기공개도(氣孔開度)의 일변화가 거의 일치하고 있다.

(4) 기공 개폐 메커니즘

① 개폐 원리 : 공변세포의 구조적 특성

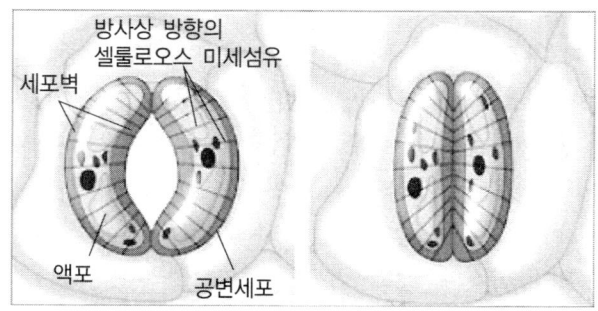

기공 open : 팽팽함   기공 close : 느슨함

기공 개폐는 공변세포의 팽압에 따라 조절되며, 공변세포가 팽만상태에 있을 때 열리고 팽압을 잃을 때 닫힌다. 공변세포 세포벽의 두께는 공극 쪽은 두껍고, 표피세포에 접한 쪽은 얇아서, 공변세포의 팽압이 증가되어 세포벽에 압력을 가하게 되면 얇은 쪽은 부풀어서 안쪽의 두꺼운 세포벽을 끌어당기기 때문에 공극이 열리고, 팽압을 잃으면 안쪽의 두꺼운 세포벽이 바깥쪽을 끌어당기기 때문에 공극이 닫힌다.

② 개폐 기구

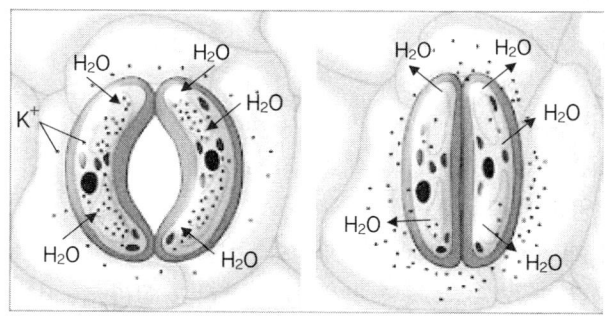

공변세포 내 K^+ 유입   공변세포 외로 K^+ 유출

㉠ K^+ 양이온 ↑
  ⓐ 공변세포가 수분을 흡수하려면 당, 유기산, K^+를 포함하는 많은 용질을 갖고 있어야 하는데, 기공이 열릴 때 주위 세포에서 공변세포로 K^+의 이동이 일어남으로써 삼투퍼텐셜이 저하(삼투압 ↑)되고, 이로 인해 수분이 공변세포로 들어와 팽압이 높아지면서 기공이 열린다.

ⓑ K^+ 양이온 축적에 의한 기공 Open : H^+ 이온은 주변 세포(표피세포)로 이동하고, K^+ 이온은 공변세포로 들어간다(H^+-K^+ 교환에 의하여). K^+ 양이온은 말산 음이온에 의하여 평형을 이루며, 일부 Cl^- 음이온은 K^+ 양이온을 중화시킨다. 공변세포의 액포에 있는 K^+ 양이온과 말산 음이온의 증가 → 삼투퍼텐셜은 감소 → 공변세포의 수분퍼텐셜을 감소 → 물은 주변 세포로부터 공변세포로 들어감에 따라 공변세포의 팽압을 증가 → <u>팽만된 공변세포는 기공 열림</u>

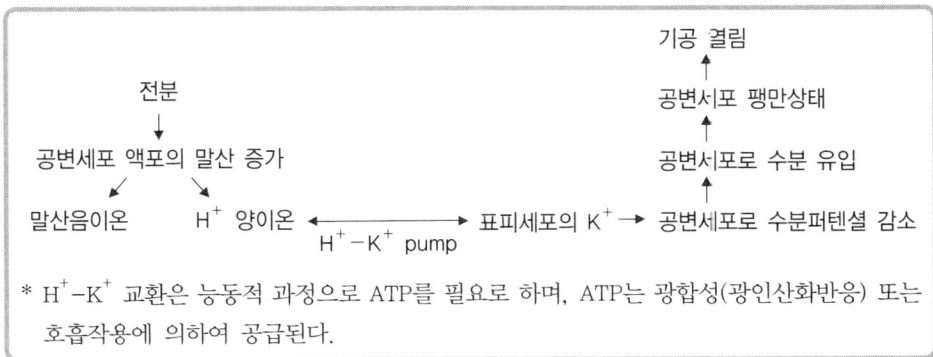

ⓛ 공변세포에서 전분의 말산으로의 전환 → 말산 음이온·H^+ 양이온 축적 : 공변세포에 저장되어 있는 전분과 포도당은 해당작용에 의하여 PEP(phosphoenol pyruvate)로 분해되어 PEP carboxylase 효소작용에 의하여 HCO_3^- 와 결합하여 옥살초산(oxaloacetic acid)이 되고 환원작용에 의하여 말산(malate)이 생성되며, 공변세포에서 말산 음이온과 H^+를 방출한다.

```
전분         C—COOH        C—COO⁻ +H⁺
 ↓           |             |
포도당        C—COOH        C—COO⁻ +H⁺
 ↓
PEP  →  OAA  →  malic acid  →  말산음이온 + H⁺ 양이온
      (PEPc)
```

ⓒ CO_2 농도 ↓
  기공 바로 아래의 <u>세포간극 중 CO_2 농도가 낮으면 기공이 열리고, 높으면 닫힌다.</u>
  ⓐ <u>낮에는 광합성으로 CO_2 농도가 낮아지면 pH가 올라가서 기공이 열림</u>
  ⓑ <u>밤에는 호흡작용으로 CO_2 농도가 높아지면 공변세포의 탄산농도($H_2O + CO_2$ → H_2CO_3)가 높아져 <u>pH가 내려가면서(알칼리성×) 기공이 닫힘</u>

> **보충** 기공개폐의 효소설

> 세포간극에서 CO_2 농도가 낮으면 공변세포의 pH가 높아지고, 공변세포에 존재하는 starch phosphorylase(전분 – 포도당 상호전환에 관여)가 전분을 분해하여 당 농도가 높아져서 세포액의 삼투퍼텐셜이 감소되기 때문에 주위 세포로부터 물을 흡수하여 <u>기공이 열린다</u>. 광에 의해 기공이 열리는 현상은 광합성에 의해 기공 바로 아래의 세포간극에서 CO_2가 소비되므로 CO_2 농도가 대기 중 농도보다 낮아지기 때문이다.
> 요약 : CO_2↓ → pH↑ → phosphorylase↑ → 당↑ → 삼투압↑ → 흡수 → 팽압↑ → 기공 open

   ㉣ 공변세포로 ABA 유입 → 기공 닫힘
    ⓐ 암조건에서는 광합성이 정지되므로 기공 세포간극 또는 공변세포에서 CO_2의 축적이 일어나며, CO_2의 존재 하에서 앱시스산(abscisic acid, ABA)은 공변세포의 확산과 투과성을 변화시켜 K^+ 양이온의 흡수를 저해한다.
    ⓑ ABA은 공변세포 원형질막의 전하분리(depolarization) 작용에 의하여 기공이 닫힌다. 수분결핍시 공변세포로 확산되는 수분 속에 ABA가 들어 있어 엽육세포에서 <u>ABA가 생산되어 공변세포가 K^+ 양이온을 방출하도록 유도</u>하여 기공이 닫힌다.

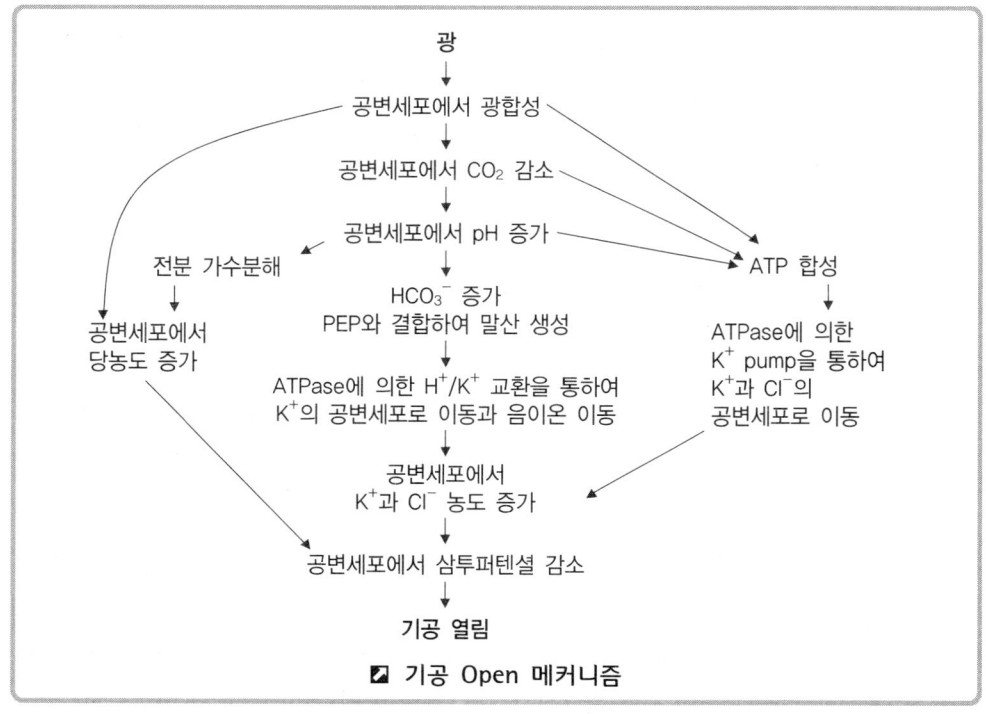

◪ 기공 Open 메커니즘

   ㉤ 30℃ 이상 생육적온을 벗어난 고온 → 기공 닫힘
    고온에서는 호흡이 증가하면서 CO_2가 동시에 증가하고, 공변세포의 팽압이 감소하여 기공이 닫힘

제4절 　작물 체내 수분이동

↳ 뿌리 → 줄기 → 잎 → 대기

1 　수분의 상승

(1) 수분상승 통로

① 증산류(transpiration stream) : 작물체 내에서 수분 상승은 증산작용에 기인하기 때문이다.
② 증산류의 통로 : 통도조직(conductive tissue), 유관속(관다발; vascular bundle) 안에 있는 물관(도관; vessel)·헛물관(가도관; 假導管)이다. 수목에 환상박피(girdling)를 하여 형성층 바깥쪽 껍질을 벗겨도 그 위쪽에 착생하는 잎은 시들지 않는다.
③ 물관·헛물관 : 하나하나의 세포가 세로로 길게 뻗은 것(like straw)이 서로 연결된다. 세포벽이 목화되어 부압(負壓)에 견딜 수 있는 구조로 수분 운반에 적합하다. 물관은 서로 닿은 세포 간 접촉부에서 세포벽이 소실되어 이어지고 굵기도 두껍기 때문에 수분 통로로서 더욱 적합하다.
④ 뿌리의 유관속 → 줄기의 유관속 → 잎자루 → 잎의 유관속(엽맥; vein)과 연결되어 있다. 엽맥이 발달한 잎은 수분 공급량이 많으므로 단위면적당 엽맥 길이가 긴 잎일수록 다량의 수분을 증산할 수 있다.

(2) 수분의 횡적 이동

① 줄기에서는 수분 상승과 함께 중심부로부터 바깥쪽으로도 수분이 이동한다.
② 사출수(射出䯒; ray) 세포는 원형질을 함유한 살아 있는 세포인데. 세포벽은 목화되어 두껍고, 공문(벽공, 작은 구멍; pit)이 많아서 세포와 세포 사이에 수분퍼텐셜 구배에 따라 인접 세포와 연결되고 수분의 횡적 운반을 돕는다. 한쪽 방향의 뿌리가 절단되어 수분 흡수가 억제될지라도 같은 방향에 있는 잎이 시들지 않는 이유이다.

(3) 수분상승의 기구

① <u>증산응집력설</u>(transpiration cohesion theory, Dixon이 제창) : <u>수동적 흡수</u>
　㉠ 상승의 구동력은 증산작용이고, 상승의 기본요인은 물의 응집력이다.
　㉡ 증산작용에 의하여 엽육세포가 수분을 잃으면 그들 세포의 흡수력이 증대되고 세포액의 수분퍼텐셜이 저하되어 수분은 잎 유관속의 수분통도조직에서 엽육세포 안으로 이행한다. 그 결과 잎-줄기-뿌리까지 연결되는 도관에 수분퍼텐셜의 기울기에 의해 구동력(driving force)이 생긴다. 연속된 물기둥이 되어 통도조직 안에 들어 있는 물은 장력(張力)을 받는다.

ⓒ 도관 내의 물은 강한 응집력에 의해 서로 부착되어 물기둥을 형성하며, 증산작용으로 물이 끌어당겨질 때 그 견인력은 줄기와 뿌리를 통해 토양까지 연결된다. 응집력은 엽육세포의 수분퍼텐셜 저하로 받는 장력보다 크므로 뿌리에서 잎으로 향하여 물분자는 집단으로 이동하여 끌려 올라가게 된다. 식물의 도관은 모세관이면서 자체 내의 특수한 구조로 인해 공동현상이 생기지 않는다.

② 근압(根壓) : 적극적 흡수
　ⓐ 증산작용이 약하거나 전혀 없을 때는 근압(根壓)에 의하여 수분이 통도조직 안으로 밀려 올라가는데, 증산작용에 의하여 끌려 올려가는 수분량에 비하여 매우 적다.
　ⓑ 야간에 증산작용이 정지된 상태에도 엽육세포가 높은 흡수력을 지속하고 있으면 그 세포가 최대의 팽만상태에 도달할 때까지 수분 상승이 계속된다. 줄기 선단부가 왕성한 생장을 하고 있어 수분 소비가 왕성할 때에도 줄기 선단부의 흡수량이 증가하며 수분은 위로 상승한다.

③ 보조적인 수분상승 기구 : 모세관현상, 수화현상(부착력), 삼투현상 등

정리 | 증산응집력설에 의한 식물체 내 수분상승

1 〈잎〉 원동력 : 증산작용
① 대기의 수분퍼텐셜이 낮기 때문에 세포벽으로부터 수분증발
② ①에서 수분퍼텐셜이 낮게 되고, 세포벽과 세포원형체의 수분퍼텐셜이 낮아짐
③ 에너지는 태양으로부터 얻어짐

2 〈줄기〉 물관부 내에서 물의 응집
④ 물기둥은 장력을 받아 응집됨
⑤ 물관부요소의 모관작용이 일어남
⑥ 기포가 생기면 수분은 통과하지 못함

3 〈뿌리〉 토양으로부터 수분흡수
⑦ 부의 수분퍼텐셜은 뿌리세포나 토양으로 전이됨
⑧ 근모는 흡수부위를 증가시킴
⑨ 내피를 통한 통과는 삼투적 과정으로 추정됨

2 작물의 수분경제

○ 작물의 수분경제(water economy) : 작물에 의한 물의 흡수, 배출, 저장 등 수분출납의 상호관계를 규명하고 작물체 내에 있어서 수분의 조절 내지 이용관계를 밝히는 것이다.
○ 작물수분의 출납관계는 뿌리의 수분 흡수 → 잎의 체외 배출과 동시에, 체내 수분 통도로 인하여 이루어진다.

(1) 작물 체내 함수량

   ① 수분출납(water balance)
      ㉠ 수분출납 : 작물과 외계 사이의 이러한 수분의 수지(收支)
      ㉡ 수분 출납률 : 흡수량(A)과 증산량(T)의 비

      $$q = \frac{T}{A}$$

      - $q < 1$의 경우 : 수분의 흡수가 과잉
      - $q > 1$의 경우 : 수분배출의 과잉, 함수량이 감퇴
      - $q = 1$의 경우 : 흡수와 배출이 같고 작물은 정상 또는 정상에 가까운 상태
      (T : transpiration, A : absorption)

      ㉢ 어떤 작물의 q값은 장기간의 총흡수량과 총배출량을 고려하면 1에 가깝지만, 단기간에는 상황에 따라 변화하게 된다.
   ② 생리적 측면의 작물 함수량 : 작물의 수분보유능력에 의하여 아주 많이 지배되며, 이 값이 크면 함수량이 많아진다. 작물의 수분보유능력은 작물 종류에 따라 다른데, 대체로 생리적으로 활동이 왕성한 기관(어린잎, 생장 중인 줄기 등)에서는 많고, 생리기능이 저하된 부분(묵은 잎, 줄기의 아랫부분, 휴면 중인 종자 등)에서는 적다.

(2) 작물 함수량 저하와 생리작용

   ① 작물 체내 수분 수급
      ㉠ 작물체는 독립된 하나의 유체역학계(hydrostatic system)로 간주할 수 있다. 작물체의 일부분에 물의 부족 → 세포는 수분퍼텐셜이 저하 → 수분은 수분퍼텐셜이 높은 부분에서 낮은 곳으로 이동(대부분 수분 이동은 저항이 적은 수분통도조직을 통해서 이루어짐)
      ㉡ 보통 식물체 안에 수분부족이 현저하게 일어났을 때 세포의 수분퍼텐셜은 거의 삼투퍼텐셜과 같으므로(팽압이 0MPa에 가까움), 삼투퍼텐셜이 높은 세포에서 낮은 세포로부터 수분을 제공한다.
         - 어린잎은 묵은 잎보다 삼투퍼텐셜이 낮다.
         - 같은 줄기에서는 선단에 가까운 잎일수록 삼투퍼텐셜이 낮다.
         - 줄기 자체의 선단은 삼투퍼텐셜이 낮아서 어린잎과 거의 같거나 약간 낮다.
         - 잎은 어린 열매보다 삼투퍼텐셜이 낮다.
         - 지상부 조직은 뿌리 세포보다 삼투퍼텐셜이 낮다.
      ㉢ 작물체 내 수분이 감소하면 어린잎·줄기 선단은 묵은 잎·열매·지하부에서 수분을 빼앗는다. 작물이 한발에 부딪히면 먼저 근모에서 최초로 수분을 빼앗긴다.

② 함수량 저하 사례
   ㉠ 증산작용이 왕성할 때 식물체의 함수량을 감소시키므로 팽압이 감소 → 생장을 저하시킴 → 개화・결실이나 열매의 성숙이 빨라짐
   ㉡ 함수량의 저하에 의하여 줄기・잎의 생장이 억제되면 잎뿐만 아니라 작물체의 각 부분에 탄수화물이 축적된다. 함수량의 감소에 따른 당류의 증가가 과실의 품질을 향상시키는 경우도 있다.
   ㉢ 토양 속 수분 부족이나 공기습도를 낮추어서 개화・결실을 유기시킬 수 있고, 다년생 목본식물에서는 생장억제에 의하여 탄수화물이 식물체 내에 축적되고 꽃눈형성이 촉진된다.
   ㉣ 작물체 내 함수량 저하가 심하면 위조가 일어나고 작물이 쇠약해지고 수량이 적어진다. 세포는 팽압을 잃고 팽만(turgescence) 상태를 벗어나므로 조직・기관은 조직긴장을 상실하게 되며, 잎・줄기의 세포벽이 얇은 유조직으로 이루어져 있는 부분은 위조현상(wilting)을 일으킨다.

(3) **작물의 요수량**

① <u>요수량(water requirement)</u> = $\dfrac{증발산량}{건물\ 생산량}$

   ㉠ <u>건물 1g 생산하는 데 사용된 수분량</u>. 단위중량의 건물량을 생산하는 데 필요한 수분량이다. 생육기간 중에 흡수된 수분량을 그 기간 중에 축적된 건물량으로 나누어 구한다.
   ㉡ **증산계수(transpiration coefficient)** : 생육기간 중 흡수량은 증산량과 거의 같다고 간주하고 흡수량 대신 증산량을 사용한다.
   ㉢ 요수량은 작물 종류에 따라 다르며, 작물의 수분요구도를 어느 정도 짐작할 수 있다. 건성작물의 요수량은 일반작물에 비하여 적다. 옥수수・수수・기장 등은 가장 유효하게 물을 이용하고, 화곡류는 같은 건물량을 생산하는 데 건성작물보다 약 2배의 물을 소비하고, 콩과작물은 약 3배의 물을 소비한다.

작물	조사자		작물	조사자	
	Briggs·Shantz	Shantz·Piemeisel		Briggs·Shantz	Shantz·Piemeisel
흰명아주	948	–	감자	636	499
호박	834	–	호밀	–	634
오이	713	–	귀리	597	604
앨펄퍼	831	835	메밀	–	540
클로버	799	759	보리	534	523
완두	788	745	밀	513	455,481,550
아마	–	752	사탕무	–	377
강낭콩	–	656	옥수수	368	361
잠두	–	646	수수	322	285,287,380
목화	646	–	기장	310	274

② 작물의 수분이용효율(water use efficiency, WUE) = $\dfrac{건물\ 생산량(g)}{증발산량(kg)}$

㉠ 수분이용효율은 요수량의 역수이다. 작물의 수량을 생산하는 데 소비된 수분과 관련된 수량을 의미한다.

㉡ C4 식물의 수분이용효율은 C3 식물보다 높다. 온도가 20℃에서 35℃로 높아짐에 따라 C3 식물과 C4 식물 간의 차이는 더 커진다. C4 식물에서 수분이용효율이 높은 요인은 높은 광도와 온도 조건에서 광합성이 높고 생장속도가 빠르며, 낮은 광도에서는 기공저항이 높아 증산작용이 낮기 때문이다.

㉢ C3 식물과 C4 식물의 수분이용효율은 CAM식물보다 낮다. CAM식물의 작물로의 이용은 CO_2고정과 CAM식물의 생산성이 낮기 때문에 제한을 받는다.

㉣ 충분히 관수한 조건에서 작물의 수분이용과 건물생산성

구분	CO_2고정경로	건물중 (kg/ha)	요수량 (g H_2O/g DW)	수분이용효율 (g DW/Kg H_2O)
옥수수	C4	126	388	2.58
수수	C4	132	402	2.49
감자	C3	78	532	1.88
사탕무	C3	76	606	1.65
밀	C3	69	613	1.63
콩	C3	75	704	1.42
앨펄퍼	C3	57	993	1.01

③ 증산비 = $\dfrac{증산량}{건물중}$

작물의 생육 말기의 건물중에 대한 생육기간 중의 증산량과의 비 ≒증산계수

참고 | 수분측정 방법

1. 토양수분 측정
① 중량법 : 토양시료를 측량병에 넣어 무게를 달고 이것을 110°C 건조기에 넣어 24시간 건조 후 다시 무게를 달아 수분함량을 측정한다. 중량법은 토양수분 측정에서 가장 정확하고, 직접적인 측정방법이지만, 시간이 많이 걸리는 단점이 있다.
② 전기저항법(gypsum block) : 한쌍의 전극이 박혀 있는 석고블럭(gypsum block)을 측정하고자 하는 곳에 묻어둔 후 토양수분과 평형상태에 도달하면 전기저항을 측정하여 토양수분을 측정한다. 수분이 많을수록 토양 중 전기저항값은 작아진다.
③ 중성자산란법 : 토양 중에서 고속 중성자는 물분자의 수소원자와 충돌하여 저속 중성자로 바뀌게 된다. 따라서 저속 중성자의 수를 계측하여 토양수분을 측정한다. 이 방법은 비파괴적 방법으로서 간편하고 신속하며, 수시로 깊이별 수분측정이 가능하다.
④ 장력계법(tensiometer method) : 장력계는 다공성 컵과 물로 채워진 관, 진공계 또는 수은 압력계로 이루어져 있다. 토양이 건조하면 다공성 컵의 수분을 끌어당겨 발생하는 수분장력을 측정하여 토양의 매트릭퍼텐셜을 측정한다.
⑤ psychrometer 법

2. 식물체 수분퍼텐셜 측정
① 조직부피 측정법 : 농도를 아는 일련의 용액들에 조직을 넣어 평형에 도달시킨 후 용액과 조직의 수분퍼텐셜이 같을 때의 용액, 즉 조직의 무게 변화를 주지 않는 용액의 수분퍼텐셜이 조직의 수분퍼텐셜이다.
② Chardakov 방법 : 용액에 메틸렌블루 등의 용액을 첨가하여 조직과 용액 사이의 이동속도, 확산정도를 관찰하여 확인하여 측정하는 방법이다.
③ 가압상법(pressure chamber) : 측정하려는 작물체의 조직 밖으로 물이 나오는 순간의 압력을 측정하여 작물체의 수분퍼텐셜을 측정한다.
④ 빙점강하법(freezing method) = 증기압법(vapor-pressure method) : 시료를 급냉시킨 후 실제 어는점에서 녹을 때의 온도를 측정하여 조직의 삼투퍼텐셜을 측정하는 방법이다.
⑤ 노점식 방법(dew point method) = 사이크로메타법 : 펠티어(peltier) 효과를 이용하여 노점온도와 주위온도의 차이로부터 수분퍼텐셜을 측정하는 방법이다.

* peltier 효과 : 열전기쌍의 접점에 맺힌 물방울의 증발이 일어나는 과정에서 접점의 온도가 단지 액화열 및 기화열에 의해 조절된다.

기출 및 출제예상문제

01 작물의 증산작용에 대한 설명으로 가장 옳지 않은 것은?　●23. 서울지도사

① 주로 잎에서 일어나며 각피증산과 기공증산으로 구분된다.
② 증산작용이 활발하면 수분 흡수가 촉진되고 이산화탄소가 쉽게 유입된다.
③ 작물이 흡수한 수분의 대부분은 증산작용을 통해 기체 상태로 배출되며, 수분 흡수량이 많으면 증산이 활발해진다.
④ 증산으로 다량의 수분이 배출되면 잎세포의 수분퍼텐셜이 증가하여 수분의 상승이동과 뿌리의 수분흡수가 촉진된다.

[해설] 증산으로 다량의 수분이 배출되면 잎세포의 수분퍼텐셜이 감소하여 수분의 상승이동과 뿌리의 수분흡수가 촉진된다.

02 수분퍼텐셜에 대한 설명으로 옳지 않은 것은?　●22. 경기 농촌지도사

① 종자가 발아할 때 수분을 흡수하는 것은 매트릭퍼텐셜 때문이다.
② 성숙한 액포를 갖고 있는 조직은 매트릭퍼텐셜이 거의 0에 수렴하여 매우 낮아진다.
③ 순수한 물은 삼투막을 자유롭게 이동할 수 있고, 용질이 없기 때문에 삼투압도 형성되지 않는다.
④ 용질의 농도가 높아짐에 따라 물의 농도가 감소하게 되어 삼투퍼텐셜은 낮아진다.

[해설] 성숙한 액포를 갖고 있는 조직은 매트릭퍼텐셜이 거의 0에 수렴하여 매우 높아진다.

03 다음 중 수분퍼텐셜이 가장 큰 값은 무엇인가?　●21. 경북 농촌지도사

① 통기가 잘되는 토양에서 뿌리를 내린 식물의 잎
② 발아력이 있는 건조종자
③ 사막지대 관목의 잎
④ 토양 수분이 감소된 식물의 잎

[정답] 01 ④　02 ②　03 ①

[해설] **식물조직에서 수분퍼텐셜 범위**
　㉠ 팽만상태의 잎 : 0.0MPa
　㉡ 뿌리세포 : 보통 약 -0.5MPa의 수분퍼텐셜
　㉢ 잎 세포의 수분퍼텐셜
　　ⓐ -0.2~-0.8MPa : 통기가 잘되는 토양에서 뿌리를 내린 식물 잎의 수분퍼텐셜
　　ⓑ -1.5MPa : 대부분 식물조직은 생장이 완전히 정지
　㉣ 사막지대 관목의 잎 : -3.0~-6.0MPa 범위로 매우 낮은 수분퍼텐셜
　㉤ 발아력이 있는 건조한 종자 : -6.0~-10.0MPa 또는 그 이하의 수분퍼텐셜

04 수분흡수 기작에 대한 설명이 옳지 않은 것은? ●21. 경북 농촌지도사

① 식물뿌리에서 수분의 흡수는 수소이온펌프를 이용한 촉진확산에 의해 일어난다.
② 수분퍼텐셜 구배에 따라 물은 토양으로부터 뿌리세포로 들어온다.
③ 근모에서 흡수된 물은 피층세포, 내피의 통도세포, 내초세포, 물관부로 이동한다.
④ 아포플라스트를 통한 물의 이동은 내피를 우회하여 원형질막을 통과하여 세포질로 들어가야만 한다.

[해설] 수분은 근모의 느슨한 세포벽과 세포막의 인지질이중층을 단순 확산운동으로 침투해 들어간다. 일부의 수분은 세포막의 내재성단백질 '아쿠아포린'을 통하여 집단류로 들어가기도 한다.

05 수분생리에서 항상 양의 값을 보유하고 있는 것은? ●20. 서울지도사

① 압력퍼텐셜　　　　　　　　　　　② 삼투퍼텐셜
③ 매트릭퍼텐셜　　　　　　　　　　④ 수분퍼텐셜

[해설] ① 압력퍼텐셜 : 양의 값　　② 삼투퍼텐셜 : 음의 값
　　　③ 매트릭퍼텐셜 : 음의 값　④ 수분퍼텐셜 : 음의 값

06 수분퍼텐셜이 가장 높은 상태인 것은? ●20. 서울지도사

① 식물세포의 팽만상태　　　　　　② 식물세포의 원형질 분리상태
③ 사막지대 관목의 잎　　　　　　　④ 호글랜드 용액

[해설] ① 식물세포의 팽만상태 : 0MPa
　　　② 식물세포의 원형질 분리상태 : -2.5MPa
　　　③ 사막지대 관목의 잎 : -3~-6MPa
　　　④ 호글랜드 용액 : 토양용액과 비슷한 농도이므로 MPa은 (-)를 나타낸다.

정답　04 ①　05 ①　06 ①

07 뿌리의 흡수 메커니즘에 대한 설명으로 옳지 않은 것은? ● 18. 경기 농촌지도사(변형)

① 증산작용에 의하여 엽육세포가 건조해지면 엽맥의 물관의 물기둥을 잡아당겨 물은 잎 세포 안으로 들어온다.
② 잎의 증산이 많은 경우에 물관 내의 물은 장력이 생긴다.
③ 수동적 흡수에서 뿌리 물관부의 수분통도조직 중의 수분퍼텐셜 저하는 대부분 물관부 수액 중의 용질이 집적되기 때문이다.
④ 잎의 증산작용이 왕성하여 식물체로부터 물이 증산되면 근압은 생기지 않는다.

[해설] 능동적 흡수에서 뿌리 물관부의 수분통도조직 중의 수분퍼텐셜 저하는 대부분 물관부 수액 중의 용질이 집적되기 때문이다.

08 뿌리의 수분흡수에 대한 설명으로 옳지 않은 것은? ● 18. 경기 농촌지도사(변형)

① 아포플라스트를 통한 물은 카스파리대에서 내피를 우회하여 원형질막을 통과하여 세포질로 들어가야만 한다.
② 수분은 세포막의 내재성단백질 '아쿠아포린'을 통하여 집단류로 들어가기도 한다.
③ 피층조직은 아포플라스트보다는 심플라스트 경로를 더 많이 택하는 것으로 보인다.
④ 증산하고 있는 식물에서 뿌리를 통해 흡수되는 물은 주로 세포벽을 통해서 집단류에 의하여 내부로 이동하는 흡수이다.

[해설] 피층조직은 세포배열이 느슨하여 심플라스트보다는 아포플라스트 경로를 더 많이 택하는 것으로 보인다.

09 기공개폐에 대한 설명으로 옳지 않은 것은? ● 18. 경북 농촌지도사(변형)

① 기공 개폐는 공변세포의 막압에 따라 조절된다.
② 공변세포에서 전분의 말산으로의 전환이 되어 말산 음이온과 H^- 양이온이 축적된다.
③ 공변세포로 ABA가 유입되면 기공이 닫힌다.
④ 기공 바로 아래의 세포간극 중의 CO_2 농도가 낮으면 기공이 열린다.

[해설] 기공 개폐는 공변세포의 팽압에 따라 조절된다.

정답 07 ③ 08 ③ 09 ①

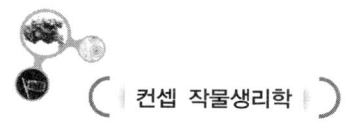

10 다음 중 물에 대한 설명으로 옳지 않은 것은?
① 물은 작물의 구성물질 중 가장 많은 양을 차지하고 있다.
② 물은 원형질의 주요한 구성성분이며 각종 물질의 용매로서 중요한 역할을 한다.
③ 물의 분자 간 결합에서 가장 큰 비중을 차지하는 힘은 반데르발스힘이다.
④ 물분자를 구성하는 산소원자와 수소원자 간의 결합은 공유결합이다.

[해설] 물의 분자간 결합에서 가장 큰 비중을 차지하는 힘은 수소결합이다.

11 다음 중 작물에서 수분의 생리작용으로서 틀린 것은?
① 세포의 팽압을 일으켜 생장과 체제를 유지시킨다.
② 세포 내에서 원형질을 구성하며 원형질의 활동상태를 유지시킨다.
③ 작물체 내의 물질의 전류에 관여한다.
④ 작물체온의 급격한 변동을 가능하게 해 준다.

[해설] 물은 비열이 매우 높아서 작물체온의 급격한 변동을 방지하고 작물체온을 유지시켜 준다.

12 다음 중 모관수에 대한 설명으로 적당한 것은?
① pF 2.5~4.5로서 작물이 주로 이용하는 수분
② pF 2.5~4.5로서 작물이 이용 불가능한 수분
③ pF 0~7로서 토양의 수분장력을 나타내는 수분
④ pF 0~7로서 작물이 이용하기에 가장 알맞은 수분

13 작물이 흡수 이용할 수 있는 유효수분의 범위로 올바른 것은?
① 최대용수량과 초기위조점 사이의 수분
② 포장용수량과 영구위조점 사이의 수분
③ 초기위조점과 흡습계수 사이의 수분
④ 결합수와 흡습수의 수분

정답 10 ③ 11 ④ 12 ① 13 ②

[해설] 토양의 유효수분은 포장용수량(pF 2.5)과 영구위조점(pF 4.2) 사이의 수분을 가리킨다.

무효수분	• 작물이 이용할 수 없는 토양수분 • 영구위조점(pF 4.2) 이하 수분
위조계수	• 무효수분과 유효수분과의 경계(pF 4.2, -1.5MPa) • 위조계수 이하의 토양수분에서는 작물이 흡수할 수 없음
유효수분	• 작물이 토양 중에서 흡수·이용하는 물, 대부분 모관수(毛管水) • 포장용수량(pF 2.5, -0.03MPa)에서 영구위조점(pF 4.2, -1.5MPa)까지의 수분 • 초기위조점(pF 4.0) 이하의 수분은 작물생육을 돕지 못함
잉여수분	• 강우나 다량의 관수에 의한 포장용수량(pF 2.5) 이상의 토양수분 • 과습상태 유발

14 토양수분에 대한 설명으로 옳지 않은 것은?

① 토양수분을 탈취하려는 힘에 대하여 토양수분을 보유하려는 힘을 수분보유력이라 한다.
② 최대용수량은 작물에 습해를 일으킬 수 있는 수분항수이다.
③ 토양의 함수량이 감소함에 따라 토양의 수분보유력이 점차 증가하게 되어 작물의 지상부가 시들기 시작하는 점을 영구위조점이라 한다.
④ 위조계수의 수분장력을 pF로 표시할 때 4.2로 측정된다.

[해설] 토양의 함수량이 감소함에 따라 토양의 수분보유력이 점차 증가하게 되어 작물의 지상부가 시들기 시작하는 점은 초기위조점이며, 영구위조점은 작물체가 너무 위조되어 작물이 더 이상 회복할 수 없는 시점이다.

15 토양수분에 대한 설명으로 옳지 않은 것은?

① 위조계수는 작물이 토양수분을 이용할 수 있는 유효수분과 이용할 수 없는 무효수분의 경계가 된다.
② 토양의 전 공극이 수분으로 포화된 상태의 수분장력은 pF가 2.5이다.
③ pF 0~4.2 범위는 작물이 이용할 수 있는 토양수분이다.
④ 유효수분의 범위가 사질토에서는 좁고 점질토에서는 넓다.

[해설] 토양의 전 공극이 수분으로 포화된 상태의 수분장력은 pF가 0이다.

정답 14 ③ 15 ②

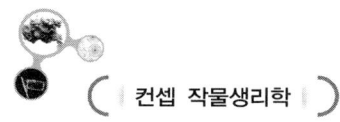

16 위조계수에 대한 설명으로 옳지 않은 것은?

① 영구위조점에서의 토양함수량을 건토중량의 %로 표시한 수치이다.
② 위조계수의 수분압력은 -15bar이며, pF 4.2이다.
③ 한계잔수량이라고 한다.
④ 위조의 최초 징후가 나타났을 때의 토양수분이다.

[해설] 위조의 최초 징후가 나타났을 때가 초기위조점 pF 4.0 상태이다.

pF (log H)	수주 높이 H (cm)	기압 (bar)	MPa	토양수분항수
7.0	10,000,000	10,000	-1,000	건토상태
4.5	31,000	31	-3.1	흡습계수
4.2	15,000	15	-1.5	영구위조점(위조계수)
4.0	10,000	10	-1.0	초기위조점
3.0	1,000	1	-0.1	대기압 상태
2.5	310	0.31	-0.031	최소용수량 (포장용수량, 수분당량)
0	1	0.001		최대용수량 (포화용수량)

17 삼투퍼텐셜에 대한 설명으로 틀린 것은?

① 용질이 첨가될수록 삼투퍼텐셜이 증가한다.
② 항상 음의 값을 가진다.
③ 삼투퍼텐셜이 높은 용액에서 낮은 용액으로 확산된다.
④ 삼투퍼텐셜은 Ψ_s로 표시한다.

[해설] 용질이 첨가될수록 삼투압은 증가하고, 삼투퍼텐셜은 감소한다.

18 세포가 팽만상태일 때에 수분퍼텐셜의 구성요소간 상호관계를 올바르게 표시한 것은?

① 삼투퍼텐셜 = 압력퍼텐셜
② 삼투퍼텐셜 > 압력퍼텐셜
③ 삼투퍼텐셜 < 압력퍼텐셜
④ 삼투퍼텐셜 = 매트릭퍼텐셜

[해설]
• 팽만상태 : $\Psi_w = 0$이며, $\Psi_s = \Psi_p$
• 원형질 분리 : $\Psi_p = 0$이며, $\Psi_w = \Psi_s$

[정답] 16 ④ 17 ① 18 ①

19 초기 원형질 분리 상태를 나타내는 것은 다음 중 무엇인가?

① 삼투퍼텐셜의 값이 0이다.
② 수분퍼텐셜의 값이 0이다.
③ 매트릭퍼텐셜의 값이 0이다.
④ 압력퍼텐셜의 값이 0이다.

[해설] 원형질 분리 : $\Psi_p = 0$이며, $\Psi_w = \Psi_s$

20 다음 수분에 대한 설명이 바르지 않은 것은?

① 증산작용은 수분의 능동적 흡수의 원인이 되고, 삼투현상은 수분의 수동적 흡수를 일으키는 원동력이 된다.
② 풍건시킨 종자의 수분퍼텐셜은 −6~−10 MPa 범위를 나타낸다.
③ 압력퍼텐셜은 양의 값을 가진다.
④ 잎에서의 수분퍼텐셜이 −15 bar일 때 대부분의 식물조직이 생장을 정지하게 된다.

[해설] 증산작용은 수분의 수동적 흡수의 원인이 되고, 삼투현상과 근압은 수분의 능동적 흡수를 일으키는 원동력이 된다.

21 다음 중에서 수분퍼텐셜이 가장 높은 상태에 있을 것으로 생각되는 것은?

① 풍건종자
② 사막지대에서 생장하는 관목의 잎
③ 건조한 토양에서 생장한 식물의 잎
④ 팽만상태에 있는 잎

[해설] **식물조직에서 수분퍼텐셜 범위**
- 팽만상태의 잎 : 0.0MPa
- 뿌리세포 : 보통 약 −0.5MPa의 수분퍼텐셜
- 잎 세포의 수분퍼텐셜
  ⓐ −0.2~−0.8MPa : 통기가 잘되는 토양에서 뿌리를 내린 식물 잎의 수분퍼텐셜
  ⓑ −1.5MPa : 대부분 식물조직은 생장이 완전히 정지
- 사막지대 관목의 잎 : −3.0~−6.0MPa 범위로 매우 낮은 수분퍼텐셜
- 발아력이 있는 건조한 종자 : −6.0~−10.0MPa 또는 그 이하의 수분퍼텐셜

[정답] 19 ④　20 ①　21 ④

22. 공변세포의 팽압을 조절하여 기공 개폐를 조절하며, 수분스트레스를 받으면 생성량이 증가되는 식물호르몬은?

① ABA
② GA
③ ethylene
④ K 이온

23. 식물의 기공개폐에 관여하는 칼륨이온의 공변세포에서의 농도와 기공 열림 현상과의 관계에 대한 설명으로 옳은 것은?

① 공변세포의 칼륨이온의 농도가 주변세포에 비하여 낮을 때 기공이 열린다.
② 공변세포의 칼륨이온의 농도가 주변세포에 비하여 높을 때 기공이 열린다.
③ 공변세포의 칼륨이온의 농도가 주변세포의 농도와 같을 때 기공이 열린다.
④ 공변세포의 칼륨이온의 농도가 주변세포의 농도의 1/10 이하일 때 기공이 열린다.

[해설] 공변세포의 칼륨이온 농도가 주변세포에 비하여 높으면 기공이 열리고, 상대적으로 ABA 함량이 증가하면 닫힌다.

24. 다음 중 기공에 대한 설명으로 틀린 것은?

① 대부분의 식물은 기공을 밤에 연다.
② 기공의 개폐는 잎의 세포간극 중의 CO_2 농도에 영향을 받는다.
③ 공변세포의 팽압이 높아지면 기공이 열린다.
④ 공변세포는 표피세포이면서도 엽록체를 가지고 있다.
⑤ 기공의 개폐에 가장 큰 영향을 미치는 외계 요인은 광이다.

[해설] 기공의 개도는 광합성량과 비례하기 때문에 해가 있는 낮에 기공이 많이 열리고, 밤에는 닫힌다. 그러나 사막 지방에서 적응하는 CAM 식물은 밤에 기공을 연다.

25. 증산작용에 대한 내용 중 틀린 것은?

① 증산작용에 의해 체내 수분퍼텐셜이 낮아진다.
② 증산작용은 기공과 각피를 통해 이루어진다.
③ 낮보다는 밤에 더욱 활발한 증산작용이 이루어진다.
④ 증산작용에 의해 엽온이 조절된다.

[해설] 증산작용은 기공을 통해 수증기 형태로 수분이 배출되는 것인데, 광합성이 많은 낮에 기공을 열고 또한 증산작용도 왕성하다.

정답 22 ① 23 ② 24 ① 25 ③

26 다음 중 작물의 증산작용이 촉진되는 경우는?
① 대기습도가 높다.　　② 기온이 낮다.
③ 체내 수분함량이 저하된다.　　④ 바람이 약하게 분다.

[해설] 증산작용은 광합성이 왕성한 조건과 비례하고 미풍이 불 때 증가한다.

27 환경조건이 증산작용에 미치는 영향에 대한 설명으로 옳은 것은?
① 광도는 약할수록, 습도는 낮을수록, 온도는 높을수록 증산작용이 왕성해진다.
② 광도는 약할수록, 습도는 높을수록, 온도는 높을수록 증산작용이 왕성해진다.
③ 광도는 강할수록, 습도는 높을수록, 온도는 높을수록 증산작용이 왕성해진다.
④ 광도는 강할수록, 습도는 낮을수록, 온도는 높을수록 증산작용이 왕성해진다.

28 증산작용과의 관련성이 가장 적은 것은?
① 광합성　　② 양분의 흡수
③ 엽온조절　　④ 수분의 흡수

29 수공과 기공의 차이점을 올바르게 설명하고 있는 것은?
① 수공은 기체상태의 수분을, 기공은 액체상태의 수분을 배출한다.
② 수공은 수분의 출입을, 기공은 기체의 출입을 담당한다.
③ 수공은 액체상태로서의 수분을, 기공은 기체상태의 수분을 배출한다.
④ 수공과 기공은 공변세포의 작용으로 개폐된다.

[해설] 수공은 기공과 동일하게 2개의 공변세포로 구성되어 있지만, 수공은 개폐작용이 없고 항상 열려있다.

30 일액현상에 대한 정의로 올바른 것은?
① 수공에서 액체상태로 수분이 배출되는 현상
② 기공을 통한 수증기의 배출현상
③ 줄기의 절구에서 수액이 배출되는 현상
④ 각피를 통한 수분의 증산작용

[정답] 26 ④　27 ④　28 ②　29 ③　30 ①

31. 다음 중 일액현상이 일어나는 조건으로 볼 수 없는 것은?

① 야간에 토양온도가 낮다.
② 야간에 토양함수량이 많다.
③ 야간에 기온이 낮다.
④ 야간에 대기 습도가 높다.

[해설] 일액현상은 밤에 토양온도가 높고 토양함수량이 많으며, 공기의 온도가 낮고 습도가 높아 포화상태에 가까울 때(새벽녘) 일어난다. 낮에는 따뜻하고 밤에는 차가워지는 날(가을)의 밤중이나 이른 아침에 일액현상에 의한 물방울이 많이 생긴다.

32. 다음 설명이 바르지 않은 것은?

① 잎선단부에서의 단자엽식물과 쌍자엽식물의 일액현상은 수공을 통해서 수분이 배출된다.
② 줄기를 자른 절단면에서 수액이 배출되는 현상은 일액현상이다.
③ 증발현상은 식물체로부터 수분의 배출작용에 해당하지 않는다.
④ 원형질연락사는 세포와 세포 간에 수분과 양분의 전달에 관여하는 조직이다.

[해설] 줄기를 자른 절단면에서 수액이 배출되는 현상은 일비현상이다.

33. 다음 중 작물체에서의 수분의 상승이동과 관계없는 것은 무엇인가?

① 뿌리의 수분흡수에서 생기는 압력
② 물의 응집력과 모세관현상
③ 체관부의 양분전류
④ 증산작용

[해설] 체관에서는 광합성양분이 상·하로 전류하는 것이고, 수분 상승이동과 관련이 적다.

34. 작물체 내에서 수분의 이동과 관련된 내용으로 잘못된 것은?

① 수분의 주요한 상승통로는 도관이다.
② 수분상승의 원동력은 증산작용이다.
③ 수분의 횡방향이동은 이동하지 않는다.
④ 경우에 따라서 수분의 하강이동도 일어난다.

[해설] 작물체 내 수분은 주로 상방향으로 이동하지만, 횡방향과 하방향 이동도 모두 가능하다.

정답 31 ① 32 ② 33 ③ 34 ③

35 잎의 함수량이 저하되고 어느 정도 팽압을 잃었지만 외관상으로는 위조를 나타내지 않는 상태를 무엇이라 하는가?

① 초기위조
② 위조계수
③ 영구위조
④ 수분당량

36 다음 중 요수량에 대한 정의로 올바른 것은?

① 개화시에 필요한 수분량
② 식물체 내의 수분량
③ 건물 1g을 생산하는데 필요한 수분량
④ 생체 1g을 생산하는데 필요한 수분량

37 식물의 요수량과 관련된 설명으로 맞는 내용인 것은?

① 요수량이 큰 작물은 내건성이 크다.
② 요수량이 작은 작물일수록 관수효과가 크다.
③ 요수량이 큰 작물은 생육기간 중 다량의 수분을 요구한다.
④ 요수량이 작은 작물은 수분이용효율이 나쁘다.

[해설] ① 수수, 조, 피, 기장 등은 요수량이 작은 작물이며, 이들은 내건성이 크다.
② 요수량이 큰 작물일수록 관수했을 때 그 효과가 크게 나타난다.
④ 요수량이 작은 작물은 수분이용효율이 높아진다.

38 어떤 작물의 요수량이 300g일 때 의미하는 바는 무엇인가?

① 건물 1g의 생산에 요구되는 수분이 300g이다.
② 하루의 증산으로 소비된 수분량이 300g이다.
③ 생체 1kg 중에는 수분 300g이 포함되어 있다.
④ 수분 1kg을 증산으로 소비했을 때 건물이 300g 증가한다.

정답 35 ① 36 ③ 37 ③ 38 ①

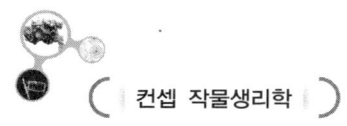

39 다음 중 요수량이 가장 작은 작물인 것은?

① 옥수수, 수수
② 호박, 감자
③ 알팔파, 클로버
④ 오이, 완두

[해설]

작물	조사자		작물	조사자	
	Briggs·Shantz	Shantz·Piemeisel		Briggs·Shantz	Shantz·Piemeisel
흰명아주	948	–	감자	636	499
호박	834	–	호밀	–	634
오이	713	–	귀리	597	604
앨펄퍼	831	835	메밀	–	540
클로버	799	759	보리	534	523
완두	788	745	밀	513	455, 481, 550
아마	–	752	사탕무	–	377
강낭콩	–	656	옥수수	368	361
잠두	–	646	수수	322	285, 287, 380
목화	646	–	기장	310	274

40 다음 중 증산계수가 가장 큰 작물인 것은?

① 알팔파
② 옥수수
③ 감자
④ 수수

[해설] 증산계수와 요수량은 비슷한 의미이므로 요수량이 큰 작물을 찾으면 된다.

41 다음 수분측정 지표에 대한 설명이 바르지 않은 것은?

① 증산비는 작물의 생육기간 중의 증산량에 대한 생육 말기의 건물중과의 비를 말한다.
② 요수량은 작물이 단위중량의 건물을 생산하는 데 필요로 하는 수분량을 말한다.
③ 증산계수는 요수량의 생육기간 중 흡수량 대신 증산량을 사용한 수치이다.
④ 수분이용효율은 1kg 수분의 증산에 의해 조성된 건물량을 g으로 표시한 것을 말한다.

[해설] 증산비는 작물의 생육 말기의 건물중에 대한 생육기간 중의 증산량과의 비를 말한다.

정답 39 ① 40 ① 41 ①

42. 작물의 생체중이 80g이고, 건물중이 20g일 때의 수분함량을 백분율(%)로 표시하면?

① 100% ② 300%
③ 25%   ④ 75%

[해설] 생체중이 80g, 건물중이 20g이면, 수분함량은 60g이다.

$$수분함량 = \frac{수분\ 무게}{작물\ 전체\ 무게} \times 100 = \frac{60}{80} \times 100 = 75\%$$

43. 다음 중 수분측정방법에 대한 설명이 바르지 않은 것은?

① 중량법, 장력계법, 중성자산란법, Chardakov 방법은 토양수분을 측정하는 방법이다.
② 펠티어(Peltier)효과를 이용한 수분측정방법은 노점식 방법(dew point method)이다.
③ 가압상법은 식물체의 수분퍼텐셜을 측정하고자 할 때 사용하는 방법이다.
④ 저항괴법은 석고블럭을 사용한 토양수분측정 방법이다.

[해설] 토양수분측정방법에는 중량법, 전기저항법, 중성자산란법, 장력계법 등이 있고, 식물체 수분퍼텐셜측정방법에는 조직부피측정법, Chardakov방법, 가압상법, 빙점강하법, 노점식방법 등이 있다.

44. 물분자 내의 산소와 수소의 결합방식은?

① 이온결합   ② 공유결합
③ 금속결합   ④ 수소결합

45. 물의 물리화학적 특성을 지배하는 중요한 분자간 결합방식은?

① 중력   ② 반데르발스힘
③ 수소결합   ④ 표면장력

정답 42 ④ 43 ① 44 ② 45 ③

46 물의 특성 설명 중 틀린 것은?

① 물은 비점이 대단히 높다.
② 물은 비열이 대단히 작다.
③ 물은 탁월한 용해성을 갖는다.
④ 극성을 가진 물은 다른 물질들과 친화력이 있어 다른 물질을 젖게 한다.

[해설] 비열은 단위질량의 물질을 1℃ 올리는데 필요한 에너지의 양을 말하며, 물은 비열이 매우 높아서 다른 물질에 비하여 많은 열을 흡수하고 방출할 수 있다.

47 식물의 도관에서 물의 이동은 무엇에 의해 이루어지는가?

① 집단류
② 확산
③ 침투
④ 삼투현상

48 반투성막을 사이에 두고 A용액의 물이 B용액으로 확산되어 이동하고 있다. 이 용액 간의 수분퍼텐셜의 크기는?

① A > B
② A < B
③ A = B
④ A ≤ B

49 수분퍼텐셜에 대한 설명 중 틀린 것은?

① 수분퍼텐셜은 높은 곳에서 낮은 곳으로 이동한다.
② 수분퍼텐셜은 온도가 높아지면 증가한다.
③ 수분퍼텐셜은 압력이 높아지면 증가한다.
④ 수분퍼텐셜은 용질농도가 증가하면 증가한다.

[해설] 용질농도가 증가하면 물이 갖는 에너지값, 즉 수분퍼텐셜은 낮아진다.

50 수분퍼텐셜이 가장 높은 상태에 있는 것은?

① 풍건종자
② 사막지대에서 생장하는 관목의 잎
③ 팽만상태에 있는 잎
④ 건조한 토양에서 생장한 식물의 잎

정답   46 ②   47 ①   48 ①   49 ④   50 ③

51 증산작용이 활발한 식물체에서 수분퍼텐셜이 가장 낮은 곳은?
① 근모　　　　　　　　　　② 주근
③ 줄기　　　　　　　　　　④ 잎

[해설] 수분퍼텐셜 크기 : 근모 > 주근 > 줄기 > 잎 > 대기

52 가압상법으로 측정할 수 있는 것은?
① 목부 압력퍼텐셜　　　　② 토양 매트릭퍼텐셜
③ 사부 삼투퍼텐셜　　　　④ 뿌리 중력퍼텐셜

[해설] 가압상법은 작물체의 물관을 통하여 조직 밖으로 물이 나오는 순간의 압력을 측정하는 것이다.

53 뿌리의 수분흡수경로에 대한 내용으로 틀린 것은?
① 수분이 뿌리의 표피에서 내피까지 이동하는 데는 아포플라스트와 심플라스트의 두 경로가 있다.
② 아포플라스트는 식물조직 내의 세포간극, 도관, 가도관과 같은 자유공간을 말한다.
③ 근모에서 흡수된 수분은 주로 심플라스트 경로를 통하여 안쪽으로 이동한다.
④ 아포플라스트는 내피의 세포벽에 큐틴, 수베린 또는 리그닌이 부분적으로 퇴적 비후하여 형성된 환상의 띠이다.

[해설] 카스파리대는 내피의 세포벽에 큐틴, 수베린 또는 리그닌이 부분적으로 퇴적 비후하여 형성된 환상의 띠이다. 아포플라스트 경로를 따라 이동하던 수분이 카스파리대에서 막혀 심플라스트 경로로 이동하게 된다.

54 현재 가장 일반적인 지지를 받고 있는 Dixon이 제창한 수분상승 기구는?
① 침윤설　　　　　　　　　② 증산응집력설
③ 모세관설　　　　　　　　④ 근압설

[정답] 51 ④　52 ①　53 ④　54 ②

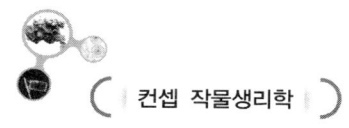

55 수분의 하강이동에 대한 설명 중 틀린 것은?
① 수분의 하강은 주로 식물이 수분부족상태에 있을 때 일어난다.
② 뿌리세포의 수분퍼텐셜이 줄기나 잎의 수분퍼텐셜보다 낮아질 때 하강이동이 가능해진다.
③ 줄기의 통도조직에서 수분이 아래로 이동하는 경우도 있다.
④ 식물의 생장이 둔해지면 하강량이 감소한다.

[해설] 식물생장이 왕성한 계절에는 수분은 주로 상승하지만 생장이 둔화되면 수분의 하강량이 증가한다.

56 식물에서 수분의 역할 및 수분흡수와 관련된 다음 설명 중 옳은 것은?
① 물은 수분퍼텐셜이 낮은 곳에서 높은 곳으로 이동한다.
② 식물체 내 물의 흡수와 연관한 수분퍼텐셜의 구성요소 중 온도와 중력의 영향은 크게 작용한다.
③ 증산작용이 일어나고 있는 식물체의 경우 잎의 수분퍼텐셜은 대기보다 낮다.
④ 식물체 내의 수액상승에는 물의 응집력보다 부착력이 더 크게 작용한다.
⑤ casparian strip의 suberin은 지질과 페놀성 성분으로 구성되어 있다.

[해설] ① 물은 수분퍼텐셜이 높은 곳에서 낮은 곳으로 이동한다.
② 식물체 내 물의 흡수와 연관한 수분퍼텐셜의 구성요소 중 삼투퍼텐셜과 압력퍼텐셜의 영향이 절대적으로 크고 나머지 요인(온도와 중력 등)은 크게 작용하지 않는다.
③ 증산작용이 일어나고 있는 식물체의 경우 잎의 수분퍼텐셜은 대기보다 높다.
④ 식물체 내의 수액상승에는 물의 부착력보다 응집력이 더 크게 작용한다.

57 식물세포가 −2.5MPa(수분포텐셜) = −2.5MPa(삼투포텐셜) + 0MPa(압력포텐셜)일 때 세포의 상태는?
① 팽만상태   ② 약간 팽만상태
③ 평형상태   ④ 건조상태
⑤ 원형질분리 상태

[해설] 세포 내 압력이 0 상태이므로 원형질이 분리되어 있는 상황이다.

정답 55 ④ 56 ⑤ 57 ⑤

58 교질물질과 작물체의 표면에 대한 물의 흡착 친화력을 표시한 것은?

① Water Potential ② Pressure Potential
③ Matric Potential ④ Solute Potential
⑤ Osmotic Potential

59 기공개폐에 영향을 주는 요인에 대한 설명으로 틀린 것은?

① 탄산가스 농도가 증가하면 기공이 열린다.
② 토양이나 식물체에 수분이 부족하면 공변세포의 팽압이 저하하여 기공이 작아지거나 닫힌다.
③ 동일한 수분조건에서도 아침에는 기공을 열고 저녁에는 닫는다.
④ 광합성이 활발하게 진행되면 기공이 열리게 된다.

[해설] 세포 간극 중의 탄산가스 농도가 낮아지면 기공이 열린다.

60 요수량에 대한 설명으로 틀린 것은?

① 요수량은 단위중량(1g)의 건물을 생산하는데 필요한 수분량을 나타내는 수치이다.
② 요수량의 역수는 수분의 이용효율이다.
③ 옥수수, 수수, 기장 등은 요수량이 크다.
④ 작물은 재배적으로 수분이용효율을 높이는 방향으로 관리하는 것이 좋다.

[해설] 옥수수, 수수, 기장 등은 C4 식물로서 요수량이 300 정도로 요수량이 작다.

정답 58 ③ 59 ① 60 ③

Chapter 04

무기양분 생리

단원 키워드

1. 작물생육에 필요한 필수원소
2. N, P, K의 기능과 결핍증상
3. 필수원소의 체내 이동성과 결핍증상과의 관계
4. 식물세포 세포막의 선택적 투과성
5. 무기이온 막투과에 관계되는 단백질 설명
6. 일방수송·역방수송·공동수송 비교
7. 수확체감의 법칙과 양분최소율의 법칙
8. 엽면시비가 필요한 경우와 장점
9. 수경액 조제시 금속원소의 가용성을 높이는 방법

흡수장소	필수원소	원소	영명	화학기호	흡수형태	원자량	건물 중 농도(%)	ppm
물과 공기	대량원소 (3)	산소	oxygen	O	O_2, H_2O	16.00	45.0	
		탄소	carbon	C	CO_2	12.01	45.0	
		수소	hydrogen	H	H_2O	1.01	6.0	
토양	대량원소 (7)	질소	nitrogen	N	NO_3^-, NH_4^+	14.01	1.5	
		칼륨	potassium	K	K^+	39.10	1.0	
		칼슘	calcium	Ca	Ca^{2+}	40.08	0.5	
		마그네슘	magnesium	Mg	Mg^{2+}	24.32	0.2	
		인	phosphorus	P	$H_2PO_4^-$, HPO_4^{2-}	30.98	0.2	
		황	sulfur	S	SO_4^{2-}	32.07	0.1	1,000
		규소	silicon	Si	$Si(OH)_4$	28.08	0.1	1,000
	미량원소 (9)	염소	chlorine	Cl	Cl^-	35.45	0.010	100
		철	iron	Fe	Fe^{2+}, Fe^{3+}	55.85	0.010	100
		붕소	boron	B	H_3BO_3, $H_2BO_3^-$	10.82	0.002	
		망간	manganese	Mn	Mn^{2+}	54.94	0.005	
		아연	zinc	Zn	Zn^{2+}	65.38	0.002	
		나트륨	sodium	Na	Na^+	22.99	0.001	
		구리	copper	Cu	Cu^+, Cu^{2+}	63.54	0.0006	
		니켈	nickel	Ni	Ni^{2+}	53.70	0.00001	
		몰리브덴	molybdenum	Mo	MoO_4^{2-}	95.95	0.00001	

제1절　작물 필수원소

○ 작물의 건물은 95% 유기물과 5% 무기물(mineral)로 구성됨
  * 건물(乾物; dry matter) : 작물을 구성하고 있는 물질 중에서 수분을 제거하고 남는 것
○ 건물 중 97%는 C, H, O, N, P, K, Ca로 구성됨
○ 무기양분은 토양에서 무기이온 형태로 흡수되는 원소로서, 주로 작물 뿌리를 통하여 식물체 내로 흡수된 후 각 부분으로 수송된다.

1 필수원소의 종류

(1) 필수원소(essential element)
  ① 의미 : 작물의 구조나 대사에 반드시 필요한 원소는 결핍 시 작물의 생장·발육·생식생장에 치명적인 문제를 유발시키는 원소이다.
  ② 공급원 : C·H·O 3개의 필수원소는 O_2·CO_2·H_2O로부터 공급받고, 나머지 16개 필수원소는 토양으로부터 뿌리로 흡수하며, 에너지원으로 광만 공급되면 작물에게 필요한 모든 화합물을 합성할 수 있다.
  ③ 필수원소의 기준
    ㉠ 어떤 원소가 없으면 생육이 불량하고, 종자를 맺을 때까지 살아남지 못하여 생활사(life cycle)를 완성할 수 없다.
    ㉡ 어떤 원소가 작물의 필수적인 분자나 구성분을 이루고 있다.
      예 마그네슘은 엽록소의 구성분이고, 질소는 단백질의 구성 성분이 됨
    ㉢ 기타 기준
      ⓐ 필수원소는 직접 식물체 내에서 작용해야 하며, 어떤 다른 원소의 공급을 보다 용이하게 하거나 다른 원소의 효과에 길항작용(antagonism)을 해서는 안 된다. 예 셀레늄(Se)은 P 흡수를 억제하므로 인산에 예민한 식물은 간접적으로 인산의 독성을 막아 주어 생장을 촉진시킴 → Se을 필수원소로 분류하지 않음
      ⓑ 어떤 원소의 결핍증상이 단지 그 원소의 공급만으로 회복될 수 있을 때 그 원소를 필수원소라고 한다. 예 K을 rubidium(Rb)으로 대체할 수 있고, 고등식물에서 Cl는 높은 농도가 요구되지만 bromine(Br)으로 대체할 수 있기 때문에 이 기준에 따르면 K·Mo·Cl는 필수원소가 될 수 없음

(2) 종류
  ① 대량원소(macroelements) 또는 주요원소(major elements) : C·H·O·N·P·K·Ca·Mg·S·Si 10개 원소는 건물에 0.1%(1,000ppm) 이상 함유한다.

② 미량원소(microelements, trace elements) : Cl·Fe·Cu·Zn·Mn·Mo·B·Ni·Na의 9개 원소는 미량(100ppm)만이 필요함, 많이 흡수하면 오히려 장해를 받음
③ 필수무기원소(essential mineral elements) : C·H·O를 제외한 나머지 16개 원소는 토양의 모암에서 유래됨. 그 중 N나 S은 공기 중에서도 유래됨

▣ 식물체 구성원소

성분	구성원소	성분	구성원소
셀룰로오스	C, H, O	탄수화물(전분)	C, H, O
헤미셀룰로오스	C, H, O	지방	C, H, O, (P)
리그닌	C, H, O	단백질	C, H, O, N, S, (P)
펙틴	C, H, O	아미노산	C, H, O, N, S
유기산	C, H, O	핵산	C, H, O, N, P
비타민C	C, H, O	ATP	C, H, O, N, P
안토시안	C, H, O	엽록체	C, H, O, N, Mg
카로틴	C, H, (O)		

* **지각의 화학적 조성** : O, Si, Al, Fe, Ca, Mg, Na, K, Ti(티타늄), P, Mn, S, Cl 순으로 함유

④ 원소들의 기능
  ㉠ 비료 3요소 : N·P·K. 식물이 가장 많이 흡수하는 N는 토양에 많이 함유되어 있지 않고, K과 P은 토양에 많이 함유되어 있으나 대부분 물에 녹지 않는 불용태(不溶態)로 존재하여 식물이 충분히 흡수할 수 없으므로 작물을 재배할 때 N·P·K은 주로 비료로 보충한다.
  ㉡ Ca·Mg·S : 식물이 비교적 많이 흡수하는 성분이지만 토양에도 많이 존재하며, S은 화석연료를 사용하는 곳에서는 공기나 빗물에서도 공급되므로 이들을 비료로서 공급하는 일은 드물다. Ca과 Mg은 토양의 산도를 중화하기 때문에 토양 산성을 중화시킬 목적으로 사용된다.
  ㉢ Fe과 Mn : 토양에 많이 존재하지만 ⓐ 산화상태로 있으면 물에 녹지 않지만, ⓑ 배수가 불량한 환원 토양에서 가용태로 되기 때문에 해독작용이 나타나고, ⓒ 추락답에서는 작토층에서 용탈되므로 결핍이 문제되기도 한다.
  ㉣ 미량원소 : 일반적으로 작물을 토양에 재배할 때 미량원소의 과잉·결핍은 크게 문제되지 않음. 배추과 채소와 콩과작물은 B 요구량이 많아 시용효과가 있고, 석회암 지대(Ca 多)에서는 토양 pH가 높아 벼에서 Zn 결핍이 문제되기도 함
  ㉤ 필수원소가 아닌 원소 : Se(셀레늄)은 인산의 흡수를 억제하므로 인산해독을 막아 작물의 생육을 촉진, I(요오드)는 특히 해조류에 많이 함유되어 있으며, Co(코발트)는 콩과작물의 뿌리혹(근류)에서 질소를 고정하는 데 필요하다.

2 무기원소의 생리작용

(1) N(질소, nitrogen)
  ① 구성
    ㉠ N는 식물이 가장 많이 필요로 하는 무기원소로, 단백질·아미노산·핵산·엽록소 등의 구성원소이다.
    ㉡ 단백질에서 차지하는 질소 무게는 16% 정도이다.
  ② 흡수 형태
    ㉠ 작물은 토양 중 질소를 암모니아태(NH_4^+)나 질산태(NO_3^-)로 흡수한다. 작물 시비 시 질소비료는 암모니아태나 질산태로 공급된다.
    ㉡ 밭 : 밭토양에서 주로 NO_3^-를 흡수한다. 산화상태에서 암모니아태 비료를 사용하더라도 질산화 작용에 의하여 NO_3^-로 변하기 때문이다.
    ㉢ 논 : 논에서 벼는 주로 NH_4^+를 흡수한다. 담수 환원상태에서 NO_3^-는 탈질작용(denitrification)에 의해 비효(肥效)가 사라지거나 토양에 잘 흡착되지 않아 침투수에 의해 지하로 유실되지만, NH_4^+는 토양입자에 흡착되어 안정적으로 유지되기 때문이다.

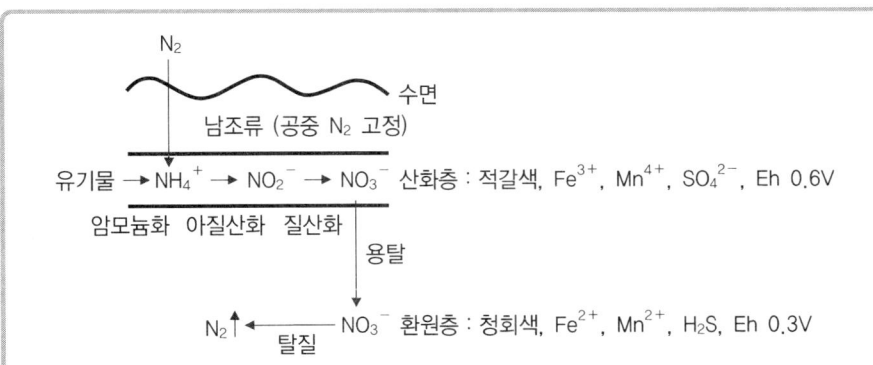

    * Eh : 산화·환원이 일어나는 용액에 전극을 삽입하면 전극의 표면과 용액 사이에 전위차가 생기는 것, 단위는 mV(millivolt)
    * 산화(oxidation) : e^-을 잃은 것, H^+ 잃는 것, O_2 얻는 것
    * 환원(reduction) : e^-을 얻는 것, H^+ 얻는 것, O_2 잃는 것
    * pH : H 이온 농도의 역수의 대수값. $\log \frac{1}{[H^+]}$

  ③ 생리작용 : 엽록소 증가 → 광합성 촉진, 세포분열 → 생장, 단백질 구성
    ㉠ 엽록소 함량이 증가하여 잎의 색깔이 진한 녹색이 되며, 광합성 능력도 높아진다.

ⓒ 단백질 합성
  ⓐ 질소 공급이 알맞고 광합성이 잘되는 조건에서 질소(N)와 유기산(OAA 등)이 결합 → 아미노산(aspartic acid 등)이 되고, 아미노산들이 축합 → 단백질 합성 → 원형질이 많아져서 생장이 촉진되므로 줄기와 잎의 생육이 촉진되고,
  ⓑ 흡수된 질소에서 단백질을 합성할 때 NH_4^+는 직접 유기산과 결합하여 아미노산이 되지만, NO_3^-는 먼저 암모니아(NH_3)로 환원된 후에 아미노산이 되므로 <u>NH_4^+태 질소는 NO_3^-태 질소보다 단백질을 합성하는 데 에너지가 적게 소요된다.</u>
  ⓒ NH_4^+는 체내에서 농도가 높으면 오히려 유해하므로 아스파트산이나 글루탐산과 결합하여 각각 아스파라진과 글루타민 같은 아마이드를 만들어 일시적으로 암모니아 중독을 회피하고 다른 체내로 이동하며, 필요할 때에는 NH_4^+를 분리하여 다시 대사에 이용할 수 있다.

ⓒ N 전류형태
  ⓐ **아미드태** : 무·사과나무 등에서는 흡수된 NO_3^-는 뿌리에서 NH_4^+로 환원된 후 아미노산에 결합하여 아스파라진(asparagine)과 글루타민(glutamine) 같은 아마이드(amide) 형태로 지상부로 이동한다.
  ⓑ **질산태** : 밀·토마토 등에서는 NO_3^-가 잎으로 이동하여 잎의 엽록체에서 NH_4^+로 환원된 후 아미노산을 만든다.

ⓔ **질소비료의 시비량·시비시기** : 벼에서는 기비나 분얼비를 많이 주면 단백질합성이 많아져 생육 초기에 새로운 분얼이 많이 발생하여 이삭수가 증가하고, 유수형성기에 질소를 시비(수비)하면 영화수가 증가하며, 출수기에 질소를 시비(실비)하면 등숙이 잘된다.

④ N 과다
  ⊙ 광합성 산물은 주로 단백질을 합성하여 줄기와 잎을 많이 생성하지만, 셀룰로스·헤미셀룰로스·리그닌 등 세포벽 구성물질을 많이 생성하지 못하므로 조직이 연약하게 된다.
  ⓒ **벼** : 영양생장이 과도하게 촉진되어 간장(바닥에서 수수절까지의 길이)이 길어지고, 특히 절간신장기에는 하위절간이 신장되어 도복하기 쉬우며, 출수가 다소 지연되고, 도열병에 쉽게 걸린다. 벼처럼 잎몸(엽신, leaf blade)이 긴 작물은 잎이 늘어지고, 엽면적이 과다하여 수광상태가 나빠지며, 도열병에 대한 저항성이 낮아지고, 이삭이 발달한 후에는 도복하기 쉽다.
  ⓒ **경엽을 이용하는 엽채류·사료작물** : 단백질 함량이 높아지고 기호성이 좋아지나, NO_3^-가 축적되어 품질이 떨어질 수 있다.

② C3 식물 : 보리·밀·귀리·호밀 등 온대성 C3 화곡류는 질소함량이 높으면 경엽의 생장이 지나쳐서 성숙이 지연되고, 조고비율(종실의 짚에 대한 비율)이 낮아지며, 도복하기 쉽다. 벼의 성숙과 조고비율에 대한 질소의 영향은 온대성 화곡류형과 열대성 화곡류형의 중간이다.
⑩ C4 식물 : 옥수수·수수 등 열대성 C4 화곡류는 질소함량이 높으면 개화 및 성숙이 빨라지고, 질소과잉의 해는 적다.

⑤ N 결핍
㉠ 하위엽에 있던 질소가 생장점으로 재분배되므로 하위엽부터 황색(황백화)을 나타내고, 더욱 부족하면 식물 전체가 황색을 나타낸다.
㉡ 줄기와 잎은 많이 자라지 않고, 세포벽 구성물질이 많이 축적되어 줄기는 튼튼해지며, 종실이 잘 발달하지 않으므로 도복은 잘되지 않는다.
㉢ 벼를 무질소로 재배하면 기본영양생장이 억제되어 출수가 지연된다.

(2) P(인, phosphorus)
① 구성
㉠ 인(P)은 핵산(DNA·RNA)의 구성성분으로 세포분열과 생장에 필수적이다.
㉡ 세포막을 구성하고 있는 인지질을 구성한다.
㉢ ATP·NADP 등의 구성분으로 모든 대사작용에서 에너지공급과 수소전달에 관여한다.
㉣ 호흡에 의한 당분해와 전분합성에서 당인산을 형성한다.

② 흡수형태
㉠ 작물은 인산이온($H_2PO_4^-$와 HPO_4^{2-}) 형태로 인을 흡수한다.
중성에서는 $H_2PO_4^-$, 염기성에서는 HPO_4^{2-} 농도가 높다.
㉡ 인산이온은 Al이나 Fe을 포함하는 토양입자와 결합할 수 있다. 양이온으로 된 Fe^{2+}과 Al^{3+} 이온이 인산과 교환되는 수산기(OH^-)를 갖기 때문이다.
㉢ 인의 효과가 가장 높은 토양 pH는 6.5이며, 이때 시용한 양의 약 20%만 흡수되고 나머지는 토양에 고정된다.
㉣ 밭의 경우 : 산성토양에서는 인이 Al^{3+}·Fe^{2+}·Mn^{2+} 등과 결합하고, 알칼리성 토양에서는 Ca^{2+}과 결합하여 불용태가 되므로 이동이 잘되지 않는다.
㉤ 논의 경우 : 토양이 환원되어 Fe·Mn 등에 고정되었던 인이 유리됨 → 작물이 흡수할 수 있는 형태로 변하여 인의 천연 공급량이 많아짐 → 시비효과는 밭에서보다 작다.

③ 체내 분포
㉠ 인은 뿌리에서 흡수된 후 체내 이동이 잘되며, 대부분 무기태로 액포에 저장된다.

㉡ 필요에 따라 유기물과 결합하여 유기태가 되어 대사작용에 이용되므로, 영양생장기에는 대사활동이 왕성한 생장점·마디 등의 조직에 많이 축적되고, 생식생장기에는 종자나 과실로 이동하며, 종자에 phytin으로 저장되었다가 발아할 때 대사작용에 이용된다.

④ P 결핍
　㉠ 분얼기 : 화곡류에서는 분얼이 억제(세포분열 저해)되고, 줄기·잎이 짙은 녹색(암녹색)으로 된다.
　㉡ 출수기 : 인은 화곡류 성숙을 촉진하는데, 인을 장기간 시용하지 않으면 출수가 다소 지연된다.
　㉢ 등숙기 : 과실과 종자의 성숙이 늦어지고, 크기도 작다.
　㉣ 옥수수 : 안토시아닌(anthocyanin) 색소 생성이 촉진되어 잎이 자색을 나타낸다. 생육 초기 기온이 낮아 뿌리가 잘 발달하지 않을 때 자주 발생하지만, 기온이 높아지고 뿌리가 발달하면 인의 흡수량이 많아져서 결핍증상은 사라진다.

⑤ P 과잉 : P은 조류(藻類) 생육을 촉진하기 때문에 인산을 많이 시용한 논에 이끼가 많다. 인이 과잉으로 흡수되면 Fe, Cu, Zn 등 흡수와 전류를 방해함

(3) K(칼륨, 가리, potassium)

① 흡수형태 : K^+ 이온 형태로 흡수
② 체내 분포 : 광합성이 왕성한 잎이나 세포분열이 왕성한 줄기·뿌리의 끝부분에 많이 함유되어 있다. 칼륨은 대부분 식물이 가장 많이 흡수하는 성분 중 하나지만, 세포를 구성하거나 생리적으로 중요한 유기화합물의 구성성분이 아니며, 식물체 내에서도 K^+로 존재하거나 이온화하기 쉬운 유기산염으로 존재한다.
③ 생리작용 : 효소의 활성화, 단백질합성, 광합성, 광합성 산물의 수송, 삼투조절 등
　㉠ 효소의 활성화 : 탄수화물대사에 관여하는 6-phosphofructokinase와 pyruvate kinase를 활성화시켜 전분합성을 촉진, 광합성에서 CO_2를 고정하는 효소인 RuBP carboxylase 합성에도 관여, 세포막에 있는 ATPase를 활성화하여 K^+나 다른 원소의 투과성을 좋게 한다.
　㉡ 단백질 합성 : 칼륨은 tRNA가 리보솜에 유전정보를 전달하는 단계에 관여하므로 단백질합성에 필요하다.
　㉢ 광합성 산물 수송 : 체관부에 있는 동화산물의 이동에 관여 → 수량이 증가하고, 과실의 색깔과 맛도 좋아진다.
　㉣ 삼투조절 : 세포의 팽압을 조절하여 잎의 기공개폐에 관여하거나 세포 신장을 돕는다. 한발(가뭄)이 심할 경우 기공을 닫아 증산량을 줄여 내건성을 높인다.
　㉤ 도복 저항 : 줄기의 탄수화물 함량을 증가시켜 세포벽 구성물질(셀룰로스·헤미셀룰로스·리그닌 등)이 생성 → 줄기가 강해지고 도복저항성이 커진다.

④ K 결핍
   ㉠ 결핍증은 생육 초기에는 잘 나타나지 않고, 발육이 어느 정도 진행된 뒤에 나타난다.
   ㉡ 칼륨은 식물체 내에서 이동이 쉬워서 늙은 잎에서부터 결핍증이 먼저 나타난다. 초기에는 잎이 짙은 녹색이 되지만, 심해지면 오래된 잎에서부터 잎의 가장자리가 황색·갈색·회색으로 변하며, 변색부는 점점 잎의 중심으로 퍼진다.
   ㉢ 줄기는 약해지고, 바람이 불면 도복하기 쉽다. 뿌리도 가늘어지고, 뿌리의 생장저해는 지상부보다 더욱 심하다.
   ㉣ 종자는 성숙되지 않는 경우가 많고, 성숙하더라도 크기가 작다.
⑤ K 과잉 : 토양에 K이 너무 높으면 작물이 과잉 흡수하여 오히려 생장이 나빠지고, 생산물의 품질이 나빠진다(Mg/K 비가 높으면 쌀의 식미가 높아짐).

(4) Ca(calcium)
① 흡수형태 : Ca^{2+} 형태로 흡수
② 체내 분포 : 칼슘은 세포벽 구성성분으로 중층(middle lamella)에 있는 펙틴(pectin)과 결합하여 세포를 서로 결합하는 역할을 하므로 세포분열과 성장에 중요하다.
③ 생리작용
   ㉠ 식물체 내 이온으로 존재하는 칼슘은 세포막의 선택적 투과성, 원형질 교질의 수화성(水和性)에 영향을 끼치며, 뿌리에 의한 다른 이온의 흡수를 조절한다.
   ㉡ 효소 활성화 : 효소단백질과도 결합하여 ATPase, α-amylase, phospholipase D 등의 효소를 활성화시킨다.
   ㉢ 탄수화물 전류 촉진 : 탄수화물 전류에 필요한 diastase(전분당화효소)는 수산(oxalate)에 의해 활력이 저하되는데, 칼슘(Ca^{2+})이 수산이온(COO^-)을 불용의 수산석회로 침전시켜 전류를 촉진시킨다.
   ㉣ 산 중화 : 체내에 산이 많거나 유독한 산이 있으면 염을 만들어 중화한다.
   ㉤ 용해도 변화 : 칼슘을 사용하면 pH가 상승하므로 Mo은 용해도가 증가, 산성에서 용해도가 큰 Fe^{2+}·Mn^{2+} 등은 용해도가 감소한다.
   ㉥ 길항작용 : 칼슘 사용량이 많으면 길항작용에 의하여 Mg^{2+}의 흡수가 억제된다. (Ca^{2+} ↔ Mg^{2+}, K^+, Na^+, Fe^{2+}, Zn^{2+} 등)
   ㉦ 과실 저장성 증가 : 사과 성숙기에 칼슘을 엽면시비하면 과실에 칼슘함량이 증가하고, 저장 중 세포벽 분해를 지연시켜 과실의 저장성과 품질을 향상시킬 수 있다.
   ㉧ 염 형성과 이동성 : 칼슘은 2가 양이온(Ca^{2+})이므로 토양에서 잘 이동되지 않는다. 체내에서 대부분 지방산이나 유기산과 염을 형성하기 때문에 잘 이동되지 않고, 결핍증은 어린잎에서 먼저 발생한다.

ⓩ **칼모듈린-칼슘 복합체** : 칼슘은 칼모듈린(calmodulin)과 결합하여 칼모듈린-칼슘 복합체를 만들어 외부 환경과 호르몬에 대한 <u>2차 신호전달자로서도 작용</u>하면서 다양한 대사작용을 조절한다.
* 세포내 2차신호전달자 : Ca^{2+}, cAMP, cGMP, DAG, IP_3 등

④ Ca 결핍
  ㉠ 주요증상은 황화하거나 괴사하며, 세포벽이 용해되어 연해지고 흑갈색으로 변하고 심하면 죽게 된다. 이때 변색은 칼슘과 킬레이트(chelate)를 형성하지 못한 페놀화합물이 산화되기 때문이다.
  ㉡ 식물체가 목질화되고, 세포벽 형성이 저해되므로 <u>뿌리가 짧고 굵어지며, 끝이 죽는다</u>. 심한 경우 <u>생장점이나 어린잎이 말라죽는다</u>(성숙한 잎에 있던 칼슘이 어린잎으로 이동하지 못하기 때문).
  ㉢ <u>사과는 고두병(bitter pit)</u>이 발생하고, <u>토마토는 배꼽썩음병</u>이 발생하며, <u>땅콩은 쭉정이</u>(종자가 들어 있지 않음)가 발생한다.

(5) Mg(magnesium)

① 흡수형태 : Mg^{2+}로 흡수되며, 흡수율은 K^+·Ca^{2+}·NH_4^+·Mn^{2+} 등 양이온에 의하여 크게 억제된다. → 길항작용

② 체내 분포
  ㉠ 체내 중 10~20%가 엽록체에 존재하며, 그 중 50%는 엽록소를 구성하여 광합성에 직접 관여하고, 나머지는 엽록체 내에 유리상태로 존재하여 효소 활성을 조절한다.
  ㉡ 대부분 액포에서 유기산이나 다른 무기 음이온과 결합하여 염을 형성한다.
  ㉢ 콩과 유채와 같은 지방종자에 Mg이 풍부하다.

③ 생리작용
  ㉠ 여러 가지 효소의 활성화
    • 식물세포에서 호흡·광합성은 물론 DNA·RNA 합성에 관련된 효소(ARS)
    • 인산기를 이전시키는 phosphatase와 ATPase
    • carboxyl기를 이전시키는 carboxylase
    • 전분합성과 triose-phosphate의 유출을 조절하는 fructose-1,6-bisphosphatase
    • NH_4^+와 글루탐산으로부터 glutamine을 합성하는 glutamine synthetase
  ㉡ 봄에 생장이 급격히 증가하는 북방형 목초는 Ca이나 K을 많이 시용하면 Mg 함량이 낮아져서 소에서 Mg 결핍증상(grass tetany)이 발생하기도 한다.
  ㉢ Mg은 리보솜 subunit을 연결하므로, Mg 부족시 리보솜 구조가 유지되지 않고, RNA와 단백질합성이 중단된다.
  ㉣ Mg은 Ca이 부족한 식물에서 Ca 대신 펙틴과 결합하여 세포벽을 이루기도 한다.

④ Mg 결핍
  ㉠ 광합성이 저하하여 작물의 생장이 저해되고, 오래된 잎은 엽록소가 파괴되어 엽맥 간 황백화(chlorosis)하거나 조직이 갈변 괴사(necrosis)한다.
  ㉡ 포도·고구마·목화 : 황색 대신에 잎이 적자색을 나타낸다.
  ㉢ 사과나무 : 조기 낙엽, 심하면 과실의 비대가 억제되고 착색이 나빠지며, 잘 성숙되지 않아 저장성도 떨어진다.
  ㉣ 벼 : 유수형성기~출수기까지 불임립이 증가하여 수량이 감소한다.
  ㉤ 감자 : 괴경에 전분 축적이 감소한다.

(6) S(황, sulfur)
  ① 흡수형태 : 토양에서는 SO_4^{2-}로 산화된 후에 뿌리에서 흡수되며, 공기 중 SO_2는 기공을 통하여 흡수되기도 한다.
  ② 체내 분포
    ㉠ 흡수된 SO_4^{2-} 이온은 -SH, -S-S-, -S-, =S=O, -N=C=S 등의 결합으로 여러 함황유기화합물을 생성한다.
    ㉡ 황은 아미노산 cysteine과 methionine의 구성성분, 함황 아미노산을 갖고 있는 단백질 합성에 필수적이다.
    ㉢ thiamine pyrophosphate(비타민 B1), ferredoxin, biotin(비타민 B_7 or H), glutathione, coenzyme A의 구성분이다.
  ③ 생리작용
    ㉠ 이황화결합 : 단백질은 시스테인 사이에 이황화물결합(disulfide bond; -S-S)으로 연결되어 2차구조를 형성하므로 황은 단백질 구조의 유지에 중요한 역할을 한다. metallothionin 단백질의 -SH기가 중금속과 결합하면 다른 단백질의 기능이 보호를 받아 식물이 중금속의 해를 피할 수 있다.
      * metallothionin : 분자량 10,000 이하인 저분자 단백질이 식물체 내에서 구리·카드뮴·아연 등과 잘 결합하는 단백질
    ㉡ S 대사 : 흡수된 SO_4^{2-}는 ATP에 의하여 활성화된 후 페레독신(Fd)에 의하여 환원되어 시스테인을 합성한다. 광이 있을 때 황 대사가 잘 일어나는 것은 SO_4^{2-} 환원에 페레독신과 ATP가 필요하기 때문이다.
    ㉢ 요구도 : 황은 볏과 < 콩과 < 배추과 작물의 순으로 요구도가 크다.
    ㉣ 식물의 2차대사산물로서 양파의 allyl sulfide, 무나 배추의 glucosinolate(매운맛), 마늘의 allicin(매운맛) 등을 구성하는 원소이다.
  ④ 시비
    ㉠ 황은 대개 부족하지 않으며, 밭에서 황을 시용(황산암모늄 등)하면 토양이 산성화

되므로 일반적으로 공급하지 않는다.
- ⓒ 벼 기계이앙 육묘시 토양에 황가루나 황산을 처리하는 것은 토양의 pH(5.0)를 낮추어 입고병(立枯病)을 방지하기 위한 것이다.
- ⓒ 감자·철쭉·블루베리 등 호산성 작물을 재배할 때 함황 비료를 사용하면 pH를 낮추어 Fe 결핍을 방지할 수 있다.
- ② 논벼에서 황산암모늄[$(NH_4)_2SO_4$]이나 황산칼륨(K_2SO_4) 등 함황 비료를 사용하면 산소 부족으로 황이 환원되어 황화수소(H_2S)를 형성하고, 토양 중 Fe이 부족하면 이 황화수소가 뿌리에 있는 효소의 철과 결합(FeS)하므로 효소가 제 기능을 하지 못하여 뿌리가 썩는다.

⑤ S 결핍
- ⊙ 결핍증은 오래된 잎보다 어린잎에서 먼저 일어나며(체내 재분배가 어렵기 때문), 단백질합성이 저해되고, 엽록소가 엽록소-단백질복합체를 형성하지 못해 잎 전체가 황백화한다.
- ⓒ 필수아미노산인 메싸이오닌이 부족하기 쉬우므로 농산물의 영양가가 낮아진다.
- ⓒ 시스테인 함량이 낮으면 밀가루의 제빵 특성이 나빠진다(반죽할 때 아황화물결합이 저해되어 glutelin의 중합이 안 되기 때문).
- ② 콩과작물에서 근류균에 의한 질소고정이 감소한다.

(7) Fe(철, iron)

① 흡수형태
- ⊙ Fe^{2+}·Fe^{3+} 이온형태나 킬레이트(Fe-chelate) 형태로 흡수되고, 쉽게 인산(HPO_4^{2-}) 등과 결합하여 불용태가 된다.
- ⓒ 철은 뿌리에서 흡수된 후 Fe-citrate가 되어 물관을 통하여 잎으로 이동하지만 작물체 내 재분배가 거의 안 되어 결핍증상은 생장점·어린잎에서 먼저 일어난다.

② 체내 구성
- ⊙ 철은 80%가 엽록체에 존재한다.
- ⓒ 산화환원계(redox system)에 존재하는 함철 hemoprotein·철-황 단백질의 구성분
  - ⓐ 헤모프로테인
    - cytochrome : 엽록체와 미토콘드리아에서 산화-환원계를 구성
    - cytochrome oxidase : 전자전달경로의 마지막 단계에서 H^+을 산화하여 H_2O을 형성하는 과정에 관여
    - catalase : H_2O_2를 H_2O과 O_2로 분해
    - peroxidase : 페놀을 리그닌으로 중합하는 데 필요한 효소
    - leghemoglobin : 콩과식물에서 근류균에 O_2를 공급하는 단백질

ⓑ 철-황 단백질 : ferredoxin
Fd은 $NADP^+$, nitrate reductase, sulfate reductase, N_2 환원에 전자를 전달하는 역할을 수행한다.
ⓒ aconitase의 구성분 : 이 효소는 TCA회로 중 citrate를 isocitrate로 변화시킨다.
③ Fe 결핍
㉠ 작물체 내 재분배가 일어나지 않으므로 어린잎부터 엽록소 함량이 낮아지고 잎이 황백화(엽맥간) 된다(엽록소 형성 과정 중 α-aminolevulinic acid의 합성과 protochlorophyllide를 형성하는 데 철이 필요하기 때문).
㉡ 엽록소 함량이 감소하고 유리아미노산 함량이 증가한다(엽록체 내 리보솜 수가 감소 → 엽록소 합성에 필요한 단백질을 공급하지 못하기 때문).
④ Fe 과잉
㉠ 철은 극단적인 산성토양이나 O_2가 부족한 토양에서는 철이 환원되어 용해도가 커져서 철 과잉 해가 일어난다. 그러나 pH가 높고 통기성이 좋은 조건에서 대부분 불용태로 존재하기 때문에 작물은 해를 받지 않는다.
　　예 2모작 맥류에서 초봄 과습에서 과잉해 발생
㉡ 벼에서는 뿌리 표면에 흡착된 철(산화철 피막)은 지상부에서 내려온 O_2에 의하여 산화되어 불용태가 되므로 체내로 흡수되지 않아 과잉해를 받지 않는다.

(8) Cu(구리, copper)
① 흡수형태
㉠ Cu^+, Cu^{2+} 또는 Cu 킬레이트로 흡수, 물관에서 아미노산과 복합체를 만들어 이동한다. 토양에서는 대부분 구리-유기물 복합체로 존재한다.
㉡ Cu는 Zn과 심한 길항관계에 있고 체내에서 이동은 잘 안 된다.
② 생리작용
㉠ 광합성 효소의 구성분 : $Cu^+ \rightleftharpoons Cu^{2+}$로 가역적으로 전환하는 산화-환원반응의 효소와 결합하여 구리가 결핍되면 광합성이 저하된다. 광합성의 명반응 중 전자전달계에서 전자를 전달하는 plastocyanin의 구성분, 엽록체막에서 plastoquinone을 만드는 효소인 lactase의 구성분, superoxide(O_2^-)를 분해하여 광산화를 방지하는 효소인 Cu-Zn SOD의 구성분이기 때문이다.
㉡ 호흡효소의 구성분 : cytochrome C, ascorbate oxidase, alternative oxidase 등 여러 산화효소의 구성분이다. 호흡할 때 미토콘드리아의 전자전달계 마지막 단계에 있는 cytochrome C는 Cu와 Fe을 포함하는 단백질인데, 최종적으로 전자가 O_2분자와 결합하도록 촉매하는 것은 Cu(Fe ×)이다.

ⓒ phenolase(polyphenol oxidase, PPO; 페놀의 산화반응에 관여)의 구성분 : 리그닌과 알칼로이드의 합성, 상처부위의 갈변, 병균포자의 발아와 균사의 생장을 억제하는 물질인 피토알렉신(phytoalexin)의 생성에 관계한다.

③ Cu 결핍
 ㉠ 생장이 억제되고, 어린잎이 비틀리고 시든다(물관에 리그닌이 잘 축적되지 않아 수분의 수송이 잘 안 되기 때문).
 ㉡ 벼과식물은 잎이 황백화되고, 감귤에서 잎이 떨어지고 가지가 마르며, 사과는 잎 선단이 갈변·괴사하고 가지 선단이 말라들어감
 ㉢ 정단분열조직이 괴사 → 볏과작물은 분얼이 증가, 쌍떡잎식물은 곁눈이 증가한다.
 ㉣ 수정 장해 : 꽃가루가 잘 발달하지 않고, 꽃밥(약, anther) 세포벽에 리그닌이 발달하지 못하여 꽃밥이 터지지 못하기 때문이다.
 ㉤ 콩과식물의 질소고정이 억제됨 : 근류균 활동에 구리가 필요하거나 간접적으로 탄수화물 공급이 억제되기 때문이다.
 ㉥ 구리결핍 대책 : 무기구리염·구리산화염·구리킬레이트를 엽면시비한다.

④ Cu 과잉 : 엽록체 틸라코이드막의 파괴로 황백화현상이 발생하고, 뿌리의 생장이 억제되는 증상을 보인다.

(9) Zn(아연, zinc)
① 흡수 및 체내분포 : 아연은 Zn^{2+}로 흡수되고, 2가 양이온과 서로 길항관계에 있음. 이온이나 유기물과 결합된 형태로 물관을 통하여 이동되며, 식물체 내에서 산화되거나 환원되지 않는다.
② 생리작용
 ㉠ 옥신(IAA, indole acetic acid)의 전구체인 트립토판(tryptophan)의 생합성에 필요하고, 일부 식물은 엽록소 생합성에도 관여한다.
 ㉡ 효소의 활성제 : aldolase, RNA와 DNA polymerase, transphosphorylase 등에 작용하므로 아연은 탄수화물대사, 단백질합성, 광합성에 필수적이다.
 ㉢ 다양한 효소의 구성분
  • 아연은 알코올을 분해하는 alcohol dehydrogenase(ADH)의 구성분
  • 광합성에서 발생한 활성산소 해를 방지하는 효소인 Cu-Zn superoxide dismutase(SOD)의 구성분
  • CO_2를 세포질에서 녹여 HCO_3^-를 형성하고 엽록체로 들어가 광합성에 이용하게 하는 carbonic anhydrase(탄산탈수효소)의 구성분. 탄산탈수효소는 엽록체의 pH를 조절하고, 단백질 변성을 방지하며, CO_2 고정을 조절함

③ Zn 결핍
- ㉠ Zn이 결핍되면 트립토판에서 IAA 생합성 과정이 진행되지 않고, peroxidase가 활성화되어 IAA 산화가 촉진됨 → 옥신의 농도가 낮아 줄기의 생육이 억제되고, 잎이 왜소해지며 로제트형 생장습성을 나타냄
- ㉡ 옥수수, 사탕수수, 콩 등 주로 볏과작물에서 엽맥을 따라 황백화 현상이 생기며, 잎에 붉은 점이 나타난다.
- ㉢ Zn 결핍은 pH가 높을 때, P이 많을 때 잘 나타난다.
    - ⓐ 알칼리성 토양에서는 아연이 $CaCO_3$에 흡착되어 용해도가 떨어지므로 아연결핍증이 일어난다.
    - ⓑ 인산을 많이 시용하면 HPO_4^{2-}이 토양 중에서 Fe, Al, $CaCO_3$ 등과 결합하여 불용성이 되므로 아연이 결핍되기 쉽다.

④ Zn 과잉
- ㉠ 뿌리의 생장을 억제한다. 특히 산성토에서 과잉피해가 발생한다.
- ㉡ 석회(Ca)를 시용하여 pH를 올려주면 용해도가 낮아진다.

(10) Mn(망간, manganese)

① 흡수형태
- ㉠ Mn^{2+} 이온형태로 흡수되며, 유리상태로 뿌리와 줄기에서 이동한다.
- ㉡ 다른 2가 양이온과 길항작용을 하며 특히 Mg^{2+}에 의해 흡수가 억제된다. 주로 분열조직으로 이동하는데 체내 이동성은 좋지 않다.

② 생리작용
- ㉠ **망간은 물이 광분해되어 전자가 방출되는 과정에 관여** : 녹색식물에 광이 비치면 엽록소에서 전자가 이탈되어 전자전달계를 통하여 이동되는 과정에서 ATP와 NADPH가 생산되는데, 이 과정이 계속되기 위해서는 물의 광분해에 의하여 나온 전자가 엽록소로 계속 공급되어 이탈된 전자를 보충해 주어야 한다. 그런데 망간은 이 과정에 필요한 효소의 구성분이므로 부족하면 광합성이 잘되지 않는다.
- ㉡ **엽록소의 광산화 방지** : superoxide가 엽록소를 광산화(photooxidation)시킬 때 망간을 포함하는 superoxide dismutase(SOD)는 두 분자의 superoxide와 H^+를 결합시켜 H_2O_2와 O_2를 생성하고, H_2O_2는 다시 catalase에 의하여 H_2O과 O_2로 분해되어 조직을 보호한다.
- ㉢ **효소의 활성화** : 대개 효소의 구성분은 아니지만 RNA polymerase, malate dehydrogenase, isocitrate dehydrogenase 등을 활성화 시킨다. 엽록체에서 RNA polymerase의 활성에 필요한 Mn은 Mg의 1/10이다.

② Mn은 Fe과 같이 산성토양, 과습한 환원토양($Mn^{2+} \cdot Fe^{2+}$ 형태)에서 용해도가 커진다. 벼 뿌리는 과잉 망간을 세포 안으로 흡수하지 않는 능력(excluding power)이 있어 해를 받지 않는다.

③ Mn 결핍
㉠ 엽록소 함량과 광합성능력이 현저하게 감소한다.
㉡ 귀리에서 엽기부에 녹회색의 반점과 줄무늬가 생기는 grey speck 현상이 나타난다.
㉢ 쌍떡잎식물에서 어린잎의 엽맥간 황백화되고, 외떡잎식물에서 아랫잎에 회록색의 반점이 생긴다. 줄기는 황록색이 되고 거칠고 단단해진다.

④ Mn 흡수 과잉
㉠ 칼슘이 생장점으로 이동하는 것을 억제한다.
㉡ 정아우세성이 상실되어 곁눈(측아)의 발생도 많아진다.
㉢ 작물의 만곡현상과 사과에서 적진병을 유발한다.

(11) Mo(몰리브덴, molybdenum)

① 흡수 및 체내분포
㉠ Mo은 금속이지만 수용액에서 MoO_4^{2-}로 존재하고, 이 형태로 흡수되며, 능동적으로 흡수되어 SO_4^{2-}과 길항적으로, 인산이온과 상조적으로 작용함
㉡ 체내 이동성은 중간 정도이며, Mo은 다른 미량원소와는 달리 낮은 pH에서 Fe와 결합되어 불용상태가 되며, 높은 pH에서 용해도가 증가함
㉢ Mo은 필수원소 중 가장 미량 성분이며, 건물 중 함량은 1ppm 이하이다.

② 생리작용
㉠ 질산환원효소의 구성분 : 고등식물에서 질산환원효소(nitrate reductase)와 아질산환원효소(nitrite reductase)의 구성원소로서 전자를 주고받으며($Mo^{5+} = Mo^{6+} + e^-$) NO_3^-를 환원시킨다.
㉡ 공중질소 고정효소 nitrogenase 구성분 : Rhizobium, Azotobacter, Clostrium, 논벼 뿌리에 있는 Azospillum, 남조류 등에서 질소를 고정한다.
㉢ IAA oxidase의 활성제로서 체내 IAA 농도를 적정수준으로 유지시켜 준다.

③ Mo 결핍 : 토양 pH가 낮고 활성 철이 많을 때 결핍되며, Mo을 엽면시비한다.
㉠ 몰리브덴이 결핍되면 식물체 내 NO_3^- 함량이 증가되고, 단백질 함량이 감소되며, NH_4^+를 시용해도 작물이 정상적으로 자랄 수 없다.
㉡ 옥수수에서 출웅(出雄; tasseling)이 지연, 개화와 꽃가루의 생산력 저하, 꽃가루 크기도 작아지고, 발아력이 떨어진다.
㉢ 산성토양에서 자란 멜론은 꽃가루를 생산하지 못한다.

㉣ 토마토에서 엽맥 간 갈변, 잎자루 가까운 쪽이 황백화 증상을 보인다.
㉤ 감귤류(citrus)에서 엽맥을 따라 부분 반점, 조직이 괴사한다.
㉥ 꽃양배추의 잎은 좁게 된다.

(12) B(붕소, boron)

① 흡수형태 : 이온화되지 않은 붕산(H_3BO_3) 형태로 흡수된다.
② 생리작용
  ㉠ 세포벽 목질화 : 세포벽의 목질화(lignification)와 관계되고, 세포 내 다른 물질과 결합하고 있어 유관속식물에서는 필수원소이다.
  ㉡ 당 대사에 관여 : 헤미셀룰로스·펙틴·리그닌 등 <u>세포벽 구성물질의 합성을 촉진</u>한다.
  ㉢ 당 분해에 관여 : 붕소가 있으면 당이 5탄당인산회로를 통해 분해되는 것이 억제(6-phosphogluconate와 복합체 형성)되고, 해당과정-TCA회로를 통한 분해가 많아진다. 붕소가 결핍되면 당은 5탄당인산회로를 통한 분해가 증가하여 페놀성 물질이 축적된다.
  ㉣ <u>붕소는 옥신 작용을 간접 제어함</u> : 붕소가 결핍되면 생장점 부위에 옥신함량이 너무 높아 세포신장이 억제되고, 세포분열도 억제된다. 붕소결핍은 뿌리에서 1차뿌리와 곁뿌리의 신장을 억제하며, <u>형성층이 이상 비대하여 표피조직에 균열이 생김</u> (뿌리가 짧고 굵게 자람)
  ㉤ 붕소는 뿌리에서 cytokinin 합성을 촉진함 : 붕소가 결핍되면 어린잎의 단백질 함량이 감소, 가용성 질소 화합물(특히 NO_3^-)이 축적된다.
  ㉥ 붕소는 꽃가루 생산량을 증가, 꽃가루 수명을 연장, 화분관 신장을 유도하여 수정 능력을 증가시킨다.
  ㉦ 붕소는 세포신장, 핵산합성, 호르몬반응, 막 기능 및 세포벽 합성에 중요한 역할을 하는 것으로 판단된다.
③ 붕소요구량
  ㉠ 외떡잎식물보다 쌍떡잎식물의 요구량이 많고, 쌍떡잎식물 중에서는 배추과 작물의 요구량이 많아서 부족하기 쉽다.
  ㉡ 붕소는 콩과작물의 뿌리혹형성과 질소고정을 촉진한다.
    예 alfalfa 도입하였을 때 붕소가 결핍하여 재배에 실패함
④ B 결핍증
  ㉠ 정아우세성이 상실되고 정아나 어린잎이 탈색되거나 죽는다(<u>동화물질의 전류가 억제되고 생장점으로 재분배가 잘 안 되기 때문</u>).
  ㉡ 성숙엽은 엽맥 사이와 가장자리가 황백화되거나 괴사한다.

ⓒ 절간신장이 억제되어 총생화(rosette)되고, 잎자루와 줄기가 굵어진다.
ⓔ 꽃눈·꽃·발육 중인 과실이 떨어지며, 과실은 비대정지·코르크화·갈변·괴사 증상이 나타난다.
ⓜ 식물별 결핍증세
- 사과는 코르크병과 축과병이 발생
- 유채·보리는 출수지연, 수술퇴화 및 꽃가루불임에 의한 수정장해
- 배추·양배추 등은 잎자루의 안쪽이 코르크화되어 흑변되고, 잎이 오그라들며, 끝이 마르고, 결구가 안됨
- 꽃양배추는 갈색 또는 붉은색으로 썩음

(13) Cl(염소, chlorine)

① 흡수 및 체내분포
  ㉠ 염소는 토양과 식물체에서 Cl^-로 존재하며, 흡수된 후 이동이 잘되고 부족할 경우 하위엽에서 어린잎으로 재분배도 잘된다.
  ㉡ 유기물로는 안토시아닌의 구성원소이다.
  ㉢ 식물의 정상 생장을 위한 요구량이 340~1,200ppm으로 미량이지만, 실제 체내 함량은 대량원소 수준인 2,000~20,000ppm이나 된다.

② 생리작용
  ㉠ 광합성 광반응에서 물의 광분해에 관여 : Cl는 광반응에서 Mn을 함유한 O_2 방출계의 보조인자(cofactor)로 작용하며, Cl가 결핍된 식물에 Cl를 공급하면 ATP 합성이 현저하게 증가된다.
  ㉡ 양전하를 중화 : 잎에서 K^+가 공변세포 안으로 들어와 기공이 열릴 때 광합성으로 합성된 전분이 분해되어 $malate^-$를 만들고 K^+전하를 중화한다. 엽록체에 전분이 합성되지 않으면 $malate^-$도 생성되지 않는데, 이때 Cl^-가 그 역할을 대신하여 기공개폐에 관계한다.
  ㉢ 세포의 삼투압과 pH를 조절하고 amylase를 활성화시킨다.

③ 과잉 및 결핍 : 염소는 식물 요구량이 적고 토양·빗물·비료·공기 등에서 공급되므로 부족한 경우가 적고, 과잉의 해가 문제된다.

(14) Na(나트륨, sodium)

① 흡수상태 : Na^+ 이온형태로 흡수된다.
② 생리작용
  ㉠ 염생식물은 Na를 많이 흡수하여 체내 세포액의 삼투퍼텐셜을 낮추어 수분 흡수와 기공 개폐를 조절한다.

ⓒ C4 식물과 CAM식물에서는 필수원소로서 최초 카복시화 반응(PEP carboxylase)에 참여하는 PEP(phosphoenol pyruvate)을 재생성한다(C3 식물은 필수원소가 아님).
　　ⓒ K 대체 효과 : Na은 사탕무·순무·근대·다수 C4 볏과목초 등의 K을 상당량 대체 가능하나, 옥수수·호밀·콩·강낭콩·상추·티머시는 대체할 수 없다.
　　ⓔ 나트륨을 좋아하는 작물은 뿌리와 지상부 모두 나트륨 함량이 많고, 좋아하지 않는 작물은 뿌리에는 많지만 줄기로 이행하지 않는다.
　③ Na 결핍 : 염생식물(halophyte)인 *Atriplex vesicare*는 나트륨이 부족하면 식물이 황백화되고 조직이 괴사하며, 생장이 정지된다.

(15) Si(규소, silicon)
　① 흡수 및 체내분포
　　㉠ 토양용액에 존재하는 형태는 주로 mono-silicic acid($Si(OH)_4$)이며, 중성 부근의 pH에서는 해리도가 낮아 이온화하지 않으나 쉽게 막을 통과하여 증산류에 따라 식물체의 각 부분에 수송되어 잎에서는 규산 젤(gel)의 형태로 침적된다.
　　㉡ 식물에 흡수된 규산은 세포벽 외측에 분비되어 실리카겔 상태로 고정되어 침적하면 이동성이 없어진다.
　　㉢ 규소는 벼·사탕수수·보리 등 외떡잎식물에서 많이 흡수되고, 쌍떡잎식물에서는 토마토·오이 등에서 많이 흡수된다. (외떡잎식물 > 쌍떡잎식물)
　　㉣ 규소는 식물의 조직 내에 상당한 양으로 축적되어 있으며, 적절한 양의 규소를 공급할 때에 생장과 생식이 촉진된다.
　② 생리작용
　　㉠ 벼에서 잎몸에 침적되어 규질화세포를 형성하고, 잎의 표피 각피층 아래에 규산 젤(gel)층 및 규산셀룰로스 혼합층을 만들어 이중층을 형성한다.
　　㉡ 도열병균과 해충의 침입이 어렵고, 각피증산을 줄이며, 잎을 직립하게 하여 수광태세를 좋게 한다.
　　㉢ 규소는 물관에 집적되어 증산이 심할 때 받는 압력에 견디게 하고, 뿌리의 표피세포에서는 토양 해충과 병균의 침입을 막는다.
　　㉣ 규소는 줄기와 뿌리의 통기조직을 발달하게 하여 뿌리에 O_2 공급을 좋게 하고, 뿌리 표면에서 Fe과 Mn을 산화시켜 불용태로 만들어 흡수를 억제하므로 이들의 해독작용을 막는 역할을 한다.
　③ 결핍증상 : 벼에서는 다수확을 위하여 질소를 많이 시용하면(Si/N 감소) 도열병과 도복에 대한 내성이 약해지고 잎이 늘어져 수광태세가 나빠지지만, 규소가 함유된 비료를 시용하면 이들에 대한 저항성이 커져서 규소를 필수원소로 인정한다.

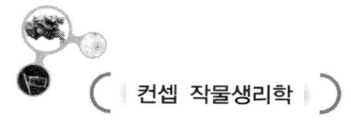

(16) Ni(Nickel)

① **흡수 및 분포** : Ni^{2+} 형태로 흡수되고, 식물조직 곳곳에 분포함. 가장 최근에 필수원소에 포함됨

② **생리작용** : 요소분해효소(urease), 수소화효소(hydrogenase)의 구성성분
  ㉠ 식물은 체내에서 요소를 생산하기 때문에 요소를 분해하는 urease가 꼭 필요한데, 콩과식물은 뿌리혹에서 시트룰린 같은 ureide를 형성하고 이것이 새잎이나 종자로 이동하여 분해되면 요소가 형성됨
  ㉡ 수소화효소는 질소고정과정에서 사용되는 수소를 회복시키는데 필요함

③ **니켈 결핍**
  ㉠ 잎에서 요소분해효소가 생성되지 않아 요소가 축적하며, 정단부위에 괴사현상이 나타남
  ㉡ 콩과식물에서 수소화효소 활성이 억제되어 질소고정 효율이 떨어짐. 니켈 결핍은 피칸(pecan)의 경우가 유일하며 보통 니켈 결핍현상을 볼 수 없음

▪ **원소 정리**

체내 이동성이 낮은 원소	Ca, S, Fe, Cu, Mn, B
산화-환원반응에 관계되는 원소	Fe, Cu
근류균의 공중질소 고정 관련 원소	S, Cu, Mo, B, Co
엽록소 구성성분	C, H, O, N, Mg
엽록소 형성에 기여하는 원소	S, Fe, Mn, Cu, (Zn)
SOD를 구성하는 원소	Cu, Zn, Mn
음이온 원소	NO_3^-, $H_2PO_4^-$, HPO_4^{2-}, SO_4^{2-}, Cl^-, MoO_4^{2-}

3 특수원소

○ 특수원소 또는 부수원소(beneficial mineral elements) : 모든 식물에서 필수원소는 아니지만 특수한 작물이나 특수한 조건에서만 필수적이거나 생육을 촉진하는 원소

(1) Se(selenium)

① **흡수 및 체내분포** : 셀레늄은 SeO_4^{2-} 또는 SeO_3^-의 형태로 흡수되며, 이행 및 동화되는 방법은 SO_4^{2-}와 유사하다. 즉, SeO_4^{2-}는 환원되어 cysteine의 유사체인 selenocysteine이 되고, 생리적으로 활성이 없는 selenomethylcysteine으로 변하여 축적되어도 셀레늄 축적 식물에서는 장해가 없다.

② **부족해** : 셀레늄은 식물의 필수원소가 아니지만 동물은 필수원소로서 사료에 셀레늄이 부족하면 양과 소는 근육백화증(白化症)을 일으킨다. 셀레늄 축적식물은 셀레늄이 부

족하면 인산이 많이 축적되어 생육이 억제된다. 셀레늄을 축적하지 않는 식물은 셀레늄 함량이 2ppm만 되어도 생육이 크게 억제된다.

③ 과잉해 : 자운영속과 같이 셀레늄을 4,000ppm까지 축적하는 사료를 많이 먹으면 셀레늄 중독증에 걸린다.

(2) Co(cobalt)

① 생리작용 : 코발트는 조효소인 비타민 B_{12}(코발라민)의 구성분이다. 코발트는 콩과식물·오리나무·남조류 등의 뿌리혹(근류) 발달이나 질소고정에는 필요하다.

② 부족증상
  ㉠ 뿌리혹세균에서 methionine synthase의 활성이 떨어져서 단벅질합성이 저해된다.
  ㉡ ribonucleotide reductase의 활성이 낮아져서 뿌리혹세균의 세포분열이 억제되고, 헴(heme) 합성에 관여하는 methylmalonyl-coenzyme A mutase의 활성도 낮아져서 leghemoglobin의 합성이 적어져 결국 질소 고정량이 감소한다.

(3) Al(aluminium)

① 해작용 : Al은 pH가 낮아짐에 따라 현저히 증가하며, 대부분 작물은 산성토에서 해독작용이 문제된다.

② Al 내성 식물 : 사탕무·옥수수·완두·기장과 열대지방의 몇몇 콩과식물은 토양용액 농도가 0.2~5.0ppm까지는 생육이 촉진되며, 특히 차나무는 27ppm까지도 생육이 촉진된다. 차나무에서 Al 분포는 줄기는 적고 잎에 많으며, 어린잎보다 오래된 잎에 많다.

③ 시비 : 황백화를 일으킨 차나무 잎에 알루미늄을 엽면시비 하면 녹색으로 회복, 생육을 좋게 하고, 뿌리나 줄기의 건물중도 증가시킨다.

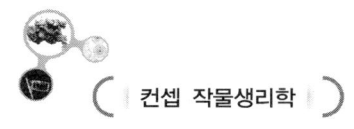

제2절 무기양분 흡수·이동

1 토양 속 무기양분의 동태

(1) 토양의 양이온 교환능력

① 토양입자의 전하
  ㉠ 토양입자는 음전하를 띠기 때문에 표면에 양이온이 흡착된다. 토양표면 부근에서 양이온들이 동적 평행상태를 유지하고 있다.
  ㉡ 양이온치환용량(CEC, cation exchange capacity)
    • 단위량의 토양입자가 흡착할 수 있는 양이온의 총량
    • 토양 1kg이 보유하는 치환성 양이온의 총량을 $cmol^{(+)}/kg$으로 표시한 것
    • 건조한 토양 100g이 보유하는 치환성 양이온의 총량을 mg당량(milliequivalent, mEq)으로 표시한 것
    • <u>CEC</u>는 H^+이 양이온으로 치환할 수 있는 자리의 수, 즉 <u>음전하의 수와 같다</u>.
  ㉢ 양이온치환용량(CEC)이 크면 클수록 토양은 비옥하며 무기양분이 풍부하다.

② 양이온 치환
  ㉠ 토양입자에 흡착된 하나의 양이온은 다른 이온으로 치환이 가능하다. 즉, 자신보다 친화력이 큰 다른 이온이 접근하면 치환될 수 있다.
  ㉡ 치환성 염기 : 알칼리금속(K^+, Na^+) 및 알칼리토금속(Ca^{2+}, Mg^{2+})
  ㉢ 이액순위(양이온흡착력, 치환침입력) : $Al^{3+} > H^+ > Ca^{2+} > Mg^{2+} > NH_4^+ = K^+ > Na^+$
  ㉣ 이액순위 결정요인 : 이온 농도가 높고, 원자가가 클수록, 이온의 크기와 수화도(가수이온의 반지름)는 작을수록 침입력이 커진다.

③ H^+의 침입력
  ㉠ 수소이온(H^+)은 1가 이온이지만 침입력이 상대적으로 크다. H^+은 이액순위가 비교적 높기 때문에 다른 양이온들과 쉽게 교환이 이루어진다.
  ㉡ 토양 중 H^+ 농도가 높으면 토양입자에 흡착되어 있던 많은 양이온이 떨어져 나와서 지하수나 표층수로 유실되어 토양이 산성화되면서 척박해진다.
  ㉢ 정상적인 환경에서는 뿌리에서 H^+이 적절하게 양이온 교환이 일어나게 하여 무기양분의 흡수를 촉진한다.

④ 염기포화도(Base Saturation)

$$V = \frac{S}{T} \times 100$$

(V : 염기 포화도, S : 치환성 염기총량, T : 양이온치환용량)

㉠ 토양의 양이온총량에 대한 치환성 염기의 총량비율
㉡ 염기포화도가 높을수록 토양은 알카리화되고, pH는 올라가며, 비옥도가 높아진다.
㉢ CEC에 대한 H의 백분율을 수소포화도, Ca의 백분율을 칼슘포화도로 표현한다.
㉣ H^+ 농도가 높아 토양입자의 치환자리 대부분을 H^+이 차지하면 CEC가 클지라도 비옥한 토양이라고 볼 수 없기 때문에 CEC는 토양의 잠재적 비옥도를 나타낼 뿐이다. 그래서 CEC 가운데 특정한 무기양분이 차지하는 비율에 관심을 둔다.

(2) 토양의 음이온 교환능력

① 음이온치환용량(AEC, anion exchange capacity)
  ㉠ AEC : 양전하를 띠는 토양입자에 대한 흡착할 수 있는 음이온의 총량
  ㉡ 토양입자는 음전하를 띠므로 음이온을 밀어낸다.
  ㉢ 일부 토양입자는 Mg^{2+}, Ca^{2+} 같은 양이온을 함유하여 음이온이 느슨하게 흡착되기도 하고, 또 일부 토양입자는 $Fe(OH)_2$, $Al(OH)_3$을 함유하고 있어, SO_4^{2-}·$H_2PO_4^-$·기타 음이온이 수산기(-OH)와 치환되어 음이온을 흡착할 수 있다(금속-음이온+OH^+).
  ㉣ 토양에서 음이온치환용량은 양이온치환용량보다 적다.
  ㉤ 음이온 이액순위 : $SiO_4^{4-} > PO_4^{2-} > Cl^- = NO_3^-$ 의 순

② 음이온의 유실
  대부분 음이온(NO_3^-과 Cl^- 등)은 용액 중에 남아 있다가 유실되는 경우가 많다.
  ㉠ 경작지에 사용된 NO_3^-은 일부만 흡수되고 대부분이 유실되어 강과 호수로 흘러들어가 부영양화를 촉진한다.
  ㉡ 토양용액 중 인산이온(HPO_4^{2-} or $H_2PO_4^-$)은 농도가 낮은데다가 Al^{3+}, Fe^{2+}, Ca^{2+}과 반응하여 $FePO_4$, $AlPO_4$과 같은 염을 만들어 침전되기 때문에, 이동성과 이용성이 크게 떨어진다.
  ㉢ 황산이온(SO_4^{2-})은 물에 용해되어 쉽게 흡수된다. Ca^{2+}이 있으면 $CaSO_4$로 침전되어 흡수가 억제되지만 생장에 필요한 정도는 용해되기 때문에 부족현상은 잘 나타나지 않는다.
  ㉣ 자연상태에서 Cl^-의 결핍증상은 거의 나타나지 않는다.

(3) 토양 내에서 무기양분의 이동

토양의 무기양분은 식물체 내에 비해 낮은 농도로 토양용액에 녹아있다.

① 토양용액 중 양분 이동

용액 중 무기양분들은 집단류와 확산에 의한 수분이동에 따라 뿌리 주변으로 이동함
- ㉠ 집단류 : 수분이동이 빠르고 양분농도가 높을 때는 집단류가 큰 역할을 함
- ㉡ 확산 : 토양용액의 양분농도가 낮을 때는 확산이 중요한 역할을 한다. 즉, 뿌리가 무기양분을 흡수하면 뿌리 주변의 가까운 곳과 먼 곳 사이에 농도기울기가 생겨 확산이 촉진되기 때문이다. 예 P, K

② 뿌리의 효율적 흡수
- ㉠ 무기양분의 흡수를 극대화하기 위해서는 뿌리가 새로운 토양으로 계속 자라야 한다.
- ㉡ HPO_4^{2-}, Zn^{2+} 같은 이동성이 낮은 성분을 더 많이 흡수하기 위해서는 뿌리 생장이나 균근의 역할이 매우 중요하다.

2 양분의 선택적 흡수

(1) 무기양분 흡수부위

무기양분의 흡수부위는 식물과 무기이온의 종류에 따라 다르다.

① 기공 흡수 : 이산화탄소(CO_2) · 아황산가스(SO_2) 등 기체
② 기공이나 각피 흡수 : 빗물에 녹아 있는 성분이나 엽면시비를 한 무기양분
③ 뿌리
- ㉠ 무기양분의 흡수 : 공기(CO_2)나 H_2O에서 공급되는 C · O · H를 제외한 대부분 무기양분을 주로 대사작용이 왕성한 뿌리 끝에 있는 신장대(흡수대)에서 흡수한다.
- ㉡ 뿌리가 무기양분을 흡수하는 데는 에너지(ATP)가 필요하다.
- ㉢ 뿌리 끝에서 멀어질수록 뿌리 표면에 수베린(suberin)이 많이 축적되고, 제2차 · 제3차 내피(內皮)가 발달하여 무기물 흡수가 어렵다.
- ㉣ 뿌리는 용액 중 양분을 직접 흡수하기도 하고 토양입자에 흡착된 뿌리표면의 H^+과 맞교환하여 흡수하기도 한다.

(2) 뿌리의 양분흡수

① 뿌리의 생리작용 : 식물뿌리는 다양한 물질(설탕, 아미노산, 유기산, 다당류, 효소, 페놀성 화합물, 이산화탄소, 에탄올 등)을 분비하여 토양과 함께 점액질을 만들어 뿌리의 건조를 막고, 토양미생물의 번식을 돕는다.
- ㉠ 토양미생물은 불용성 무기성분을 가용성으로 만들어준다.

ⓛ 뿌리가 분비하는 효소는 인산화합물을 가수분해시키고, 제2철(Fe^{3+})을 용해도가 높은 제1철(Fe^{2+})로 환원시킨다.
ⓒ 뿌리의 일부 분비물은 유기물에 함유된 P을 무기인산으로 방출시키고 Fe과 안정된 킬레이트를 형성하여 가용성을 증대시킨다.
ⓔ 뿌리는 유기산과 함께 H^+을 방출하여 주변의 토양을 산성화시킨다. 토양산성화는 결과적으로 P이나 Fe의 용해도와 이용도를 증가시킨다.
ⓜ 뿌리 표면은 음전하를 띠면서 양이온을 흡착한다. 뿌리에서도 CEC가 클수록 양분 흡수력이 크다.

(3) 세포막과 양분투과성

① <u>세포벽(cell wall)</u> : 셀룰로스·헤미셀룰로스·리그닌·펙틴 등으로 구성되며, <u>조직이 치밀하지 않아 물·무기양분·유기물 등이 자유롭게 투과(전투과성)</u>된다. 무기양분의 흡수에 영향을 끼치지 않는다.

② <u>원형질막(plasma membrane)</u>
세포막은 기본적으로 고체상태가 아닌 유동적이며 유동모자이크모델(fluid mosaic model)로 설명됨

　㉠ <u>세포막의 구성</u> : <u>인지질과 단백질로 구성되어, O_2·CO_2·H_2O 등은 비교적 자유롭게 투과시키지만, 무기양분은 선택적으로 투과시키는데 세포막 구성 때문이다.</u> 세포막의 O_2·H_2O 등에 대한 투과성은 인공막과 비슷하지만, 인공막을 투과하지 못하는 무기이온도 상당량을 선택적으로 투과하고 있어 인지질막을 관통하고 있는 막단백질(channel, carrier, pump)이 이온화된 무기양분의 막투과성(membrane permeability)과 관계 깊다.

　㉡ <u>선택적 투과성</u>
　　ⓐ 비극성 소수성 분자 : 막은 비극성이기 때문에 O_2나 탄화수소(hydrocarbon, CH_4) 같은 비극성 화합물은 막에 잘 녹아 쉽게 투과할 수 있고, 투과속도는 용해도가 비슷하면 분자의 크기가 작을수록 빠르다.
　　ⓑ 작고 해리되지 않은 극성분자 : CO_2·H_2O 같은 극성 화합물은 막에 잘 녹지 않지만, 크기가 작고 이온화되지 않으면 비교적 쉽게 인지질막을 투과할 수 있다.
　　ⓒ 크고 해리되지 않은 극성분자 : 이온화되지 않았더라도 당(glucose)과 같은 큰 분자는 인지질막을 투과하지 못한다.
　　ⓓ 이온화된 무기양분 : H^+, Na^+ 같은 작은 분자라도 막을 투과하지 못한다.

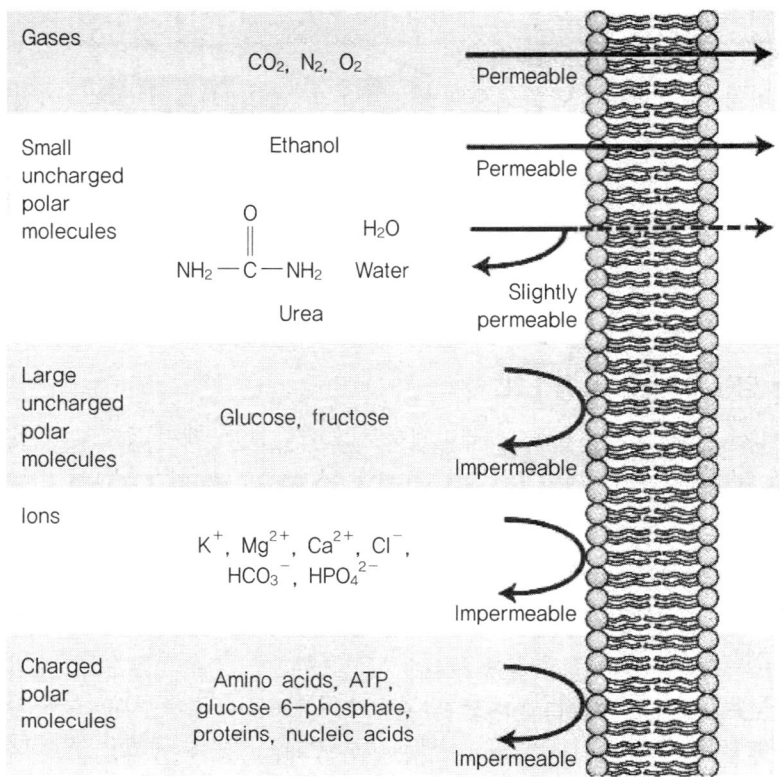

(4) 이온의 선택적 흡수와 평형유지

① 이온의 선택적 흡수(selective absorption of ions)
   ㉠ 식물 뿌리는 토양 중 무기양분을 선택적으로 흡수한다. 작물이 많이 요구하는 무기양분을 공급하는 경우는 흡수량이 많지만, 작물이 요구하지 않는 성분은 토양에 많이 있어도 흡수하지 않는 선택적 흡수를 한다.
   ㉡ 일반적인 무기이온 흡수경향은 원자가가 작을수록 더 빠르고 더 많이 흡수된다. 원자가에 따라 1가의 이온은 2가 또는 다가 이온에 비해 더 빠르게 더 많이 흡수한다.
      ❶ 예 K^+, Cl^-, NO_3^- 1가 이온은 Ca^{2+}, Mg^{2+}, SO_4^{2-} 2가이온보다 더 많이 흡수

② 이온 종류별 흡수속도
   ㉠ 무기염류가 해리되면 두 이온이 동일한 속도로 흡수되는 것은 아니다. 종류에 따라서 양이온이 잘 흡수되기도 하고 음이온이 잘 흡수되기도 한다.
      ❶ 예 $CaCl_2$의 경우 완두에서는 Ca^{2+}이, 잠두에서는 Cl^-의 흡수가 더 빠르다.
   ㉡ 산성비료로 분류되는 황산암모늄[$(NH_4)_2SO_4$]은 NH_4^+이 SO_4^{2-}보다 빨리 흡수되어 토양을 산성화시킨다.

③ 평형유지 : K_2SO_4라는 염이 토양용액 중에 해리되면 K^+ 이온의 흡수가 많아지는데, 세포 내외에 전장(electric field)이 형성되어 이에 대한 조절기능이 요구된다. 이런 경우 식물은 세포 내 유기산을 생성시켜 전기적 평형을 유지한다. 즉 양이온이 다량 흡수되면 유기산의 음이온(CH_3COO^-)을 생성시키고 양이온(H^+)을 체외로 배출하여 평형을 유지하게 한다.

④ 체내 이온의 유지
  ㉠ 물관부는 토양용액보다 더 높은 이온농도를 유지할 수 있다.
  ㉡ 흡수된 이온이 일단 심플라스트 경로를 통해 중심주에 들어오면 계속 확산이동하여 물관부에 도달하고, 물관요소로 확산되어 들어갈 때 아포플라스트로 재진입하게 된다. 이때 카스파리대는 다시 뿌리 바깥쪽으로 이온이 역확산되는 것을 막아준다.

(5) 상조작용과 길항작용

여러 가지 양분이 혼합된 용액에서 각각의 이온은 상호작용하면서 식물체에 흡수된다.

① 상조작용(synergism) : 한 이온이 다른 이온 세포막 투과와 흡수를 촉진하는 작용
  예 Mg^{2+}과 K^+
② 길항작용(antagonism) : 서로 경쟁적인 관계에 있어서 흡수를 억제하는 작용
  예 K^+과 Na^+, Mg^{2+}과 Ca^{2+}, Cl^-과 NO_3^- 등
③ 균형용액(balanced solution) : 여러 이온의 상호작용을 고려하여 토양이나 수경액은 양분이 균형있게 조성되어야 한다.

3 무기양분의 흡수기작

(1) 수송단백질(transport protein)

① 무기양분 흡수 : 인지질을 통하지 않고 막에 있는 단백질을 통하여 이루어진다.
  * 세포막 단백질 : 효소, 막을 통하여 용질을 수송하는 수송단백질 등
② 종류(3개)
  ㉠ 수송관단백질(channel protein) : 단백질체 내부에 용질이 통과할 수 있는 수송관이 있는 수송단백질
  ㉡ 운반체단백질(carrier protein) : 수송관이 없는 수송단백질
  ㉢ 펌프(ion pump) : ATP 가수분해에 의해 발생되는 에너지를 사용하여 용질을 운반하는 수송단백질

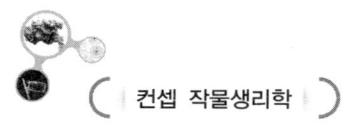

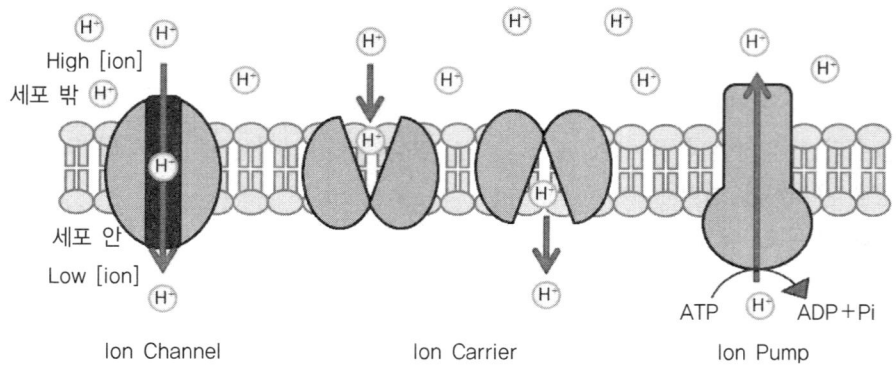

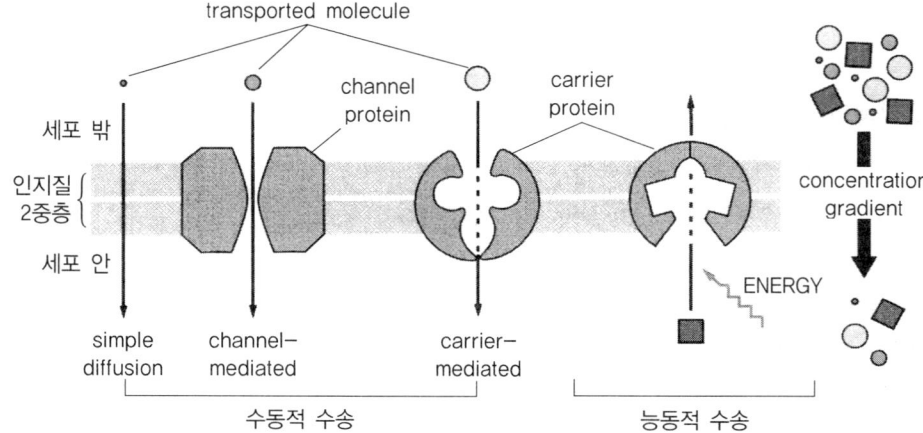

(2) 세포막을 통한 양분 흡수

① 수동적 수송(passive transport)

㉠ 의미 : 전기화학적 퍼텐셜의 차이에 의하여 무기양분이 퍼텐셜이 높은 곳에서 낮은 곳으로 확산되는 수송. 예 수송관단백질(channel), 운반체단백질(carrier)

㉡ 종류

ⓐ 단순 확산 : $H_2O \cdot O_2 \cdot CO_2$ 등은 인지질2중층을 통하여 단순히 확산된다.

ⓑ 촉진 확산(facilitated diffusion) : 무기양분은 인지질을 투과할 수 없으므로 channel · carrier를 통하여 확산된다.

- 수송관(channel) : 수송관은 입구의 크기와 내부의 전하에 의하여 통과할 수 있는 이온이 결정되므로 이온화된 무기양분을 선택적으로 흡수한다. 수송단백질은 각 이온에 대한 특이성이 있어 다른 이온을 투과시키지 않는다. (예외, K^+ 수송단백질은 K^+를 우선적으로 투과시키지만 $Rb^+ \cdot Na^+$도 투과시켜 흡수에 경합을 보임)

- 운반체(carrier) : 전기화학적 퍼텐셜이 높은 쪽의 입구가 열려 이온이 운반체 내로 들어오면 운반체 구조가 변화한 후, 이어서 전기화학적 퍼텐셜이 낮은 쪽의 입구가 열려서 이온이 확산된다. 운반체를 통하여 무기양분이 확산될 때는 에너지를 소모하지 않지만 단순확산보다 확산속도가 훨씬 빠르다.

ⓒ 전기화학적 퍼텐셜 구배(electrochemical potential gradient)

확산에 의한 무기양분의 흡수가 일어나려면 세포 내외의 전기화학적 퍼텐셜의 차이가 발생해야 한다.

* 양이온펌프(proton pump, P형 ATPase) : 세포막에 있는 ATPase가 ATP를 가수분해할 때 나오는 H^+를 세포벽이나 액포로 내보내는 역할을 함

ⓐ 양이온펌프(광에 의해 활성화)는 원형질막에서는 H^+가 세포질로부터 세포벽으로 유출되고, 액포막에서는 H^+가 세포질에서 액포 내로 유입되므로, 세포질은 전기적 음성이 되고 pH는 7.0~7.5를 유지하지만, 세포벽·액포는 산성(pH 5.5)이 된다.

ⓑ 세포막의 Ca^{2+}/H^+를 수송하는 ATPase가 Ca^{2+}을 세포질에서 외부로 유출시키므로 세포질은 더욱 전기적으로 음성이 되어 $-100 \sim -150mV$까지 전하가 낮아진다.

ⓒ 결국 세포질이 음성이 되면 K^+ 같은 양이온은 세포질로 수송관단백질(channel)을 통하여 흡수될 수 있다.

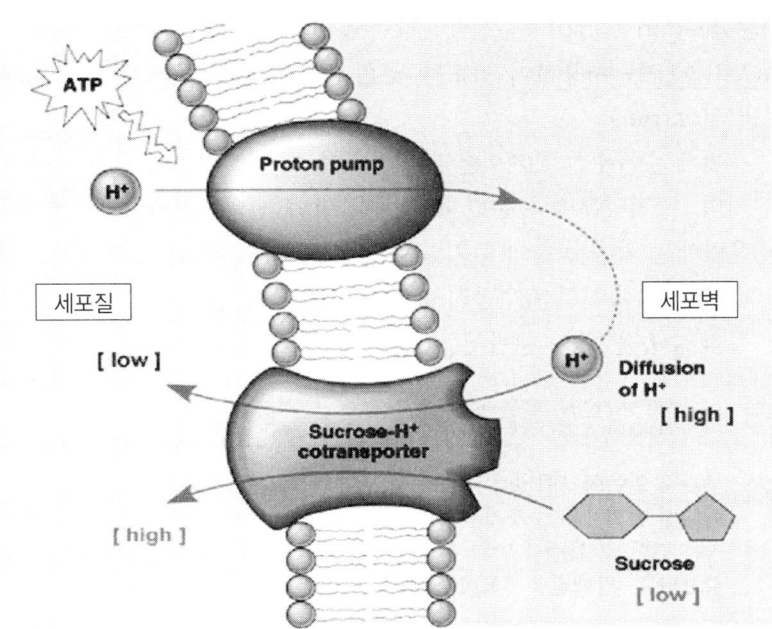

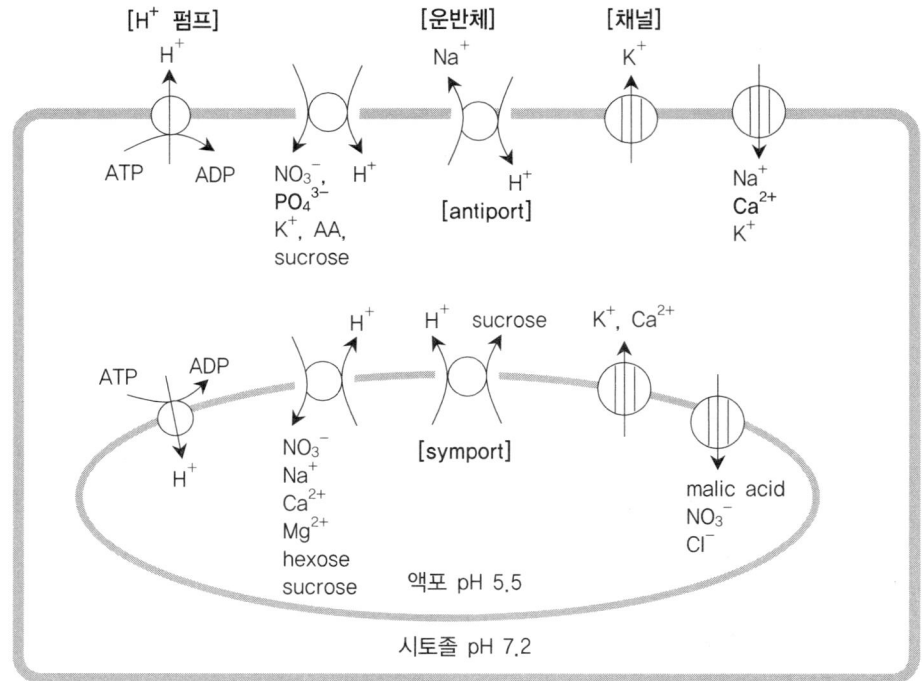

② 능동적 수송(active transport) : 에너지를 필요로 함
　㉠ 이온펌프(ion pump) : 촉진확산처럼 운반체를 통하여 이루어지긴 하지만, 에너지원으로 ATP를 사용하여 농도가 낮은 곳에서 높은 곳으로 이온을 이동시킨다.
　㉡ 운반체(carrier)
　　ⓐ 운반체는 특수한 무기이온과 결합하여 그 이온의 막투과성을 아주 크게 증가시키며, 무기양분마다 운반체가 달라 막의 선택적 투과성이 생긴다.
　　ⓑ 운반체는 막을 통하여 무기양분을 수송할 때 운반체의 구조를 변경하여 확산을 촉진하며, 촉진확산(수동적 흡수)에 관련된 운반체는 에너지가 필요 없으나, 능동적 수송을 하는 운반체는 에너지가 필요하다.

> **보충　운반체를 통한 무기양분의 능동적 흡수**
>
> 투과할 이온이 ATP를 이용하여 운반체의 특정 활성부위에 결합하고, 운반체가 인산화되면 운반체의 구조가 변하여 수송통로를 이온이 있던 반대쪽은 열고, 원래 있던 쪽은 닫아 그 물질을 막의 반대쪽으로 운반하며, 이온과 인산이 운반체에서 분리되어 확산되고, 단백질은 원래의 상태로 돌아옴

ⓒ 능동수송의 종류
  ⓐ 1차능동수송(primary active transport) : 양이온펌프(H^+-ATPase)와 같이 ATP를 사용하여 양이온을 H^+ 퍼텐셜이 낮은 쪽에서 높은 쪽으로 이동시키는 것이다. 1차 펌프를 작동시켜 전기화학적 퍼텐셜의 기울기를 발생시키는 것이다.
  ⓑ 2차능동수송(secondary active transport) : 1차능동수송 결과로 형성된 전기화학적 퍼텐셜 차이를 이용하여 양이온(H^+)이 운반체를 이용하여 퍼텐셜이 높은 쪽에서 낮은 쪽으로 이동할 때 다른 무기이온을 운반하는 것이다. 다른 무기이온은 농도기울기에 역행하여 수송된다. 2차능동수송의 에너지는 ATP가 아니고 양성자기동력(proton motive force, 즉 양성자펌프(H^+-ATPase)에 의해 생긴 전기화학적 H^+ 기울기)으로 작용함

③ 운반체(carrier)의 무기이온 수송
  ㉠ 일방수송(uniport) : K^+와 같이 수송관(channel)을 통하여 전기화학적 퍼텐셜 차이에 의하여 세포질로 흡수될 수 있지만, 운반체(carrier)를 통하면 흡수속도가 더 빠르며, 한 방향으로만 이동한다.
  ㉡ 역방수송(antiport) : 어떤 이온을 내보내고 같은 전하의 이온을 흡수하는 것
    ⓐ 양이온펌프에서 발생하여 방출된 H^+를 세포막 안으로 흡수하면서 동시에 Ca^{2+}, Na^+, Mg^{2+} 등과 같은 양이온을 세포막 밖으로 유출한다.
    ⓑ 액포 내에 저장된 H^+를 세포질로 이동시키면서 동시에 이들 양이온이나 당을 액포로 이동 저장하는 기작이다.
  ㉢ 공동수송(symport) : 양이온펌프(proton pump)에서 발생하여 방출한 H^+를 세포막 안으로 흡수하면서 이와 동시에 NO_3^-·PO_4^{3-} 같은 음이온, K^+ 같은 양이온, 당·아미노산을 세포질 안으로 함께 이동시키는 기작이다.

> **보충** 공동수송 모형
>
> H^+가 세포 외부로 향한 운반체와 결합되면 운반체는 다시 구조가 변해 특수한 용질과 결합할 수 있고, 운반체는 다시 구조가 변해 입구가 내부를 향하게 되며, 그러면 H^+와 결합되었던 용질이 분리되어 원래의 모양으로 돌아오고, 용질은 농도에 거슬러서 흡수됨

④ 외포작용과 내포작용
무기양분 수용성 분자들은 크기가 작기 때문에 막투과 수송이 가능하다. 그러나 큰 입자나 박테리아는 세포막의 변형에 의해 생긴 운반주머니(소낭)에 의해 수송이 이루어지는 외포작용·내포작용이 있다. 이 작용은 주로 동물·미생물의 물질 흡수와 배출에 적용되지만 식물에서도 나타난다.

㉠ 외포작용(exocytosis) : 세포막 밖으로 배출하는 것
- 예 식물뿌리에서 윤활유 역할을 해 주는 점액질 다당류를 체외로 내보낼 때, 효소를 합성하여 세포 밖으로 내보낼 때(호분층세포에서 만들어진 α-아밀라아제를 분비소낭으로 만들어 배유세포로 보낼 때)

㉡ 내포작용(endocytosis) : 세포막 안으로 도입하는 것
- 예 콩과식물에서 뿌리혹박테리아가 내부로 침투해 들어갈 때

(3) 뿌리의 양분흡수에 관여하는 요인

능동적인 흡수와 확산에 의한 수동적 흡수에도 에너지가 필요하다. 세포막 양이온펌프를 작동하여 H^+를 세포질 외부로 내보내서 세포질을 전기적으로 음성으로 만들기 위해서는 ATPase에 의하여 ATP가 분해되어야 하기 때문이다. ATP는 주로 호흡에 의해 생산되기 때문에 호흡에 영향을 주는 요인이 양분흡수에 영향을 끼친다.

① 산소(O_2)
- ㉠ 대개 O_2 농도가 낮으면 세포질에서 해당과정을 통해서만 ATP를 생산하고 미토콘드리아에서 TCA회로와 산화적 인산화반응(oxidative phosphorylation)을 통해 ATP를 생성하지 못한다. ATP 생산효율이 극히 낮아지므로 O_2 농도는 작물 생장과 양분흡수에도 영향을 끼친다.
- ㉡ O_2 부족으로 나타나는 환원 현상
  - ⓐ **논토양 환원** : 여름철 기온 상승 → 물에 대한 산소의 용해도 저하, 미생물 증식으로 유기물 분해 증가 → 토양 중 산소가 소모 → 토양 환원상태 → 불용성 산화상태의 원소들(NO_3, Fe_2O_3, MnO_2, SO_4, CO_2)에 포함된 산소까지 미생물이 소모하여 더욱 환원화 → NH_3, Fe^{2+}, Mn^{2+}, H_2S, CH_4 등은 가용태 증가
  - ⓑ NO_3^-는 탈질되어 질소가 공중으로 유실(N_2로 휘산), 철과 망간은 $Fe^{2+} \cdot Mn^{2+}$로 되며, 다른 양이온도 물과 함께 땅속으로 침투되면 무기양분 흡수가 감소함
  - ⓒ 호흡저해물질 생성
    - SO_4^{2-}는 황화수소(H_2S)로 환원되어 호흡계에 있는 시토크롬의 Fe과 결합하여 효소의 활성을 저해함 → ATP의 생성이 억제되고, 무기양분 흡수도 억제됨
    - H_2S에 의한 양분흡수 억제 : P > K > Si > NH_4^+ > Mn > H_2O > Mg > Ca

② 온도
- ㉠ 지온·수온 등 뿌리 주위 온도가 낮아지면 뿌리 호흡이 낮아지므로 양분 흡수가 적어진다.
- ㉡ 저온에서 양분흡수 저해 : NO_3-N와 $NH_4-N \cdot P \cdot K \cdot H_2O$은 크게 저하, Ca·Mg은 별로 영향을 받지 않는다. (뿌리 호흡에 의한 ATP 생성과 관련됨. Si > P > K)

③ 뿌리의 당(탄수화물) 함량
  ㉠ 뿌리의 호흡은 체내 호흡기질이 되는 당함량과 관련이 깊다.
  ㉡ 보리의 경우 당함량이 적은 뿌리는 무기양분의 축적이 적었다. 무기양분이 충분할 때 당은 무기양분과 결합하여 식물체 구성에 소모되어 호흡에 이용될 양이 감소하므로 양분흡수력은 감소함

④ 토양 pH

강산성 (pH↓)	가급도 증가	Al, Fe, Cu, Zn, Mn
	가급도 감소	P, Ca, Mg, B, Mo
강알칼리성 (pH↑)	가급도 증가	Mo, Na_2CO_3
	가급도 감소	B, Fe, Mn, N

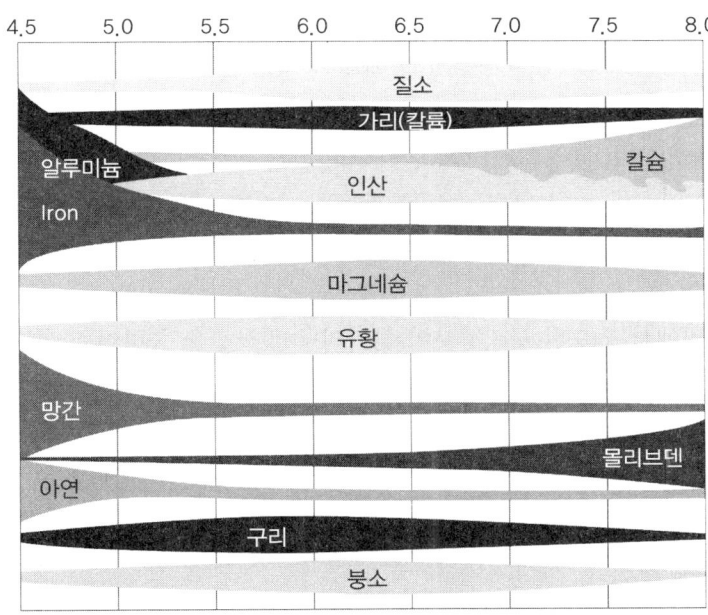

■ pH와 식물양분의 가급도

⑤ 염류 농도 : 한계농도 이내에서는 흡수 촉진, 한계농도 이상에서는 흡수를 저해한다.

(4) **무기양분의 체내 이동**

뿌리에서 흡수된 무기양분은 물과 함께 헛물관·물관을 통해 줄기·잎으로 이동함
잎에서 흡수된 무기양분(엽면시비시)은 광합성 산물과 함께 체관(물관×)을 통해 상하로 이동함

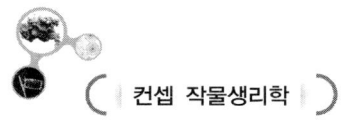

① 뿌리에서의 이온 이동

뿌리표면에서 흡수된 무기이온은 제한된 이동경로를 따라 중심부로 수송된다.

㉠ 무기이온은 물과 함께 apoplast와 symplast 2경로를 거쳐 이동한다. 특정 이온이 어느 한 경로만을 따라 이동하는 것은 아니고 2경로 사이에 막횡단 경로를 통해 2경로 모두 거치기도 한다.

㉡ 내피에는 카스파리대가 있어 흡수된 무기이온이 물관에 이르기까지는 반드시 세포막을 1번은 투과해야 하기 때문에 선택적 투과가 일어난다.

㉢ 내피를 통과하여 물관요소에 이르는 동안 뿌리 바깥쪽으로 역확산이 일어나는 것을 카스파리대에 의해 차단되기 때문에 높은 농도의 무기이온을 유지할 수 있다.

㉣ 물관부적재는 무기이온이 심플라스트를 빠져 나와 물관으로 들어가는 과정을 말하며, 물관부의 통도요소는 죽은 세포이기 때문에 물관부유조직과 세포질적 연속성이 없다. 물관부적재 기작은 단순확산이며, 물관부유조직세포의 원형질막에 분포하는 양이온펌프·이온채널이 적재를 조절하는 것으로 알려져 있다.

② 물관·헛물관 이동

㉠ 토양에서 뿌리를 통하여 흡수된 무기양분은 물관이나 헛물관으로 들어가 잎으로 상승 이동한다. 환상박피를 하여 체관이 제거되더라도 이들 무기양분은 물과 함께 잎으로 이동되고, 증산작용이 왕성할 때는 무기양분의 상승속도가 더 빠르다.

㉡ 수평 이동

ⓐ 뿌리에서 흡수된 무기양분이 물관이나 헛물관을 통하여 잎까지 상승하지만 줄기의 세포도 무기양분이 필요하므로 옆방향으로도 이동한다.

ⓑ 물관·헛물관의 목질화된 2차세포벽은 물이 투과할 수 없지만, 여러 곳에 물을 투과할 수 있는 1차세포벽으로 구성된 막공(pit)이 있어 물과 무기양분을 물관 밖으로 내보낼 수 있다.

③ 체관 이동

㉠ 잎에서 흡수되거나 물관을 통하여 체관으로 들어온 무기양분은 환상박피에 의하여 무기양분의 이동이 억제되나 증산작용과는 관계가 없다. (증산작용이 활발하지 않은 어린잎이나 새가지에 무기양분이 많이 집중됨)

㉡ 일부 무기양분은 물관에서 체관으로, 체관에서 물관으로도 이동하므로 뿌리에서 흡수되는 N·P·K·Mg·Cl 등이 체관에서 발견되기도 한다.

제3절 무기양분과 작물생육

(1) 시비량과 수확량 관계

① 수확체감법칙(law of diminishing return)

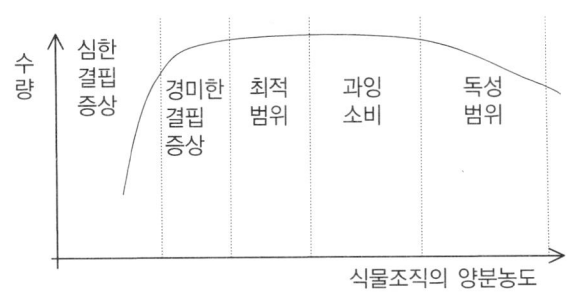

■ 작물의 무기양분농도와 수량과의 관계

무기양분 부족 → 광합성 장애 → 무기양분이 생육의 제한인자로 작용 : 작물이 생육하는데 알맞은 환경 하에서 필수원소 중 어느 한 가지만 부족해도 기대하는 수량을 얻을 수 없다.

㉠ 어떤 무기양분이 심하게 결핍될 때 생육이 억제되어 수량이 크게 감소하는데, 그 원소를 공급하면 최적 농도가 될 때까지는 수량이 직선적으로 증가하지만 최적 농도에 가까워질수록 수량증가율이 감소한다.

㉡ 최적 농도보다 약간 부족할 경우에는 결핍증상이 잘 나타나지 않지만 수량은 약간 감소한다.

㉢ 최적 농도보다 어느 정도 더 높은 수준에서는 수량이 증가하지 않고 해작용도 없는 과잉소비를 한다.

㉣ 농도가 훨씬 더 높아지면 다른 양분과의 균형이 깨어지고, 염류축적에 의한 장해를 받을 수 있으며, 생리적인 해독작용이 일어날 뿐만 아니라 작물이 병충해를 쉽게 받거나 도복의 해를 입어 오히려 수량이 감소한다.

② 양분최소율법칙(law of the minimum)

여러 가지 무기물이 부족할 때 가장 부족한 무기물에 의하여 생육이 영향을 가장 크게 받으며, 그 부족한 것을 비료로 공급해 주면 그 다음 부족한 무기물에 의하여 생육과 수량이 결정된다.

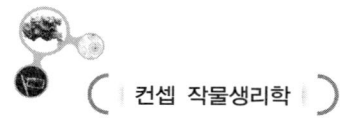

(2) 엽면시비

① **의미**

뿌리 흡수력이 떨어졌을 때, 미량원소를 토양에 시용하면 효과가 없을 때 무기양분을 수용액으로 잎에 살포하는 것이다. 요소와 잎에서 이동이 잘되는 일부 미량원소는 엽면시비가 토양시비보다 더 효과적이다.

② **단점**

㉠ 엽면시비는 살포용액의 농도가 높으면 잎이 탈수되어 장해를 일으킨다.
㉡ 한번에 많은 양을 시용할 수 없어 여러 번 살포해야 하므로 노력이 많이 든다.
㉢ 성분에 따라 유해작용이 있어 보통 대량원소를 시비하는 데에는 적당하지 않다.

③ **엽면시비가 효과적인 경우**

㉠ 토양 속에서 불용태가 되기 쉽고, 요구량이 적은 무기양분을 시용할 경우 : Cu, Zn, Mn 등은 토양에서 불용태가 되기 쉽고, 작물의 요구량이 극히 적으며, 많이 흡수하면 오히려 유해작용이 우려되므로 토양에 알맞은 양을 시용하기 어려울 경우 낮은 농도로 엽면시비를 하면 효과적이다.

㉡ 지효성 무기물을 시용할 경우 : 사과나무에 Mg이 결핍되었을 때 마그네슘을 토양에 시용하면 3년 정도 걸려야 회복되지만 epsom염($MgSO_4 \cdot 7H_2O$)을 엽면살포 하면 빨리 회복된다.

㉢ 토양조건에 따라 무기물 흡수가 저해되는 경우 : 추락답에서 자란 벼나 답리작 맥류가 습해를 받아 상했거나 활력이 떨어져서 무기물의 흡수력이 떨어졌을 때 요소를 엽면시비 하면 효과적이다.

㉣ 영양부족 상태를 급속히 회복시키는 경우 : 작물이 동상해·기상장해·병충해 등으로 인하여 질소가 부족할 때에는 요소의 엽면시비가 토양시비보다 더 빨리 회복된다.

㉤ 작물의 생육시기 때문에 토양시비 효과가 적은 경우 : 가을에 뽕나무 잎은 단백질이 줄고 탄수화물이 많아 잎이 거칠고 딱딱하여 품질이 떨어지는데, 이때 요소를 엽면시비하면 품질저하를 막을 수 있다. 사과나무도 낙엽기에 요소를 엽면시비하면 이듬해 봄에 토양시비하는 것보다 생육이 좋아진다.

㉥ 시비를 원하지 않는 작물과 같이 재배할 경우 : 과수원에서 초생재배를 할 때 토양시비를 하면 피복작물은 비료의 흡수율이 높고 과수는 비료의 흡수율이 낮은데, 엽면시비를 하면 과수에만 효과적으로 시비할 수 있다.

④ 미량원소의 엽면시비
  ⊙ 미량원소는 작물의 요구량이 극히 적으며, 1~2회 살포로 충분한 양을 공급할 수 있다.
  ⓒ 잎에서 흡수가 잘되고 쉽게 이동되는 성분은 토양시비보다 훨씬 효과적이다.
  ⓒ Fe과 같이 흡수 후 체내 이동이 잘 안 되는 성분은 처리된 잎 외에는 효과가 없으므로 토양에 공급하는 것이 효과적이다.
  ② 사례

Cu	다년생 작물의 구리결핍증은 황산구리의 엽면시비로 쉽게 교정할 수 있다.
Zn	과수의 아연결핍은 아연염을 토양에 시용해도 교정되지 않는 경우가 많지만 엽면시비를 하면 효과적이다.
Mn	채소와 감귤에 망간이 결핍되면 잎이 황백화되는데 황산망간 1~2% 용액을 1회 엽면시비 하면 2년간은 결핍증상이 나타나지 않는다.
Mo	몰리브덴의 요구량은 필수원소 중에서 가장 적지만, 산성토양에서는 용해도가 낮아 이 토양에서 자라는 작물에서 결핍증이 나타날 수 있다.
B	과수나 채소의 붕소결핍은 붕사 또는 붕산 0.5~1.0% 용액을 엽면시비하면 교정된다.

(3) 수경재배
  ① 개념
    ⊙ 수경재배(水耕栽培; hydroponic culture) : 토양 대신에 작물의 정상적인 생육에 필요한 필수원소가 함유된 묽은 무기염류 용액인 배양액을 이용하여 작물을 재배하는 것
    ⓒ 발달
      ⓐ Sachs와 Knop(1860년대, 독일 식물생리학자) : 필수원소 여부의 결정, 필수원소의 결핍증과 최적 농도, 작물생육의 최적 pH 결정 등에 이용
      ⓑ Hogland(1938) : 수경재배를 이용한 대량생산 기술, 배양액을 개발하여 실용화
  ② 수경재배의 종류
    수경재배는 재배상을 설치하고 배양액을 공급하여 재배하는 공통점은 있지만, 배양액과 산소공급 방법에 따라 분무경, 수경, 고형배지경으로 나누어진다.
    ⊙ 분무경 : 뿌리에 배양액을 분무하므로 무기물과 수분을 공급하며 산소를 별도로 공급할 필요가 없다.
    ⓒ 수경 : 배양액을 뿌리로 흘러내려 배양액과 산소를 공급하는 박막수경(nutrient film technique, NFT)과 뿌리가 배양액 중에서 자라므로 산소공급이 필요한 담액수경(deep flow technique, DFT)이 있다.

ⓒ 고형배지경 : 작물의 뿌리를 지지할 수 있는 자갈 모래 훈탄, 암면(rock wool), 버미큘라이트(vermiculite), 펄라이트(perlite) 등 고형물질을 재배상에 채우고, 그곳에 배양액을 공급하여 재배하는 방법이다.

③ 수경액
  ㉠ Sachs액과 Knop액 : 필수대량원소와 Fe 모두 함유, Sachs액에는 Cl 첨가
  ㉡ Hoagland Ⅰ액 : 호글랜드 용액은 토양용액과 비슷한 농도이며 모든 미량원소가 첨가되어 최근 많이 이용됨. 모든 질소를 NO_3^-로 공급하면 음이온이 흡수될 때 OH^-가 나오게 되므로 배양액의 pH가 상승하여 Mo을 제외한 미량원소가 불용태로 되어 결핍되기 쉽다.
  ㉢ Hoagland Ⅱ액 : NO_3^-를 줄이는 대신 NH_4^+를 첨가하여 배양액 pH 변화를 줄이며, 배양액 중 NO_3^-/NH_4^+ 비율이 높을수록 배양액의 pH가 증가하였다. Fe은 배양액 중의 인산과 결합하여 인산철을 형성하거나 OH^-와 결합하여 수산화철을 만들면 침전되므로, 이것을 막아 가용태로 존재하도록 타타르산·EDTA·DTPA와 같은 킬레이트제(chelator)를 이용하여 Fe을 공급하였다.

④ 수경재배의 장점
  ㉠ 수경재배는 배양액을 바꾸거나 소독하기 쉽고 재배장소의 제한이 적어 작물생산에 유리하다.
  ㉡ 수분 및 양분을 균일하고 효율적으로 공급할 수 있으며, 작물 생육이 빠르다.
  ㉢ 경운·제초 등의 작업이 생략되고, 인력난 해결에 유리하다.
  ㉣ 농산물의 상품가치를 높일 수 있다.

⑤ 수경재배의 단점
  ㉠ 시설비가 많이 든다.
  ㉡ 배양액의 무기양분의 농도가 높으면 염류장해를 일으킨다.
  ㉢ 배양액은 완충력이 적어 pH가 급격히 변화한다.
  ㉣ 작물의 종류, 생육시기 등에 따라 배양액을 조성하기 어렵다.
  ㉤ 고형배지경이 아닌 경우 지지가 필요하고, 고온에서 배양액의 산소부족이 문제된다.
  ㉥ 배양액이 순환되는 경우 병의 전염속도가 빠르다.

(4) 작물의 영양진단법
  ① 무기양분의 종류나 시비량을 결정 : 토양분석·작물체분석·비료시험 등 이용
  ② 엽분석
    ㉠ 작물체 분석시 초본식물은 경엽의 무기물 함량을 분석하여 정상적인 식물과 비교하여 결핍성분을 판별한다.
    ㉡ 과수와 같은 다년생 목본식물은 잎을 채취한 후 건조시켜 무기성분을 분석하여 식물체의 영양상태를 진단하는 엽분석을 실시한다.
  ③ 조직검정법
    생조직의 압착액 또는 건조조직의 침출액에 적당한 시약을 첨가하여 정색 반응하여 체내양분의 상태를 진단한다.

기출 및 출제예상문제

01 〈보기〉에서 필수원소의 결핍증상에 대한 설명으로 옳은 것을 모두 고른 것은? ● 23. 서울지도사

| 보기 |
가. 질소가 결핍되면 하위엽에 있던 질소가 생장점으로 재분배되어 하위엽부터 황백화된다.
나. 인이 결핍되면 분얼이 억제되고 잎과 줄기가 진녹색으로 변한다.
다. 칼륨이 결핍되면 주로 엽맥 사이가 황백화되거나 조직이 갈변 괴사한다.
라. 칼슘이 결핍되면 뿌리가 짧아지며, 심한 경우 생장점이나 어린 잎이 말라죽는다.
마. 마그네슘이 결핍되면 오래된 잎의 가장자리가 황색, 갈색 또는 회색으로 변하며, 점점 잎의 중심으로 퍼진다.

① 가, 나, 다
② 가, 나, 라
③ 나, 다, 라
④ 다, 라, 마

[해설] 다. 마그네슘이 결핍되면 주로 엽맥 사이가 황백화되거나 조직이 갈변 괴사한다.
　　　마. 칼륨이 결핍되면 오래된 잎의 가장자리가 황색, 갈색 또는 회색으로 변하며, 점점 잎의 중심으로 퍼진다.

02 〈보기〉에서 설명하는 작물생육에 필요한 필수원소를 가-나-다-라 순서대로 바르게 나열한 것은? ● 23. 서울지도사

| 보기 |
가. 세포막 구성성분이며 에너지 공급과 수소전달에 관여한다.
나. 세포막의 선택적 투과성에 영향을 끼치며 2차 신호전달자로서 작용한다.
다. 효소활성화, 광합성 산물 수송 및 삼투조절에 관여한다.
라. 세포벽 구성물질의 합성을 촉진하고 옥신작용을 간접적으로 제어한다.

① 인 – 칼륨 – 질소 – 철
② 칼슘 – 칼륨 – 인 – 망간
③ 인 – 칼슘 – 칼륨 – 붕소
④ 칼륨 – 칼슘 – 마그네슘 – 구리

정답　01 ②　02 ③

03 무기물의 엽면시비가 효과적인 경우로 가장 옳지 않은 것은?
● 23. 서울지도사

① 한 번에 많은 양을 신속히 시용하여 대처해야 하는 경우
② 영양부족 상태를 빠르게 회복시켜야 하는 경우
③ 토양에서 불용태가 되기 쉬운 무기양분의 경우
④ 토양조건에 따라 무기물 흡수가 저해되는 경우

[해설] 엽면시비가 효과적인 경우
㉠ 토양 속에서 불용태가 되기 쉽고, 요구량이 적은 무기양분을 시용할 경우
㉡ 지효성 무기물을 시용할 경우
㉢ 토양조건에 따라 무기물 흡수가 저해되는 경우
㉣ 영양부족 상태를 급속히 회복시키는 경우
㉤ 작물의 생육시기 때문에 토양시비 효과가 적은 경우
㉥ 시비를 원하지 않는 작물과 같이 재배할 경우

04 질소시비에 대한 설명으로 옳지 않은 것은?
● 22. 경기 농촌지도사

① 과실류 결과기에 질소 비료가 충분해야 과실의 발육과 품질 향상에 유리하다.
② 고구마와 같은 근채류는 지하 저장기관이 비대할 시기에 질소를 시비하지 않는 것이 좋다.
③ 벼는 질소 과잉 시비하면 도열병 저항성이 약해진다.
④ 화훼류는 꽃망울이 생길 무렵에 시비하면 개화와 발육이 양호하다.

[해설] 과실류 결과기에 P, K 비료가 충분해야 과실의 발육과 품질 향상에 유리하다.

05 수경재배에서 철(Fe)의 가용도 증가시키기 위해 첨가하는 킬레이트제가 아닌 것은?
● 22. 경기 농촌지도사

① EDTA
② 타타르산
③ ACC
④ DTPA

[해설] 수경재배에서 철(Fe)의 가용도 증가시키기 위해 첨가하는 킬레이트제로 타타르산 · EDTA · DTPA 등이 있다.

06 무기양분이 흡수될 때 흡수형태가 2가지 이온인 것은?
● 21. 경북 농촌지도사

① 질소, 인산, 황
② 구리, 철, 황
③ 인산, 붕소, 몰리브덴
④ 질소, 인산, 철

[해설] 2가지 이온형태인 질소는 NO_3^-, NH_4^+, 인산은 $H_2PO_4^-$, HPO_4^{2-}, 철은 Fe^{2+}, Fe^{3+}, 구리는 Cu^+, Cu^{2+} 형태로 흡수된다.

정답 03 ① 04 ① 05 ③ 06 ④

컨셉 작물생리학

07 뿌리 무기양분 흡수와 이동 기작에 대한 설명으로 옳은 것은? ● 21. 경북 농촌지도사

① 뿌리 조직의 세포벽 조직은 치밀하지 않아 무기양분 흡수에 영향을 끼치지 않는다.
② 뿌리의 세포벽은 인지질과 단백질로 구성된다.
③ 운반체와 양성자 펌프를 통하여 무기양분은 촉진확산된다.
④ 운반체는 전기화학적 퍼텐셜이 낮은 쪽의 입구가 열려 높은 쪽으로 이온이 확산된다.

[해설] ② 뿌리의 세포벽은 셀룰로스·헤미셀룰로스·리그닌·펙틴 등으로 구성되며, 세포막은 인지질과 단백질로 구성된다.
③ 운반체와 수송관을 통하여 무기양분은 촉진확산되는 수동적 수송이며, 양성자 펌프는 ATP를 가수분해하여 수송하는 능동적 수송이다.
④ 운반체는 전기화학적 퍼텐셜이 높은 쪽의 입구가 열려 낮은 쪽으로 이온이 확산된다.

08 결핍될 경우 동화물질의 전류가 억제되고 옥신이 과량 생산되어, 형성층이 이상 비대하여 표피조직에 균열이 생기는 식물의 필수 영양소는? ● 20. 서울지도사

① B
② K
③ Ca
④ P

[해설] 붕소는 옥신 작용을 간접 제어한다. 붕소가 결핍되면 생장점 부위에 옥신함량이 너무 높아 세포신장이 억제되고, 세포분열도 억제된다. 붕소결핍은 뿌리에서 1차 뿌리와 곁뿌리의 신장을 억제하며, 형성층 세포는 뿌리가 짧고 굵게 자란다.

09 무기양분의 식물체 내 막투과 수송과 이동에 대한 설명으로 가장 옳지 않은 것은? ● 20. 서울지도사

① 물과 함께 흡수된 무기이온은 카스파리대를 거쳐 선택적으로 투과되어 물관으로 이동한다.
② 엽면시비로 잎에서 흡수된 무기양분은 물관을 통해 상하 이동한다.
③ 2차 능동수송에는 세포막의 양성자펌프(H^+-ATPase)에 의해 생긴 전기화학적 H^+ 기울기가 구동력으로 작용한다.
④ 이온화된 무기양분은 수송관단백질과 운반체단백질을 통한 확산으로 선택적으로 수송된다.

[해설] 뿌리에서 흡수된 무기양분은 물과 함께 물관과 헛물관을 통해 줄기와 잎으로 이동한다. 반면 엽면시비로 잎에서 흡수된 무기양분은 광합성산물과 함께 체관을 통해 상하 이동한다.

[정답] 07 ① 08 ① 09 ②

10 체관부에서 물질의 전류속도가 잘못된 것은? • 18. 경기 농촌지도사(변형)

① 포도 : 60cm/h
② 콩 : 100cm/h
③ 사탕수수 : 270cm/h
④ 호박 : 140~160cm/h

[해설]

식물	속도(cm/h)	식물	속도(cm/h)
쥬키니호박	290	버드나무	100
사탕수수	270	사탕무	85~100
강낭콩	107	포도	60
콩	100	호박	40~60

11 세포막의 양분투과성에 대한 설명으로 옳지 않은 것은? • 18. 경북 농촌지도사(변형)

① 크기가 작고 이온화되지 않으면 비교적 쉽게 인지질막을 투과할 수 있다.
② 탄화수소(hydrocarbon) 같은 비극성 화합물은 막에 잘 녹지 않아 세포막을 쉽게 투과할 수 없다.
③ 크고 해리되지 않은 극성분자는 인지질막을 투과하지 못한다.
④ 이온화된 무기양분 같은 작은 분자일지라도 막을 투과하지 못한다.

[해설] 세포막의 양분투과성
- 비극성 소수성 분자 : 막은 비극성이기 때문에 O_2나 탄화수소(hydrocarbon, CH_4) 같은 비극성 화합물은 막에 잘 녹아 쉽게 투과할 수 있고, 투과속도는 용해도가 비슷하면 분자의 크기가 작을수록 빠르다.
- 작고 해리되지 않은 극성분자 : $CO_2 \cdot H_2O$ 같은 극성 화합물은 막에 잘 녹지 않지만, 크기가 작고 이온화되지 않으면 비교적 쉽게 인지질막을 투과할 수 있다.
- 크고 해리되지 않은 극성분자 : 이온화되지 않았더라도 당(glucose)과 같은 큰 분자는 인지질막을 투과하지 못한다.
- 이온화된 무기양분 : H^+, Na^+ 같은 작은 분자라도 막을 투과하지 못한다.

[정답] 10 ④ 11 ②

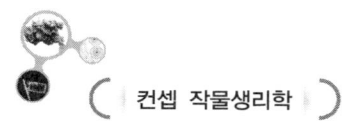

(컨셉 작물생리학)

12 질소의 생리작용에 대한 설명으로 옳지 않은 것은?   ● 18. 경북 농촌지도사(변형)

① 질소를 공급하면 엽록소 함량이 증가하여 잎의 색깔이 진한 녹색이 되며, 광합성 능력도 높아진다.
② 결핍되면 하위엽에 있던 질소가 생장점으로 재분배되므로 하위엽부터 황색을 나타낸다.
③ NH_4^+는 아스파트산이나 글루탐산과 결합하여 각각 아스파라진과 글루타민을 만들어 다른 체내로 이동한다.
④ NO_3^-태 질소는 NH_4^+태 질소보다 단백질을 합성하는 데 에너지가 적게 소요된다.

[해설] NH_4^+태 질소는 NO_3^-태 질소보다 단백질을 합성하는 데 에너지가 적게 소요된다.

13 식물체내의 효소인 leghemoglobin, cytochrome oxidase, peroxidase를 구성하는 필수원소는?   ● 18. 경기 농촌지도사(변형)

① Mo   ② S
③ Cu   ④ Fe

[해설] 함철 단백질
- cytochrome(엽록체와 미토콘드리아에서 산화-환원계를 구성)
- cytochrome oxidase(전자전달경로의 마지막 단계에서 H^+을 산화하여 H_2O을 형성하는 과정에 관여)
- catalase(H_2O_2를 H_2O과 O_2로 분해)
- peroxidase(페놀을 리그닌으로 중합하는 데 필요한 효소)
- leghemoglobin(콩과식물에서 근류균에 O_2를 공급하는 단백질)
- ferredoxin : $NADP^+$, nitrate reductase, sulfate reductase, N_2 환원에 전자를 전달하는 역할을 수행
- aconitase의 구성분

14 필수원소를 결정하기에 가장 적절한 방법인 것은?

① 수경재배(hydrophoic culture)
② 포장(field) 시험
③ 조직배양(tissue culture)
④ 포트(pot) 재배

[정답] 12 ④ 13 ④ 14 ①

15 다음 중에서 필수원소에 대한 설명으로 바르지 않은 것은?

① 미량원소로는 Mo, Cu, Zn 등이 있다.
② 대량원소와 미량원소로 나눌 수 있다.
③ 벼에서는 규소를 필수원소로 인정되고 있다.
④ 대량원소에는 C, H, O가 포함되지 않는다.

[해설] • 대량원소(macroelements) : C·H·O·N·P·K·Ca·Mg·S·Si 10개 원소는 건물에 0.1%(1,000ppm) 이상 함유
 • 미량원소(microelements, trace elements) : Cl·Fe·Cu·Zn·Mn·Mc·B·Ni·Na의 9개 원소는 미량(100ppm)만이 필요

16 다음 중 체내 구성물질에 대한 설명이 바르지 않은 것은?

① C, H, O는 식물체를 구성하는 원소들 중에서 90~98%를 차지하는 원소이다.
② 조단백 함량을 측정하고자 할 때 분석해야 할 원소는 질소이다.
③ 작물체 내의 수소는 H_2O를 통해 공급된다.
④ 지질은 질소를 구성성분으로 이루어지는 화합물이다.

[해설] 지질은 주로 C, H, O로 구성되어 있다.

17 다음 중 작물의 단백질을 구성하는 원소는?

① C, H, O, N, S
② Ca, Mg, Mn, Fe, Cu
③ C, H, S, P, K
④ N, P, K, Ca, Mg

[해설] 식물체 구성원소

성분	구성원소	성분	구성원소
셀룰로오스	C, H, O	탄수화물(전분)	C, H, O
헤미셀룰로오스	C, H, O	지방	C, H, O, (P)
리그닌	C, H, O	단백질	C, H, O, N, S, (P)
펙틴	C, H, O	아미노산	C, H, O, N, S
유기산	C, H, O	핵산	C, H, O, N, P
비타민C	C, H, O	ATP	C, H, O, N, P
안토시안	C, H, O	엽록체	C, H, O, N, Mg
카로틴	C, H, (O)		

정답 15 ④ 16 ④ 17 ①

18 탄수화물, 지방, 단백질 등의 구성원소로만 짝지어진 것은?
① C, H, K, P, B
② C, H, O, N, P, S
③ C, H, O, Fe, Mn
④ N, P, K, Ca, Mo

19 단백질을 구성하는 아미노산을 이루는 원소는 무엇인가?
① C, H, O, S, P
② C, H, O, N, Mg
③ C, N, O, P, S
④ C, H, O, N, S

20 식물체 내의 원소함량에 따른 대량원소와 미량원소를 분류하는 기준이 되는 것은?
① 대량원소-1000ppm이상, 미량원소-100ppm이상
② 대량원소-1000ppm이하, 미량원소-100ppm이상
③ 대량원소-1000ppm이상, 미량원소-100ppm미만
④ 대량원소-1000ppm이하, 미량원소-100ppm미만

21 다음 중 미량원소의 개념으로 타당한 것은?
① 체내함량은 적지만 생리작용에는 중요한 작용을 하는 원소이다.
② 원자량이 작은 원소들로 결핍되어도 증상은 나타나지 않는 원소이다.
③ 현미경을 사용할 때 볼 수 있는 크기의 원소이다.
④ 원자량과 생리적 작용이 중요하지 않은 원소이다.

22 미량원소 중에서도 일반적으로 비교적 많은 양이 요구되는 원소는?
① Cl, Fe
② N, Ca
③ Mn, B
④ S, Zn

[해설] 작물체 내 염소와 철은 100ppm, 망간 50ppm, 붕소와 아연 20ppm, 나트륨 10ppm 정도를 차지한다.

정답 18 ② 19 ④ 20 ③ 21 ① 22 ①

23 다음 중 미량원소들로만 짝지어진 것은?

① Fe, Mn, Zn, Cu, Si, Mo
② Fe, Mn, Zn, Cu, B, Mo
③ Mn, Cu, B, Zn, Mo, S
④ Fe, Mg, Cu, B, Mo, Mn

[해설] • 대량원소(macroelements) : C·H·O·N·P·K·Ca·Mg·S·Si
 • 미량원소(microelements) : Cl·Fe·Cu·Zn·Mn·Mo·B·Ni·Na

24 다음 질소에 대한 설명이 바르지 않은 것은?

① 작물이 흡수 이용할 수 있는 질소(N)는 NO_3^-, NH_4^+ 형태이다.
② 질소는 영양생장기에 가장 많이 요구되는 무기양분이다.
③ 일반작물에서 질소 과잉은 영양생장을 지속시킨다.
④ 질소의 결핍 현상은 상위엽에서 황백화현상이 나타난다.

[해설] 질소는 작물체 내 이동성이 높아서 결핍현상은 하위엽에서 나타난다.

25 질소의 생리적 작용의 역할로 볼 수 없는 것은?

① 단백질의 구성원소가 된다.
② 탄수화물의 구성원소가 된다.
③ 작물의 생장을 촉진시킨다.
④ 엽록소의 구성원소가 된다.

[해설] 질소는 단백질(효소), 핵산, 엽록소, 알카로이드의 구성성분이다.

26 식물체의 건물에 포함된 질소함량은 대략 어느 정도인가?

① 1~2%   ② 10~20%
③ 30~40% ④ 80~95%

정답 23 ② 24 ④ 25 ② 26 ①

컨셉 작물생리학

27 질소의 결핍시에 나타나는 증상으로 볼 수 없는 것은?
① 잎이 짙은 녹색으로 된다.
② 생육이 부진해진다.
③ 종실이 잘 발달하지 않는다.
④ 아랫잎이 위조·황화된다.

[해설] 질소가 넉넉하면 잎이 짙은 녹색이지만, 결핍되면 하위엽부터 황화가 나타난다.

28 다음 중 질소의 과잉증상으로 적당한 것은?
① 열매의 성숙이 빨라진다.　② 생장속도가 느려진다.
③ 잎이 황백화된다.　　　　④ 잎과 줄기가 연약해진다.

29 다음 중 질소가 결핍되었을 때 잎에서 나타나는 증상은?
① 하위엽이 황백화된다.
② 적록색 또는 암록색으로 변한다.
③ 잎의 가장자리가 고사한다.
④ 갈색의 반점이 생긴다.

30 작물체에서의 인(P)의 주된 역할로 볼 수 없는 것은?
① 개화결실　　　　　② 종자의 피틴형성
③ 증산작용　　　　　④ 에너지의 저장

[해설] 증산작용은 K의 기능에 해당한다.

31 구성성분으로서 인(P)을 함유하고 있지 않은 것은?
① 핵산　　　　　　② 핵단백질
③ 인지질　　　　　④ 엽록소

[해설] 엽록소는 C, H, O, N, Mg로 구성되어 있다.

[정답] 27 ① 28 ④ 29 ① 30 ③ 31 ④

32 다음 중 인산의 결핍증상으로 볼 수 있는 것은?

① 하위엽이 자주색을 띤다.
② 생장이 양호하고 잎이 두꺼워진다.
③ 열매의 성숙이 빨라진다.
④ 잎과 줄기가 무성해진다.

[해설] 인의 결핍증상 : 분얼 억제, 잎의 암녹색, 출수 지연, 과실성숙 지연, 옥수수에서 안토시안이 축적되어 잎의 자색화

33 결핍증상으로 잎에서의 황화현상이 나타나지 않는 원소는?

① 질소　　　　　　　　　② 인
③ 마그네슘　　　　　　　④ 황

34 토양 중의 인산을 불용화시켜 유효도를 떨어뜨리는 것과 가장 관련이 적은 원소는?

① 칼슘　　　　　　　　　② 철
③ 붕소　　　　　　　　　④ 알루미늄

[해설] 산성토양에서는 인이 Al^{3+}·Fe^{2+}·Mn^{2+} 등과 결합하고, 알칼리성 토양에서는 Ca^{2+}과 결합하여 불용태가 되므로 이동이 잘되지 않는다.

35 다음 K에 대한 설명이 옳지 않은 것은?

① 칼륨은 과실의 색택과 풍미에 관여하는 원소이다.
② 공변세포의 수분흡수와 방출에 관여하여 기공의 개폐를 가능하게 하는 원소이다.
③ 작물체 내의 분포농도를 기준으로 볼 때 종실에는 잎과 뿌리보다 많이 함유한다.
④ 칼륨은 광합성 산물의 수송, 삼투조절, 도복 저항성 등에 영향을 미친다.

[해설] K은 광합성이 왕성한 잎이나 세포분열이 왕성한 줄기, 뿌리의 끝부분에 많이 함유되어 있다.

정답　32 ①　33 ②　34 ③　35 ③

36. 칼륨(K)의 작물체에서의 생리적 역할로서 볼 수 없는 것은?

① 줄기나 잎을 강건하게 한다.
② 풍해와 병충해에 대한 저항성을 높여준다.
③ 내건성을 강화시킨다.
④ 동화물질의 전류속도를 저하시킨다.

[해설] 아포플라스트에서 K 수준이 높으면 자당이 아포플라스트로 들어가는 전류속도가 증가한다.

37. K는 생리작용과 같은 역할을 할 수 있으므로 K결핍시에 공급하면 대용효과를 기대할 수 있는 원소는?

① Na
② Al
③ Ca
④ Si

38. 다음 중 칼륨 결핍증상으로 볼 수 없는 것은?

① 잎의 생장이 감퇴된다.
② 마그네슘 결핍을 동반한다.
③ 뿌리가 잘 썩는다.
④ 잎이 선단부로부터 점차 누렇게 된다.

[해설] 칼륨 결핍증상 : 노엽의 가장자리가 갈변되고, 줄기는 약해져서 도복되기 쉽고, 뿌리도 가늘어지며, 종자가 성숙되지 않는다.

39. 다음 중 칼슘의 주요한 생리적 역할로 볼 수 없는 것은?

① 광합성 작용의 증대
② 세포막의 투과성 증대
③ 유기산의 중화작용
④ 탄수화물의 전류촉진

[해설] 칼슘의 생리적 작용 : 세포막의 선택적 투과성, 원형질 교질의 수화성(水和性)에 영향을 끼치며, 뿌리에 의한 다른 이온의 흡수를 조절, 효소 활성화, 탄수화물 전류 촉진, 산 중화, 무기양분 용해도 변화, Mg^{2+}과 길항작용, 과실 저장성 증가, 유기산과 염 형성, 2차 신호전달자 등

정답 36 ④ 37 ① 38 ② 39 ①

40 다음 중 칼슘의 결핍증상에 해당되는 것은?
① 하위엽이 암갈색으로 된다.
② 줄기가 과도한 생장을 한다.
③ 뿌리의 발육이 나빠지며, 상위엽이 갈변한다.
④ 줄기와 잎의 마디가 짧아진다.

[해설] 칼슘 결핍증상 : 뿌리가 짧고 굵어지며, 생장점 고사, 식물체 목질화, 잎 색깔이 엷어지고, 사과는 고두병, 토마토는 배꼽썩음병, 땅콩은 공협이 증가한다.

41 각 원소와 원소의 역할이 잘못 연결된 것은?
① N - 원형질과 엽록소의 구성성분
② P - 에너지대사와 핵산의 형성
③ K - 탄수화물의 전류촉진과 효소의 활성화
④ Ca - 아미노산과 단백질의 형성원료

[해설] 아미노산과 단백질의 형성원료는 N이다.

42 다음 중 음이온의 형태로 흡수되는 무기양분이 아닌 것은?
① 칼슘   ② 인산
③ 몰리브덴   ④ 황

43 Ca이 과잉흡수될 경우 흡수가 저해되는 길항작용이 나타나는 원소인 것은?
① C, H, O   ② K, Na, Mg
③ Fe, Mn, Cl   ④ N, P, K

44 토마토의 결핍증상으로 '배꼽썩음병'을 일으키는 원소는?
① Ca   ② B
③ P   ④ Fe

[정답] 40 ③ 41 ④ 42 ① 43 ② 44 ①

45 다음 Mg에 대한 설명이 옳지 않은 것은?

① 인산대사나 광합성에 관여하는 효소의 활성을 높여준다.
② 인산화과정에 관련된 효소들을 활성화시키며, 결핍시 상위엽의 엽맥간 황백화가 나타난다.
③ 엽록소의 구성원소이며, 필수 광물성 원소에 속한다.
④ 결핍시에 엽록소가 형성되지 아니하고 황백화한다.

[해설] Mg는 인산화과정에 관련된 효소(ATPase)를 활성화시키며, 결핍시 이동성이 커서 하위엽의 엽맥간 황백화가 나타난다.

46 다음의 필수원소 중 식물체 내에서의 이동성이 가장 좋은 것은?

① Mg
② Cu
③ B
④ Fe

[해설] 이동성이 낮은 원소 : Ca, S, Fe, Cu, Mn, B

47 다음 S에 대한 설명이 옳지 않은 것은?

① methionine, cysteine, biotin 등의 아미노산과 비타민의 구성성분이며, 단백질분자의 구조유지에 중요한 작용을 한다.
② 토양으로부터 작물에 흡수·이용되는 형태가 음이온이다.
③ 엽록소를 구성하는 성분으로서 부족되거나 결핍되면 황백화현상을 나타낸다.
④ 근류균의 질소고정에 관여하는 원소로서 결핍되면 근류형성이 저해된다.
⑤ 토양으로부터 작물이 흡수할 수 있는 황은 SO_4^{2-} 형태이다.

[해설] 엽록소를 구성하는 성분 : C, H, O, N, Mg

48 다음 중 Fe에 대한 설명이 옳지 않은 것은?

① 철(Fe) 결핍이 심하면 성숙한 잎이 백화하고 엽맥이 연록색을 나타낸다.
② 전자전달계에서 산화·환원작용과 가장 관계 깊은 원소이다.
③ 결핍되면 엽맥간 황백화현상을 나타낸다.
④ 엽록소의 형성과정에 관여하며, 체내이동이 어려운 원소이다.

[해설] Fe 결핍이 심하면 작물체 내 재분배가 일어나지 않기 때문에 엽록소 형성이 억제되어 어린잎이 황백화하고 엽맥이 연록색을 나타낸다.

정답 45 ② 46 ① 47 ③ 48 ①

49. 다음 중 작물이 흡수·이용할 수 있는 형태가 아닌 것은?

① Fe
② NO_3^-
③ MoO_4^-
④ Mg^{2+}

[해설] 무기양분의 흡수형태는 대부분 이온형태이다. 철은 Fe^{2+}이나 Fe-chelate로 흡수된다.

50. 무의 표피에서 구열 및 갈변이, 내부에서는 코르크화가 진행되고 있다면 이러한 원인은?

① 토양수분 부족 때문이다.
② 토양선충에 의한 감염증상이다.
③ 붕소의 결핍증상이다.
④ 무의 조기추대에 의한 현상이다.

51. 다음 중 붕소의 결핍증이 아닌 것은?

① 개화결실이 나빠진다.
② 무·배추 등의 속썩음병이 발생한다.
③ 모든 잎이 황화된다.
④ 포도나 토마토의 생장점이 고사한다.

52. 다음에서 미량원소의 작용을 설명한 것 중 틀린 것은?

① Fe은 호흡대사와 엽록소의 형성에 관여한다.
② Zn은 물의 광분해에 관여한다.
③ Mo은 질산환원효소의 구성성분이다.
④ Si은 벼의 수광태세를 향상시킨다.

[해설] 물의 광분해에 관여하는 원소는 Mn과 Cl이다.

53. 화본과 식물과 관계되는 규소의 중요한 생리적 기능과 거리가 먼 것은?

① 수광태세의 향상
② 잎 표면의 규질화
③ 내병충성의 강화
④ 뿌리의 신장 억제

[정답] 49 ① 50 ③ 51 ③ 52 ② 53 ④

컨셉 작물생리학

54 식물체의 구성원소 중 규소에 관한 설명으로 잘못된 것은?
① 필수미량원소에 속한다.
② 화본과 식물이 다량 요구한다.
③ 수광태세를 좋게 해 준다.
④ 내병충성을 강화시킨다.

[해설] 규소는 필수대량원소에 속한다.

55 작물의 무기양분 흡수에 대한 설명으로 틀린 것은?
① 단일 이온의 형태로만 흡수된다.
② 특정 양분만을 흡수할 수 있는 선택적 흡수의 능력을 가진다.
③ 흡수된 무기양분은 외부로 유출되지 않는다.
④ 뿌리의 생장점에 가까운 선단부 부분에서 다량 흡수된다.

[해설] 무기양분은 단일 이온으로 흡수되기도 하지만, 질소, 인, 철, 구리 등은 2가지 이상 형태로도 흡수된다.

56 원형질막의 투과성을 높여주는 이온으로 짝지어진 것은?
① H^+, SO_4^{2-}
② K^+, Ca^{2+}
③ Ca^{2+}, SO_4^{2-}
④ NO_3^-, SO_4^{2-}

57 원형질막을 통한 수동적 흡수에 관계되는 원인은?
① 무기양분의 전기화학적 퍼텐셜의 구배
② Na^+의 농도구배
③ 물리적 구배
④ H_2O의 구배

[해설] 세포 내 무기양분의 전기화학적 구배는 막의 수동적 흡수의 원동력이 된다.

정답 54 ① 55 ① 56 ② 57 ①

58 다음 중 원형질막을 가장 쉽게 통과할 수 있는 것은?

① 단백질
② 포도당
③ K^+
④ H_2O

[해설] 단백질이나 포도당처럼 큰 분자는 원형질막을 통과할 수 없고, K^+처럼 작지만 이온형태를 띠어도 통과할 수 없다. 크기가 작고 이온화되지 않는 비극성 화합물은 원형질막을 쉽게 통과할 수 있다.

59 식물 뿌리에서의 능동적 무기양분 흡수와 가장 밀접한 관련이 있는 것은?

① 호흡작용
② 광합성작용
③ 증산작용
④ 질소동화작용

[해설] 뿌리 호흡작용으로 생성된 ATP에 의하여 양이온펌프가 작동할 수 있기 때문에 능동적 무기양분 흡수와 밀접하다고 볼 수 있다.

60 뿌리의 능동적 흡수와 관련되는 내용으로 볼 수 없는 것은?

① 에너지를 이용하지 않는 흡수
② 운반체를 통한 능동수송
③ 양이온펌프에 의한 무기양분 흡수
④ 무기양분의 전기화학적 퍼텐셜이 낮은 곳에서 높은 곳으로의 이동

61 식물에서 볼 수 있는 양분흡수의 원리로 볼 수 없는 것은?

① 삼투압과 근압
② 이온의 교환작용
③ 이온의 확산작용
④ 운반체의 작용

[해설] 삼투압과 근압은 수분흡수와 이동의 원리이다.

62 뿌리의 양분흡수에 직접적으로 관여하는 요인이 아닌 것은?

① 대기습도
② 지온
③ 근권의 산소농도
④ 토양중 염류농도

정답 58 ④ 59 ① 60 ① 61 ① 62 ①

63 논 토양이 환원되었을 때 생성되는 황화수소에 의한 벼뿌리의 양분 흡수 억제가 나타날 경우 가장 흡수가 억제되는 무기양분은?

① K, Si
② P, Ca
③ Mg, H₂O
④ P, Mn

[해설] H₂S에 의한 양분흡수 억제 : P > K > Si > NH_4^+ > Mn > H₂O > Mg > Ca

64 황화수소에 의한 양분흡수의 저해는 어떤 원인에 의해 일어나는가?

① 뿌리의 호흡작용 저해
② 광합성의 저해
③ 증산작용의 촉진
④ 양분의 토양 내 이동 저해

65 뿌리의 무기양분 흡수에 관여하는 요인 중 온도가 저하되었을 경우 흡수가 저하된다. 다음 중 양분흡수의 저하정도가 가장 약한 것은?

① Ca
② P
③ K
④ NH₄

[해설] 저온에서 양분흡수 저해 : NO₃-N와 NH₄-N · P · K · H₂O은 크게 저하, Ca · Mg은 별로 영향을 받지 않는다. (Si > P > K > N ⋯ Mg, Ca)

66 토양산도가 작물체에 미치는 가장 큰 영향은?

① 무기양분의 흡수정도
② 광합성 속도
③ 양분의 전류속도
④ 뿌리의 호흡량

67 토양의 pH가 7 이상일 경우에 뿌리로부터 흡수되는 양분의 유효도가 커지는 것들로 짝지어진 것은?

① S, K, Mo
② Zn, Mg, Ca
③ Fe, Mn, N
④ Fe, B, Cu

정답 63 ① 64 ① 65 ① 66 ① 67 ①

68 식물의 줄기를 환상박피하여 체관부를 제거한 뒤 무기양분의 상승이동을 관찰하였을 때 나타나는 결과는?

① 무기양분의 상승이 계속된다.
② 무기양분의 상승이 차단된다.
③ 무기양분의 상승여부는 알 수 없다.
④ 무기양분의 주된 이동통로는 체관부임을 알 수 있다.

[해설] 환상박피를 하게 되면 체관은 제거되어 광합성 산물은 이동할 수 없지만 물관은 안쪽에 남아 있게 되기 때문에 수분 상승과 함께 무기양분의 상승은 계속된다.

69 석회(Ca)를 다량으로 시용했을 경우 작물에 나타나는 현상은?

① Fe 결핍
② N 결핍
③ S 결핍
④ K 결핍

[해설] 토양에 석회를 다량 시용하면 토양산도는 알칼리성이 되어 Fe, Cu, Zn, Mn 등의 금속원소들이 용해도가 감소하여 작물에서 결핍증상이 나타나게 된다.

70 엽면시비에 대한 내용 중 틀린 것은?

① 농도가 너무 높으면 잎이 탈수된다.
② 잎의 기공을 통해서 양분이 세포 내로 흡수된다.
③ 식물에 영양분을 공급할 수 있는 유일한 방법이다.
④ 잎의 뒷면에 살포할 때 더 많이 흡수된다.

[해설] 식물에 영양분의 공급은 뿌리의 양수분 흡수이지만, 재배 측면에서 보조적 수단으로 엽면시비를 하기도 한다.

71 다음 중 엽면시비의 이점으로 볼 수 없는 것은?

① 다량원소 시용시 노력을 절감시킬 수 있다.
② 영양부족상태를 신속히 회복시킬 수 있다.
③ 생산물의 품질조절을 쉽게 할 수 있다.
④ 농약과의 혼용이 가능하다.

[해설] 다량원소는 토양에 시비하는 것이 바람직하다.

정답 68 ① 69 ① 70 ③ 71 ①

컨셉 작물생리학

72 다음 중 수경재배의 장점으로 볼 수 없는 것은?
① 수분 및 양분을 균일하게 공급할 수 있다.
② 경운이나 제초의 노력을 절감할 수 있다.
③ 배양액의 pH를 조절해 줄 필요가 없으므로 편리하다.
④ 청정재배로 상품가치를 높일 수 있다.

73 식물체 분석이나 엽분석을 실시하는 주된 목적은 무엇인가?
① 무기영양상태의 진단
② 수량의 예측
③ 품종의 판별
④ 광합성의 측정

74 식물의 영양생리 연구수단에서 탄생한 농업기술은?
① 시설재배
② 양액재배
③ 유기농업
④ 탄산시비

75 작물체가 무기양분을 흡수하는데 이용가능한 질소의 형태는?
① N
② N_2
③ NH_3
④ NO_2
⑤ NO_3^-

[해설] 질소의 흡수 형태 : NO_3^-와 NH_4^+

76 작물에서 결핍증상이 어린 조직에서 먼저 나타나는 무기양분은?
① K, Fe, P
② N, Mg, S
③ N, P, Ca
④ P, K, Mg
⑤ Ca, Fe, S

[해설] 작물의 결핍증상이 어린 조직에서 나타난다는 것은 체내 이동성이 낮다는 의미이다. 이동성이 낮은 무기양분은 Ca, S, Fe, Cu, Mn, B이다.

정답 72 ③ 73 ① 74 ② 75 ⑤ 76 ⑤

77 산성토양에서 작물의 무기양분 과잉피해가 우려되는 무기성분은?

① Mg, Mo, P
② Fe, Zn, Mn
③ Ca, Al, Mg
④ N, P, K
⑤ K, B, Fe

[해설]

강산성(pH↓)	가급도 증가	Al, Fe, Cu, Zn, Mn
	가급도 감소	P, Ca, Mg, B, Mo
강알칼리성(pH↑)	가급도 증가	Na_2CO_3
	가급도 감소	B, Fe, Mn

78 작물체의 수분보유력과 흡수력, 기공의 개도와 공변세포의 생리작용에 관여하는 원소는?

① N
② K
③ Ca
④ P
⑤ C

79 식물체 내에서 K 성분이 가장 적게 들어 있는 부분은?

① 광합성 작용이 왕성한 잎
② 세포분열이 왕성한 줄기 끝
③ 뿌리 끝부분
④ 목질부와 종자

80 식물의 2차대사산물로서 양파의 allyl sulfide, 무나 배추의 glucosinolate, 마늘의 alliin을 구성하는 원소는?

① S
② Mg
③ C
④ Ca

정답 77 ② 78 ② 79 ④ 80 ①

컨셉 작물생리학

81 귀리의 경우 엽기부에 녹회색의 반점과 줄무늬가 생기는 grey speck 현상은 무엇의 결핍 때문인가?

① Mn
② Zn
③ Ca
④ S

[해설] Mn 결핍
㉠ 엽록소 함량과 광합성능력이 현저하게 감소한다.
㉡ 귀리에서 엽기부에 녹회색의 반점과 줄무늬가 생기는 grey speck 현상이 나타난다.
㉢ 쌍떡잎식물에서 어린잎의 엽맥간 황백화되고, 외떡잎식물에서 아랫잎에 회록색의 반점이 생긴다. 줄기는 황록색이 되고 거칠고 단단해진다.

82 세포막에서 인지질이중층을 통과하지 못하는 물질은?

① 산소
② 탄산가스
③ 물
④ 당

83 다음 중 무기양분간에 상조작용을 하는 이온은?

① Mg^{2+}, K^+
② K^+, Na^+
③ Mg^{2+}, Ca^{2+}
④ NO_3^-, Cl^-

[해설]
• 상조작용(synergism) : Mg^{2+}과 K^+
• 길항작용(antagonism) : K^+과 Na^{2+}, Mg^{2+}과 Ca^{2+}, Cl^-과 NO_3^- 등

84 뿌리의 양분흡수에 관여하는 요인으로 가장 거리가 먼 것은?

① 토양통기성
② 토양온도
③ 토양반응
④ 토양미생물

[해설] 뿌리의 양분흡수에 관여하는 요인 : 산소, 온도, 토양 pH, 염류농도, 양분용탈과 호흡저해물질, 뿌리의 탄수화물 함량 등

85 식물체 내 이동성이 좋지 않은 원소로 짝지어진 것은?

① 철 - 구리 - 아연
② 칼슘 - 마그네슘 - 인
③ 철 - 황 - 몰리브덴
④ 칼슘 - 붕소 - 망간

[해설] 체내 이동성이 낮은 원소에는 Ca, S, Fe, Cu, Mn, B 등이 있다.

[정답] 81 ① 82 ④ 83 ① 84 ④ 85 ④

Chapter 05

단원 키워드

1. 체관부에서 동화물질의 운반경로
2. 체관요소에서 동화물질의 능동적 적재(loading)
3. Münch의 압류설에 의한 동화물질전류 원리
4. 작물에서 공급부위(source)와 수용부위(sink) 간 전류
5. 수용부위(sink)에서 동화물질의 하적(unloading)

동화물질 전류

식물세포는 잎의 광합성세포에서 영양분을 공급받는데, 잎에서 생활세포까지 신속하고 효율적인 전류구조(轉流系統; transport system)가 필요하다. 동화물질은 식물 전체로 전류(translocation)되어 작물의 생장·발육·저장·세포유지를 위하여 분배(partitioning)된다.

1 체관부 전류 물질

체관에서 채취한 수액을 분석해 보면 탄수화물, 아미노산, 단백질, 핵산, 유기산, 무기이온, 호르몬 등이 함유되어 있다.

▶ 피마자(아주까리) 줄기의 체관액 성분

	성분	농도(mg/L)	비고
유기물	당 아미노산 유기산 단백질	80~106 5.2 2.0~3.2 1.45~2.2	
무기양이온	K Mg	2.3~4.4 0.11~0.122	74~138meq/L
무기음이온	P Cl	0.35~0.55 0.35~0.675	20~30meq/L

• 아미노산 : 주로 글루탐산과 아스파트산, 아미드 형태인 글루타민과 아스파라긴

- 단백질 : P-단백질과 기타 수용성단백질
- 핵산 : mRNA와 병원성 RNA
- 유기산 : 체관액에는 말산, 옥살산, 시트르산 등이 소량 포함(세포 간 수송에는 중요한 역할을 하지만, 체관수송에는 역할이 미약함)
- 무기이온 : K, Mg, P염, Cl 등은 체관에 함유되지만, Ca, S, Fe, 질산염은 체관을 통해 이동하지 않음

(1) 탄수화물

① 비환원당(nonreducing sugar; 알데하이드·케톤기가 없는 당)
  ㉠ 비환원당이 사관요소에서 효소작용에 대해 반응성이 적고 보다 안정하다.
  ㉡ 체관부에서 전류되는 물질 중 90% 이상의 고형물은 탄수화물(비환원당인 자당이나 라피노스 등)이다. 전류하는 대부분의 탄수화물은 자당(설탕[fructose + glucose] ; 체관액 건물의 80% 이상)이다.
  ㉢ 환원당인 포도당과 과당은 체관부 조직에서 검출되지만 전류물질이 아니고 자당의 가수분해 산물이다.

② 과당류(oligosaccharide)
  작물 종류에 따라 raffinose(sucrose+galactose), stachyose(raffinose+galactose), verbascose(stachyose+galactose) 등과 같은 과당류도 전류한다.

③ 만니톨(mannitol)과 소비톨(sorbitol)
  장미과 식물에서는 당알코올인 mannitol과 sorbitol이 주요 이동형태이다.
  소비톨은 사과나무에서 탄수화물을 전류하는 데 가장 큰 역할을 한다.

(2) 질소화합물

① 질소화합물의 전류는 주로 체관부에서 이루어지는데, 아미노산·아마이드(amide)는 노화된 잎이나 꽃으로부터 전류하여 더 어린 조직으로 재분배된다.
② 내생식물호르몬(endogenous plant hormone) : 옥신·지베렐린·사이토키닌·앱시스산은 매우 낮은 농도이지만 대부분 체요소(sieve elements)에 존재한다. 즉 호르몬은 생성부위에서 작용부위로 이동할 때 체관을 통해 이동한다.
③ 체관부에서 전류하는 질소화합물의 농도는 식물의 생육기에 따라 다르다.
  ㉠ 잎 생장이 빠른 시기나 잎 노화가 심한 생육 말기에 질소화합물 농도가 가장 높다.
  ㉡ 생육기간 대부분은 질소화합물이 매우 낮은 농도를 나타낸다.
④ 환원당, 대부분의 다당류, 접촉성 제초제, 단백질, 칼슘, 철, 대부분 미량원소와 같은 많은 화합물은 체관부에서 정상 이동하지 못한다.

(3) 체관부에서 물질의 전류속도

① 전류속도 : 작물 종류에 따라 다르다. 사탕수수와 같이 빠른 식물은 270cm/h이고, 호박과 같이 느린 식물은 40~60cm/h이다.

식물	속도(cm/h)	식물	속도(cm/h)
쥬키니호박	290	버드나무	100
사탕수수	270	사탕무	85~100
강낭콩	107	포도	60
콩	100	호박	40~60

② 일반적으로 C4 식물은 C3 식물보다 동화산물의 전류속도가 빠르다.
③ 대사물질 종류에 따라 전류속도가 다르다. ^{14}C-sucrose의 전류속도는 107cm/h로서 ^{3}H 또는 ^{32}P의 전류속도 87cm/h보다 빠르다.
④ 아미노산도 종류에 따라 전류속도가 다르다.

(4) 전류물질 이동방향

물관부의 물질 이동은 증산류에 따른 상향 수송(일방통행)을 원칙으로 하는 반면, 체관의 물질수송은 상하 쌍방향이고 동화산물의 장거리 전류는 주로 관다발조직의 체관을 통해 이루어진다.

① 상방향 이동
  ㉠ 지하부 저장기관 속 유기물질은 생장에 필요한 영양 공급을 위해 위로 이동한다.
  ㉡ 묵은 잎으로부터 어린잎을 향해 전류하는 물질은 위로 이동한다.
  ㉢ 식물체 정단부 가까운 잎의 대사물질은 줄기 정단을 향해 전류한다.
② 하방향 이동 : 뿌리 가까운 곳의 잎의 대사물질은 주로 뿌리를 향해 전류한다.
③ 양방향 이동 : 줄기 중간부위에 착생한 잎의 광합성산물은 뿌리로 전류하거나, 꽃과 열매나 생장점을 향해 위로 전류한다.
④ 측면 이동 : 물관부와 체관부 사이에는 원형질연락사에 의해 횡으로 연결되어 측면이동이 가능하다.

2 동화물질의 전류 메커니즘

(1) **압류설(pressure flow hypothesis) 또는 집단류설(mass flow hypothesis)**

① 의미
  ㉠ 압류설은 정수압 구배(hydrostatic pressure gradient) 차이(낙차)에 따라 물이 집단으로 대량으로 이동하면서 용질도 함께 이동한다. 1930년 Münch에 의하여 처음 제창되었다.
  ㉡ 동화물질의 공급조직(source)이 수용조직(sink)보다 삼투압이 높으므로 이들 조직 사이에 삼투압 구배가 있어서, <u>동화물질은 삼투압이 높은 공급조직(source)에서 낮은 수용조직(sink)으로 이동</u>한다.

② Münch의 압류설 원리

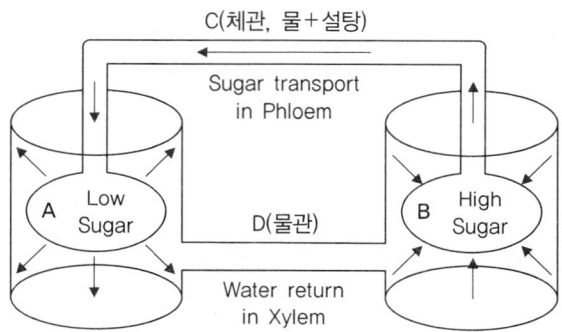

Diagram of Münch mass flow in phloem.

식물 내에서도 공급원(source)인 광합성부위(B)에는 광합성산물과 2차동화산물로 인하여 용질농도가 높아지게 되어 물이 주위에서 이동하게 되고, 이로 인한 수압의 차이에 따라 물이 수용부(A)로 이동할 때 용질이 함께 이동하는 이론이다.

> **보충 Münch의 압류설**
>
> **1** A와 B는 반투성 막이며, B는 진한 자당용액으로 채우고 A는 희석된 자당용액으로 채운 다음, 물속에 담그면 삼투현상에 의해 물은 A와 B 속으로 이동하게 되나, B에서는 용질의 농도가 더 높기 때문에 더 큰 삼투압이 생겨 A에 연결되는 관 C를 통해 물은 B에서 A 쪽으로 이동되며 동시에 용질도 이동한다.
> **2** 용해된 당도 궁극적으로 당의 농도가 같게 되고, 이에 따라 삼투퍼텐셜도 같아짐으로써 물의 이동이 정지될 때까지 A 쪽으로 수동적으로 이동한다. 이러한 물질의 전류가 계속 되게 하려면 B에는 자당을 첨가하고 A로부터는 자당을 제거할 필요가 있다.

③ 압류설을 적용한 체관부의 동화물질 전류
　㉠ 정수압 구배에 따른 전류
　　ⓐ 공급부위(source)의 체요소와 수용부위(sink)의 체요소 사이에 발생한 정수압 구배(공급부위에서의 체관부적재와 수용부위에서의 체관부하적 때문)에 의하여 물이 집단으로 대량 이동(집단류)하면서 동화물질도 함께 이동한다.
　　ⓑ 물과 동화물질은 집단류에 의하여 팽압이 높은 공급부위에서 팽압이 낮은(높은×) 수용부위로 운반된다.
　㉡ 체관부적재 : 공급부위(잎)에서 에너지를 사용하여 체관부적재로 인하여 체요소에 당이 축적되므로, 적재부위(체관요소)의 삼투압을 높이고(삼투퍼텐셜(ψ_s)이 낮아짐) 수분퍼텐셜을 낮추게 되어, 수분퍼텐셜 기울기에 따라 물관부로부터 물이 이동하여 팽압(ψ_p)이 증가하게 된다.
　㉢ 체관부하적 : 뿌리 등 수용부위(sink)에서 체관부하적은 체요소의 당농도를 낮게 하므로 수용부위 체요소의 삼투압이 낮아지는 반면(용질퍼텐셜이 높아짐) 수분퍼텐셜은 높아져서, 체요소의 물은 수분퍼텐셜 구배에 따라 물관부로 다시 이동하여 팽압이 낮아(증가×)진다.

(2) **원형질 유동설(protoplasmic streaming hypothesis)**
　① 1885년 De Vries가 제창함. 체관과 체관 사이에 있는 체판에 연결된 원형질연락사를 통하여 원형질이 유동됨에 따라 동화물질이 전류한다는 이론
　② 용질입자는 유동하고 있는 체요소의 세포질에 포착되어 세포의 한쪽 끝에서 다른 쪽 끝으로 운반된다. 용질은 원형질연락사를 통하여 확산에 의하여 체판을 통과하는 것으로 본다.

　　보충 Curtis(1950)의 원형질 유동설
　　　다량의 대사물질이 신속히 이동되고 이들 대사물질이 양방향으로 동시에 이동되는 것은 원형질유동으로 설명할 수 있다. 최근 이 학설은 큰 지지를 얻지 못하고 있다. 이러한 방법으로 용질이 이동하려면 대사가 왕성한 세포질이 요구되지만 성숙된 체요소의 세포질은 활성이 없고 핵도 없기 때문이다.

3 전류물질의 체관부적재 · 하적

(1) 체관부적재(사부적재; phloem loading)
  ① 체관부적재
    ㉠ 의미
      ⓐ 광합성 산물이 엽육세포의 엽록체에서 성숙한 잎의 체요소(sieve element)로 이동하는 것
      ⓑ 낮 동안 광합성 과정에서 생긴 3탄당(PGA)은 먼저 엽록체로부터 세포질로 운반되어 자당으로 전환된다. 자당(sucrose)은 엽육세포에서 잎의 가장 작은 엽맥에 있는 체요소 주변으로 전류된다.
    ㉡ 단거리수송 : 적재와 관련하여 체요소와 반세포(companion cell)는 기능적 단위(체요소-반세포 복합체)로 취급된다. 단지 2~3개 세포의 지름거리를 이동하는 단거리 운반경로이다.
    ㉢ 장거리수송(long-distance transport) : 체요소로 들어간 후 자당은 체관부를 통하여 수용부위(sink)로 장거리 이동을 하게 된다.
  ② 사관부적재 기구
    ㉠ 잎에서 자당 농도를 조사하면 사관요소와 반세포가 엽육세포보다 높다. 자당 농도가 사부쪽이 주변세포에 비해 높다는 것은 자당이 화학퍼텐셜 구배에 역행하여 능동적으로 이동한다는 것을 알 수 있다.
    ㉡ 세포막 운반계
      ⓐ 동화물질의 사관부적재에 세포막에 분포하는 능동적 운반계가 관여하는데, 이 세포막에 자당/수소이온 공동수송계가 있고 이것이 자당을 운반한다.
      ⓑ 세포막 운반체가 당·아미노산을 선택적으로 인식하고, 막의 선택적 투과로 인하여 아미노산보다는 당류가, 당류 중에서 자당이 선택적으로 적재된다.
    ㉢ 심플라스트 체관부적재 경로의 중합체-포획 모델(polymer-trapping model)
      설탕이 엽육세포에서 중간세포(특수형태의 동반세포)로 들어오면 라피노오스, 스타키오스 등과 같은 올리고당으로 전환한다. 올리고당은 분자가 커서 되돌아 나가지 못하고 상대적으로 큰 원형질연락사를 통해 체요소로 수송된다.
  ③ 당의 체관부적재 경로 : 엽육세포 → 엽맥(체요소)
    당은 광합성장소(엽육세포)에서 체관부 유조직세포(반세포)까지(매우 짧은 거리) 원형질연락사를 통한 심플라스트 경로를 타고 이동하다가, 체관요소로 진입할 때는 ㉠ 계속 느린 심플라스트 경로 또는 ㉡ 빠른 아포플라스트 경로로 적재된다.

The Mechanism of Phloem Loading in a Leaf

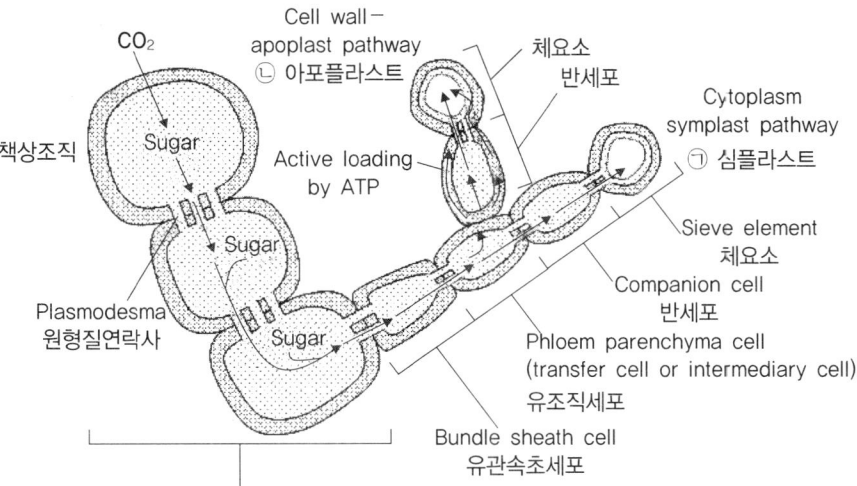

엽육세포 → 유관속초세포 —심플라스트→ 유조직세포 —㉠ 심플라스트(확산에 의존한 느린 수송)→ 반세포 → 체관요소

엽육세포 → 유관속초세포 —심플라스트→ 유조직세포 —㉡ 아포플라스트(빠른 수송)→ 반세포 → 체관요소

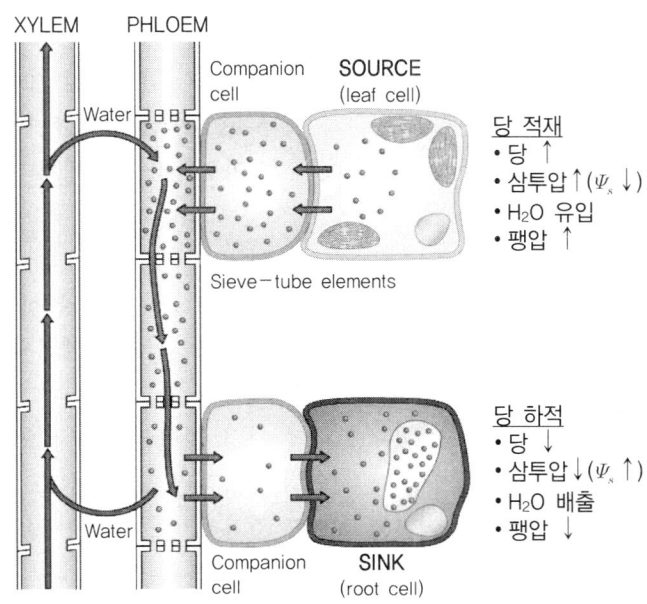

당 적재
- 당 ↑
- 삼투압↑(Ψ_s↓)
- H_2O 유입
- 팽압 ↑

당 하적
- 당 ↓
- 삼투압↓(Ψ_s↑)
- H_2O 배출
- 팽압 ↓

제5장 동화물질 전류

㉠ 심플라스트(symplast) 경로
  ⓐ 당이 엽육조직의 광합성세포로부터 엽맥으로 이동할 때 확산에 의하여 원형질연락사를 거쳐 이동하는 경로
  ⓑ 심플라스트 경로를 갖고 있는 호박 등은 중간세포라는 특수한 형태의 동반세포를 갖고 있다.
  ⓒ 체요소와 접해있는 중간세포(동반세포)는 원형질연락사가 풍부하고 체요소와의 사이에는 상대적으로 큰 원형질연락사가 발달해 있다. 이는 중간세포에서 합성된 올리고당을 체요소로 수송하기 위해 필요하다.
  ⓓ 심플라스트 경로에서 원형질연락사를 통한 확산이동은 선택적 과정이 아니라 단순 물리적 현상이다.
  ⓔ 중합체-포획모델(polymer-trapping model) : 일부 식물에서 엽육세포보다 동반세포와 체요소 내의 설탕농도가 높게 나타나는데, 농도기울기에 따른 역류현상이 생기지 않고 체요소-동반세포 복합체(체요소와 동반세포를 기능적으로 묶은 단위) 방향으로 확산이동이 일어나는 것을 설명하는 모델

㉡ 아포플라스트(apoplast) 경로
  ⓐ 곡류, 감자, 유채, 사탕무 등에서 아포플라스트 경로가 보이며, 동반세포와 주변세포 사이에 원형질연락사가 거의 없기 때문에 설탕만을 배타적으로 수송한다.
  ⓑ 아포플라스트 경로에서는 유관속초세포와 체관부유조직세포에 정상적인 동반세포가 연결되어 있는데, 이들 사이에 원형질연락사가 발달하지 않아 심플라스트 경로를 밟던 당이 일단 세포벽의 자유공간인 아포플라스트를 거쳐 능동적 수송으로 동반세포로 들어가게 된다.
  ⓒ 능동적 체관부적재(ATP 사용) : 당이 체요소와 반세포의 원형질막에 위치하면서 에너지에 의하여 추진되는 선택적인 수송단백질에 의하여 아포플라스트로부터 체관부 세포로 능동적으로 적재된다. 아포플라스트(세포벽)에서 양이온(H^+)이 높고 평형을 유지하려는 경향은 양이온을 심플라스트(체요소 세포질)로 확산하게 한다.
  자당/양이온 공동수송(symport, cotransport)을 통해 특정 운반체는 자당을 운반하게 된다. 이와 같은 능동적 체관부적재에 필요한 에너지는 세포막에 존재하는 ATPase 양자펌프에 의해 조달된다.
  ⓓ 자당운반조절(K^+) : 아포플라스트로의 자당 운반은 부분적으로 K^+ 같은 물질 수준에 의하여 조절된다. 사탕무 잎의 아포플라스트에서 K^+ 수준은 높으며 자당이 아포플라스트로 들어가는 속도를 증가시키고 양분공급을 조절하여 수용부위로의 전류를 증가시키며 수용부위의 생장을 촉진시킨다.

(2) 체관부하적(사부하적; phloem unloading)

① 체관부하적 : 체요소 → sink
  ㉠ 조직 말단에 있는 체요소로부터 자당·아미노산 같은 용질이 비광합성 기관인 뿌리·괴경·발육 중인 과실·미성숙 잎과 같은 수용부위(sink)로 빠져 나가는 과정
  ㉡ 수용부위 말단의 하적은 팽압을 낮은 상태로 유지하고 당의 농도를 낮게 하며 물이 빠져 나오게 하고 공급원으로부터의 압력을 전달받을 수 있게 한다. 수용부위에서 하적된 용질은 공급원에 있는 체관부보다 더 높은 농도를 가진 성숙 중인 열매나 다른 세포로 활발히 흡수된다.
  ㉢ 하적 후 당은 저장되거나 대사작용을 위하여 수용부위에 있는 세포로 운반된다.
② 운반 경로 : 수용부 세포로의 운반경로는 심플라스트 및 아포플라스트 경로가 있다.
  ㉠ <u>영양생장기관 수용부위(뿌리, 어린잎)</u> : 체관부하적과 수용부 세포로의 운반은 <u>심플라스트경로</u>를 통해 운반된다.
  ㉡ 생식기관 수용부위(발육 중인 종자) : 배조직과 모계조직 간에 심플라스트로 연결되지 않기 때문에 아포플라스트 단계가 필요하다.
  ㉢ 저장기관 수용부위(사탕무 뿌리, 사탕수수 줄기) : 자당은 아포플라스트로 하적된 후 수용부위의 심플라스트로 들어간다.

4 동화물질의 분배와 저장

(1) 동화물질의 분배(partitioning)

식물체 내에서 동화물질의 차등적인 배치

① source-sink 거리 : 일반적으로 공급부위와 수용부위의 근접 정도가 중요 요인이다. 상위 잎은 생장 중인 지상부 정단부로 동화물질을 보내고, 하위 잎은 뿌리로 보내고, 중간에 위치한 잎은 양방향으로 전류한다.
② 체관부 방향 : 체관부는 줄기 한쪽 방향에서는 서로 함께 연결되어 있으므로 같은 쪽에 있는 수용부위로 동화산물을 보내는 것이 효율적이다. 그러나 볏과식물은 마디에 광범위한 교차 연결부를 갖고 있기 때문에 특정 잎에서 특정 수용부위로만 동화물질 이동이 일어나지 않는다.
③ 수용부 강도(sink strength) : 동화물질의 수용능력
  ∴ <u>수용부 강도 = 수용부 크기 × 수용부 활성</u>
  ㉠ 수용부 크기(sink size)는 수용부 조직의 전체 무게이고, 수용부 활성(sink activity)은 수용부 조직의 단위중량당 동화물질의 흡수속도이다.
  ㉡ 수용부의 크기와 활성을 줄이면 수송 양상이 변화한다.

ⓒ 과수의 싱크활성도(sink activity) : 과실 > 잎 > 줄기 > 새가지 > 뿌리
④ 식물호르몬 : 수용부 세포의 활성에 영향을 미쳐 동화물질 분배에 큰 효과를 나타낸다. 인돌초산(IAA), GA, 사이토키닌(cytokinin), 에틸렌을 줄기 절단면에 처리하면 처리한 부위에 동화물질의 축적이 유발된다.
⑤ 식물 생육단계 : 영양생장기에는 뿌리와 지상부의 정단부가 주된 수용부위이고, 생식생장기에는 일반적으로 종자와 과실이 주된 수용부위가 된다.
  ㉠ 영양생장기 : 잎에서 생산된 동화물질은 대부분 줄기·뿌리·어린잎으로 전류되어 분배된다. 볏과작물은 영양생장기 동안 우선 잎·뿌리로 동화물질이 공급되고 줄기는 적게 공급된다. 생장점 같은 분열조직은 동화물질을 받는 데 유리하다. 발육 중인 어린잎은 필요한 동화물질을 자체 생산할 수 있을 때까지는 필요한 에너지와 탄소골격을 만들기 위해 동화물질을 분배받는다. 분지와 분얼의 초기생장에는 스스로 독립영양을 할 때까지 동화물질을 분배받는다.
  ㉡ 생식생장기 : 꽃·과실·종자가 경제적 수량이 되는 작물은 오랜기간 생식기관 부위로 동화물질의 많은 양이 분배된다. 유한신육형(determinate) 작물은 개화 후 생식기간 수용부가 강화되어 잎·줄기·뿌리에서의 생장이 정지되며, 무한신육형(indeterminate) 작물은 영양생장과 생식생장이 동시에 일어나므로 영양생장이 지나치면 생식기관의 수량은 감소된다.

(2) 양분 저장

① 저장기관(sink)
  ㉠ 유성번식기관
    ⓐ 종자와 과실 : 다량의 양분이 저장되며, 다음 세대 개체의 생장에 이용된다. 종자로 번식하는 경우 발아와 초기생장에 필요한 양분을 저장한다.
    ⓑ 목본식물(과수·화목·뽕나무 등) : 보통 줄기나 뿌리와 같은 영양기관에 양분을 저장하여 월동하며, 다음해 봄 초기생장에 이용된다.
    ⓒ 초본식물 : 개체 생존기간이 짧고 저장양분이 영양기관에 축적되는 일은 목본식물처럼 현저하지 않다.
  ㉡ 무성번식기관(영양번식)
    ⓐ 대부분 양·수분을 저장하도록 특히 발달한 저장기관(reserve organ)에 양분을 저장한다.
    ⓑ 저장뿌리에 속하는 괴근(고구마·달리아 등), 저장 줄기에 속하는 근경(연), 괴경(감자·토란 등), 인경(양파·백합 등), 구경(글라디올러스) 등

② 주요 저장물질
  ㉠ 저장탄수화물
    ⓐ 저장탄수화물은 주로 저장전분(starch)이다. 저장기관에 전류해 온 당류가 전분으로 합성된 것이며, 동화전분에 비해 전분립이 대단히 크다.
    ⓑ 가용성 탄수화물이 축적되는 경우는 사탕수수는 줄기에, 사탕무는 뿌리에 다량의 자당(sucrose)이 저장되고, 과수의 과실은 포도당(glucose)이나 과당(fructose) 같은 단당류가 축적된다.
  ㉡ 저장단백질
    ⓐ 콩과작물(globulin), 밀 곡립(gluten), 아주까리의 종자 등에 함유되어 있고, 콩과작물 종자에는 탄수화물보다 단백질과 지방이 훨씬 많이 저장된다.
    ⓑ 단백질은 아미노산 형태로 전류되어 저장기관에서 합성된다.
  ㉢ 저장지방
    ⓐ 저장지방은 종자나 열매 등에 많이 함유되어 있다.
    ⓑ 유채·땅콩·아주까리·콩 등의 지방종자를 형성하는 작물에서는 종자의 배유나 자엽 조직 속에 지방이 저장되며, 이 지방은 수확 대상이 된다.
    ⓒ 지방종자는 동화기관으로부터 전류해 온 당류가 종자 내부에서 지방으로 합성되어 축적된다.
    ⓓ 유채 종자의 지방함량은 개화 후 40일까지 현저한 증가를 나타내고, 50일경에 최고에 도달한다.
③ 양분저장과 환경조건
  ㉠ 작물 생장이 왕성해지면 동화물질은 새로운 조직 형성이나 호흡작용에 소비되는 일이 많고, 저장양분의 축적이 적어지거나 이미 저장된 양분이 소모된다.
  ㉡ 작물 생장이 감퇴되면 양분 소모가 적고 저장이 많아진다. 따라서 생장이나 호흡작용에 영향을 주는 환경조건은 간접적으로 양분저장에 영향을 미친다.

(3) 저장양분의 전류와 소비
① 배유 종자(벼과) : 배유 양분은 종자가 발아할 때 가수분해되어 배 생장에 이용되고, 유식물이 잎을 전개해서 광합성을 하여 독립영양을 할 때까지 쓰인다.
② 자엽 종자(두과) : 자엽 안의 저장양분도 배의 유아·유근에 전류하여 생장에 이용된다.
③ 괴근·괴경·근경 : 이들 저장양분은 가수분해되어 싹튼 어린 식물체에 전류하고, 초기의 생장에 이용된다.

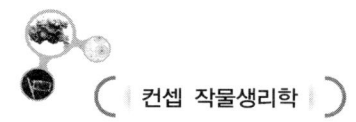

(컨셉 작물생리학)

기출 및 출제예상문제

01 수용부위(sink)에서 체관부하적이 이루어질 때 체관요소의 특성으로 가장 옳은 것은?

● 23. 서울지도사

① 체관요소의 당 농도를 낮게 하여 삼투압이 낮아 수분퍼텐셜이 높아진다.
② 체관부의 수분퍼텐셜이 물관부의 수분퍼텐셜보다 낮다.
③ 물은 수분퍼텐셜 차이에 따라 체관부를 떠나서 수용부위의 체관요소의 팽압을 증가시킨다.
④ 물과 동화물질은 집단류에 의하여 팽압이 높은 수용부위로 운반된다.

[해설] ② 체관부하적이 이루어질 때 체관부의 수분퍼텐셜이 물관부의 수분퍼텐셜보다 높다.
③ 물은 수분퍼텐셜 차이에 따라 체관부를 떠나서 수용부위의 체관요소의 팽압을 감소시킨다.
④ 물과 동화물질은 집단류에 의하여 팽압이 높은 공급부위에서 팽압이 낮은 수용부위로 운반된다.

02 동화물질 전류에 대한 설명으로 옳은 것은?

● 22. 경기 농촌지도사

① 호르몬은 생성부위에서 작용부위로 이동할 때 물관을 통해 이동한다.
② 말산, 옥살산, 시트르산 등 유기산은 체관 수송에서 중요한 역할을 한다.
③ 환원당이 사관요소에서 효소작용에 대해 반응성이 적고 보다 안정하다.
④ 사과나무에서는 만니톨과 솔비톨이 주요 전류형태이다.

[해설] 호르몬은 생성부위에서 작용부위로 이동할 때 체관을 통해 이동한다.
체관액에는 말산, 옥살산, 시트르산 등이 소량 포함(세포 간 수송에는 중요한 역할을 하지만, 체관수송에는 역할이 미약함)

03 동화물질의 양분저장에 대한 설명으로 옳지 않은 것은?

● 18. 경북 농촌지도사(변형)

① 콩은 탄수화물보다 단백질과 지방이 훨씬 많이 저장된다.
② 벼는 종자의 배유에 지방이 저장되어 수확대상이 된다.
③ 사탕무는 뿌리에 다량의 자당이 저장된다.
④ 과수의 과실에는 단당류가 축적된다.

[해설] 벼는 종자의 배유에 전분이 저장되어 수확대상이 된다.
유채·땅콩·아주까리·콩 등의 지방종자를 형성하는 작물에서는 종자의 배유나 자엽 조직 속에 지방이 저장되며, 이 지방은 수확 대상이 된다.

정답 01 ① 02 ④ 03 ②

04 잎에서 생산된 동화산물의 가장 중요한 수송형태는?

① 녹말
② 포도당
③ 과당
④ 설탕

[해설] 전류하는 대부분의 탄수화물은 자당(설탕)이다.

05 다음 중 체내 동화물질의 전류방향에 대한 설명으로 틀린 것은?

① 뿌리의 온도가 지상부의 온도보다 높을 경우 뿌리로 전류되는 양이 증가한다.
② 암조건에서 뿌리로 전류되는 양이 많아진다.
③ 당농도가 높은 곳에서 당농도가 낮은 곳으로 전류된다.
④ 뿌리에 가까운 잎에서 생성된 물질은 주로 생장점으로 전류된다.
⑤ 소스와 싱크 간에 물질의 이동을 담당하는 기관은 체관이다.

[해설] 상위 잎은 생장 중인 지상부 정단부로 동화물질을 보내고, 하위 잎은 뿌리로 보내고, 중간에 위치한 잎은 양방향으로 전류한다.

06 사탕수수에서 시간당 동화물질의 전류거리는?

① 470cm
② 370cm
③ 270cm
④ 170cm

[해설] [작물의 전류속도]

식물	속도(cm/h)	식물	속도(cm/h)
쥬키니호박	290	버드나무	100
사탕수수	270	사탕무	85~100
강낭콩	107	포도	60
콩	100	호박	40~60

07 사관부적재와 관련된 설명 중 틀린 것은?

① 동화물질의 사관부적재에는 세포막에 분포하는 능동적 운반계가 관여한다.
② 자당의 농도가 주변세포에 비해 사부쪽이 높다.
③ 자당의 농도가 엽육세포보다 사관요소와 반세포에서 더 낮다.
④ 세포막에는 자당/수소이온 공동수송계가 있고, 이 수송계에 의해 자당이 운반된다.

[해설] 잎에서 자당 농도를 조사하면 엽육세포보다 사관요소와 반세포에서 높다. 자당의 농도가 주변세포에 비해 사부쪽이 높다는 사실은 자당이 화학퍼텐셜 구배에 역행하여 능동적으로 이동한다는 것을 알 수 있다.

정답 04 ④ 05 ④ 06 ③ 07 ③

08 체관부적재가 이루어지는 체관요소의 특징이라고 볼 수 있는 것은?

① 삼투압이 높아진다. ② 팽압이 낮아진다.
③ 물이 빠져나온다. ④ 수분퍼텐셜이 높다.

[해설] 당 적재 : 당 ↑, 삼투압↑(Ψ_s↓), H_2O 유입, 팽압 ↑
당 하적 : 당 ↓, 삼투압↓(Ψ_s↑), H_2O 배출, 팽압 ↓

09 사관부하적을 가장 올바르게 설명한 것은?

① 사부에서 동화물질이 수용부위로 빠져나가는 것이다.
② 공급부위에서 동화물질이 사부로 흘러들어가는 것이다.
③ 사관의 상부에서 동화물질이 하부로 이동하는 것이다.
④ 사관의 하부에서 동화물질이 상부로 이동하는 것이다.

10 동화물질의 사관내 전류를 설명하는 가장 유력한 학설은?

① 압류설 ② 전기삼투설
③ 원형질유동설 ④ 증산응집력설
⑤ 전기화학적구배설

[해설] 압류설은 식물 내에서도 공급원(source)인 광합성부위에는 광합성산물과 2차동화산물로 인하여 용질농도가 높아지게 되어 물이 주위에서 이동하게 되고, 이로 인한 수압의 차이에 따라 물이 수용부로 이동할 때 용질이 함께 이동한다는 이론이다.

11 광합성산물의 이동에 대한 설명에서 옳지 않은 것은?

① 체관부 이동을 원칙으로 한다.
② 광합성산물의 이동에는 에너지 소모가 필요하다.
③ 광합성산물의 이동형태는 주로 자당이다.
④ 수용부위 강도는 이동속도에 영향을 끼치지 않는다.
⑤ 공급부위와 수용부위의 농도차가 클수록 이동량은 많다.

[해설] 수용부 강도 = 수용부 크기 × 수용부 활성이며, 수용부의 크기와 활성을 줄이면 수송 양상이 변화한다.

[정답] 08 ① 09 ① 10 ① 11 ④

12 체관부적재 과정에서 심플라스트와 아포플라스트 경로에 대한 설명으로 옳지 않은 것은?

① 심플라스트 경로에서 당은 엽육조직의 광합성세포로부터 엽맥으로 이동할 때 원형질연락사를 거쳐 이동한다.
② 아포플라스트는 자당/양이온 공동수송을 통해 특정 운반체는 자당을 운반하게 된다.
③ 심플라스트는 당이 체요소와 반세포의 원형질막에 위치하면서 에너지에 의하여 추진된다.
④ 아포플라스트로의 자당 운반은 부분적으로 K^+ 같은 물질 수준에 의하여 조절된다.

[해설] 아포플라스트는 당이 체요소와 반세포의 원형질막에 위치하면서 에너지에 의하여 추진되는 선택적인 수송단백질에 의하여 아포플라스트로부터 체관부 세포로 능동적으로 적재된다.

13 식물체 내의 물, 무기물, 동화산물의 이동에 대해 틀리게 설명한 것은?

① 무기염류 및 무기물질은 도관을 통해 상승한다.
② 수액의 대부분을 차지하는 당류는 환원당인 glucose와 fructos로 비환원당인 sucrose는 거의 없다.
③ 무기염류 및 무기물질은 사관을 따라 아래로 이동되기도 한다.
④ 확산이나 능동운반 등의 과정으로 조직에서 조직으로 용질이 측면 이동한다.
⑤ 동화물질은 symplast로부터 apoplast에 일단 침투된 후 사관부의 symplast 안으로 투입된다.

[해설] 수액의 대부분을 차지하는 당류는 비환원당인 sucrose로 환원당인 glucose와 fructos는 거의 없다.

14 동화물질의 저장에 대한 설명 중 틀린 것은?

① 식물이 저장하는 주된 탄수화물은 전분이다.
② 마늘은 프락탄 형태로 저장한다.
③ 과실에서는 포도당이나 프록토스와 같은 단당류가 축적되기도 한다.
④ 지방은 지방산 형태로 전류되어 저장기관에 축적된다.

[해설] 지방종자는 동화기관으로부터 전류해 온 당류가 종자 내부에서 지방으로 합성되어 축적된다.

정답 12 ③ 13 ② 14 ④

컨셉 작물생리학

PART 02

물질 대사

01 광합성
02 호흡 작용
03 탄수화물 대사
04 N(단백질·핵산) 대사
05 지질 대사
06 2차대사물질

컨셉 작물생리학

Chapter 01 광합성

단원 키워드

1. 광합성에서 카로티노이드색소의 역할
2. 광합성의 명반응 과정
3. 광인산화반응과 산화적 인산화반응의 차이
4. C3 식물과 C4 식물의 광합성 특성
5. 다육(succulent)식물의 광합성 특성
6. 광호흡(photorespiration) 과정과 생리적 의의
7. 광합성에서 광합성촉진효과(Emerson효과)
8. 광합성에 영향을 미치는 환경조건

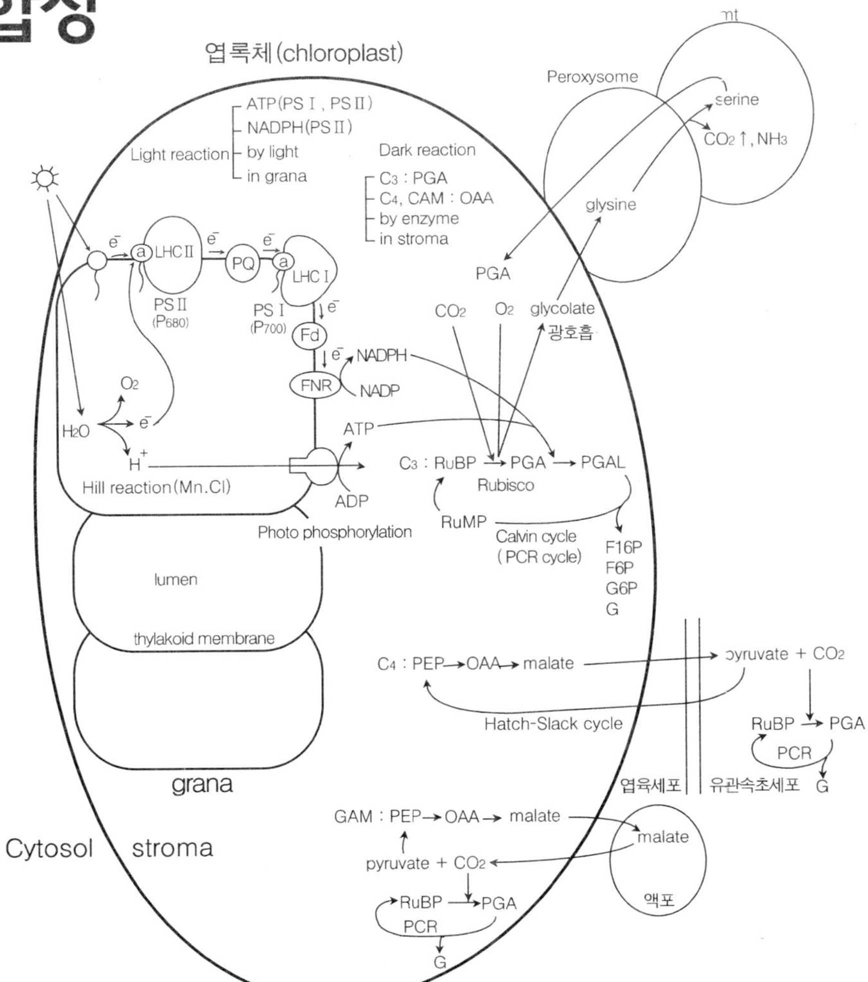

제1절 광합성 기초

- **동화작용**(同化作用; assimilation) : 작물체 안에서 분자량이 작은 무기물질·물에서 분자량이 크고 복잡한 유기물질로 합성되는 작용이다. 동화작용은 외부에서 에너지 공급받아 체내로 에너지를 축적하는 과정이다.
- **광합성**(光合成; photosynthesis) : 고등식물은 뿌리에서 흡수한 H_2O과 잎에서 흡수한 CO_2를 재료로 삼아 엽록체에서 광에너지를 화학에너지로 전환하여 탄수화물(당류·전분)을 합성하는 탄소동화작용을 한다.

1 엽록체 구성

(1) 엽록체

① 엽록체 구조
  ㉠ 세포 안의 엽록소는 모두 엽록체 안에 존재, 1개의 엽육세포 안에 100여 개의 엽록체가 들어 있다. 엽록체 크기는 지름이 2~20㎛(볼록렌즈형으로 폭 1㎛, 지름 5~8㎛)이며, 그 안에 지름 0.3~2.0㎛ 크기의 그라나가 있음(약 50개)
  ㉡ 엽록체 막의 이중층을 구성하는 성분은 대부분 당지질임(인지질이 아님). 외막과 내막은 구조와 기능이 서로 다른데, 외막은 용질이 자유롭게 통과하나, 내막은 선택성이 높음
  ㉢ 내부 구성 : 내막에서 분화된 막포 및 스트로마로 구성
    ⓐ 막포 : 막포의 기본구성단위는 얇은 동전 모양의 틸라코이드(thylakoid)이며, 틸라코이드가 겹겹이 쌓여 그라나(grana)를 형성함. 그라나들은 비중첩 틸라코이드(스트로마라멜라)에 의해 연결됨. 틸라코이드막에는 광합성에 관여하는 엽록소와 보조색소, 전자전달계, ATP합성효소 등이 정교하게 기하학적으로 배열되어 있고, 색소와 단백질이 복합체를 형성하여 박혀 있음. 틸라코이드 구조 안의 공간을 루멘(lumen)이라 하고 이곳에는 양성자(H^+)가 축적되어 있음
    ⓑ 스트로마(stroma) : 틸라코이드를 둘러싸고 있는 액상의 기질을 지칭하며, 광합성의 암반응에 필요한 각종 효소가 들어있고, 독자적인 DNA와 리보솜이 있어 RNA와 단백질을 합성하고 엽록체 증식에 관여함
  ㉣ 고등식물의 엽록체 그라나에서 광합성 명반응(light reaction)과 관련된 전자전달반응이 일어나고, 스트로마에서 광합성 암반응(dark reaction)과 관련된 각종 효소가 함유되어 있어 CO_2의 고정이 일어난다.
  ㉤ 엽록체 기능 : 광합성작용, 광호흡, 질소·유황 등의 동화작용, 아미노산·지방산·ABA·포르피린 등 합성, 녹말립(전분)을 일시적 저장

② 식물의 엽록체 색소
  ㉠ 녹색 색소 : 엽록소 a・b
  ㉡ 적색 카로티노이드 색소 : 카로틴(carotene)・잔토필(xanthophyll)
  ㉢ 색소 구성비(보통식물 기준) : 엽록소 65%, 카로틴 6%, 잔토필 21% 함유

(2) **엽록소**

① 의미
  ㉠ 엽록소는 광에너지를 흡수하는 중요한 역할을 하며, 엽록소는 특정 파장의 광선을 보다 효율적으로 흡수하는 특성이 있다.
  ㉡ 광합성작용은 작물체의 엽록소(chlorophyll)가 있는 부분에서 일어나지만 대부분 잎에서 이루어진다. 엽록소는 녹색식물의 특유한 색소로서 엽육조직에는 울타리조직(책상조직)이나 해면조직에 많이 함유되어 있다.

② 엽록소 구조

엽록소a : CH_3
엽록소b : CHO

porphyrin 환 (친수성)

phytol 꼬리 (소수성)

* 엽록소 구성원소 : C, H, O, N, Mg

  ㉠ 머리부분(porphyrin ring)
    ⓐ 머리부분은 C원자 간 이중결합과 단일결합이 교대로 나타나는 구조로 되어 있어 광에너지를 받으면 쉽게 들뜬 상태로 전이될 수 있다.
    ⓑ 엽록소는 4개의 pyrrole 핵이 N 원자로 결합된 porphyrin 화합물(머리부분)로서 중앙에 Mg가 결합되어 있다.

ⓒ 엽록소 a와 b
- 엽록소 a가 2번 pyrrole에 메틸기(-CH$_3$)를 결합시키고 있는 반면, 엽록소 b는 알데하이드기(-CHO)를 결합시키고 있는 것이 다르다.
- 엽록소 a가 석유에테르에 잘 용해되고, 엽록소 b는 메틸알코올에 잘 용해되는 차이가 있다.(엽록소는 물에 녹지 않고 유기용매에 잘 녹음)
- 엽록소 a와 b는 흡수스펙트럼이 약간 차이를 보이며, 분포비율은 식물에 따라 다른데 일반식물(C3 식물)은 대략 3:1 정도이다.

ⓒ 꼬리부분(피톨 측쇄) : phytol은 diterpen(C$_{20}$) 중에서 예외적으로 열린 구조를 갖고 있다.

ⓒ 엽록소-단백질 복합체(CP 복합체, chlorophyll-protein complex)
ⓐ 엽록소는 막구조의 내재성단백질과 결합하여 CP 복합체로 틸라코이드막에 분포한다.
ⓑ CP 복합체는 에너지전달과 전자전달이 효율적으로 일어날 수 있도록 기하학적으로 정교하게 배열되어 있다.

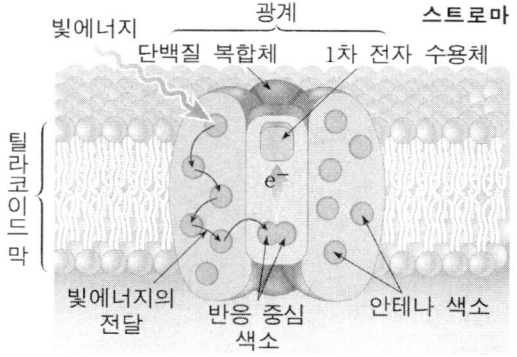

[틸라코이드 내부]

③ 엽록소 생합성
㉠ 엽록소는 글루탐산을 출발물질로 하여 Mg의 삽입 등 여러 단계를 거쳐 생합성된다.
㉡ Mg이 첨가되고 빛이 있는 조건에서 생성된 포르피린(클로로필리드)와 피톨 측쇄가 결합하여 엽록소가 합성된다.
㉢ Mg은 포르피린 고리의 2개의 N와 전자를 공유하고, 2개의 N는 비공유전자쌍을 공여하여 배위결합을 한다.
㉣ 피자식물은 반드시 광조건에서 엽록소가 합성되지만, 나자식물이나 조류는 암상태에서도 효소작용으로 합성된다.
㉤ 유전적으로 엽록소가 형성되지 않는 개체를 백자(albino)라 하고 이들은 발아 후 곧 죽는다.

④ 엽록소 종류

현재까지 9종의 엽록소가 알려져 있다.

㉠ 고등녹색식물(작물 등)의 광합성 색소 : 엽록소 a와 b의 2종
㉡ 조류의 광합성 색소 : 엽록소 c · d · e
㉢ 세균의 광합성 색소 : bacteria chlorophyll a · b, chlorobium chlorophyll 650 · 660

⑤ 엽록소의 흡수파장

㉠ 엽록소는 적색(640~670nm) · 청색(430~460nm) 부분의 광선은 잘 흡수되나, 녹색(500~560nm) 부분의 광선은 잘 흡수되지 않고 잎 표면에서 반사(광합성에 이용 안 됨)되거나 잎몸을 투과하기 때문에 잎은 녹색을 나타낸다.
㉡ 카로티노이드계 색소는 적황색 부근에서 흡수가 이루어지지 않는다.
㉢ 작용스펙트럼(action spectrum)을 보면 엽록소가 최대 흡수(흡광도)를 나타낸 파장의 광선, 즉 적색광과 청색광에서 광합성이 최대에 달한다.
㉣ 작용스펙트럼의 광합성률은 670nm(적색광)를 100으로 했을 때의 상대값으로 440nm(청색광) 부근서 100을 초과한다. 즉 <u>적색광보다 청색광에서 광합성률이 더 높게 나타난다</u>. 청색광이 적색광보다 파장이 짧아서 에너지가 더 크다.

* 흡수스펙트럼 : 엽록소의 파장별 흡광도를 도시한 것
* 작용스펙트럼(action spectrum) : 파장을 달리하는 여러 가지 단색광을 똑같은 에너지량으로 식물체에 쬐여 어떤 파장의 광선이 광합성에 가장 효율적인 것인가를 조사하는 것(파장별 광합성률)

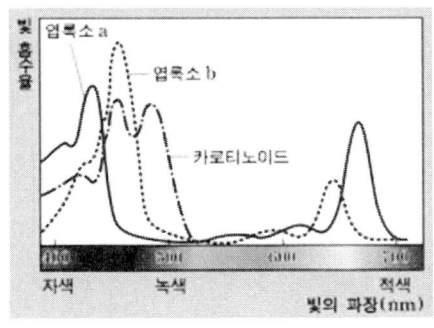

[흡수 스펙트럼]

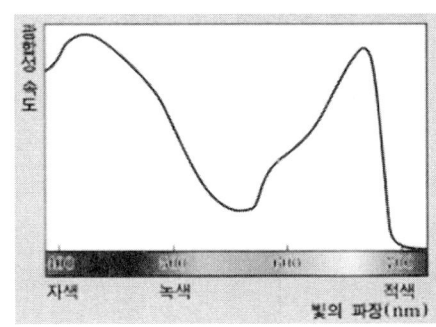

[작용 스펙트럼]

⑥ 엽록소의 광에너지 흡수

㉠ 들뜬상태(여기상태) : 원자핵 주변의 안정된 궤도에 있던 전자가 흡수된 에너지 수준만큼 더 높은 궤도로 상승하여 들떠 있는 상태

  ⓐ 엽록소분자가 광에너지를 흡수하면 안정된 바닥상태(ground state)에서 불안정한 들뜬상태(excited state)로 전이됨

ⓑ 엽록소가 청색광을 흡수하면 적색광보다 더 높은 에너지상태로 들뜨고, 들뜬상태의 엽록소는 매우 불안정하기에 에너지 일부를 주변에 열로 방출하고 원래 상태로 돌아옴
ⓒ 들뜬 전자가 안정된 상태로 돌아가는 경로
　ⓐ 흡수한 에너지를 광자 형태로 재방출하는 경로. 에너지 일부가 열로 소실되고 방출되는 빛은 흡수될 때의 파장보다 길고 에너지수준이 낮아서 형광을 냄
　ⓑ 흡수한 에너지를 인접한 엽록소로 전달하는 경로. 예 광수확 안테나엽록소의 에너지전달
　ⓒ 흡수한 에너지를 화학반응을 일으켜 전자가 방출되어 주변의 전자수용체로 전달하는 경로. 예 반응중심에서 전자전달
ⓓ 활성 산소(oxygen free radical, 체내유해산소) 생산
　ⓐ 과도한 광에너지로 엽록소가 들뜬상태를 빨리 해소하지 못하면 바닥상태의 O_2와 반응하여 활성산소(O_2^-, H_2O_2, $-OH$)를 생산함
　ⓑ 활성산소는 산화력이 매우 강해 독성을 나타내는데, 엽록소와 세포막 구조(불포화지방산 등)를 손상시키거나, 과도한 에너지가 반응중심엽록소를 불활성화시켜 광합성을 저해함
　ⓒ 보조색소(카로티노이드)가 엽록소의 들뜬상태를 신속히 소멸시킴
⑦ 에머슨효과(Emerson effect) = 광합성촉진효과
　㉠ Emerson은 조류(algae) 대상으로 실험 결과 제1광계와 제2광계가 상호 관련한다는 사실을 입증함. 고등식물도 일어남
　㉡ 장파장의 광선만을 쬐었을 때의 광합성률과 단파장의 광선만을 쬐었을 때의 광합성률의 합계보다 두 파장의 광선을 동시에 쬐어주었을 때의 광합성률이 더 높다.

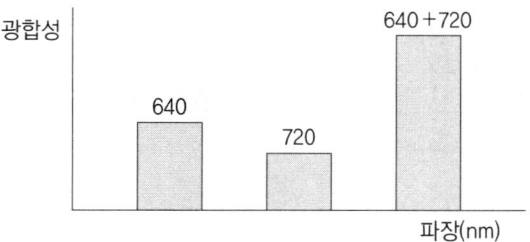

■ 광합성촉진효과(에머슨효과)

(3) 카로티노이드 색소(보조색소)

① 의미
- ㉠ 녹색 잎 안에서 카로티노이드는 엽록소와 함께 엽록체 속에 들어 있으며, 물에 녹지 않는 단백질복합체로서 존재한다.
- ㉡ 카로티노이드(carotenoid) 색소는 노란색·오렌지색·빨간색을 나타내는 색소이며 녹색인 모든 식물조직에 존재하며, 당근의 뿌리, 여러 가지 식물의 꽃·열매·종자 등에도 함유되어 있다.

② 종류
- ㉠ **카로틴(carotene)** : 카로티노이드 종류는 다양한데, C와 H만으로 구성되어 있다. 일반적으로 오렌지색을 띠며, 녹색 엽내 β-카로틴, 토마토 붉은 색소 라이코펜(lycopene; $C_{40}H_{56}$) 등이 있고, β-카로틴은 α-카로틴($C_{40}H_{57}$)과 함께 존재한다.
- ㉡ **잔토필(xanthophyll)** : 카로티노이드 중 케톤기 또는 수산기로서 O 원자를 함유하는 색소이다. 일반적으로 노란색을 띠며, 녹색 <u>엽내 카로틴보다 많다</u>.

③ 구조
카로티노이드는 화학구조로 보아 tetra terpene(C_{40})이며 8개의 isoprene(C_5)과 유사한 단위가 결합한 40-C의 화합물이다.

β-Carotene

④ 카로티노이드 역할(2가지)
- ㉠ **광보호** : <u>카로티노이드는 광합성에서 엽록소의 광산화(photooxidation)를 방지하는데, 엽록소가 광에너지를 받아 여기상태가 될 때 생성된 Chl과 O_2의 파괴작용을 소거하는 역할을 한다.</u>
- ㉡ **광선 흡수** : 광에너지를 흡수하여 엽록소 a에 전이하는 역할을 한다.

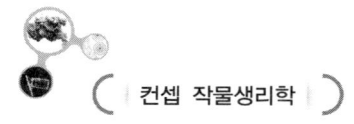

2 엽록소의 광합성단위

(1) 광합성단위(photosynthetic unit)

① 의미 : 반응중심과 그 주변에서 에너지전달에 관여하는 색소 집단
② 광합성단위의 크기(반응중심당 색소분자의 수)는 광합성세균은 20~30개, 조류는 수천 개, 고등식물은 약 300개이며, 식물은 보통 200~300개 엽록소가 하나의 단위로 되어 광자를 수집하는 하나의 광계를 이룸
③ CO_2 1분자를 환원시키고 O_2 1분자를 방출하기 위해 2,500개의 엽록소 분자가 관여하는데, 이때 10광자(光子; photon)가 소요됨. 1광자는 약 250 엽록소 분자에 의해 매개됨

(2) 광계(photosystem)

제1광계(photosystem Ⅰ)와 제2광계(photosystem Ⅱ)로 알려진 2개의 큰 다분자 복합체가 있으며, 이들 두 광계는 시토크롬 복합체에 의하여 연결된다.

제1·제2광계는 각각 광자를 흡수하는 엽록소와 카로티노이드를 포함하는 여러 종류의 단백질을 간직하고 있으며, 특정 단백질을 가진 엽록소는 엽록소-단백질복합체(CP_{47}, CP_{43})를 형성한다.

광계Ⅰ은 700nm의 원적색광을, 광계Ⅱ는 680nm의 적색광을 가장 잘 흡수하며, 각각의 반응중심을 P_{700}, P_{680}으로 지칭함. 틸라코이드막에는 광계Ⅱ가 광계Ⅰ보다 1.5배 많이 존재함

① 안테나엽록소 : 에너지전달 기능. 광계에서 대부분 엽록소는 안테나엽록소로 작용
  ㉠ 안테나색소는 광을 흡수하나 직접 광화학 반응에는 관여하지 않음. 안테나엽록소는 서로 밀접해 있어 여기된 에너지가 인근 색소 분자들 사이를 쉽게 통과함
  ㉡ 흡수된 광자 에너지는 안테나 복합체를 통하여 이동하며, 한 엽록소 분자에서 다음 분자로 가장 짧은 거리로 이동(95~99% 효율, 나머지는 열로 손실)하여 최종 반응 중심(reaction center)에 도달함

② 반응중심(reaction center) : 전자전달 기능. P_{700}, P_{680}
  ㉠ 구성 : 반응중심엽록소로 불리는 엽록소a 1분자, 단백질(D1, D2), 보조인자(Mn^{2+}, Ca^{2+}, Cl^-)로 구성되며, 에너지 수용부위로 작용함
  ㉡ 반응중심은 광화학반응의 장소이기에 광에너지를 화학에너지로 전환시킴
  ㉢ 1개 반응중심이 많은 안테나 엽록소 분자와 1단위를 이루어 광에너지의 집광과 이용효율의 증대라는 장점이 있음

③ 광수확복합체(LHC, light harvesting complex) : LHCⅡ, LHCⅠ
  ㉠ 구성 : 광수확복합체는 제2광계와 관련된 제2광수확복합체(LHCⅡ), 제1광계와 관련된 제1광수확복합체(LHCⅠ)로 구성
  ㉡ 역할
    ⓐ 확장된 안테나 체계의 기능은 광자의 수확을 쉽게 하고 반응중심이 최적속도로

운영되도록 하는 증강된 안테나복합체이다.
ⓑ 광수확복합체는 에너지 분포의 조절과 전자전달에 매우 중요한 역할을 한다.

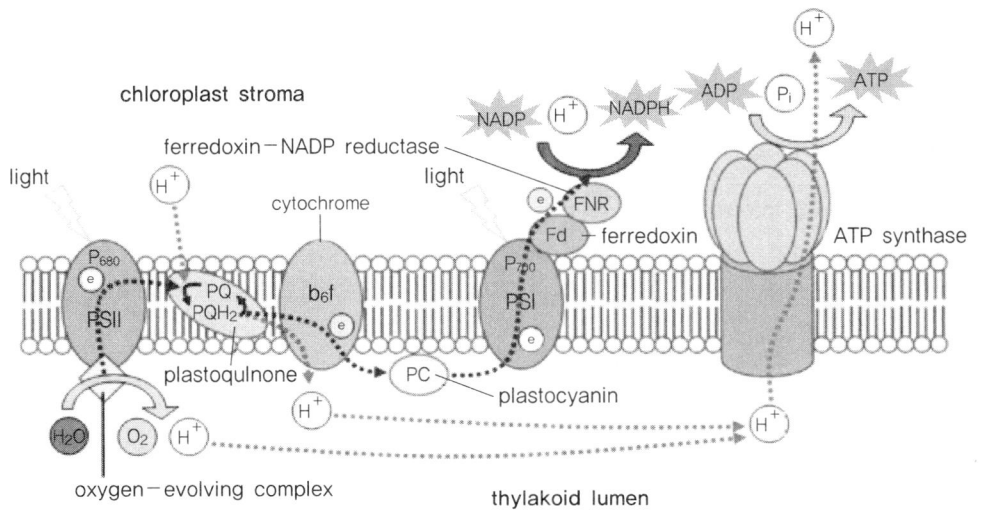

▣ 틸라코이드막의 전자전달계(ETS)

(3) 틸라코이드(thylakoid)막의 전자전달계

틸라코이드막에서 광계Ⅱ, 시토크롬b_6/f, 광계Ⅰ, ATP합성효소가 방향성을 갖고 전자와 양성자를 전달하며, 이들 복합체는 모두 내재성단백질(소수성)로 막이중층에 묻혀 있다.

① 광계Ⅱ : P_{680}(반응중심엽록소a 4~6개), 광수확복합체(LHCⅡ), 반응중심단백질(D1과 D2), 페오피틴(Pheo), Q(단백질-플라스트퀴논 복합체), 엽록소-단백질복합체(CP_{47}, CP_{43}), 산소방출복합체(OEC), 보조인자(Mn^{2+}, Ca^{2+}, Cl^-)으로 구성
  페오피틴은 엽록소를 구성하는 Mg^{2+}이 2개 H로 치환된 엽록소a 형태임

② PQH_2(플라스토퀴논의 환원형) : 막 안의 내재형단백질로 시토크롬복합체를 만날 때까지 이중층 안에서 측면으로 이동한다.

③ 시토크롬복합체 : 거대한 고분자 단백질복합체로, 주성분은 시토크롬b_6/f이며, Cyt b_6, Cyt f, Fe-S단백질을 함유하고 있다.

④ PC(플라스토시아닌) : 루멘 부위의 틸라코이드막을 따라서 자유롭게 확산이동할 수 있는 작은 외재성단백질이다. PQ와 PC는 이동할 수 있음

⑤ 광계Ⅰ : P_{700}과 여러 개의 단백질 복합체(LHCⅠ 등)로 구성되어 있으며, 단백질 중 PC와 페레독신(Fd)이 결합할 수 있는 것도 들어있다.

⑥ Fd(페레독신) : 스트로마 쪽에 녹아있는 또다른 Fe-S단백질이다. Fd는 Fd-$NADP^+$ 환원효소(ferredoxin $NADP^+$ reductase, FNR)의 매개로 $NADP^+$를 NADPH로 환원시킨다.

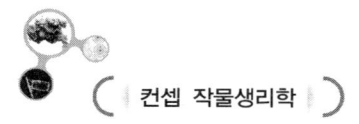

제2절 광합성 기구

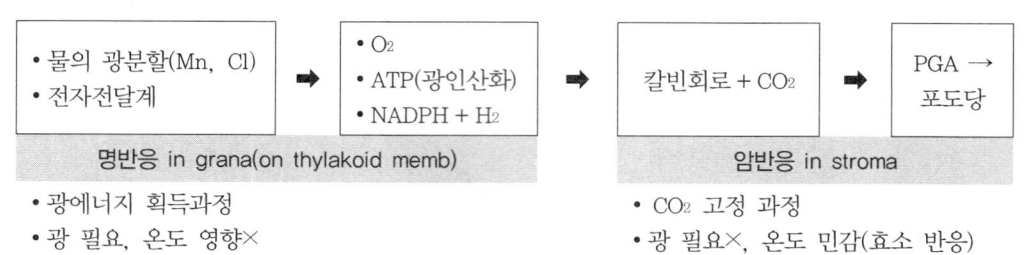

1. 광합성의 명반응(light reaction)

(1) 의미

① 명반응 : 물의 광분할과 광인산화반응을 통해 광에너지를 NADPH와 ATP와 같은 불안정한 상태의 화학에너지로 전환시키는 광화학반응이다. 에너지 획득과정으로서 엽록체의 <u>그라나</u>(grana)에서 발생한다.

② 온도의 영향을 받지 않는 광화학적 반응으로서 광분할(photolysis)에 의하여 물(H_2O)이 쪼개지면서 산소(O_2)를 방출하며, 유리된 전자(e^-)는 전자전달경로를 통해 암반응에 필요한 <u>ATP</u>(adenosine triphosphate)와 <u>NADPH</u>를 생성한다.

(2) 물의 광분할

① 힐반응(Hill reaction) : 분리한 엽록체에 Fe^{2+}이나 Cu^{2+}같은 수소수용체를 주고 광을 비추어 주면 H_2O이 광분할되어 O_2가 발생되는 반응
Mn·Cl은 Hill 반응에서 보조인자(cofactor)로 작용한다.

② 광합성 과정에서 방출되는 <u>O_2</u>는 H_2O에서 유래한다.

$$2H_2^{18}O + C^{16}O_2 \xrightarrow[\text{녹색식물}]{\text{광에너지}} {}^{18}O_2 + CH_2{}^{16}O + H_2O$$

③ O_2 발생은 물분자가 ~~직접 광분할~~ 되는 것이 아니라 물의 분리에 의하여 생기는 OH^-이온을 <u>제2광계</u>에서 전자공여체로서 계속 회수함으로써 광은 해리(解離)를 증가시키고 <u>O_2</u>를 방출한다.

$$2H_2O \longrightarrow 2H^+ + 2OH^-$$
$$2OH^- \longrightarrow 2(OH) + 2e^-$$
$$2(OH) \longrightarrow H_2O + 1/2 O_2$$
$$\overline{}$$
$$2H_2O \longrightarrow 2H^+ + 2e^- + 1H_2O + 1/2 O_2$$
$$1H_2O \longrightarrow 2H^+ + 2e^- + 1/2 O_2$$

④ H_2O의 광분해에 의하여 O_2, H^+, e^-가 발생하고, 광분해에서 축적된 e^-는 전자전달 경로를 경유하여 $NADP^+$로 전달되며, H^+ 이온은 제1광계에서 이탈한 e^-와 함께 $NADP^+$를 NADPH로 환원시킨다.

(3) 광인산화 반응

① 개념

㉠ 광인산화반응(photophosphorylation)
ⓐ 엽록체의 광화학반응에 의하여 암반응 과정을 유도하는 데 필요한 ATP를 생성하는 과정이다.
ⓑ 광화학 과정에서 에너지 전환에 관여하는 광화학반응은 제1광계와 제2광계에서 일어나고, 전자전달계가 두 광계를 연결시켜 주고 있다.

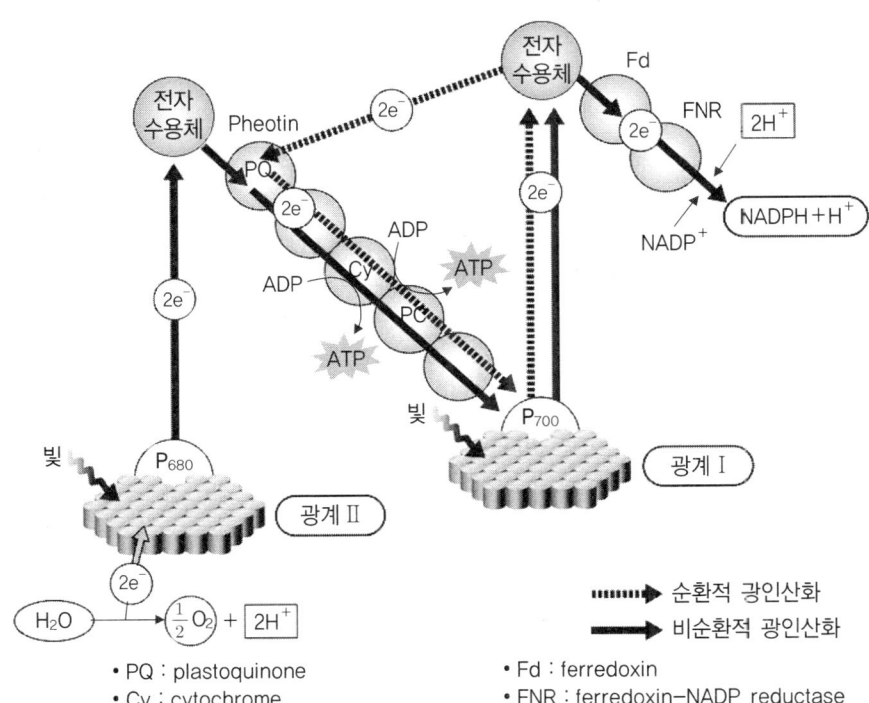

- PQ : plastoquinone
- Cy : cytochrome
- PC : plastocyanin
- Fd : ferredoxin
- FNR : ferredoxin-NADP reductase

▸▸▸▸ 순환적 광인산화
▶▶▶▶ 비순환적 광인산화

ⓒ 제1광계(photosystem I) : 밑줄친_순환적+비순환적_ 광인산반응과 관계됨
　　ⓐ 반응중심이 P_{700}으로 불리며 700nm의 파장에서 최대흡수치를 나타내는 단 하나의 엽록소 a 분자로 구성되어 있다.
　　ⓑ P_{700}은 광합성단위를 구성하는 약 250 엽록소 분자 중에서 광화학적 활성부위가 되고, 기타 색소는 광에너지를 흡수하여 반응중심 P_{700}으로 전달하는 부수적 능력만 갖고 있을 뿐이다.
ⓒ 제2광계(photosystem II) : 비순환적 광인산화에 관계됨
　　P_{680}으로 표시되며, 680nm의 파장에서 최대흡수치를 나타내는 엽록소 a 분자에 반응중심이 위치하고 있다.
② 비순환적 광인산화반응(noncyclic photophosphorylation)
　㉠ 의미 : 여기된 엽록소에서 이탈된 전자(e^-)가 전자전달계를 거치는 동안 ATP를 형성하고, 최종적으로 NADP에 전달되어 NADPH로 환원되고 엽록소로 되돌아가지 않는 과정이다. 제1광계와 제2광계 모두 이 반응에 관련되어 ATP와 NADPH를 형성하게 된다.
　㉡ 반응 과정 : P_{680} → 페오피틴 → PQ → Cyt → PC → P_{700} → Fd → FNR
　　ⓐ 제2광계의 색소 P_{680}이 광자를 흡수하면 전자는 여기상태로 되고, 또 H_2O의 광분할이 동시에 일어남
　　ⓑ P_{680} : 제2광계에서 P_{680}으로부터 여기상태로 되어 이탈된 전자(e^-)는 빠르게 1차 전자수용체인 페오피틴(pheophytin)으로 전달되며, 전자를 잃고 광산화된 P_{680}은 즉시 물 광분해에서 발생된 e^-가 OEC(산소방출복합체)의 매개로 P_{680}에 보충해 들어감
　　ⓒ PQ : 페오피틴에 포착된 전자는 반응중심에 결합된 2개 플라스토퀴논(Q_A, Q_B)에 전달함. Q_A는 1개 전자를 전달하고, Q_B는 2개 전자를 운반함. 2개 전자를 받은 Q_B^{2-}는 2개 H^+을 스트로마에서 얻어 환원형 플라스토퀴논(PQH_2)이 되어 광계II복합체에서 분리되어 이중층 안의 플라스토퀴논 풀(pool)에 합류함. PQH_2는 이동하여 시토크롬b_6/f복합체를 만나 전자를 전달함
　　ⓓ Cyt : PQH_2에서 받은 1개 전자는 Cyt b_6에 전달된 후 다시 PQ^-로 전달되고, 다른 1개는 Fe-S를 거쳐 Cyt f로 전달하고, 다시 루멘쪽의 플라스토시아닌(PC)으로 전달함
　　ⓔ PC : PC는 광계I으로 이동하여 반응중심엽록소를 P_{700}으로 환원시킴. 전자가 PQ과 Cyt 등을 경유하여 제1광계인 P_{700}으로 전달되는 과정에서 ATP가 형성됨
　　ⓕ P_{700} : P_{700}에서 방출된 전자는 전자전달보조인자인 A를 거쳐 1차 전자수용체인 황화철단백질을 환원시킴
　　ⓖ Fd : 황화철단백질은 환원력이 매우 강해 전자(광분할에서 생긴 H^+과 함께)를 페레독신(Fd)을 거쳐 FNR 매개로 $NADP^+$에 전달하여 NADPH로 환원시킴
　　ⓗ 전자전달과정에서 생성된 ATP와 NADPH는 광합성의 암반응과정에 이용됨

③ 순환적 광인산화반응(cyclic photophosphorylation)
  ㉠ 의미
    ⓐ 여기된 엽록소의 전자(e^-)가 전자수용체로 전달되고, 전자수용체를 지나서 엽록소로 되돌아오는 형이다.
    ⓑ 전자가 흐르는 동안에 ATP는 형성되지만 NADPH가 형성되지 않으므로, 순환적 광인산화반응은 CO_2를 환원시키고 당을 형성하는 데는 충분하지 못하다.
  ㉡ 반응 과정
    ⓐ 제1광계의 P_{700}은 광에너지의 광자를 흡수하면 여기된다.
    ⓑ 엽록소 P_{700}으로부터 이탈된 전자는 페레독신(ferredoxin), FMN, 플라스토퀴논(plastoquinone), 시토크롬(cytochrome), 플라스토시아닌(plastocyanin) 등의 전자수용체를 지나 순환과정을 거치는 동안에 방출되는 에너지에 의하여 ATP가 형성된다.
    ⓒ 에너지를 잃은 전자는 다시 원래의 엽록소 분자 P_{700}에 돌아오게 된다.
    ⓓ 제1광계만 관계하며, O_2는 방출되지 않고, NADP는 전자를 받지 않기 때문에 NADPH로 환원되지 않는다.

정리 비순환적 광인산화 vs 순환적 광인산화

	비순환적 광인산화	순환적 광인산화
O_2는 방출	○	×
이용 광계	광계2, 광계1	광계1
전자전달	물 → P_{680} → P_{700} → NADPH	P_{700} → P_{700}
생성물	ATP, NADPH	ATP

④ ATP 합성효소의 회전모터 모델

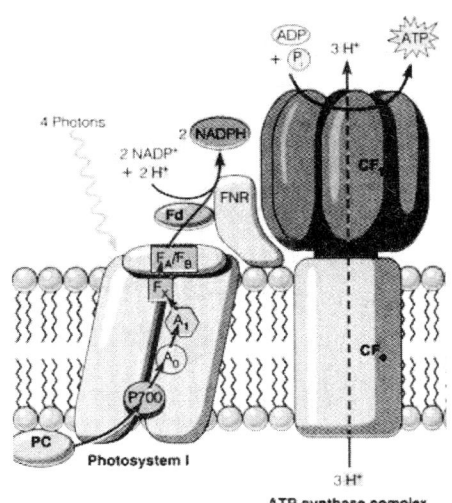

㉠ ATP 합성효소(ATP synthase) : F형의 H^+-ATPase(F-H^+-ATPase or F-H^+ 가수분해효소)
㉡ 종류
   CF_0-CF_1과 F_0F_1-ATP합성효소는 비슷한 구조를 가짐. F형은 모터의 회전방향이 시계 반대방향이고 V형(vacuole)은 시계방향임
   ⓐ CF_0-CF_1 ATP합성효소 : 엽록체의 틸라코이드막에 분포하는 ATP합성효소
   ⓑ F_0F_1-ATP합성효소 : 미토콘드리아 내막에 분포하는 ATP합성효소
㉢ CF_0-CF_1 ATP합성효소
   ⓐ CF_0-CF_1는 분자량이 400kDa에 이르는 대형 효소복합체로 2개의 거대한 소단위복합체(CF_0-CF_1)로 구성되어 있음
   ⓑ CF_0는 소수성(내재성) 막복합체로 회전모터 기능을 수행. CF_0는 a 소단위체와 c 소단위체 고리 사이의 연결부위에 양성자(H^+) 통로를 형성하여 전기화학적 양성자 기동력에 의해 양성자가 채널을 통과하면서 회전모터를 돌림
   ⓒ CF_1은 친수성(표재성) 막복합체로 ATP 합성을 촉매하는 효소로 작용. CF_0 회전모터가 돌면서 CF_1이 회전하면서 ADP와 P_i를 결합하여 ATP를 생성함

⑤ 광합성 전자전달저해제 : 제초제의 작용부위
㉠ 디우론(diuron, DCMU) : 광계Ⅱ의 퀴논(Q_B)에 결합하여 PQ가 전자를 받아들일 수 없고 Q_A에 전자가 머물게 되어 광합성을 저해한다.
㉡ 파라쿼트(paraquat, 그라목손) : 광계Ⅰ에서 페레독신을 경유하여 $NADP^+$로 가는 전자를 산소 분자로 전달하여 슈퍼옥시드(활성산소)를 형성시켜 엽록체의 활성을 소실시키고 세포막구조를 손상시킨다.

2 광합성의 암반응(dark reaction)

(1) 개념

① 광합성 제2단계인 암반응 과정은 엽록체의 스트로마(stroma)에서 일어나며, 명반응 과정에서 생성된 ATP와 NADPH를 이용하여 CO_2를 고정하여 환원시킴으로써 불안정하였던 화학에너지를 탄수화물(PGA) 같은 화합물로 안정화하는 열화학적 반응이다.
② 효소반응으로서 온도변화에 민감하게 반응하나 광과 관계없이 일어난다.

(2) Calvin-Benson(C3) 회로

① 회로 발견
㉠ Ruben 등 : 광합성 과정에서 CO_2의 고정회로에 관한 연구는 ^{14}C, ^{32}P 등의 방사성 동위원소를 이용하여 실험하였다.

ⓒ Calvin·Benson 등
  ⓐ CO_2가 어떻게 고정되어 어떠한 물질로 전환되어 가느냐 하는 광합성의 탄소회로를 밝혔다(칼빈-벤슨회로).
  ⓑ 클로렐라(chlorella)와 같은 단세포 녹조 실험에서 2초 동안 광선을 쬐어 광합성을 진행시킨 재료에서 대부분 3-phosphoglyceric acid(PGA, 3PG)가 검출되었으며, 이는 CO_2가 고정되어 생기는 최초 안정된 광합성 중간산물이라는 것을 발견하였다.

② 칼빈-벤슨회로 과정
  ㉠ 1단계 : CO_2 고정단계(카르복시화), RuBP+CO_2 → 2PGA
    ⓐ 흡수된 $^{14}CO_2$가 RuBP(ribulose-1,5-bisphosphate, 5C)에 CO_2가 결합하여 카르복시화 반응을 일으켜 불안정한 6탄소 중간화합물을 생성함
    ⓑ 중간화합물은 일시적으로 존재하며 전이상태의 효소에 결합된 채로 곧바로 가수분해 되어 최초의 안정된 중간산물인 PGA(phosphoglyceric acid, 3PG) 2분자를 생성되는데, Rubisco(RuBP carboxylase)가 촉매작용을 한다.
    ⓒ 루비스코(RuBP carboxylase/oxygenase) : 카르복시화를 촉매하는 효소. 지구상에서 가장 풍부하고 가장 중요한 역할 수행함. 캘빈회로에서는 carboxylase로 작용하고, 광호흡 시에는 oxygenase로 작용함
  ㉡ 2단계 : PGA 환원단계, PGA+ATP+NADPH → PGald+ADF+NADP
    ⓐ PGA는 ATP를 사용하여 인산화되어 반응성이 큰 1,3-PGA(BPGA, 1,3-bisphosphoglyceric acid)를 합성함
    ⓑ BPGA는 NADPH를 이용하여 PGAL(G3P, GAP, phosphoglyceraldehyde, PGald)로 환원됨
    ⓒ G3P는 RuBP 재생단계로 넘어가고, 남는 일부가 F1,6P(과당1,6인산)를 형성한 후, F6P(fructose-6-phosphate)와 G6P(glucose-6-phosphate)를 거쳐 glucose(포도당) → sucrose(설탕) → starch(전분, 녹말)을 포함하는 기타 유기화합물을 합성하는 출발물질로 이용됨
  ㉢ 3단계 : RuBP 재생성단계, PGald → RuBP
    ⓐ G3P는 3탄당인산 이성질화효소에 의해 DHAP(dihydroxyacetone 3-phosphate)로 전환됨. G3P와 DHAP는 상호 전환이 가능함
    ⓑ G3P와 DHAP는 축합되어 F1,6P(FBP, fructose-1,6-bisphosphate, 과당1,6이인산)를 거쳐 과당, 포도당, 설탕을 형성할 수 있고, G3P의 일부는 sucrose로 전환되어 수송, 일부는 전분으로 전환되어 저장됨

ⓒ G3P는 결국 3, 4, 5, 6, 7탄당이 관여하는 일련의 반응을 거쳐 <u>ATP를 사용하여 RuBP를 재생산</u>하여 CO_2 고정의 순환 회로를 완성함

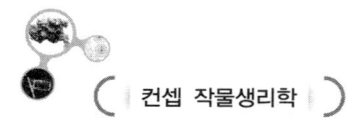

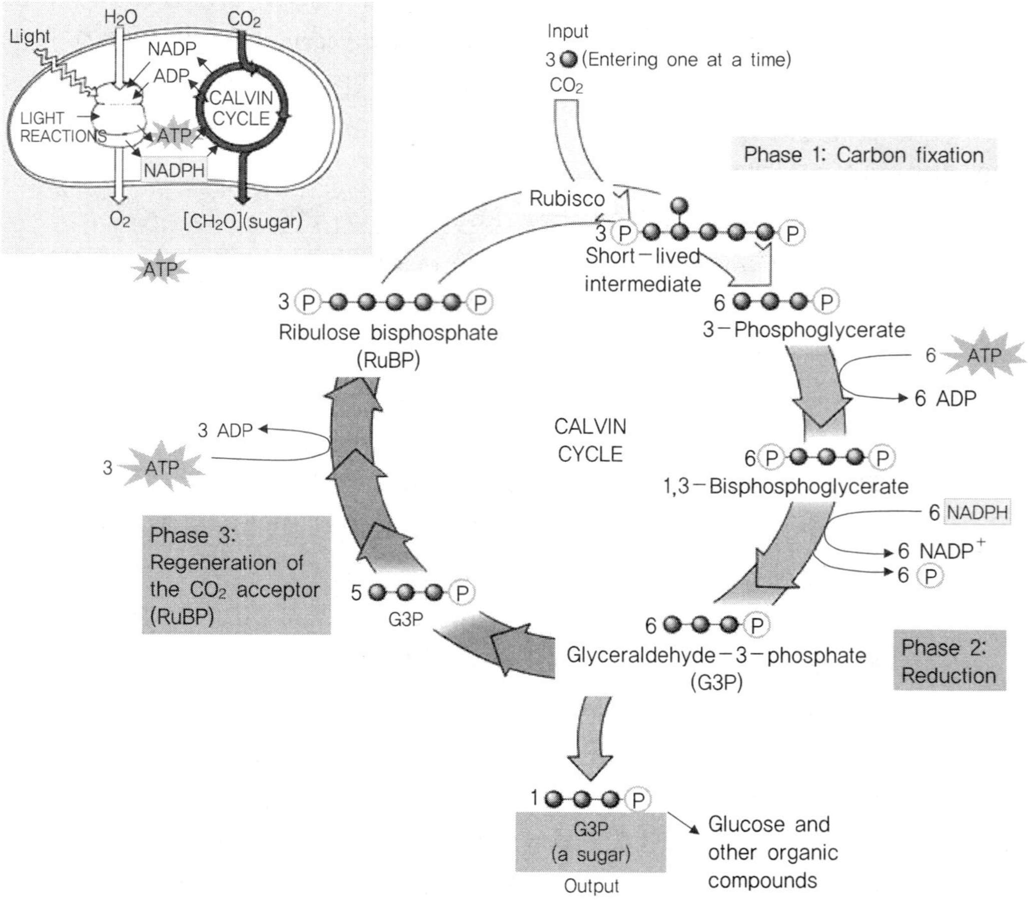

[약어 정리]

- ATP → adenosine triphosphate
- G6P → glucose-6-phosphate
- G1P → glucose-1-phosphate
- F6P → fructose-6-phosphate
- F1,6P → fructose-1,6-bisphosphate
- Rubisco → RuBP carboxylase
- RuBP → ribulose-1,5-bisphosphate
- PGA=3PG → phosphoglyceric acid
- DHAP → dihydroxyacetone phosphate
- PGald=PGAL=G3P → phosphoglyceraldehyde

③ 광합성 산물
  ㉠ **동화전분** : 광합성작용에 의하여 만들어진 당류는 전분으로 변화하고 이 전분은 엽록체 속에 축적된다.
  ㉡ 가지과·콩과 식물처럼 동화전분 형성이 높은 것부터 백합과 식물처럼 동화전분 형성이 전혀 없는 것까지 다양하다.
  ㉢ 동화전분이 형성되지 않은 식물은 당류가 생기므로 이러한 잎을 당엽(糖葉)이라 하고, 전분이 생기는 식물잎을 전분엽(澱粉葉)이라고 한다.

(3) **광호흡**(光呼吸 ; photorespiration)

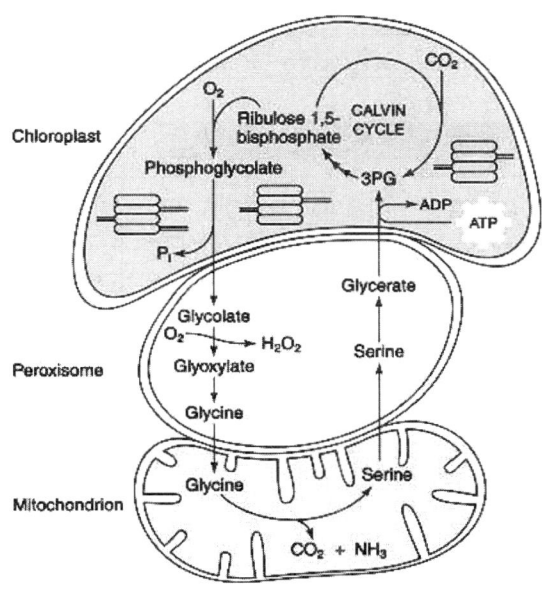

```
COOH      COOH         COOH           COOH       COOH      COOH         COOH
|         |            |              |          |         |            |
C-O-Ⓟ     C-OH         CHO            C-NH₂      C-NH₂     C-OH         C-OH
                                                 |         |            |
                                                 C-OH      C-OH         C-OH

PG        glycolic acid  glyoxylic acid  glycine   serine    glyceric acid   3PG
```

① 의미
  ㉠ 광조건에서만 O_2를 소모하고 CO_2를 방출하는 호흡작용이 일어나는 현상. 엽록체에서 시작하여 퍼옥시솜, 미토콘드리아를 넘나들며 발생함
  ㉡ 한여름 기온이 높고, 건조한 때(고온건조) 식물이 증산을 억제하기 위해 기공을 닫은 결과, 잎 내부에 CO_2 농도가 저하됨. 캘빈회로의 루비스코가 oxygenase로 작

용하여 CO_2 대신 O_2를 RuBP와 결합시켜 2분자의 PGA 대신 1분자의 PGA와 CO_2를 생성함
- ⓒ 광호흡 촉진조건 : 높은 광도, 고온, 높은 O_2 수준, 낮은 CO_2 수준

② 특징
- ㉠ 광호흡 기질(基質)은 글리콜산(glycolic acid)이다. RuBP가 CO_2와 결합하지 않고 RuBP oxygenase에 의해 O_2와 결합하여 글리콜산(glycolic acid)을 생성하는데, 글리콜산은 O_2 농도가 높고 CO_2 농도가 낮은 조건에서 촉진된다.
- ㉡ 광호흡은 미토콘드리아의 호흡이 아닌 광합성 과정에서 발생하는 대사이다.
- ㉢ 광합성 효율을 떨어뜨려 탄소고정량이 감소한다.
- ㉣ C3 식물이 환경에 적응하는 수단의 하나로서 고농도 O_2로부터 엽록체의 산화적 광파괴(oxidative photodestructive)를 방지하는 기작으로 이해됨

보충 Warburg 효과

O_2 존재 하에서 CO_2 흡수가 억제되고 광합성이 저해되는 현상
즉, 산소분압이 증가하면 광호흡이 증가하고 탄산가스의 고정이 억제되는 현상

③ 과정
- ㉠ 엽록체의 RuBP가 O_2와 결합하여 PG(phosphoglycolate)를 생성한다.
- ㉡ PG가 Pi과 glycolate로 분리된 후 퍼옥시솜(peroxisome)으로 이동한다.
- ㉢ glycolate는 퍼옥시솜에서 O_2를 받아 glyoxylic acid로 산화 후 glycine으로 변형된 뒤 미토콘드리아로 이동한다.
- ㉣ 2glycine은 미토콘드리아에서 CO_2와 NH_3를 방출하여 serine으로 변한 후 몇 단계를 거쳐 엽록체에서 PGA로 변화된다.

참고 | 작용기(functional group)

	구조	화합물 이름	보기
수산기 (hydroxy기)	—OH	알코올	에탄올 C-C-OH
카르보닐기 (carbonyl기)	$\overset{\mid}{\underset{\mid}{C}}=O$	• 케톤 : 작용기가 C골격 내에 있을 때 • 알데히드 : C골격 끝에 있을 때	아세톤 $\overset{C}{\underset{C}{\mid}}C=O$
카르복실기 (carboxyl기)	$\overset{-C=O}{\underset{OH}{\mid}}$	카르복실산 or 유기산	아세트산 C-COOH
아미노기 (amino기)	$\overset{\mid}{\underset{H}{N}}-H$	아민	• 아미노산 : 아민과 동시에 카르복실산임 HOOC-C-NH₂
설프히드릴기 (sulfhydryl기)	—SH	티올	시스테인 HOOC-C-NH₂ | C | SH
인산기	$-O-\overset{O}{\underset{O}{\overset{\|}{P}}}-O^-$	유기인산	• 글리세롤인산 : 인지질의 뼈대를 구성함 CCC-O-PO₃²⁻
메틸기	$-\overset{H}{\underset{H}{\overset{\|}{C}}}-H$	메틸화합물	5메틸시스티딘

(4) Hatch-Slack(C4) 회로

① 회로 발견
  ㉠ Kortschak·Hartt·Burr(1965)는 하와이에서 발견하고, Hatch와 Slack(1966)은 오스트레일리아에서 입증하였다.
  ㉡ 사탕수수는 CO_2가 탄수화물로 동화되는 과정에 C4 유기산인 말산(malic acid)이나 아스파트산(aspartic acid)이 형성된다는 것이 밝혀졌다.
  ㉢ C4 식물은 사탕수수·옥수수·수수와 같은 많은 열대 원산의 외떡잎식물과 일부 쌍떡잎식물이 포함되며, 많은 잡초도 이에 속한다.

② C4 식물 구조
  ㉠ 특수한 조직배열이 있는 크란츠 해부구조(Kranz anatomy)를 가진다. 세포간극이 작고 각 유관속(維管束)은 현저하게 발달된 유관속초세포(bundle sheath cell)로 둘러싸여 있으며, 엽육세포(mesophyll cell)와 엽맥 주위의 유관속초세포에 각각 엽록체를 갖고 있다.
  ㉡ 엽육세포 : 그라나가 있고, 전분립이 없는 작은 엽록체가 들어 있다.
  ㉢ 유관속초세포 : 보통 그라나가 없고, 다수의 전분립을 가진 큰 엽록체가 들어 있다.

③ C4 회로 과정
  ㉠ 엽육세포 엽록체에서는 PEP(phosphoenol pyruvic acid)가 PEPc(PEP carboxylase)의 촉매작용으로 CO_2를 받아 OAA(oxaloacetic acid, dicarboxylic acid, 옥살초산)가 된다.
  ㉡ OAA는 malic acid dehydrogenase의 촉매작용에 의하여 malic acid(말산)이 형성되며, 때로는 aspartic acid(아스파트산)으로 전환된다.
  ㉢ 말산이나 아스파트산은 원형질연락사(plasmodesmata)를 통해 유관속초세포의 엽록체로 전이되어 그곳에서 탈탄산작용(decarboxylation)에 의하여 CO_2가 방출되고 피루브산(pyruvate)이 형성되면서 NADP는 NADPH로 환원된다.
  ㉣ 방출된 CO_2는 Rubisco를 이용하여 RuBP에 흡수되어 칼빈-벤슨회로에 이용되고, 남은 피루브산은 엽육세포의 엽록체로 다시 들어가서 ATP 소비하면서 PEP를 재생성하는 데 이용된다.

④ C4 식물 vs C3 식물
  ㉠ C4 식물은 C3 식물에 비하여 광보상점이 낮고 광포화점이 높으므로 광합성효율이 매우 높다.
  ㉡ C4 식물은 CO_2보상점이 낮고 CO_2포화점은 매우 높다.
  ㉢ C4 식물은 광호흡을 본질적으로 하지 않거나, 광호흡량이 C3 식물에 비하여 매우 낮다.

C3 식물	C4 식물
광보상점 ↑, 광포화점 ↓	광보상점 ↓, 광포화점 ↑
CO_2 보상점 ↑, CO_2 포화점 ↓	CO_2 보상점 ↓, CO_2 포화점 ↑

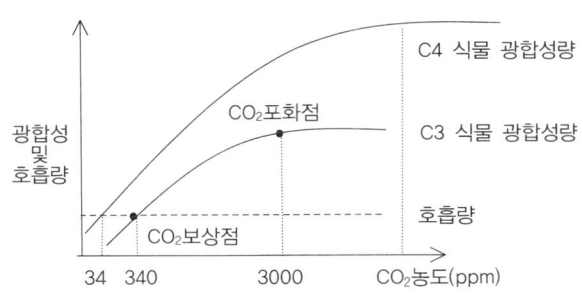

CO₂ 보상점과 CO₂ 포화점

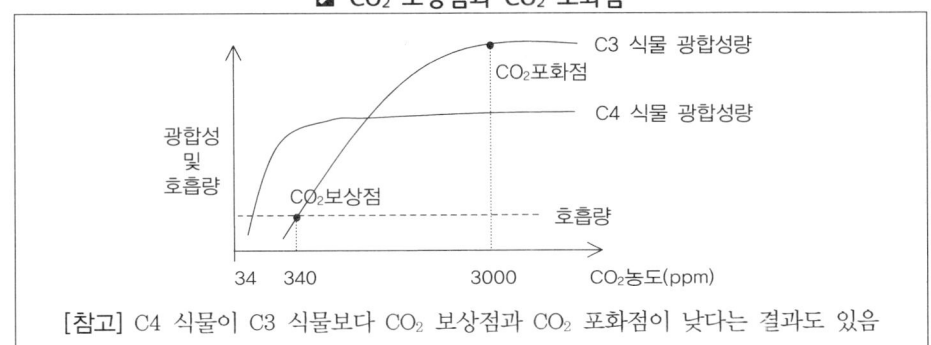

[참고] C4 식물이 C3 식물보다 CO₂ 보상점과 CO₂ 포화점이 낮다는 결과도 있음

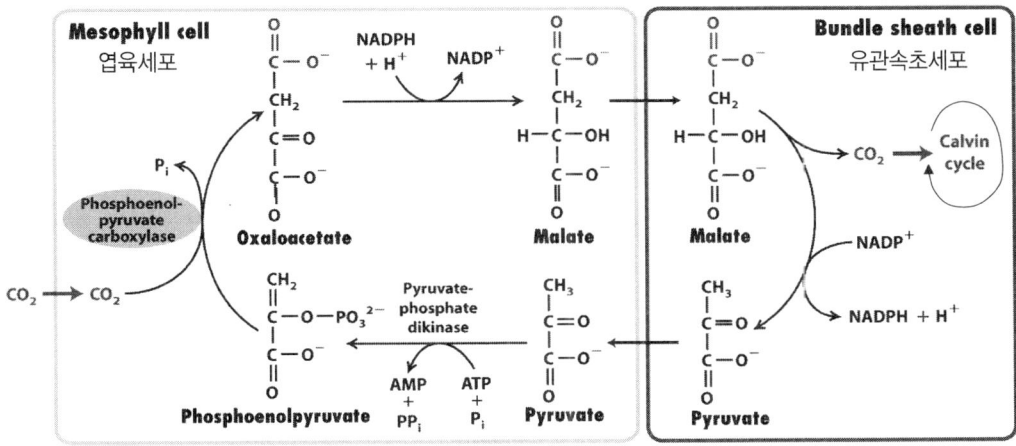

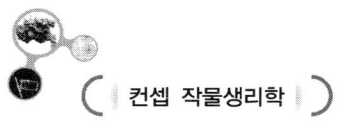

■ C3 · C4 · CAM 식물의 생리적 특성

특성	C3 식물	C4 식물	CAM 식물
CO_2 고정계	칼빈회로	C4 회로 + 칼빈회로	C4 회로 + 칼빈회로
잎조직 구조	엽육세포(해면상 or 울타리조직)으로 분화하거나, 내용이 같은 엽록유세포에 엽록체가 많이 포함되어 광합성이 이곳에서 이루어지며, 유관속초세포는 별로 발달하지 않고, 발달해도 엽록체를 거의 포함하지 않음.	유관속초세포가 매우 발달하여 다량의 엽록체를 포함하고, 그 유관속초세포의 주변에는 엽육세포(다량의 엽록체 포함)가 방사상으로 배열되어, kranz 구조를 보이는 특징이 있음.	엽육세포는 해면상이고 균일하게 매우 발달하여 엽록체도 균일하게 분포하고 있음. 유관속초세포는 발달하지 않았고, 두꺼운 잎조직의 안쪽에는 저수조직을 가지는 특징이 있음.
carboxylase	RuBP carboxylase	PEP carboxylase, RuBP carboxylase	• 밤 : PEP carboxylase • 낮 : RuBP carboxylase
이론적 에너지요구량 (CO_2 : ATP : NADPH)	1 : 3 : 2	1 : 5 : 2	1 : 6.5 : 2
잎 엽록소 a/b율	2.8±0.4	3.9±0.6	2.5~3.0
무기영양으로서 Na^+ 요구	없음	있음	있음
광합성적정온도	15~25℃	30~47℃	≒35℃
최대광합성능력 ($mgCO_2/cm^2$/시간)	15~40	35~80	1~4
광합성산물 전류속도	소	대	–
최대건물생장률 (g/m^2/일)	19.5±1.9	30.3±13.8	–
건물생산량 (ton/ha/년)	22±0.3	39±17	낮고 변화가 심함
광호흡	있음	유관속초세포에만 있음 광호흡이 없거나 적음	정오 후 측정 가능
21% O_2에 의한 광합성 억제	있음	없음	있음
CO_2 첨가에 의한 건물생산 촉진효과	큼	작음(하나의 CO_2 분자를 고정하기 위해 더 많은 에너지가 필요함)	–
광포화점	최대일사의 1/4~1/2	최대일사 이상으로 강광조건에서 높은 광합성률을 보임	부정
CO_2 보상점(ppm)	30~70	0~10	0~5(암중)
내건성	약	강	극강
증산율≒요수량 (gH_2O/g건량증가)	450~950 (다습조건에 적응)	250~350 (고온에 적응)	18~125 (매우 적음)
작물	벼, 보리, 밀, 담배	옥수수, 수수, 사탕수수, 기장, 진주조, 피, 수단그래스, 버뮤다그래스, 명아주	돌나물, 선인장, 파인애플

(5) CAM(크래슐산 대사) 회로

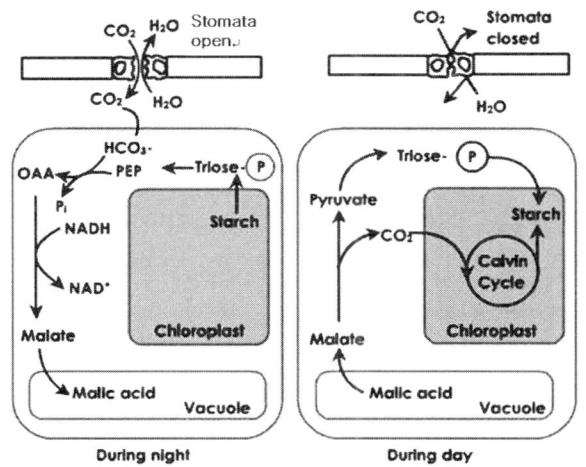

① CAM(crassulacean acid metabolism, 다육) 식물
  ㉠ 건조지대의 일부 식물은 낮동안 증산을 억제하기 위해 기공을 닫고 CO_2 유입이 차단되면 광호흡을 하고 광합성 효율이 떨어짐. 이를 극복하기 위해 기온이 낮은 <u>밤에 기공을 열어 CO_2를 흡수</u>하여 큰 액포에 물과 함께 저장하고, 낮에 기공을 닫은 채로 저장된 CO_2를 이용하여 광합성을 하는 식물
  ㉡ CAM은 고온건조한 환경에서 광호흡을 극복하고 CO_2 농도가 제한되는 곳에서 광합성을 효율적으로 할 수 있도록 발달시킴
  ㉢ 돌나물과(Crassulaceae)의 꿩의비름에서 처음 발견됨
  ㉣ **종류** : 돌나물과의 돌나물·칼랑코에·에케베리아, 선인장류, 파인애플, 용설란, 난류, *Bryophyllum*, *Sedum*속 등

② 특징
  ㉠ 고온건조한 기후에서 수분손실을 최소화하는 해부학적 특징 : 다육질(succulent)이며, 체적에 비해 표면적이 작고, 각층이 두껍게 발달함. 기공이 깊이 묻혀 있으면서 기공개도가 작고 열림 빈도도 적음. 액포가 큼
  ㉡ CO_2 1g을 고정할 때 수분 소모량 : C3식물은 400~500g, C4식물은 250~300g, CAM식물은 50~100g
  ㉢ 밤에 다육식물의 산 함량(말산)은 증가되고 탄수화물 함량은 급격히 감소되지만, 낮에는 산 함량은 감소되고 탄수화물 함량(당)은 증가된다.
  ㉣ CAM 식물도 물이 풍부하면 낮에 기공을 열어 CO_2를 흡수하는 C3 경로로 전이될 수 있음

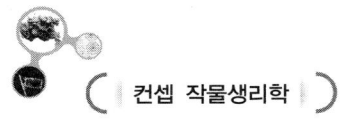

　　　⑩ 특정 식물(ice-plant)은 평소에 C3 대사경로를 갖지만 고온·수분스트레스를 받으면 CAM 경로를 이용함. 수생식물도 저농도 CO_2를 효율적으로 획득하는 수단으로 CAM 회로가 발전됨

③ CAM 반응 과정

　　㉠ 밤 : 많은 다육식물은 <u>밤에 기공을 열어 흡수한 CO_2와 PEP가 반응하여 OAA를 생성</u>한 후 다량의 말산 또는 시트르산을 액포에 축적한다.

　　㉡ 낮 : 액포에 저장된 말산은 낮에 CO_2가 유리되면서 피루브산이 되며, <u>유리된 CO_2는 칼빈-벤슨회로에서 Rubisco를 이용하여 RuBP와 결합하여 PGA를 만든 다음에 탄수화물(포도당)로 전환</u>된다.

제3절 광합성에 영향을 미치는 요인

1 외적 요인

(1) 광(光)

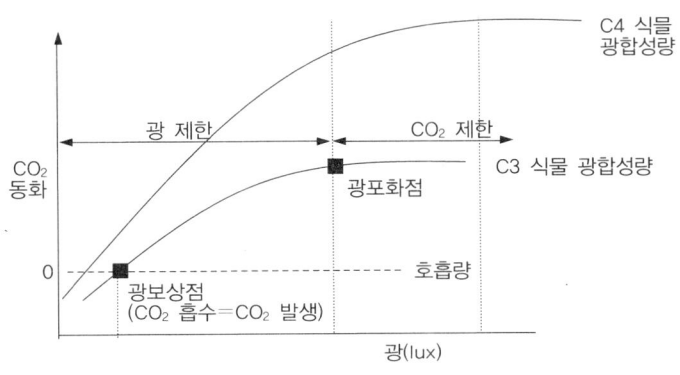

▪ C4 · C3 식물의 광보상점 · 포화점 비교

① 광의 강도

㉠ 광의 강도가 증가함에 따라 광합성은 점점 높아진다. 암흑 하에 광합성은 이루어지지 않고 호흡작용만 이루어지므로 CO_2가 방출되지만, 광의 강도가 증가하면 광합성이 강해져서 CO_2 흡수가 점점 증가하나, CO_2 방출은 암흑이나 광 조건이나 동일하므로 CO_2 방출량은 점점 줄어든다.

광도	호흡량과 광합성량	생육반응
암흑	• 호흡량 = CO_2 방출량	고사
보상점 이하	• 호흡량 > 광합성량 • CO_2 방출	고사
보상점	• 호흡량 = 광합성량 • CO_2 출입 없음	생육정지
보상점 이상	• 호흡량 < 광합성량 • 순광합성량 = 호흡량+외관상광합성량	생육

㉡ 광보상점(light compensation point) : 호흡량 = 광합성량 → 생육 정지
광의 강도가 어떤 수준에 도달하면 작물체에 의한 CO_2 흡수량(광합성량)과 방출량(호흡량)이 같아져서 식물체가 외부공기 중에서 흡수하는 CO_2량이 0이 되는 상태. 광보상점이 낮은 식물(음지식물)일수록 약광을 잘 이용할 수 있다.

㉢ 광포화점(light saturation point) : 호흡량 < 광합성량
ⓐ 광의 강도가 광보상점보다 더욱 강해지면 광합성에 의한 CO_2 동화량은 점점 증가하지만 어떤 강도에 도달하면 그 이상 광이 강해져도 동화량은 더 이상 증가하지 않는 강도

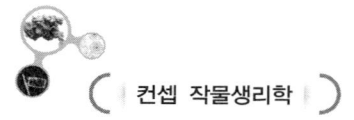

ⓑ 광포화점은 CO_2 농도와 온도가 광합성의 제한요인이 된다.
ⓒ 광포화점에 따라 양지식물(sun plant)과 음지식물(shade plant)로 구분
- 음지식물 : 일광 강도의 1/10 정도(약광)에서 포화점에 도달하는 식물
- 양지식물 : 옥수수·밀·앨펠퍼·사탕무 등, 광포화점은 전 일사량의 50∼60%

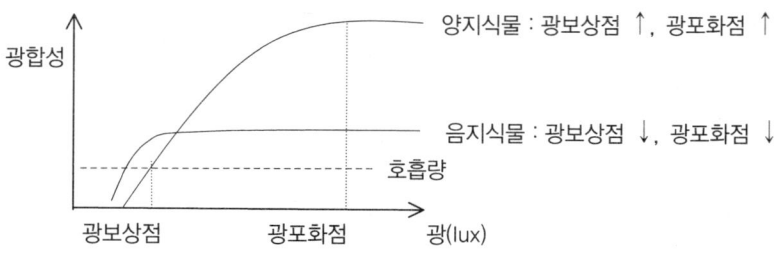

▨ 양지식물과 음지식물에서 광도에 따른 광합성 반응

② 광산화(photooxidation)
  ㉠ 광의 강도가 어느 한계점 이상으로 높아지면 그 세포는 엽록소의 광산화를 일으킨다.
  ㉡ 카로티노이드는 광산화를 보호하는 역할을 한다.
  ㉢ O_2 : 광산화는 특히 산소가 있는 상태에서 더욱 심하게 엽록소를 파괴시킨다.
  ㉣ CO_2 : CO_2 농도가 높으면 광산화가 방지된다. 높은 CO_2에서 광산화에 의한 산소 소비는 매우 높은 강광에서 일어나지만, 낮은 CO_2에서는 광산화를 막는 효과는 적다.

(2) 온도

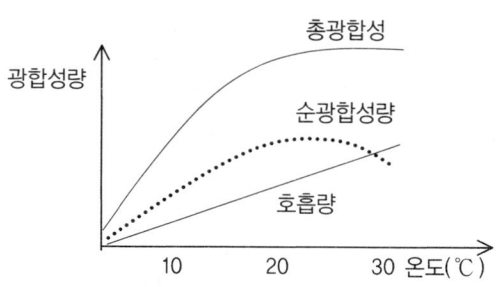

▨ 온도에 따른 광합성과 호흡작용

① 광이 약할 때 : 온도의 차이는 광합성률에 크게 영향을 주지 않는다.
② 광이 강할 때 : 온도의 영향이 크며, 작물 생장을 해치지 않는 범위에서는 온도가 높을수록 광합성의 효율도 높아진다.
③ 지나친 고온 : 광합성 저하
  ㉠ 온도 상승에 따라 광합성률은 호흡률보다 더 서서히 증가됨으로써 순동화량은 감소된다.

ⓛ 고온에서 호흡률(R)은 광합성률(P)을 훨씬 능가하게 되어 P/R는 1 이하가 된다.
ⓒ 고온은 광호흡(photorespiration)을 촉진시키거나 광합성기관을 파괴시킴에 따라 광합성률은 감소된다.

(3) CO_2 농도

① 광합성의 한정요인
  ㉠ 작물의 최대광합성은 광의 강도와 CO_2 농도에 의하여 달라진다. 충분한 광조건 하에서는 CO_2 농도가 광합성의 제한요인이 되고, 충분한 CO_2 농도 조건에서는 광의 강도가 광합성의 제한요인이 된다.
  ㉡ 광포화점에서 광의 강도를 늘려도 광합성이 증가되지 않는 것은 광 이외의 조건이 한정요인으로 되기 때문이며, 공기 중의 CO_2(온도×) 농도가 가장 중요한 한정요인이다.
  * 한정요인설(Blackman) : 광합성 속도는 "광합성에 영향을 미치는 여러 가지 요인 중에서 최저 상태로 존재하는 요인에 의해 결정된다."는 것

정리

- 생육적온까지 온도(↑)가 높아질수록, 광합성속도(↑)는 높아지나 광포화점(↓)은 낮아짐
- CO_2 포화점까지 공기 중의 CO_2 농도(↑)가 높아질수록, 광합성속도(↑)와 광포화점(↑)이 높아짐

② CO_2 농도
  ㉠ CO_2 농도가 극히 낮을 때 비교적 약광에서 광합성이 최대로 되고 광의 강도를 늘려도 CO_2 흡수는 그 이상 일어나지 않는다(CO_2 농도가 광합성의 한계요인이 됨).
  ㉡ CO_2 농도가 높을수록 광포화점에 도달하는 데 더욱 강한 광(약광×)을 요구하므로 충분한 광조건 하에서는 CO_2 농도를 높이면 광합성은 증대한다.
  ㉢ 연풍 : 대기 중 CO_2 농도는 0.03%인데, 작물포장의 공기 중 CO_2 농도는 바람이 없는 맑은 날에 0.01%로 저하되지만 바람이 부는 날은 저하되지 않는다.
  ㉣ CO_2 시비 효과 : 대기 CO_2 농도보다 높은 농도에서 작물 광합성이 증대된다. 강광 조건 하에서 유리온실 내의 CO_2 농도를 높이면 원예작물의 증수재배가 가능하다.

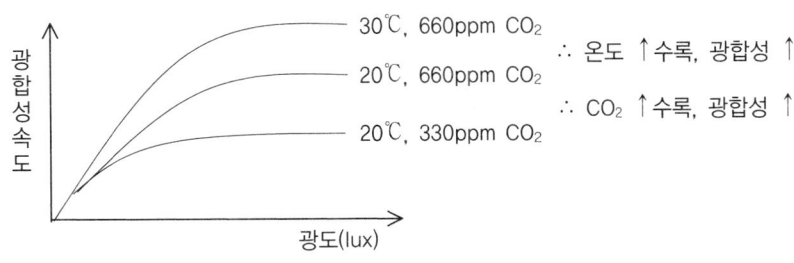

■ 광도·CO_2·온도에 따른 광합성 반응

(4) O_2 농도

① C3 식물
  ㉠ O_2는 광합성속도에 영향을 미치며, 산소농도가 매우 낮은 경우(0~2%)에 더욱 뚜렷하게 광합성률이 증가한다(광호흡이 낮기 때문).
  ㉡ C3 식물에서 O_2에 의한 광합성 저해는 광합성 초기단계에서 RuBP carboxylase에 대한 O_2와 CO_2의 경합에 의하여 일어난다.
② C4 식물 : 광합성속도에 거의 영향을 미치지 않으며 산소농도 0~21% 범위에서는 일정하다.

2 식물 내적 요인

(1) 엽록소
  ① 작물체의 엽록소 함량과 광합성 간에는 밀접한 관계가 있으므로 엽록소 형성에 영향을 주는 모든 조건은 작물의 생육과 관련이 있다.
  ② 질소비료의 시용은 엽록소 함량을 높이므로 광합성능력이 상당히 높아진다.
  ③ 벼에서 잎색깔이 짙은 것이 옅은 것보다 광합성능력이 크다.

(2) 작물체의 무기양분 함량
  ① N : 엽록소 구성원소의 하나이므로 질소결핍은 엽록소의 형성을 제한한다. 질소의 시용이 엽록소 형성을 촉진하고 작물의 잎색깔을 짙게 하는 것을 흔히 관찰할 수 있다. 벼에 대하여 질소비료를 추비로 사용하면 엽록소 함량이 늘고 광합성이 촉진된다.
  ② K : 광합성의 최초 단계인 기공의 개폐작용에 영향을 미치고 CO_2의 고정반응단계의 효소활성에 영향을 끼친다.
  ③ Mg : 질소와 마찬가지로 엽록소의 구성원소이므로 결핍되면 엽록소 형성이 방해되고 특징적인 황백화현상(chlorosis)이 묵은 잎에서 생긴다. Mg은 Mn과 함께 CO_2 고정반응계의 효소활성을 발현시키는 역할을 한다.
  ④ Fe : 엽록소의 구성분은 아니지만 작물체에 유효태 철이 결핍되면 엽록소가 형성되지 않으며 철 결핍 후에 생긴 어린잎에 뚜렷한 황백화현상이 생긴다.
  ⑤ Cu·Mn : Fe과 마찬가지로 광합성에 필요한 필수원소들이다.

(3) 작물체의 함수량
  ① 광합성에 이용되는 물은 작물에 의해 흡수된 물의 1% 이하이지만, 잎의 함수량이 적으면 광합성은 매우 감퇴된다.

② 작물체의 함수량 감소에 따른 광합성 저하 원인
  ㉠ 잎의 수분부족은 잎의 삼투량을 감소시키고(공변세포의 삼투압 감소) → 기공이 닫히고 가스확산 능력이 저하되기 때문이다.
  ㉡ 세포 내의 엽록소나 원형질의 수화도(水和度; hydration)가 감소하기 때문이다.
③ 실제 기공개도 감소에 따른 가스교환능력 감소는 광합성 감퇴를 크게 가져오지 않는다. 약광일 때 기공개도가 광합성에 거의 영향을 주지 않지만, 강광일 때는 기공개도가 작을수록 광합성은 더욱 줄어든다.

(4) 솔라리제이션에 의한 원형질 변화

① 솔라리제이션 : 작물에 지나치게 강한 광을 쬐면 광합성이 저하하는 현상
② solarization 원인 : 강광에 의한 엽록소의 부분적 파괴인데, 주로 체내 조건의 광합성 불활성화이다.
③ 광합성의 불활성화
  ㉠ CO_2 농도 : 강광에 의한 광합성 불활성화는 CO_2 농도 저하에 의하여 강화됨 CO_2를 넉넉히 공급하거나 미리 강광을 쬐면(순화) 잎 안의 당류가 증가하기 때문에 솔라리제이션이 낮아진다.
  ㉡ 당 함량 : 잎의 당 함량이 높으면 솔라리제이션의 정도가 저하되지만, 암흑에 오래 두어 잎의 당이 낮으면 솔라리제이션에 대한 감광성이 높아진다.
④ 특징
  ㉠ 솔라리제이션은 가역적이며, 피해가 약하면 암흑이나 약광에서 회복된다.
  ㉡ 솔라리제이션은 식물 잎의 전력(前歷; previous history)이 관계하며, 미리 광을 쬔 것(순화)은 솔라리제이션에 대한 감광성이 낮다.
  ㉢ 약광 하에서 생장한 잎은 약광에서 광합성능률이 높고 강광에서 장해를 받기 쉽다. 강광 하에서 생장한 잎은 강광에 의한 광합성능률이 높다.
  ㉣ 포장에서 볏잎의 동화능력은 그날의 맑음 정도에 따라 일변화가 다르며, 포장 광조건이 전력으로서 실험실 내 동화능력에 영향을 준다.

[비교] 광호흡 vs 솔라리제이션 조건

광호흡 조건	솔라리제이션 조건
고온, 강광, O_2↑, CO_2↓, 건조	저온, 강광, O_2↑, CO_2↓, 당↓

(5) 잎의 동화물질 체적

광합성에 의한 탄수화물 생성량이 잎에서 다른 기관으로의 전류량보다 많은 경우 엽육세포 안에 다량의 전분이 체적된다. 동화물질 체적(標積)은 광합성능률을 억제(활성화×)한다.

기출 및 출제예상문제

01 작물의 광합성 대사과정에 대한 설명으로 가장 옳지 않은 것은? ●23. 서울지도사

① CAM 작물에서는 밤에 이산화탄소를 고정하여 3-인산글리세르산(3-phosphoglyceric acid)을 만든다.
② C4 작물은 광호흡을 하지 않거나 광호흡량이 낮다.
③ C3 작물은 캘빈-벤슨회로(Calvin-Benson cycle)를 통해 자당을 생성한다.
④ C3, C4, CAM 작물들 모두에서 루비스코효소(Rubisco)를 이용하여 캘빈-벤슨회로(Calvin-Benson cycle)를 작동시킨다.

[해설] CAM 작물에서는 밤에 이산화탄소를 고정하여 옥살산(OAA)을 만든다.
C3 식물이 낮에 이산화탄소를 고정하여 3-인산글리세르산(3-phosphoglyceric acid)을 만든다.

02 작물의 광합성에 대한 설명으로 가장 옳지 않은 것은? ●23. 서울지도사

① 광계Ⅰ은 700nm의 원적색광을, 광계Ⅱ는 680nm의 적색광을 잘 흡수하며, 틸라코이드막에는 광계Ⅱ가 광계Ⅰ보다 더 많이 존재한다.
② 명반응의 순환적 광인산화 과정은 NADPH와 ATP를 생성한다.
③ 광계Ⅱ에서 방출된 전자는 빠르게 1차 전자수용체인 페오피틴(pheophytin)으로 전달되며, 광계Ⅱ의 반응중심엽록소는 물의 광분해로부터 전자를 보충한다.
④ 제초제 디우론(diuron, DCMU)은 광계Ⅱ의 퀴논(Q_B)이라는 전자전달체의 결합 부위에 결합하여 전자전달을 차단한다.

[해설] 명반응의 비순환적 광인산화 과정은 NADPH와 ATP를 생성하고, 순환적 광인산화 과정은 ATP를 생성한다.

03 작물의 광합성에 영향을 미치는 내·외적 조건에 대한 설명으로 가장 옳은 것은? ●23. 서울지도사

① 엽육세포 내 동화물질의 축적은 광합성을 활성화한다.
② 칼슘은 기공의 개폐작용과 CO_2의 고정반응단계의 효소 활성에 영향을 미친다.
③ 식물체의 함수량이 감소하면 삼투량이 감소하여 기공의 가스확산이 증가한다.
④ 강한 광에 의한 광합성의 불활성화는 CO_2 농도의 저하에 의하여 강화된다.

정답 01 ① 02 ② 03 ④

[해설] ① 엽육세포 내 동화물질이 축적되면 광합성 속도가 낮아진다.
② 칼륨은 기공의 개폐작용과 CO_2의 고정반응단계의 효소 활성에 영향을 미친다.
③ 식물체의 함수량이 감소하여 광합성이 저하되는데, 잎의 수분부족은 삼투량을 감소시키고 기공이 닫히고 가스확산 능력이 저하되기 때문이다.

04 광호흡에 대한 설명으로 옳지 않은 것은?
● 22. 경기 농촌지도사

① 담배보다 옥수수에서 광호흡이 더 많이 발생한다.
② 한여름 기온이 높고, 건조한 때(고온건조) 식물이 증산을 억제하기 위해 기공을 닫는다.
③ 광호흡 기질(基質)은 글리콜산(glycolic acid)이다.
④ 광호흡은 미토콘드리아의 호흡 과정에서 발생하는 대사이다.

[해설] 광호흡은 미토콘드리아의 호흡이 아닌 광합성 과정에서 발생하는 대사이다.

05 CAM에 대한 설명이 모두 옳은 것은?
● 22. 경기 농촌지도사

가. 엽육세포는 해면상 조직으로 액포가 크다.
나. 수분이용효율이 좋다.
다. C3 식물보다 CO_2 보상점이 높다.
라. 무기영양으로서 Na을 요구한다.

① 가, 다
② 나, 다
③ 가, 나, 라
④ 가, 나, 다, 라

[해설]

특성	CAM 식물
CO_2 고정계	C4 회로 + 칼빈회로
잎조직 구조	엽육세포는 해면상이고 균일하게 매우 발달하여 엽록체도 균일하게 분포하고 있음. 유관속초세포는 발달하지 않았고, 두꺼운 잎조직의 안쪽에는 저수조직을 가지는 특징이 있음.
무기영양으로서 Na^+ 요구	있음
건물생산량(ton/ha/년)	낮고 변화가 심함
광호흡	정오 후 측정 가능
광포화점	부정
CO_2 보상점(ppm)	0~5(암중)
내건성	극강
증산율≒요수량(gH_2O/g건량증가)	18~125(매우 적음)

정답 04 ④ 05 ④

06. 광합성에 대한 설명으로 옳지 않은 것은?
● 22. 경기 농촌지도사

① RuBP 재생성 단계에서 ATP를 합성한다.
② 3PG는 이산화탄소가 고정되어 생기는 최초의 안정한 광합성 중간산물이다.
③ 루비스코는 캘빈회로에서는 carboxylase로 작용하고, 광호흡 시에는 oxygenase로 작용한다.
④ G3P는 3탄당인산 이성질화효소에 의해 dihydroxyacetone 3-phosphate로 전환된다.

[해설] G3P는 결국 3, 4, 5, 6, 7탄당이 관여하는 일련의 반응을 거쳐 ATP를 사용하여 RuBP를 재생산하여 CO_2 고정의 순환 회로를 완성한다.

07. 다음 중 광합성의 암반응 과정에 나타나는 것은?
● 21. 경북 농촌지도사

① 비순환적 광인산화 반응
② 물의 광분해
③ 전자전달과정
④ PGA 환원과정

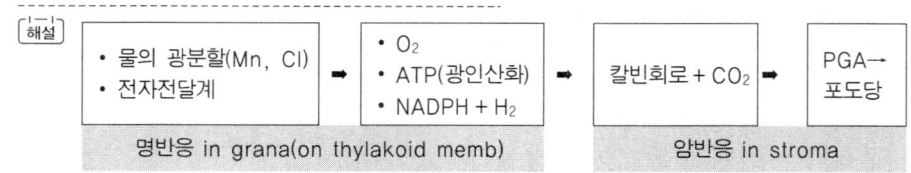

08. 광합성 효소에 대한 설명으로 옳지 않은 것은?
● 21. 경북 농촌지도사

① 틸라코이드막의 페레독신은 페레독신 NADP 환원효소에 의해 $NADP^+$를 환원시킨다.
② 루비스코는 카르복시화를 촉매하는 효소이다.
③ 공기 중의 CO_2를 고정할 때 C3식물은 루비스코가, C4식물은 PEPc가 효소로 작용한다.
④ 캘빈회로의 루비스코가 oxygenase로 작용하여 2분자의 PGA와 CO_2를 생성한다.

[해설] 캘빈회로의 루비스코가 oxygenase로 작용하여 CO_2 대신 O_2를 RuBP와 결합시켜 2분자의 PGA 대신 1분자의 PGA와 CO_2를 생성한다.

정답 06 ① 07 ④ 08 ④

09 엽록소에 대한 설명으로 가장 옳지 않은 것은?

● 20. 서울지도사

① C3 식물의 경우 엽록소 a와 b의 분포비율은 대략 3 : 1 정도이다.
② 엽록소는 글루탐산을 출발물질로 Mg의 결합 등 여러 단계를 거쳐 생성된다.
③ 엽록소 a는 포르피린에 알데히드기, b는 메틸기를 갖는 구조적 차이가 있다.
④ 겉씨식물은 암상태에서도 효소작용으로 엽록소가 합성되지만 속씨식물은 광조건에서 합성된다.

[해설] 엽록소 a는 2번 피롤에 메틸기, b는 알데히드기를 갖는 구조적 차이가 있다.

엽록소 생합성
㉠ 엽록소는 글루탐산을 출발물질로 하여 Mg의 삽입 등 여러 단계를 거쳐 생합성된다.
㉡ Mg이 첨가되고 빛이 있는 조건에서 생성된 포르피린(클로로필리드)와 디톨 측쇄가 결합하여 엽록소가 합성된다.
㉢ Mg은 포르피린 고리의 2개의 N와 전자를 공유하고, 2개의 N는 비공유전자쌍을 공여하여 배위결합을 한다.
㉣ 피자식물은 반드시 광조건에서 엽록소가 합성되지만, 나자식물이나 조류는 암상태에서도 효소작용으로 합성된다.
㉤ 유전적으로 엽록소가 형성되지 않는 개체를 백자(albino)라 하고 이들은 발아 후 곧 죽는다.

10 광합성에서 광인산화반응에 의하여 생성된 ATP와 NADPH를 이용해 CO_2를 고정하여 환원하는 곳은?

● 20. 서울지도사

① 엽록체 이중막 사이
② 스트로마
③ 그라나
④ 틸라코이드 막

[해설] 광합성에서 명반응은 틸라코이드막에서 광인산화반응에 의하여 ATP와 NADPH가 생성되고, 암반응은 스트로마에서 ATP와 NADPH를 이용해 CO_2를 고정하여 환원한다.

11 광합성에 대한 설명으로 옳은 것은?

● 18. 경북 농촌지도사(변형)

① 제2광계(photosystem Ⅱ)는 P_{680}으로 표시된다.
② 비순환적 광인산화반응은 제2광계만 관련되어 있다.
③ 비순환적 광인산화반응은 O_2는 방출되지 않는다.
④ 순환적 광인산화반응은 전자가 흐르는 동안에 ATP와 NADPH가 형성된다.

[해설] ② 비순환적 광인산화반응은 제2광계 + 제1광계 모두 관련되어 있다.
③ 순환적 광인산화반응은 O_2는 방출되지 않는다.
④ 순환적 광인산화반응은 전자가 흐르는 동안에 ATP만 형성된다.

[정답] 09 ③ 10 ② 11 ①

컨셉 작물생리학

12 C3, C4, CAM 식물에 대한 설명으로 옳지 않은 것은? • 18. 경북 농촌지도사(변형)

① 이산화탄소 첨가에 의한 건물생산 촉진효과는 C3가 C4보다 크다.
② CAM식물은 C4식물보다 내건성이 강하다.
③ 광합성산물 전류속도는 C4식물이 C3식물보다 빠르다.
④ C3식물이 CAM 식물보다 증산율이 적다.

[해설] CAM 식물이 C3 식물보다 증산율이 적다.

[C3 · C4 · CAM 식물의 생리적 특성]

특성	C3 식물	C4 식물	CAM 식물
광합성산물 전류속도	소	대	-
CO_2 첨가에 의한 건물 생산 촉진효과	큼	작음(하나의 CO_2 분자를 고정하기 위해 더 많은 에너지가 필요함)	-
광포화점	최대일사의 1/4~1/2	최대일사 이상으로 강광조건에서 높은 광합성률을 보임	부정
CO_2 보상점(ppm)	30~70	0~10	0~5(암중)
내건성	약	강	극강
증산율=요수량 (gH_2O/g건량증가)	450~950 (다습조건에 적응)	250~350 (고온에 적응)	18~125 (매우 적음)

13 C3식물과 C4식물의 비교로 옳지 않은 것은? • 18. 경기 농촌지도사(변형)

① C3 식물의 이산화탄소 보상점은 30~70ppm에서 나타난다.
② C4 식물의 증산율이 더 많아서 수분이용효율이 더 높다.
③ 21% 산소에 의한 광합성 억제가 C4식물에서는 나타나지 않는다.
④ C3 식물은 RuBPo가 높고, RuBPc가 낮으면 광합성 효율이 낮다.

[해설] C4 식물의 증산율이 더 적어서 수분이용효율이 더 높다.

정답 12 ④ 13 ②

14 광합성에 영향을 주는 요인에 대한 설명으로 옳지 않은 것은? ●18. 경북 농촌지도사(변형)
① 외견상 광합성이 증가하면 최대엽면적이 증가하게 된다.
② 광포화점은 CO_2 농도와 온도가 광합성의 제한요인이 된다.
③ 온도 상승에 따라 광합성률은 호흡률보다 더 서서히 증가됨으로써 순동화량은 감소된다.
④ 광포화점에서 광의 강도를 늘려도 광합성이 증가되지 않는 것은 광 이외의 조건이 한정요인으로 되기 때문이다.

[해설] 외견상 광합성이 증가하면 최적엽면적이 증가하게 된다.
광합성에 영향을 주는 요인
- 외적 요인 : 광, 온도, 이산화탄소 농도, 산소 농도
- 내적 요인 : 엽록소 함량, 무기양분 함량, 작물체의 함수량, 잎의 동화물질 체적

15 식물의 잎이 녹색으로 보이는 이유를 가장 잘 설명한 것은?
① 잎의 표피세포가 녹색이기 때문이다.
② 엽록소가 녹색광을 전부 흡수하기 때문이다.
③ 엽록소가 녹색광을 거의 흡수하지 않기 때문이다.
④ 세포막에 함유되어 있는 피토크롬의 색깔이다.

16 광합성과정에서 엽록소의 기능은?
① 광에너지를 흡수하여 전자를 방출한다.
② 탄산가스를 환원시켜 산소를 배출한다.
③ 광합성에서 생성되는 에너지를 저장한다.
④ 광합성에 필요한 효소를 합성한다.

정답 14 ① 15 ③ 16 ①

17 다음 중 엽록소에 대한 알맞은 설명은?
① 엽록소는 친수성인 거대분자구조를 가진다.
② 식물의 엽록소는 단지 1가지 형태가 존재할 뿐이다.
③ 엽록소는 전파장의 광을 골고루 잘 흡수한다.
④ 엽록소는 녹색광을 잘 흡수하지 못한다.

[해설] ① 엽록소는 친수성인 porphyrin 머리 부위와 소수성인 phytol 꼬리 부위로 구성되어 있다.
② 고등식물의 광합성색소는 엽록소 a, b 2종이며, 조류는 엽록소 c, d, e를 가지고 있다.
③ 엽록소는 주로 적색광과 청색광을 잘 흡수한다.

18 엽록체에 존재하는 엽록소와 카로티노이드 기능에 대한 설명으로 바른 것은?
① 엽록소는 탄산가스를 고정하고, 카로티노이드는 광호흡을 촉진시킨다.
② 엽록소는 광에너지를 흡수하고, 카로티노이드는 엽록소의 파괴를 방지한다.
③ 엽록소는 광에너지 흡수의 보조색소이고, 카로티노이드는 엽록소를 광산화시킨다.
④ 엽록소는 CO_2를 방출하고, 카로티노이드는 O_2를 방출한다.

19 다음 중 힐반응의 과정을 통해 알 수 있는 것은?
① 광합성의 결과 탄수화물이 생성된다.
② 광합성과정 중 방출되는 O_2의 기원은 H_2O이다.
③ 광합성과정 중 방출되는 O_2의 기원은 CO_2이다.
④ 광합성의 원료물질은 CO_2와 H_2O이다.

20 Hill 반응과 관련이 없는 물질은?
① 전분과 포도당
② 수소수용체
③ 엽록체
④ H_2O

[해설] 힐반응(Hill reaction) : 분리한 엽록체에 Fe^{2+}이나 Cu^{2+} 같은 수소수용체를 주고 광을 비추어 주면 H_2O이 광분할되어 O_2가 발생되는 반응이다.

정답 17 ④ 18 ② 19 ② 20 ①

21 광합성 촉진효과(emerson effect)에 대한 올바른 설명은 무엇인가?

① 한 개 파장의 광선만 흡수될 때 광합성량이 최대가 된다.
② 짧은 파장의 광선일수록 광합성이 촉진된다.
③ 긴 파장의 광선일수록 광합성이 촉진된다.
④ 적색광만 조사한 광합성률과 청색광만 조사한 광합성률을 합한 것보다 두 광선을 동시에 조사한 광합성률이 더 커진다.

22 '탄소동화량은 환경의 최저한정요인에 의해 결정된다.'는 한정요인설을 주장한 사람은?

① Blackman ② Emerson
③ Hill   ④ Arnon

[해설] 한정요인설(블랙만) : 광합성 속도는 "광합성에 영향을 미치는 여러 가지 요인 중에서 최저 상태로 존재하는 요인에 의해 결정된다."는 것이다.

23 에머슨효과에서 알 수 있는 것은 무엇인가?

① 2개의 광계가 광합성에 관련되어 있다.
② 적색광은 광합성에 비효율적이다.
③ 적색광이 아닌 청색광에 의해 광합성이 촉진된다.
④ 광합성은 반드시 2가지 파장이 있어야 가능해진다.

[해설] 에머슨효과(Emerson effect) = 광합성촉진효과 : 장파장의 광선만을 쬐었을 때의 광합성률과 단파장의 광선만을 쬐었을 때의 광합성률의 합계보다 두 파장의 광선을 동시에 쬐어주었을 때의 광합성률이 더 높다.

24 다음 설명이 옳지 않은 것은?

① 광합성의 명반응이 일어나는 장소는 그라나(grana)이다.
② PGA는 명반응을 통해 생성되는 물질이다.
③ 광합성의 명반응 과정에서 ATP와 NADPH를 생성한다.
④ 켈빈회로에서 이산화탄소가 고정되어 생성되는 최초의 안정된 물질은 PGA이다.

[해설] PGA는 암반응을 통해 생성되는 최초의 동화물질이다.

[정답] 21 ④ 22 ① 23 ① 24 ②

25. 다음 중 광합성의 명반응에 대한 설명으로 틀린 것은 무엇인가?

① 엽록체의 스트로마에서 일어난다.
② ATP와 NADPH를 생성한다.
③ 제1광계와 제2광계가 존재한다.
④ 빛에너지가 화학에너지로 전환된다.

[해설] 광합성의 명반응이 일어나는 장소는 틸라코이드막이다.

26. 광합성의 순환적 광인산화반응에 대한 설명으로 잘못된 것은?

① 전자전달계를 순환하는 동안 ATP가 형성된다.
② NADP는 전자를 받지 않아 NADPH로 환원되지 않는다.
③ 산소가 방출되지 않는다.
④ 제1광계와 제2광계가 모두 관여하는 반응이다.

[해설] 순환적 광인산화 반응은 제1광계만 관여하며 ATP를 형성한다.

27. 광합성의 비순환적 광인산화 반응에 대한 설명으로 잘못된 것은?

① 제1광계와 제2광계가 모두 관련된다.
② 물의 광분해반응을 통해 전자를 공급받는다.
③ ATP가 형성되지 않는다.
④ NADPH가 형성된다.

[해설] 비순환적 광인산화 반응은 제1광계와 제2광계가 모두 관여하며 ATP와 NADPH를 생성한다.

28. C4 식물에서 PEP carboxylase가 존재하고 있는 장소로서 맞는 것은?

① 엽육세포에 존재한다.
② 유관속초세포에 존재한다.
③ 체관에 존재한다.
④ 물관에 존재한다.

[해설] PEP + CO_2 → OAA를 생성하는 효소가 PEP carboxylase이며 이 반응은 엽육세포에서 일어난다.

[정답] 25 ① 26 ④ 27 ③ 28 ①

29 켈빈회로의 단계별 분류에서 가운데 환원단계를 나타내고 있는 것은?

① RuBP + CO_2 → 2PGA
② PEP + CO_2 → OAA
③ PGA + ATP + NADPH → PGald + ADP + NADP
④ RuP + ATP → RuBP + ADP

[해설] 칼빈–벤슨회로 과정
　　㉠ CO_2 고정단계 : RuBP + CO_2 → 2PGA
　　㉡ 환원단계 : PGA + ATP + NADPH → PGald + ADP + NADP
　　㉢ RuBP 재생성단계 : PGald → RuBP

30 다음 중 C3 식물에서 '3'은 무엇을 의미하는 숫자인가?

① 탄수화물은 C, H, O의 3원소로 이루어진다.
② 탄소동화작용은 CO_2 1분자와 H_2O 2분자의 3분자가 결합하는 반응이다.
③ 암반응의 최초의 동화산물이 탄소가 3개인 PGA이다.
④ 포도당은 3탄당이 주요한 구성물질이다.

31 다음 광합성에 대한 설명으로 옳지 않은 것은?

① Hatch-Slack회로는 C4 식물의 탄산가스 고정회로이다.
② TCA 회로, Calvin 회로, CAM 회로는 광합성과정에서 나타나는 회로들이다.
③ 30~45℃는 C4 식물의 광합성에 가장 적합한 온도범위에 해당된다.
④ C4 식물의 CO_2 보상점은 0~10ppm 범위에 해당된다.

[해설] TCA 회로는 호흡과정에서 미토콘드리아 matrix에서 일어난다.

32 다음 중 C4 식물에 대한 설명으로 틀린 것은?

① 엽육세포와 유관속초세포에 엽록체가 존재한다.
② CO_2 고정에는 PEP-carboxylase만이 관여한다.
③ 유관속초세포의 엽록체에는 보통 그라나가 없다.
④ 사탕수수, 수수, 옥수수 등이 C4 식물에 해당된다.

[해설] C4 식물의 CO_2 고정에는 PEP-carboxylase와 RUBP carboxylase 두 효소가 관여한다.

정답　29 ③　30 ③　31 ②　32 ②

33. 다음 중 켈빈회로에서 생성되는 물질에 속하는 것이 아닌 것은?

① ATP
② PGA
③ Glucose
④ RuBP

[해설] ATP는 명반응에서 합성된 것이며, 켈빈회로는 암반응 과정이다.

34. C4 식물의 형태적·해부학적인 특징으로 C3 식물과 다른 점에 대한 틀린 설명은?

① 유관속초세포에는 엽록체가 존재하지 않는다.
② 유관속초세포의 엽록체는 보통 그라나가 없다.
③ 엽육세포의 엽록체는 보통 그라나가 있으며 작다.
④ 유관속초세포에는 다수의 전분립을 가진 큰 엽록체가 있다.

[해설] C4 식물은 유관속초세포가 매우 발달하여 다량의 엽록체를 포함한다.

35. C3 식물과 비교한 C4 식물의 특징에 대한 설명으로 틀린 것은?

① 광포화점이 높다.
② 광보상점이 낮다.
③ CO_2 보상점이 높다.
④ CO_2 포화점이 높다.

[해설]

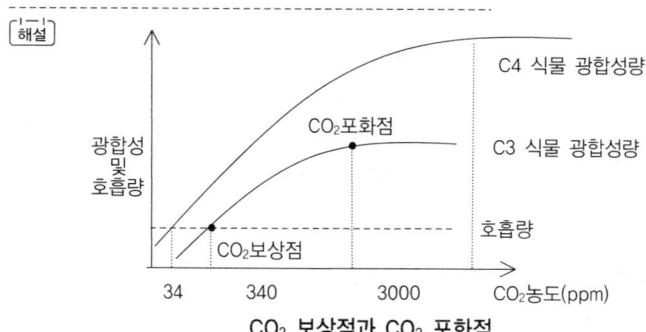

CO_2 보상점과 CO_2 포화점

정답 33 ① 34 ① 35 ③

36

C3 식물과 C4 식물의 비교에서 C4 식물이 가지는 특성으로 올바른 것은?

① 광포화점이 낮고, CO_2 보상점이 높다.
② 광포화점이 높고, CO_2 보상점이 높다.
③ 광포화점이 높고, CO_2 보상점이 낮다.
④ 광포화점이 낮고, CO_2 보상점이 낮다.

[해설]

C3 식물	C4 식물
광보상점 ↑, 광포화점 ↓	광보상점 ↓, 광포화점 ↑
CO_2 보상점 ↑, CO_2 포화점 ↓	CO_2 보상점 ↓, CO_2 포화점 ↑

37

대기 중의 산소농도와 C4 식물의 광합성속도와의 관계에 대한 설명으로 옳은 것은?

① 낮은 산소농도 하에서 광합성속도가 더욱 빨라진다.
② 산소농도가 20%일 때 광합성속도가 최대이다.
③ 산소농도가 20%까지 증가될수록 광합성속도가 감소된다.
④ 산소농도가 광합성속도에 거의 영향을 끼치지 않는다.

[해설] C4 식물은 광호흡이 거의 없기 때문에 산소농도가 광합성에 거의 영향을 끼치지 않는다.

38

다음 중 C4 식물과 CAM 식물이 바르게 짝지어진 것은?

	C4 식물	CAM 식물
①	피	벼
②	옥수수	파인애플
③	벼	콩
④	알팔파	사탕수수

[해설]

C3 식물	C4 식물	CAM 식물
벼, 보리, 밀, 담배	옥수수, 수수, 사탕수수, 기장, 진주조, 피, 수단그래스, 버뮤다그래스, 명아주	돌나물, 선인장, 파인애플

[정답] 36 ③   37 ④   38 ②

39 다음 중 C4 식물에 속하는 작물은?
① 벼, 콩
② 밀, 보리
③ 사탕수수, 옥수수
④ 선인장, 파인애플

40 다음 중 광호흡의 최초 반응단계로서 옳은 것은?
① RuBP와 CO_2가 결합하며, RuBP carboxylase가 관여한다.
② RuBP와 O_2가 결합하며, RuBP oxygenase가 관여한다.
③ PEP와 CO_2가 결합하며, RuBP carboxylase가 관여한다.
④ PEP와 O_2가 결합하며, PEP oxygenase가 관여한다.

41 광호흡의 경로에서 인글리콜산이 글리콜산과 인산으로 분리된 후 글리콜산(glycolate)이 이동하는 곳은?
① 미토콘드리아
② 엽록체
③ 페록시좀
④ 유관속초세포

42 광호흡에 대한 설명으로 적당하지 않은 것은?
① 이산화탄소 고정량을 감소시켜 광합성효율을 저하시킨다.
② C3 식물에서 주로 일어나고, C4 식물에서는 거의 일어나지 않는다.
③ RuBP oxygenase가 효소로 작용한다.
④ 엽록체의 산화적 광파괴를 촉진시킨다.

[해설] 광호흡은 C3 식물에서 엽록체의 산화적 광파괴를 방지시키는 기작이다.

43 다음 중 Warburg 효과에 대한 내용으로 맞는 것은?
① CO_2에 의해 광합성이 촉진된다.
② H_2O에 의해 광합성이 촉진된다.
③ O_2에 의해 광합성이 저해된다.
④ O_2에 의해 광합성이 촉진된다.

[해설] Warburg 효과 : O_2 존재 하에서 CO_2 흡수가 억제되고 광합성이 저해되는 현상을 말한다. 즉 산소분압이 증가하면 광호흡이 증가하고 탄산가스의 고정이 억제되는 현상이다.

[정답] 39 ③ 40 ② 41 ③ 42 ④ 43 ③

44 광포화점에 대한 설명으로 틀린 것은?

① 광합성 속도가 더 이상 증가하지 않는다.
② 광합성의 양이 최대에 이르게 된다.
③ 작물은 군락상태에서 광포화점이 더욱 높아진다.
④ 광합성과 호흡속도가 같은 점이다.

[해설] 광합성과 호흡속도가 같은 점은 광보상점이다.

45 다음 설명이 바르지 않은 것은?

① 작물의 광합성과 호흡이 같을 때 가장 빠른 생장을 한다.
② 양지식물은 음지식물에 비하여 광포화점이 높다.
③ 광포화점에서는 광합성량이 호흡량보다 높다.
④ 인삼, 수수, 벼, 옥수수 중 광포화점이 가장 낮은 작물은 인삼이다.

[해설] 작물의 광합성과 호흡이 같을 때(광보상점)는 외형상 생장하지 않고, 광합성량이 호흡량보다 클 때 생장하기 시작한다.

46 다음 중 광보상점에 대한 설명으로 틀린 것은?

① 작물의 CO_2 흡수량과 CO_2 방출량이 같을 때의 광도를 말한다.
② 광보상점이 낮은 작물은 낮은 광도에서도 광합성을 할 수 있다.
③ 광보상점보다 광도가 높아지면 광합성량이 증가된다.
④ 광의 강도가 증가하여도 더 이상 광합성량이 증가되지 않을 때의 광도를 말한다.

[해설] 광의 강도가 증가하여도 더 이상 광합성량이 증가되지 않을 때의 광도는 광포화점이다.

47 다음 중 광포화점에 대하여 바르게 설명하고 있는 것은?

① 광포화점에서는 광도를 높여도 더 이상 광합성이 증가하지 않는다.
② 광포화점과 탄산가스포화점은 같다.
③ 광포화점에서의 광도보다 광도를 더 높이면 광합성량은 감소된다.
④ 광포화점에서 CO_2 농도를 낮추면 광합성량은 더 커진다.

정답 44 ④ 45 ① 46 ④ 47 ①

48 광의 강도와 CO_2 농도가 광포화점의 변동에 미치는 영향을 옳게 나타낸 것은?

① 광도가 높고 CO_2 농도가 높을수록 광포화점은 높아진다.
② 광도가 높고 CO_2 농도가 낮을수록 광포화점은 높아진다.
③ 광도가 낮고 CO_2 농도가 높을수록 광포화점은 높아진다.
④ 광도만 높다면 CO_2 농도는 광포화점에 영향을 미치지 않는다.

49 광합성에 영향을 미치는 외적 요인이 아닌 것은?

① 광
② CO_2 농도
③ 엽록소함량
④ 온도

[해설] 광합성에 영향을 미치는 요인
- 외적 요인 : 광, 온도, 이산화탄소 농도, 산소 농도
- 내적 요인 : 엽록소, 작물체 무기양분 함량, 작물체 함수량, 잎의 동화물질 체적, 솔라리제이션에 의한 원형질 변화

50 광합성속도가 높아질 수 있는 광강도와 CO_2 농도조건을 잘 설명한 것은?

① 광강도가 높고 CO_2 농도가 높을수록 광합성 속도는 증대한다.
② 광강도가 높고 CO_2 농도가 낮을수록 광합성 속도는 증대한다.
③ 광강도가 낮아지고 CO_2 농도가 높아질수록 광합성 속도는 증대한다.
④ CO_2 농도만 높으면 광강도는 관계없이 광합성 속도는 증대한다.

[해설]
- 생육적온까지 온도(↑)가 높아질수록 광합성속도(↑)는 높아지나 광포화점(↓)은 낮아짐
- CO_2 포화점까지 공기 중의 CO_2 농도(↑)가 높아질수록 광합성속도(↑)와 광포화점(↑)이 높아짐

51 작물의 광합성과 외계조건과의 관계를 설명한 것으로 옳은 것은?

① 흐린 날에 광합성이 촉진된다.
② 습도가 높을수록 광합성이 촉진된다.
③ 약한 바람은 광합성을 촉진시킨다.
④ 기온은 낮아지더라도 맑은 날이면 광합성은 변함없다.

[해설]
① 흐린 날보다 맑은 날에 광합성이 촉진된다.
② 습도는 낮을수록 광합성이 촉진된다.
④ 기온은 낮아지더라도 흐린 날보다 맑은 날이 광합성에 더 유리하다.

정답 48 ① 49 ③ 50 ① 51 ③

52 일사가 풍부하고 바람이 불지 않는 조건에서 작물군락에서의 CO_2 농도가 가장 낮은 곳은?

① 작물군락보다 높은 곳의 대기
② 작물군락 윗부분과 대기와의 경계
③ 작물군락의 지표면
④ 잎이 무성한 작물 군락 내부

[해설] 잎이 무성한 작물 군락 내부에서 광합성이 왕성한 결과 일시적으로 CO_2 농도가 낮아진다.

53 군락상태가 아닌 고립상태에 있는 작물의 광합성속도에 큰 영향을 주지 않는 것은?

① 광
② CO_2
③ 온도
④ 수분

[해설] 작물군락 상태에서는 이산화탄소가 군락내부에서 부족현상이 나타나지만 고립상태에서는 이산화탄소 농도가 균일하게 분포하기 때문에 광합성에 영향을 주지 않는다.

54 광합성효율을 높이기 위한 방법이 될 수 없는 것은?

① 광도를 적정수준까지 높여준다.
② 질소비료의 시비로 엽록소의 생성을 촉진시켜 준다.
③ 엽내에 동화물질을 축적시킨다.
④ CO_2 농도와 온도를 적정수준까지 높여준다.

[해설] 엽내에 동화물질의 체적은 광합성률을 낮춘다.

55 다음 중에서 광합성 속도가 낮은 원인을 찾을 때 적당한 것은?

① 광의 강도가 높다.
② 온도가 높다.
③ 대기 중 CO_2 농도가 높다.
④ 잎의 전분함량이 높다.

56 탄소동화작용은 $CO_2 + H_2O + 빛E \rightarrow C_6H_{12}O_6 + O_2$로 표시할 수 있다. O_2는 어디에서 유래한 것인가?

① CO_2에서
② CO_2와 H_2O에서 하나씩 합친 것
③ H_2O에서
④ 대기 중의 O_2에서

[정답] 52 ④　53 ②　54 ③　55 ④　56 ③

57. 식물의 엽록소에 대하여 가장 잘 설명하고 있는 것은?

① 엽록소는 종류가 여러 가지이다.
② 엽록소는 물에 잘 녹는다.
③ 엽록소는 광에너지를 방출한다.
④ 엽록소는 녹색의 광을 잘 흡수한다.
⑤ 엽록소는 모든 광선을 골고루 잘 흡수한다.

[해설] 엽록소는 광에너지를 흡수하는 중요한 역할을 하며, 엽록소는 특정 파장의 광선을 보다 효율적으로 흡수하는 특성이 있다. 엽록소 a와 b는 흡수스펙트럼이 약간 다르며, 엽록소 a가 석유에테르에 잘 용해되고, 엽록소 b는 메틸알코올에 잘 용해되는 차이가 있다.

58. 광합성과 호흡작용에서 공통적으로 볼 수 있는 과정은?

① 해당과정   ② 전자전달과정
③ 칼빈회로   ④ 크렙스회로

[해설] 광합성은 엽록체 틸라코이드막에 전자전달계가 있고, 호흡은 미토콘드리아 내막에 전자전달계가 존재한다.

59. 광합성에 있어서 카로티노이드계 색소의 역할은?

① 엽록소의 광산화 방지   ② 엽록소의 흡광도 증진
③ 엽록소의 구조 안정화   ④ 엽록체의 적응성 강화

60. C4형 광합성을 하는 작물에서 CO_2가 광합성과정에 의해 고정될 경우 생성되는 화합물의 순서는?

| 가. oxaloacetate | 나. sucrose |
| 다. malate | 라. 3-PGA |

① 가-다-라-나   ② 가-라-다-나
③ 다-라-가-나   ④ 다-가-라-나
⑤ 가-다-나-라

정답 57 ① 58 ② 59 ① 60 ①

61 다음 중 C3 식물과 C4 식물에 대한 설명이 아닌 것은?

① C3 식물은 유관속초 발달이 빈약하다.
② C4 식물의 CO_2 보상점은 30~100ppm 정도이다.
③ C3 식물의 최적 광합성 온도는 15~25℃ 정도이다.
④ C4 식물의 광호흡은 없거나 적다.
⑤ C4 식물의 Na^+의 요구성은 C3 식물에 비해 많다.

[해설] C4 식물의 CO_2 보상점은 0~10ppm, C3 식물은 30~70ppm 정도이다.

62 광포화점에 도달했을 때 광합성의 제한요인으로 짝지워진 것은?

① 산소, 엽록소
② 산소, 온도
③ CO_2 농도, 온도
④ CO_2 농도, 수분
⑤ 잎의 영양상태, 수분

63 광합성에 영향을 미치는 요인에 대한 설명 중 틀린 것은?

① 지나친 강광은 엽록소를 부분적으로 파괴하거나 체내 조건을 불활성화시켜 광합성을 저해하는데, 이를 광합성의 솔라리제이션이라고 한다.
② 광도가 높고 탄산가스농도가 높을수록 광합성속도가 증가한다.
③ 탄산가스농도가 300ppm으로 일정한 경우 온도가 적정할 때 광합성속도가 최고에 이른다.
④ 식물은 수분이 부족하면 광합성이 활발해진다.

[해설] 식물의 모든 근본적인 스트레스의 원인은 수분 부족이다. 수분이 부족하면 광합성은 낮아지거나 정지하게 된다.

64 광합성과 관계없는 회로는?

① Hatch-Slack 회로
② Calvin 회로
③ Krebs 회로
④ CAM 회로

[해설] Krebs 회로는 호흡작용에서 TCA 회로를 의미한다.

정답 61 ② 62 ③ 63 ④ 64 ③

65. 광호흡 과정에서 glycolate를 산화시키는 소기관은?

① 엽록체
② 미토콘드리아
③ 페록시솜
④ 딕티오솜
⑤ 리보솜

66. 식물이 광호흡을 하는 이유로 이해되고 있는 것은?

① 엽록체의 산화적 광파괴 방지
② 미토콘드리아의 활성화 유지
③ 엽록체의 광인산화 촉진
④ 미토콘드리아의 광파괴 방지

67. 작물의 광호흡에 대한 설명 중 틀린 것은?

① CO_2 증가에 의한 건물생산증가는 Rubisco의 활성증가와 관련되어 있다.
② 세포의 관련기관은 엽록체, peroxisome, mitochondria이다.
③ C4 작물의 광호흡은 유관속초세포와 엽육세포에서 일어난다.
④ O_2를 흡수하고 CO_2를 방출하는 이 반응은 광이 있을 때만 일어난다.
⑤ O_2에 대한 CO_2의 농도를 높이면 광호흡은 감소한다.

[해설] C4 작물의 광호흡은 유관속초세포에서 일어난다.

68. 다음은 무엇을 설명한 것인가?

> 가. 작물체 안에서 분자량이 작은 무기물질·물에서 분자량이 크고 복잡한 유기물질로 합성되는 작용을 말한다.
> 나. 식물체의 동화물질이 끊임없이 분해되어 최후에는 CO_2와 H_2O로 되어 체외로 배출되는 과정을 말한다.

	가	나
①	동화작용	증산작용
②	인산화작용	이화작용
③	동화작용	이화작용
④	인산화작용	증산작용

[해설] 광합성작용은 동화작용이고, 호흡작용은 이화작용이다.

정답 65 ③ 66 ① 67 ③ 68 ③

Chapter 02

호흡 작용

단원 키워드

1. 작물에서 호흡작용 과정
2. 작물에서 호흡작용의 주요한 역할
3. 해당작용(glycolysis)
4. 크랩스(Krebs) 회로와 글리옥실산(glyoxylic acid) 회로
5. 5탄당인산회로(pentose phosphate cycle)의 역할
6. 식물의 무기호흡(anaerobic respiration)
7. 전자전달계(electron transport system) 역할
8. 암호흡과 광호흡의 차이
9. 호흡작용에 미치는 환경요인

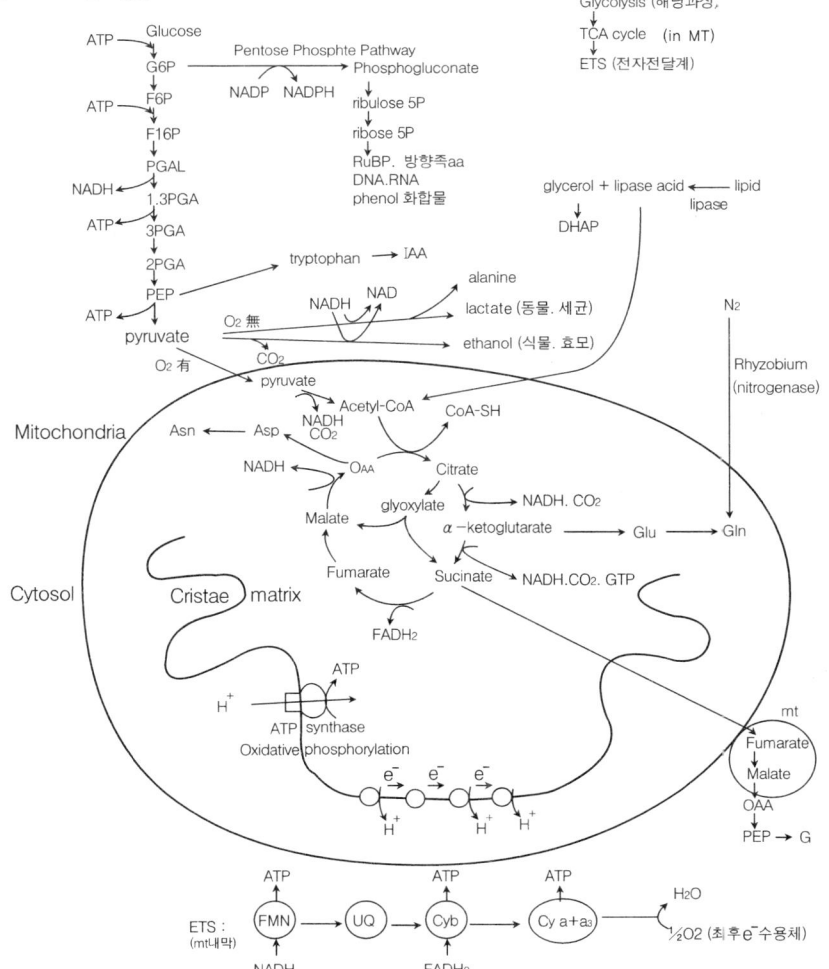

제1절 호흡 기구

1 호흡작용 기초

(1) 개념

① 이화작용(異化作用; dissimilation)
   ㉠ 식물체의 동화물질(同化物質)이 끊임없이 분해되어 최후에는 CO_2와 H_2O로 되어 체외로 배출되는 과정
   ㉡ 분자량이 큰 동화물질이 효소작용으로 가수분해되어 분자량이 작은 수용성 물질로 전화(轉化)되며, 이들 물질은 다시 호흡작용에 의하여 CO_2와 H_2O이 생성되는 과정

② 호흡작용(呼吸作用; respiration)

$$C_6H_{12}O_6 + 6O_2 + 6H_2O \rightarrow 6CO_2 + 12H_2O + 에너지(\underset{40\%}{ATP} + \underset{60\%}{열})$$

   ㉠ 식물은 O_2를 흡수하여 체내 유기물질인 탄수화물, 지방, 단백질을 산화하여 생육에 필요한 에너지(ATP)를 유리시키고 CO_2와 H_2O을 배출한다.
   ㉡ 호흡작용에서 당 연소(분해)는 비교적 저온에서 이루어지는 효소적 산화현상이며, 유리된 에너지는 능률적으로 생명 유지(무기물질의 흡수, 동화작용, 생장, 번식 등)에 이용된다.
   ㉢ 호흡은 큰 분자를 분해하여 에너지를 ATP로 전환하는 수단이며, 분해가 진행되면서 식물의 많은 생산물에 필요한 탄소골격인 중간대사물질[아미노산, 핵산을 위한 염기, 포르피린(porphyrin) 색소(엽록소·시토크롬 등), 지방, 카로티노이드, 안토시아닌 등의 전구체(precursor)]을 제공한다.
   ㉣ 호흡원(呼吸源)으로서 6탄당이 직접 이용된다.

③ 호흡열(呼吸熱; respiratory heat) : 생리적 반응에 관계하는 에너지 전이(轉移)는 완전하지 않아 일부는 열로 발산된다. 발아종자, 생장이 왕성한 어린식물, 생리작용이 왕성한 잎 등도 호흡열을 낸다.

(2) 에너지조정물질(ATP)

① 세포 내 에너지 : ATP(adenosine triphosphate)로 임시 저장
   ㉠ 세포 내에서는 에너지 발생반응과 소비반응이 일어난다. 탄수화물·지방·단백질 등과 같은 화합물의 산화에서 방출되는 에너지는 ADP(adenosine diphosphate)와 무기인산(無機燐酸; Pi)으로부터 ATP를 합성하는 데 이용된다.

ⓒ ATP를 통해 여러 가지 세포물질의 합성에 필요한 에너지를 공급하게 된다.
② ATP 형태
   ㉠ ATP(adenosine triphosphate) 분자는 아데닌(adenine)과 리보오스(D-ribose)가 결합한 아데노신(adenosin)에 3개의 인산이 탈수축합한 형태
   ㉡ ADP(adenosine diphosphate)는 아데노신에 인산기가 2개 결합한 것, AMP(adenosine monophosphate)는 아데노신에 인산기가 1개 결합한 것
   ㉢ ATP는 ADP와 인산기로 가수분해되면서 7.3kcal/mol의 에너지를 방출(일반 공유결합은 약 2kcal의 에너지를 방출함)하고 고에너지 인산화합물이다.
   ㉣ 에너지 수준 : ATP > ADP > AMP

③ 인산화 종류
   ㉠ 기질수준의 인산화 : 해당과정이나 TCA 회로에서 효소반응에 의해서 이루어지는 ATP 등의 고에너지 인산화합물의 생성이며, 빛·산소를 필요로 하지 않는다.
   ㉡ 산화적 인산화 : 호흡작용 중 미토콘드리아 내막에서 전자전달계의 산화환원반응을 통해 ATP가 합성된다.
   ㉢ 광 인산화 : 광합성 명반응 중 엽록체 그라나에서 광에너지를 이용하여 ATP가 합성된다.

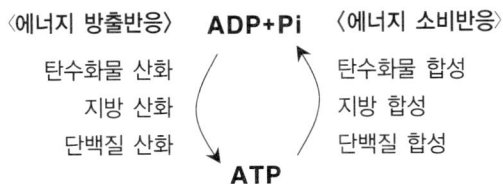

■ 중간에너지 전이화합물로서 ATP 역할

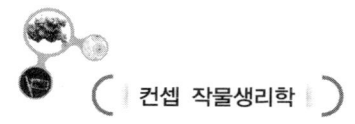

④ 호흡 기질 : 탄수화물, 지방, 단백질
  ㉠ 탄수화물 : 단당류로 분해된 후 주로 호흡에 이용된다.
  ㉡ 지방 : 여러 단계에 걸쳐 탄수화물로 전환되어 호흡기질로 이용된다.
  ㉢ 단백질 : 호흡기질로 잘 사용되지 않고, 아미노산으로 분해된 다음 호흡작용의 중간대사산물로 바뀐 후 이용된다.

(3) **호흡계수**(respiratory quotient, RQ)

호흡에 의하여 발생하는 CO_2 양과 소비되는 O_2 양과의 비

$$\therefore RQ = \frac{[CO_2]}{[O_2]}$$

① 포도당 : 탄수화물인 포도당이 호흡기질로 쓰이면 RQ = 1이다.

$$C_6H_{12}O_6 + 6O_2 \rightarrow 6CO_2 + 6H_2O + 에너지(ATP)$$
$$\therefore RQ = 6/6 = 1$$

② OAA · malate : RQ = 1.33. 당에 비해 산소가 많은 물질이 호흡기질이 될 때에는 호흡계수가 1보다 커진다.

$$\underset{\langle malate \rangle}{C_4H_6O_5} + 3O_2 \rightarrow 4CO_2 + 3H_2O$$
$$\therefore RQ = 4/3 = 1.33$$

③ 지방 : RQ = 0.7. 지방종자가 발아할 때 호흡기질은 지방이 되며, 지방은 당과 비교하여 산소가 적고 수소가 많기 때문에 산화되어 CO_2와 H_2O가 되기 위해서는 더 많은 산소가 필요하게 되어 RQ는 1보다 작다.

$$\underset{\langle stearic\ acid \rangle}{C_{18}H_{36}O_{12}} + 26O_2 \rightarrow 18CO_2 + 18H_2O$$
$$\therefore RQ = 18/26 = 0.7$$

④ 단백질 : RQ = 0.8

2 호흡 메커니즘

○ 호흡 과정 : (1) 해당과정 → (2) TCA회로 → (3) 산화적 인산화반응
　　　　　　　↳ 세포질　　　　↳ mt matrix　　　　↳ mt 내막

(1) 해당과정(解糖過程; glycolysis)

① 의미

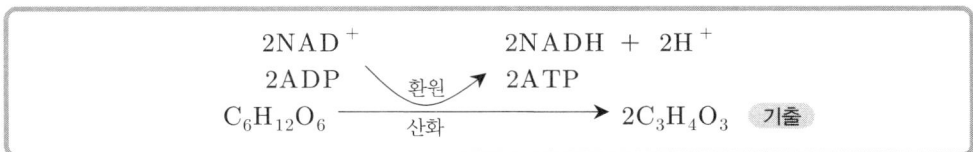

㉠ 해당과정(EMP 회로, Embden-Meyerhof-Parnass) : 6탄당인 포도당(glucose)이 2분자의 피루브산(pyruvate)으로 전환되는 과정

㉡ 해당과정을 통하여 1분자의 포도당은 2분자의 피루브산으로 전환되는 동안, 2분자의 NADH + H$^+$(4분자 ATP 형성)와 4분자의 ATP(기질수준의 인산화)가 형성되나 포도당 인산화 과정에서 2분자의 ATP가 소비되어 결국 6분자의 ATP가 생산된다.

㉢ 해당과정은 세포질(cytosol)에서 일어난다. (칼빈-벤슨회로는 엽록체에서 발생, 해당과정은 칼빈-벤슨회로의 역행은 아님)

㉣ 식물에서 세포호흡의 진정한 기질 : 설탕(sucrose)

　ⓐ 시토졸로 수송된 설탕은 invertase에 의해 포도당(UDPG→G1P→G6P)과 과당(fructose)으로 가수분해되어 쉽게 해당경로로 진입하여 먼저 6탄당인산으로 전환된 후 3탄당인산으로 쪼개짐

　ⓑ 해당과정에서 1분자의 설탕은 4분자의 피루브산(or 말산), 4분자의 ATP, 4분자의 NADH를 생성함

㉤ 해당과정 조절

　ⓐ 해당과정은 가역반응과 비가역반응이 있어 반응이 조절됨. 특히 F6P(과당6인산)가 PFK(phosphofructokinase)에 의해 F1,6P(FBP, 과당1,6이인산)로 되는 단계는 비가역반응으로 해당과정의 주된 조절단계임

　ⓑ PFK 효소는 체내 ATP 함량에 의해 조절되는데, ATP가 많으면 효소활성이 낮아져 반응이 억제됨

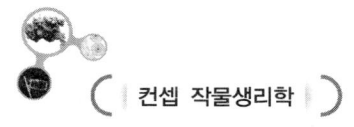

② 과정
- ㉠ 해당과정의 첫 단계는 포도당(glucose)이 G6P(포도당6인산)로 인산화되고, G6P는 이성질화효소(isomerase)에 의해 F6P(과당6인산)으로 전환함
- ㉡ F6P는 ATP의 존재 하에서 hexokinase(PFK)의 촉매작용을 받아, 이것이 ATP를 받아들여 F1,6P(fructose-1,6-bisphosphate)가 된다. 이 반응은 산화라기보다는 기질수준의 인산화(phosphorylation)에 의하여 일어난다.
- ㉢ F1,6P는 aldolase에 의하여 두 분자의 3탄당인 DHAP(dihydroxyacetone phosphate)나 PGAL(G3P, 3-phosphoglyceraldehyde)로 분해되는데, 두 물질은 phosphoglucose isomerase에 의하여 가역적으로 전환될 수 있다.
- ㉣ PGAL는 dehydrogenase에 의하여 산화와 무기인산(Pi)이 가해져서 1,3PGA(1,3-bisphosphoglyceric acid)가 되고, NAD^+는 NADH로 환원된다. 1,3-PGA는 ATP를 형성하면서 3PGA(3-phosphoglyceric acid)가 된다.
- ㉤ 3PGA는 2PGA(2-phosphoglyceric acid)를 거쳐 enolase 작용으로 PEP가 되고, PEP는 pyruvic kinase의 작용으로 pyruvic acid(피루브산)으로 전환되며 ATP를 생성한다.

glucose(G, C₆)

$\text{ATP} \searrow$ ①
$\text{ADP} \swarrow$

glucose-6-phosphate(G6P)

↕ ②

fructose-6-phosphate(F6P)

$\text{ATP} \searrow$ ③
$\text{ADP} \swarrow$

fructose-1,6-bisphosphate(F1,6P)

④

triose phosphate   ⑤   triose phosphate
(dihydroxyacetone phosphate, DHAP) ↔ (glyceraldehyde-3-phosphate, G3P, PGAL)

$\text{Pi} \searrow \text{NAD}^+$ ⑥
$\searrow \text{NADH}$

1,3-bisphosphoglycerate(1,3PGA) ×2

⑦ $\text{ADP} \searrow$
$\text{ATP} \swarrow$

3-phosphoglycerate(3PGA) ×2

⑧ ↕

2-phosphoglycerate(2PGA) ×2

⑨ $\searrow \text{H}_2\text{O}$

phosphoenolpyruvate(PEP) ×2

⑩ $\text{ADP} \searrow$
$\text{ATP} \swarrow$

pyruvate(3C) ×2

관여하는 효소
① hexokinase
② hexose phosphate isomerase
③ phosphofructokinase(PFK)
④ aldolase
⑤ triose phosphate isomerase
⑥ G3P dehydrogenase
⑦ phosphoglycerate kinase
⑧ phosphoglycerate mutase
⑨ enolase
⑩ pyruvate kinase

DHAP	G3P(PGAL)	3PGA	2PGA	PEP	pyruvate
C-OH	C=O	COOH	COOH	COOH	COOH
C=O	C-OH	C-OH	C-O-Ⓟ	C-O-Ⓟ	C=O
C-O-Ⓟ	C-O-Ⓟ	C-O-Ⓟ	C-OH	∥CH₂	CH₃

해당과정(glycolysis)

[약어 정리]
- G6P → glucose-6-phosphate
- F6P → fructose-6-phosphate
- F1,6P → fructose-1,6-bisphosphate
- DHAP → dihydroxyacetone phosphate
- PGald=PGAL=G3P → phosphoglyceraldehyde
- NAD → nicotinamide adenine dinucleotide
- PGA=3PG → phosphoglyceric acid
- 1,3PGA → 1,3-bisphosphoglyceric acid
- PEP → phosphoenolpyruvate
- pyruvate → pyruvic acid
- OAA → oxaloacetic acid
- FAD → flavine adenin d nucleotide

제2장 호흡 작용

(2) TCA(Krebs) 회로

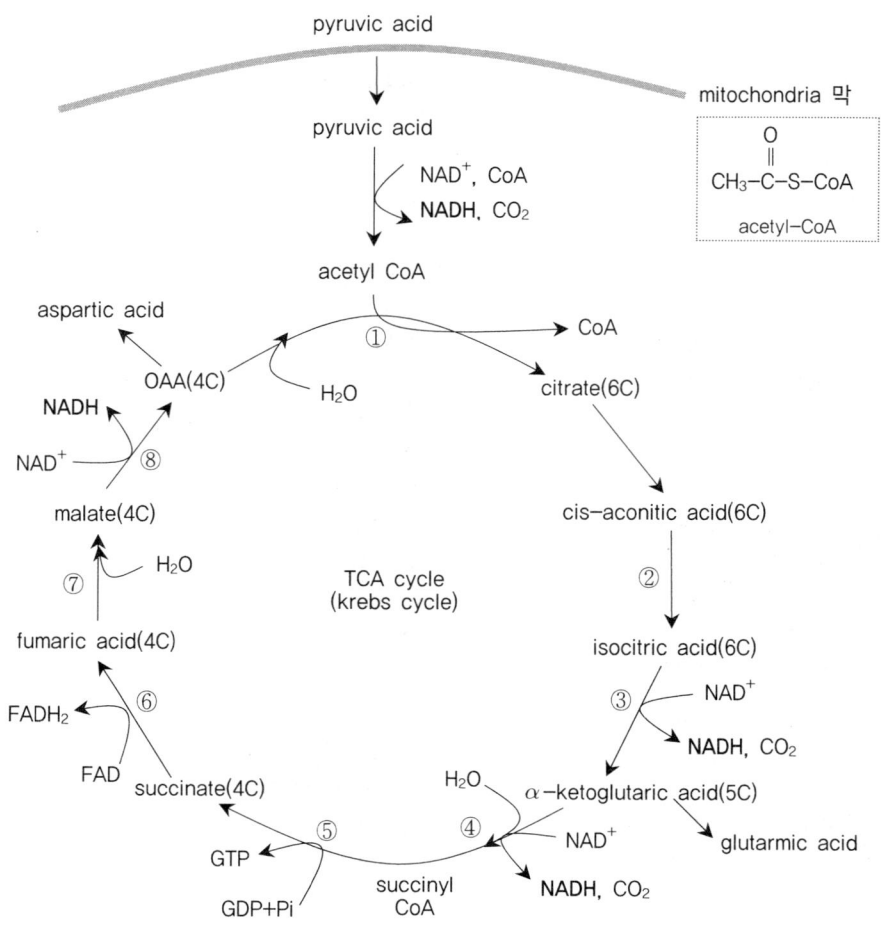

① citrate synthase
② aconitase
③ isocitrate dehydrogenase
④ α-ketoglutarate dehydrogenase
⑤ succinyl CoA synthase
⑥ succinate dehydrogenase
⑦ fumarase
⑧ malate dehydrogenase

① TCA 의미

$$2C_3H_4O_3 + 6H_2O \rightarrow 6CO_2 + \underline{20H} + 2ATP \quad \boxed{기출}$$
$$\text{(pyruvate)} \qquad\qquad 16H; 8NADH + 8H^+$$
$$\qquad\qquad\qquad\qquad 4H; 2FADH_2$$

㉠ TCA회로(tricarboxylic acid cycle) : 가장 중요한 중간생성물이 carboxyl(-COOH) 기를 3개로 구성된 시트르산이므로 시트르산회로(citric acid cycle), 구연산 회로 또는 크랩스회로(Krebs cycle)라고 불린다.

㉡ 크랩스회로가 1번 도는 과정에서 1분자의 피루브산이 산화되어 2분자의 CO_2를 방출, 3분자의 NADH 생성, 1분자의 $FADH_2$ 생성, 1분자의 ATP 생성됨(설탕 기준으로는 각각 4배가 생성됨)

㉢ 아세틸 CoA 과정을 포함했을 경우, 1분자의 피루브산은 TCA 회로에서 산화될 때 3분자 CO_2를 방출하고, 3분자 H_2O가 가해져서, 10개 수소를 잃는데 그 중 8개 수소는 NAD에 전하여 4개 NADH를 생성하고, 2개 수소는 플라빈효소(FAD)에 의하여 제거되어 1개 $FADH_2$를 생성함

② acetyl CoA(acetyl coenzyme A) 형성

㉠ 해당과정에서 생성된 피루브산은 O_2가 존재할 때 미토콘드리아로 들어간 후 피루브산 탈수소효소(거대효소복합체)에 의해 촉매되는 일련의 화학반응(탈탄산, 산화, CoA와 결합)을 거쳐 acetyl CoA(acetyl coenzyme A)를 형성함. acetyl CoA는 고에너지화합물로 아세틸기를 전이하여 해당과정과 크렙스회로를 연결시키는 역할을 함

㉡ acetyl CoA 형성에 필요한 5종 보조인자 : thiamine pyrophosphate(TPP), Mg^{2+} 이온, NAD^+, coenzyme A(CoA), 리포산(lipoic acid)

㉢ acetyl CoA 형성과정

ⓐ 피루브산이 미토콘드리아로 들어가 1개의 C는 탈탄산작용에 의해 CO_2로 제거됨
ⓑ 탈수소효소에 의해 제거된 H는 NAD^+가 수용하여 NADH로 환원됨
ⓒ 나머지 2개의 C는 아세틸기로 산화된 후 조효소A(coenzyme A)의 S 원자와 결합함

③ TCA 과정

일련의 탈탄산, 탈수소, 가수화, 탈수소작용에 의하여 최후에 OAA가 재생된다.

㉠ acetyl CoA는 H_2O의 도움으로 크랩스회로의 최종산물인 OAA(oxaloacetic acid, 옥살초산)과 결합하여 citric acid(시트르산)을 형성하고 CoA를 유리한다. 시트르산을 생성하는 단계만이 비가역적이고, 나머지 단계는 모두 가역반응임

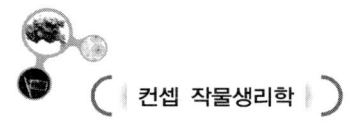

ⓒ 시트르산은 cis-aconitic acid(시스아코니트산)과 isocitric acid(아이소시트르산)이 되고 NADH + H⁺가 생긴다. isocitric acid는 탈탄산 작용을 받아 CO_2와 2개 H를 이탈시킨다.

ⓒ α-ketoglutaric acid(옥살숙신산, oxalosuccinic acid)은 탈탄산작용을 받아 CO_2와 2개의 H를 이탈시키면서 succinyl CoA(porphyrins의 전구물질)를 거쳐 succinic acid(숙신산)이 생기며, 인산화반응으로 한 분자의 GTP(→ATP)도 생긴다. → 기질수준의 인산화, NADH 생성

② 숙신산은 2개의 H가 이탈되어 fumaric acid(푸마르산)이 된다. → 탈수소

⑩ 푸마르산에 H_2O분자가 가해져서 malate(말산)이 형성된다. → 가수화

ⓑ 말산은 2개의 H가 이탈되어 다시 OAA이 형성된다. → 탈수소, NADH 생성

ⓢ OAA는 다시 acetyl CoA와 결합하여 같은 회로를 반복하여 H_2O과 CO_2로 완전히 산화된다.

(3) 전자전달계(ETS, electron transport system)

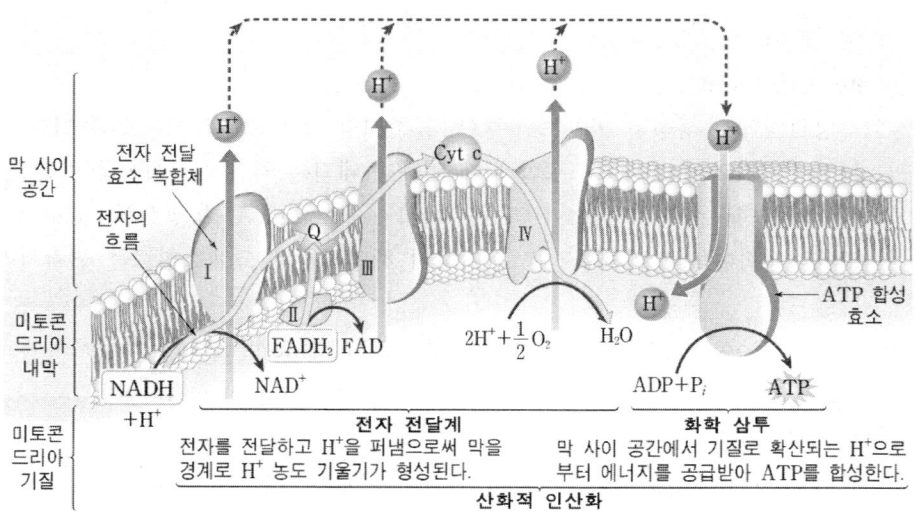

① 산화적 인산화(oxidative phosphorylation)

전자전달계와 화학삼투를 통해서 ATP를 생성하는 과정. 해당과정과 TCA 회로에서 생성된 NADH와 $FADH_2$가 산화되면서 지니고 있던 전자(e^-)가 여러 가지 전자전달계를 거치면서 전자전달효소들의 산화환원 반응에 의해 O_2와 결합하여 H_2O가 생성되는 과정. 미토콘드리아 내막의 크리스타에서 발생

* 화학반응시 전자(e^-)를 주는 물질을 전자공여체(수소공여체 ⑩ NADH, $FADH_2$), 전자를 받아들이는 물질을 전자수용체(수소수용체 ⑩ NAD^+, FAD^+)라 함

② 전자전달계(ETS)
  ㉠ 해당과정과 TCA(크랩스)회로에 의하여 생성된 NADH와 $FADH_2$는 전자공여체로서 미토콘드리아에 있는 다른 전자전달계 효소를 통하여 재산화되며, 이 과정에서 유리된 에너지는 ATP 합성에 이용된다.
  ㉡ 산화과정에서 수소수용체(NAD, FAD)에 의해 취해진 전자(e^-)는 전자친화력이 높은 쪽(자유에너지, 에너지준위, 산화환원전위가 낮은 쪽)으로 전달되어 최종적으로 O_2에 전달됨
  ㉢ 구성 : 4개의 단백질복합체(Ⅰ~Ⅳ), 2개의 이동성 운반체(우비퀴논, 시토크롬c)로 구성. 식물은 대체전자전달경로가 추가됨
    ⓐ 복합체Ⅰ(NADH 탈수소효소) : 기질에서 생성된 NADH($NAD^+ + 2e^- + H^+$)에서 2개 전자를 받아 우비퀴논(UQ, ubiquinone, 막결합 내재성단백질)으로 전달함. 복합체Ⅰ의 전자전달분자는 FMN(flavin mononucleotide), Fe-S단백질 등임. 복합체Ⅰ을 통과하면서 기질에서 내막공간(막간)으로 전자쌍당 4개 H^+을 퍼냄
    ⓑ 복합체Ⅱ(숙신산 탈수소효소) : 크렙스회로에서 숙신산의 산화를 촉매하는 효소(막결합단백질). 전자전달분자는 FAD와 Fe-S단백질이 있고, 숙신산에서 전자를 받아 $FADH_2$로 환원시키고 UQ로 전자를 전달함. H^+을 펌핑하지 않음
    ⓒ 복합체Ⅲ(시토크롬bc_1 복합체) : 환원된 UQ(이를 ubiquinol이라 함)에서 전자를 받아 시토크롬b, Fe-S중심, 시토크롬c_1을 거쳐 시토크롬c(막간 쪽의 표재성단백질)로 전달함. 전자쌍당 4개 H^+을 퍼냄
    ⓓ 복합체Ⅳ(시토크롬a/a_3 복합체) : 2개의 Cu분자, 시토크롬a/a_3를 포함함. 최종산화효소로서 시토크롬c에서 전자를 받아 O_2(최종 e^- 수용체)를 환원시켜 H_2O를 생성함($O_2 + 4e^- + 4H^+ \rightarrow 2H_2O$). 전자쌍당 2개 H^+을 퍼냄.
    만일 O_2가 없다면 전자를 수용하지 못해 전자전달계에 전자가 포화되어 전자전달이 중지되고, 크렙스회로도 정지됨. O_2가 전자와 결합하면 활성산소가 되어 해작용이 나타남
③ 화학삼투 → 산화적 인산화
  ㉠ 광합성처럼 화학삼투설에 기초를 두고, 전자전달계 자체는 직접 ATP를 합성하지 못함
  ㉡ ATP의 합성은 내막의 ATP 합성효소(일명 복합체Ⅴ)에서 일어남
    전자전달 중 복합체Ⅰ·Ⅲ·Ⅳ가 막간으로 H^+을 펌핑하여 막 내외 H^+ 농도기울기를 형성하고, 이러한 농도차를 극복하기 위해 ATP 합성효소가 구동되어 ADP와 Pi가 결합하여 ATP를 생산함
  ㉢ 미토콘드리아의 ATP 합성효소의 회전모터 모델
    ⓐ 미토콘드리아 내막에는 ATP 합성효소(ATP synthase)가 분포하며, 엽록체 틸

라코이드 막의 ATP 합성효소와 구조·기능이 유사함
ⓑ ATP 합성효소(ATP synthase)는 ATP 가수분해효소(ATPase)라고도 하며, 엽록체와 미토콘드리아의 것은 F-ATPase라고 하고 액포막의 양성자펌프는 V-ATPase라고 함
ⓒ F-ATPase는 양성자구동력에 의해 회전모터를 시계 반대방향으로 돌리면서 F_1부위(효소)에서 ATP를 합성하고, V-ATPase는 V_1부위(효소)에서 ATP가 가수분해되고 회전모터를 시계방향으로 돌리면서 양성자를 액포 안으로 펌핑 수송함

보충 | 능동적으로 수송하는 ATPase 종류

㉠ P형 ATPase : 세포막의 H^+-ATPase, Ca^{2+}/H^+를 수송하는 ATPase, Na^+/K^+-ATPase 등
㉡ V형 ATPase : 식물의 액포막, 동물의 리소좀·골지체막에 존재하는 H^+-ATPase
㉢ F형 ATPase(ATP synthase) : 미토콘드리아에 존재하는 F_0F_1-ATPase, 엽록체에 존재하는 CF_0-CF_1 ATPase

④ 포도당 1분자가 산화되어 생성되는 ATP

호흡 과정	세포질	미토콘드리아		ATP 생산
		matrix	전자전달계 (산화적 인산화)	
해당과정	2ATP 2NADH		$2 \times$ 2ATP(1.5)	2 4(3)
acetyl CoA		$2 \times$ 1NADH	$2 \times$ 3ATP(2.5)	6(5)
TCA cycle		$2 \times$ 3NADH $2 \times$ 1FADH₂ $2 \times$ 1GTP	$6 \times$ 3ATP(2.5) $2 \times$ 2ATP(1.5)	18(15) 4(3) 2
총계				36(30)

* ( )는 다른 학자들의 주장

㉠ 해당과정 : 2개 ATP와 2분자 NADH를 생성하고 이 NADH는 전자전달계를 통한 산화에서 2개 ATP를 생성하므로 전체적으로 6개 ATP를 생성한다.
㉡ TCA 회로
  ⓐ 생성된 8분자 NADH는 각각 3분자의 ATP를 생성하므로 전자전달계를 통하여 24분자 ATP가 생성 → 산화적 인산화
  ⓑ 생성된 2분자 FADH₂는 각각 2분자의 ATP를 생성하므로 모두 4분자 ATP를 생성 → 산화적 인산화
  ⓒ 생성된 2분자 GTP는 2분자 ATP가 생성 → 기질수준의 인산화
㉢ 총 ATP : 해당과정 6ATP + TCA 회로 30ATP = 36분자 ATP 생성

> **보충** ATP 계산의 다른 주장
>
> ㉠ 미토콘드리아 기질에서 생산된 NADH에서 나온 1쌍의 전자는 총10개의 H^+을 펌핑하여 2.5개 ATP를 생산함
> ㉡ 시토졸에서 생산된 NADH는 복합체Ⅰ을 거치지 않고 UQ으로 전달되어 1.5개 ATP만 생산함
> ㉢ $FADH_2$에서 나온 전자쌍도 UQ으로 전달되어 1.5개 ATP만 생산함
>   → 1분자 포도당이 완전히 산화되어 생산할 수 있는 ATP는 총 30개(설탕 기준 총 60개)

⑤ 에너지 효율

$$36ATP + 36H_2O \rightarrow 36ADP + 36H_3PO_4 + (-1,145kJ)$$

포도당 1mol(180g)의 자유에너지는 686kcal임
포도당 1mol에서 38mol의 ATP(7.3kcal)를 합성 → 38×7.6=277.4kcal
에너지 효율 = 277.4/686 = 0.4 = 40%

㉠ 포도당 1분자가 산화될 때 자유에너지(free-energy)는 -2,870kJ이 생긴다.
㉡ ATP에서 인산결합이 가수분해될 때 유리되는 자유에너지는 -31.8kJ(-7.6kcal)이므로, 36분자 ATP는 -31.8 × 36 = -1,145kJ이 생리적으로 유효한 에너지로 변한다.
㉢ 효율은 약 -1,145/-2,870 ≒ 40%이고, 남은 에너지는 호흡열로 사라진다.
  * 호흡에너지가 작물체 내에서 대사에 사용되려면 ATP가 ADP+Pi으로 분해되어야 함

⑥ 대체전자전달경로
㉠ 전자의 대체전달
식물은 일반적인 전자전달계 이외에 추가적으로 대체전달경로가 있는데, 5개의 산화환원효소가 관여하며 일부는 Ca^{2+} 의존적임
ⓐ 미토콘드리아 막간 쪽의 막표면에 2개의 NAD(P)H 탈수소효소는 해당과정에서 생성된 NAD(P)H를 산화시키고 받은 전자를 UQ으로 전달함
ⓑ 미토콘드리아 기질(matrix) 쪽 막표면에 2개의 NAD(P)H 탈수소효소는 매트릭스에서 생성된 NAD(P)H를 산화시키고 받은 전자를 UQ으로 전달함
ⓒ 대체산화효소(Alternative oxydase, AOX)는 기질 쪽 막에 내재하는 막단백질 복합체로, UQ을 산화시키고 산소를 환원하는 기능을 가짐
ⓓ UQ에서 전자를 받아 직접 산소로 전달함. 전자의 대체전달경로는 복합체Ⅰ·Ⅱ를 우회하기 때문에 H^+ 수송이 전혀 일어나지 않거나 부분만 수송되어 ATP 수율을 크게 떨어뜨리고, 대신 자유에너지를 열로 발산시킴

ⓛ 대체전자전달경로의 의의
  ⓐ 과잉에너지(과잉환원력)를 해소 : 과도한 환원상태에서는 호흡사슬의 성분이 변하면서 활성산소를 만들고 세포를 손상시키는데, 식물은 이러한 활성산소에 의한 세포손상을 방지함
  ⓑ 과잉 축적된 호흡기질 처분 : 대체산화효소는 복합체Ⅲ · Ⅳ를 우회하므로 ATP를 합성하지 않으면서 에너지를 열로 소산시킴
  ⓒ 과도한 환경스트레스를 극복 : 앉은부채, 천남성, 부두릴리 등은 이른봄 눈 속에서 수분 직전에 다량의 열을 발생시켜 눈을 녹이고, 휘발성 성분을 촉진하여 수분곤충을 유인함
  ⓓ 전자전달 저해제를 무력화하는 수단
  전자전달 저해제 : 로테논, 안티마이신, 시안화물(HCN)
  로테논은 복합체Ⅰ과, 안티마이신은 복합체Ⅲ와, 시안화물(HCN)은 복합체Ⅳ와 결합하여 전자전달을 저해하여 살충작용을 함.
  그러나 식물에서는 대체전자전달경로(대체산화효소)가 있기 때문에 전자전달 저해를 하지 못함

Nicotinamide Adenine Dinucleotide(NAD)   Nicotinamide Adenine Dinucleotide Phosphate(NADP)

Riboflavin

Flavin mononucleotide (FMN)

Flavin adenine dinucleotide (FAD)

(4) 5탄당인산회로(pentose phosphate pathway)

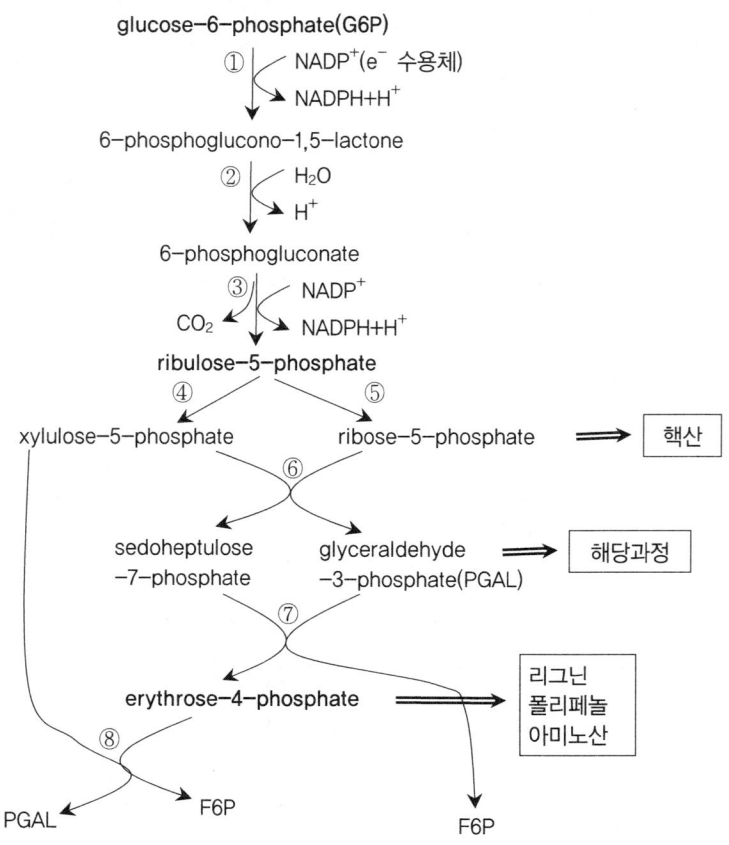

① glucose-6-phosphate dehydrogenase ② gluconolactonase
③ 6-phosphogluconate dehydrogenase ④ ribulose-5-phosphate-3-epimerase
⑤ ribulose-5-phosphate isomerase ⑥ transketolase
⑦ transadolase ⑧ transketolase

▣ 5탄당인산회로

① 의미

　㉠ glucose-6-phosphate로부터 시작하여 포도당을 산화하는 다른 대사회로를 말한다.

　㉡ 5탄당인산회로는 포도당인산(G6P)의 직접적인 산화(direct oxidative pathway)로 시작되는 반응이다.

　㉢ G6P 수준에서 해당과정과 갈라지기 때문에 6탄당인산분지 회로(hexose monophosphate shunt), Warburg-Dickens-Horecker 회로라고도 한다.

② 특징
  ㉠ 포도당대사의 약 10%는 5탄당인산회로를 통하여 산화된다.
  ㉡ 5탄당인산회로는 해당과정과 유사하여 공통의 반응물을 가지며, 주로 세포질에서 일어난다.
  ㉢ 5탄당인산회로는 $NADP^+$가 전자수용체인데, 해당과정은 보통 NAD^+가 전자수용체이다.
  ㉣ 어린 조직에서는 포도당 산화의 주된 회로로서 TCA 회로를 이용하지만, 식물 지상부와 늙은 조직에서는 TCA 회로와 5탄당인산회로도 이용한다.

③ 과정
  ㉠ 5탄당인산회로의 시초 반응은 G6P의 탈수소반응부터 시작되는데, G6P는 탈수소효소에 의하여 6-phosphoglucono-1,5-lactone으로 변하고 $NADPH+H^+$가 생성된다.
  ㉡ 6-phosphoglucono-1,5-lactone은 H_2O이 첨가되어 6-phosphogluconate로 전환된다.
  ㉢ 6-phosphogluconate는 탈탄산작용에 의하여 CO_2가 방출되어 ribulose-5-phosphate로 전환되면서 $NADPH+H^+$가 생성된다.
  ㉣ 이 산화반응으로 생기는 5탄당인산은 복잡한 과정을 거쳐 6탄당인산(F6P)과 3탄당인산(PGAL)으로 전환된다.

④ 생성물
  ㉠ glucose-6-phosphate 1분자가 5탄당인산회로를 통하여 산화될 때 두가지 반응에서 2분자 $NADPH+H^+$가 생성되므로, CO_2와 HO_2로 완전히 산화된다면(6회 회로) $12NADPH+H^+$가 생성된다.
  ㉡ 5탄당인산회로를 통하여 생성된 $NADPH+H^+$는 전자전달계에서 ATP로 산화되지 않고, $NADPH+H^+$를 전자공여체로 요구하는 지방산과 isoprenoid의 합성과 같은 합성반응에 더 많이 이용된다.
  ㉢ 5탄당인산회로 중간생산물인 ribulose-5-phosphate는 ribose-5-phosphate로 전환되어 RuBP·핵산·nucleotide를 합성하는 데 사용된다.
  ㉣ 중간경로에서 생성된 erythrose-4-phosphate의 4탄당 화합물은 안토시아닌·리그닌 같은 다양한 페놀화합물 생성에 필수 전구체이다.

(5) 호흡 중간대사물질과 다른 대사경로

① 호흡과정에서 생성되는 중간대사물질은 에너지(ATP) 생산뿐만 아니라 핵산·단백질·셀룰로스·기타 세포분자들의 생성에 필요한 탄소골격(炭素骨格)을 제공하고, 저장물질의 탄소골격을 변형시키는 역할도 한다.

② 단백질을 위한 아미노산, 핵산을 위한 염기, 포르피린(porphyrin), 색소(엽록소·시토크롬), 지방, 스테롤(sterol), 카로티노이드, 안토시아닌, 일부 방향족 화합물의 전구체가 형성된다.

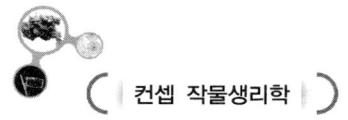

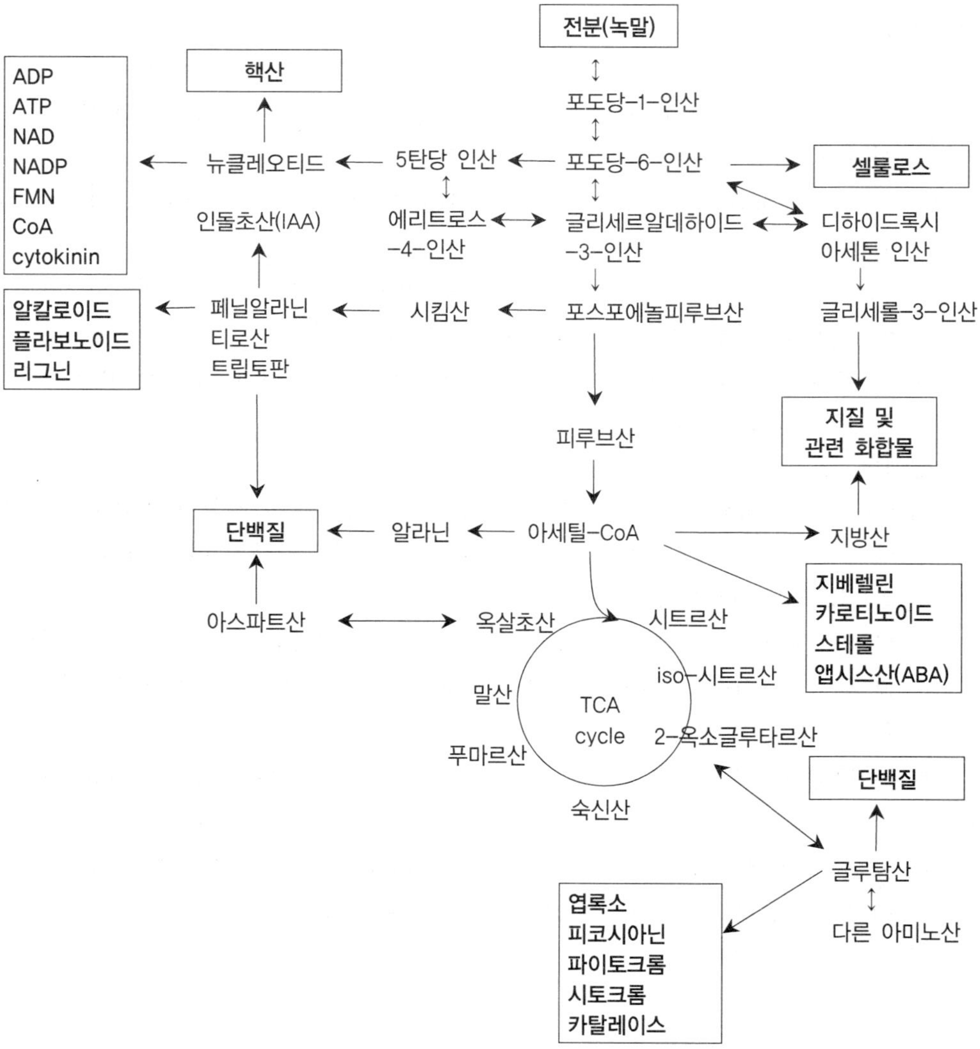

■ 호흡 중간물질과 다른 대사경로

3 무기호흡과 발효반응

① 의미

　㉠ 무기호흡(無氣呼吸; anaerobic respiration, 혐기성 호흡)
　　O_2가 충분한 조건에서는 포도당(glucose)은 해당작용과 TCA회로를 통해 H_2O과 CO_2로 완전 분해되지만(유기호흡), 무기호흡은 O_2가 없거나 부족한 조건에서는 glucose가 해당작용으로 생성된 pyruvic acid가 acetyl-CoA로 전환되지 못하고 아세트알데히드(acetaldehyde)를 거쳐 에틸알코올(ethanol)을 생성하는 과정이다. 미생물이나 효소에 의한 과정을 발효(fermentation)라고도 한다.

　㉡ 대부분 세균·곰팡이는 O_2를 이용하지 않고 유기물을 산화하는 무기호흡을 하며, 고등식물도 산소가 부족할 경우 무기호흡을 한다. 세균·곰팡이에 의해 일어나는 발효는 알코올을 생산하기 위해 이용된다.

　㉢ 최종전자수용체로 작용하는 O_2가 없을 경우 대사작용은 발효과정으로 전환되어 호흡기질은 부분만 산화되어 ethanol과 젖산(lactic acid) 같은 최종산물이 생성된다.

② 알코올 발효(alcoholic fermentation)
　해당과정에서 생긴 피루브산은 탈탄산작용(脫炭酸作用)에 의하여 아세트알데히드가 되고, 알코올탈수소효소(alcohol dehydrogenase)에 의하여 알코올로 환원된다.

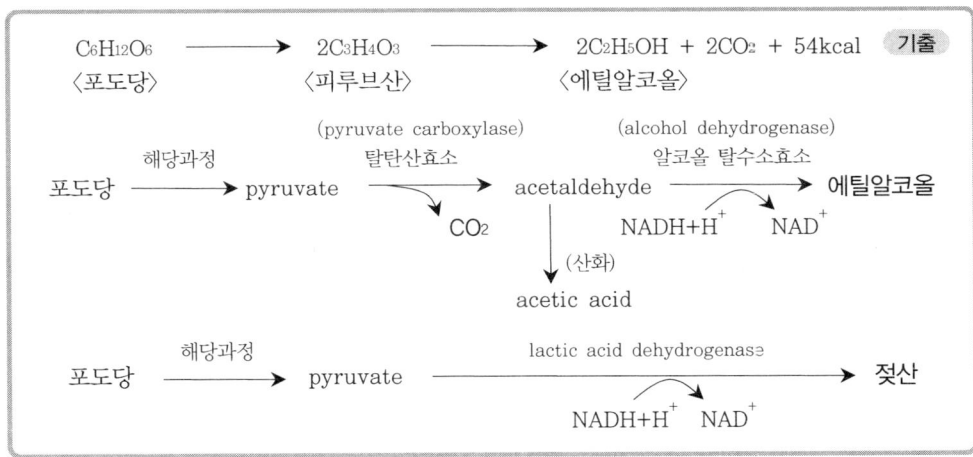

③ 젖산 생성 : 젖산발효와 동물의 근육조직에서 생성되는 젖산은 젖산탈수소효소에 의하여 피루브산으로부터 $NADH+H^+$를 이용하여 직접 생성된다.

④ 고등식물의 무기호흡

　㉠ 산소가 부족한 뿌리나 담수 하에서 자라는 식물은 무기호흡을 할 수 있다.
　　　예 벼·버드나무·부들

ⓒ 발아 종자에서 종피가 산소를 흡수할 수 없는 초기에 무기호흡을 할 수 있다.
ⓒ 대부분 유관속식물은 무기호흡으로 오래 살아남을 수 없는데, ATP 부족이나 알코올 농도가 유해한 수준으로 축적되기 때문이다.

⑤ ATP 생성
ⓒ 알코올발효에 의하여 생긴 에너지는 해당과정에서 생긴 2분자 ATP이다. 포도당에서 원래 갖고 있는 대부분의 결합에너지는 알코올에 존재한다.
ⓒ 유기호흡에서 36분자 ATP 생산에 비하여 무기호흡은 ATP 생산면에서 볼 때 매우 비효율적이다.

▣ [비교] 유기호흡 vs 무기호흡

	유기호흡	무기호흡
산소의 이용	이용함	이용 안 함
호흡기질의 분해	CO_2와 H_2O로 완전 분해	불완전 분해로 중간 산물 생성
ATP 합성효율	36ATP	2ATP
발생하는 장소	세포질, 미토콘드리아	세포질

▣ [비교] 광합성 vs 세포호흡

	광합성	세포호흡
반응 장소	엽록체	세포질+미토콘드리아
전자전달계	전자전달계 on 틸라코이드막	전자전달계 on mt 내막
반응 시간	광 조건(낮)	밤낮 항상
O_2	O_2 발생	O_2 소모
CO_2	CO_2 고정	CO_2 발생
ATP 합성	광인산화	기질수준·산화적 인산화
당	포도당 합성	포도당 분해

제2절 호흡에 영향을 미치는 요인

(1) 외적(환경) 요인

환경요인 중에서 가장 중요요인 : 산소·온도·수분 등

① 온도

㉠ 식물 호흡은 효소에 의하여 일어나기 때문에 그 반응속도는 온도의 영향을 받는다. 0℃에 가까운 저온에서 식물 호흡이 크게 저하되고 온도가 상승함에 따라 점차 증대되어 30~40℃에서 최대에 달한다. 최적온도보다 더 높아지면 오히려 감소되는데, 고온에 의하여 체내 효소계가 파괴되기 때문이다.

㉡ 호흡도 광합성과 같이 온도의 영향에는 시간요인(time factor)이 관여한다. 최적온도까지 호흡속도는 온도가 상승함에 따라 증가되고 오랫동안 유지된다. 최적온도보다 높은 40~45℃에서는 호흡속도가 급격히 감소한다. 효소를 파괴시키는 50~55℃에서의 호흡속도는 최적온도보다 훨씬 낮고 감소속도도 매우 빠르다.

㉢ 호흡작용의 최저온도에서 최적온도에 이를 때까지의 사이에는 온도가 10℃ 상승할 때마다 호흡률은 약 2배가 된다. $Q_{10} = 2$

  * Q_{10}, 온도계수(temperature coefficient) : 어떤 온도에 있어서의 반응속도가 이보다 10℃ 높은 온도에서 몇 배로 되는가를 나타내는 값. 논벼에서 호흡작용의 Q_{10}은 1.6~2.0이다.

② O_2 농도

㉠ 호흡작용은 O_2가 있어야 일어난다. 식물 주변 산소가 20% 이하이면 호흡작용은 저하되고, 5% 이하이면 유기호흡은 현저하게 감소된다.

㉡ 발아 종자는 O_2 농도가 낮을 때 유기호흡보다 무기호흡을 더 많이 하나 O_2 농도가 10% 이상이면 유기호흡을 한다.

㉢ 자연상태에서 지상부 호흡작용은 큰 영향을 받지 않지만, 지하부와 배수가 안 되어 토양 산소가 부족하면 산소가 제한요인이 되고, 물속에서는 산소 용해도가 낮기 때문에 무기호흡이 일어난다.

③ CO_2 농도

㉠ 대기 CO_2 농도보다 더 높은 농도에서 호흡이 상당히 감소되는데, 주로 기공이 닫혀 산소량이 감소되기 때문이다.

㉡ 온도가 낮고, O_2가 부족할 때, 고농도 CO_2에서 호흡 저하는 더욱 현저하다. CO_2에 의한 호흡억제는 과실이나 채소의 저장에 이용된다(CA저장).

㉢ 높은 CO_2 농도의 영향은 작물의 종류나 기관에 따라 다르다.
CO_2가 20% 이상 되면 ⓐ 원래 호흡이 높은 양딸기·아스파라거스 등은 호흡이 저

하되지만, ⓑ 당근에서는 영향이 적고, ⓒ 원래 호흡이 낮은 감자의 괴경, 튤립·양파 등의 인경에서는 오히려 호흡이 왕성해진다.

④ 수분
㉠ 호흡률이 매우 낮은 성숙한 건조종자·포자에서 호흡의 제한요인은 수분이다. 건조종자가 수분을 흡수할 때 호흡률은 어느 정도 수분함량까지는 서서히 증가하지만 수분함량이 더 증가됨에 따라 급격히 증가한다.
㉡ 위조된 식물에서 수분이 제한요인이 된다. 위조에 의하여 기공이 닫혀 산소부족을 일으키나 주로 세포의 수화도가 불충분하기 때문이다.

⑤ 화학물질
㉠ 호흡 저해물질 : 시안화물(cyanamide), 아지드화물(azide), 플루오르화물(fluoride)
㉡ 호흡 촉진물질 : 에틸렌(ethylene) 등은 과실·채소의 착색과 성숙 유도에 이용

> **보충** 미토콘드리아에서 전자전달을 저해하는 물질
>
> ㉠ 로테논(천연살충제)은 전자전달계의 복합체Ⅰ과 결합하여 전자전달을 저해한다.
> ㉡ 안티마이신(항생물질)은 복합체Ⅲ와 결합하여 전자전달을 저해한다.
> ㉢ 청산가리 같은 시안화물(HCN)은 복합체Ⅳ와 결합하여 전자전달을 저해한다.

(2) 내적 요인

① 원형질
㉠ 원형질이 많은 유세포(柔細胞)는 호흡이 왕성하며, 작물 종자가 물을 흡수하면 호흡이 왕성해지고, 매우 건조상태에 있는 건생식물이 물을 흡수해서 조직의 함수량이 어떤 함수량 이상으로 되면 호흡률 상승이 급격해진다.
㉡ 원형질의 수화도가 높아지면, 호흡원의 공급에 관여하는 가수분해효소나 직접 호흡과정을 지배하고 있는 호흡효소의 활력을 높여준다.

② 호흡원의 양
㉠ 당 : 당류·전분 등 탄수화물(호흡기질)이 체내에 많아지면 호흡이 증가하고, 생육 중인 작물 체내 당류가 감소하면 호흡이 저하한다. 잎을 떼서 암소에 두면 당류의 소모와 함께 호흡은 점점 저하되고, 잎에 당액을 흡수시키면 다시 호흡이 증가한다.
㉡ 일조 : 일조가 좋은 조건 하에서 자라고 있는 작물은 일조부족의 조건에서 자라고 있는 것에 비하여 호흡이 왕성하다.
㉢ 변온 : 사과 등 과실, 고구마 괴근, 감자 괴경 등의 저장기관을 저온(0~5℃)에 두고 그 후 온도가 높은 곳으로 옮기면 처음부터 높은 온도에 둔 것에 비하여 호흡이 왕성하다.
㉣ 상처 : 괴경·괴근 등에 상처를 주면 상처부위에 당류가 증가하여 호흡이 높아진다.

③ 무기양분
  ㉠ 뿌리가 염류를 흡수할 때 호흡속도가 상승하는데, 염류 흡수에 에너지가 요구되며 이 에너지는 호흡을 통해 공급된다.
  ㉡ 무기양분 중 N가 호흡에 가장 큰 영향을 미친다. N 부족시 호흡이 억제되고, N 충분시 호흡이 증가한다.
  ㉢ K 부족시 체내 가용성 당류가 증가(K은 당의 전류를 촉진시킴)하여 초기호흡이 증가한다. K부족으로 전분과 단백질의 합성이 억제되어 체내 가용성당류가 증가하기 때문이다.

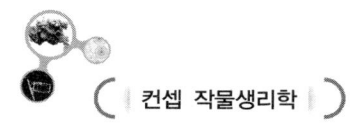

기출 및 출제예상문제

01 작물의 세포호흡에 대한 설명으로 가장 옳지 않은 것은? ●23. 서울지도사

① 해당과정(glycolysis)은 시토졸에서 일어나며, 해당과정의 주된 조절 단계는 비가역반응인 과당-6-인산에서 과당-1,6-이인산으로 되는 과정이다.
② 전자전달계의 복합체Ⅱ는 숙신산의 산화를 촉매하는 막결합 단백질로, 이 복합체는 미토콘드리아 기질로부터 내막공간으로 전자쌍당 4개의 H^+를 퍼낸다.
③ 미토콘드리아 기질에서 일어나는 크렙스회로를 통해 1분자의 아세틸-CoA가 완전히 산화되면 2분자의 CO_2, 3분자의 NADH, 1분자의 $FADH_2$ 그리고 1분자의 ATP가 생산된다.
④ 전자전달계를 거친 전자의 최종수용체는 산소로, 만약 산소가 없다면 전자전달이 중지되어 크렙스회로도 반응이 정지된다.

[해설] 전자전달계의 복합체Ⅱ는 미토콘드리아 기질로부터 내막공간으로 H^+를 펌핑하지 않는다. 복합체Ⅰ과 Ⅲ는 H^+를 4개를, 복합체 Ⅳ는 2개를 막간으로 펌핑한다.

02 Krebs cycle에 대한 설명으로 옳지 않은 것은? ●22. 경기 농촌지도사

① 피루브산 1분자가 크렙스회로에서 산화되어 3분자의 CO_2를 방출, 3분자의 NADH 생성, 1분자의 $FADH_2$ 생성, 1분자의 ATP 생성한다.
② 시트르산을 생성하는 단계만이 비가역적이고, 나머지 단계는 모두 가역반응이다.
③ acetyl CoA는 고에너지화합물로 아세틸기를 전이하여 해당과정과 크렙스회로를 연결시키는 역할을 한다.
④ Krebs cycle에서 생성되는 GTP는 기질수준의 인산화 반응이다.

[해설] 크렙스회로가 1번 도는 과정에서 1분자의 피루브산이 산화되어 2분자의 CO_2를 방출, 3분자의 NADH 생성, 1분자의 $FADH_2$ 생성, 1분자의 ATP 생성된다(설탕 기준으로는 각각 4배가 생성됨).

03 호흡에 영향을 미치는 요인으로 옳지 않은 것은? ●21. 경북 농촌지도사

① 호흡률이 매우 낮은 성숙한 건조종자·포자에서 호흡의 제한요인은 수분이다.
② 대기 CO_2 농도보다 더 높은 농도에서 호흡이 상당히 감소된다.
③ 지상부 호흡작용은 산소가 제한요인이 되어 산소농도에 큰 영향을 받는다.
④ 식물 호흡은 효소에 의하여 일어나기 때문에 반응속도는 온도의 영향을 받는다.

정답 01 ② 02 ① 03 ③

[해설] 자연상태에서 지상부 호흡작용은 큰 영향을 받지 않지만, 지하부와 배수가 안 되어 토양 산소가 부족하면 산소가 제한요인이 되고, 물속에서는 산소 용해도가 낮기 때문에 무기호흡이 일어난다.

04 식물의 호흡작용에 대한 설명으로 가장 옳은 것은?
● 20. 서울지도사

① 포도당이 피루브산으로 전환되는 해당과정은 미토콘드리아에서 일어난다.
② 피루브산은 크렙스회로를 거치면서 8개의 NADPH와 2개의 $FADH_2$를 생성한다.
③ 산소를 이용하지 않는 무기호흡(발효호흡)에서는 CO_2를 생성하지 않는다.
④ 5탄당인산회로에서 생성된 $NADPH+H^+$는 에너지 ATP로 산화되지 않고 합성반응에 더 많이 이용된다.

[해설] ① 포도당이 피루브산으로 전환되는 해당과정은 세포질에서 일어난다.
② 2분자의 피루브산은 크렙스회로를 거치면서 8개의 NADPH와 2개의 $FADH_2$를 생성한다.
③ 산소를 이용하지 않는 무기호흡(발효호흡) 중 에탄올을 합성할 때 CO_2를 생성하지만, 젖산을 합성할 때는 CO_2를 생성하지 않는다.

05 다음 분자들의 호흡계수로 옳은 것은?
● 18. 경북 농촌지도사(변형)

① $C_{18}H_{36}O_{12}$: 0.69
② $C_6H_{12}O_6$: 0.8
③ $C_4H_6O_5$: 1.7
④ C_2H_5OH : 1.33

[해설] ① 스테아르산 : 0.69
② 포도당 : 1.0
③ 말산 : 1.33
④ 에탄올 : 0.67

06 호흡작용에 대한 설명으로 옳지 않은 것은?
● 18. 경기 농촌지도사(변형)

① 산소가 부족하면 시토졸에서만 2분자 ATP를 생성한다.
② 해당과정에서 2개 ATP와 2분자 NADH를 생성하므로 전체적으로 8개 ATP를 생성한다.
③ 전자전달계에서 전자(e^-)는 최후에 O_2에 전달된 후 H^+와 결합하여 H_2O를 형성하게 된다.
④ 유산소 조건에서 에너지 생성효율은 약 40%이다.

[해설] 해당과정에서는 2개 ATP와 2분자 NADH를 생성하고 이 NADH는 전자전달계를 통한 산화에서 2개 ATP를 생성하므로 전체적으로 6개 ATP를 생성한다.

[정답] 04 ④ 05 ① 06 ②

07 acetyl CoA의 형성에 필요한 5종 보조인자가 아닌 것은?
●18. 경기 농촌지도사(변형)

① TPP
② FAD^+
③ 리포산
④ Mg 이온

[해설] acetyl CoA 형성에 필요한 5종 보조인자 : thiamine pyrophosphate(TPP), Mg^{2+} 이온, NAD^+, coenzyme A(CoA), 리포산(lipoic acid)

08 호흡에 영향을 주는 외적 요인에 대한 설명으로 옳은 것은?
●18. 경기 농촌지도사(변형)

① 온도가 높고, O_2가 부족할 때, 고농도 CO_2에서 호흡 저하는 더욱 현저하다.
② 성숙한 건조종자에서 호흡의 제한요인은 수분이다.
③ 0℃에 가까운 저온에서 식물 호흡이 크게 증가한다.
④ 발아 종자는 산소농도가 높을 때 유기호흡보다 무기호흡을 더 많이 한다.

[해설] ① 온도가 낮고, O_2가 부족할 때, 고농도 CO_2에서 호흡 저하는 더욱 현저하다.
③ 0℃에 가까운 저온에서 식물 호흡이 크게 감소한다.
④ 발아 종자는 산소농도가 낮을 때 유기호흡보다 무기호흡을 더 많이 한다.

09 무기호흡에 대한 설명으로 옳지 않은 것은?
●18. 경기 농촌지도사(변형)

① O_2가 없을 경우 대사작용은 발효과정으로 전환되어 호흡기질은 부분만 산화되어 ethanol과 젖산 같은 최종산물이 생성된다.
② O_2가 없거나 부족한 상태에서는 해당작용으로 생성된 pyruvic acid가 acetyl-CoA로 전환되지 못하고 아세트알데히드를 거쳐 에틸알코올(ethanol)을 생성한다.
③ 버드나무와 같이 담수 하에서 자라는 고등식물은 무기호흡을 할 수 없다.
④ 무기호흡은 ATP 생산면에서 볼 때 매우 비효율적이다.

[해설] 벼, 버드나무, 부들 같은 고등식물은 산소가 부족하거나 담수 하에서 무기호흡을 할 수 있다.

10 ATP에 대한 설명으로 옳은 것은?

① 전분을 가수분해한다.
② 단백질을 가수분해한다.
③ 에너지를 공급한다.
④ 광합성에 의해 주로 생성된다.

[해설] ATP는 생체 내 에너지를 임시 저장하는 형태이며, 세포물질의 합성에 필요한 에너지를 제공하며, 광합성에 의해 생성되기도 하지만 주로 호흡에 의해 생성된다.

[정답] 07 ② 08 ② 09 ③ 10 ③

11 다음 중 설명이 바르지 않은 것은?

① C, H, O, N, S, P는 ATP의 구성원소이다.
② ATP로부터 인산이 분리되면서 ADP가 될 때 7.3 kcal의 열량이 발생한다.
③ 포도당 1몰이 유기호흡의 호흡기질로 사용될 때 산소는 6몰이 필요하다.
④ 포도당이 유기호흡과정에서 호흡기질로 사용되어 완전히 산화될 경우 호흡계수(RQ)는 1이다.

[해설] ATP의 구성원소는 C, H, O, N, P이다.

12 다음 중 ATP, ADP, AMP 간의 에너지 보유능력을 바르게 표시한 것은?

① AMP < ADP < ATP
② AMP = ADP < ATP
③ AMP > ADP > ATP
④ AMP < ADP = ATP

13 다음 중 호흡작용에 대한 설명으로 옳지 않은 것은?

① 호흡계수는 'CO_2 배출량/O_2 소비량'을 말한다.
② 탄수화물, 지방, 회분, 단백질은 호흡기질로서 이용된다.
③ 호흡기질로서 가장 많이 이용되는 것은 탄수화물이다.
④ 벼, 감자, 땅콩, 밀 중에서 호흡기질로서 지방이 가장 많이 사용되는 작물은 땅콩이다.

[해설] 호흡기질에는 탄수화물, 지방, 단백질이 있으나, 단백질은 잘 사용되지는 않는다.

14 포도당이 산화되어 탄산가스와 물로 분해되는 호흡과정의 순서로서 맞는 것은?

① 해당작용 → 전자전달계 → TCA회로
② TCA회로 → 해당작용 → 전자전달계
③ 해당작용 → TCA회로 → 전자전달계
④ 전자전달계 → TCA회로 → 해당작용

[정답] 11 ① 12 ① 13 ② 14 ③

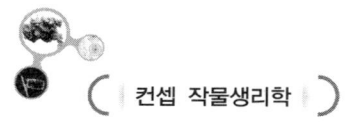

15 다음 설명이 옳지 않은 것은?
① 호흡작용 중 해당작용에서 포도당 1분자가 분해되어 2분자의 피루브산이 생성된다.
② EMP 회로는 미토콘드리아에서 발생한다.
③ 1분자의 포도당이 호흡기질로 사용되었을 때 해당작용에서 생성되는 ATP는 2분자이다.
④ 산소를 소모하는 유기호흡과 산소를 소모하지 않는 무기호흡의 과정에서 해당과정은 공통적으로 거친다.

[해설] EMP 회로는 해당과정을 의미하며, 이 과정은 세포질에서 진행된다.

16 TCA회로는 중간생성물의 양에 따라 반응속도가 조절된다. 이때 반응속도를 조절하는 단계로 볼 수 없는 것은?
① glycolate 형성과정
② citrate 형성과정
③ α-ketoglutarate 형성과정
④ succinate 형성과정

[해설] glycolate는 광호흡에서 peroxysome에서 형성되는 과정이다.

17 다음 설명이 바르지 않은 것은?
① 포도당 1분자가 완전히 산화될 경우에 TCA회로에서 2분자의 $FADH_2$를 생성한다.
② 원핵생물에서 포도당 1분자가 유기호흡에 의해 완전히 산화될 때 38 ATP를 생성한다.
③ 작물에서 포도당 1분자가 완전히 산화되었을 경우에 생성될 수 있는 ATP는 36개이다.
④ TCA 회로에서 생성된 NADH는 6개의 ATP로 전환된다.

[해설] TCA 회로에서 생성된 NADH 1분자는 3분자의 ATP로 전환된다.

18 다음 설명이 바르지 않은 것은?
① 발아하는 종자에서 종피가 산소를 받아들일 수 없는 상태에서는 무기호흡이 일어난다.
② 작물이 침수나 관수되었을 때 무기호흡이 감소된다.
③ 무기호흡의 결과로 포도당이 변화하여 최종적으로 생성되는 물질은 에틸알코올이다.
④ 한낮의 광합성이 왕성한 작물보다 발아하는 종자에서 호흡률이 더 높다.

[해설] 작물이 침수나 관수되었을 때 산소가 부족하여 무기호흡이 증가된다.

[정답] 15 ② 16 ① 17 ④ 18 ②

19 호흡작용과 온도계수와의 관계에 관한 설명으로 옳은 것은?

① 유효온도 범위 내에서 온도가 10℃ 상승할 때 호흡률은 약 2배 정도 증가하게 된다.
② 최저온도인 10℃에서의 호흡률은 0이다.
③ 유효온도 범위 내에서 온도가 10℃ 상승하게 되면 호흡은 멈춘다.
④ 최고온도보다 높은 온도에서 온도가 10℃ 상승하면 호흡률이 10배 상승한다.

[해설] 작물생육의 최적온도에 도달하기까지는 온도 상승에 따라 작물 생리작용속도가 모두 빨라지는데, 온도가 10℃ 상승하는 데 따르는 이화학적 반응이나 생리작용의 증가배수를 온도계수(Q_{10})라고 한다. 광합성과 호흡의 온도계수(Q_{10})는 2 정도이다.

20 호흡작용의 단계별 과정을 4단계로 구분할 때 이에 속하지 않는 것은?

① Hatch-Slack 회로
② 해당과정
③ 전자전달계
④ acetyl-CoA 형성
⑤ TCA 회로

[해설] Hatch-Slack 회로는 C4 작물의 광합성 경로이다.

21 ATP(adenosine triphosphate)의 구성성분이 아닌 것은?

① adenine
② ribose
③ phosphate
④ glucose

22 글루코스가 호흡작용에 의하여 산화될 때 먼저 효소인 헥소카나제(hexokinase)의 작용에 의해 글루코스-6-인산이 되면 ATP는 어떻게 변하는가?

① ADP로 변한다.
② RNA로 변한다.
③ NAD로 변한다.
④ FAD로 변한다.

[정답] 19 ① 20 ① 21 ④ 22 ①

23. 유기호흡에 의해 glucose가 ATP로 전환되는 일련의 과정을 순서대로 나열한 것은?

| 가. glucose-6-phosphate | 나. α-ketoglutarate |
| 다. citrate | 라. pyruvate |

① 가 - 다 - 라 - 나
② 가 - 라 - 다 - 나
③ 라 - 다 - 나 - 가
④ 라 - 다 - 가 - 나
⑤ 가 - 나 - 다 - 라

24. 5탄당인산회로(Pentose Phosphate Pathway)에 대한 설명으로 틀린 것은?

① 세포질 반응
② 전자수용체는 $NADP^+$
③ 5탄당인산화합물 생산
④ 지방산 합성에 필요한 전자공여체 생산
⑤ fructose-6-phosphate에서 출발

[해설] 5탄당인산회로의 출발물질은 glucose-6-phosphate이다.

25. Acetyl-CoA 형성에 필요한 5종의 보조인자에 해당하지 않는 것은?

① axaloacetic acid
② thiamine pyrophosphate(TPP)
③ Mg ion
④ lipoic acid
⑤ NAD^+

[해설] acetyl CoA 형성에 필요한 5종 보조인자 : thiamine pyrophosphate(TPP), Mg^{2+} 이온, NAD^+, coenzyme A(CoA), 리포산(lipoic acid)

26. 크렙스 회로에서 가장 중요한 중간생성물은?

① 개미산(formic acid)
② 구연산(citric acid)
③ 젖산(lactic acid)
④ 능금산(malic acid)

정답 23 ② 24 ⑤ 25 ① 26 ②

27 Krebs 회로에서 FADH₂가 생성되는 과정은?

① Citric acid → Isocitric acid
② Succinic acid → Fumaric acid
③ Fumaric acid → Malate
④ Isocitric acid → α-Ketoglutaric acid
⑤ α-Ketoglutaric acid → Succinic acid

28 다음 중 Citrate 회로의 반응경로에 해당하는 것은?

① $C_6H_{12}O_6 + 6O_2 + 6H_2O \rightarrow 6CO_2 + 12H_2O + 686kcal$
② $C_6H_{12}O_6 \rightarrow 2CH_3COCOOH + 2[2H]$
③ $2CH_3COCOOH + 6H_2O \rightarrow 6CO_2 + 10[2H]$
④ $C_6H_{12}O_6 \rightarrow 2C_2H_5OH + 2CO_2 + 56kcal$
⑤ $C_6H_{12}O_6 \rightarrow 2CH_3COCOOH + 47kcal$

[해설] $C_6H_{12}O_6$은 포도당, $CH_3COCOOH$은 pyruvate, C_2H_5OH은 에탄올이다.
①은 호흡반응, ④는 ethanol 형성반응, ②는 해당과정 중 NADH를 생성, ⑤는 해당과정 중 ATP를 생성

29 완전히 산화될 때 산소소모량에 비해 탄산가스 발생량이 가장 많은 화합물은?

① glucose
② linolenic acid
③ oxaloacetic acid
④ fructose-6-phosphate
⑤ G-6-P

[해설] 설문은 호흡계수가 가장 큰 것을 찾으라는 문제이다.
glucose, fructose-6-phosphate, G-6-P의 호흡계수는 1.0, linolenic acid는 0.7, oxaloacetic acid는 1.33이다.

정답 27 ② 28 ③ 29 ③

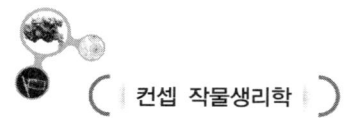

30 식물의 무기호흡에 대해 맞는 것은?
① 에너지를 더 효율적으로 생산할 수 있다.
② 수생식물에서 볼 수 있는 호흡작용이다.
③ 무기호흡과정의 최종산물은 구연산이다.
④ 무기호흡과정에서도 ATP는 생산된다.

[해설] 무기호흡과정에서도 해당과정에서 ATP를 생성하지만 유기호흡보다 훨씬 효율성이 떨어지며, 무기호흡의 최종산물은 ethanol 또는 lactate이다.

31 식물의 호흡작용과 환경과의 관계를 올바르게 설명한 것은?
① 저온에서는 호흡이 촉진되고 고온에서는 억제된다.
② 호흡의 최적온도는 식물의 종류에 관계없이 일정하다.
③ 탄산가스 농도와 호흡과는 관계가 없다.
④ 종자의 호흡은 수분흡수와 관련이 있다.

[해설] ① 저온에서는 호흡이 억제되고 고온에서는 촉진된다.
② 호흡의 최적온도는 식물의 종류에 따라 다양하다.
③ 탄산가스 농도를 높이고 온도를 낮추면 식물의 호흡이 낮아져서 장기 저장이 가능하다.

32 호흡과 환경과의 관계를 올바르게 설명한 것은?
① 온도가 상승하면 호흡은 억제된다.
② 탄산가스가 증가하면 호흡이 증가한다.
③ 산소농도가 20% 이하면 호흡이 촉진된다.
④ 종자는 수분을 흡수하면 호흡이 증가한다.

[해설] ① 온도가 상승함에 따라 점차 호흡은 증대되어 40℃ 정도에서 최대에 이른다.
② 대기보다 탄산가스가 증가하면 호흡이 상당히 감소한다.
③ 산소농도가 20% 이하면 호흡이 저하되고, 5% 이하이면 유기호흡은 현저히 감소된다.

정답 30 ④ 31 ④ 32 ④

33 호흡작용에 있어서 온도계수 Q_{10}이 뜻하는 것은 무엇인가?

① 최저 최고온도 범위 내에서 온도가 10도 상승할 때마다 호흡률은 2배가 된다는 뜻
② 최저온도 10도까지는 호흡은 이루어지지 않는다는 뜻
③ 최저 최고온도 범위 내에서 온도가 10도 이상일 때부터 호흡은 고정된다는 뜻
④ 작물의 최고온도 이상에서부터 호흡률은 2배로 증가한다는 뜻

34 탄산가스 농도를 조절하여 호흡작용을 억제시키면서 농산물의 저장력을 향상시키는 저장법은?

① 움저장
② 고량저장
③ 급속냉장저장
④ CA저장

35 5탄당인산회로에 대한 설명으로 옳지 않은 것은?

① glucose 1분자가 CO_2와 HO_2로 완전히 산화된다면 12NADPH가 생성된다.
② 5탄당인산회로는 $NADP^+$가 전자수용체로 작용한다.
③ $NADPH+H^+$는 전자전달계에서 ATP로 산화되어 체내 에너지원으로 쓰인다.
④ glucose-6-phosphate로부터 시작하여 포도당을 산화하는 대사회로이다.

[해설] 5탄당인산회로를 통하여 생성된 $NADPH+H^+$는 전자전달계에서 ATP로 산화되지 않고, $NADPH+H^+$를 전자공여체로 요구하는 지방산과 isoprenoid의 합성과 같은 합성반응에 더 많이 이용된다.

[정답] 33 ① 34 ④ 35 ③

Chapter 03

단원 키워드

1. 자당(설탕)의 생합성 경로
2. 자당(설탕)의 분해 과정
3. 전분의 생합성 경로
4. 전분의 분해 경로
5. 식물에서 전분과 셀룰로오스의 차이
6. 환원당과 비환원당의 차이
7. 식물의 과당류(oligosaccharide) 종류

탄수화물 대사

○ 탄수화물(炭水化物; carbohydrate)은 일반적으로 C, H, O 3원소를 1 : 2 : 1의 비율로 함유하는 유기화합물로서 광합성의 직·간접 생성물질이다. 탄수화물은 광합성 과정에서 흡수된 광에너지 저장, 식물의 지지조직 형성, 여러 유기물질의 탄소골격 형성 등을 담당하며, 질소화합물과 지질화합물로 전환된다.

제1절 탄수화물 종류

단당류	3탄당	DHAP, C3G, PGA, PEP, pyruvate
	4탄당	succinate, fumarate, malate, OAA, erythrose
	5탄당	ribose, deoxyribose, xylose, arabinose, apinose
	6탄당	D-glucose, D-fructose, D-mannose, D-galactose, hamamelose
과당류	2당류	sucrose, maltose, cellobiose
	3당류	raffinose, gentianose
	4당류	stachyose
다당류	전분	amylose[$\alpha(1\rightarrow4)$결합], amylopectin[$\alpha(1\rightarrow6)$결합]
	셀룰로스	cellulose[$\beta(1\rightarrow4)$ 결합]
	이눌린	inulin[$\beta(2\rightarrow1)$ 결합]
	펙틴 화합물	pectic acid[galactose의 $\alpha(1\rightarrow4)$결합], pectin, protopectin
	펜토산	xylan, araban

1 단당류(monosaccharides)

가수분해를 해도 더 작은 당류로 가수분해될 수 없는 당이다.

(1) 단당류 분류

① C원자 수에 따라 : 3, 4, 5, 6, 7개인 탄수화물들이 있다. 고등식물 물질대사에 있어서 중요한 것은 5탄당(pentose)과 6탄당(hexose)이다.

② aldehyde와 ketone 여부에 따라 : 단당류에는 알데하이드(aldehyde, −CHO)기를 가진 알도스(aldose), 케톤(ketone, >C=O)기를 가진 케토스(ketose)가 있다. 모두 쉽게 산화되므로 환원력을 갖고 있다.

③ 광학적 이성체(異性體; isomer)에 따라 : D형과 L형이 있다.

■ 3탄당 구조

(2) 5탄당

① 작물 체내 5탄당 : D-ribose, 2-deoxy-D-ribose, D-xylose, L-arabinose 4종류, 모두 가용성 형이 아니고 분자량이 큰 유도체로서 존재한다.

② 리보스(ribose)와 디옥시리보스(deoxyribose) : 식물체 내 핵산 성분으로 존재한다.

③ D-xylose와 L-arabinose : 세포벽 구성 다당류인 자일란(xylan)이나 아라반(araban)의 성분으로서 작물체 체제유지에 중요한 역할을 한다.

```
H-C=O        H-C=O        H-C=O        H-C=O
 |            |            |            |
H-C-OH       H-C-OH       H-C-OH       H-C-H
 |            |            |            |
HO-C-H       HO-C-H       H-C-OH       H-C-OH
 |            |            |            |
H-C-OH       HO-C-H       H-C-OH       H-C-OH
 |            |            |            |
CH₂OH        CH₂OH        CH₂OH        CH₂OH
<자일로스>   <아라비노스>  <리보스>   <디옥시리보스>
```

■ 5탄당 구조

(3) 6탄당

① 작물 체내 6탄당 : D-glucose, D-fructose, D-mannose, D-galactose 4종류

② D-glucose(포도당)와 D-fructose(과당) : 세포질이나 세포액 안에 용해되어 분자상태로 함유되어 있다. 호흡원으로 이용되며, 식물체 내에서 대부분 고리형으로 존재한다.

제3장 탄수화물 대사 | 273

③ D-galactose와 D-mannose : 유도체 형으로 존재하고, 세포벽 구성 다당류의 성분을 이루고 있으며, 호흡원으로 이용되지 않는다.

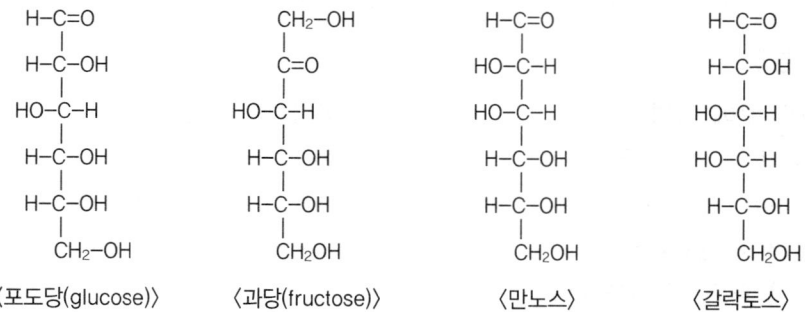

■ 6탄당 구조

(4) 측쇄단당류

① 식물체 내 측쇄단당류 : 5탄당인 apiose, 6탄당인 hamamelose
② apiose : 배당체(glycoside)의 한 성분으로서 파슬리, 좀개구리밥 등에 함유
③ hamamelose : 개암나무의 수피, *Primula*속 식물, 여러 고등식물에 함유

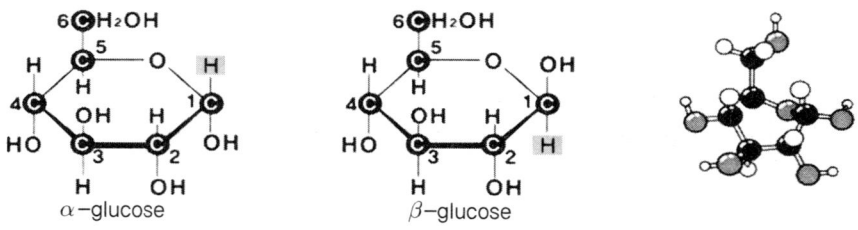

■ 측쇄 단당 구조

2 과당류(oligosaccharides)

단위단당류의 수에 따라 2당류·3당류·4당류 등으로 부르며, 단위단당류의 수가 더 많은 경우에는 다당류로 분류한다.

(1) **2당류**

① **자당**(蔗糖; sucrose) : G+F
　㉠ 자당은 포도당(G, glucose)과 과당(F, fructose)이 H_2O 1분자를 잃고(탈수) 축합된 수용성 이당류이며, $C_{12}H_{22}O_{11}$의 분자식을 갖고 있다.
　㉡ 자당은 동화생산물로서 직접 형성되거나 광합성에 의하여 생긴 단당류에서 간접적으로 형성된다. 사탕수수 또는 사탕무 체내에 자당함량이 매우 많다.
　㉢ 환원당인 포도당과 과당의 축합이 알데하이드기와 케톤기 사이에서 이루어지므로 자당은 환원력이 없다.
　㉣ 작물에서 탄수화물 전류는 주로 자당 형태로 이루어진다.

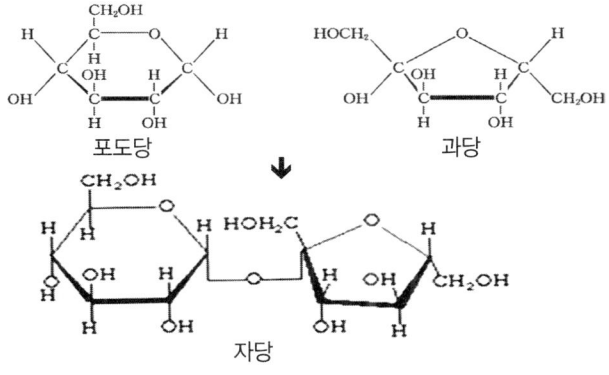

　　▣ 포도당+과당 → 자당(α-1,4 결합)

② **맥아당**(麥芽糖; maltose) : G+G
　㉠ maltase에 의해 2분자 포도당이 축합(α-1,4 결합)하여 맥아당이 합성되고, 맥아당 분해에도 작용하여 포도당 2분자로 가수분해된다. 2분자 포도당의 축합에 알데하이드기의 하나는 축합에 포함되어 있지 않으므로 맥아당은 환원력을 갖는다.
　㉡ 대부분 식물에 함유되어 있지만 함량은 극히 적다. 맥아당은 전분 구성성분으로서 널리 존재하며 amylase에 의하여 전분이 분해될 때 생성된다.
　㉢ 겨울 뽕나무 가지에 맥아당 함량이 훨씬 높으며, 함량이 많은 품종일수록 내동성이 강하다.

③ **셀로비오스**(cellobiose)
　㉠ 셀룰로스 또는 리그닌이 분해할 때 생성되는 2당류이다.
　㉡ 2분자 포도당이 축합(β-1,4 결합)된 것으로서 환원력을 지닌다.

(2) **3당류**

① **대표적 3당** : 젠티아노스(gentianose), 라피노스(raffinose) → 환원력이 없다.
② 젠티아노스가 가수분해되면 2분자 포도당(G)과 1분자 과당(F)이 생긴다.

③ 라피노스가 가수분해되면 1분자의 포도당·과당·갈락토스(galactose)가 생긴다. 라피노스는 종자에 다량 함유되어 있으며 발아할 때 소모된다(식물 잎에 소량 함유). 종자나 겨울눈의 발아와 함께 없어지고 늦가을의 생장정지기에 다시 나타난다. 식물조직에서 수분 상실은 라피노스 합성을 촉진한다.

(3) 4당류

① 스타키오스(stachyose)가 있고, 환원력이 없으며, 스타키오스가 가수분해되면 1분자 포도당, 1분자 과당, 2분자 갈락토스가 생긴다.
  * 비환원당 : sucrose, raffinose, gentianose, stachyose
② *Fraxinus Americana, Cucurbita pepo, Verbascum thapsus* 등에서 자당 대신 체내를 전류하는 탄수화물이다.

3 다당류(polysaccharides)

• 종류
  ⓐ 핵소산[전분, 셀룰로오스, hexosan; $(C_6H_{10}O_5)n$], 펜토산[pentosan; $(C_5H_8O_4)n$], 핵소산과 펜토산 혼합체(hemicellulose에 해당)
  ⓑ 전분과 셀룰로스는 식물체에 가장 많이 함유되어 있는 다당류이며, 고분자화합물이다.
  ⓒ 전분이 가수분해되면 α-D-glucose가, 셀룰로스가 가수분해되면 β-D-glucose가 생긴다.
  ⓓ 조류·진균류·세균류와 같은 하등식물에서는 셀룰로스나 전분 이외에 구조적 기능이나 영양적 기능과 관계있는 다른 다당류가 함유되어 있다.
• 다당류는 물에 불용성이며 단맛이 없다.

(1) 전분(starch, 澱粉)

① 전분 활용·축적 : 엽육세포 내에 광합성에 의하여 형성된 동화전분(assimilation starch)을 당화하여 다른 조직으로 전류·소비하고, 나머지는 저장전분(reserve starch)으로서 저장기관에 축적된다.

〈amylose〉 〈amylopectin〉

② 종류 : 아밀로스(amylose)와 아밀로펙틴(amylopectin)
③ 특징
　㉠ 다당류는 가수분해되면 다 같이 α-D-glucose가 생긴다.
　㉡ 아밀로스는 물에 녹아 확산용액이 되지만, 아밀로펙틴은 물에 잘 녹지 않는다.
　㉢ 아밀로스는 단지 200~1,000개의 D-glucose 단위가 α(1→4)글리코시드결합에 의하여 이루어진 직쇄중합체이지만, 아밀로펙틴은 2,000~200,000개의 포도당 단위가 α(1→4)글리코시드결합에 의하여 이루어진 주연쇄에 α(1→6)글리코시드결합, α(1→3)글리코시드결합에 의하여 생긴 여러 개 분지로 된 측쇄를 갖고 있다.
　㉣ 아밀로스와 아밀로펙틴 양의 비율은 일반적으로 전체 전분함량의 70% 이상이 아밀로펙틴이다. 감자 괴경 전분립에는 아밀로스가 22%, 아밀로펙틴이 78% 함유되어 있다.

amylose	amylopectin	cellulose
물에 잘 녹음	물에 잘 녹지 않음	물에 잘 녹지 않음
200~1,000개의 D-glucose 중합체	2,000~200,000개의 포도당 중합체	
α(1→4)글리코시드결합	α(1→4)글리코시드결합 α(1→6)글리코시드결합 α(1→3)결합도 극소수 존재함	β(1→4)결합
직쇄중합체	여러 개 분지로 된 측쇄	직쇄고분자
전분의 20~30% 정도	전분의 70~80% 정도	세포벽 구성

(2) **셀룰로스(cellulose)**
① 포도당 잔기가 β(1→4)결합을 하여 대단히 긴 쇄상으로 이어진 직쇄고분자화합물이다.
② 식물 세포벽 주성분이며, 세포벽의 물리적 성질은 셀룰로스 성질에서 유래한다.
③ 셀룰로스 비율은 조직·식물에 따라 다르며, 식물 1차세포벽에는 20%, 목재섬유 2차세포벽에는 43%, 목화는 90%가 함유되어 있다.
④ 셀룰로스는 물에 녹지 않으나 제2구리암모니아용액에는 녹는다.

⑤ 분해 : 셀룰로스는 cellulase와 무기산(진한 황산)에 의하여 가수분해되어 셀로비오스(cellobiose)를 경유하여 포도당(G)으로 분해된다.

〈cellulose (β-1,4 bond)〉

(3) 이눌린(inulin)

① 국화과식물・뚱딴지(돼지감자)・달리아・우엉・민들레 등 괴경의 저장물질이다.
② 약 35개의 과당(fructose)이 $\beta(2\rightarrow1)$ 결합을 하고 있는 화합물이다.
③ 식물 저장조직의 세포액에 산재하여 있으며, 물에서는 콜로이드용액을 형성한다.
④ inulase에 의하여 과당(F)으로 가수분해되며, 소량의 포도당(G)이 생긴다.

(4) 펙틴 화합물

① 식물체 내 펙틴물질 : 펙트산, 그 유도체인 펙틴, 프로토펙틴 등

프로토펙틴 (protopectin)	• 불용성 모든 펙틴물질을 지칭함 • 프로토펙틴은 펙트산이나 펙틴보다 분자량이 큼 • 사과·배 같은 과실에 다량 축적되며 과실이 성숙되는 동안 프로토펙틴은 용해성인 펙틴·펙트산으로 변함
펙트산 (pectic acid)	• 약 100개의 갈락토스(galactose) 분자(D-galacturonic acid)로 구성 • D-galacturonic acid의 잔기가 $\alpha(1 \rightarrow 4)$ 결합을 하고 있음 • 물에 녹으며 Ca 이온에 의하여 침전됨
펙틴 (pectin)	• 펙트산의 카복실기(-COOH)가 메틸알코올로 에스터(ester)화된 것으로 펙트산과 매우 유사한 물질임 • 펙틴은 알코올이나 당을 첨가하면 물속에서 교질현탁이 되어 젤(gel)화 되며 식용 젤리 제조에 이용됨

② 체내분포

㉠ 펙틴물질은 1차세포벽의 구성성분으로서 세포벽 중층(middle lamella)에 많이 함유되어 있으며, 보통 펙트산의 Ca염·Mg염으로 존재한다.

㉡ 미성숙 과일은 수용성 펙틴을 약간 간직한다. 중층에 있는 펙틴물질이 분해되면 과일을 연하게 하고 과숙 과일에는 펙트산으로 분해된다.

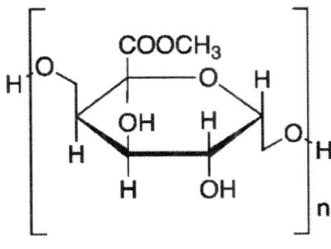

▣ 펙틴 구조

(5) 펜토산

① 식물체 내 펜토산(pentosan) : 자일란(xylan)과 아라반(araban)이 있고, 이들이 가수분해되면 각각 자일로스(xylose)와 아라비노스(arabinose)가 생긴다.

② 자일란이나 아라반은 목화한 세포벽(목재나 화곡류의 짚)에 함유되어 있다.

③ 전분·덱스트린 등 저장양분이 완전히 소모되면 펜토산이 저장물질로 이용된다.

제2절 탄수화물 합성과 분해

○ 탄수화물은 잠재적인 에너지원으로 이것이 분해되면 단백질·지질의 합성에 이용되는 에너지를 제공한다.
○ 당류의 변형·분해에 의하여 생성된 탄소골격(carbon skeleton)은 단백질·지질 구성에 필수이다. 가장 보편적인 탄수화물 변형 중 하나는 인산화이다.

1 단당류의 인산화

(1) 인산화(燐酸化; phosphorylation)

① 작물체 안에서 다른 물질로 변화하는 제1단계는 hexokinase의 촉매작용으로 인산과 결합하여 에스터(ester)를 만드는 과정이다.
② G1P는 단당류가 식물체 안에서 다당류로 변화하는 출발점이 된다.
③ 6탄당은 모두 F1,6P로 변한 다음 호흡작용에 의하여 분해된다. 6탄당이 산화되는 경우 실제 호흡원으로 이용되는 것은 당류 자체가 아니고 인산화된 당류인 F1,6P이다.

(2) 과정

① 인산화 반응에서 ATP로부터 1분자 인산염(Pi)이 포도당으로 옮겨 G6P가 생성된다.
② G6P는 phosphoglucomutase와 그 보조인자(cofactor)의 작용으로 G1P로 전환하거나, phosphoglucoisomerase의 작용으로 F6P로 전환한다.
③ F6P는 ATP와 phosphofructokinase에 의해 다시 인산화되어 F1,6P가 된다.
④ G6P ↔ F6P의 상호 전환에는 phosphoglucoisomerase가, G6P ↔ G1P의 상호 전환에는 phosphoglucomutase가 효소작용을 한다.
⑤ F6P → F1,6P로 전환할 때에는 phosphofructokinase가 효소작용을 한다.
⑥ F1,6P → F6P로 전환할 때에는 fructose-1,6-bisphosphatase가 효소작용을 한다.

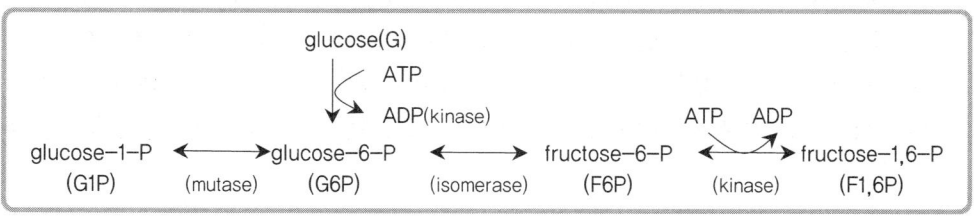

▣ 탄수화물대사의 1단계(포도당·과당의 인산화)

2 자당(sucrose) 합성과 분해

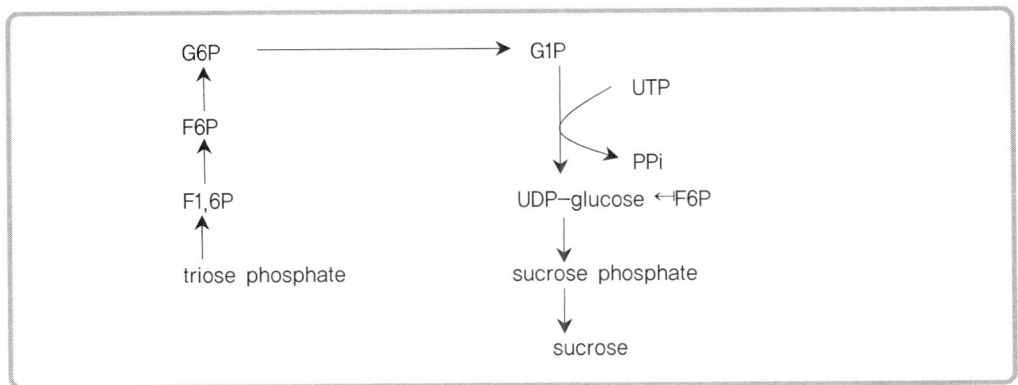

▣ 자당 생합성 경로

(1) 자당 합성

세포질(엽록체 ×)에서 합성, 3가지 생합성 경로가 있음

① SPS 경로 : 고등식물에서 자당 생합성에는 uridine diphosphate glucose(UDPG)가 관여한다.
  ㉠ sucrose phosphate synthetase의 촉매작용에 의하여 UDPG와 F6P에서 자당인산(sucrose-6-phosphate)이 생합성된다.
  ㉡ 자당인산(sucrose-P)은 sucrose phosphate phosphatase의 작용에 의하여 가수분해되어 자당(sucrose)이 생긴다.

$$\begin{aligned}
&\underline{\text{dihydroxyacetone-3-phosphate}} + \underline{\text{glyceraldehyde-3-phosphate}} \rightarrow \text{F1,6P} \\
&\qquad\qquad\text{(DHAP)}\qquad\qquad\qquad\text{(PGAL)} \\
&\text{F1,6P} + H_2O \rightarrow \text{F6P} + \text{Pi} \\
&\qquad\qquad \text{F6P} \rightarrow \text{G6P} \\
&\qquad\qquad \text{G6P} \rightarrow \text{G1P} \\
&\text{G1P} + \text{UTP} \rightarrow \text{UDP-glucose} + \text{PPi} \\
&\text{UDP-glucose} + \text{F6P} \rightarrow \text{UDP} + \text{sucrose-6-phosphate} \\
&\text{sucrose-6-phosphate} + H_2O \rightarrow \text{sucrose} + \text{Pi}
\end{aligned}$$

② SS 경로 : sucrose synthetase에 의하여 UDPG와 과당(F)에서 자당이 생합성되는 경로가 있다.

$$\text{UDP-glucose} + \text{fructose} \rightarrow \text{UDP} + \text{자당}(G \cdot F)$$

③ SP 경로 : *Pseudomonas*속 세균, 사탕수수에서 sucrose phosphorylase의 촉매작용에 의하여 G1P와 과당으로부터 자당이 생합성되는 경로이다.

$$G1P + fructose \rightarrow 자당(G \cdot F) + Pi$$

(2) 자당 분해

① invertase의 촉매작용으로 자당을 가수분해하면 포도당과 과당이 생긴다.

$$자당(G \cdot F) + H_2O \rightarrow 포도당(G) + 과당(F)$$

② invertase가 식물의 여러 조직에서 분리된다.
③ 지베렐린이 많은 식물에서 invertase 합성을 촉진한다.

📋 정리 | 자당·전분 합성비교

구분	자당 합성	전분 합성
합성장소	세포질	엽록체
전구물질	UDPG	UDPG or ADPG
합성효소	sucrose phosphate synthetase sucrose synthetase sucrose phosphorylase	starch phosphorylase UDPG-starch transglucosylase ADPG-starch transglucosylase

3 전분(starch) 합성과 분해

(1) 전분 합성

① 전분 축적 : 전분은 포도당중합체로 광합성을 통하여 형성되어 <u>엽록체에서 합성·축적</u>되거나, 자당으로 전환되어 잎에서 저장기관의 백색체로 이동하여 축적된다. 낮에는 전분이 생성되지만 밤에는 호흡작용과 계속적인 전류 때문에 전분 일부는 소실된다.

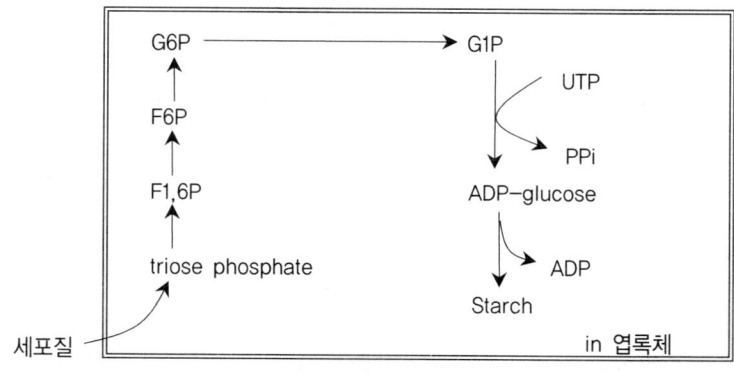

◪ 전분 생합성 경로

② 식물체 내 전분합성 경로
  ㉠ α(1→4)글리코시드결합 생성
    비가역적이며, 계속 진행되어 무분지(無分枝) 아밀로스형의 전분을 합성한다.
    ⓐ starch phosphorylase 촉매 경로 : 엽록체에서 시트르산회로의 생성물로부터 전분이 생성되려면 자당처럼 우선 G1P가 형성되어야 한다. starch phosphorylase 의 촉매작용에 의하여 간단한 포도당연쇄(수용체)에 아밀로스(amylose)가 생성될 때까지 G1P가 계속 첨가된다.
    ⓑ UDPG-starch transglucosylase 촉매 경로
      • UDPG 생성 : UDPG-pyrophosphorylase에 의하여 UDPG가 생성되거나, 자당으로부터 직접 UDPG나 ADPG가 생성될 수도 있다.
      • 아밀로스 생성 : UDPG-starch transglucosylase에 의하여 UDPG로부터 수용체인 포도당연쇄에 포도당의 전이를 촉매함으로써 아밀로스를 생성한다.
    ⓒ ADPG-starch transglucosylase에 의해서도 ADPG가 첨가되어 전분을 생성한다. 벼와 옥수수에서는 UDPG보다 ADPG가 더 효과적이다.
  ㉡ α(1→6)글리코시드결합 : Q 효소
    ⓐ 아밀로펙틴 합성은 곁사슬(측쇄)을 만드는 α(1→6)글리코시드결합의 형성을 촉진할 수 있는 Q효소(Q-enzyme)가 필요하다(Baum과 Gilbert가 발견).
    ⓑ Q효소는 기질이 되는 아밀로스형 분자의 작은 연쇄 포도당단위를 α(1→4)결합을 가진 수용체 분자에 전이하도록 촉매작용을 하여 α(1→6) 결합으로 이루어진 곁사슬을 나타내는 아밀로펙틴을 합성한다.

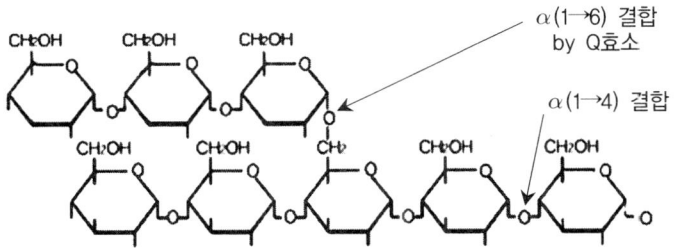

■ Q효소에 의한 아밀로스 측쇄[α(1→6) 결합]

(2) 전분 분해
① 전분 분해는 가수분해효소인 amylase에 의하여 촉매된다. amylase는 전분종자에 다량으로 함유되어 있으며, 종자가 발아할 때 저장전분을 급격히 가수분해하여 어린 식물에 대한 당류의 공급을 가능하게 한다.

② 전분 분해효소 종류 : α-amylase, β-amylase, iso-amylase(R-효소) 등
  ㉠ α-amylase : 전분에 작용하여 긴 전분의 중합체(polymer) 중간부분에서 덱스트린(dextrin)이라는 6분자 포도당단위를 분해시킨다.
  ㉡ β-amylase : 아밀로스와 아밀로펙틴을 말단서부터 맥아당(maltose) 단위로 가수분해 한다.
  ㉢ iso-amylase(R-효소) : 전분의 α-1,6결합에만 작용하여 분해한다.

4 셀룰로스 합성·분해

(1) 합성

① *Azotobacter*속 세균 : 포도당과 같은 탄수화물 중간물질(mannitol, glycerol)에서 셀룰로스가 합성된다. 포도당 이외의 mannitol, glycerol 같은 탄수화물이 셀룰로스로 합성될 때는 먼저 포도당으로 전화되어야 하며, 이때 필요한 효소는 탄수화물의 탄소가 셀룰로스에 결합하기 이전에 작용해야 함
② *Azotobacter*·*Xylinum* 세균이나 *Lupinus albus*와 같은 고등식물 : UDPG로부터 셀룰로스를 합성한다.
③ 녹두 : guanosine diphosphate glucose(GDPG)로부터 셀룰로스를 합성한다.

(2) 분해

① 세균·진균 같은 미생물은 셀룰로스를 분해할 수 있는 능력을 갖고 있다.
② 셀룰로스는 cellulase에 의하여 cellodextrin으로 환원되고, 2분자 포도당으로 구성된 셀로비오스(cellobiose)까지 환원되고, 셀로비오스는 cellobiase에 의하여 가수분해되어 포도당이 된다.

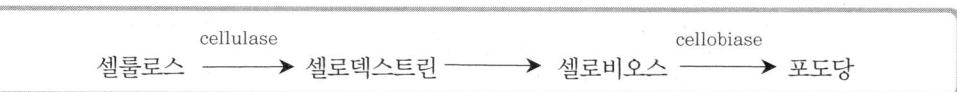
셀룰로스 ──cellulase──▶ 셀로덱스트린 ──▶ 셀로비오스 ──cellobiase──▶ 포도당

기출 및 출제예상문제

01 다음 중 자당합성 효소가 아닌 것은? •21. 경북 농촌지도사

① sucrose phosphate synthetase
② sucrose synthetase
③ sucrose phosphorylase
④ invertase

[해설] invertase는 자당을 포도당과 과당으로 가수분해하는 효소이다.

02 식물의 동화산물에 대한 설명으로 가장 옳지 않은 것은? •20. 서울지도사

① 녹말은 포도당의 중합체로 엽록체에서 합성된다.
② 전분은 아밀로오스와 아밀로펙틴의 형태로 존재한다.
③ 설탕은 포도당과 과당으로 구성된 수용성 이당류이다.
④ 녹말과 설탕은 같은 장소에서 합성되며 서로 경쟁적이다.

[해설] 녹말과 설탕의 합성은 서로 경쟁적이며, 녹말은 엽록체에서 합성되고 설탕은 세포질에서 합성된다.

03 전분 분해효소에 대한 설명으로 옳지 않은 것은? •18. 경기 농촌지도사(변형)

① α-amylase는 아밀로스를 맥아당·포도당으로 가수분해한다.
② α-amylase는 아밀로펙틴을 포도당·맥아당·덱스트린으로 가수분해한다.
③ β-amylase는 아밀로스를 맥아당·포도당으로 가수분해한다.
④ β-amylase는 아밀로펙틴을 맥아당·덱스트린으로 가수분해한다.

[해설] ㉠ α-amylase
- 아밀로스를 맥아당(maltose)·포도당(glucose)으로 가수분해
- 아밀로펙틴을 포도당·맥아당·덱스트린(dextrin)으로 가수분해

㉡ β-amylase
- 아밀로스를 맥아당으로 가수분해
- 아밀로펙틴을 맥아당·덱스트린으로 가수분해

㉢ α-glucosidase(maltase) : 맥아당을 포도당으로 가수분해

[정답] 01 ④ 02 ④ 03 ③

04 다음 중 탄수화물에 대한 설명으로 옳지 않은 것은?

① 포도당은 α와 β의 두 종류가 있다.
② 전분은 α-D-glucose, 셀룰로오스는 β-D-glucose의 유도체이다.
③ 전분은 아밀로오스와 아밀로펙틴으로 구성된다.
④ 아밀로오스는 측쇄를 가지는 중합체이고, 아밀로펙틴은 직쇄중합체이다.

[해설] 아밀로펙틴은 측쇄를 가지는 중합체이고, 아밀로오스는 직쇄중합체이다.

05 식물체 내에 존재하는 자당(sucrose)에 대한 설명으로 옳지 않은 것은?

① 작물에 함유되어 있는 주요한 2당류이다.
② 자당은 포도당과 과당이 탈수축합된 것이다.
③ 작물의 탄수화물 전류는 주로 자당의 형태로 이루어진다.
④ 분자식은 $C_{12}H_{22}O_{11}$이며 환원력을 가진다.

[해설] 자당의 분자식은 $C_{12}H_{22}O_{11}$이지만, 환원력이 없는 비환원당이다.

06 아밀로오스와 아밀로펙틴에 대한 설명으로 틀린 것은?

① 아밀로오스와 아밀로펙틴은 전분의 주성분이다.
② 아밀로오스는 포도당이 α(1→4)글리코시드 결합한 직쇄중합체이다.
③ 아밀로펙틴은 포도당으로 형성된 여러 개의 분자를 가진 측쇄구조를 가진다.
④ 일반적으로 전분함량의 70% 이상은 아밀로오스로 이루어진다.

[해설] 일반적으로 전분함량의 70% 이상은 아밀로펙틴, 30% 정도는 아밀로오스로 이루어진다.

07 식물의 주요 다당류에 속하는 전분에 대한 설명으로 틀린 것은?

① 광합성에 대해 형성되는 전분을 동화전분이라 한다.
② 전분은 당화되어 전류될 수 있다.
③ 전분은 아밀로오스(amylose)와 아밀라아제(amylase)로 구성된다.
④ 종자·괴경 등에 축적된 전분을 저장전분이라 한다.

[해설] 전분은 아밀로오스(amylose)와 아밀로펙틴(amylopectin)으로 구성되며 아밀라아제(amylase)에 의해 가수분해된다.

정답 04 ④ 05 ④ 06 ④ 07 ③

08 아밀로펙틴(amylopectin)에 대하여 잘못 설명한 것은?

① 분지상구조를 가지고 있다.
② 포도당이 $\alpha-1,4$ 결합과 $\alpha-1,6$ 결합으로 된 고분자물질이다.
③ 직선적인 부분은 포도당 6개를 단위로 나선형을 이루고 있다.
④ amylose보다 분자량이 더 크고 복잡하다.

[해설] 아밀로오스의 직선적인 부분은 포도당 6개를 단위로 나선형을 이루고 있다.

09 다음 중 셀룰로오스(cellulose)에 대한 설명으로 틀린 것은?

① 세포벽을 형성하는 주성분이다.
② 포도당이 $\beta-1,4$ 결합을 한 직쇄고분자 화합물이다.
③ 셀룰로오스는 물에 녹지 않는다.
④ amylase에 의해서 가수분해된다.

[해설] cellulose는 cellulase에 의해서 가수분해된다.

10 단맛을 가장 강하게 나타내는 당류는?

① 포도당(glucose)   ② 전분(starch)
③ 과당(fructose)   ④ 자당(sucrose)

11 셀룰로오스에 관한 설명 중 틀린 것은?

① $\alpha-1,4$ 결합으로 연결
② 직선구조를 갖고 인접분자와 수소결합
③ 세포벽의 주요구성물질
④ 다른 물질과 결합하여 단단한 복합섬유소 형성

[해설] 셀룰로오스는 $\beta-1,4$ 결합으로 연결되어 있다.

정답 08 ③ 09 ④ 10 ③ 11 ①

컨셉 작물생리학

12 세포벽을 형성하는 복합다당류의 일종으로 수확 후 과실이 연화에 관여하는 중심물질은?
① 지질　　　　　　　　② 셀룰로오스
③ 펙틴질　　　　　　　④ 갈락토오스

[해설] 세포 중층에 있는 펙틴물질이 분해되면 과일을 연하게 하고 과숙 과일에는 펙트산으로 분해된다.

13 엽육세포에서 동화산물의 수송형태인 설탕이 생성되는 곳은?
① 엽록체　　　　　　　② 세포막
③ 시토졸　　　　　　　④ 스트로마

[해설] 자당(설탕)은 세포질(시토졸)에서 합성되고, 전분(녹말)은 엽록체에서 축적된다.

14 다음 중 체관부로 전류되는 비환원당에 해당하는 것은?
① 포도당, 만니톨　　　② 자당, 라피노스
③ 맥아당, 셀루비오스　④ 스타키오스, 솔비톨

[해설] 당류 중에서 비환원당에는 자당, 라피노스, 젠티아노스, 스타키오스 등이 있다.

정답　12 ③　13 ③　14 ②

15. 6탄당에 해당하는 것으로만 묶인 것은?

가. D-fructose 나. D-mannose
다. L-arabinose 라. dihydroxyacetone

① 가, 나 ② 나, 다
③ 다, 라 ④ 가, 라

[해설]

단당류	3탄당	DHAP, C3G, PGA, PEP, pyruvate
	4탄당	succinate, fumarate, malate, OAA, erythrose
	5탄당	ribose, deoxyribose, xylose, arabinose, apinose
	6탄당	D-glucose, D-fructose, D-mannose, D-galactose, hamamelose
과당류	2당류	sucrose, maltose, cellobiose
	3당류	raffinose, gentianose
	4당류	stachyose
다당류	전분	amylose[$\alpha(1\rightarrow4)$결합], amylopectin[$\alpha(1\rightarrow6)$결합]
	셀룰로스	cellulose[$\beta(1\rightarrow4)$ 결합]
	이눌린	inulin[$\beta(2\rightarrow1)$ 결합]
	펙틴 화합물	pectic acid[galactose의 $\alpha(1\rightarrow4)$결합], pectin, protopectin
	펜토산	xylan, araban

16. 다음 중 자당 분해효소는 무엇인가?

① invertase ② phosphoglucoisomerase
③ iso-amylase ④ cellobiase

[해설] invertase의 촉매작용으로 자당을 가수분해하면 포도당과 과당이 생긴다.

정답 15 ① 16 ①

Chapter 04

N(단백질·핵산) 대사

단원 키워드

1. 질소가 흡수되고 이용되는 형태
2. 질소환원·질소동화작용과 탄수화물과의 관계
3. 질소의 환원과정
4. 비공생적 질소고정과 공생적 질소고정
5. 질화작용과 탈질작용
6. 아미노산 20종의 분류와 주요 합성경로
7. 질소동화와 질소운반 아미노산의 합성
8. 단백질의 구조와 생물학적 기능에 따른 분류
9. 단백질의 합성과정 : 사슬합성의 시작, 연장, 종결
10. 단백질의 해독 후 가공과 분해
11. 뉴클레오티드의 역할과 세포 내 분포
12. 피리미딘·퓨린 뉴클레오티드의 합성과 분해

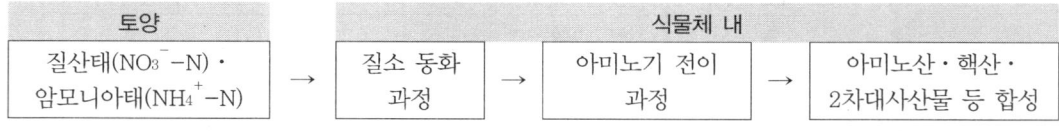

◪ 질소 대사의 흐름

제1절 질소 영양

○ 생명체가 이용하는 N 형태 : 질산태질소, 암모니아태질소, 유기태질소, 분자상 질소(N_2)
  • 식물 대부분은 질산태질소 이용, 일부 식물은 암모니아태질소·유기태질소를 이용
  • 일부 세균, 조류, 소수 식물 : 4종류 질소 모두 이용
  • 세균(*Azotobacter*, *Clostridium*), 남조류(*Anabaena*, *Nostoc*) 같은 하등식물 : N_2를 이용

(1) 질산태·암모니아태 질소

① 의의

  ㉠ NO_3^- 흡수 : 대부분 고등식물은 토양의 질산태(NO_3^-)질소를 뿌리 표피나 피층세포에 존재하는 질산태질소 운송자(nitrate transporter)를 이용하여 능동적으로 흡수한다.

ⓒ NH_4^+ 환원 : 세포에 흡수된 질산태(NO_3^-)질소는 식물의 질소화합물에 결합되기 전에 에너지(E)를 이용하여 <u>암모늄(NH_4^+)으로 환원되어야</u> 한다.

ⓒ Carbon · Energy 공급 : 질산태질소의 암모니아태질소로의 환원과정에 필요한 탄소골격(C)과 에너지(E)는 광합성과 호흡을 통하여 생성된 탄수화물과 ATP · 환원형 조효소(NAD(P)H)에서 공급된다.

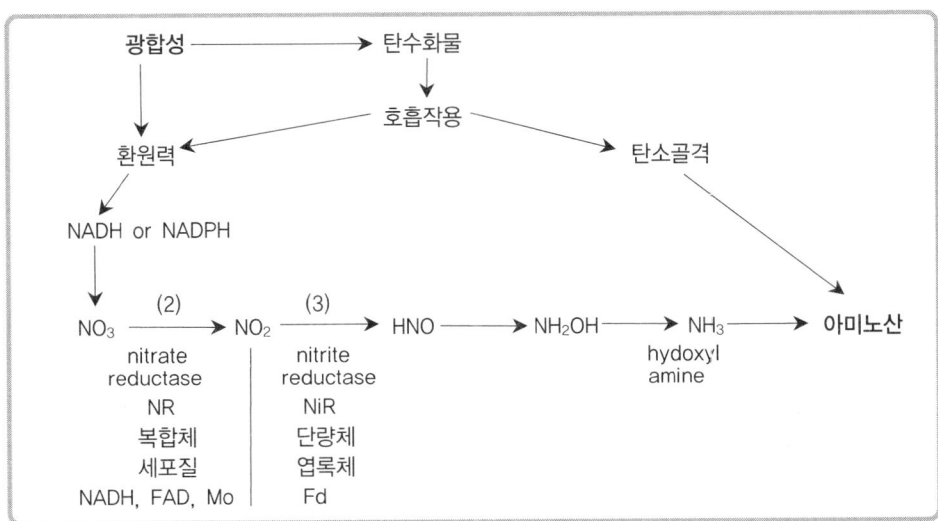

■ 질산환원 및 질소동화작용

② 질산환원 과정 : $NO_3 \rightarrow NO_2$

  ㉠ 세포로 흡수된 질산태(NO_3)질소는 세포질에서 <u>질산환원효소(nitrate reductase, NR)에 의해 아질산(NO_2)으로 환원</u>된다.

  ㉡ NR는 금속플라보단백질(metalloflavoprotein) 복합체이며, 전자공여체로 환원형 피리딘뉴클레오티드(NADPH, NADH), 전자담하체로 플라빈아데닌디뉴클레오티드(FAD) · 몰리브덴(Mo)을 이용한다. 즉, NR는 동질이합체 또는 이질4합체의 Fe을 포함하는 복합체이며, 환원반응에 필요한 2개의 전자는 NAD(P)H를 공여체로 이용하여 얻는다. FAD, heme-Fe, Mo 등 3종의 보효소가 전자전달계로 작용하는 산화환원 중심을 제공한다.

  ㉢ <u>NR는 질산환원 과정의 속도를 조절하는 단계로 작용</u>하며, NR 활성은 질산 · 글루타민 · 이산화탄소 · 설탕 · 사이토키닌 · 빛 등에 의해 조절되며, <u>질산농도가 높아지면 증가</u>한다.

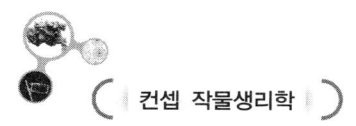

> **참고** 질산환원 과정
>
> **1** nitrate reductase(질산환원효소) in 세포질
>
>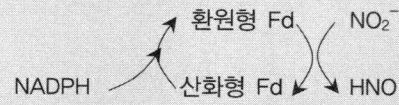
>
> NR은 FAD와 Mo를 함유하는 금속플라빈단백질이며, NAD(P)H를 수소공여체로 이용함
>
> **2** nitrite reductase(아질산환원효소) in 엽록체
>
> NADPH → 산화형 Fd ⇌ 환원형 Fd → NO_2^- / HNO
>
> 광반응에서 방출된 전자와 수소공여체 NAD(P)H는 ferredoxin을 환원시키고, 환원형 Fd이 NO_2^-를 환원시켜 HNO를 생성하고, 다시 NH_2OH, NH_3를 생성함

③ 아질산환원 과정 : $NO_2 \rightarrow NH_4^+$

  ㉠ 아질산(NO_2)은 엽록체에서 아질산환원효소(nitrite reductase, NiR)에 의하여 암모니아(NH_3)로 환원된다.

  ㉡ 아질산 환원에는 6개 전자가 필요하다. 엽록체에서는 광합성으로 생성된 환원형 페레독신(ferredoxin, Fd)으로부터 전자를 얻고, 비광합성 세포에서는 색소체의 환원형 페레독신을 이용한다.

  ㉢ NiR는 단량체(monomer)이며 2개의 기능영역과 페레독신에서 아질산으로 전자를 전달하는 역할을 하는 보효소를 갖고 있다.

  ㉣ NiR활성이 저해되면 식물체는 아질산이 축적되어 황화현상이 나타난다. 식물은 질산과 빛에 의하여 NiR가 유도되면 항상 충분한 양의 NiR를 유지하여 아질산(NO_2^-)을 즉시 암모니아(NH_3)로 환원시킨다.

> **참고** nitrite reductase
>
> 일종의 금속플라보단백질. NO_2가 엽록체에서 NH_3로 환원되는 것을 촉매한다.
> NAD(P)H 또는 ferredoxin은 nitrite reductase에 대한 전자공여체로 작용하고, ATP·Cu·Fe 등은 nitrite reductase 활성에 필요하다.

(2) 유기태 질소

많은 식물이 유기질소인 아미노산, 아마이드(amide), 요소를 질소원으로 이용할 수 있다.

① 아미노산 흡수

  ㉠ 좀개구리밥 등 수생식물과 보리·애기장대·소나무 등 육상식물은 뿌리를 통하여 아미노산을 흡수할 수 있고, 식물 균근(mycorrhiza)이나 일반 뿌리는 약 $10\mu M$의 낮은 농도로 아미노산을 흡수할 수 있다.

  ㉡ 세포막에 존재하는 아미노산 공동수송체를 통하여 아미노산이 선택적으로 흡수된다.

② 요소(urea) 흡수
　㉠ 흡수 경로 : 요소를 엽면시비하면 ⓐ 기공을 통한 확산, ⓑ 잎의 표피세포에 발달한 미세통로를 통한 투과, 또는 ⓒ 표피세포층의 전기적 인력 등의 복합적 경로를 통하여 흡수된다.
　㉡ 요소는 식물의 유기화합물 속에 결합되기 이전에 urease의 작용으로 가수분해되어 암모니아와 탄산가스로 전환된다.

$$(H_2N)_2C=O + H_2O \xrightarrow{urease} 2NH_3 + CO_2$$

(3) 분자상 질소(N_2)

질소고정 : 분자상 질소를 식물이 이용가능한 형태로 만드는 것

① 공중질소 고정 유형
　㉠ 인위적 고정 : 공중질소를 고온·고압에서 질소질 비료를 생산하는 방법이다.
　　$N_2 + H_2 \rightarrow 2NH_3$　예 Harber process
　㉡ 자연적 고정 : 번개, 화산폭발 등에 의해 공중질소가 고정되어 작물에 이용된다.
　　$N_2 + O_x \rightarrow 2NO_x$
　㉢ 생물적 고정 : 단생적 질소고정, 공생적 질소고정
　　ⓐ 세균이나 남조류 중 극히 일부만 질소분자(N_2)를 이용할 수 있다.
　　ⓑ 고등식물은 공중질소를 직접 이용할 수 없지만, 콩과작물은 토양 중 미생물을 통해서 간접적으로 분자상 질소를 이용할 수 있다.
　　ⓒ 질소고정효소에 의한 질소고정반응 : N_2를 $2NH_3$로 변환시 16ATP 사용

$$8H + 8e^- + N_2 + 16Mg\ ATP \xrightarrow[Mg]{nitrogenase} 2NH_3 + H_2 + 16Mg\ ADP + 16Pi$$

② 비공생적(단생적) 질소고정(asymbiotic nitrogen fixation)
　㉠ 질소고정세균(diazotrophs)은 독립생활을 하면서 공중질소를 직접 단생적(비공생적) 질소고정을 한다.
　㉡ 종류 : 절대호기성균(*Azotobacter*), 통성혐기성균(*Bacillus*), 혐기성균(*Clostridium*), 광합성세균(*Rhodospirillum*) 등

> **정리** 　질소고정균
> - 비공생균 : *Azotobacter, Bacillus, Clostridium, Rhodospirillum*
> - 공생균 : *Rhizobium, Frankia, Anabaena*

③ 공생적 질소고정(symbiotic nitrogen fixation)

공생균은 숙주식물에서 말산(에너지원)을 공급받고, 질소를 고정하여 공급함

㉠ 유형

ⓐ 그램음성세균인 근류균(*Rhizobium*)과 콩과식물의 공생관계에 의해 고정된다.

ⓑ 그램양성세균인 방선균속 세균(*Frankia* 등)과 쌍떡잎식물 수목류의 공생관계에 의해 고정된다.

ⓒ 남조세균과 쌍떡잎식물과의 공생관계에 의한 고정. 남조세균 *Anabaena*와 수생 양치류인 *Azolla*는 공생관계를 형성하여 벼에서 질소 공급원 식물로 이용된다.

㉡ 근류균 : 콩과식물의 N_2 고정

ⓐ 콩과식물은 토양 속 근류균(뿌리혹세균)과 공생관계로 공중 질소를 고정한다.

ⓑ 질소는 콩과식물 근모의 피층에 침입한 세균의 증식과 피층세포의 분열에 의해 형성된 뿌리혹(근류; nodule)에서 고정된다.

ⓒ 근류균은 세포 안에서 공생관계를 형성하면, 균체가 커지고 피막을 형성하여 운동성이 없는 박테로이드로 변형되어 이곳에서 직접 질소고정을 함

ⓓ 박테로이드는 뿌리혹세포의 세포질에 수천 개에 달하고, 그중 일부는 여러 박테로이드가 모여 피막으로 둘러싸여 심비오솜(symbiosome)을 형성함

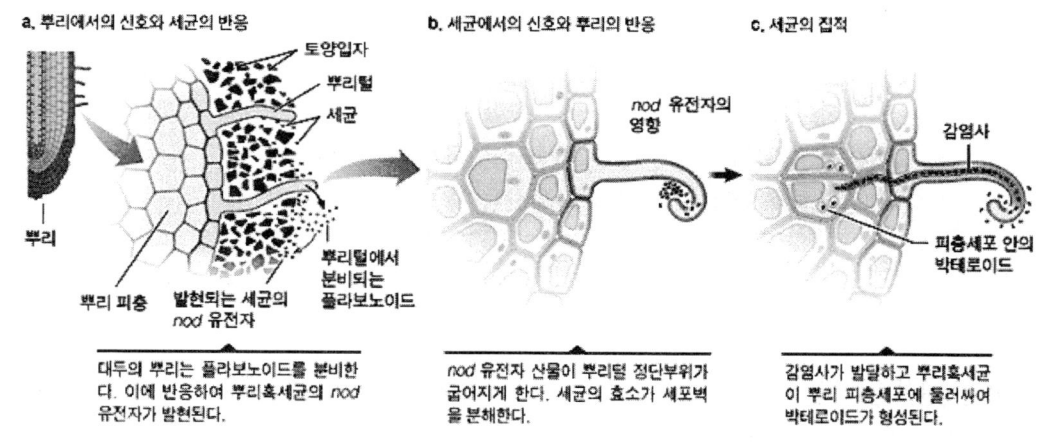

> **참고** 기주식물 ⇌ 세균 간 상호 인지
>
> 1. 공생적 질소고정은 기주식물과 세균의 상호 인지가 필수적이다. 기주식물은 세균의 유전자 발현을 유도하는 플라보노이드(flavonoid) 물질을 분비하고, 세균은 2차 신호로 작용하는 지질 올리고당(lipopolysaccharide)인 뿌리혹형성(Nod) 인자를 생성한다.
> 2. 식물 대사와 변형을 유도하는 다수의 Nod유전자 발현, 감염사의 성장과 bacteroid의 질소고정에 필요한 다수 유전자의 단계적 발현이 필요하다.

4 세균 침입에는 특이적 세포외 다당류(extracellular polysaccharide, EPS)가 필요하다.
5 옥신·사이토키닌·에틸렌 등의 호르몬이 뿌리혹의 형성과정을 조정하는 신호로 작용한다. 특히, 에틸렌은 일부 콩과식물의 뿌리혹형성과 특이적으로 연계되어 있다.

ⓒ 질소고정효소(nitrogenase)
ⓐ 공생적 질소고정에서 N_2는 질소고정효소의 촉매작용으로 디이미드(N_2H_2), 히드라진(N_2H_4)를 거쳐 암모니아(NH_3) 2분자로 환원된다.
ⓑ 구조 : nitrogenase는 Mo과 Fe을 함유하는 이질4합체 복합체(Mo-Fe단백질) 하나에, Fe을 함유하는 동질2합체(Fe단백질) 2개가 양쪽에 하나씩 결합되어 있다.
ⓒ 전자전달 : 질소 고정은 Mo-Fe단백질 복합체에서 진행되며, 질소고정에 필요한 환원(산화×) 에너지는 Fe단백질로부터 공급받는다. Fe단백질과 Mo-Fe단백질(Fe과 Mo비율은 9:1)은 결합과 해리를 반복적으로 진행하면서 전자를 전달한다.
ⓓ N_2가 NH_3로 환원되는 과정에서 전자와 ATP는 박테로이드의 호흡작용으로 얻음. 호흡에 필요한 O_2는 적색을 띤 근류헤모글로빈(leghemoglobin)으로부터 전달받음
ⓔ 근류헤모글로빈은 근류(뿌리혹)세포에서 근류균과 숙주식물이 협력하여 생산하고, 세포질이나 박테로이드 피막 사이에 분포하며, O_2를 박테로이드의 전자전달계에 전달함
ⓕ nitrogenase 저해 : nitrogenase는 O_2분자에 의해 비가역적인 저해를 받는다. 식물체 내 산화적 ATP합성이 가능하면서도 nitrogenase의 활성을 저해하지 않는 정도의 약한 호기적 환원 환경을 조성하여 뿌리혹 내 O_2농도를 낮게 유지한다.

* 뿌리혹의 O_2 농도를 낮게 유지시키는 요소
  • 뿌리혹 유조직의 산소투과 장벽
  • 산소결합 식물단백질인 뿌리혹 헤모글로빈(leghemoglobin)
  • 산소를 소비하는 세균 호흡 등

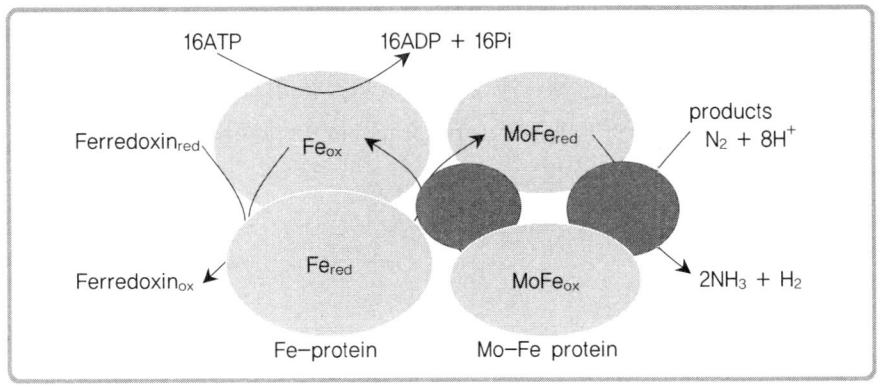

■ nitrogenase complex

ㄹ 글루타민 동화
- ⓐ 고정된 N_2는 NH_3(암모늄) 형태로 세균상체에서 뿌리혹세포의 세포질로 이동되어 글루탐산, 글루타민(by 글루타민합성효소; glutamine synthetase), 아스파라긴, 우레이드 등으로 동화된다.
- ⓑ 글루타민에 동화된 암모니아는 물관을 통해 줄기·잎으로 운반되는데, 숙주가 이용하는 질소운송 화합물에 따라 운송형태(아미드, 우레이드)가 달라진다.
  - 예1 아미드 형태 : 앨펄퍼는 뿌리혹에서 고정된 NH_3가 glutamine이나 asparagine으로 뿌리혹 외부로 운송된다.
  - 예2 우레이드 형태 : 동부는 알란토인(allantoin)·알란토산(allantoic acid)과 같은 요산(uric acid)을 뿌리혹 외부로 수송한다.

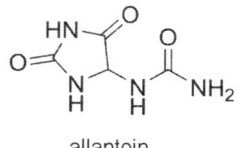

allantoin

(4) 토양 중 질소를 전환시키는 미생물

① 질화작용(nitrification)
- ㉠ 암모니아·암모니아태질소가 *Nitrosomonas*속과 *Nitrobacter*속 세균의 작용으로 아질산이나 질산으로 변화하는 것이다.
- ㉡ 암모니아를 아질산염으로 전환시키는데 *Nitrosomonas*속 세균이, 아질산염을 질산염으로 전환하는 데는 *Nitrobacter*속 세균이 필요하다.

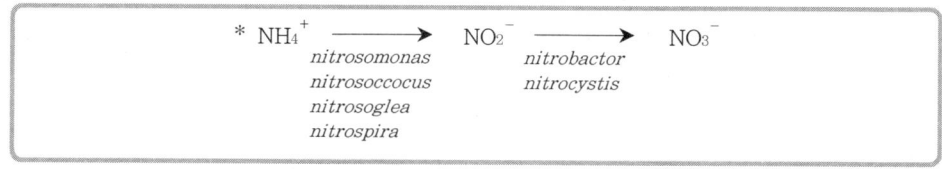

- ㉢ 이들 질화세균은 생육에 필요한 에너지를 암모니아 또는 질산염의 산화를 통해 얻으므로 자급영양세균(autotrophic bacteria)이라고 한다.

> **참고** 세균의 분류
>
> **1** 에너지를 얻는 방식에 따라
>   ① **자급영양세균** : 간단한 무기화합물을 산화시킬 때 나오는 에너지를 이용하여 자급하는 종류로 토양의 질소순환이나 황순환에 기여함
>   예 질산균, 아질산균, 황세균, 철세균
>   ② **타급영양세균** : 생육에 필요한 탄소와 에너지를 토양 중의 유기물로부터 얻으면서 생육하는 세균
>   예 질소고정세균, 암모늄화성균, 섬유소분해균 등
> **2** 산소의 요구량에 따라
>   ① **호기성 세균** : 암모니아화균, 질산균 등
>   ② **혐기성 세균** : 질산환원균 등

② 탈질작용(denitrification)
  ㉠ 질산염이 아산화질소(N_2O)와 질소(N_2)로 전환하는 과정도 여러 가지 토양미생물(혐기성, 질산환원효소 등)의 작용으로 진행된다.
  ㉡ 대기 중으로 N_2 가스를 유리하는 탈질작용으로 자연의 질소순환이 완결된다.

제2절 아미노산

1. 아미노산 구조·종류

(1) 표준 아미노산(20종) 구조

① 공통 부분과 특이적 부분으로 구성되어 있으며, α-탄소 원자에 아미노기($-NH_2$)와 카복실기($-COOH$)가 결합하고 있다. 아미노산 종류에 따라 곁사슬(측쇄, R기)이 다르다.

② 곁사슬에 수소가 있는 글리신을 제외하고 모든 아미노산의 α-탄소는 입체적으로 D-형과 L-형의 두 가지 배위구조를 갖는 비대칭탄소이다. 단백질 생합성에는 L형 아미노산만 이용된다.

```
            H
(아미노기)   |    (카복시기)
   NH₂ — C — COOH
            |
          R (작용기)
```

(2) 종류

① 식물은 20종의 표준 아미노산을 모두 합성할 수 있으나 사람과 대부분의 동물은 필수 아미노산을 합성하지 못하기 때문에 음식물로부터 섭취해야 한다.

② 필수아미노산 : 라이신·아이소류신·류신·메싸이오닌·트레오닌·트립토판·발린·페닐알라닌·타이로신·시스테인·히스티딘 등

(a) 소수성 아미노산

알라닌	발린	이소류신	류신	메티오닌	페닐알라닌	티로신	트립토판
(Ala 또는 A)	(Val 또는 V)	(Ile 또는 I)	(Leu 또는 L)	(Met 또는 M)	(Phe 또는 F)	(Tyr 또는 Y)	(Trp 또는 W)

(b) 친수성 아미노산

염기성 아미노산

리신 (Lys 또는 K)
아르기닌 (Arg 또는 R)
히스티딘 (His 또는 H)

산성 아미노산

아스파르트산 (Asp 또는 D)
글루탐산 (Glu 또는 E)

극성 아미노산(하전되지 않는 곁사슬 함유)

세린 (Ser 또는 S)
트레오닌 (Thr 또는 T)
아스파라긴 (Asn 또는 N)
글루타민 (Gln 또는 Q)

(c) 특수 아미노산

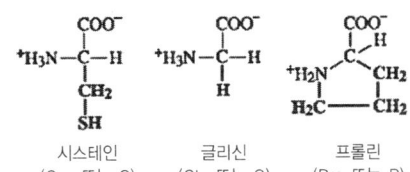

시스테인 (Cys 또는 C)
글리신 (Gly 또는 G)
프롤린 (Pro 또는 P)

📝 정리 | 아미노산 분류

비극성 (소수성)	지방족	글리신, 알라닌, 발린, 류신, 이소류신, 메티오닌, 프롤린
	방향족	페닐알라닌, 티로신(단, 극성 비전하), 트립토판
극성 (친수성)	비전하	세린, 트레오닌, 시스테인, 글루타민, 아스파라진
	전하 — 산성(음전하)	글루탐산, 아스파트산
	전하 — 염기성(양전하)	히스티딘, 아르기닌, 리신

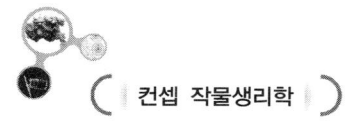

2 아미노산 생합성

(1) 아미노산 기원물질

- 3-포스포글리세르산(3-phosphoglycerate, 3PGA)
- 포스포에놀피루브산(phosphoenolpyruvate, PEP)
- 피루브산(pyruvate)
- α-케토글루타르산(α-ketoglutaric acid)
- 옥살초산(oxaloacetate, OAA)

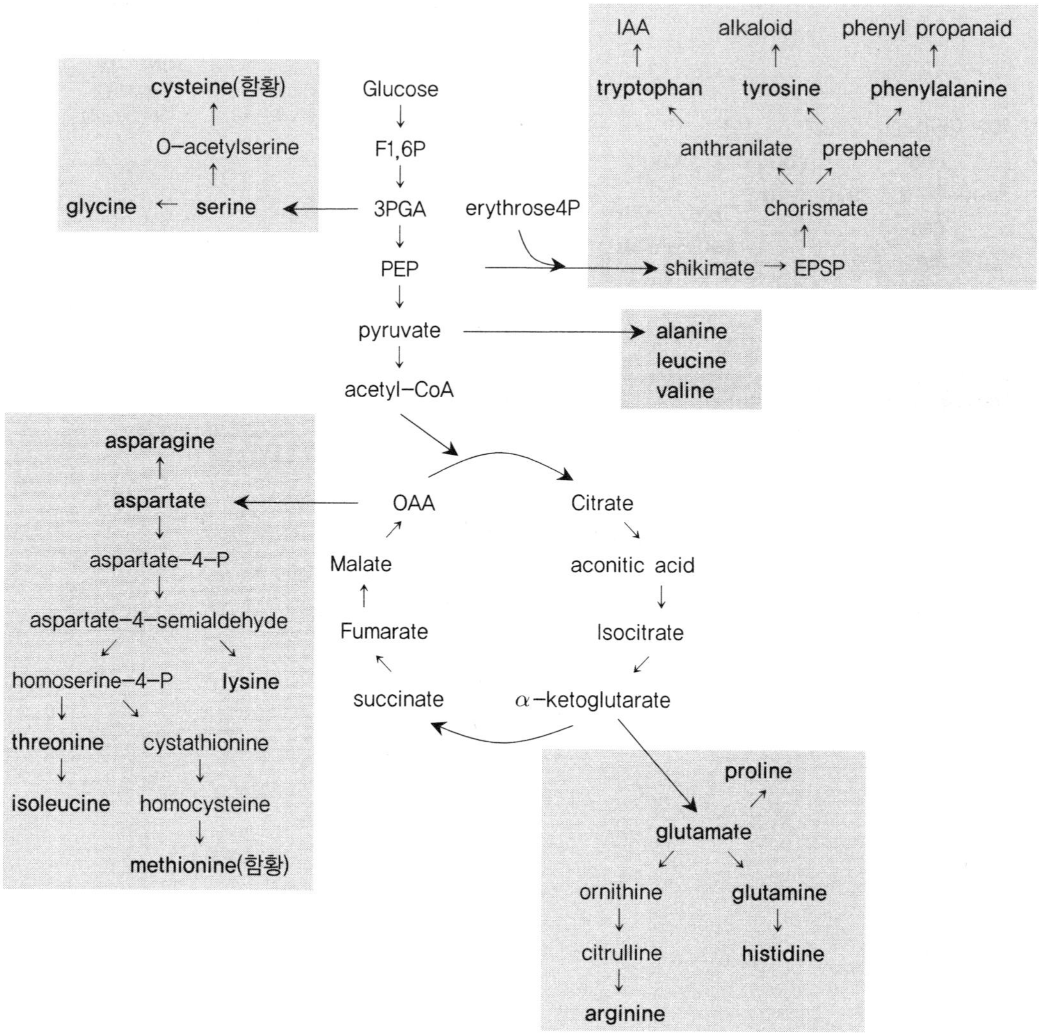

(2) 질소동화와 아미노산의 생합성

질소수송 아미노산이라고 불리는 글루탐산·글루타민·아스파라진산·아스파라진은 무기질소의 동화와 동화된 아미노기의 전이반응(transamination)을 통하여 합성된다.

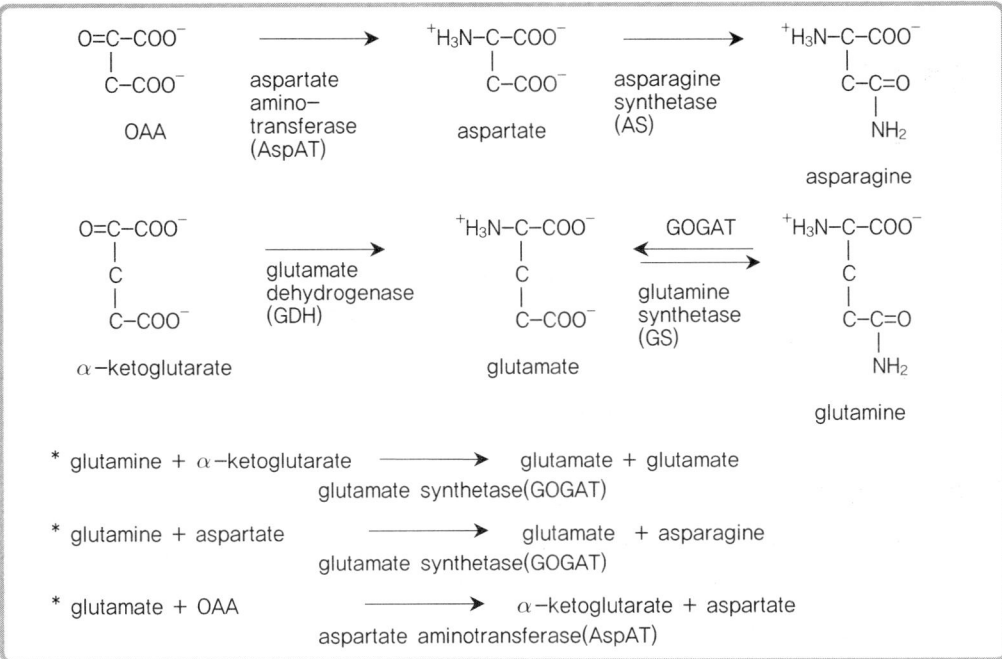

① 글루탐산 경로
  ㉠ α-케토글루타르산의 α-탄소에 암모니아(NH_3)가 동화되어 글루탐산이 생성된다.
  ㉡ GS/GOGAT회로
    - GS : 아미노산 글루탐산을 동화하고 동화된 아미노기를 전이시키는 회로이다. 글루탐산은 glutamine synthetase(GS, ATP와 Mg가 요구됨)의 작용으로 곁사슬 카복시기에 다시 암모니아를 고정하여 글루타민이 된다.
    - GOGAT : 글루타민의 곁사슬 아미노기는 glutamine oxoglutarate aminotransferase (GOGAT)에 의해 α-케토글루타르산에 전이되어 글루탐산(2분자)을 합성한다.
  ㉢ 글루탐산은 아미노기전이반응을 통하여 글루탐산 이외의 아미노산과 핵산의 생합성 시발물질로 사용된다.
② 옥살초산 경로
  ㉠ 아미노기전이반응의 가장 잘 알려진 예는 옥살초산의 카보닐(=CO)에 글루탐산의 아미노기가 전이되어 아스파르트산(aspartic acid)이 생합성되는 반응이며, aspartate aminotransferase가 촉매한다.

ⓒ 아스파르트산에 글루타민의 곁사슬 아미노기가 전이되어 아스파라진(asparagine)이 생성되며, asparagine synthetase(아스파긴 합성효소는 글루타민 합성효소보다 상대적으로 활성이 낮음)가 촉매한다.

ⓒ asparagine은 탄소에 비해 질소를 가장 많이 함유하는 질소수송 아미노산이다.

> **참고**
>
> **1 아미드(amid) 생성**
> - amide는 암모니아와 카르복시산 사이에서 생성되는 일종의 산유도체. 카르복시기 (-COOH)에서 수산기(-OH)가 암모니아 중의 H 하나와 함께 H_2O로 빠지고 그 자리에 NH_2가 치환되어 아미드기를 형성한 것
> - 글루탐산은 글루타민, 아스파르트산은 아스파라긴이라는 아미드를 생성
> - 아미드는 뿌리와 잎에서 생성되며, 암모니아의 해작용을 막아 질소를 수송하고 저장하는 역할을 함
>
> **2 아미노기전이(transamination)**
> 아미노산과 α-케토산 사이에 아미노기($-NH_2$)가 이동하는 대사반응

(3) 아스파라진산 유래 아미노산 생합성

① 트레오닌(threonine), 라이신(lysine), 메티오닌(methionine)은 아스파라진산(aspartate)에서 유래하며, 엽록체 등의 색소체에서 합성된다.

② 모든 아스파라진산 유래 아미노산 생합성의 첫 번째 개입단계는 아스파라진산이 aspartate kinase에 의해 인산화되어 아스파라진산-4-인산이 생성되는 반응이다.

③ 트레오닌 : 아스파라진산-4-인산은 2회의 환원반응과 1회의 인산화반응을 거쳐 호모세린-4-인산이 된다. 트레오닌은 threonine synthase가 진행하는 호모세린-4-인산의 탈인산화와 수산기의 재배열 반응에 의하여 생성된다. 트레오닌 탄소골격은 모두 아스파라진산에서 제공된다.

④ 라이신 : 아스파라진산-4-인산의 첫 번째 환원반응 산물인 아스파라진산-4-세미알데하이드와 피루브산의 축합반응에 의하여 트레오닌 생합성 경로에서 분기하고, 이후 여러 단계의 반응을 거쳐 생성된다.

⑤ 메티오닌 : 트레오닌 생합성 단계의 마지막 중간대사 산물인 호모세린-4-인산에 시스테인의 황이 전이되는 반응과 이후 methionine synthase에 의한 메틸기 전이반응을 거쳐 생성된다.

(4) 방향족 아미노산 생합성

① 방향족 아미노산(aromatic a.a) : 페닐알라닌(phenylalanine), 타이로신(tyrosine), 트립토판(tryptophan)이 있으며, 엽록체에서 합성된다.

② 합성 과정

```
PEP
 +     → shikimate → EPSP → chorismate →  phenylalanine
erythrose                                  tyrosine
                                           tryptophan
```

㉠ 해당과정 중간산물인 인산에놀피루브산(PEP)과 5탄당인산회로 산물인 에리트로스-4-인산(erythrose-4-phosphate)이 축합되어 이후 3단계의 과정을 거쳐 시킴산(shikimic acid)을 만든다.

㉡ 시킴산-3-인산, 5-에놀피루브시킴산-3-인산(EPSP)을 거쳐 코리스민산(chorismatic acid)이 합성된 후 phenylalanine, tyrosine, tryptophan이 생합성된다.

③ 특징

㉠ EPSP synthase(EPSPS)는 제초제 글리포세이트(glyphosate, Roundup)의 작용점이며, glyphosate를 분해하는 토양미생물의 돌연변이 EPSPS는 제초제저항성 작물 개발에 이용되고 있다.

㉡ phenylalanine, tyrosine의 생합성 과정은 이들 아미노산의 최종 농도에 의하여 결정된다.

㉢ tryptophan은 코리스민산을 거쳐 합성되는데, 이 경로는 다양한 2차대사산물 생성에 이용된다.

(5) 분지아미노산 생합성 : valine, isoleucine, leucine

① valine · isoleucine

㉠ 발린(valine)·아이소류신(isoleucine)은 엽록체에서 합성된다.

㉡ isoleucine · valine은 생합성 경로 대부분을 공유하며, 유일한 차이는 트레오닌을 전구체로 이용하여 트레오닌을 탈아미노화 하는 아이소류신 생합성 경로로의 개입 단계 반응이다.

㉢ 다음 반응은 2-케토피루브산 또는 피루브산에 대한 C2단위의 첨가반응으로 acetolactate synthase(ALS) 또는 acetohydroxy acid synthase(AHAS)에 의해 진행된다.

㉣ 이후 환원반응 → 탈수반응 → 아미노기전이반응을 통하여 아이소류신과 발린이 생성된다.

㉤ ALS효소는 설포닐요소계 제초제의 작용점인데, 돌연변이가 발생한 ALS를 갖는 식물체는 제초제에 대한 저항성을 나타낸다.

② 류신(leucine) 생합성

㉠ 발린 생합성 경로의 최종 전구물질인 2-케토아이소발린산에 대한 아세틸기 전이반응에 의해 발린 생합성 경로에서 분기되어 시작된다.

㉡ 이후 이성화반응 → 환원반응 → 아미노기 전이반응이 진행되어 류신이 생성된다.

(6) 프롤린 생합성

① 프롤린(proline)은 글루탐산 또는 오르니틴을 전구물질로 사용하는 별도의 두 경로에 의해 생성된다.

② 글루탐산의 인산화반응 → 환원반응 → 자발적 탈수반응 → 환원반응이 진행되어 프롤린이 합성된다.

3 무기이온 동화

(1) 유황(S) 동화

황(S, sulfur)은 철-황복합체(전자전달물질), 조효소A, 아미노산(시스테인·메티오닌·글루타치온), 2차산물(알린·글루모시놀레이트), 황지질(틸라코이드막) 등에 들어있음. 세균, 곰팡이, 식물은 황산염을 동화하지만, 동물은 동화하지 못해 식물에 의존함

① 황산염 흡수

  ㉠ 흡수 : 황산염(SO_4^{2-})의 유래는 모암이며, 토양 중 황의 흡수형태는 SO_4^{2-}임. 대기 중 이산화황(SO_2, 아황산가스)과 황화수소(H_2S)가 빗물에 녹아 토양에 공급되며, 저농도 SO_2은 기공을 통해 흡수되기도 함

  ㉡ 수송 : 뿌리에서 흡수된 황산염은 세포막에 있는 H^+-황산염 공동수송체에 의해 수송됨

  ㉢ 동화 : 수송된 SO_4^{2-}은 뿌리세포의 색소체와 엽육세포의 엽록체에서 동화되는데, 잎에서 더욱 활발함. 과량의 SO_4^{2-}은 액포에 저장됨

② 황산염 동화

SO_4^{2-} → APS → SO_3^{2-} → S^{2-} → cysteine → methionine

황산염이 시스테인으로 동화되는 과정에서 전자공여체로 글루타치온, 페레독신, O-아세틸세린이 사용됨

  ㉠ SO_4^{2-}와 ATP가 ATP sulfurylase 효소 촉매로 APS(adenosin phosphosulfate; AMP-S)로 전환됨

$$SO_4^{2-} + ATP \rightarrow APS + PP_i$$

  ㉡ APS 환원효소 촉매로 APS는 환원형 글루타치온(GSH)로부터 2전자를 받아 AMP와 아황산염(SO_3^{2-})으로 분해되고, 피로인산(PP_i)은 무기인산 2개로 분해됨

$$APS + 2GSH \rightarrow SO_3^{2-} + AMP + GSSG(산화형글루타치온)$$

  ㉢ 아황산환원효소의 촉매로 SO_3^{2-}은 6분자 환원형페레독신으로부터 6전자를 받아 S^-(sulfide)로 환원됨

$$SO_3^{2-} + 6Fd_{red} \rightarrow S^- + 6Fd_{ox}$$

② sulfide는 O-아세틸세린(OAS)과 반응하여 시스테인과 아세트산을 만듦
  * O-아세틸세린(세린의 활성태)은 세린과 아세틸-CoA가 반응하여 만듦

$$S^- + O\text{-아세틸세린} \rightarrow cysteine + 아세트산$$

ⓜ APS kinase 효소 촉매로 APS와 ATP가 반응하여 PAPS를 형성함
  황산기전달효소 촉매로 PAPS로부터 황산기를 전달하여 각종 함황유기물을 합성함
ⓗ 환원형페레독신이 광합성에서, 세린이 광호흡에서 생산되기 때문에 잎에서 황 동화가 더 활발하게 일어남. 잎에서 동화된 황(시스테인)은 주로 글루타치온(Glu-Cys-Gly) 형태로 체관을 통해 단백질 합성장소로 이동됨

(2) 인산 동화

① 인산 흡수

인산은 $H_2PO_4^-$ 형태로 뿌리에서 흡수되고 양이온-인산 공동운반체를 통해 세포 내로 흡수됨. 뿌리에서 H^+·유기산을 토양으로 운반하고 무기인산·유기인산을 용해시켜 효율적 흡수를 도와줌

② 인산 동화

흡수된 인산은 엽록체에서 광인산화, 미토콘드리아에서 산화적인산화, 세포질에서 기질수준인산화로 ATP를 합성함. ATP로 편입된 인산기는 여러 반응경로를 거쳐 당인산, 인지질, 핵산 같은 인산유기화합물을 형성함

(3) 양이온 동화

식물에 흡수된 양이온은 유기(탄소)화합물과 비공유결합으로 복합체를 형성함

① 비공유결합 : 배위결합, 정전기적 결합

  ㉠ 배위결합(coordination bond)
    탄소화합물의 산소나 질소가 비공유전자를 제공하여 양이온과 결합하는 것으로, 양이온의 양전하는 중화됨. 예 엽록소(Mg), 시토크롬(Fe), 구리-주석산복합체
  ㉡ 정전기적 결합(electrostatic bond)
    ⓐ (+)로 하전된 양이온과 탄소화합물의 (-)으로 하전된 작용기($-COO^-$) 사이의 인력에 의해 생성됨. 정전기적 결합의 양이온은 양전하를 유지함.
      예 펙틴산칼슘, 말산칼륨복합체
    ⓑ K^+은 유기산의 카복시기($-COO^-$)와 정전기적 결합으로 유기산칼륨복합체를 형성함(대부분 K^+은 세포질과 액포에서 자유이온으로 존재함)

② 철(Fe)의 동화

  ㉠ 식물은 토양 중 제2철(Fe^{3+}, 중성에서 난용성)의 산화물형태로 존재하는 철을 이용함
  ㉡ 뿌리의 Fe 용해도 증가시키는 기작 : 뿌리는 토양을 산성화시켜 제2철의 용해도를 높임. 수소공여체(NADPH)와 철킬레이트화 효소를 사용하여 제2철을 제1철(Fe^{2+}, 용해도 높음)로 환원시키며, 킬레이트제를 분비하여 철과 안정적이고 용해 가능한 복합체를 형성하여 체내로 운반함(제2철-식물철운반자)

제3절 단백질

1. 단백질 구조

(1) 단백질(蛋白質; protein)
  ① 단백질 : 아미노산의 반복단위(repeat unit)로 구성된 선형의 중합체
  ② 펩타이드결합(peptide bond) or 아마이드결합(amide bond)
    ㉠ 펩타이드결합은 카보닐 탄소와 아마이드 질소 사이의 단일결합이다. 아미노산은 하나의 아미노산의 α-아미노기($-NH_2$) 질소와, 다른 아미노산의 α-카복실기($-COOH$) 탄소 사이에 형성된 공유결합으로 연결되어 있다.
    ㉡ 펩타이드(peptide) : 아미노산이 peptide bond로 연결된 것을 아미노산 잔기라 하고, 이 잔기의 선형 중합체를 peptide라고 한다.

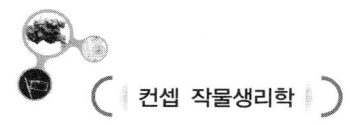

  ③ 펩타이드평면(아마이드평면) : 펩타이드결합은 공명구조(共鳴構造)를 형성하여 단일결합과 이중결합의 중간 형태의 부분적인 이중결합의 성격을 지니므로 회전이 제한된다. 따라서 아마이드 질소와 α-탄소 사이의 결합, α-탄소와 카보닐 탄소 사이의 결합이 펩타이드결합과 동일한 평면에 위치하게 된다.

(2) 단백질 구조와 생물학적 특성
  ① 단백질 분자의 모양
    단백질 전체 모양은 아미노산 잔기에 결합된 원자나 원자단의 입체적 배열, 펩타이드결합의 이중결합적 성질, 아미노산 잔기 간의 상호작용에 관여하는 비공유결합적 인력과 이황화결합 등에 의해 결정된다.
    ㉠ 섬유상 단백질 : 비교적 단순하고 규칙적인 선형구조를 가지며 물에 잘 녹지 않는다.
    ㉡ 구형 단백질 : 폴리펩타이드 사슬이 조밀하게 접힌 공모양이며 분자 표면에 친수성 곁사슬이 위치하여 물에 잘 녹는 경향이 있다.

② 단백질 구조
　㉠ 1차구조(primary structure) : 아미노산 잔기가 펩타이드결합에 의해 배열된 순서
　㉡ 2차구조(secondary structure) : 폴리펩타이드 사슬은 펩타이드 평면구조와 인접한 아미노산 잔기의 상호작용을 통하여 α-나선이나 β-병풍 모양의 구조
　㉢ 3차구조(tertiary structure) : 단백질의 폴리펩타이드 사슬이 접히고 구부러져서 치밀한 3차원적 모양을 형성한 구조
　㉣ 4차구조(quaternary structure) : 3차구조를 가진 2개 이상의 폴리펩타이드가 연합하여 형성한 구조. 4차구조는 수소결합, 이온결합, 소수성 상호작용, 반데르발스의 인력, 배위결합 등의 비공유결합과 이황화결합에 의하여 형성된다.
　* 단백질 구조를 안전하게 하는 비공유결합 : 정전기적 인력, tyrosine 잔기와 곁사슬의 카복실기 간의 수소결합, 용매의 상호반발에 의하여 생기는 무극성 곁사슬 사이의 상호작용, 반데르발스의 인력, 이황화결합

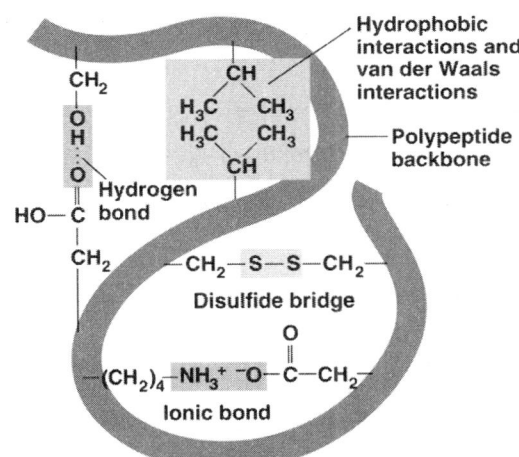

(3) 단백질 변성(變性 ; denaturation)

단백질 분자의 고차구조는 단백질 분자의 생물학적 기능과 밀접한 관계가 있다. 단백질이 고온·pH 변화·자외선 등에 노출되어 변성이 일어나고, 변성된 단백질은 용해성·특이성·응고성 등 단백질 분자의 특성을 상실하게 되어 대개 원상태로 회복되지 않는다(비가역적).

2 단백질 분류

생물학적 기능에 따라 분류하거나 용해성과 물리화학적 특성을 기준으로 분류하기도 한다.

(1) 생물학적 기능에 따른 분류

① 효소(enzyme)
  ㉠ 단백질 중 많은 종류가 효소로 작용한다. 효소는 세포 내에서 진행되는 반응을 촉매하는 단백질로서 반응속도를 비촉매반응에 비하여 10^{20}배까지 증가시킬 수 있다.
  ㉡ 효소의 종류(반응유형에 따라)
    ⓐ 산화환원효소(oxidoreductase) : H나 O원자 또는 전자를 다른 분자에 전달하여 산화환원 반응을 촉진하는 효소. 예 탈수소효소, 산화효소
    ⓑ 전이효소(transferase) : 기질의 작용기를 다른 분자에 옮겨 주는 효소.
      예 아미노기전이효소, 크레아틴키네이스
    ⓒ 가수분해효소(hydrolase) : 물을 첨가하여 물질을 분해하는 효소.
      예 대부분의 소화효소
    ⓓ 이성화효소(isomerase) : 기질의 원자구조를 바꾸어 성질이 다른 분자로 만드는 효소. 예 6탄당 인산 이성질화효소(과당6인산 → 포도당6인산)
    ⓔ 연결합성효소(ligase) : ATP를 소모하여 두 개의 분자를 연결하는 효소.
      예 DNA ligase
    ⓕ 분해효소(lyase)

② 조절단백질(regulatory protein)
  ㉠ 화학적 변환반응을 수행하는 단백질에 작용하여 그 능력을 조절하는 작용을 한다.
  ㉡ 대표적 단백질 : 유전자의 조성자(promoter) 영역에 결합하여 유전자의 전사를 유도하는 유도자(inducer), 유전자의 발현을 억제하는 억제재(repressor) 등이 있다.
  ㉢ 조절단백질 구조적 특징 : 류신 지퍼(leucine zipper), 아연 손가락(zinc finger), 나선-돌기-나선(helix-turn-helix) 등과 같은 특징을 갖는다.

③ 운반단백질(transport protein)
  ㉠ 특정한 대사물질을 한 장소에서 다른 장소로 운반하는 작용을 한다.
  ㉡ channel, carrier, ion-pump와 같은 생체막을 관통하는 운반단백질은 세포막에 통로를 만들어서 막의 소수성 장벽을 가로질러 대사물질을 선택적으로 운반한다.

④ 저장단백질(storage protein)
  ㉠ 영양분과 에너지를 세포에 저장하는 역할을 한다.
  ㉡ 벼에는 글루텔린·프롤라민·알부민·글로불린 등이 있고, 옥수수-제인(zein), 밀-글루테닌(glutenin), 콩-글리시닌(glycinin), 완두-파세올린(phaseolin)이 있다.

⑤ 수축 및 운동 단백질(contractile or mobile protein)
  ㉠ 세포의 수축과 운동에 관여하는 단백질은 세포의 분열, 세포질의 유동 등에 기여한다. 액틴(actin) 단백질의 중합체인 미세섬유와, 튜불린(tubulin) 단백질의 중합체인 미세소관은 각각 세포의 수축과 운동에 관여한다.
  ㉡ 세포분열기의 염색체에 연결되는 방추사, 현모·섬모의 사상체는 미세소관으로 구성되어 있다.
  ㉢ 기타 동력단백질(motor protein)로 불리는 마이오신(myosin), 다이네인(dynein), 키네신(kinesin) 등도 있다.
⑥ 구조단백질(structural protein)
  ㉠ 세포의 구조를 형성하고 유지하는 역할을 한다. 세포의 골격구조는 액틴과 튜불린의 중합체인 미세섬유와 미세소관으로 구성되어 있다.
  ㉡ 대표적 단백질 : 케라틴(keratin), 콜라겐(collagen), 엘라스틴(elastin) 등
⑦ 보호 및 활용단백질(protective or exploitive protein)
  ㉠ 세포를 보호하고 방어하는 역할을 한다.
  ㉡ 식물 저항성 단백질(resistance protein, R-protein)은 병에 대한 선천적 저항성을 결정한다. 식물의 리신(ricin) 같은 독성 단백질은 초식동물·곤충으로부터 식물을 보호한다.
⑧ 특수기능 단백질
  ㉠ 결빙억제단백질(antifreeze protein) : 극히 낮은 온도에서도 생존할 수 있다.
  ㉡ 단맛을 내는 모넬린(monellin) : *Dioscoreophyllum cumminsii*(아프리카에 생존하는 식물) 열매에 함유되어 있다.

(2) **물리화학적 특성에 따른 분류**
  ① 단순단백질(simple protein)
    가수분해 되었을 때 아미노산만 생성하는 단백질(용해성을 기준으로 분류)
    ㉠ 알부민(albumin) : 물이나 낮은 농도의 염류용액에 녹고, 열을 가하면 응고한다.
      예 보리의 β-amylase
    ㉡ 글로불린(globulin) : 물에 불용성이거나 약간 녹고, 낮은 농도의 염류용액에 녹으며, 열을 가하면 응고한다. 예 종자의 저장단백질
    ㉢ 글루텔린(glutelin) : 중성용액에는 녹지 않으나 약산이나 알칼리성 용액에는 녹는다. 주로 화곡류의 종자 속에 존재한다. 예 밀의 glutenin, 벼의 oryzenin
    ㉣ 프롤라민(prolamin) : 물에는 녹지 않으나 70~80% 알코올에 녹는다. 가수분해되면 비교적 다량의 proline과 암모니아가 생성된다.

예 옥수수의 zein, 밀·호밀의 gliadin, 보리의 hordein
- ㉤ 히스톤(histone) : arginine, lysine 같은 아미노산이 많고, 물에 녹는다. 세포핵에 다량 존재하며 염색체의 뉴클레오좀 입자를 형성한다.
- ㉥ 프로타민(protamine) : 물에 녹고 히스톤과 같이 세포핵에 존재하며 핵산과 관련된다. arginine이 많고 tyrosine·tryptophan 같은 아미노산은 없다.

② 복합단백질(conjugated protein)

단순단백질 이외의 단백질, 비단백질 부분이 결합한 단백질

- ㉠ 핵단백질(nucleoprotein) : 핵단백질이 가수분해되면 단순단백질과 핵산이 생성된다.
- ㉡ 당단백질(glycoprotein) : 보결분자단(補缺分子團; prosthetic group)으로서 소량의 탄수화물을 함유하는 단백질이다. 세포벽에 존재하는 엑스텐신(extensin)과 많은 효소들이 포함된다.
    * 보결족 : 효소에 붙어있는 금속
    * 보결분자단 : 효소와 결합하는 유기화합물. 효소와 단단히 결합하여 효소의 협력자 역할을 수행함
- ㉢ 지질단백질(lipoprotein) : 레시틴(lecithin)이나 세팔린(cephalin)과 같은 지질을 보결분자단으로서 함유하고 있으며, 세포벽·핵·엽록소의 라멜라 등에 존재한다.
- ㉣ 색소단백질(chloroprotein) : 플라빈단백질과 광합성복합단백질 등을 포함한다. 모든 색소단백질은 보결분자단으로서 색소기를 갖고 있다.
- ㉤ 금속단백질(metalloprotein) : 활성제로서 금속을 요구하는 여러 효소가 이에 속한다. 예 Fe protein, Mo-Fe protein

3 단백질 생합성

(1) 단백질 합성 기초

① 합성 장소
- ㉠ 단백질의 생합성은 유전암호(codon)의 해독(번역)과정으로서, 세포질뿐만 아니라 엽록체와 미토콘드리아에서도 자체적으로 단백질합성이 진행된다.
- ㉡ 세포질, 엽록체, 미토콘드리아는 세포에서 합성되는 단백질의 각각 75%, 20%, 5% 정도를 합성한다.

② 합성 재료 : 모든 단백질에 대한 유전암호는 DNA에 존재하므로 단백질합성을 위해서는 DNA에서 전사(transcription)되어 만들어지는 mRNA(전령RNA), rRNA(리보솜 RNA), tRNA(운반RNA)가 필요하다. 단백질합성은 mRNA 상의 유전암호를 해독(translation)하는 과정이며, 리보솜이 L-형 아미노산 20종을 재료로 이용하여 합성한다.

③ RNA 종류
  ㉠ mRNA : mRNA 분자의 nucleotide는 아미노산 종류와 순서를 지령하는 유전암호(codon)를 내포하고 있다. 유전암호는 3염기(3개의 연속된 뉴클레오티드의 염기)로 구성되고 총 64(4^3)종이 있는데, 61종은 아미노산을 지정하며 나머지 3종은 종결신호(UAG, UAA, UGA)로 작용한다.
  ㉡ rRNA : rRNA는 단백질 합성장소인 리보솜의 골격을 구성한다. 리보솜은 소단위체(40S)와 대단위체(60S)가 조립되어 완성된다. 대단위체는 5S, 5.8S, 28S rRNA 각 1분자와 35종의 리보솜 단백질이 결합하여 형성되며, 소단위체는 1분자의 18S rRNA와 50종 리보솜 단백질이 결합하여 형성된다. 엽록체에는 5S, 4.5S, 18S, 23S rRNA가 있으며, 미토콘드리아에는 5S, 18S, 26S rRNA가 존재한다.
  ㉢ tRNA : 단백질합성에 이용되는 특정 아미노산을 특이적으로 인식하여 운반하는 역할을 한다. tRNA는 70~100 뉴클레오티드로 구성되어 있고, 줄기·고리 부위를 갖는 2차구조를 형성한다. 줄기부위의 3' 끝 염기는 CCA로 끝나며, 마지막 뉴클레오티드가 아미노산과 공유결합을 형성하여 아미노산을 운반한다. 고리 부위에는 역유전암호(anticodon)가 있는데, 역유전암호는 mRNA에 있는 유전암호와 상보적 염기쌍을 형성한다.

④ 아미노산 활성화
  ㉠ 세포질에 있는 아미노산은 활성화 과정을 통하여 단백질 합성에 이용된다. 아미노산 활성화는 aminoacyl-tRNA synthetase(ARS)가 촉매한다.
  ㉡ ARS는 Mg 이온을 요구하며, 아미노산과 tRNA에 대한 특이성이 매우 높아 각 아미노산에 대해 기질특이성을 갖는다. 20종 아미노산에 대하여 하나 이상의 ARS가 존재한다.

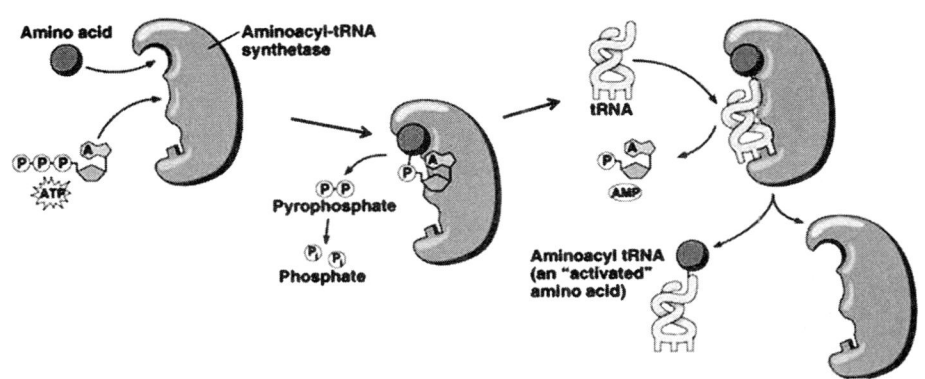

(2) 단백질 합성과정

① **사슬합성의 시작(initiation)** : 사슬합성은 번역개시복합체를 형성하는 것으로 시작된다. 다른 진핵세포와 다르게 식물에는 소단위체 리보솜이 결합하기 전 5´ 말단을 인식하는 두 가지 유형의 개시인자(eIF4F)가 존재한다.

㉠ **Met-tRNA+eIF+GTP 복합체** : 메싸이오닌을 실은 tRNA(Met-tRNA)가 진핵세포 개시인자(eIF, eukaryotic initiation factor) 및 GTP와 복합체를 형성한다. 모든 단백질 합성의 첫번째 아미노산은 메싸이오닌이다.

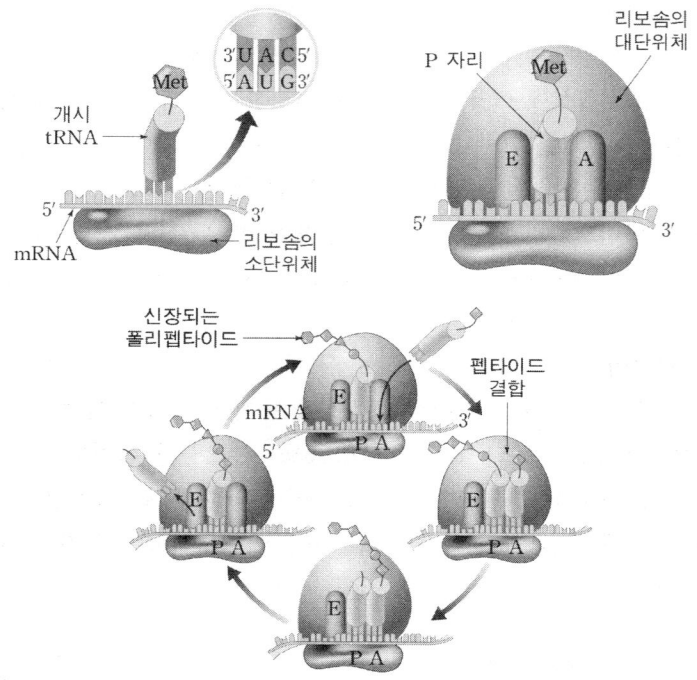

㉡ **40S+Met-tRNA+eIF 복합체** : 40S 소단위체 리보솜은 개시인자(eIF)와 결합하고, 이어서 tRNA복합체와 결합하여 40S + Met-tRNA+개시인자 복합체를 형성한다.

㉢ **복합체의 이동** : 40S+Met-tRNA+개시인자 복합체는 mRNA 5´ 말단의 7-메틸 구아노신을 인식하여 mRNA와 상호작용을 하여 5´ 말단으로부터 3´ 방향으로 mRNA 분자를 따라 이동한다. 복합체가 5´ 말단으로부터 첫 번째 AUG자리를 찾으면 mRNA의 암호(codon)와 tRNA의 역암호(anticodon) 사이에 상보적 결합이 진행된다.

㉣ **80S 번역개시복합체 형성** : 개시인자(eIF)와 GDP가 유리되어 40S 소단위체와 60S 대단위체가 결합하여 80S 번역개시복합체를 완성한다.

ⓜ 번역개시복합체 자리
- A자리(aminoacyl site), P자리(peptidyl site), E자리(exit site)
- A자리와 P자리에는 각각 새로 들어오는 아미노아실-tRNA와 신장하는 펩타이드가 부착된 tRNA가 결합한다. E(출구)자리에는 펩타이드와 분리된 빈 tRNA가 결합하고 이후 리보솜에서 분리된다.

② 사슬 연장(elongation)
㉠ 사슬연장 단계에서는 번역복합체가 mRNA를 5´ → 3´ 방향으로 이동하면서 유전암호(codon)와 역유전암호(anticodon) 사이의 상보적 결합을 통하여 아미노산이 연속적으로 첨가되어 폴리펩타이드가 신장되는 과정이다.
㉡ 리보솜의 A, P, E 자리를 차례로 이용하여 펩타이드사슬이 신장하는 과정이다.
- P자리에서는 펩타이드 전이활성에 의해 기존의 펩타이드와 새로운 아미노산 간에 새로운 펩타이드결합이 형성되는 반응이 진행된다.
- A자리는 새로 읽혀질 유전암호 자리를 노출시켜 아미노산-tRNA가 결합하게 한다.
- E자리는 리보솜에서 아미노산이 유리되고 남은 tRNA가 위치한다.

③ 사슬 종결(termination) : 폴리펩타이드 사슬 신장은 리보솜의 A자리에 종결암호(UAA, UAG, UGA)가 위치하면 종결된다. 종결암호에 대응하는 tRNA는 존재하지 않으며 종결암호가 위치한 A자리에 유리인자(release factor)가 결합하여 종결을 유도한다.

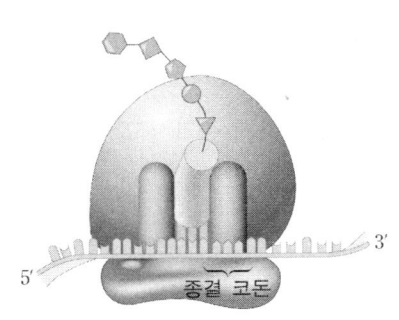
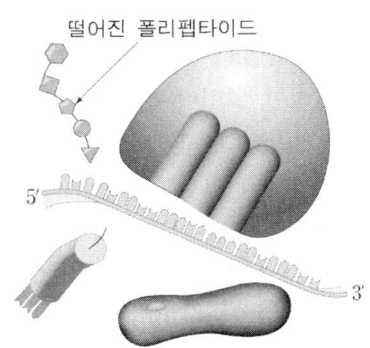

(3) 단백질 번역 후 가공

합성된 폴리펩타이드는 가공과정을 거쳐 생물학적 기능을 위한 3차구조를 형성한다.

① 메싸이오닌 가공
㉠ 진핵세포는 단백질합성의 첫번째 메싸이오닌을 보통의 메싸이오닌으로 사용한다.
㉡ 세균·색소체·미토콘드리아는 포밀(formyl)기를 갖는 메싸이오닌을 사용하며, 단백질 합성 이후 formyl기는 리보솜의 deformylase에 의해 제거된다. 합성 이후 첫 번째 메싸이오닌 잔기의 절반은 제거된다.

② **세포 내 운송** : 많은 종류의 단백질이 막을 통과하여 세포의 소기관으로 운송되는데, 이들 단백질은 N-말단에 신호펩타이드(signal peptide)를 갖고 있다. signal peptide는 목표한 소기관에 운송된 이후 endopeptidase에 의해 제거된다.
③ **systemin** : 식물의 상처반응 펩타이드호르몬인 시스테민(systemin)은 분자량이 큰 전구체(92~291아미노산 잔기)로 합성된 후, 1~6개의 활성펩타이드로 가공되어 상처를 받은 세포에서 분비된다. 활성펩타이드는 18~23개의 아미노산 잔기를 갖고 있다.
④ **분자성 보호단백질(molecular chaperone)** : 합성된 단백질은 특이적인 접힘구조를 형성하여 기능을 수행하는데, 분자성 보호단백질은 단백질이 정확한 접힘구조를 형성하도록 보호한다. 단일펩타이드 내의 다른 영역 사이, 서로 다른 펩타이드 사이, 펩타이드와 다른 대형 분자 사이에 잘못된 상호작용이 일어나지 않도록 보호한다.

4 단백질 분해

(1) 단백질 분해의 역할

세포의 항상성(恒常性) 유지, 새로운 생장에 필요한 아미노산 공급
① 정상 생육하는 잎의 단백질 함량은 장기간 거의 일정한 수준으로 유지되는데, 단백질 분해와 합성이 균형 잡힌 상태로 유지되기 때문이다.
② 노화된 잎에서는 단백질 함량이 저하되는데, 단백질 합성보다 분해가 많기 때문이며, 분해에 의하여 생긴 아미노산이나 그 밖의 가용성 질소화합물은 통도조직을 통해서 생장이 왕성한 잎이나 생장점에 옮겨져서 재활용된다.
③ 종자가 발아할 때 단백질분해효소(protease)가 현저하게 증가하고 저장단백질을 가수분해하여 생긴 아미노산을 배(胚)에 공급하는 역할을 한다.
④ 많은 생물학적 과정(세포 주기·분화·발달에 영향을 미치는 요인 등)은 단백질의 분해에 의해 조절된다.
⑤ 단백질 분해는 돌연변이, 단백질 합성이나 접힘의 이상, 자발적 변화 및 산화적 손상 등에 의하여 생긴 비정상적인 단백질을 재활용한다.

(2) 세포 내 단백질 교환 주기

약 절반은 4~7일마다 교환된다.

제4절 핵산

1 핵산 개념

(1) 핵산(nucleic acid)

① 의미 : 뉴클레오티드의 중합체
② 종류 : 리보핵산(ribonucleic acid, RNA), 디옥시리보핵산(deoxyribonucleic acid, DNA)

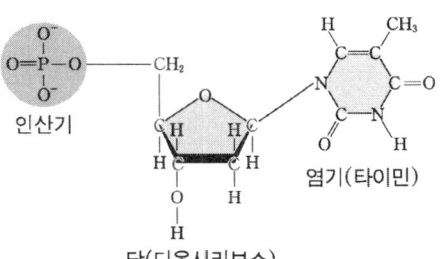

구분	DNA(deoxyribonucleic acid)		RNA(ribonucleic acid)
염기	퓨린계	A(아데닌), G(구아닌)	A, U(우라실), G, C
	피리미딘계	T(티민), C(시토신)	
당	디옥시리보오스		리보오스
폴리 뉴클레오티드	2중 나선구조(double helix)		외가닥(단일 사슬)
기능 및 종류	• 유전형질을 간직한 유전자가 됨 • 자기 복제에 의해 같은 DNA를 만듦 • 핵DNA, mtDNA, cpDNA		• 유전정보 전달(mRNA) • 리보솜 구성(rRNA) • 아미노산 운반(tRNA)
있는 곳	핵, 미토콘드리아, 엽록체		핵, 리보솜, 세포질, 미토콘드리아, 엽록체

③ 뉴클레오티드

  ㉠ 구성 : 염기가 당에 결합된 뉴클레오시드(nucleoside)에 인산이 결합된 구조

   ⓐ 당(sugar) : 5탄당인 리보스(ribose)와 디옥시리보스(deoxyribose)
   ⓑ 인산(phosphate) : 하나의 뉴클레오티드에 1~3개가 있다.
   ⓒ 염기(base)
   • 퓨린(purine) 염기 : 아데닌(adenine), 구아닌(guanine)
   • 피리미딘(pyrimidine) 염기 : 티민(thymine), 시토신(cytosine), 우라실(uracil)

구성		RNA 구성 뉴클레오티드	DNA 구성 뉴클레오티드
purine 계열		ATP(adenosine triphosphate) GTP(guanosine triphosphate)	dATP(deoxyadenosine triphosphate) dGTP(deoxyguanosine triphosphate)
pyrimidine 계열		UTP(uridine triphosphate) CTP(cytosine triphosphate)	dTTP(deoxythymidine triphosphate) dCTP(deoxycytosine triphosphate)

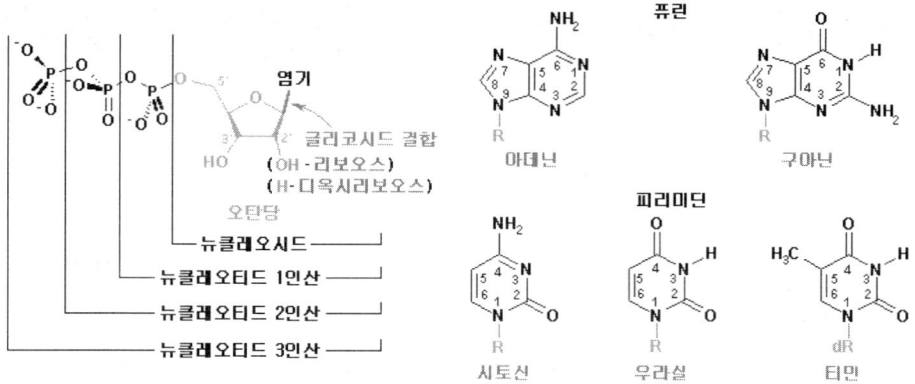

ⓒ 역할
  ⓐ 뉴클레오티드는 DNA 구성성분으로 분열조직에서 정보 저장과 발현에 관여하고, 보효소·B군 비타민·2차대사산물·호르몬 합성의 전구체로 이용된다.
  ⓑ 퓨린 뉴클레오티드의 고리형 유도체 : 2차전달자(second messenger)로서 신진대사의 조절에 관여한다. 예 cAMP, cGMP
  ⓒ 피리미딘 뉴클레오티드 : 탄수화물의 합성과 분해 및 뉴클레오티드 당의 생성에 이용된다.

ⓒ 세포 내 분포
  ⓐ 식물세포에는 아데닌·유리딘 뉴클레오티드는 구아닌·시토신 뉴클레오티드보다 훨씬 많은데, 이는 핵산 합성과 대사 보조인자로서 광범위하게 이용되기 때문이다. 예 ADP-G, UDP-G
  ⓑ 아데닌 뉴클레오티드 : 에너지 대사에 사용되는 아데닌 뉴클레오티드는 세포질 46%, 색소체 45%, 미토콘드리아 9%가 존재한다. ATP/ADP 비율은 세포질 > 빛을 받는 엽록체 > 암상태의 엽록체 순으로 낮다.
  ⓒ 유리딘 뉴클레오티드 : 운송형 당(sucrose)의 합성에 사용되며, UDP-당은 전체 뉴클레오티드의 55%를 차지하며, 대부분 세포질에 존재한다.

(2) 핵산 합성과 분해
  ① DNA 합성
    ㉠ 원래의 이중가닥 DNA사슬 가운데 하나의 사슬(주형)에 상보적인 DNA사슬을 만드는 과정으로서 반보존적으로 진행된다.
    ㉡ DNA사슬의 합성은 4종류의 디옥시리보뉴클레오티드로 중합체를 만드는 반응으로서 DNA중합효소(DNA polymerase)에 의해 촉매된다.
    ㉢ DNA 합성은 세포주기에 의해 조절되며 합성기(S기)에 진행된다.

ⓔ 식물에서 DNA의 합성은 핵, 색소체, 미토콘드리아에서 일어난다.
② RNA 합성(전사)
  ㉠ 이중가닥 DNA의 중 한 가닥 DNA사슬을 주형으로 삼아 상보적인 단일가닥 RNA 사슬을 만드는 과정이다.
  ㉡ RNA의 합성은 4종류의 리보뉴클레오티드를 이용하여 중합반응을 촉매하는 RNA 중합효소(RNA polymerase)에 의해 진행된다.
  ㉢ RNA의 합성은 단백질합성을 위해 필수적인 과정으로 핵에서 활성된 RNA는 전사 후의 가공과정(splicing)을 거쳐 세포질로 운송되어 단백질합성에 이용된다.

구분	DNA 복제	RNA 전사
목적	세포분열하기 위해 복제됨	형질 발현하기 위해 전사됨(단백질 합성)
시발체	primer 필요	primer 필요 無
산물	DNA → DNA	DNA → RNA
주요 효소	DNA polymerase	RNA polymerase

③ 핵산 분해
  ㉠ RNA는 번역이 완료되면 보통 분해되는데, 분해는 폴리아데닐화와 microRNA 등에 의해 촉진된다. 핵산은 다양한 종류의 핵산가수분해효소어 의해 분해된다.
  ㉡ 핵산의 분해는 노화한 잎과 발아종자의 배유에서 활발하게 진행된다.
  ㉢ 가공 및 단백질 조립과정에서 이상이 발생한 RNA 분자는 감시기구에 의해 식별되어 신속히 분해된다.

2 뉴클레오티드 대사

○ 식물체 또는 세포는 대사과정의 요구도에 따라 뉴클레오티드의 총량을 새로운 합성, 분해, 회수(재활용), 인산전이반응 등의 경로를 통하여 조절한다. 퓨린과 피리미딘 뉴클레오티드는 리보스-5-인산을 이용하여 합성된다.
○ 뉴클레오티드의 대사경로는 식물체와 세포의 요구도에 따라 통합적으로 조절되며, 새로운 합성이 억제되면 에너지의 소모가 적은 회수 경로가 촉진된다.

(1) 퓨린 뉴클레오티드 대사
  ① 생합성
    ㉠ 퓨린염기를 구성하는 9개 원자 유래 : aspartate(N-1), glutamine(N-3, N-9), glycine(C-4, C-5, N-7), 이산화탄소(C-6), 보효소인 tetrahydrofolate(THF, C-8)로부터 유래된다.

ⓒ 과정
　ⓐ PRPP에 퓨린 고리구조를 구성하는 원자들이 ribose에 조립되어 inosine-1-phosphate(IMP)가 형성된다. PRPP에서 IMP가 합성되는 단계는 고에너지가 요구되는 과정으로 4분자의 ATP가 소모된다.
　ⓑ IMP는 aspartate와 반응하여 AMP로 전환된다. IMP는 이어서 GMP로 전환된다.
　ⓒ AMP와 GMP에 대한 인산화반응에 의해 퓨린뉴클레오티드 2인산(ADP, GDP)과 3인산(ATP, GTP)이 합성된다.

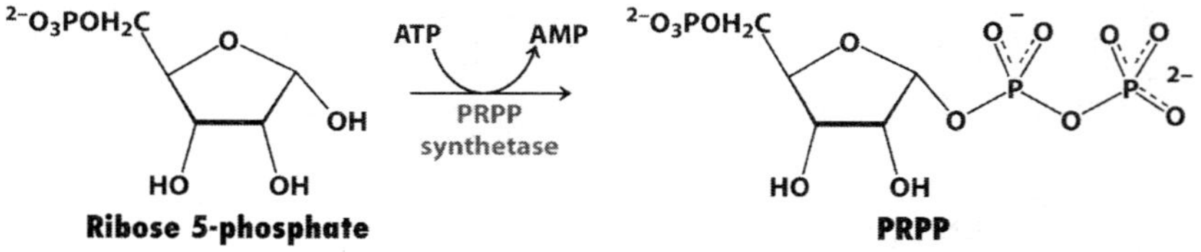

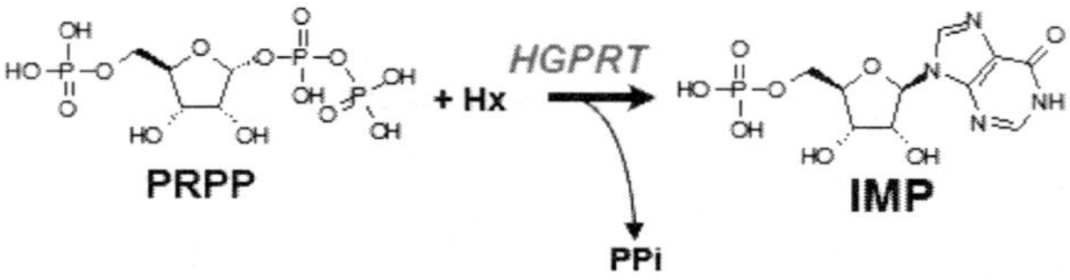

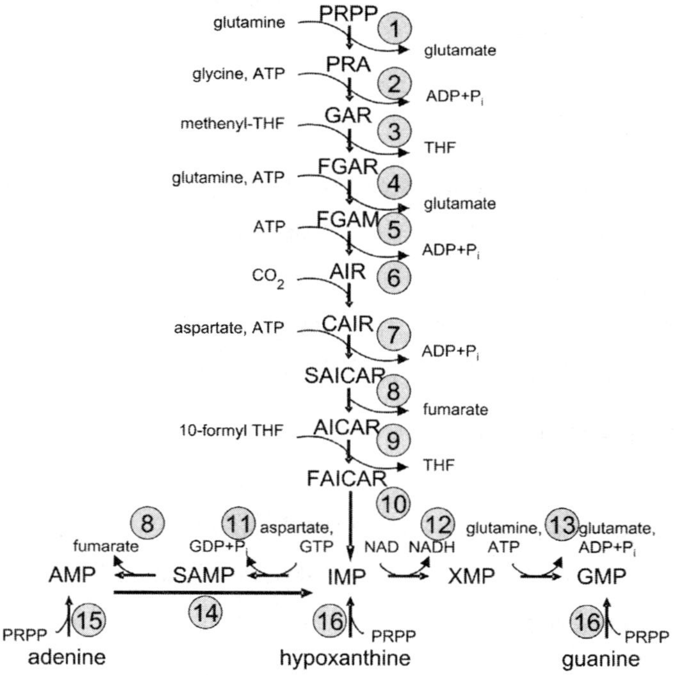

② 분해
　㉠ 퓨린 뉴클레오티드는 탈인산화에 의해 뉴클레오시드로 전환된다.
　㉡ 뉴클레오시드는 가수분해효소에 의해 배당결합이 분해되어 리보오스와 유리염기로 분해된다.
　㉢ 아데닌(A)과 구아닌(G) 유리염기는 탈아미노화반응과 산화반응에 의해 xanthine으로 산화되며, xanthine은 이어서 uric acid로 분해된다.
　㉣ uric acid는 uricase에 의해 allantoin으로 전환된 이후 allantoate로 가수분해되고, 이어서 allantoate는 glyoxylate · NH_3 · CO_2로 분해된다.
　㉤ 이 분해산물은 광호흡, 암모니아 동화, 광합성 과정에서 재동화되거나 재활용된다.

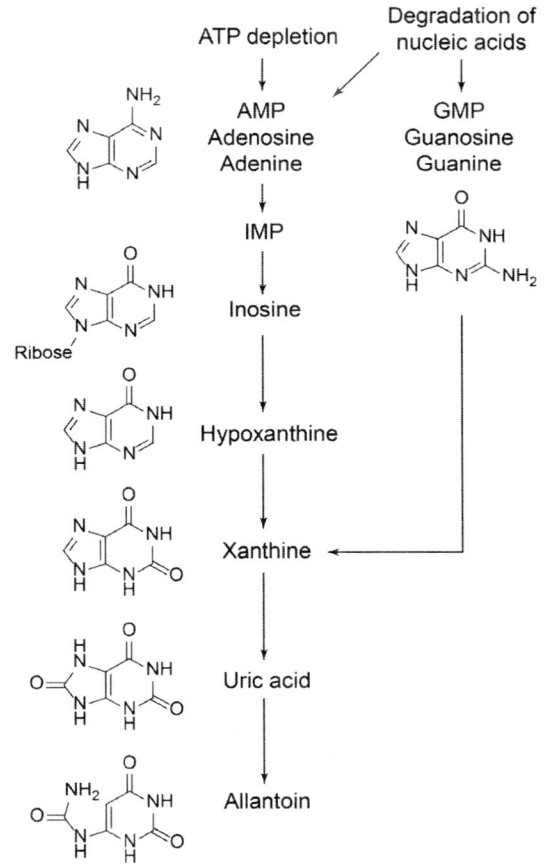

(2) 피리미딘 뉴클레오티드 대사

① 생합성

㉠ 식물은 주로 색소체에서 합성되며, 생합성 효소도 모두 색소체에 존재한다.

㉡ 과정

ⓐ 오로틴산과 PRPP가 결합하여 orotidine-5′-monophosphate를 생성한다.
  * PRPP(5-phosphoribosyl-1-pyrophosphate)는 리보스-5′-인산이 ATP로부터 Pi를 전이받아 생성하고, 오로틴산은 CP(carbanoyl phosphate)가 탈수 및 환원반응을 받아 생성된다.

ⓑ 계속되는 탈탄산과 2번의 인산화 반응을 통하여 UTP(uridine triphosphate)를 형성한다.

ⓒ UTP는 글루타민으로부터 아미노기를 전이받아 CTP(cytidine-5′-triphosphate)로 전환된다.

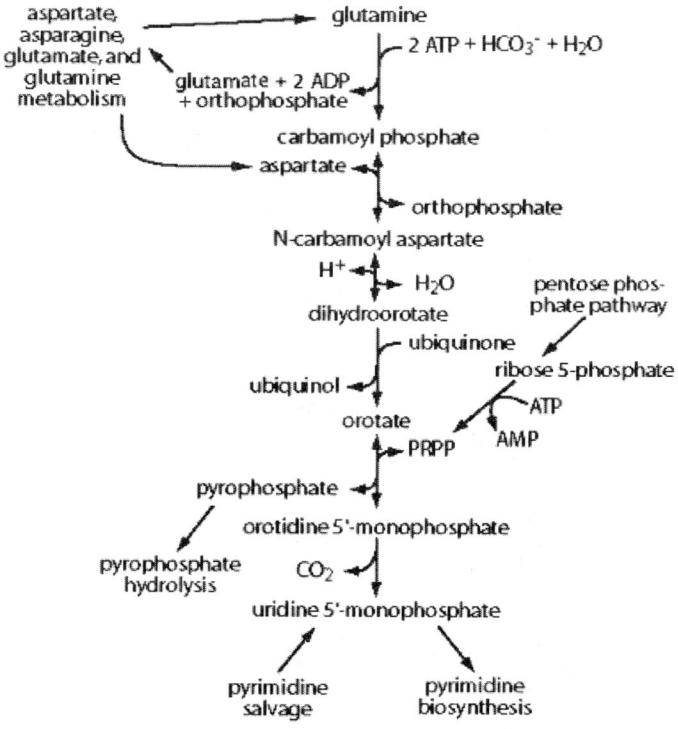

② 분해
  ㉠ 피리미딘 뉴클레오티드는 5´-nucleotidase에 의해 인산이 제거되어 뉴클레오시드가 된다.
  ㉡ 뉴클레오시드는 nucleocidase에 의해 리보스당이 제거되어 유리형 피리미딘 염기로 전환된다.
  ㉢ cytidine은 cytidine deaminase에 의해 아미노기가 제거되어 uridine이 되며, uridine은 uracil로 전환된다. 피리미딘 염기인 uracil과 thymine은 3단계의 연속적인 반응에 의해 촉매되는 환원경로에 의해 분해된다.

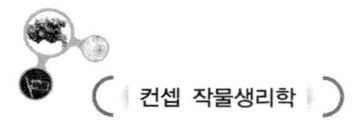

(컨셉 작물생리학)

기출 및 출제예상문제

01 흡수된 질산염이 잎에서 환원되는 질소 동화 과정에 대해 〈보기〉의 가-나-다-라 순서대로 바르게 나열한 것은?

● 23. 서울지도사

| 보기 |

$$NO_3 \xrightarrow[\text{(나) 장소}]{\text{(가) 효소}} NO_2 \xrightarrow[\text{(라) 장소}]{\text{(다) 효소}} NH_3$$

① 질산환원효소(nitrate reductase) – 시토졸 – 아질산환원효소(nitrite reductase) – 엽록체
② 아질산환원효소(nitrite reductase) – 액포 – 질산환원효소(nitrate reductase) – 시토졸
③ 질산환원효소(nitrate reductase) – 액포 – 아질산환원효소(nitrite reductase) – 시토졸
④ 아질산환원효소(nitrite reductase) – 액포 – 질산환원효소(nitrate reductase) – 엽록체

02 EPSPS는 글라이포세이트에 의해 억제되는데, EPSP 경로에서 유래하는 아미노산이 아닌 것은?

● 22. 경기 농촌지도사

① 페닐알라닌   ② 티로신
③ 트립토판   ④ 류신

[해설] EPSP synthase(EPSPS)는 제초제 글리포세이트(glyphosate, Roundup)의 작용점이다.
shikimate 경로에서 페닐알라닌, 티로신, 트립토판이 합성된다.

```
PEP                                    phenylalanine
 +    →  shikimate → EPSP → chorismate → tyrosine
erythrose                              tryptophan
```

정답 01 ① 02 ④

322 | 제2편 물질 대사

03. 질소고정효소 nitrogenase에 대한 설명으로 옳지 않은 것은?
●21. 경북 농촌지도사

① 질소 고정은 Mo-Fe단백질 복합체에서 진행된다.
② N_2는 질소고정효소의 촉매작용으로 암모니아(NH_3) 1분자로 환원된다.
③ Fe단백질과 Mo-Fe단백질은 결합과 해리를 반복적으로 진행하면서 전자를 전달한다.
④ nitrogenase는 O_2분자에 의해 비가역적인 저해를 받는다.

[해설] N_2는 질소고정효소의 촉매작용으로 암모니아(NH_3) 2분자로 환원된다.

04. 아미노산을 동화하고 동화된 아미노기를 전이시키는 GS/GOGAT 회로에 직접적으로 관여하지 않는 아미노산은?
●20. 서울지도사

① 글루탐산 ② 아스파라진산
③ 글루타민 ④ 타이로신

[해설]
* glutamine + α-ketoglutarate ────→ glutamate + glutamate
  glutamate synthetase(GOGAT)

* glutamine + aspartate ────→ glutamate + asparagine
  glutamate synthetase(GOGAT)

05. 질산환원효소에 대한 설명으로 옳은 것은?
●18. 경북 농촌지도사(변형)

① 단량체(monomer)이며 페레독신에서 전자를 전달하는 역할을 한다.
② 동질이합체 또는 이질4합체의 Fe을 포함하는 복합체이다.
③ Mo-Fe단백질 복합체에서 진행되며 공중질소를 고정한다.
④ O_2분자에 의해 비가역적인 저해를 받는다.

[해설] ①은 NiR, ③④는 nitrogenase
질산환원효소(NR)은 동질이합체 또는 이질4합체의 Fe을 포함하는 복합체이다.

06. 질산환원작용에 대한 설명으로 옳지 않은 것은?
●18. 경기 농촌지도사(변형)

① nitrate reductase 활성은 질산농도가 높아지면 증가한다.
② 아질산 환원에는 8개 전자가 필요하다.
③ NiR활성이 저해되면 식물체는 아질산이 축적되어 황화현상이 나타난다.
④ 아질산은 엽록체에서 아질산환원효소에 의하여 암모니아로 환원된다.

[해설] 아질산 환원에는 6개 전자가 필요하다.

정답 03 ② 04 ④ 05 ② 06 ②

07 설포닐요소계 제초제의 작용점은? ●18. 경기 농촌지도사(변형)

① methionine synthase ② EPSP synthase
③ ALS 효소 ④ GS 효소

[해설] 제초제 작용점
- EPSP synthase(EPSPS)는 제초제 글리포세이트(glyphosate, Roundup)의 작용점이며, glyphosate를 분해하는 토양미생물의 돌연변이 EPSPS는 제초제저항성 작물 개발에 이용되고 있다.
- ALS효소는 설포닐요소계 제초제의 작용점인데, 돌연변이가 발생한 ALS를 갖는 식물체는 제초제에 대한 저항성을 나타낸다.

08 다음 중 운동단백질만 모두 고른 것은? ●18. 경북 농촌지도사(변형)

| 가. 콜라겐 | 나. 마이오신 |
| 다. 케라틴 | 다. 키네신 |

① 가, 나 ② 다, 라
③ 가, 다 ④ 나, 다

[해설]
- 동력단백질(motor protein) : 마이오신(myosin), 다이네인(dynein), 키네신(kinesin) 등
- 구조단백질 : 케라틴(keratin), 콜라젠(collagen), 엘라스틴(elastin)

09 다음 질소대사에 대한 설명이 옳지 않은 것은?

① Mo이 부족하면 두과작물의 공중질소고정능이 저하되어 질소결핍현상이 나타난다.
② leghempglobin은 두과작물의 근류속에서 산소를 전달하는 기능을 가진다.
③ 식물체가 토양으로부터 흡수하는 질소는 NO_3^- 형태이다.
④ 탈질현상은 산화층에서 NO_3^- 태 질소가 N_2로 휘산되는 것을 말한다.

[해설] 논토양에서 탈질현상은 환원층에서 NO_3^- 태 질소가 N_2로 휘산되는 과정이다.

10 암모니아태 질소를 토양의 산화층에 시비할 때 예상되는 결과는?

① 질산태질소의 형태로 변환된다.
② 근류균에 의한 질소고정이 일어난다.
③ 암모니아태질소의 형태로 대부분이 용탈된다.
④ 미생물에 의해 아미노태로 변한다.

[해설] 암모니아태 질소가 산화층에 사용되면 질산태로 변환된다. 만일 논토양이라면 질산태 질소는 환원층으로 용탈되어 탈질경로에 따라 N_2가스로 휘산된다.

정답 07 ③ 08 ④ 09 ④ 10 ①

11 다음은 토양에 존재하는 질화세균에 의한 암모니아의 전환과정이다.

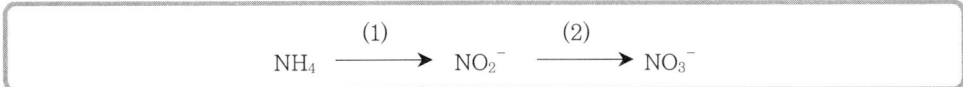

(1), (2)에 들어갈 세균으로 알맞은 것은?

① *Nitrosomonas, Nitrobacter*
② *Rhizobium, Clostriduum*
③ *Clostriduum, Rhizobium*
④ *Nitrovacter, Nitrosomonas*

[해설]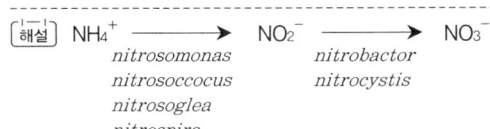
nitrosomonas   nitrobactor
nitrosoccocus   nitrocystis
nitrosoglea
nitrospira

12 토층이 분화된 논토양에 질소를 공급할 경우 바람직한 것은?

① 환원층에 NO_3^- 형태로 공급한다.
② 환원층에 NH_4^+ 형태로 공급한다.
③ 산화층에 NO_3^- 형태로 공급한다.
④ 산화층에 NH_4^+ 형태로 공급한다.

13 $NO_3^- \rightarrow NO_2^-$의 반응에 관여하는 질산환원효소와 함께 전자전달에 관여하는 것이 아닌 것은?

① ATP
② NADH
③ FAD
④ Mo

[해설]

$NO_3 \rightarrow NO_2$	$NO_2 \rightarrow NH_3$
nitrate reductase(NR)	nitrite reductase(NiR)
세포질	엽록체
NADH, FAD, Mo	Fd

[정답] 11 ①   12 ②   13 ①

14 다음 질소동화에 대한 설명이 바르지 않은 것은?

① 질소가 식물체 내에서 동화되는 과정에서 세포질과 엽록체에서 질산태질소가 암모니아로 환원된다.
② 식물체로 흡수된 질산태질소가 동화 과정 중 엽록체에서 제2단계 환원(NO_2^- → NH_4)이 이루어진다.
③ 질산태질소가 세포질에서 NO_3^- → NO_2^-로 환원되는 과정에서 관여하는 효소는 nitrate reductase이다.
④ NO_3^- → NH_3의 환원과정에 관여하는 효소는 pyruvate kinase이다.

[해설] NO_3^- → NH_3의 환원과정에 관여하는 효소는 nitrate reductase, nitrite reductase이며, pyruvate kinase는 PEP로부터 ATP와 pyruvate를 합성하는 효소이다.

15 식물체 내로 흡수된 질소가 동화되는 과정을 올바르게 나타낸 것은?

① NO_3^- → NH_3 → 아미노산 → 단백질
② NH_3 → NO_3^- → 아미노산 → 단백질
③ NH_3 → 아미노산 → NO_3^- → 단백질
④ NO_3^- → NH_3 → 단백질 → 아미노산

16 탄소에 비해 질소를 가장 많이 함유하고 있어 질소화합물 이동에 중요한 아미노산은?

① lysine
② glycine
③ glutamine
④ asparagine
⑤ glutamic acid

17 Shikimic acid 경로에서 erythrose-4-phosphate로부터 만들어지는 아미노산은?

① Glysine
② Arginine
③ Tryptophan
④ Glutamic acid
⑤ Aspartic acid

정답 14 ④ 15 ① 16 ④ 17 ③

18 단백질 합성과정에서 관련이 적은 것은?
① 아미노산의 활성화
② 아미노기 전이반응
③ 폴리펩티드 형성
④ mRNA의 리보솜 부착
⑤ 아미노산-tRNA 복합체 형성

[해설] 단백질 합성과정은 세포질에서 mRNA와 리보솜이 복합체를 이루고 아미노산의 중합체를 합성하는 과정이다. 아미노기 전이반응은 다양한 아미노산을 합성하는 과정이다.

19 질소의 동화과정에서 질산태 질소가 1단계로 환원되는 곳은?
① 엽록체
② 세포질
③ 세포막
④ 리보솜

[해설]

질소동화 1단계	질소동화 2단계
$NO_3 \rightarrow NO_2$	$NO_2 \rightarrow NH_3$
nitrate reductase(NR)	nitrite reductase(NiR)
세포질	엽록체
NADH, FAD, Mo	Fd

20 질소의 동화과정에서 질산태 질소의 2단계 환원이 이루어지는 곳은?
① 세포질
② 엽록체
③ 세포막
④ 미토콘드리아

21 암모니아 동화와 관련된 설명 중 틀린 것은?
① 암모니아는 생물의 체내에 축적되면 ATP 생성을 방해하는 등의 독성을 나타내므로 즉시 아미노산과 같은 유기화합물로 동화되어야 한다.
② 고등식물은 뿌리에서 글루탐산이라는 아미노산을 생성한다.
③ 아미노산 가운데 아스파트산의 아미드가 글루타민이다.
④ 아미드는 암모니아의 해독, 질소의 이동과 저장, 질소화합물의 전구물질로 이용된다.

[해설] 아스파트산의 아미드는 아스파라진이며, 글루탐산의 아미드가 글루타민이다.

정답 18 ② 19 ② 20 ② 21 ③

22 흡수된 유황이 동화되는 중요한 장소는?
① 세포벽　　　　　　　　② 엽록체
③ 미토콘드리아　　　　　④ 리보솜

23 유황의 동화에 대한 설명 중 틀린 것은?
① 유황의 동화는 뿌리와 잎에서 이루어진다.
② 유황동화의 마지막 단계는 SO_4^{2-}와 ATP가 효소 ATP-sulfurylase의 촉매작용으로 반응하여 APS를 생성하는 것이다.
③ 흡수된 SO_4^{2-}는 엽록체내에서 활성화되어 APS가 되고, APS는 APS-Kinase 효소의 도움으로 PAPS가 된다.
④ 합성된 함황 아미노산 시스테인은 또다른 함황 아미노산인 메티오닌의 합성에 필요한 유황원으로 사용된다.

[해설] 유황동화의 첫 단계는 SO_4^{2-}와 ATP가 효소 ATP-sulfurylase의 촉매작용으로 반응하여 APS를 생성하는 것이다.

24 콩과식물이 질소를 흡수하는 형태는 무엇인가?
① 분자상 질소　　　　　② 유기태 질소
③ 암모늄태 질소　　　　④ 요소

[해설] 콩과식물은 토양 속 근류균(뿌리혹세균)과의 공생관계로 공중 질소를 고정한다. 질소는 콩과식물 근모의 피층에 침입한 세균의 증식과 피층세포의 분열에 의해 형성된 뿌리혹(근류; nodule)에서 고정된다.

정답　22 ②　23 ②　24 ①

Chapter 05

단원 키워드

1. 지질분자의 구조와 기능
2. 식물에서 발견되는 주요 지방산의 종류와 구조
3. 지질의 종류와 구조
4. 불포화결합 생성, 사슬연장 및 변형반응의 관계
5. 지방산의 생합성 경로
6. 지질합성의 원핵성 경로와 진핵성 경로
7. 지방산의 β-산화 과정
8. 발아 종자에서의 지질과 지방산의 분해과정

지질 대사

제1절 지질의 종류

1. 지질(脂質, lipid)

(1) 의미

① 물에는 녹지 않으나 에테르·클로로폼·벤젠 등의 비극성 유기용매에 녹는 다양한 구조를 가진 분자로서, 지방산과 지방산의 유도체, 이들과 생합성 또는 기능적으로 관계된 물질이다.
② 지질은 지방산에서 유래한 다양한 화합물뿐만 아니라 대사적으로 지방산과 관계되어 있지 않은 색소나 2차대사물질도 포함한다.
③ 지질은 식물세포 건물중의 약 5.9%를 차지, 그중 글리세롤지질이 가장 많은 비중을 차지한다.
④ 중성지방인 트라이아실글리세롤은 완전 산화하면 1g당 9.3kcal의 에너지를 방출하여 식물의 저장에너지원으로 작용함

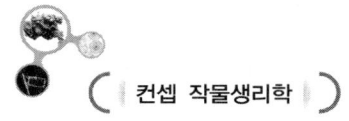

(2) 지질의 기능

■ 식물 지질분자의 주요 기능

기능	지질의 종류
막의 구성	글리세롤지질, 스핑고지질, 스테롤
에너지와 탄소의 저장	중성지질, 왁스
전자전달	엽록소와 기타 색소, 유비퀴논(UQ), 플라스토퀴논(PQ)
광보호	카로티노이드
자유기로부터 막 보호	토코페롤(항산화 효과)
방수 및 표면보호	긴 지방산과 지방산 유도체(표면왁스·큐틴·수베린)
방어와 섭식 저해	정유, 라텍스 및 수지 구성성분
단백질 변형	
막의 닻 부가	
아실화	주로 14:0 및 16:0 지방산
프레닐화	파네실과 제라닐제라닐 피로인산
다른 막의 닻 구성요소	포스파디딜이노지톨·세르아마이드돌리콜
당화	
신호전달	
내부	지베렐린, 앱시스산, 브라시노스테로이드, 자스몬산의 18:3 지방산 전구물질, 이노시톨인산, 다이아실글리세롤(DAG)
외부	자스몬산, 휘발성 곤충 유인성분(페로몬)

① **막 구성** : 지질은 막의 주성분으로서 막의 소수성 장벽을 형성하여 세포와 세포 내 미소기관을 형성한다.

② **전자전달계 구성** : 미토콘드리아와 엽록체의 내막에서의 전자전달계를 구성하여 에너지 생성에 관여한다.

③ **에너지와 탄소의 저장** : 유지작물 종자에 다량 저장된 지질은 일시에 다량의 에너지와 탄소를 필요로 하는 발아하는 새싹의 에너지와 탄소 공급원이 된다. 지질은 탄수화물보다 더 환원된 성분이어서 에너지가 2배 더 많이 포함되어 있다.

④ **전구체 제공** : 지방산의 분해산물은 많은 종류의 전구체 물질로 이용되어 다양한 세포 기능에 영향을 미친다.

2 지질의 종류

단순지질 (simple lipid)	의미	가수분해에 의해 2종 이하의 주성분을 생성하는 지질
	종류	triacylglycerol(TAG), diacylglycerol(DAG), monoacylglycerol, sterol, sterol ester, 왁스, 토코페롤 등
복합지질 (complex lipid)	의미	3종 이상의 주성분을 생성하는 지질
	종류	glycerophospholipid, glycoglycerolipid, spingomyelin, glycospingolipid 등 (glycerophospholipid : phosphatidic acid, phosphatidylglycerol, cardiolipin, phosphatidylcholine, phosphatidylethanolamine, phosphatidylinositol, phospholipid 등)

(1) 지방산(fatty acid)

① 구조
  ㉠ 지방산은 극성을 갖는 카르복실기와 비극성을 띠는 탄화수소사슬 꼬리 부분으로 되어 있으며, 양친매성(amphiphilic)을 나타낸다.
  ㉡ 식물에 존재하는 지방산은 짝수의 탄소원자를 가지며 탄화수소사슬은 가지를 치지 않는다.

② 종류

포화지방산 (saturated)	• 탄화수소사슬의 탄소-탄소결합이 모두 단일결합 • 포화지방산은 동물성 지방(fat)에서 많으며, 상온에서 고체이다.
불포화지방산 (unsaturated)	• 탄소-탄소결합에 이중결합이 있으며, 입체화학적으로 트랜스(trans)형보다는 시스(cis)형 구조를 갖는다. • 불포화지방산은 포화지방산보다 융점이 낮아 불포화지방산 함량이 높은 식물성 기름(oil)은 상온에서 액체이다. • 불포화지방산은 주로 종실에 저장되는 중성지질에 축적된다.

③ 고등식물 주요지방산(탄소가 8~32개)
  ㉠ 로르산(lauric acid), 팔미트산(palmitic acid), 스테아르산(stearic acid), 올레산(oleic acid), 리놀레산(linoleic acid), 리놀렌산(linolenic acid) 등
  ㉡ 식물 세포막에는 주로 탄소 16・18의 지방산이 존재하며, 식물에 가장 많은 지방산은 다가불포화지방산인 리놀레산(18:2)과 α-리놀렌산(18:3)이다.

④ 지방산 표시방법
  ㉠ 탄소와 이중결합의 수로 표시한다. 18:1은 18개의 탄소로 구성된 지방산으로 1개의 이중결합을 갖고 있음을 나타낸다.
  ㉡ 이중결합의 위치는 카르복실기에서부터 셈한 이중결합의 첫 탄소의 번호를 $^\Delta$를 이용하여 표시한다. 리놀레산은 $(18:2^{\Delta 9,12})$로 표시하고, α-리놀렌산은 $(18:3^{\Delta 9,12,15})$로 표시한다.

⑤ 식물에 존재하는 주요 지방산

일반명칭	화학구조	간략표기
포화지방산		
lauric acid	$CH_3(CH_2)_{10}COOH$	12 : 0
palmitic acid	$CH_3(CH_2)_{14}COOH$	16 : 0
stearic acid	$CH_3(CH_2)_{16}COOH$	18 : 0
arachidic acid	$CH_3(CH_2)_{18}COOH$	20 : 0
behenic acid	$CH_3(CH_2)_{20}COOH$	22 : 0
lignoceric acid	$CH_3(CH_2)_{22}COOH$	24 : 0
불포화지방산		
oleic acid	$CH_3(CH_2)_7C=C(CH_2)_7COOH$	$18:1^{\Delta 9}$
petroselenic acid	$CH_3(CH_2)_{10}C=C(CH_2)_4COOH$	$18:1^{\Delta 6}$
linoleic acid	$CH_3(CH_2)_4C=CCC=C(CH_2)_7COOH$	$18:2^{\Delta 9,12}$
α-linolenic acid	$CH_3(CH_2)C=CCC=CCC=C(CH_2)_7COOH$	$18:3^{\Delta 9,12,15}$
γ-linolenic acid	$CH_3(CH_2)_4C=CCC=CCC=C(CH_2)_4COOH$	$18:3^{\Delta 6,9,12}$
roughanic acid	$CH_3(CH_2)C=CCC=CCC=C(CH_2)_5COOH$	$16:3^{\Delta 7,10,13}$
erucic acid	$CH_3(CH_2)_7C=C(CH_2)_{11}COOH$	$22:1^{\Delta 13}$

(2) 트라이아실 글리세롤(triacylglycerol) : 중성지질

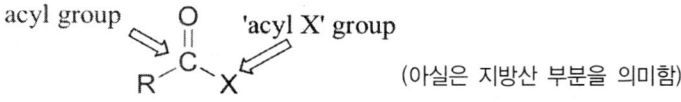
(아실은 지방산 부분을 의미함)

① 구성・이용 : 트라이아실글리세롤은 지방산과 글리세롤의 에스터(ester, -O-)이며, 주로 저장지질로 이용되고, 에너지원과 탄소원으로 이용된다.

② 존재형태 : 식물성 기름(oils)은 불포화지방산(올레산·리놀레산·리놀렌산 등)이 많아서 융점이 낮고 실온에서 액체로 존재하지만, 동물성 기름(fats)은 포화지방산으로 구성되어 고체로 존재한다. 옥수수·유채·피마자의 주요지방산은 리놀레산(18:2), 에루스산(22:1), 페트로세렌산(18:1)임

③ 트라이아실글리세롤 함량
  ㉠ 유지(油脂, fats and fatty oils)작물 종자는 트라이아실글리세롤을 배(옥수수·유채)나 배유(피마자)에 저장하며 건물의 35~60%까지 차지, 영양기관은 건물의 5% 이하를 차지함
  ㉡ 옥수수는 종자 건물중의 4%, 유채는 40%, 피마자는 60% 차지함

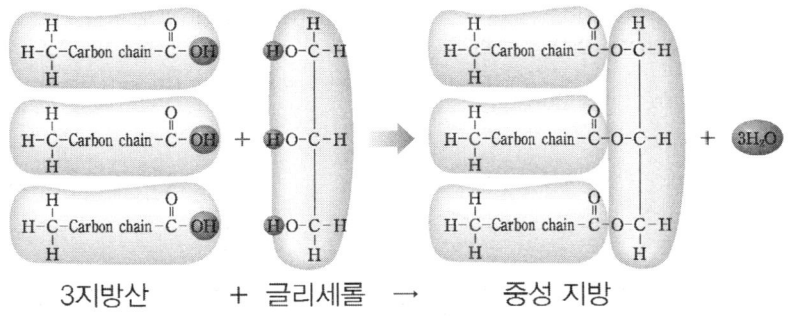

3지방산 + 글리세롤 → 중성 지방

(3) **글리세롤인지질**(glycerophospholipid, phosphoglycerid)

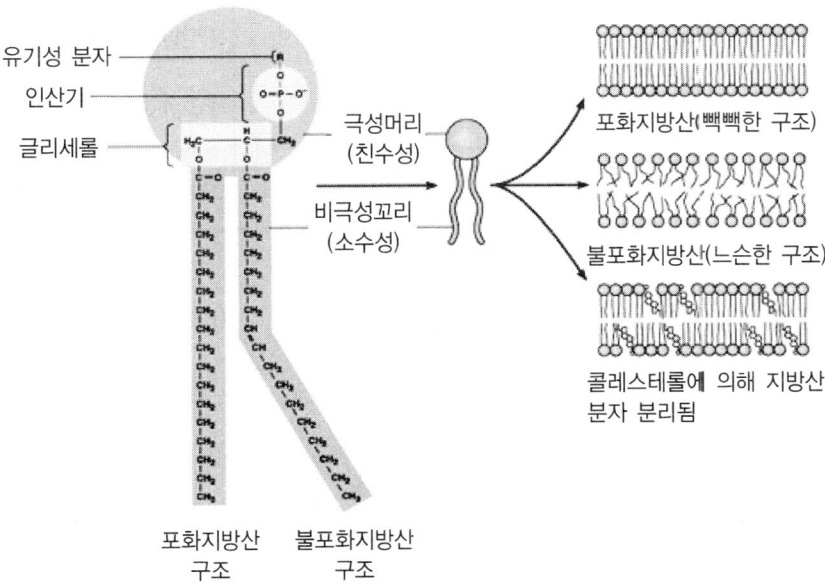

① 구성
  ㉠ 글리세롤인지질(포스포글리세리드)은 인지질이라 부르며, 지방산의 글리세롤에스터이고, P·N 등을 함유한다.
  ㉡ 글리세롤인지질은 글리세롤-3-인산의 2개의 수산기(-OH)가 각각 지방산과 반응하여 생성된 phosphatidic acid(PA)의 유도체이다.
② 양친매성(amphipathic) : 인지질 분자의 인산은 극성을 띠는 머리 부분을 형성하고, 지방산의 탄화수소사슬은 소수성의 꼬리를 형성한다. <u>인지질 분자는 분자 내에 친수성과 소수성 부분을 동시에 갖고 있어 양친매성을 지닌다.</u> 이러한 특성으로 인지질은 가장 적은 에너지를 이용하여 수용액에서 이중층 막을 형성한다.

X 명칭	X 화학식	지질 명칭
water	-OH	(PA)phosphatidic acid
choline	$-CH_2-CH_2-\overset{+}{N}(CH_3)_3$	(PC)phosphatidylcholine
ethanolamine	$-CH_2-CH_2-\overset{+}{N}H_3$	(PE)phosphatidylethanolamine
serine	$-CH_2-CH-NH_3$ $\quad\quad\quad\;\; COO$	(PS)phosphatidylserine
glycerol	$-CH_2-CH-CH_2-OH$ $\quad\quad\quad\; OH$	(PG)phosphatidylglycerol
inositol		(PI)phosphatidylinositol
phosphatidylglycerol		diphosphatidylglycerol

(4) 당지질(glycolipid)
① 당지질은 인지질의 인산 부분이 탄수화물로 대체된 지질이다.
② 당지질은 식물의 엽록체에 특히 많이 존재한다.
③ 종류 : 모노갈락토실다이아실 글리세롤, 다이갈락토실다이아실 글리세롤, 술포퀴노보실다이아실 글리세롤 등

(5) 스핑고지질(spingolipid)
① 지방산과 아마이드 결합을 형성한 긴 사슬 아미노당으로 구성되어 있으며, 글리세롤의 에스터가 아니다. 지방산 탄화수소사슬은 탄소가 18개 이상이다.
② 식물세포에서 총지질의 5% 이하를 차지하며, 주로 원형질막에 존재하며, 막 성분의 약 26%를 차지한다.
③ 스핑고지질 염은 일반적으로 독성을 나타내며, ceramide나 glycoceramide와 같은 형태로 낮은 농도로 존재한다.

(6) 테르펜과 스테로이드
① 테르펜(terpene)
  ㉠ 탄소 5개(C_5)의 아이소프렌(isoprene)이 2개 이상 결합하여 형성된 성분이다. 아이소프렌 단위는 테르펜 내에서 주로 머리에서 꼬리로 연결되어 사슬이나 고리형 분자를 형성한다.
  ㉡ 세스퀴테르펜이 식물에 가장 광범위하게 분포하고 있다. 스테로이드 전구물질인 스쿠알렌(squalene)은 트라이테르펜에 속하며, 카로티노이드색소는 테트라테르펜에 속한다.
  ㉢ 아이소프렌 단위가 2개 결합하면 모노테르텐(monoterpene, C_{10}), 3개는 세스퀴테르펜(sesquiterpene, C_{15}), 4개는 다이테르펜(diterpene, C_{20}), 6개는 트라이테르펜(triterpene, C_{30}), 8개는 테트라테르펜(tetraterpene, C_{40})

② 스테로이드(steroid)

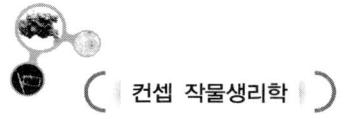

(a) Steroid skeleton (b) Cholesterol

㉠ 6원자로 구성된 고리 3개와 5원자로 구성된 고리 1개가 융합된 공통구조를 갖는 성분이다.
㉡ 식물 스테로이드는 250종 이상 있는데, 시토스테롤(sitosterol) 가장 일반적이다. 시토스테롤은 콜레스테롤의 24번이 에틸기로 치환된 성분이다.
㉢ 식물에는 유리형이나 에스터형의 콜레스테롤이 생체막과 잎 표면 지질의 구성성분으로 존재한다. 콜레스테롤 함량이 식물은 50mg/kg, 동물은 5g/kg이다.

(7) 구조지질 : 왁스·큐틴·수베린

① 왁스(wax, 밀랍)
㉠ 왁스는 중합체가 아니라 1가알코올과 긴 사슬을 가진 지방산의 에스터(지질분자의 복합체)이다.
㉡ 왁스의 지방산은 보통 포화되어 있으며 에스터의 약한 극성 때문에 매우 불용성이다. 왁스는 보통 큐티클의 외부에 존재하며 수분의 손실을 크게 감소시킨다.

② 큐티클(cuticle, 각피소)
㉠ 큐티클 주성분은 산화된 C_{16} 및 C_{18} 지방산이 에스터결합으로 고분자의 망상 구조를 형성한 큐틴이다.
㉡ 고등식물 지상부의 외피세포는 가용성 지질 중합체인 큐티클 피막으로 싸여 있다. 큐티클은 수분 손실을 막기 위한 투과장벽의 역할을 하고, 병균·해충 저항성에도 기여한다.
㉢ 큐틴에는 소량의 페놀화합물이 함유되어 세포벽의 펙틴성분과 결합할 수 있다.

③ 수베린(suberin, 목전소)
㉠ 구성단위는 $C_{16~24}$ 지방산이며 긴 것은 C_{30}도 있다. 지방산의 중합체이지만 큐틴과 달리 선상구조로 되어 있다.

ⓒ 수베린도 페놀화합물(ferulic acid 등)이 함유되어 수베린의 지질부분을 세포벽에 결합시켜주는 역할을 한다.
ⓒ 수베린은 큐틴과 유사하나, 수베린의 지방산은 2가알코올이나 epoxy기를 갖지 않고 보통 C_{18}보다 길다. 수베린은 큐틴보다 더 소수성이어서 수분이 투과하기가 매우 어렵다.
ⓔ 뿌리 내피세포의 세포벽에는 고도로 중합화된 지질성분인 수베린(카스파리대)이 존재한다.

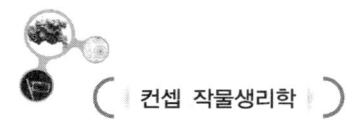

제2절 지질의 생합성·분해

1 지질의 생합성

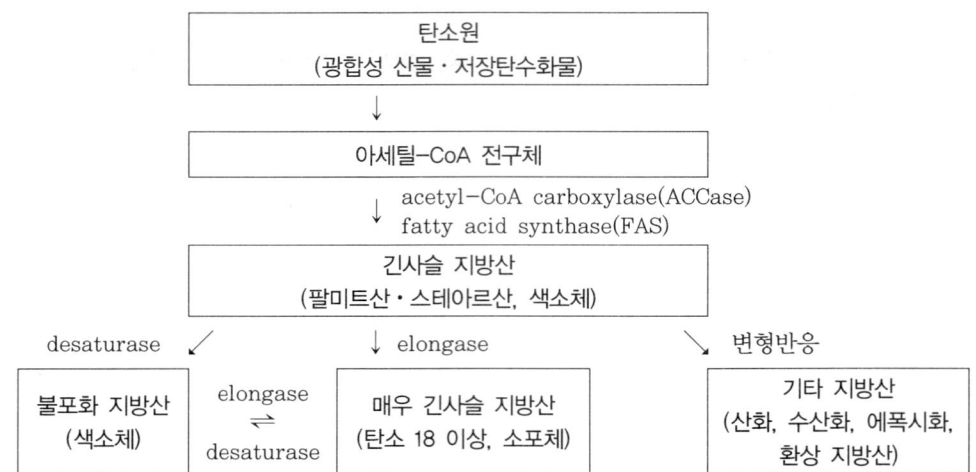

(1) 지방산 생합성

① 의미
  ㉠ 광합성 산물에서 유래한 저분자량의 전구체를 이용하여 긴사슬 포화지방산(C_{16}, C_{18})이 합성된다. 보통 포화지방산인 팔미트산(C_{16})과 스테아르산(C_{18})이지만, 스테아르산의 양이 2~3배 많다. 긴사슬 포화지방산은 불포화지방산, 매우 긴사슬 지방산, 변형된 지방산의 전구체로 이용된다.
  ㉡ 긴사슬 지방산과 불포화지방산은 색소체에서 합성되지만, 매우 긴사슬 지방산은 주로 소포체에서 합성되므로 세포 내에서 지방산의 이동과 반응의 통합적 조절을 필요로 한다.

② 생합성 주요 효소 : 지방산 합성에 ACCase와 FAS가 관여한다.
  ㉠ ACCase(acetyl-CoA carboxylase) : 엽록체에서 지방산 합성에 가장 먼저 작용하는 효소이며, biotin carboxylase, biotin carboxyl carrier protein(BCCP), carboxyltransferase의 3가지 기능 영역을 갖고 있다.
  ㉡ FAS(fatty acid synthase) : FAS는 ACCase활성을 제외한 지방산 생합성의 모든 효소활성을 의미하며, Ⅰ형 및 Ⅱ형 FAS가 있다. 아실운반단백질(acyl carrier protein)은 약 80개의 아미노산으로 된 작은 단백질이며, 펩타이드 중앙부의 세린 잔기에 공유 결합된 보결분자단인 인산판테테인(phosphopantetheine)을 갖고 있다. 인산판테테인의 말단에 있는 설프하이드릴(-SH)기에 지방산이 결합한다.

ⓒ 분포 : ACCase와 FAS는 색소체 내강에 존재하나, 지방산 신장효소(fatty acid elongase)는 소포체 막에 존재하고, 지방산 불포화효소(fatty acid desaturase)는 색소체 막에 존재하나 일부는 내강에 존재한다.

③ 지방산 생합성 과정

아세틸-CoA를 전구체로 이용하여 탄소 2개를 아실기에 첨가하는 반응을 아실기에 매회 2개씩의 탄소가 첨가되므로 아실기의 탄소가 16개(또는 18개)가 될 때까지 총 7회(또는 8회) 반복적으로 진행하는 과정이다. 식물은 색소체에서 진행되며, 대장균과 유사하다.
㉠ 아세틸-CoA의 탄산화에 의한 말로닐-CoA의 생성(ACCase)
㉡ 말로닐-CoA와 ACP의 결합에 의한 말로닐-ACP의 생성(malonyl-CoA : ACP transacylase)
㉢ 아세틸-CoA와 말로닐-ACP 간의 1 : 1 축합에 의한 케토아실(3-케토부티릴)-ACP의 생성(3-ketoacyl-ACP synthase)
㉣ 케토아실-ACP의 케토기의 환원(3-ketoacyl-ACP reductase, KAS)
㉤ 탈수효소에 의한 이중결합의 도입(3-ketoacyl-ACP dehydratase)
㉥ 환원효소에 의한 이중결합의 환원(2,3-*trans*-enoyl-ACP reductase)
㉦ 아실기 간의 축합(부티릴-ACP와 말로닐-ACP)에 의해 탄소 2개가 첨가된 케토아실기의 생성(3-ketoacyl-ACP synthase)

④ 지방산 생합성 종결

thioesterase에 의한 ACP로부터 acyl기의 가수분해,
acyltransferase에 의한 ACP로부터 아실기의 다른 글리세롤지질로의 전이,
acyl-ACP desaturase에 의한 아실기에 대한 이중결합 도입 반응 → 생합성 종결

⑤ 불포화반응(이중결합 합성) : 여러 가지 종류 desaturase에 의해 촉매되어 생성된다. 지방족사슬의 가운데(바깥쪽×)에서 일어나며, 불포화 반응 이후에 사슬 연장반응이 일어남

(2) 글리세롤지질 합성

① 글리세롤지질 합성 : 식물세포에서 색소체에서 합성된 지방산과 해당과정의 대사산물인 글리세롤-3-인산(G3P)을 전구체로 삼아 트라이아실글리세롤이나 글리세롤인지질을 합성한다.

② 합성 경로
  • 소포체가 관여하는 진핵성 경로, 색소체에서 진행되는 원핵성 경로 2가지
  • G3P → LPA → PA : 글리세롤지질 합성 1단계는 아실전이효소에 의한 두 번의 아실화반응에 의해 아실-ACP나 아실-CoA의 지방산이 글리세롤-3-인산에 전이되어 포스파티드산(phosphatidic acid, PA)이 합성된다.

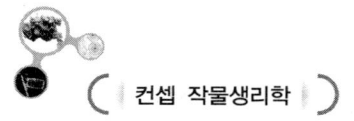

㉠ 진핵성 경로(eukaryotic pathway)

$$G3P \to LPA \to PA \to DAG \to PC \cdot PE$$
$$\searrow CDP-DAG \to PG \cdot PI \cdot PS$$

ⓐ 지방산과 지질분자의 소포체·색소체 간 교환, 색소체에서의 변형과정을 포함한다.
ⓑ 진핵성 경로에서 제공받는 지방산은 아실-ACP가 아니라 아실-CoA이다.
ⓒ 합성된 지질은 DAG → PC·PE, 또는 CDP → PG·PI·PS 등으로 원핵성 경로에서 합성된 지질과 다르다.
ⓓ 포스파티드산(PA)는 DAG 또는 CDP-DAG로 전환되어 phosphatidylcholine (PC) 등 다양한 인지질이나 중성지질로 합성된다.

Hydrolysis of phosphatidylcholine to phosphatidic acid by phospholipase D

㉡ 원핵성 경로(prokaryotic pathway)

$$G3P \to LPA \to PA \to DAG \to MGD \cdot DGD \cdot SQD$$
$$\searrow CDP-DAG \to PG$$

포스파티드산(PA)은 다이아실글리세롤(DAG) 또는 CDP-다이아실글리세롤로 전환되어, 인지질의 인산머리부분이 갈락토실기로 대체되어 갈락토지질(MGD·DGD)이 합성되거나 설포퀴노보실기로 대체되어 황지질(SQD)이 합성된다.

③ 글리세롤인지질 합성 : <u>막지질(인지질 등)의 조성은 광합성능력, 저온 및 결빙에 대한 저항성에 크게 영향</u>을 미친다. 막지질에서 파생된 포스파티드이노시톨(PI)과 자스몬산은 신호전달과 병해충에 대한 방어작용에서 중요한 기능을 수행한다.

④ 트라이아실글리세롤(중성지질) 합성
  ㉠ 포스파티딜콜린(PC) → 다이아실글리세롤(DAG) → 트라이아실글리세롤(TAG)
  ㉡ TAG 합성 : 포스파티딜콜린(PC)은 아실전이효소(acyltransferase)에 의하여 인산콜린 부분이 아실기로 대체되어 트라이아실글리세롤(TAG)이 된다.
  ㉢ oleosome 축적 : 소포체에서 합성된 트라이아실글리세롤(TAG)은 소포체 막간으로 운반되어 소포체 외막으로 피복된 상태의 기름체(유체, oil body, oleosome)로 분리되어 세포질에 축적된다. 기름체에는 oleosin 단백질이 존재한다.

2 지질의 분해

(1) 트라이아실글리세롤(TAG) 분해

① 분해 과정
  ㉠ 올레오솜(유체, 기름체, 스페로솜)에서 트라이아실글리세롤(TAG)은 막에 분포하는 lipase의 촉매로 가수분해되어 지방산과 글리세롤로 전환된다.
  ㉡ 분해된 글리세롤은 ATP를 이용하여 α-glycerolphosphate로 전환되고, 이 분자는 NAD^+에 의해 산화되어 dihydroxy acetone phosphate(DHAP)로 전환된다.
  ㉢ DHAP는 시트르산회로를 통하여 산화되거나, 해당과정의 역반응에 의하여 포도당으로 생합성된다.

② 장소 : 식물 지방산 분해는 미소체에서 진행되는데, 잎에서는 페록시솜(peroxysome)에서 분해, 발아 종자에서는 글리옥시솜(glyoxysome)에서 분해된다.

③ 이용 : 트라이아실글리세롤은 고도로 환원된 탄화수소사슬을 갖고 있어 발아하는 종자·꽃가루에 에너지와 탈소골격을 효과적으로 제공한다.

(2) 지방산의 분해

① 지방산의 β-산화 : 지방산의 탄화수소사슬의 C-C결합은 매우 안정적이다. 지방산은 초기의 활성화반응을 거쳐 β-탄소가 연속적으로 산화되는 β-산화에 의해 분해되어 아세틸-CoA로 전환된다.

② 의의
  ㉠ 식물에서 지방산 산화는 에너지 생성과 다양한 생합성 전구물질도 제공한다.
  ㉡ 종자 발아 중에는 저장지질이 포도당이나 다른 필수 대사산물로 전환되는데, 글리옥시솜에서 지방산 산화로 생성된 아세틸-CoA는 포도당신생합성에 필요한 4탄소 전구체(succinate)로 전환된다.
  ㉢ 글리옥시솜과 페록시솜에는 catalase가 다량 함유되어 있으며, 지방산 β-산화과

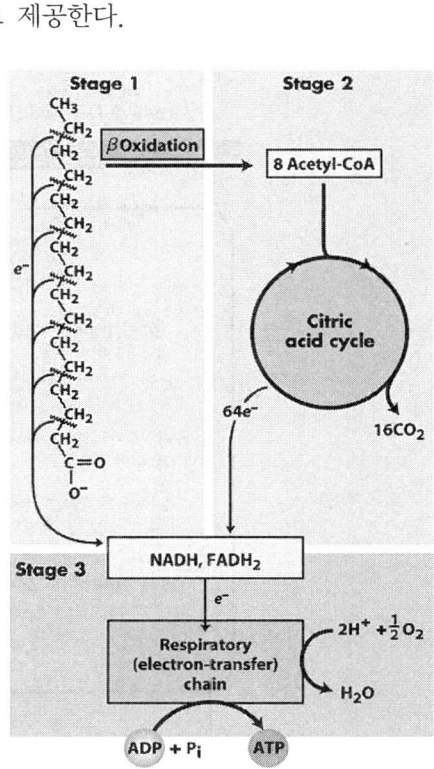

정에서 생성되는 과산화수소(H_2O_2)를 H_2O로 전환시킨다.

③ 지방산 산화 과정
  ㉠ 카복실기의 탄소(C_1)에 보조효소 CoASH의 첨가(fatty acid-CoA synthase)
  ㉡ β-탄소에 해당하는 C_3 탄소의 산화효소에 의한 산화(acyl-CoA oxidase)
  ㉢ C_3 탄소에 대한 가수반응(enoyl-CoA hydratase)
  ㉣ 탈수소반응에 의한 C_3 탄소의 카보닐($>C=O$)로의 전환(β-hydroxyacyl-CoA dehydrogenase) 순으로 진행
  ㉤ acyl-CoA acetyl transferase에 의해 촉매되는 카보닐탄소에 대한 보조효소 CoASH 전이반응(β-ketoacyl-CoA thiolase)으로 아세틸-CoA와 2개의 탄소가 감소된 아실-CoA가 생성된다.
  ㉥ 이러한 반응이 반복적으로 진행되어 아실-CoA가 모두 아세틸-CoA로 전환된다. <u>C_{18}지방산은 8회의 β-산화를 거쳐 모두 9분자의 아세틸-CoA로 전환된다.</u>

④ 에너지 생성 : 지방산이 산화되어 생성된 아세틸-CoA가 시트르산회로와 호흡과정을 통해 완전히 산화되면 많은 양의 에너지가 생성되는데, 에너지수율은 약 40%에 달한다.

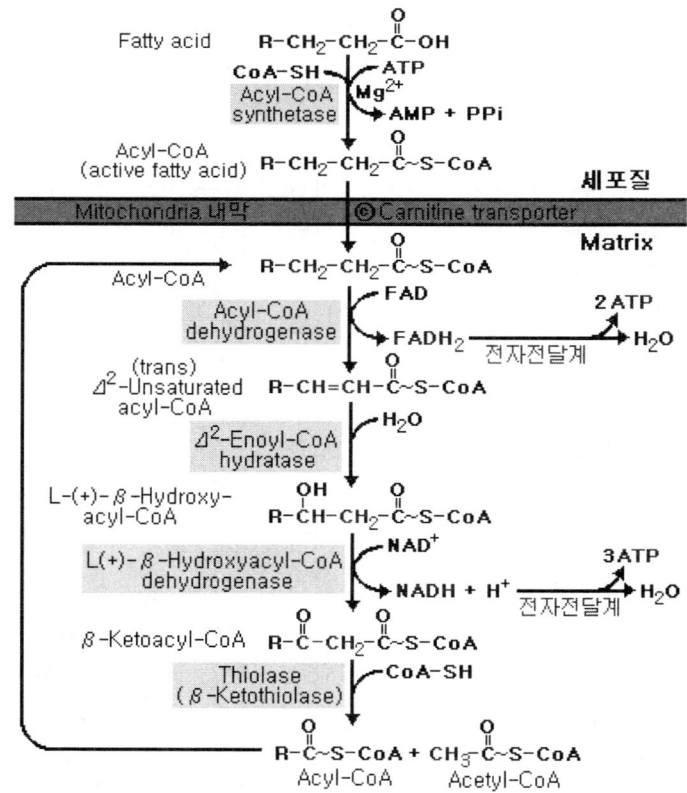

(3) 글리옥실산회로와 포도당신생합성

① 포도당신생합성(gluconeogenesis)
  ㉠ 지방 종자가 발아할 때 글리옥시솜에서 트리아실글리세롤(TAG)이 β-산화에 의해 생성된 아세틸-CoA 일부가 글리옥시솜·미토콘드리아·세포질에서 포도당으로 전환되는 과정
  ㉡ 원래 포도당은 광합성의 최종산물이며 포도당신생합성은 흔히 일어나는 반응은 아님

② 글리옥실산회로(glyoxylic acid cycle)
  ㉠ 의미 : 포도당신생합성 경로의 글리옥시솜에서 진행되는 아세틸-CoA가 숙신산으로 전환되는 과정. 글리옥시솜(glyoxysome)은 모든 식물에서 항상 발견되는 것은 아니고, 기름종자에서만 발견되며 기름종자도 종자가 발아하여 광합성을 시작하면 점차 사라짐
  ㉡ 과정
    ⓐ 글리옥실산 회로에서는 지방산이 β-산화에 의해 생성된 아세틸-CoA(2C)가 글리옥실산(2C)과 반응하여 말산(4C)을 생성한다.
    ⓑ 말산은 말산탈수소효소에 의해 산화되어 옥살초산으로 전환된다.
    ⓒ 옥살초산은 β-산화에서 생성된 아세틸-CoA와 반응하여 시트르산을 형성한다.
    ⓓ 시트르산(6C)은 아이소시트르산(isocitric acid)으로 전환된 다음, 숙신산(4C)과 글리옥실산(2C)으로 분리된다. 말산에서 아이소시트르산 생성까지 glyoxylate 경로는 미토콘드리아의 TCA회로와 동일하다.
    ⓔ 글리옥실산회로에서 생성된 숙신산은 글리옥시솜에서 미토콘드리아로 운송된다.
    ⓕ 숙신산은 미토콘드리아의 시트르산회로에 의하여 푸마르산 → 말산으로 전환된다.
    ⓖ 말산은 세포질(cytosol)로 운송되어 옥살초산(OAA)을 거쳐 PEP로 전환된 다음 PEP는 글리세롤에서 유래한 DHAP와 결합하여(역해당과정) 포도당(6탄당), 설탕으로 전환되며, 설탕은 액포에 저장되거나 필요 부위로 수송됨

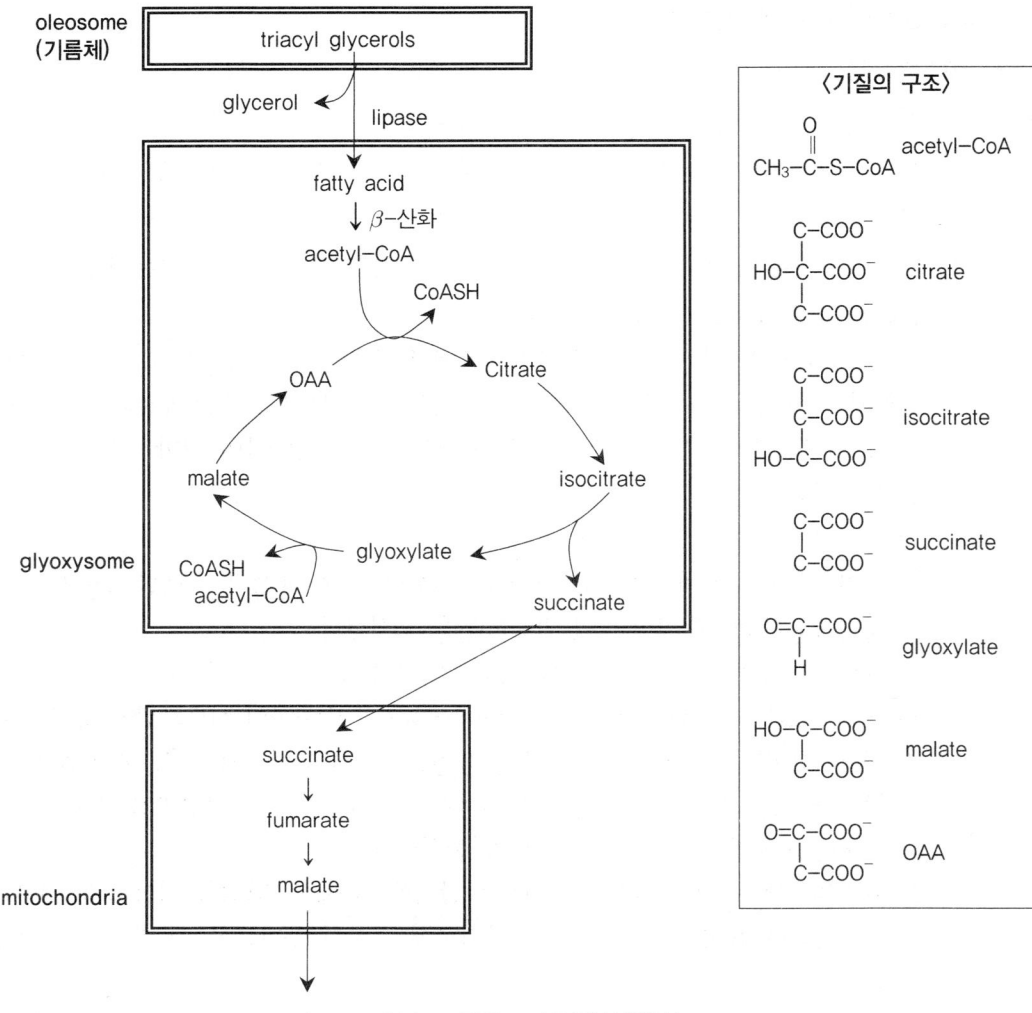

■ Glyoxylate cycle at 지방종자

기출 및 출제예상문제

01 지질에 대한 설명으로 옳은 것은?
●22. 경기 농촌지도사
① 식물의 엽록체에 당지질이 특히 많이 존재한다.
② 인지질은 소수성인 친유성기만 존재한다.
③ 스핑고지질은 아미노당으로 구성된 글리세롤의 에스터 결합을 하고 있다.
④ 불포화지방산은 입체화학적으로 트랜스형 구조를 갖는다.

[해설] ② 인지질은 소수성인 친유성기와 친수성이 모두 존재한다.
③ 스핑고지질은 아미드결합을 형성한 아미노당으로 구성되며, 글리세롤의 에스터 결합이 아니다.
④ 불포화지방산은 입체화학적으로 시스형 구조를 갖는다.

02 구조지질에 대한 설명으로 옳지 않은 것은?
●22. 경기 농촌지도사
① 큐틴이 수베린보다 더 소수성이다.
② 왁스는 중합체가 아니라 1가알코올과 긴 사슬을 가진 지방산의 에스터이다.
③ 큐티클은 수분 손실을 막기 위한 투과장벽의 역할을 한다.
④ 수베린은 지방산의 중합체이지만 큐틴과 달리 선상구조로 되어 있다.

[해설] 수베린은 큐틴보다 더 소수성이어서 수분이 투과하기가 매우 어렵다.

[정답] 01 ① 02 ①

03
〈보기〉에서 지방종자 발아 시 트리아실글리세롤(TAG)이 당으로 전환되는 일련의 과정이 일어나는 세포 내 장소를 각각 순서대로 바르게 나열한 것은?

● 20. 서울지도사

| 보기 |
㉠ 지방을 분해하여 지방산 생성
㉡ 지방산으로부터 아세틸-CoA를 만들어 숙신산을 공급
㉢ 숙신산을 받아 말산을 공급
㉣ 말산으로부터 설탕을 합성

	㉠	㉡	㉢	㉣
①	올레오솜	엽록체	시토졸	미토콘드리아
②	엽록체	올레오솜	미토콘드리아	시토졸
③	올레오솜	글리옥시솜	미토콘드리아	시토졸
④	글리옥시솜	올레오솜	시토졸	미토콘드리아

[해설] 지방종자 발아 시 트리아실글리세롤(TAG)이 당으로 전환되는 일련의 과정
㉠ 올레오솜 : 지방을 분해하여 지방산 생성
㉡ 글리옥시솜 : 지방산으로부터 아세틸-CoA를 만들어 숙신산을 공급
㉢ 미토콘드리아 : 숙신산을 받아 말산을 공급
㉣ 시토졸 : 말산으로부터 설탕을 합성

04
다음 중 단순지질에 해당하는 것은?

① 인지질
② 트리아실글리세롤
③ 당지질
④ 리보단백질

05
다음 중 지방산의 말단에 있는 작용기는?

① 카르복시기
② 수산기
③ 암모니아기
④ 히드록시기

[해설] 지방산 구조식

$$H-O-\overset{O}{\overset{\|}{C}}-\overset{H}{\underset{H}{C}}-\overset{H}{\underset{H}{C}}-\overset{H}{\underset{H}{C}}-\overset{H}{\underset{H}{C}}-\overset{H}{\underset{H}{C}}-\overset{H}{\underset{H}{C}}-\overset{H}{\underset{H}{C}}-\overset{H}{\underset{H}{C}}-\overset{H}{\underset{H}{C}}-\overset{H}{\underset{H}{C}}-\overset{H}{\underset{H}{C}}-\overset{H}{\underset{H}{C}}-\overset{H}{\underset{H}{C}}-\overset{H}{\underset{H}{C}}-H$$

[정답] 03 ③ 04 ② 05 ①

06 지방산의 성질에 대한 설명으로 옳지 않은 것은?
① 거의 모든 지방산은 짝수 개의 탄소원자를 가지고 있다.
② 천연에 존재하는 지방산의 탄소의 수는 보통 16개, 18개이다.
③ 고등생물은 5℃ 이하의 녹는점을 가진 불포화지방산을 함유하고 있다.
④ 불포화도가 높을수록 녹는점도 높다.

[해설] 지방산의 포화도가 높을수록 녹는점도 높다.

07 긴사슬 지방산과 글리세롤의 히드록시기가 에스터 결합한 것을 무엇이라 하는가?
① 중성지질   ② 포스포글리세리드
③ 스핑고지질   ④ 스테로이드

08 다음 중 천연에 풍부하게 존재하는 것으로 포화지방산인 것은?
① 올레산   ② 스테아르산
③ 리놀레산   ④ 리놀렌산

[해설] 스테아르산은 18:0, 올레산은 18:1, 리놀레산은 18:2, 리놀렌산은 18:3 구조이다.

09 다음 중 포스포글리세리드에 관한 내용 중 옳지 않은 것은?
① 트리아실글리세롤의 지방산 1개가 인산으로 치환된다.
② 비대칭탄소를 갖는다.
③ C-1에 붙어있는 지방산은 불포화형이다.
④ 물 표면에서 극성 부분은 친수성이기 때문에 물 쪽으로 향하여 간분자막을 형성한다.

[해설] 천연에 존재하는 포스포글리세리드의 C-1에는 포화지방산, C-2는 불포화지방산이 결합되어 있다.

10 다음 중 생체막의 주요 구성성분이며, 스테로이드 호르몬 합성의 재료이며, 혈중함량이 너무 높으면 동맥경화성 질환이 발생할 수 있는 화합물은?
① 글리세롤인지질   ② 콜레스테롤
③ 당지질   ④ 스핑고지질

[정답] 06 ④ 07 ① 08 ② 09 ③ 10 ②

11 다음 중 체내에 에너지를 저장하기에 가장 적절한 물질은?

① 탄수화물 ② 단백질
③ 트리아실글리세롤 ④ 말산

12 지방산의 합성과 분해를 일으키는 반응의 출발물질이 되는 것은?

① 당질 ② 단백질
③ 피루브산 ④ 아세틸 CoA

[해설] 해당과정에서 생성된 피루브산으로부터 지방산의 합성과 분해를 일으키는 반응의 출발물질이다.

13 다음 중 kinase 효소로 인산화되어 L-glycerol-3-phosphate가 되는 것은?

① 지방산 ② 글리세롤
③ 아실 카르니틴 ④ 글루카곤

[해설] 지질의 가수분해로 생성되는 글리세롤은 kinase 효소로 인산화되어 L-glycerol-3-phosphate가 되고, 이것은 다시 산화되어 디히드록시아세톤인산(DHAP)으로 되어 해당과정으로 들어간다.

14 다음 중 지방산합성의 개시단계와 관계가 있는 것은?

① 말로닐 CoA 형성
② 팔미트산 형성
③ 케톤체 생성
④ 운반단백질 결합

[해설] 지방산합성은 아세틸 CoA를 말로닐 CoA로 카르복시화 하는 반응으로 시작한다.

정답 11 ③ 12 ④ 13 ② 14 ①

15 다음 지방산 중에서 이중결합이 한 개인 것은?

① lauric acid ② oleic acid
③ linoleic acid ④ palmitic acid

[해설]

일반명칭	화학구조	간략표기
포화지방산		
palmitic acid	$CH_3(CH_2)_{14}COOH$	16 : 0
stearic acid	$CH_3(CH_2)_{16}COOH$	18 : 0
불포화지방산		
oleic acid	$CH_3(CH_2)_7C=C(CH_2)_7COOH$	$18 : 1^{\Delta 9}$
linoleic acid	$CH_3(CH_2)_4C=CCC=C(CH_2)_7COOH$	$18 : 2^{\Delta 9,12}$
α-linolenic acid	$CH_3(CH_2)C=CCC=CCC=C(CH_2)_7COOH$	$18 : 3^{\Delta 9,12,15}$
γ-linolenic acid	$CH_3(CH_2)_4C=CCC=CCC=C(CH_2)_4COOH$	$18 : 3^{\Delta 6,9,12}$

16 지방산에 대한 설명으로 옳지 않은 것은?

① 불포화지방산은 포화지방산보다 융점이 낮다.
② 포화지방산은 탄화수소사슬의 탄소-탄소결합이 모두 단일결합이다.
③ 불포화지방산은 주로 종실에 저장되는 중성지질에 축적된다.
④ 포화지방산 함량이 높은 식물성 기름은 상온에서 액체이다.

[해설]

포화지방산	탄화수소사슬의 탄소-탄소결합이 모두 단일결합
불포화지방산	• 탄소-탄소결합에 이중결합이 있으며, 입체화학적으로 트랜스(trans)형 보다는 시스(cis)형 구조를 갖는다. • 불포화지방산은 포화지방산보다 융점이 낮아 불포화지방산 함량이 높은 식물성 기름은 상온에서 액체이다. • 불포화지방산은 주로 종실에 저장되는 중성지질에 축적된다.

17 지방산의 분해과정에서 첫 번째 반응은 무엇인가?

① 전자전달계 ② 아세틸-CoA로 전환
③ 가수반응 ④ 베타-산화

[해설] 지방산은 초기의 활성화반응을 거쳐 β-탄소가 연속적으로 산화되는 β-산화에 의해 분해된다.

정답 15 ② 16 ④ 17 ④

Chapter 06

단원 키워드
1. 1차대사와 2차대사의 주요 특성
2. 1차대사물질과 2차대사물질의 생성관계
3. 테르페노이드의 종류와 역할
4. 테르페노이드의 생합성 과정
5. 진정알칼로이드의 기본구조와 대표적 화합물
6. 아이소퀴놀린 알칼로이드의 생합성
7. 페놀화합물의 기본골격과 대표적 성분
8. 페닐프로파노이드의 생합성 과정
9. 플라보노이드의 종류와 구조

2차대사물질

제1절 2차대사물질의 개념

(1) 대사물질

① 중간대사(intermediary metabolism)
세포 물질대사 중 가장 중추적 대사는 해당과정과 시트르산회로이다. 이 과정에서 동화반응(同化反應)과 이화반응(異化反應)이 연결되기 때문이다.

② 1차대사물질(primary metabolite)
중간대사 경로에 관여하는 물질을 이용하여 유기산·당·아미노산·단백질·지방·핵산 등 모든 세포에 존재하며, 세포의 기본 분자기구를 구성하고, 식물 생장과 발달에 역할을 하는 물질이다.

③ 2차대사물질(secondary metabolite, 천연물)
㉠ 특정 식물의 종, 조직, 세포 등에 한정적으로 존재하는 물질로서, 식물이 받는 다양한 스트레스에 반응하여 적응하는 과정에서 중요한 역할을 수행한다.
㉡ 식물 생장과 발달에 직접 관여하지 않으며, <u>2차대사물질도 중간대사 경로의 대사물질을 이용하여 만들어진다.</u>
㉢ 2차대사물질은 염료·중합체·섬유·접착제·정유·왁스·향신료·향료·의약품 개발과정에서 다양하게 연구되었다.

(2) 2차대사의 기능

① 1차대사 · 2차대사의 주요 특성 비교

1차대사	2차대사
• 개체의 성장과 발달을 담당함 • 필수적, 보편적, 획일적, 보존적 특성을 지님 • 대사과정에 관여하는 유전자는 필수기능을 엄격하게 조절함	• 개체의 환경과의 상호작용을 담당함 • 개체의 생장과 발달에는 비필수적이나 환경에서의 생존에 필수적임 • 특이적이고 다양하며 적응하는 특성을 지님 • 대사과정에 관여하는 유전자는 가변적인 환경의 선발압력을 받는 기능을 유연하게 조절함

② 2차대사물질 중 1차적 기능 또는 1차+2차적 기능을 동시에 갖는 물질

1차적 기능을 획득한 2차대사물질 (필수 기능 수행)	• sesquiterpenoid : 앱시스산(식물호르몬) • diterpenoid : 지베렐린(식물호르몬) • triterpenoid : 브라시노스테로이드(식물호르몬) • tetraterpenoid : 카로티노이드, 잔토필(광보호 역할) • flavonoid : 플라보노이드 중 일부(발달조절자) • benzoate : 살리실산(스트레스 신호)
1차적 · 2차적 기능을 동시에 갖는 2차대사물질	• lignin : 세포벽 강화 및 화학적 방어 • canavanine : 화학적 방어 및 종실 질소 저장

제2절 2차대사물질의 종류

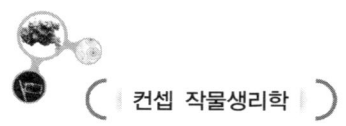

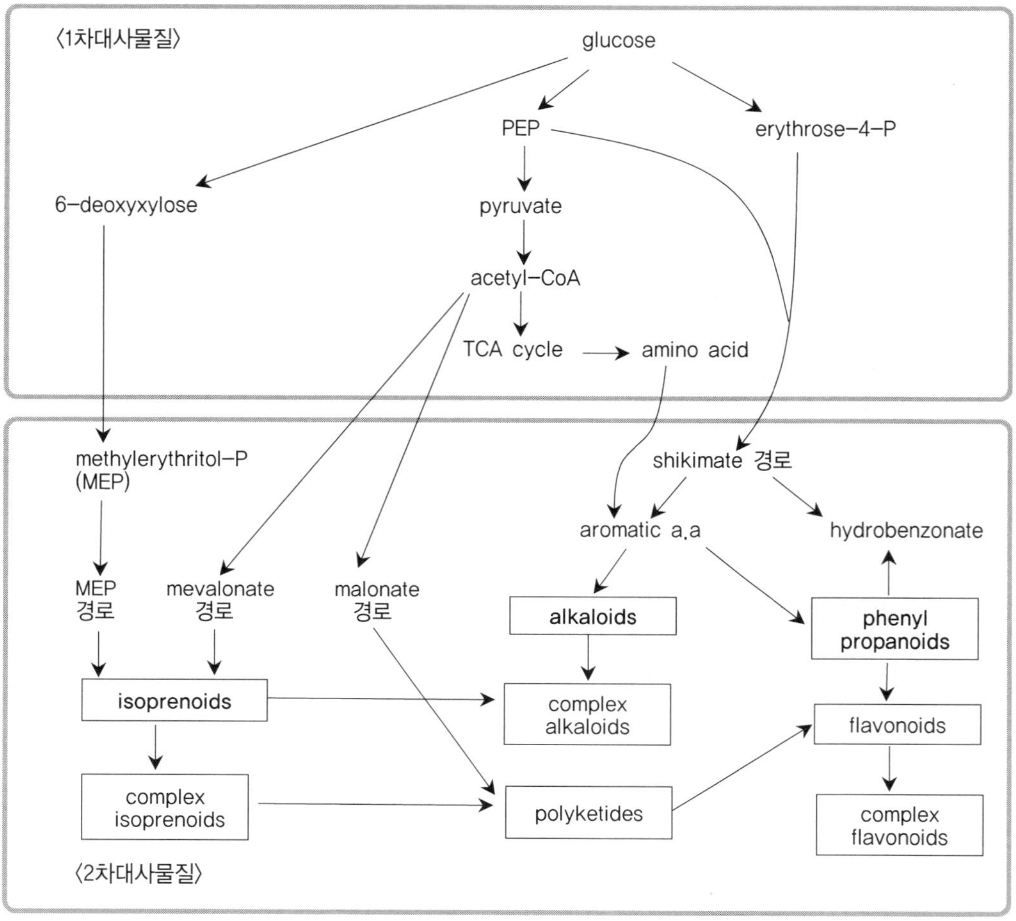

1 테르페노이드(terpenoid, terpene 또는 isoprenoid)

(1) 테르페노이드 분류

① 특징

㉠ 2차대사물질 중 구조적·기능적으로 가장 다양한 물질군이며, 대부분 식물에서 생성된다.

㉡ 테르페노이드는 C_5, C_{10}, C_{15}, C_{20}, C_{25}, C_{30}, C_{40} 등의 5탄소 단위체 구조로 되어 있다. 테르페노이드 중에는 호르몬(지베렐린과 앱시스산), 카로티노이드 색소(카로틴과 잔토필), 스테롤과 스테롤 유도체, 라텍스와 향유 성분 등이 있다.

② 분류 : 대부분 천연 테르페노이드는 일반 화학식 $(C_5H_8)n$에 들어맞는다.
  ㉠ 탄소원자 수와 n가에 따른 분류

탄소원자수	n가	분류	탄소원자수	n가	분류
10	2	monoterpenoid($C_{10}H_{16}$)	30	6	triterpenoid ($C_{30}H_{48}$)
15	3	sesquiterpenoid($C_{15}H_{24}$)	40	8	tetraterpenoid($C_{40}H_{64}$)
20	4	diterpenoid($C_{20}H_{32}$)	40<	8<	polyterpenoid $[(C_5H_8)n]$
25	5	sesterpenoid($C_{25}H_{40}$)			

  ㉡ 화합물의 구조적 특징에 따른 분류
    • 비고리형 테르페노이드(acyclic terpenoids) 예 carotenoid
    • 단일고리 테르페노이드(monocyclic terpenoids)
    • 2중고리 테르페노이드(bicyclic terpenoids)
    • 3중고리 테르페노이드(tricyclic terpenoids)
    • 4중고리 테르페노이드(tetracyclic terpenoids) 예 steroid

참고 화학명명법에 사용하는 그리스어 접두사

number	prefix	number	prefix
1	mono-	6	hexa-
2	di-	7	hepta-
3	tri-	8	octa-
4	tetra-	9	nona-
5	penta-	10	deca-

(2) 테르펜 생합성

① 아이소펜탄
  ㉠ 모든 테르페노이드의 생합성 소재는 아이소펜탄(isopentane)의 활성화 유도체인 isopentenyl diphosphate(IPP)이므로 아이소펜탄 골격에서 유래된 분지형 5탄소(C_5) 단위체의 반복적인 융합에 의해 형성된다.

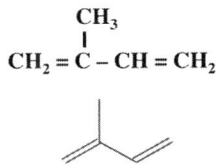

Isoprene

  ㉡ 해당과정을 거쳐 생성된 acetyl-CoA가 메발론산(mevalonic acid, mevalonate)경로를 거쳐 합성된 메발론산에서 아이소펜탄 골격이 유래된다.
② 합성과정 : acetyl-CoA → 메발론산 → isopentane(IPP)

> **보충** | terpene 생합성 세부경로

1. acetyl-CoA가 메발론산(mevalonic acid, mevalonate)경로를 거쳐 아이소펜탄 골격이 생성된다.
2. isopentenyl diphosphate(IPP, C_5)는 세포질의 메발론산경로와 색소체의 methylerythritol phosphate(MEP) 경로에 의해 생성된다.
3. IPP는 isomerase에 의해 dimethylallyl diphosphate(DMAPP, C_5)로 전환된다. DMAPP는 헤미테르페노이드의 전구체로 이용된다.
4. C_{10} : IPP와 DMAPP는 색소체의 prenyl transferase에 의한 축합반응으로 모노테르페노이드(C_{10})의 전구체인 geranyl diphosphate(GPP, C_{10})를 형성한다.
5. C_{15} : GPP와 IPP의 축합반응에 의해서 모든 세스퀴테르텐의 공통 전구체인 farnesyl diphosphate(FPP, C_{15})를 생성한다.
6. C_{20} : FPP는 IPP의 프레닐 공여체로 작용하여 모든 다이테르페노이드의 공통 전구체인 geranylgeranyl diphosphate(GGPP, C_{20})를 형성한다.
7. C_{30} : 파네실 두 분자의 머리 부분(head-to-head) 간의 축합반응은 모든 트라이테르페노이드의 공통 전구체인 스쿠알렌(squalene, C_{30})을 형성한다.
8. C_{40} : GGPP 두 분자의 유사한 축합반응은 모든 테트라테르페노이드의 전구체인 피토엔(phytoene, C_{40})을 만든다. 모든 전구체는 trans형 아이소프레노이드를 만드는데, 피토엔은 예외적으로 15-cis형을 만든다.

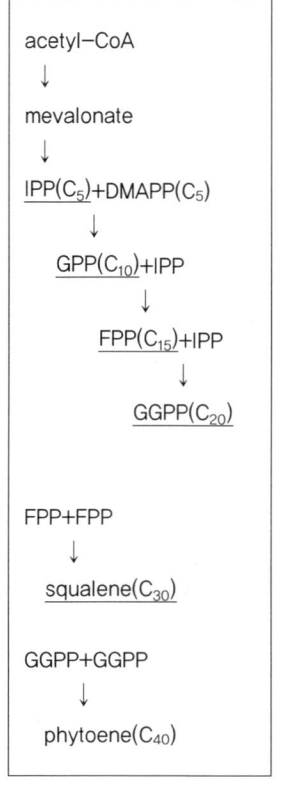

(3) 테르페노이드 종류

① 모노테르페노이드(monoterpenoid, C_{10})

  ㉠ 멘톨(menthol)은 박하속 식물의 가장 대표적인 모노테르페노이드 정유성분이며, 의약품·화학재료·식품·향료 등으로 다양하게 쓰인다.

  ㉡ 많은 종류의 모노테르펜은 동물과 세포 모델에서 항종양 및 항산화 작용을 나타내며, 가장 활성이 높은 성분으로 γ-테르펜과 hydroxytyrosol이 있다.

② 세스퀴테르페노이드(sesquiterpenoid, C_{15})

  ㉠ 테르페노이드에서 종류가 가장 다양하며, 식물의 페로몬(pheromone)과 유화(幼化)호르몬(juvenile hormone)으로 작용한다. 세스퀴테르펜인 artemisinin은 한방에서 2,000년 이상 이용되어 온 약쑥에 존재하는 성분으로 가장 효과적인 말라리아 구충제이다.

  ㉡ 모노테르페노이드와 세스퀴테르페노이드는 정유(精油)의 주요 성분이며, 식물과 식물, 식물과 곤충 사이의 타감작용(allelopathy)과 상처 치유 등에 관여한다.

③ 다이테르페노이드(C_{20})
  ㉠ 침엽수에서 분비되는 수지(樹脂)에는 다양한 다이테르페노이드가 함유되어 있다.
  ㉡ 생리적 활성을 갖는 대표적 다이테르펜은 비타민 A 활성을 갖는 레티놀(retinol)과 식물의 생장과 종자의 발아를 조절하는 지베렐린(gibberellin)이 있다.
  ㉢ 피톨(phytol, 엽록소 꼬리)은 다이테르펜 중에서 예외적으로 열린 구조이며, 엽록소의 구성성분이다.
④ 트라이테르페노이드(C_{30})
  ㉠ 스테로이드(steroid)와 스테로이드에 알코올기가 결합된 스테롤(sterol)을 포함하는 다양한 성분의 물질군이다. 스테로이드는 스쾰렌이 고리화, 불포화 유도체화 반응을 거쳐 형성되는 변형된 트라이테르페노이드이다.
  ㉡ 식물에 가장 풍부하게 존재하는 스테롤은 스티그마스테롤(stigmasterol)과 시토스테롤(sitosterol)이다.
  ㉢ 스테롤은 식물 세포막의 구성성분으로 막의 점성과 안정성을 높이는 역할을 한다. 특히, 콩과 유채에 많이 함유되어 있는 스티그마스테롤은 식물체에서 다양한 조절작용을 하며, 인체 내에서는 염증을 감소시키는 기능이 있어 다양한 의약품의 소재로 이용된다.
⑤ 테트라테르페노이드(C_{40})
  ㉠ 카로티노이드는 이중결합이 있는 테트라테르페노이드 구조를 포함하고 있으며 밝은 색을 띤다.
  ㉡ 식물에서 카로티노이드는 흡광보조색소이며, 광합성 기관의 광산화를 방지하고 곤충을 유인하는 역할을 한다.
⑥ 폴리테르페노이드 : 고무에서 발견된다.

📝 정리 │ 테르페노이드 종류

- 모노테르페노이드(monoterpenoid, C_{10}) : 멘톨(의약품·화학재료·식품·향료 등으로 사용)
- 세스퀴테르페노이드(sesquiterpenoid, C_{15}) : 식물의 페로몬, 유화(幼化)호르몬, 말라리아 구충제(artemisinin)
- 다이테르페노이드(C_{20}) : 침엽수 수지(樹脂), 레티놀(retinol), 지베렐린, 피톨
- 트라이테르페노이드(C_{30}) : 스테롤(sterol)
- 테트라테르페노이드(C_{40}) : 카로티노이드
- 폴리테르페노이드 : 고무

2 페닐프로파노이드

(1) 의미

① 페닐프로파노이드 : 식물에서 페닐알라닌으로부터 합성되는 다양한 종류의 유기화합물

② 유래 : 페닐프로파노이드 생합성의 첫 번째 단계에서 페닐알라닌으로부터 합성되는 신남산(cinnamic acid)의 6탄소(C_6) 방향성 페닐(벤젠핵)과 3탄소(C_3) 프로펜 꼬리로부터 유래한다. 페닐프로파노이드는 다양한 페놀화합물의 전구체로 이용되므로 식물체 내에 많은 양이 축적되지 않는다.

③ 종류 : C_6-C_3를 기본단위로 삼음
  ㉠ C_6-C_3가 산, 알데하이드, 알코올, 올레핀의 형태로 변형된 화합물
  ㉡ C_6-C_3의 락톤 화합물(쿠마린)
  ㉢ C_6-C_3 2분자가 축합된 형태의 화합물(리그난·네오리그난)
  ㉣ C_6-C_3 3분자 또는 4분자가 축합된 형태의 화합물(세스퀴리그난·다이리그난)
  ㉤ 다분자의 C_6-C_3가 축합된 형태의 고분자 화합물(리그닌)

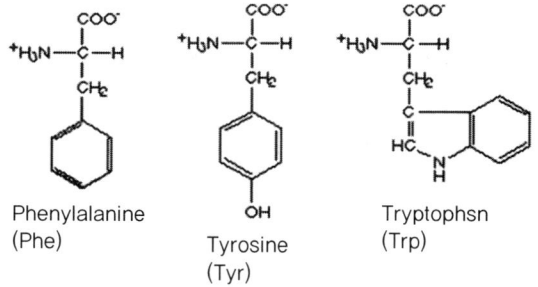

Phenylalanine (Phe)   Tyrosine (Tyr)   Tryptophsn (Trp)

(2) 페닐프로파노이드 생합성

① 스틸벤(stilbene) 합성($C_6C_3C_6$)
  ㉠ 시나모일-CoA와 4-쿠마로일-CoA의 축합반응(고리화반응)으로 형성됨
  ㉡ 스틸벤은 선태식물·양치식물·겉씨식물 및 속씨식물에 존재하며, 300여 종의 스틸베노이드가 밝혀짐
  ㉢ 적포도와 포도주에 들어 있는 레스베라트롤(resveratrol)은 강력한 항암작용을 나타냄

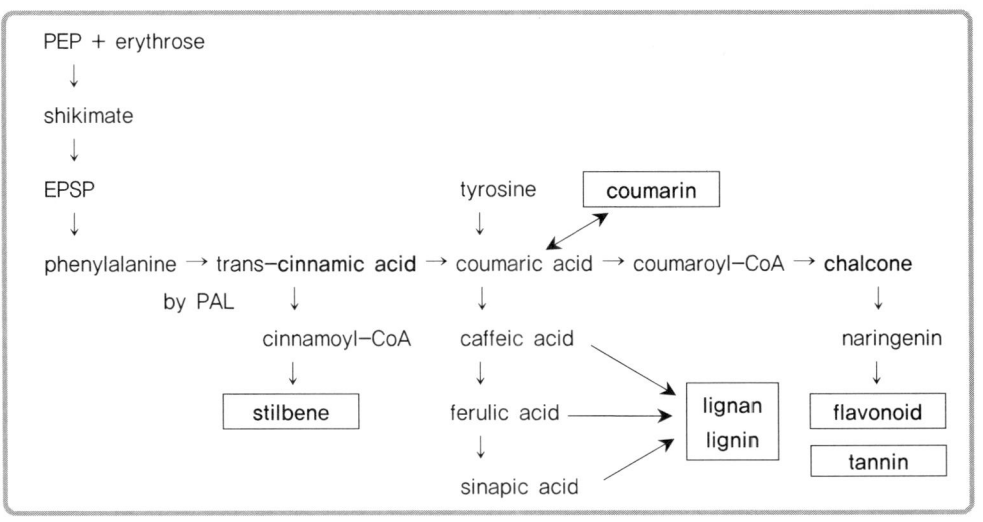

그림 페놀화합물 대사

② 카페산, 페룰산, 시납산 합성
  ㉠ 페닐알라닌(phenylalanine)은 phenylalanine ammonia-lyase(PAL)에 의하여 탈아미노화되어 신남산이 된다.
  ㉡ 타이로신은 PAL에 의해서 쿠마르산(coumaric acid)으로 전환한다.
  ㉢ 신남산은 효소에 의해 연속적으로 수산화와 메틸화 반응을 거쳐 쿠마르산, 카페산(caffeic acid), 페룰산(ferulic acid), 시납산(sinapic acid)으로 전환된다.
  ㉣ 이들 산이 에스터화하여 꽃가루 매개자를 유인하는 향기의 휘발성 성분이 된다.

신남산   쿠마르산

③ 리그닌과 수베린 합성

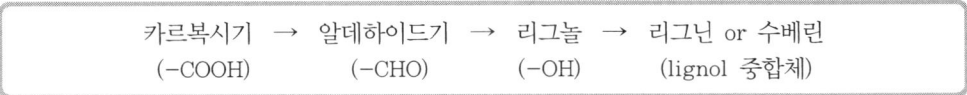

  ㉠ 신남산에서 전환된 쿠마르산, 카페산과 시납산은 카복실기가 환원되어 각각의 알데하이드로 전환된다.
  ㉡ 알데하이드는 추가적인 환원반응으로 쿠마르알코올·코니페르알코올·시납알코올 등의 모노리그놀로 전환된다.

ⓒ 모노리그놀 단량체가 중합하여 다양한 형태의 리그닌과 수베린이 되어 세포벽을 구성하는 성분이 된다.
④ 챌콘(chalcone) 합성
　㉠ 신남산의 4번 위치의 수산화로 p-쿠마르산이 생성된다.
　㉡ 쿠마르산의 황에스테인 4-쿠마로일-CoA는 3분자의 말로닐-CoA와 반응하여 챌콘(chalcone)을 생성한다. 챌콘은 모든 플라보노이드의 전구체로 이용된다.

(3) 단순 페놀화합물
곤충과 균류의 공격방어와 타감작용을 함
① 쿠마린(coumarin)(C_6C_3)
　㉠ 식물에 널리 분포하는 benzopyranone 대사물질군에 속하고, 식물의 종피·과실·꽃·뿌리·잎·줄기 등에 분포하나 과실과 꽃에 많이 함유되어 있음
　㉡ 푸라노쿠마린은 광독성(photoxicity)이 있어서, 자외선을 흡수하면 DNA의 피리미딘 염기와 결합하여 전사와 회복을 방해하여 세포를 죽임
　ⓒ 이들 성분은 항균, 섭식저해, 발아억제 및 자외선 차단 등의 활성을 나타내어 식물의 방어반응에 관여한다.
　ⓔ 동물이 쿠마린 함량이 높은 식물을 섭취하면 대량의 내장출혈이 발생할 수 있다. 이를 이용하여 쥐약 warfarin이 개발되었다.
　＊ 발아억제물질 : ABA, 시안화수소(HCN), 암모니아(NH_3), 쿠마린(coumarin), 페놀화합물(phenolic compounds) 등
② 페닐프로판(phenylpropane) : 카페인산과 페룰산은 인접한 식물의 발아와 생장을 저해하는 타감물질로 작용하여 자신에게 광·수분·양분 등의 이용을 유리하게 함
③ 벤조산 유도체(benzoic acid derivatives) : 아세틸살리실산(살리실산의 초산 에스테르)은 아스피린으로 알려진 해열진통제로 작용

(4) 리그난·리그닌
① 리그난(lignan)·네오리그난(neolignan)(C_6C_3)$_2$
페닐프로파노이드(C_6-C_3) 2분자가 산화 축합하여 생성된 화합물이며, 기본적으로 C_{18}의 탄소골격을 갖는다.
　㉠ 리그난 : 모노리그놀 단량체 2분자가 산화축합반응에 의하여 C_8과 C_8간에 C-C결합이 형성되어 분자 중에 C_8-C_8 결합이 있는 중합체
　㉡ 네오리그난 : C_8-C_8 이외의 형태의 결합을 갖는 리그난. 리그난 합성에 가장 선호되는 모노리그놀은 코니페르알코올이다.

② 리그닌(lignin)($C_6C_3)_n$
  ㉠ 리그닌 : 리그놀 단량체가 산화중합반응을 통해 단계적으로 중합도가 증가하여 형성된 중합체
  ㉡ 리그닌이 축적되어 수목의 2차물관조직이 형성되고 초본식물의 유관속조직이 강화된다. 섬유소(cellulose) 다음으로 가장 풍부한 천연 유기화합물로 유관속(관다발)식물 조직의 20~30%를 차지한다.

③ 수베린
  ㉠ 수베린 지방족 물질은 일반적으로 C_{16} 또는 C_{18}의 지질성분이다. 코르크 조직은 다지방족층과 다방향족층이 교호적으로 축적된 다층상 구조를 갖는다.
  ㉡ 뿌리나 괴경과 같은 지하부 조직과 주피층에 있는 코르크층은 세포벽을 강화하고 수분의 소실을 막는 역할을 한다.

(5) 플라보노이드(flavonoid)($C_6C_3C_6$)
  ① 구조
    ㉠ 플라보노이드는 페놀성 천연물로서 색소성분이 가장 많다. 플라보노이드는 대부분 phenylchromane 기본골격($C_6C_3C_6$)을 갖고 있으며, A·B·C 3개의 고리 중 C고리의 차이를 기준으로 flavone, flavonol, dihydroflavonol, anthocyanidin으로 분류된다.
    ㉡ 변형된 골격구조에는 C가 열린고리 구조인 챌콘, B고리의 결합위치가 다른 isoflavone이 있다. 플라보노이드의 A와 B 고리에는 페놀성 수산기가 있으며, 수산기에 당이 결합된 배당체가 많이 존재한다. 플라보노이드는 단량체·이량체·다량체로 존재하며, 흔히 액포에 들어 있다.

  ② 생합성
    ㉠ 플라보노이드 생합성의 첫 과정은 4-쿠마로일-CoA 1분자와 말로닐-CoA 3분자가 chalcone synthase(CHS)에 의해 축합되어 tetrahydroxychalcone(또는 isoliquiritigenin)이 형성된다.
    ㉡ tetrahydroxychalcone과 isoliquiritigenin은 chalcone isomerase(CHI)에 의해 입체특이적 전환이 진행되어 플라보논(flavonone 종류의 naringenin과 liquiritigenin)이 형성된다.
    ㉢ 플라보논은 isoflavone synthase(IFS)에 의해 아이소플라본(genistein과 daidzein)으로 전환된다.
    ㉣ 나린제닌에 수산기가 추가로 첨가되어 다이하이드로플라보놀(dihydrokaempferol)이 된다.

ⓜ 다이하이드로플라보놀은 산화환원반응에 의해 플라보놀로 전환되거나, 환원반응과 탈수반응에 의해 안토시아닌(anthocyanin)으로 전환된다. 안토시아닌으로 적황색 pelargonidin, 진홍색 cyanidin, 청색·보라색 delpinidin이 있다.

③ 플라보노이드 종류
　㉠ 플라본·플라보놀

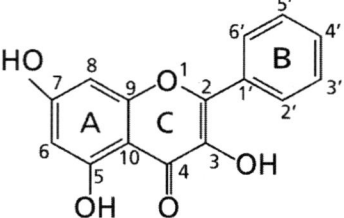

　　　ⓐ 꽃에 있으며 자외선 영역의 단파장 빛(사람은 볼 수 없고, 벌과 나비는 볼 수 있음)을 흡수함
　　　ⓑ 잎에도 있는데 자외선은 흡수하고 가시광선은 통과시켜 자외선으로부터 식물을 보호함
　㉡ 이소플라본
　　　ⓐ B고리의 위치가 이동된 구조
　　　ⓑ phytoalexin으로 작용함 : 박테리아나 균류의 침입과 초식동물로부터 자신을 보호하고, 각종 스트레스 조건에서 피토알렉신이 증가하여 방어하는 기작임
　㉢ 안토시아닌
　　　ⓐ 3번 탄소에 당이 결합된 배당체. 당이 없으면 안토시아니딘
　　　ⓑ 꽃과 과실의 다양한 색깔을 결정하는 물질로서, B고리의 수산기(-OH), 메톡실기($-OCH_3$)의 수에 의해 결정되며, Fe 등의 금속이온, 보조색소, 액포의 pH 등에 의해서도 색깔이 결정됨

참고 | 플라보노이드 경로에 대한 대사공학적 조절

㉠ 꽃의 색깔, 병해저항성의 개량, 건강에 유용한 기능성 성분을 증가시킬 수 있다.
㉡ 청색 장미 : 적색 색소를 만드는 dihydroflavonol reductase(DFR) 유전자의 발현 중단, 청색 색소 델피니딘을 만드는 팬지의 델피니딘 유전자 전이, 청색 색소를 잘 만드는 붓꽃의 DFR 유전자의 전이의 3단계 과정을 거쳐 개발되었다.
㉢ 벼에서 제니스테인 합성 : 콩에 존재하는 제니스테인(genistein)은 식물성 에스트로젠의 일종인데, 제니스테인을 생합성하지 않는 벼에 콩의 IFS-유전자를 전이시켜 발현시킴으로써 벼에서 제니스테인을 생성하였다.

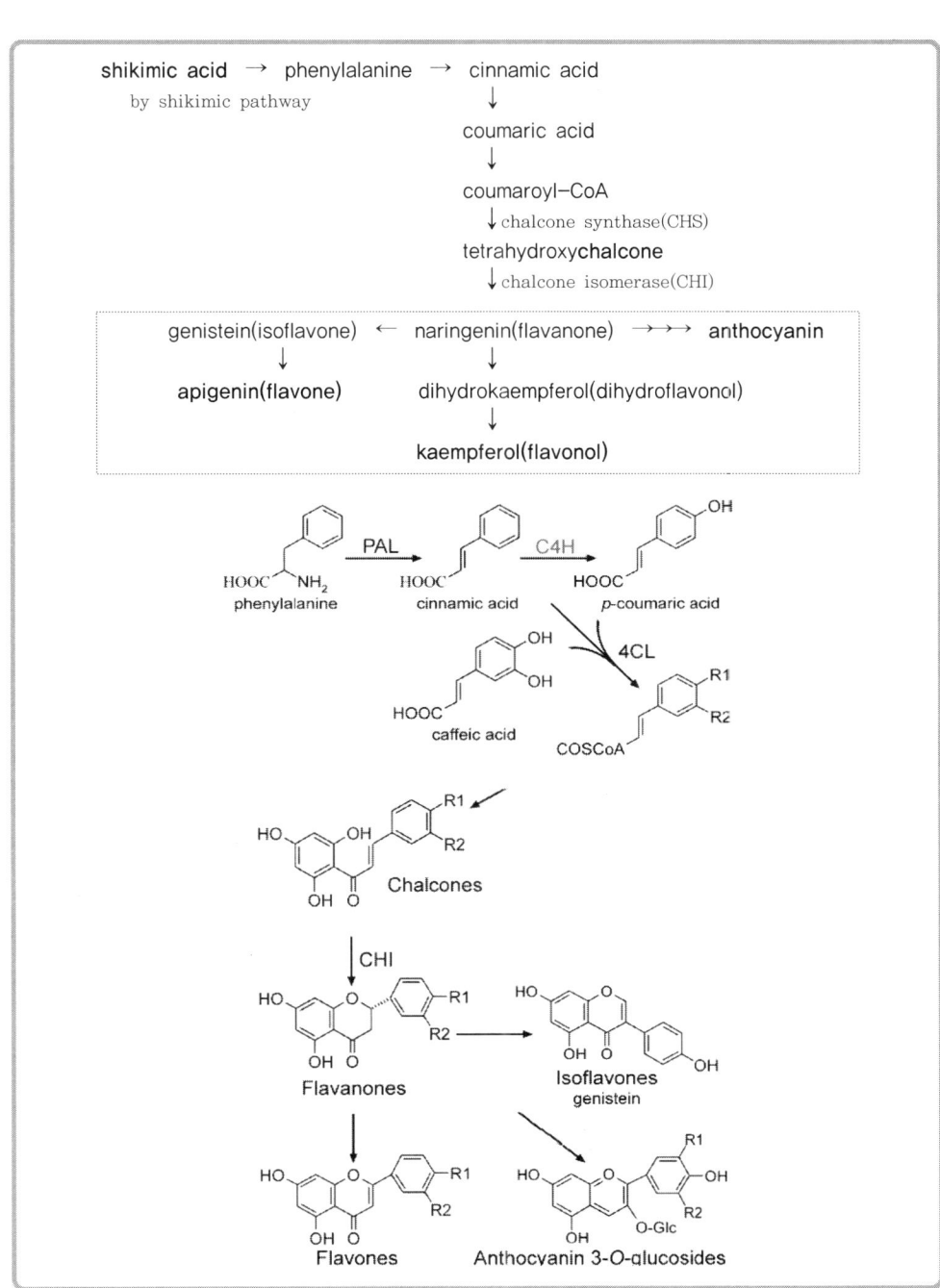

■ 플라보노이드 합성 경로

(6) 탄닌($C_6C_3C_6)_n$

① 탄닌(tannin) : 플라보노이드를 단량체로 하는 페놀화합물
② 기능
  ㉠ 식물의 탄닌은 세균의 침입을 막아 준다.
  ㉡ 식물 뿌리는 갈로탄닌(gallotannin, gallic acid가 당과 결합한 중합체)을 토양으로 분비하여 타감작용을 일으킨다.
  ㉢ 초식동물에게 탄닌은 독성을 나타내는데, 침 속의 단백질과 결합하여 떫은맛을 내 포유동물로 하여금 섭취를 피하게 한다.
  ㉣ 동물의 가죽에 탄닌을 처리(tanning)하면 콜라겐과 결합하여 열, 수분, 세균 등에 대한 내성이 증가한다.

3 알칼로이드(alkaloid)

① 의미
  ㉠ 알칼로이드는 질소(N)를 함유하는 2차대사물질.
    양전하를 띠고, 염기성이며, 일반적으로 수용성이다.
  ㉡ 식물·미생물·동물에 존재하며, 주로 초본성쌍자엽식물에서 많이 발견되며, 양귀비에는 20종 이상의 알칼로이드가 있다.
  ㉢ 식물 유래 약리학적 활성이 있는 염기를 의미하였으나, 현재는 대부분 질소함유 천연물을 포함시킨다(단순 아미노산, 단백질 및 아미노글리코사이드 항생제 등과 같은 질소함유 폴리케타이드 유래의 물질을 제외함).
  ㉣ 약품으로 이용되는 대표적인 식물 유래 알칼로이드 : 진통제 morphine과 codeine, 항종양제 vinblastine, 통풍억제제 colchicine, 근육이완제인 (+)-tubocurarine과 papaverine, 항부정맥제 ajmaline, 진정제 scopolamine 등
  ㉤ 기타 식물 유래 알칼로이드 : caffeine, nicotine, cocaine 등
  ㉥ 합성 알칼로이드 : heroin(O-diacetylmorphine)

morphine

caffeine

② 종류
  ㉠ 골격구조와 생물발생학적 기원에 따라 분류한다. 진정알칼로이드(true alkaloid), 원시알칼로이드(protoalkaloid), 폴리아민 알칼로이드, 펩타이드 및 사이클로펩타이드 알칼로이드, 유사알칼로이드(pseudoalkaloid) 등이 있다.
  ㉡ 진정알칼로이드
    ⓐ 고리에 N를 가지며, 아미노산에서 유래된 알칼로이드이다.
    ⓑ 종류 : isoquinoline계, tropane계, pyridine계, pyrrolidine계, pyrrolizidine계, piperidine계, quinolizidine계, indolizidine계, oxazole계, isoxazole계, thiazole계, quinazoline계, acridine계, quinoline계, indole계, imidazole계, purine계 등
③ 아이소퀴놀린(isoquinoline) 알칼로이드 생합성
  2분자의 타이로신(tyrosine)으로부터 유래되는 노르코클라우린(S-norcoclaurine)을 전구체로 하여 아이소퀴놀린 알칼로이드들이 생합성됨
  ㉠ 노르코클라우린(norcoclaurine)
    ⓐ 타이로신이 탈탄산반응, 수산화반응, 탈아민반응을 거쳐 전환된 dopamine과 4-hydroxyphenylacetaldehyde(4-HPAA)의 축합에 의하여 노르코클라우린이 생성됨. norcoclaurine synthase는 dopamine과 4-HPAA의 축합을 촉매함
    ⓑ 노르코클라우린은 메틸기 전이반응, 산화반응, 메틸기 전이반응을 거쳐 reticuline으로 전환됨
  ㉡ 레티큘린(reticuline)
    ⓐ 상귀나린(벤조펜안트리딘 알칼로이드), 베르베린(프로토베르베린 알칼로이드), 모르핀 생합성의 분기점 중간대사물질로 작용함
    ⓑ 레티큘린 경로의 중간대사물질은 비스벤질아이소퀴놀린의 전구체로 이용됨
  ㉢ 상귀나린(sanguinarine)
    ⓐ 벤조펜안트리딘 알칼로이드와 프로토베르베린 알칼로이드 생합성의 첫단계는 베르베린교량효소에 의해 레티큘린이 스코울레린(scoulerine)으로 전환되는 반응임. 스코울레린은 스틸로핀(stylopine) → dihydrosanguinarine → sanguinarine으로 전환
    ⓑ 상귀나린은 디하이드로상귀나린이 산화되어 생성됨
      혈근초(양귀비과) 뿌리 분비물 중 상귀나린이 축적되어 붉은색을 나타냄
  ㉣ 베르베린(berberine)
    스코울레린의 메틸화에 의해 생성된 tetrahydrocolumbamine의 고리화반응과 산화반응에 의해 생성됨

ⓜ 모르핀(morphine)
  ⓐ 모르핀 알칼로이드 생합성의 첫단계는 S-레티큘린이 R-레티큘린으로 전환되는 에피머화 반응임
  ⓑ R-레티큘린 → 테바인(thebaine) → 코데이논(codeinone) → 코데인(codeine)으로 전환되고, 코데인이 탈메틸화되어 모르핀이 생성됨
  ⓒ 모르핀은 체관부에서 생합성되는데, 관여하는 일부 효소는 체요소에, 해당효소의 유전자전사체는 반세포에 특이적으로 존재함

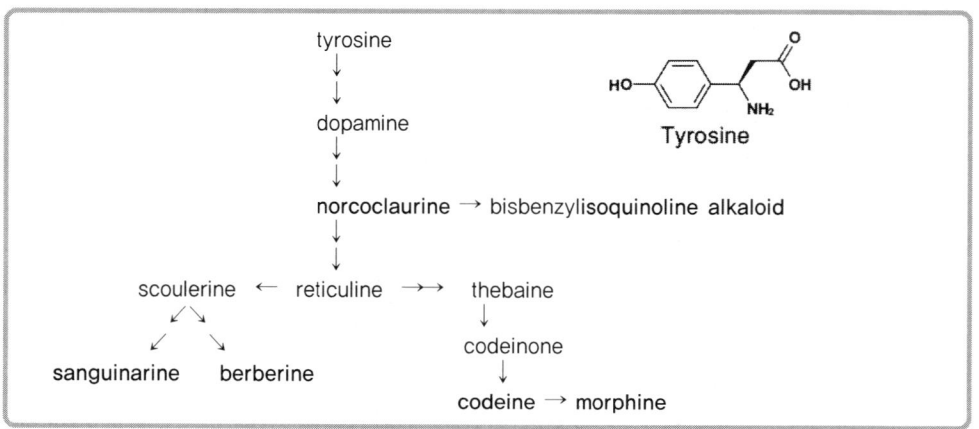

▶ 아이소퀴놀린 합성 경로

정리 | 2차대사물질

- 테르페노이드 : 멘톨, 피톨, 지베렐린, 레티놀, 스테롤, 카로티노이드 등
- 페닐테르페노이드 : 스틸벤, 쿠마린, 카페산, 페룰산, 시납산, 리그난, 리그닌, 챌콘, 플라보노이드, 탄닌 등
- 알칼로이드 : caffeine, nicotine, cocaine, codeine, morphine, berberine, sanguinarine, vinblastine, colchicine 등

기출 및 출제예상문제

01 테르페노이드에 대한 설명으로 옳지 않은 것은? ● 22. 경기 농촌지도사

① 테르페노이드는 5탄소 단위체 구조로 이루어져 있다.
② ABA는 세스퀴테르페노이드이다.
③ GA는 다이테르페노이드이다.
④ 멘톨(menthol)은 트리테르페노이드이다.

[해설]
- sesquiterpenoid : 앱시스산(식물호르몬)
- diterpenoid : 지베렐린(식물호르몬)
- triterpenoid : 브라시노스테로이드(식물호르몬)
- tetraterpenoid : 카로티노이드, 잔토필(광보호 역할)
- flavonoid : 플라보노이드 중 일부(발달조절자)
- benzoate : 살리실산(스트레스 신호)

02 다음 중 2차 대사물질의 생합성에 대한 설명이 옳지 않은 것은? ● 21. 경북 농촌지도사

① 모든 테르페노이드는 시킴산(shikimic acid) 회로를 경유하여 생합성된다.
② 모르핀(morphine)은 레티큘린(reticuline) 경로를 이용해서 생합성된다.
③ 플라보노이드는 쿠마로일-CoA 1분자와 말로닐-CoA 3분자가 축합되어 tetrahydroxychalcone 이 형성되어 생합성된다.
④ 스틸벤(stilbene)은 시나모일-CoA와 쿠마로일-CoA의 축합반응(고리화반응)으로 형성된다.

[해설] 모든 테르페노이드의 생합성 소재는 아이소펜탄(isopentane)의 활성화 유도체인 isopentenyl diphosphate(IPP)이므로 아이소펜탄 골격에서 유래된 분지형 5탄소(C_5) 단위체의 반복적인 융합에 의해 형성된다.

$$CH_2 = \overset{\overset{\displaystyle CH_3}{|}}{C} - CH = CH_2$$

Isoprene

[정답] 01 ④ 02 ①

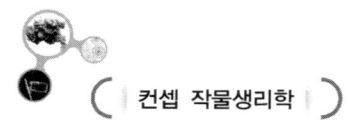
(컨셉 작물생리학)

03 식물체 내에 존재하는 2차대사물질의 주요 특성으로 가장 옳지 않은 것은?

● 20. 서울지도사

① 개체와 환경의 상호작용을 담당한다.
② 특이적이고 다양하며 적응하는 특성이 있다.
③ 개체의 성장과 발달을 담당한다.
④ 대사과정에 관여하는 유전자는 가변적인 환경의 선발압력을 받는 기능을 유연하게 조절한다.

[해설] 개체의 성장과 발달을 담당하는 것은 1차대사물질이다.
[1차대사·2차대사의 주요 특성 비교]

1차대사	2차대사
• 개체의 성장과 발달을 담당함 • 필수적, 보편적, 획일적, 보존적 특성을 지님 • 대사과정에 관여하는 유전자는 필수기능을 엄격하게 조절함	• 개체의 환경과의 상호작용을 담당함 • 개체의 생장과 발달에는 비필수적이나 환경에서의 생존에 필수적임 • 특이적이고 다양하며 적응하는 특성을 지님 • 대사과정에 관여하는 유전자는 가변적인 환경의 선발압력을 받는 기능을 유연하게 조절함

04 플라보노이드에 대한 설명으로 옳지 않은 것은?

● 18. 경기 농촌지도사(변형)

① 변형된 골격구조에는 C가 열린고리 구조인 챌콘이 있다.
② 페놀성 천연물로서 색소성분이 가장 많다.
③ 단량체·이량체·다량체로 존재하며, 흔히 엽록체에 들어 있다.
④ 페닐프로파노이드 계열의 2차대사물질이다.

[해설] 단량체·이량체·다량체로 존재하며, 흔히 액포에 들어 있다.

05 〈보기〉에서 설명하는 이 물질은?

● 18. 경기 농촌지도사(변형)

| 보기 |
식물에 널리 분포하는 benzopyranone 대사물질군에 속한다. 식물의 종피·과실·꽃·뿌리·잎·줄기 등에 분포하나 과실과 꽃에 많이 함유되어 있다. 이들 성분은 항균, 섭식저해, 발아억제 및 자외선 차단 등의 활성을 나타내어 식물의 방어반응에 관여한다.

① morphine
② tannin
③ stilbene
④ coumarin

[정답] 03 ③ 04 ③ 05 ④

06 다음 중 성질이 다른 물질은?

① lignin　　　　　　　　② chalcone
③ flavonoid　　　　　　 ④ isoquinoline

[해설] isoquinoline은 알칼로이드 성분이고, 나머지는 페닐프로파노이드 계열이다.

07 아미노산 phenylalanine을 cinnamic acid로 전환시키는 반응을 촉매하는 효소는 PAL이다. 이 효소의 활성과 가장 관계가 낮은 화합물은?

① tannin　　　　　　　② auxin
③ antocyanin　　　　　 ④ caffeic acid
⑤ cytokinine

08 다음 중 2차대사물질 페닐프로파노이드에 대한 설명으로 옳지 않은 것은?

① 쿠마린은 모든 플라보노이드의 전구체로 이용된다.
② 타이로신은 PAL에 의해서 쿠마르산으로 전환한다.
③ flavonoid는 페놀성 천연물로서 색소성분이 가장 많다.
④ lignan은 페닐프로파노이드 2분자가 산화축합하여 생성된 화합물이다.

[해설] 모든 플라보노이드의 전구체로 이용되는 것은 챌콘이다.

09 다음 설명 중 수베린을 바르게 기술한 것은?

① 수베린 지방족 물질은 일반적으로 C_{16} 또는 C_{18}의 지질성분이다.
② 리그놀 단량체가 산화중합반응을 통해 단계적으로 중합도가 증가하여 형성된 중합체이다.
③ 페놀성 천연물로서 색소성분이 가장 많다.
④ 시나모일-CoA와 4-쿠마로일-CoA의 고리화반응으로 형성된다.

[해설] 수베린 : 수베린 지방족 물질은 일반적으로 C_{16} 또는 C_{18}의 지질성분이다. 코르크 조직은 다지방족층과 다방향족층이 교호적으로 축적된 다층상 구조를 갖는다. 뿌리나 괴경과 같은 지하부 조직과 주피층에 있는 코르크층은 세포벽을 강화하고 수분의 소실을 막는 역할을 한다.
②는 리그닌, ③은 안토시아닌, ④는 스틸벤을 설명한 것이다.

정답　06 ④　07 ⑤　08 ①　09 ①

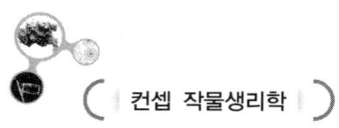

10 테르페노이드에 대한 설명으로 옳지 않은 것은?

① 모노테르페노이드는 의약품·화학재료·식품·향료 등으로 다양하게 쓰인다.
② 세스퀴테르페노이드는 식물의 페로몬과 유화호르몬으로 작용한다.
③ 피톨은 다이테르펜 중에서 예외적으로 열린 구조이다.
④ 카로티노이드는 이중결합이 있는 트라이테르페노이드 구조를 포함하고 있으며 밝은 색을 띤다.

[해설] 테르페노이드 종류
- 모노테르페노이드(monoterpenoid, C_{10}) : 멘톨(의약품·화학재료·식품·향료 등으로 사용)
- 세스퀴테르페노이드(sesquiterpenoid, C_{15}) : 식물의 페로몬, 유화(幼化)호르몬, 말라리아 구충제
- 다이테르페노이드(C_{20}) : 침엽수 수지(樹脂), 레티놀(retinol), 지베렐린, <u>피톨</u>
- 트라이테르페노이드(C_{30}) : 스테롤(sterol)
- 테트라테르페노이드(C_{40}) : 카로티노이드
- 폴리테르페노이드 : 고무

[정답] 10 ④

PART 03

작물 생육 생리

01   종자 생리
02   작물 생장 · 발육 생리
03   개화 · 결실 생리
04   식물생장조절물질
05   작물 Stress
06   작물수량 결정

컨셉 작물생리학

Chapter 01

종자 생리

단원 키워드

1. 작물 종자의 구성성분
2. 휴면의 의의와 종류
3. 종자에서 자발휴면과 타발휴면이 갖는 의미
4. 종자의 자발휴면을 타파하는 방법
5. 눈휴면의 의의
6. 종자 발아과정
7. 종자 발아시 저장양분의 활용
8. 종자 발아력 검정

제1절 종 자

1 종자의 구성

(1) 종자의 분류

형태에 의한 구분	① 식물학상 종자	두류(콩·완두·강낭콩)·유채·담배·아마·목화·참깨·무·배추·고추·토마토·수박·오이·양파 등	
	② 식물학상 과실	과실이 나출된 것	쌀보리·밀·옥수수·메밀·들깨·호프·삼·차조기·박하·제충국·상추·우엉·쑥갓·미나리·근대·비트·시금치 등
		과실이 영에 싸여 있는 것	벼·겉보리·귀리 등
		과실이 내과피에 싸여 있는 것	복숭아·자두·앵두 등
	③ 포자	버섯·고사리 등	
	④ 영양기관	감자·고구마 등	
배유의 유무에 의한 구분	① 배유 종자	벼·보리·밀·옥수수 등의 볏과 종자와 피마자·양파 등	
	② 무배유 종자	콩·팥·완두 등의 콩과 종자, 상추·오이 등	
저장물질에 의한 구분	① 전분종자	미곡·맥류·잡곡 등의 화곡류 등	
	② 지방종자	참깨·들깨 등	
	③ 단백질종자	두과 작물	

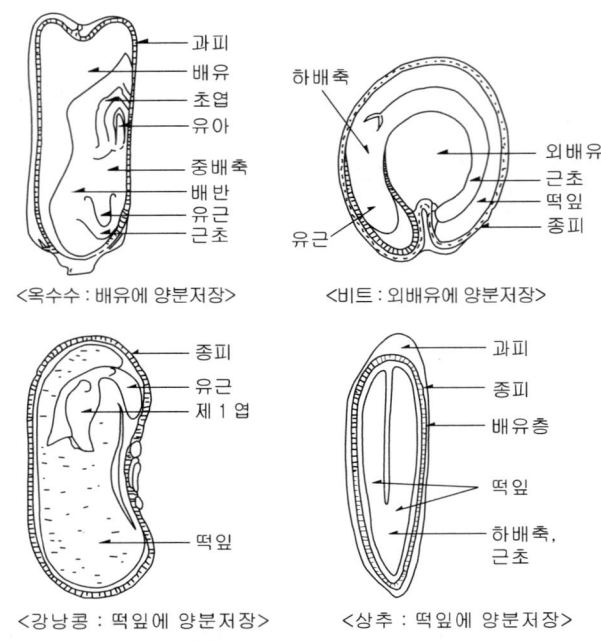

■ 종자의 구조

(2) 종자발달

① 종자발달(seed development) 과정
  ㉠ 세포 분열과 조직 분화가 활발히 진행되는 시기로, 배발생 과정이 진행되며 배유조직이 증식한다.
  ㉡ 세포는 분열을 중지하고 저장산물을 축적한다.
  ㉢ 배는 건조를 견딜 수 있게 되고, 종자는 90% 이상의 수분을 소실하여 탈수상태가 된다. 그 결과 대사는 중지되고 종자는 정지기(quiescent)로 들어간다.
    * ㉡~㉢ 시기는 발아능력을 갖춘 생명력이 있는 종자가 된다.

② 종자 구조 : 종자는 생장이 멈춘 유식물체라고 볼 수 있다.
  ㉠ 배(胚; embryo, 2n) : 정핵(n)과 난핵(n)이 결합하여 형성됨. 유아(plumule), 유근(radicle), 하배축(hypocotyl), 떡잎(자엽;cotyledon) 등의 유조직(기관원기)이 분화되어 있고 장차 식물의 뿌리·잎·줄기 등 주요 기관을 형성함
  ㉡ 배유(胚乳; endosperm, 3n) : 정핵(n)과 극핵(2n)이 결합하여 형성됨. 배의 생장에 필요한 양분을 저장하고 있는 부분
  ㉢ 종피(種皮; seed coat) : 배·배유의 외부를 감싸서 보호하는 부분

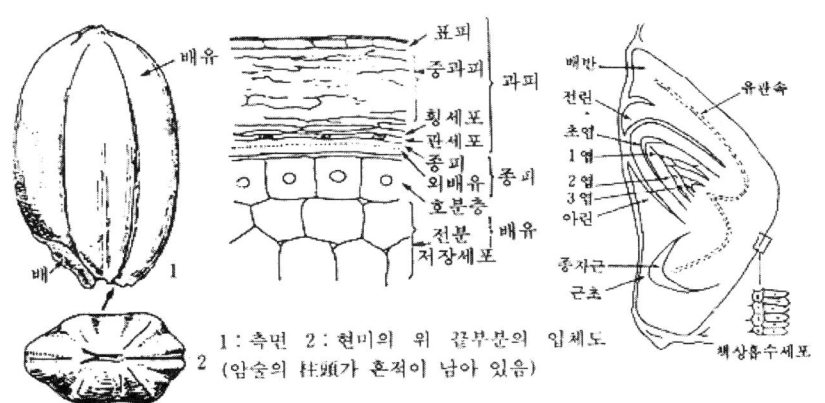

현미의 외부형태/과피와 종피   배아의 구조

③ 화본과 종자의 배의 조직분화
   ㉠ 유아
      ⓐ 초엽 : 발아시 정아를 보호하는 역할을 한다.
      ⓑ 정아 : 제1본엽의 시원체가 되는 지상부의 생장을 개시하는 기본조직이다.
   ㉡ 유근
      ⓐ 근초 : 내부에 종자근을 싸고 하배축의 밑부분이 된다.
      ⓑ 종자근 : 지하를 향하여 생장하여 최초의 뿌리가 된다.
   ㉢ 배축(embryonic axis) : 유아와 유근을 연결하는 역할을 한다.
   ㉣ 배반(scutellum) : 배와 배유의 중간에 위치하며, GA을 분비하여 호분층에 존재하는 가수분해효소를 활성화시켜서 배유 내의 저장양분을 분해하고 용해된 물질을 다시 흡수하여 배가 발아하는 데 이용된다.

(3) 종자의 저장양분

종자 저장양분은 배유·떡잎에 저장되며, 발아시 유묘에 필요한 에너지원으로 사용된다.

① 전분종자(starch seed)
   ㉠ 전분은 주로 배유(3n)에 저장되며, 저장된 전분립은 작물의 종류에 따라 고유한 형태와 크기를 나타낸다.
   ㉡ 벼·보리·밀·옥수수 등

② 지방종자(oil seed)
   ㉠ 지방이 주로 배유에 저장되어 있는 것(피마자·목화), 떡잎 속에 저장되어 있는 것(해바라기·콩), 배유와 떡잎 속에 고루 분포되어 있는 것(뽕나무)으로 분류한다.
   ㉡ 유채·땅콩·목화·뽕나무 등

③ 단백질종자(protein seed)
  ㉠ 전분종자는 10% 정도의 저장단백질을 함유하는데, 밀의 경우 단백질은 배유를 둘러싸고 있는 호분층(aleurone layer)에 주로 분포하고 있으며, 배와 배유에는 소량이 분포하고 있다. 콩과 같은 단백질종자 떡잎(2n)에 20~36%의 저장단백질을 함유한다.
  ㉡ 콩・팥・완두・잠두・강낭콩 등

주요작물 저장양분

		평균 성분율(%)			저장기관
		전분(당)	지방	단백질	
곡류	벼(현미)	78.4	2.7	6.4	배유
	보리	77.7	0.6	9.9	
	밀	71.5	2.9	12.0	
	옥수수	72.0	3.8	9.6	
종실류	땅콩	19.9	45.2	24.8	떡잎
	들깨	24.5	47.2	18.2	
두류	대두	30.7	17.8	36.2	떡잎
	완두	60.4	2.3	21.7	

2 종자의 수명

(1) 종자수명(longevity, life of seed)

① 의미 : 건조종자는 오랫동안 발아력을 잃지 않고 생명을 유지한다. 호흡작용이나 생리적 활동이 미약하고, 외부의 이상조건에 대한 저항력도 강하다. 종자가 발아력을 보유하는 기간이 길다.
② 종자수명 길이에 따른 유형(저장에 알맞은 조건에 두었을 때) : 식물 종류에 따라 종자 수명이 수개월, 수십~수백 년 이상을 경과해도 발아능력을 유지할 수 있는데, 이탄토(peat soil)에 묻혀 있는 연종자는 400년 후에도 발아력을 유지한다.
  ㉠ 단명종자(microbiotic seed) : 수명이 3년 이내인 것
  ㉡ 상명종자(mesobiotic seed) : 수명이 3~15년인 것
  ㉢ 장명종자(macrobiotic seed) : 수명이 15~100년인 것
③ 농가에서 실온에 저장했을 때 수명

단명종자 : 수명 1~2년	상명종자 : 수명 2~3년	장명종자 : 수명 4~6년
콩, 메밀, 고추, 양파, 뽕나무	벼, 보리, 밀, 옥수수, 완두, 토마토	팥, 녹두, 가지, 오이, 무, 담배

보충 종자의 수명

구분	단명종자(1~2년)	상명종자(3~5년)	장명종자(5년 이상)
농작물	콩, 땅콩, 옥수수, 메밀, 기장, 목화, 해바라기	벼, 밀, 보리, 귀리, 완두, 유채, 페스큐, 켄터키블루그래스, 목화	클로버, 앨펄퍼, 베치, 사탕무
채소	강낭콩, 양파, 파, 상추, 당근, 고추	무, 배추, 양배추, 꽃양배추, 방울다기양배추, 호박, 멜론, 시금치, 우엉	가지, 토마토, 수박, 비트
화훼	팬지, 스타티스, 베고니아, 일일초, 콜레옵시스	피튜니아, 카네이션, 시클라멘, 알리섬, 색비름, 공작초	나팔꽃, 접시꽃, 백일홍, 스토크, 데이지

④ 저장종자의 발아력 상실 원인
  ㉠ 종자의 원형질 구성단백질과 저장단백질의 변성에 있다.
  ㉡ 효소활력이 저하되거나 상실된다.
  ㉢ 종자 함수량이 많으면 단백질이 응고하기 쉽고, 종자의 호흡이 왕성해지며, 저장물질이 소모된다.
  ㉣ 호흡으로 생성된 유해물질이 집적된다.

⑤ 활력이 저하된 종자의 생리적 변화
  ㉠ 다당류가 분해되어 단당류가 늘어난다.
  ㉡ 종자 함수량이 증가하고 종피의 투과성이 높아져서 여러 가지 전해질이 용출되기 쉽다.
  ㉢ 호흡률·단백질 합성률·당 이용률 등이 저하된다.
  ㉣ 여러 가지 가수분해효소의 활성이 저하된다.

참고 저장 중 종자의 발아력상실 원인(재배학)

- 주 원인은 원형질단백의 응고
- 효소의 활력저하와, 저장양분의 소모
- 효소의 분해와 불활성, 가수분해효소의 형성과 활성, 유해물질의 축적, 발아유도기구의 분해, 리보솜 분리의 저해, 지질의 자동산화, 균의 침입, 기능상 구조변화 등

⑥ 종자의 저장기간과 활력
  ㉠ 모든 종자는 오래 저장된 종자일수록 발아율이 감소하고, 발아가 지연되고, 생육·수량도 떨어진다.
  ㉡ 오래 저장된 종자라도 저장법이 완전하여 왕성한 발아력을 가진 종자는 발아 후 생장도 새 종자와 비슷하다.

(2) 종자 수명에 영향을 미치는 외적 요인

① 수분(습도)↓
  ㉠ 종자는 건조상태로 보존될 때 그 수명이 길다. 종자 함수량은 작물의 종류에 따라 다르며, 대부분 종자는 함수량 2~3% 이하 조건에서는 견딜 수 없다. 그러나 무의 일종에서는 0.4%까지 건조시켜도 발아력을 유지한다.
  ㉡ 종자 함수량 자체뿐만 아니라 함수량 변화도 종자수명을 단축시킨다. 밀봉 저장한 종자가 실내에 방치한 종자보다 양호한 발아력을 유지한다. 실내에 방치한 종자는 외부 습도변화에 따라 종자 함수량이 변화하기 때문에 단축된다.

② 온도↓
  ㉠ 저온저장 종자는 오랫동안 발아력을 잃지 않는다. 저온효과는 종자 함수량이 높을 때 크게 나타난다. 습윤 상태에서는 저온저장의 효과가 나타나지만, 건조상태에서는 온도에 대한 영향이 뚜렷하게 나타나지 않는다.
  ㉡ 함수량이 적은 종자가 저온에 잘 견디며, 함수량을 어느 정도까지 줄이면 액체질소의 온도(-196℃)에서도 안전하다.

③ 산소↓
  ㉠ 산소가 있으면 종자수명이 단축된다. 종자가 건조하면 종피가 산소에 대하여 불투성이 되므로 산소의 유무는 크게 문제되지 않으며, 온도가 낮은 경우에도 산소의 영향은 줄어든다.
  ㉡ 함수량이 많은 종자를 무산소 상태로 저장하면 혐기성 호흡에 의하여 생성되는 유해물질 때문에 발아가 저해된다.

(3) 식물의 생활환

① 1년생 식물
  ㉠ 1년 안에 발아 → 영양생장 → 생식생장 → 결실 과정을 마치고 휴면에 들어간다.
  ㉡ 벼·보리 등은 영양생장 후 생식생장을 하며, 두과작물·가지과채소·박과채소 등은 영양생장과 생식생장이 동시에 진행된다.
  ㉢ 여름형 : 단일식물인 벼, 콩, 코스모스 등은 봄부터 여름에 이르는 장일조건에서 영양생장을 하고 가을 단일조건에서 생식생장으로 넘어간다. 중성식물인 가지, 토마토, 메밀 등은 일장에 관계없이 영양생장이 어느 정도 진행되면 바로 생식생장으로 이행한다. 종자상태로 휴면하면서 겨울의 저온을 극복해야 한다.
  ㉣ 겨울형 : 월동1년생 추파성맥류, 유채 등이 있으며, 가을에 파종하면 유식물 상태로 겨울을 경과하면서 춘화처리를 받고, 이듬해 봄에 고온장일 조건에서 출수개화한다. 종자상태로 휴면하면서 여름의 고온을 극복해야 한다.

② 2년생 식물
　㉠ 배추, 양배추, 사탕무, 결구상추, 양파, 당근, 케일, 셀러리 등
　㉡ 종자가 발아한 1년차에는 영양생장만 하고 저장양분을 축적하며, 비대한 영양기관은 겨울의 저온자극을 받고 이듬해 봄에 고온장일 조건에서 생식생장, 즉 줄기와 화경이 신장하여 추대하며 개화·결실한다.
　㉢ 2년생 식물은 녹식물춘화형으로, 월동1년생과 다른 점은 1년차에 반드시 저장기관을 형성하고 월동 중에 녹식물춘화처리를 받는다.
③ 다년생 초본식물
　㉠ 감자, 고구마, 마늘, 숙근초, 구근류, 목초류, 딸기(포복지; runner로 번식) 등
　㉡ 매년 봄~여름에 지상부가 생장하여 개화하고 가을에 고사하며, 지하부 뿌리는 살아남아서 월동하고 이듬해 봄에 싹을 틔운다.
　㉢ 다량의 전분, 이눌린(달리아, 뚱딴지 등), 프락탄(마늘), 당류, 단백질 등을 축적하여 지하경, 괴경, 괴근, 구경, 인경 등을 형성한다.
　㉣ 다년생초본식물은 무성번식을 하는데, 유성번식이 가능하여 지상부에 결실하는 종자(진정종자)로 번식하기도 한다.
④ 다년생 목본식물
　㉠ 나무는 봄이 되면 가지의 눈(엽아, 화아, 혼합아)이 맹아하여 생장을 시작한다.
　㉡ 엽아는 잎 또는 새가지가 나고, 화아는 꽃이 피고, 혼합아는 잎과 꽃이 핀다.
　㉢ 가지 눈은 기온이 높고 일장이 긴 여름에 빠른 속도로 생장하여 무성한 잎과 가지를 만들고 종자와 과실을 맺는다. 가을을 맞이하기 전에 다시 눈을 형성하고 가을에 접어들면 종자와 과실은 성숙하고 잎은 퇴색하여 떨어진다. 모든 눈은 가을의 단일저온 조건으로 휴면상태로 들어가고 월동중 저온 자극을 받으면서 휴면이 타파된다.

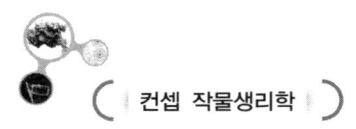

컨셉 작물생리학

제2절 작물 휴면 및 휴면타파

1 종자 휴면

(1) 휴면의 의미

① 의미

<u>종자는 식물에서 대표적인 휴면기관임</u>

1차휴면 (primary dormancy)	진정휴면 자발적 휴면	• 종자 자체의 형태 또는 구조에 의해 적당한 발아조건이 주어져도 발아할 수 없는 상태 • 종자·겨울눈·비늘줄기·덩이줄기·덩이뿌리·알뿌리·구근경 등에서 발아·생육의 외적 조건은 적합하지만 내적 원인에 의하여 유발되는 휴면
	강제휴면 타발적 휴면	• 외적 조건이 부적당하기 때문에 유발되는 휴면 • 토양 중의 잡초 종자는 광선과 산소 부족으로 휴면상태를 지속하는 경우
2차휴면 (secondary dormancy)		• <u>휴면이 끝난 종자라도 발아에 불리한 환경조건(고온·저온·습윤·암흑·산소부족 등)에 장기간 보존되면, 그 이후에 적당한 환경조건이 부여되더라도 발아하지 않고 휴면상태를 유지하는 경우</u> • 화곡류·볏과목초의 종자는 파종상에서 고온을 만나면 제2차휴면이 유도됨, 일반적으로 저온처리 또는 GA_3와 같은 후숙(after-ripening)처리하면 발아됨

> **참고**
>
> **1 종자휴면의 일반적 분류**
> ① 1차휴면: <u>자발휴면</u>, 절대휴면, 내적 요인 때문
> ② 2차휴면: 타발휴면, 상대휴면, 강제휴면, 외적 요인 때문
>
> **2 Lang의 종자휴면의 분류(수목에서 눈의 휴면)**
> ① 내재휴면: 식물체 자체에 원인이 있는 휴면. 자발휴면
> ② 외재휴면: 정아우세성에 의해 자라지 못하는 정아 아래의 눈처럼 다른 눈이 주변의 눈의 생장을 억제하는 경우(상관적 억제). 의사휴면, 가휴면
> ③ <u>환경휴면</u>: 환경적 요인에 의한 휴면. <u>타발휴면</u>, <u>생태휴면</u>
>
> **3 자발휴면 vs 타발휴면**
> ① 자발휴면
>   • 배의 휴면: 배의 미숙, 배 자체의 생리적 원인
>   • 종피에 의한 휴면: 불투수성, 불투기성, 기계적 저항
>   • 발아억제물질: ABA, coumarin, phenolic acid, 암모니아, 시안화수소, 에틸렌
> ② 타발휴면: 고온과 저온, 습윤과 건조, 암과 광조건, 산소부족, 고농도 탄산가스 등

② 종자가 휴면하는 원인

휴면 유도는 배 미성숙, 종피 경화, 발아억제물질 등에 의함
  ㉠ 내적 요인 : 배·배유 등의 종자의 내부에 있는 경우
  ㉡ 외적 요인 : 종자의 내적 요인은 발아할 수 있는 상태에 있으나 그 외각인 종피나 과피 등에 의하여 발아가 방해받는 경우

(2) 종자휴면의 유형

①~⑤는 내적요인, ⑥은 외적 요인

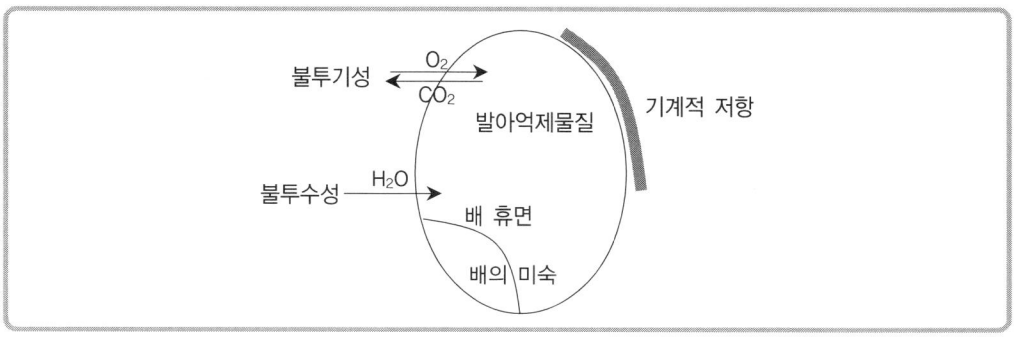

■ 종자휴면의 원인

① **미발달된 배(미숙배)**
  ㉠ **미숙배** : 종자가 모주에서 성숙하였더라도 채종 당시 배가 발달하는 도중이므로 발아하지 못하는 종자
  ㉡ 미숙배는 채종기에 외관만 성숙해 있을 뿐 내적으로는 휴면상태이므로, 배가 완전히 발육하고 생리적 변화를 완성하여 발아할 수 있게 되는 후숙(after ripening)과정을 거쳐야 발아할 수 있다.
  ㉢ 인삼종자, 은행나무, 몇 종의 수목

② **불투기성** : O_2를 통과시키지 않는 종피
  ㉠ 종피가 O_2 투과를 저해하여 배에 O_2 공급부족과 CO_2 배출이 어려워 호흡이 저해될 때 발아하지 못하는 경우이다.
  ㉡ O_2 공급 부족으로 휴면하는 경우는 다른 요인보다 비교적 적고, 공기 중 O_2 분압을 높이면 발아가 촉진된다. 맥류종자는 과산화수소(H_2O_2)에 침지 후 저온에서 씻어서 보관하면 발아가 촉진됨
  ㉢ 도꼬마리, 보리, 귀리(맥류)

③ **불투수성 종피** : 경실
  ㉠ **경실(hard seed)** : 수분이 종피를 투과하지 못하여 장기간 발아할 수 없는 종자
    ⓓ 자운영·레드클로버(붉은토끼풀)·화이트클로버(흰토끼풀)·알팔파·개자리·콩·팥·동부콩(cowpea) 등의 콩과작물, 나팔꽃, 고구마, 연, 감자, 오크라(okra), 황마 등

ⓒ 원인
  ⓐ 울타리세포(책상세포)와 관련이 있으며, 울타리세포 안의 펙틴(pectin)이 불투수성에 관여한다. 종자의 용적에 대한 울타리세포 두께의 비율이 높을수록, 펙틴함량이 많을수록, 울타리세포 안의 수베린(suberin)이 많을수록 경실화된다.
  ⓑ 저장 중 경실화되는 종자 : 앨펄퍼 종자는 꼬투리로 저장하면 경실화 정도가 낮지만, 꼬투리에서 꺼내면 경실화되기 쉽다. 루핀·헤어리베치 등의 종자는 저온·고습저장을 하면 경실화 비율이 낮지만, 고온·저습저장을 하면 경실화되기 쉽다.
  ⓒ 종자가 수분함량에 따라 경실 ⟷ 비경실로 가역적인 변화가 나타난다.

ⓒ 경실 종자의 휴면타파법
  ⓐ 종피파상법(scarification) : 종피에 기계적 상처를 만들어 흡수시키는 방법
    - 경실의 발아촉진을 위하여 종피에 상처를 내는 방법
    - 자운영·콩과의 소립종자는 가는 모래를 혼합하여 20~30분간 절구에 찧어 종피에 상처를 내서 파종
    - 고구마 종자는 배의 반대부위에 손톱깎기 등 상처를 내서 파종
  ⓑ 화학적 파상법(chemical scarification) : 화학물질(진한 황산, 수산용액 등)로 종피에 상처를 만들어 흡수시키는 방법
    - 질산염 처리 : 버팔로그래스는 0.5% 질산칼륨에 24시간 종자를 침지하고, 5℃에 6주일간 냉각시킨 후 파종
    - 진한 황산 처리 : 약액으로 종피를 침식시키는 방법으로, 경실에 진한 황산을 처리하고 종피의 일부를 침식시킨 후 물에 씻어서 파종하면 발아가 조장
  ⓒ 저온 처리 : 종자를 -190℃의 액체공기에 2~3분간 침지하여 파종
  ⓓ 건열 처리 : 앨펄퍼·레드클로버 등은 105℃에서 4분간 종자를 처리하여 파종
  ⓔ 습열 처리 : 라디노클로버는 40℃의 온도에 5시간 또는 50℃의 온탕에 1시간 종자를 처리하여 파종
  ⓕ 진탕 처리 : 스위트클로버는 플라스크에 종자를 넣고 분당 180회씩의 비율로 10분간 진탕하여 파종
  ⓖ 알코올 처리, 이산화탄소처리, 펙티나아제처리 등(침종 ×)

④ 기계적 저항성 종피
  ⓒ 원인 : 종피가 딱딱해서 배의 팽창을 기계적으로 억제하기 때문이다.
  ⓒ 종피가 수분을 충분히 함유하는 동안 10수년 이상 휴면상태에 머물 수 있지만, 종피가 건조하면 종피 안의 교질물에 변화가 생기고 기계적 저항력이 약해짐 → 이후 종자가 수분 흡수하면 배가 팽창하여 종피가 갈라져 발아한다.

ⓒ 나팔꽃, 땅콩(소립종), 잡초 종자, 털비름 종피는 물·산소를 쉽게 통과시키지만 종피의 기계적 저항 때문에 발아하지 못한다.
⑤ 발아억제물질
  ㉠ 의미
    ⓐ 블라스토콜린(blastokolin) : 발아억제물질을 총칭
      옥신(auxin)은 곁눈(측아)의 발육을 억제하며, ABA(abscissic acid)는 자두·사과·단풍나무의 겨울눈의 휴면을 유도한다.
    ⓑ 발아억제물질 : ABA, 시안화수소(HCN), 암모니아(NH_3), 쿠마린(coumarin), 페놀화합물(phenolic compounds) 등

발아촉진물질	지베렐린(GA)·시토키닌(cytokinin)·에틸렌(ethylene)·질산염(KNO_3)·과산화수소(H_2O_2)·thiourea 등
발아억제물질	암모니아(NH_3)·시안화수소(HCN)·ABA·phenolic compound·coumarin 등

  ㉡ 작물의 발아억제물질
    • 벼 종자의 휴면원인 : 영에 있는 발아억제물질 때문
    • 순무 종자의 휴면원인 : 과피에 있는 발아억제물질 때문. 종자를 물에 잘 씻거나 과피를 제거하면 발아가 가능하다.
    • 토마토·오이·호박·수박 성숙종자의 휴면원인 : 장과 중에 있을 때는 발아하지 못하나, 종자를 분리해서 물에 씻으면 발아가 가능하다.
⑥ 2차휴면(second dormancy) → 휴면의 외적 요인
  ㉠ 1차휴면이 타파된 종자 또는 원래 휴면이 없는 종자가 발아에 부적당한 환경에 일정 기간 지속되면 휴면에 들어가는 현상
  ㉡ 발아에 부적당한 환경은 고온·저온·습윤·건조·암흑·광·산소부족 등이 있다. 고농도 CO_2는 억제 작용하는 경우가 많으나, 저농도 CO_2는 식물에 따라 촉진 또는 억제 작용한다.

> **정리** 종자휴면의 유형
> • 미발달배 : 인삼종자, 은행나무, 몇 종의 수목
> • 불투기성 : 도꼬마리, 보리 귀리(맥류)
> • 불투수성 : 자운영·레드클로버(붉은토끼풀)·화이트클로버(흰토끼풀)·알팔파·개자리·콩·팥·동부콩(cowpea) 등의 콩과작물, 나팔꽃, 고구마, 연, 감자, 오크라(okra), 황마 등
> • 기계적 저항성 : 나팔꽃, 땅콩(소립종), 잡초 종자, 털비름
> • 발아억제물질 : 벼, 순무, 토마토·오이·호박·수박

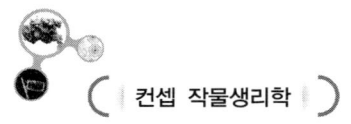

2 종자 휴면타파

(1) 휴면타파의 외부요인

① 후숙(after ripening) : 많은 종자는 건조에 의해서 어느 수준까지 수분함량이 감소하면 휴면이 소실된다. (미숙배의 후숙이나 후숙과정 중 건조가 휴면을 타파시킴)

② 온도
  ㉠ 저온(chilling) : 저온은 종자를 휴면에서 타파시킬 수 있다. 완전히 침윤된 상태에서 일정기간 저온(0~10℃)은 많은 종의 휴면타파에 효과적이다.
  종자에 저온처리를 하면 ABA는 급속히 감소하고, GA・cytokinin은 증가했다가 발아하면서 다시 감소함
  ㉡ 변온 : 주야의 온도차이는 종자 내부의 생리・생화학적 반응 유도와 종피의 기계적 파괴를 유도하여 휴면타파에 아주 효과적이다.

③ 광 : 많은 종자는 발아에 광을 필요로 한다. 광을 잠깐만 쬐여야 하는 경우(상추), 간헐적으로 쬐어주어야 하는 경우(*Kalanchoe*속의 다육식물), 단일과 장일을 포함하는 특정한 광주기를 필요로 하는 경우 등이 있다.

(2) 휴면타파의 종류

① 미숙배의 휴면타파
  ㉠ 의미 : 채종 당시 종자가 형태적으로는 완전히 발달한 것처럼 보이나 발아에 필요한 외적 조건을 주어도 발아하지 않는데, 배 자체의 생리적 원인에 의해 휴면상태에 있기 때문이다. 이러한 종자는 땅에 떨어져서 습한 흙으로 종자가 덮이고 겨울의 저온을 경과하면 후숙이 진행되어 휴면이 타파되고 이듬해 봄에 발아한다.
  ㉡ 종류 : 장미과 식물(장미・사과나무・복숭아나무・배나무 등), 메귀리, 배암차조기, 여뀌 등
  ㉢ 인위적 후숙 촉진방법 : 저온(층적법), 변온, 광처리. 2~60개월 소요
  ㉣ 층적법(層積法; stratification, 저온습윤처리) 예 대개 목본종자에 처리
    ⓐ 종자를 습한 모래 또는 이끼와 번갈아 층으로 쌓아 올리고, 5℃ 내외 저온에 수일~수개월 저장(0℃ 이하 저온은 효과 없음)하여 휴면을 타파하는 방법
    ⓑ 저온습윤처리시 생리・생화학적 변화
      • lipase・peroxidase・oxidase・catalase 등 효소활력의 증가가 일어난다.
      • 조직형성에 많이 쓰이는 당류・아미노산 등과 같은 단순한 유기물질의 집적이 일어난다.
      • 불용성 물질이 분해되어 가용성 물질로 변하고 삼투퍼텐셜이 낮아진다. 삼투압 물질의 증가는 배로의 수분 이동이 쉬워진다.

- 휴면배의 발아억제물질(ABA, coumarin 등)이 감소되면서 발아촉진물질 (gibberellin, cytokinin 등)이 증가하여 휴면이 타파됨.
② 화학물질처리에 의한 휴면타파 : 티오요소(thiourea), 에틸렌클로로하이드린(ethylene chlorohydrin), 다이니트로페놀(dinitrophenol), NaN_3(sodium azide), $NaC_7H_5O_3$ (sodium salicylate), 이산화탄소, 질소, 에틸렌 등. 효과는 식물 종에 따라 다양하다.
③ 식물호르몬에 의한 휴면타파
   ㉠ 지베렐린(gibberellin, GA), 사이토키닌(cytokinin) 등은 휴면타파에 효과가 있다. GA은 배의 휴면과 그 밖의 원인에 의한 종자휴면을 타파하고 발아를 촉진시킨다.
   ㉡ 땅콩, 양딸기, 조의 일종, 명아주의 일종, 앵두나무, 시클라멘(cyclamen), 셀러리, 양배추 등
   ㉢ 아브시스산(ABA)은 휴면을 유도하는데, ABA는 GA과 cytokinin이 함께 분포해도 휴면을 유도한다. 억제물질이 없어도 지베렐린이 없으면 사이토키닌은 단독으로 발아를 유기시킬 수 없다.

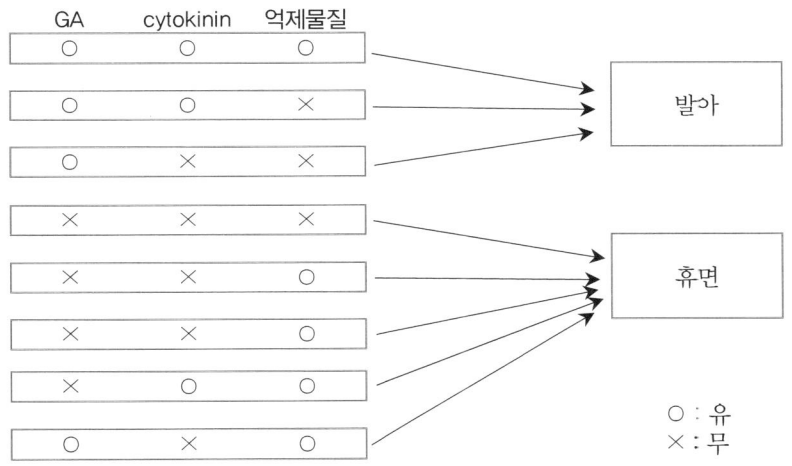

■ 종자 휴면·발아 관련 호르몬 간 관계

④ 종자휴면과 GA/ABA 비율
   ABA같은 발아억제물질이 감소하고, GA같은 발아촉진물질이 증가하면 휴면이 타파됨
   ㉠ 휴면을 유지하는 ABA의 역할도 중요하지만, 다른 호르몬의 함량도 휴면에 크게 영향을 미친다. 대부분 식물에서 종자의 ABA 함량이 최고일 때 IAA와 GA 함량은 감소한다.
   ㉡ 발아조절에는 식물호르몬의 절대적인 함량보다 균형(비율)이 더욱 중요하다.

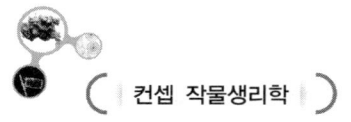

3 눈 휴면

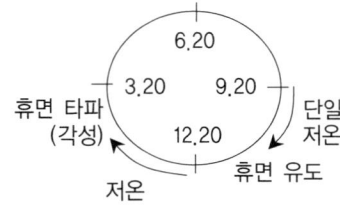

(1) 생물학적 의의
① 눈휴면의 의의
   ㉠ 종자휴면과 더불어 눈휴면(아휴면; bud dormancy)도 지구환경의 계절적 변화에 적응하기 위한 전략이며, 종에 따라 매우 다양한 유형의 휴면형태를 갖고 있다.
   ㉡ 나무의 눈(아; bud)은 점진적인 온도저하가 감지되면 분열조직을 비늘눈으로 감싸기 시작하며, 일정 온도 이하가 되면 눈의 생장은 중지한다.
② 식물의 월동 유형
   ㉠ **다년생 초본식물의 월동형태**: 겨울과 여름의 외적 형태는 같으나 겨울철에는 생장속도가 저하·정지한다. 생장점은 생장능력을 지니고 있어, 겨울철이라도 온도가 오르면 조금씩 생장을 계속하는 특징을 보인다. 식물 전체가 강한 내한성(cold resistance)을 지닌다.
   ㉡ **수목의 월동형태**: 계절에 따라 뚜렷한 외적 변화(단풍·낙엽)를 보이며, 겨울에는 생장점을 비늘눈(아린; bud scale)으로 감싼 겨울눈(동아; winter resting bud)을 형성하여 휴면하면서 월동한다. 털로 덮여있는 비늘눈은 온도저하·수분손실 방지와 기계적 보호 역할도 한다.

(2) 눈휴면 형태
① 타발휴면
   ㉠ 한지형 목초는 겨울에도 생육이 계속되며, 기온이 0~5℃ 이하일 때만 일시 생육이 정지된다.
   ㉡ 1년생 잡초(개쑥갓·쇠별꽃·냉이 등)도 혹한기만 일시 생장이 정지되며, 외적 환경요인(온도와 일장 등)이 생육에 부적당할 때만 휴면이 일어나기 때문이다.
② 자발휴면
   ㉠ 대부분 식물은 기관·조직 자체의 생리적 요인에 의한 휴면이 더 많다. 겨울눈·인경·구경·근경·종자 등에서 볼 수 있다. 겨울눈은 외적 환경이 좋은 여름부터 가을에 걸쳐 형성된다.
   ㉡ 수목의 눈휴면은 외적 조건에 의한 타발휴면에만 기인하는 것이 아니라, 잎의 존재 자체가 겨울눈 생육을 억제한다.

(3) 눈휴면 유도

눈(bud) 휴면을 유도하는 외적 요인 : 일장(가장 중요), 온도

① 일장반응 : 단일
  ㉠ 장일조건은 영양생장을 촉진, 단일조건은 신장생장 억제·휴면눈 형성을 촉진한다.
  ㉡ 일장반응은 재배식물보다 야생식물에서 더욱 잘 나타난다. 자연상태에서는 하지를 지나 일장이 짧아지면서 눈의 형성이 촉진되며 형성된 눈은 바로 휴면에 들어간다.
  ㉢ 작물별 휴면형성 정도
    ⓐ 사과·배·복숭아 등은 비교적 일장에 대한 반응 정도가 낮음
    ⓑ 아까시아나무·자작나무·잎갈나무 등은 장일조건을 주면 휴면하지 않고 생장을 계속하지만, 단일조건에 처하면 10~14일 사이에 즉시 생장정지와 휴면눈을 형성함

② 연속 암기 : 단일조건에서 휴면눈이 형성될 때 개화유도에서의 광주기성 반응과 같은 한계일장이 적용되며, 명기 길이보다는 연속암기 길이에 의하여 휴면유도가 결정된다.

③ 광중단(야간조파)
  ㉠ 한계암기보다 긴 암기 하에서 휴면눈 형성이 촉진되며, 야간에 광중단 처리를 하면 장암기(단일조건) 효과가 소실되어 휴면눈이 형성되지 않는다.
  ㉡ 광파장 : 휴면눈 형성은 암기 중 적색광(660nm, 가장 효과적)에 의해 억제되고, 적색광 직후 원적색광(730nm)에 의해 촉진된다.

(4) 눈휴면 각성

휴면에 들어간 눈은 생육을 정지한 상태로 월동을 하고, 이듬해 봄이 되면 휴면이 완전타파되어 맹아를 한다.

① 온대지방의 휴면눈은 겨울기간 동안 저온에 노출되어야만 휴면이 각성되어 정상적인 생육이 가능하다. 남부지역에서 온난한 겨울(이상난동)을 보낸 겨울눈은 휴면각성이 늦어져서 발육이 불규칙하고 발육장해를 나타낸다.

② 겨울눈(동아)의 휴면각성은 0~5℃의 온도(저온)가 가장 효과적이다. 처리기간은 종류에 따라 다르며, 대개 200~1,000시간 이상 필요하다.
  ㉠ 사과·포도·호도 등 온대과수는 저온요구도가 크기 때문에 한해를 받을 위험은 적다.
  ㉡ 감·복숭아 등 비교적 따뜻한 지방에 적합한 과수는 저온요구도가 낮아서 휴면이 상대적으로 낮다.
  ㉢ 온대과수를 열대지방에서 재배하면 저온요구도를 충족시킬 수 없어 실용적 재배가 어렵다.

③ 휴면타파는 대개 저온만으로 가능하지만, 일부 수목은 봄의 장일조건이 휴면타파를 촉진한다.

(5) 호르몬에 의한 눈휴면 제어

① **auxin** : 온대과수에 옥신(NAA, 2,4-D)을 처리하면 봄에 맹아와 개화가 늦어져 서리해를 막을 수 있다.
② **ABA** : 휴면 중인 눈에서 함량이 증가하고 휴면타파 시점에는 감소한다.
③ **kinetin** : 포도·사과 등의 휴면눈을 각성시킨다.
④ **ABA·GA 상호작용** : 종자휴면과 같이 눈의 휴면과 생장이 눈 생장억제물질(ABA)과 생장촉진물질(cytokinin·GA) 간 상호관계에 의해 조절된다.

　㉠ 저농도의 ABA와 고농도의 GA이 수목의 눈휴면을 각성시킨다. 봄(저온단일 후)이 되면 생장억제물질 ABA 농도 감소, GA이 급격히 증가하며, 휴면 중의 유묘를 저온 하에 두면 GA 함량이 증대한다.
　㉡ 휴면 중에는 ABA 농도가 GA보다 높고, 휴면이 타파되면 GA 농도가 상대적으로 높아진다.

> **보충 마늘의 휴면**
> ㉠ 마늘은 저온성 월동작물이기 때문에 여름이 되면 인경 형태로 휴면하면서 고온을 극복한다.
> ㉡ 휴면 : 마늘의 인경 형성은 고온장일 조건에서 촉진되고 바로 휴면에 들어간다. 마늘의 휴면타파는 저온에서 촉진되고 고온에서 지연된다.
> ㉢ 저장 : 마늘휴면저장은 인편분화 직후부터 시작되고 구형성이 완료된 후에도 상당기간 지속된다. 한지형 마늘은 난지형보다 휴면이 깊어 저장성이 좋다.

　㉢ ABA처리에 의하여 유도되었던 휴면눈에 GA을 처리하면 눈은 급속히 생육을 개시하게 된다. 생육 중인 유묘에 GA과 ABA를 동시에 공급하면 ABA 휴면유도 효과는 사라지고 유묘는 그대로 생육을 계속한다.

제3절 종자의 발아

① 일반적 의미의 발아
  배의 생장 재개에 의한 종피 파열과 유식물 생장 개시현상
② 형태학적 측면의 발아
  유아·유근이 종피를 뚫고 나오는 현상
③ 생리·생화학적 측면의 발아
  종자의 수분 흡수에서 유아·유근의 출현에 이르기까지의 모든 발아과정(germinating process)의 복잡한 생리·생화학적 변화를 내포함(광의)

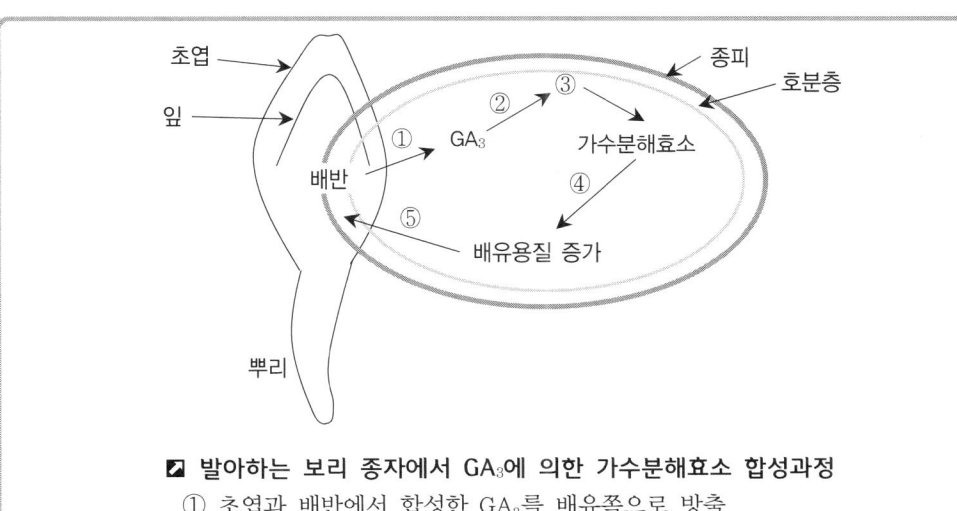

▨ 발아하는 보리 종자에서 GA_3에 의한 가수분해효소 합성과정
  ① 초엽과 배반에서 합성한 GA_3를 배유쪽으로 방출
  ② GA_3가 호분층으로 확산
  ③ 호분층에서 α-amylase 등 분해효소 합성, 배유로 분비
  ④ 전분 등 대분자화합물 분해
  ⑤ 분해산물이 배반으로 흡수된 후 생장하는 배로 이동

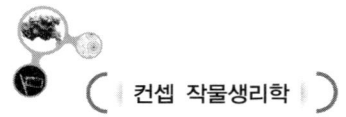

1 종자의 발아과정

수분흡수 → 저장양분의 소화 → 양분의 이동 → 호흡 → 생장

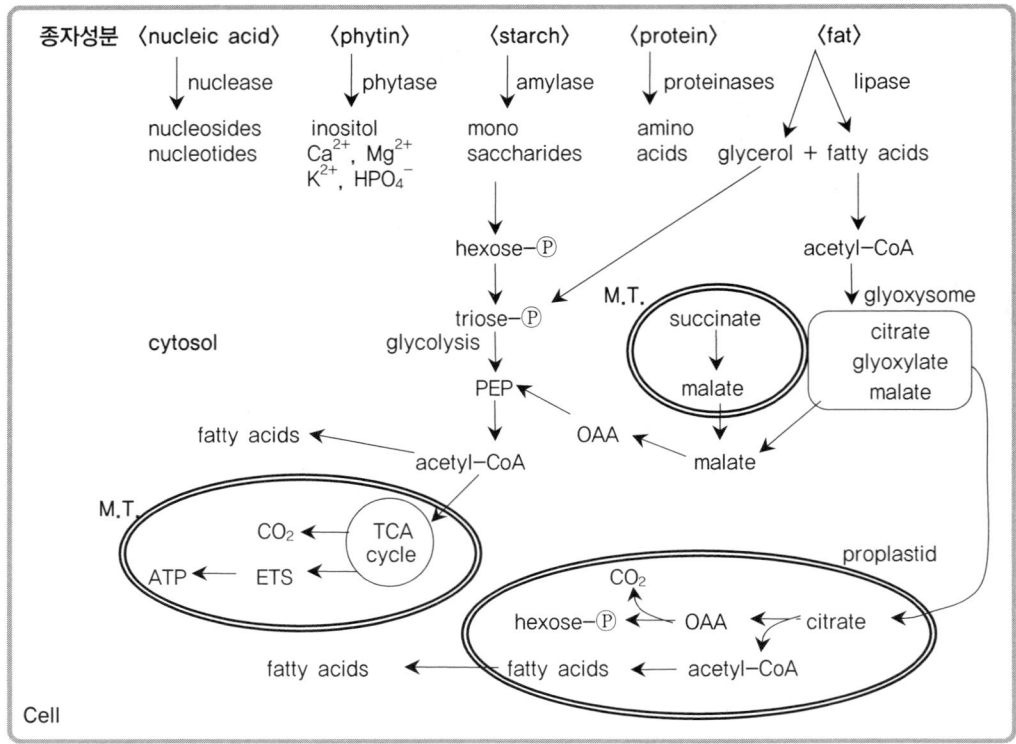

(1) 수분 흡수

① 종자의 수분흡수 3단계
- 제1단계 : 종자의 매트릭퍼텐셜(Ψ_m)로 인해 수분흡수가 왕성하게 일어나는 시기. 종자가 <u>수분을 흡수(침윤과 삼투)</u>하는 시기
- 제2단계 : 수분흡수는 정체되고 효소들이 활성화되어 발아에 필요한 물질대사가 왕성하게 일어나는 시기
- 제3단계 : 유근·유아가 종피를 뚫고 출현하여 흡수가 다시 왕성해지는 시기

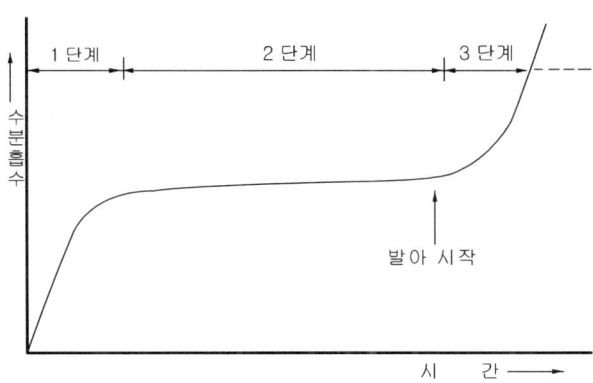

▣ 종자 발아시 수분흡수의 3단계

② 흡수 양태 : 보통 종자가 충분한 물을 흡수하려면 종자가 직접 물에 접촉해야 하지만, 맥류(보리·밀·호밀 등) 종자는 수증기로 포화된 공기 중에서도 발아에 충분한 물을 흡수할 수 있다.
③ 흡수에 영향을 미치는 요인 : 종자 크기, 종자의 교질 조성, 종피의 투수성, 물과의 접촉상태, 온도 등
④ 흡수 속도 : 작물 종류에 따라, 온도에 따라서 다르다. 대체로 온도가 높아짐에 따라 빨라지고 너무 높아지면 오히려 늦어진다.

(2) **저장양분의 소화**

① 소화(digestion)
  ㉠ 의미 : 종자가 필요한 에너지는 종자 저장양분(전분·지방·단백질 등)으로부터 공급받는데, 저장양분이 물에 녹아 이동하기 쉬운 물질로 전환되는 과정
  ㉡ 소화는 종자가 물을 흡수한 후 일어나는 최초의 화학적 변화이다.
  ㉢ 대부분 흡수 후 6~12시간 내에 일어난다. 소화과정은 여러 가지 효소의 작용에 의하여 진행되는데, 수분흡수 개시 후 8시간 내에 주요 가수분해효소들의 활성이 현저히 증가된다.

② 전분
  ㉠ 전분은 발아할 때 당으로 전환된 후 에너지원으로 사용된다.
  ㉡ 전분 구성 : 아밀로스(amylose)와 아밀로펙틴(amylopectin)
    ⓐ α-amylase
      • 아밀로스를 포도당(glucose)·맥아당(maltose)으로 가수분해
      • 아밀로펙틴을 포도당·맥아당·덱스트린(dextrin)으로 가수분해

ⓑ β-amylase
- 아밀로스를 맥아당으로 가수분해
- 아밀로펙틴을 맥아당·덱스트린으로 가수분해

ⓒ α-glucosidase(maltase) : 맥아당을 포도당으로 가수분해

amylose 분해	α-amylase에 의해 포도당(glucose)·맥아당(maltose)을 생성함
	β-amylase에 의해 맥아당을 생성함
amylopectin 분해	α-amylase에 의해 포도당·맥아당·덱스트린(dextrin)을 생성함
	β-amylase에 의해 맥아당·덱스트린을 생성함
maltose 분해	α-glucosidase(maltase)에 의해 포도당으로 전환됨

ⓒ 볍씨 발아시 전분분해효소 활성 : 종자 내 포도당(또는 전당) 함량이 최고에 도달하기 약 2일 전에 가장 높으며, 휴면종자 활력과 비교하여 200~300배 증가한다.

③ 지방
㉠ 지방 종자는 발아할 때 필요한 양분을 지방에서 얻는다. 저장지방은 lipase의 작용에 의해 글리세롤(glycerol)과 지방산(fatty acid)으로 분해된다.
㉡ 글리세롤 : DHAP(dihydroxyacetone phosphate)로 전환된 다음 TCA회로에 합류된다.
㉢ 지방산
ⓐ 대부분 당으로 전환된 다음 생장에 재이용되며, 일부는 기관 형성을 위한 인지질(phospholipid)이나 당지질(glycolipid) 합성에 사용된다.
ⓑ 지방산은 산화과정을 거쳐 아세틸 CoA(acetyl-CoA)로 전환되고, 아세틸-CoA는 글리옥실산(glyoxylic acid)회로를 통해서 당과 지방산으로 전환된다.
- 글리옥시솜(glyoxysome)에서 시트르산(citrate), 말산(malate), 숙신산(succinate)으로 전환됨
- 미토콘드리아에서 숙신산이 말산으로 전환됨
- 시토졸에서 역해당과정에 의하여 말산이 당으로 전환됨
- 전색소체(proplastid)에서 시트르산이 지방산으로 전환됨

④ 저장단백질 : 저장단백질은 protease에 의하여 아미노산과 펩타이드로 분해되고, 펩타이드는 peptidase의 작용으로 아미노산으로 분해된 다음 새로운 조직기관의 형성을 위한 단백질로 재이용된다.

(3) 양분의 이동

① 동원(mobilization)
㉠ 당, 아미노산 등 가용성 양분은 저장 세포에서 배가 생장하는 부분으로 이동하게

된다. 배나 발아초기의 유식물은 양분을 주로 세포와 세포를 통한 확산으로 이동시킨다(아직 유관속조직 미발달 때문).
ⓒ 종자 내에서 가용성 물질(고농도)은 계속해서 배의 생장점(저농도)으로 확산을 통해 이동한다.

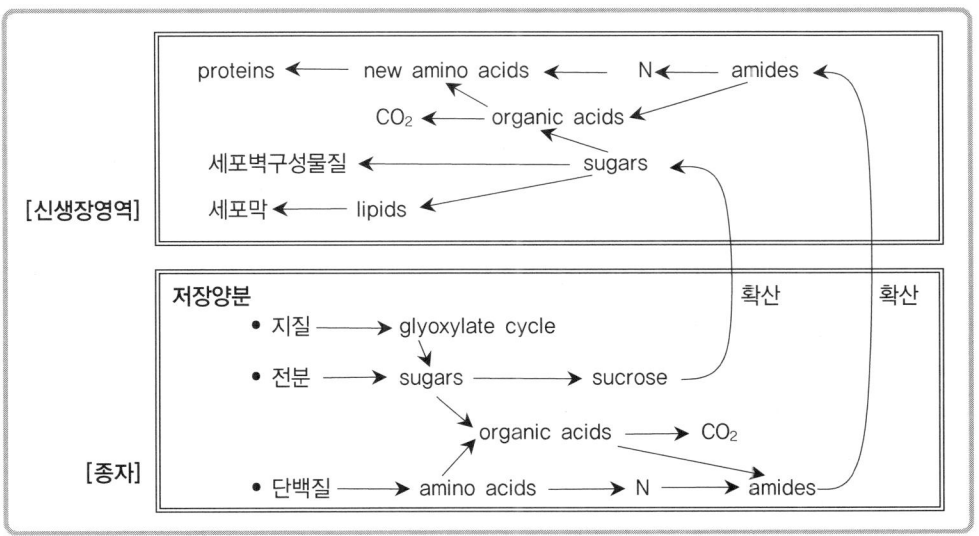

■ 발아종자의 저장양분 동원

② 전분종자에서 수분흡수시 배반 표피세포의 변화
  ㉠ 휴면 중 투명하였던 원형질은 흡수가 진행되면 거칠고 불투명한 구조로 변하고, 배반 표피세포의 길이는 발아 전 길이의 몇 배가 된다.
  ㉡ 배반 표피세포는 배유로부터 오는 물질을 흡수하고 이 물질을 배로 이동시킨다(흡수조직이라 함).
③ 벼 종자는 발아상에서 24시간 후 뚜렷한 신장을 보이며, 6~7일 후에는 흡수조직이 굴곡하고 표면적은 최대가 된다.

(4) **호흡작용**

① 발아 종자는 다른 조직에 비하여 왕성한 호흡을 한다. 생성된 에너지(ATP)는 생장에 필요한 세포 구성물질 합성에 쓰이지만 대부분 호흡열로 소실된다.

② 호흡계수(RQ) = $\dfrac{CO_2}{O_2}$: 당류가 호흡원으로 이용될 때 RQ는 대략 1이지만, 지방산이 호흡원일 때는 0.7이다. 지방이 당으로 변화할 때는 O_2를 흡수하나 CO_2를 방출하지 않아서 RQ는 0이다.

(5) 유식물의 생장과 발육

① 유근·유아 출현

종자의 수분 흡수 → 발아 시작과 부피 팽창 → 종피(seed coat)가 찢어짐

㉠ 쌍떡잎식물에서는 보통 유근(radicle)이 먼저 나타난다.

㉡ 외떡잎식물 볍씨는 수분이 적으면 유근이 먼저 출현하는 반면, 담수 하에서 발아되면 유아(plumule)가 먼저 나온다.

② 배의 생장 과정

㉠ 배를 구성하고 있는 세포들의 신장

㉡ 유아와 유근을 연결하는 역할을 맡은 배축의 형성과 생장

㉢ 유아나 유근의 분열조직에서 새로운 세포의 생성에 따른 형태적 변화과정을 통해 유식물체 형성(발아 초기에는 저장물질 대부분은 지상부 출현을 위한 기관 형성과 생장에 사용됨)

③ 유식물 발아 유형

구분	배유 식물	무배유 식물
지상자엽형	메밀, 양파, 피마자, 마디풀	콩, 땅콩, 덩굴강낭콩, 오이
지하자엽형	벼, 보리, 밀, 옥수수, 자주닭개비	완두, 잠두, 팥, 붉은강낭콩, 상추

㉠ **지상발아형** : 하배축(hypocotyl)이 신장하여 떡잎이 지표에 나타나는 형 ❹ 강낭콩

㉡ **지하발아형** : 떡잎과 유아 사이의 상배축(epicotyl)이 신장하여 유아가 지표에 나오는 형(하배축은 신장하지 않음) ❹ 잠두, 쌍떡잎식물

㉢ 유아갈고리

ⓐ 쌍떡잎식물 발아시 줄기 선단이 갈고리(hook) 모양으로 구부러져서 땅을 뚫고 나온다. 종자가 땅속에서 흙을 밀어내고 안전하게 출아하게 하는 보호장치 역할을 한다.

ⓑ 유식물이 햇볕에 노출되면 빛에 의해 하배축(콩형 작물)이나 상배축(완두형 작물) 신장은 억제되는 반면, 유아갈고리는 펴지고 잎의 전개는 촉진된다.

④ 독립생장

㉠ 유식물이 광합성을 하게 되면 양분요구 측면에서 종자 저장양분으로부터 독립하게 된다.

㉡ **배유양분의 소진기** : 밀·쌀보리 등 배유의 85% 정도 소모될 때.

❹ 벼는 본엽 4매, 밀은 본엽 3매, 겉보리는 본엽 2매 정도 시기

2 발아에 영향을 주는 환경 조건

(1) 수분
종자 발아와 생장을 유도하려면 많은 수분이 공급되어야 한다.
① 발아시 수분 역할
  ㉠ 수분흡수는 종피를 부드럽게 하여 배가 종피를 뚫고 나오기 쉽게 한다.
  ㉡ 수분흡수는 배·배유를 팽창시켜 그 압력으로 종피가 터져서 발아하기 쉽게 한다.
  ㉢ 수분흡수는 종피의 공기투과를 용이하게 하여 호흡작용을 위한 O_2의 공급과 CO_2의 배출을 원활하게 한다.
  ㉣ 수분흡수는 저장물질의 소화 및 전류, 호흡작용 등의 대사를 활발하게 한다.
② 수분흡수량
  ㉠ 종자 발아시 수분 흡수량은 작물·품종·저장기간·저장조건에 따라 다르다.
  ㉡ **저장양분의 수분에 대한 팽윤 정도 : 단백질 > 녹말 > 셀룰로오스**
    • 콩과작물의 종자는 수분 흡수량이 많은 편이고, 볏과작물 종자·지방종자는 수분 흡수량이 적다. 콩과작물은 50~60% 이상, 곡류는 건물 중의 30% 이상 흡수해야 발아가 가능
    • 셀룰로오스가 주성분인 종피는 배나 배유가 팽창할 때 쉽게 파괴된다.
③ 발아시 종자의 수분 흡수량(풍건종자에 대한 흡수율)

작물		흡수량(%)	작물		흡수량(%)
콩과	갯완두	230.0	벼과	벼	26.5
	완두	186.0		보리	46.0
	잠두	157.0		밀	60.0
	병아리콩	120.0		호밀	57.7
	콩	50.1		귀리	59.8
배추과	유채	48.3		옥수수	39.8
대극과	피마자(아주까리)	42.0	마디풀과	메밀	46.9

(2) 온도
① 종자 발아온도
  ㉠ 발아 최저온도보다 낮은 온도와 최고온도(maximum temperature)보다 높은 온도에서는 발아하지 않으며, 최적온도(optimum temperature)에서 가장 짧은 기간에 가장 높은 발아율을 나타낸다.
  ㉡ 종자 발아온도는 작물 종류에 따라 차이가 있지만, 대체로 온대작물 종자는 열대·아열대종자보다 낮은 온도에서 발아한다.

ⓒ 같은 작물종자라도 발아 최적온도는 종자의 유전적 요인이나 저장조건에 따라 차이가 있다. 종자의 발아에 있어서 유근과 유아의 신장 적온은 반드시 일치하지 않는다.
② 온도 일변화
  ㉠ 변온이 발아를 촉진하는 작물 : 켄터키블루그래스(Kentucky bluegrass), 셀러리, 호박, 목화, 담배, 가지, 토마토, 고추, 옥수수, 여러 잡초종 등
  ㉡ 변온이 발아를 억제하는 작물 : 당근, 파슬리, 티머시 등
③ 작물별 발아온도(단위: ℃)

작물	최저온도	최적온도	최고온도
호밀	1~2	25	30
보리	3~4.5	20	28~30
밀	3~3.5	25	30~32
귀리	4~5	25	30
옥수수	8~10	30~32	40~44
벼	10~12	30~32	36~38
콩	10	18~20	35
동부콩	8~10	20~25	–
완두	1~2	30	35
삼	1~2	35	45
사탕무	4~5	25	28~30
담배	13~14	28	35
박	15	20~32	45
오이	12	33~34	40
멜론	12~15	35	40
겨울채소(평균)	0~4	10~20	35~40
여름채소(평균)	10~16	20~30	40~45

(3) 산소

① O_2 필수 : 종자가 발아할 때 유기호흡(O_2 존재 하에서)을 통해서 에너지를 공급받는다. O_2는 종자 발아에 필수적이며, 일반적으로 O_2 농도를 높이면 발아가 촉진된다.
② 산소가 없을 때 : 밀은 전혀 발아하지 않으나, 벼는 정상 발아율보다 10% 정도만 감소한다. 벼 종자는 종자 속 무기호흡계가 잘 발달하여 에너지를 얻을 수 있기 때문이다.
③ 종자의 수중발아성 : 수중 발아 양상으로 작물의 산소요구도를 추정할 수 있는데, 물속에서 발아하지 못하는 식물은 산소요구도가 높고, 발아가 크게 저하되지 않는 작물은 산소요구도가 낮다.

수중 발아하지 못하는 식물 (산소 요구도 ↑)	귀리·밀·무·양배추·코스모스·과꽃·후추·가지·파·머스크멜론·메밀·콩·앨펄퍼
수중 발아가 저하되는 식물	담배·토마토·흰토끼풀·금강아지풀·석죽·미모사
수중 발아에 이상이 없는 식물	상추·당근·피튜니아·티머시·셀러리·켄터키블루그래스·벼

(4) 광

① 작물 vs 야생잡초
  ㉠ 대부분 작물종자 : 빛의 유무와 관계없이 발아가 잘 되며, 빛이 발아에 결정적인 요인이 아니다.
  ㉡ 대부분 야생잡초 : 빛이 발아에 큰 영향을 준다. 독일 자생 야생식물 중 70%는 빛에 의하여 발아가 촉진, 27%가 빛에 의해 억제, 나머지 3%만이 빛의 유무에 관계없이 발아하였다.

② 종자 발아성과 광의 관계

광감수성 종자	종자의 발아 시 빛에 대하여 감수성을 나타내는 종자	
	광발아성 종자	빛이 발아에 필요한 충분한 에너지를 배에 주어 발아가 촉진되는 종자 예 담배·상추·뽕나무·배암차조기·우엉·켄터키블루그래스
	암발아성 종자	빛이 배의 생장을 불활성화하여 발아가 억제되는 종자 예 파·양파·가지·토마토·수박·호박·수세미·오이
광불감수성 종자	광의 존재 유무에 관계없이 발아하는 종자 예 화곡류·옥수수·대다수의 콩과작물	

③ 광파장과 종자발아
  ㉠ 발아 촉진대 : 520~700nm 파장, 660nm(적색광)에서 촉진효과가 가장 크다.
  ㉡ 발아 억제대 : 420~520nm와 700~800nm 파장, 730nm(원적색광)에서 억제효과가 가장 크다.

④ 일장과 발아
  ㉠ 광발아종자는 일장이 길어지면 발아율이 증가하지만, 어느 범위의 일장에서 최고 발아율을 나타내고, 보다 더 길어지면 점차 발아율이 감소한다.
  ㉡ 최고의 발아율을 나타내는 일장의 범위가 장일 쪽에 있는 것과 단일 쪽에 있는 것이 있다. 이러한 일장의 효과는 종자 내의 파이토크롬이 외부환경을 인식하고 신호전달을 매개하여 발아를 조절한다.

⑤ 파이토크롬(phytochrome)
  ㉠ 의미 : 적색광 및 근적외광의 조사를 받아서 가역적으로 흡수변화를 나타내는 광수용 색소단백질. 파이토크롬은 광 파장을 구별하여 발아를 조절한다.

ⓒ 광가역성 반응 : 종자 발아는 단시간의 적색광(660nm) 조사에 의하여 촉진되며, 다시 원적색광(730nm)에 의하여 소멸되는 현상은 수없이 반복된다.

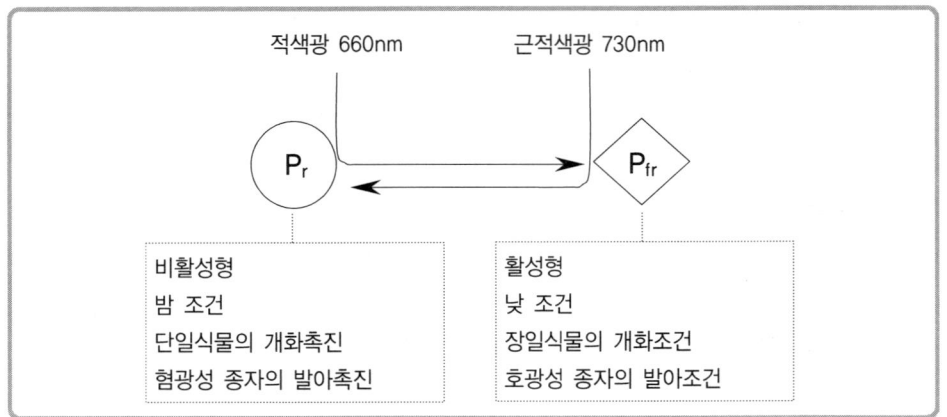

▣ 광가역적 피토크롬 반응

(5) 화학물질

종자발아에 영향을 주는 화학물질 : 생장조절물질, 유해가스, 무기염류

① 생장조절물질
  ㉠ 지베렐린(gebberellin) : 발아 촉진. 광발아종자의 발아를 암조건에서도 촉진시킨다.
  ㉡ 사이토키닌(cytokinin) : 발아 촉진. 상추 종자에서 지베렐린에 의한 발아촉진효과가 ABA에 의해 감소되나, 다시 카이네틴(kinetin)에 의해 상쇄된다.
  ㉢ 앱시스산(abscisic acid, ABA) : 발아 억제물질

② 유해가스
  ㉠ NH_3, SO_2, Cl_2 등. 흡수(吸水)한 종자가 유해가스에 노출되면 발아율이 떨어지며 심하면 종자가 활력을 잃고 죽는다.
  ㉡ NH_3는 토양에 시용한 유기물 분해과정에서 발생하며 발아나 초기생육에 피해 사례가 자주 발생한다.

③ 무기염류
  ㉠ $MnSO_4$ 용액은 넓은 농도범위에서 옥수수, 양배추 등의 종자발아를 촉진한다.
  ㉡ Pb염은 0.01%~2.0% 범위에서 겨자 등의 발아를 억제한다.
  ㉢ $AgNO_3$와 KNO_3 같은 질산염은 광발아성 종자의 암발아성을 촉진한다. 소나무종자를 $AgNO_3$ 용액에 침지하면 암조건에서 발아가 촉진됨

3 종자의 발아력 검정법

① 발아시험에 의한 방법

배의 발아에 의한 검정법은 발아상에 배를 꺼내 두면 휴면종자일지라도 살아있는 것은 생장한다. 발아시험 방법이 가장 신뢰도가 높다.

발아율 (percent germination, PG)	파종된 총종자수에 대한 발아종자수의 비율(%) $\therefore$ 발아율 $= \dfrac{\text{발아종자수}}{\text{공시립수}} \times 100$
발아세 (germination energy, GE)	치상 후 일정 기간(예 72시간)까지의 발아율 또는 표준발아검사에서 중간조사일(first count day)까지의 발아율(%) $\therefore$ 발아세 $= \dfrac{\text{중간조사일까지 발아립수}}{\text{공시립수}} \times 100$
평균발아일수 (mean germination time, MGT)	발아한 모든 종자의 평균적인 발아일수 발아시험기간 중 매일매일 발아한 종자수와 발아일수를 곱하여 그 합계를 전발아립수로 나눈 것 $\therefore \text{MGT} = \Sigma \dfrac{(ti \cdot ni)}{N}$ (ti : 파종(치상)부터의 일수, ni : 그날그날의 발아수, N : 총발아수)
발아속도 (germination rate(speed), GR)	전체 종자에 대한 그날그날의 발아속도의 합 $\therefore \text{GR} = \Sigma \dfrac{ni}{ti}$ (ti : 파종(치상)부터의 일수, ni : 그날그날의 발아수)
평균발아속도 (mean daily germination, MDG)	발아한 모든 종자의 평균적인 발아속도 $\text{MDG} = \dfrac{N}{T}$ (N : 총발아수, T : 총조사일수)
발아속도지수 (promptness index, PI)	발아율과 발아속도를 동시에 고려한 값 $\therefore \text{PI} = \Sigma (T - ti + 1)ni$ (T : 총조사일수, ti : 파종(치상)부터의 일수, ni : 그날그날의 발아수)

> **참고** 재배포장에 파종된 종자의 발아(출아) 조사
>
> 1. **발아시** : 발아한 것이 처음 나타난 날
> 2. **발아기** : 파종된 종자의 약 40%가 발아한 날
> 3. **발아전** : 대부분(80% 이상)이 발아한 날
> 4. **발아일수** : 파종부터 발아기(또는 발아 전)까지의 일수
> 5. **발아의 양부** : 양, 불량 또는 정(균일함), 부(불균일함)로 표시한다.

② 세포의 반투성에 의한 검정법
　㉠ 의미 : 죽은 종자의 배유나 배세포의 세포막은 반투성이 상실되어 있기 때문에 살아있는 종자에 비하여 외부에서 색소와 같은 물질이 들어가기 쉽고, 종자 내용물이 밖으로 침출되기 쉬운 성질을 이용하는 방법이다.
　㉡ 침출액의 성상에 의한 방법 : 종자를 증류수에 침지한 후 과망간산칼륨($KMnO_4$)의 묽은 용액을 가하면 죽은 종자가 많을수록 그 액의 탈색이 빨리 된다.
　㉢ 배의 염색에 의한 방법 : 종자를 3시간 정도 물에 침지한 후 배를 꺼내어 그것을 인디고카민 0.05% 액에 4시간 정도 침지해 두면 발아력이 없는 것은 용이하게 염색되지만, 발아력이 있는 것은 염색되지 않는다.

③ 효소의 활력에 의한 검정법
　종자를 1일간 32℃ 온탕에 침지해 두면, 죽은 종자일 경우 카탈라아제 함량이 감소되고, 살아있는 종자는 카탈라아제 함량이 증가한다.

④ 조직 환원력에 의한 검정법
　㉠ tetrazolium 방법 : 함수상태에 있는 종자의 호흡에 관여하는 효소 중 탈수소효소(dehydrogenase)의 활성을 추정하여 종자의 발아능을 측정한다. 죽은 종자는 무색이지만, 건전한 종자의 배는 진홍색으로 변한다.
　㉡ natrium tellurate 방법 : 3~4시간 흡수시킨 종자의 배를 노출시켜 natrium tellurate 1% 액에 넣었다 꺼냈을 때, 죽은 종자의 배는 변화되지 않고 살아있는 종자의 배는 감흑색으로 변한다.
　㉢ dinitrobenzol 방법 : 이 용액에 침지했을 때 발아력이 있는 종자는 자색으로 변한다.

⑤ 전기전도도 검사법
　㉠ 전기전도도검사법은 종자의 세력이 낮거나 퇴화된 종자를 물에 담그면 세포 내 물질이 밖으로 침출되어 나오는데, 이들이 지닌 전하를 전기전도계로 측정한 전기전도도(EC) 값으로 발아력을 추정하는 방법이다.
　㉡ 전기전도도가 높으면 활력이 낮은 것이다.
　㉢ 완두와 콩 등에서 많이 이용되고 있다.
　　* 대부분 종자는 ① 방법으로 측정할 수 있고, 휴면종자는 ②~⑤ 방법으로 측정한다.

예제 무 종자 100립을 치상하여 다음과 같은 결과를 얻었다. 치상 후 8일까지의 발아율, 발아세, 평균발아일수는? (단, 발아종자 수는 치상 후 해당 일에 새롭게 발아된 종자 수이다. 중간조사일은 치상 후 4일, 최종조사일은 치상 후 8일, 발아세 평가는 중간 조사일을 기준으로 한다)

치상 후 일수	1	2	3	4	5	6	7	8	계
발아종자 수	8	12	16	20	12	6	4	2	80

	발아율(%)	발아세(%)	평균발아일수(일)
①	80	56	3.75
②	80	56	3.00
③	80	70	3.75
④	40	70	3.00

| 정해 |
- 발아율 = 80/100 × 100 = 80%
- 발아세 = 56/100 × 100 = 56%
- 평균발아일수
  = $\dfrac{(1 \times 8) + (2 \times 12) + (3 \times 16) + (4 \times 20) + (5 \times 12) + (6 \times 6) + (7 \times 4) + (8 \times 2)}{80}$
  = 3.75일

| 정답 | ①

기출 및 출제예상문제

01 일반적인 종자의 세 가지 주요 구성성분에 해당하는 것은? ● 23. 서울지도사
① 탄수화물, 아미노산, 페놀화합물
② 탄수화물, 페놀화합물, 지질
③ 탄수화물, 단백질, 페놀화합물
④ 탄수화물, 단백질, 지질

[해설] 종자의 3대 구성성분 : 탄수화물, 단백질, 지질

02 작물의 휴면에 대한 설명으로 가장 옳지 않은 것은? ● 23. 서울지도사
① 작물에서 대표적인 휴면기관은 종자이다.
② 종자의 발아를 억제하는 대표적인 물질은 앱시스산(ABA)이다.
③ 종자에서 발아억제물질들이 감소하고 발아촉진물질들이 증가하면서 휴면이 타파된다.
④ 작물이 휴면을 타파하기 가장 좋은 방법은 고온처리이다.

[해설] 작물이 휴면을 타파하기 위한 방법은 저온처리, GA처리, 후숙(건조) 등이다.

03 식물별 저장방법과 양분저장위치가 옳지 않은 것은? ● 22. 경기 농촌지도사
① 대두 : 단백질-배
② 목화 : 지방-배유
③ 땅콩 : 지방-배유
④ 옥수수 : 녹말-배유

[해설] 땅콩은 무배유종자로서 양분저장은 자엽(배)에서 일어난다.

정답 01 ④ 02 ④ 03 ③

04 종자의 발아과정에 대한 설명으로 옳지 않은 것은? ●21. 경북 농촌지도사

① 종자발아과정에서 산소를 가장 먼저 흡수해야 한다.
② 종자발아에 필요한 에너지는 종자 저장양분으로부터 공급받는다.
③ 배나 발아초기의 유식물은 양분을 주로 세포와 세포를 통한 확산으로 이동시킨다.
④ 종자의 수분흡수 2단계는 수분흡수는 정체되고 효소들이 활성화되는 시기이다.

[해설] 종자발아의 첫 번째 과정은 수분흡수부터 시작한다.
종자발아 과정 : 수분흡수 → 저장양분의 소화 → 양분의 이동 → 호흡 → 생장

05 종자 발아시 수분흡수량이 옳은 것은? ●18. 경북 농촌지도사(변형)

① 보리 : 26%
② 완두 : 80~100%
③ 콩 : 50~60%
④ 유채 : 230%

[해설]

작물		흡수량	작물		흡수량
콩과	갯완두	230.0	벼과	벼	26.5
	완두	186.0		보리	46.0
	잠두	157.0		밀	60.0
	병아리콩	120.0		호밀	57.7
	콩	50.1		귀리	59.8
				옥수수	39.8
배추과	유채	48.3	마디풀과	메밀	46.9
대극과	피마자(아주까리)	42.0			

06 종자의 발달과 저장양분에 대한 설명으로 옳지 않은 것은? ●18. 경북 농촌지도사(변형)

① 옥수수의 전분은 주로 배유에 저장된다.
② 콩의 지방은 떡잎 속에 저장되어 있다.
③ 쌍자엽식물의 배발생은 구상형 배로부터 1개의 떡잎이 배축 방향으로 신장한다.
④ 성숙기 콩 종자는 배유가 없어지고 배만 남게 되며, 종피가 배를 감싸고 있는 형태가 된다.

[해설] • 쌍자엽 식물의 세포분열기 동안 배발생 단계 : 구상형(globular) → 심장형(heart) → 어뢰형(torpedo) 단계 → 2개 떡잎 형성
• 지방종자(oil seed) : 지방이 주로 배유에 저장되어 있는 것(피마자·목화), 떡잎 속에 저장되어 있는 것(해바라기·콩), 배유와 떡잎 속에 고루 분포되어 있는 것(뽕나무)으로 분류

[정답] 04 ① 05 ③ 06 ③

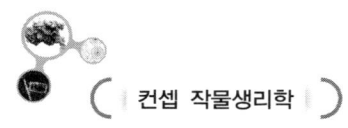

07 종자발아와 호르몬 관계에 대한 설명으로 옳지 않은 것은?
● 18. 경기 농촌지도사(변형)

① 지베렐린이 없더라도 사이토키닌은 단독으로 발아를 유기시킬 수 있다.
② ABA가 있을 때에는 지베렐린과 사이토키닌이 공존하면 ABA가 존재해도 억제작용은 타파된다.
③ 저온습윤처리시 휴면배의 ABA, coumarin 등이 감소되면서 gibberellin, cytokinin 등의 축적이 일어난다.
④ 종자의 ABA 함량이 최고일 때 IAA와 GA 함량은 감소한다.

[해설] 지베렐린이 없으면 사이토키닌은 단독으로 발아를 유기시킬 수 없다.

[종자가 발아할 수 있는 조건]

GA	cytokinin	억제물질	
○	○	○	→ 발아
○	○	×	→ 발아
○	×	×	→ 발아

08 휴면현상에 대하여 잘못 설명하고 있는 것은?

① 불량환경에 처했을 때 휴면상태가 된다.
② 배의 미숙으로 인해 종자가 휴면하기도 한다.
③ 지베렐린은 휴면을 유도·촉진한다.
④ 습윤저온처리는 종자휴면을 타파하는 방법이다.

[해설] 지베렐린은 휴면타파의 대표적인 호르몬이다.

09 다음 중 1차휴면에 대한 설명으로 가장 타당한 것은?

① 적합한 환경조건에서의 내부적 원인에 의한 휴면
② 저온에 의한 동아의 휴면
③ 부적합한 환경으로 인한 휴면
④ 수분의 공급 부족에 의한 종자의 휴면

[정답] 07 ① 08 ③ 09 ①

10 다음 중 식물의 강제휴면을 가장 잘 설명하고 있는 것은?
① 내적 요인에 의하여 일어나는 휴면
② 외적 환경조건의 부적합에 의하여 일어나는 휴면
③ 주변 식물체의 영향으로 일어나는 휴면
④ 외적 요인과 내적 요인의 복합적 요인에 의하여 일어나는 휴면

11 종자 휴면에 대한 설명으로 바르지 않은 것은?
① 산소의 부족, 수분의 부족, 배의 미숙 등은 종자휴면 요인 중 타발휴면에 해당한다.
② 종피의 특성, 배의 성숙도, 발아억제물질은 종자휴면의 원인이다.
③ 습윤저온처리(층적법)에 가장 효과있는 온도는 5℃ 정도가 알맞다.
④ 건조한 지역에서 볼 수 있는 종자휴면의 주된 원인은 발아억제물질의 존재 때문이다.

[해설] ① 자발휴면
- 배의 휴면 : 배의 미숙, 배 자체의 생리적 원인
- 종피에 의한 휴면 : 불투수성, 불투기성, 기계적 저항
- 발아억제물질 : ABA, coumarin, phenolic acid, 암모니아, 시안화수소, 에틸렌
② 타발휴면
고온과 저온, 습윤과 건조, 암과 광조건, 산소부족, 고농도 탄산가스 등

12 종자의 휴면이 일어나는 원인이 될 수 없는 것은?
① CO_2 불투과성의 종피
② 흡수 불능의 종피
③ 종피의 기계적 저항성
④ 미숙 상태의 배

[해설] 종피가 O_2 투과를 저해하여 배에 O_2 공급부족 때문에 발아하지 못한다.

정답 10 ② 11 ① 12 ①

13. 종피의 투수성이 불량하여 발아하지 못하는 경실의 발아를 촉진시키는 방법이 아닌 것은?

① 습윤저온처리
② 종피파상법
③ 화학적 부상법
④ 진탕·온탕·건열 등의 처리

[해설] 습윤저온처리(층적법)는 미숙배의 후숙을 유도하여 휴면을 타파하는 방법이다.

14. 경실의 수분흡수를 위한 화학적 부상법으로 사용할 수 없는 방법은?

① 농황산처리
② 알코올처리
③ 중탄산소다처리
④ MH처리

[해설] 경실 종자의 휴면타파법
ⓐ 파상법(scarification) : 종피에 기계적 상처를 만들어 흡수시키는 방법
ⓑ 화학적 파상법(chemical scarification) : 화학물질(진한 황산, 수산용액 등)로 종피에 상처를 만들어 흡수시키는 방법

15. 휴면타파법으로 층적법(습윤저온처리)과 관계 깊은 휴면의 원인은?

① 기계적 저항성 종피
② 미숙한 배
③ 경실
④ 산소 불투과성 종피

16. 다음 중 귀리나 보리 등이 휴면하는 원인으로 적당한 것은?

① 종피의 기계적 저항성 때문이다.
② 종피의 산소 불투과성 때문이다.
③ 발아억제물질이 함유되어 있기 때문이다.
④ 종피의 수분불투과성 때문이다.

[해설] 맥류의 휴면 원인은 불투기성 때문이다.

정답 13 ① 14 ④ 15 ② 16 ②

17 습윤저온처리에 의해서 휴면종자의 후숙이 진행되는 동안 종자 내부에서 일어나는 생리적 변화가 아닌 것은?

① 리파아제, 퍼옥시다제, 카탈라아제 등의 효소활력이 증가된다.
② 신조직형성에 사용되는 당류와 아미노산 등이 집적된다.
③ 불용성 물질이 가용성 물질로 변화된다.
④ 삼투퍼텐셜이 증가된다.

[해설] 저온습윤처리시 생리·생화학적 변화
- lipase · peroxidase · oxidase · catalase 등 효소활력의 증가가 일어난다.
- 조직형성에 많이 쓰이는 당류·아미노산 등과 같은 단순한 유기물질의 집적이 일어난다.
- 불용성 물질이 분해되어 가용성 물질로 변하고 삼투퍼텐셜이 낮아진다. 삼투압 물질의 증가는 배로의 수분 이동이 쉬워진다.
- 휴면배의 발아억제물질(ABA, coumarin 등)이 감소되면서 발아촉진물질(gibberellin, cytokinin 등)의 축적이 일어난다.

18 다음 중 종자휴면에 대한 설명 중 옳지 않은 것은?

① MH, MENA, NAA 등은 감자·양파·백합 등의 저장 중 맹아를 방지할 수 있다.
② 감자 괴경의 휴면타파법으로 GA를 처리하면 가장 쉽고 효과적이다.
③ 쿠마린(coumarin)은 다즙성 과실에 존재하는 대표적인 발아억제물질이다.
④ 종자의 휴면유도, 발아억제 등에 관련되는 식물 호르몬은 cytokinin이다.

[해설] 종자의 휴면유도, 발아억제 등에 관련되는 식물 호르몬은 ABA이다.

19 다음 중 ABA가 존재하는 종자의 휴면타파와 관련된 식물호르몬은?

① 지베렐린, 사이토키닌 ② 지베렐린, 옥신
③ 옥신, 사이토키닌 ④ 옥신, 에틸렌

20 씨감자의 휴면타파제로 이용될 수 있는 물질 중 정아우세현상을 타파하여 씨감자의 모든 눈을 맹아시키는 것은?

① thiourea ② gibberellin
③ KCNS(potassium thiocyanate) ④ ethylene chlorohydrin($ClCH_2CH_2OH$)

정답 17 ④ 18 ④ 19 ① 20 ①

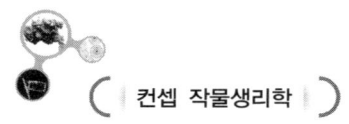

21 수목이나 과수는 가을에 신장을 정지하고 낙엽과 동시에 정아가 휴면상태로 들어가는데, 휴면을 유도하는 환경적 요인은?

① 저온과 단일
② 영양결핍과 광부족
③ 광합성 저하와 수분결핍
④ 무기영양의 결핍

22 종자에 대한 설명으로 옳지 않은 것은?

① 고등식물에서 중복수정과정을 통해 정핵과 난핵의 결합하여 배를 형성한다.
② 정핵과 극핵의 결합으로 배유를 형성한다.
③ 화본과 식물의 종자는 종피, 배, 배유로 구성되어 있다.
④ 종자의 배유에는 유아와 유근 등이 분화되어 있다.

[해설] 유아와 유근은 종자의 배에서 분화된다.

23 다음 중 종자에 대한 설명으로 옳지 않은 것은?

① 종자의 발아는 생활사의 시작이다.
② 종자는 식물의 축소된 형태이다.
③ 모체로부터 생성된 새로운 생명체이다.
④ 모든 작물의 경제적 대상이다.

24 다음 중 무배유 종자를 바르게 설명한 것은?

① 쌍자엽식물의 종자를 말하는 것이다.
② 배유는 흔적으로만 남고 자엽이 잘 발달된 종자이다.
③ 단자엽식물의 종자 중 배유가 없는 종자를 말한다.
④ 배와 배유 중에서 하나가 발달하지 않은 종자이다.

정답 21 ① 22 ④ 23 ④ 24 ②

25. 화본과 종자의 배를 구성하는 요소 중 초엽에 대한 설명으로 올바른 것은?

① 발아시 가수분해효소를 활성화시킨다.
② 발아시 정아를 보호하는 역할을 한다.
③ 제1본엽의 시원체가 되는 생장점조직이다.
④ 종자근을 감싸고 있는 부분이다.

26. 다음 중 호분층에 대한 설명으로 틀린 것은?

① 배유조직의 가장 바깥부분에 몇 개의 층으로 존재한다.
② 많은 전분립이 축적되어 있다.
③ 단백질, 지방, 효소들이 저장되어 있다.
④ 발아시 저장물질을 가수분해시키는 역할을 한다.

[해설] 호분층에는 호분립이 축적되어 있고, 배유에 전분립이 축적되어 있다.

27. 종자발아에 대한 설명이 옳지 않은 것은?

① 토양은 종자의 발아에 크게 영향을 미치는 외적 조건이 아니다.
② 벼, 밀, 목화, 참외 중 최저 발아온도가 가장 낮은 종자는 밀이다.
③ 벼와 상추는 수중발아성이 비교적 양호하다.
④ 콩과 당근은 수중발아성이 좋지 않다.

[해설]

수중 발아하지 못하는 식물 (산소 요구도 ↑)	귀리·밀·무·양배추·코스모스·과꽃·후추·가지·파·머스크멜론·메밀·콩·앨펄퍼
수중 발아가 저하되는 식물	담배·토마토·흰토끼풀·금강아지풀·석죽·미모사
수중 발아에 이상이 없는 식물	상추·당근·피튜니아·티머시·셀러리·켄터키블루그래스·벼

28. 다음 중 광발아성 종자에 속하는 것은?

① 담배, 상추
② 양파, 수박
③ 벼, 호박
④ 가지, 보리

[해설]

광발아성 종자	담배·상추·뽕나무·배암차조기·우영·켄터키블루그래스
암발아성 종자	파·양파·가지·토마토·수박·호박·수세미·오이
광불감수성 종자	화곡류·옥수수·대다수의 콩과작물

[정답] 25 ② 26 ② 27 ④ 28 ①

29 다음 중에서 암발아 종자로만 묶인 것은?
① 토마토, 가지, 호박, 오이
② 벼, 보리, 밀, 옥수수
③ 콩, 땅콩, 메밀, 조
④ 담배, 상추, 뽕나무, 우엉

30 피토크롬에 대한 가장 올바른 설명은?
① 종자의 발아를 촉진하는 효소의 일종이다.
② 일장반응으로 생성되는 화성호르몬이다.
③ 종자발아 등을 지배하는 광수용성 색소단백질이다.
④ 저온에서 생성되는 춘화물질이다.

31 종자발아에 대한 설명이 바르지 않은 것은?
① 광발아성 종자인 상추종자의 발아에 관여하는 광감응성 물질은 피토크롬이다.
② 적색광(660nm)은 종자의 발아과정에서 발아촉진적 작용을 한다.
③ CCC, phosfon D, Amo-1618, GA는 발아를 억제하는 물질이다.
④ 종피가 파열되지 않은 종자에서는 무기호흡이 이루어진다.

[해설] CCC, phosfon D, Amo-1618는 발아를 억제하지만, GA는 발아를 촉진한다.

32 발아촉진물질에 속하는 것이 아닌 것은?
① phenolic compounds
② thiourea
③ ethylene
④ KNO_3(질산염용액)

[해설]

발아촉진물질	지베렐린(GA)·시토키닌(cytokinin)·에틸렌(ethylene)·질산염(KNO_3)·과산화수소(H_2O_2)·thiourea 등
발아억제물질	암모니아(NH_3)·시안화수소(HCN)·ABA·phenolic compound·coumarin 등

[정답] 29 ① 30 ③ 31 ③ 32 ①

33 종자의 수분흡수에 관여하는 요인으로 적당하지 않은 것은?

① 종자의 수중발아성
② 용액의 농도
③ 종자의 교질 조성
④ 종피의 수분투과성

[해설] 종자의 수분흡수에 영향을 미치는 요인 : 종자 크기, 종자의 교질 조성, 종피의 투수성, 물과의 접촉상태, 온도 등

34 다음 종자생리에 대한 설명으로 옳지 않은 것은?

① 아밀로오스, 아밀로펙틴은 주로 종자에 저장되어 있는 탄수화물이다.
② phosphorylase는 종자발아시 저장물질을 가수분해하는 주요 효소이다.
③ 성분함량을 기준으로 할 때 콩은 단백질성 종자로 분류한다.
④ 유묘의 출현형태로 볼 때 강낭콩, 메밀, 녹두는 지상형(epigeal type)이다.

35 종자의 발아경과를 순서대로 나열한 것 중 맞는 것을 고르시오.

A. 양분의 이동   B. 저장양분의 소화
C. 흡수   D. 동화
E. 유식물의 생장

① C - B - A - D - E   ② C - A - B - D - E
③ B - A - C - D - E   ④ B - C - D - A - E

36 종자의 발아경과에 대한 설명 중에서 잘못된 것은?

① 종자의 발아는 수분을 흡수하지 않으면 진행되지 않는다.
② 광발아종자는 광이 없으면 어떠한 방법으로도 발아시킬 수 없다.
③ 종자발아시 저장양분은 각종 효소에 의해 분해된다.
④ 종자는 발아 전에 반드시 동화작용을 수행한다.

[해설] 종자발아시 광의존성은 종자고유의 성질이라기보다는 종자 내부의 생리적 변화, 외부환경 조건에 따라 변화할 수 있는 성질이다.

[정답] 33 ① 34 ② 35 ① 36 ②

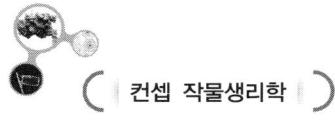

37. 발아시 유근과 유아가 출현하는 순서는?

① 항상 유아보다 유근이 먼저 출현한다.
② 항상 유근보다 유아가 먼저 출현한다.
③ 유근과 유아는 항상 같이 출현한다.
④ 수분의 다소에 따라 다르지만 보통 유근이 먼저 나온다.

38. 다음 중 1~2년 만에 발아력이 격감하는 단명종자는?

① 고추, 양파
② 수박, 토마토
③ 무, 배추
④ 목화, 완두

[해설]

구분	단명종자(1~2년)	상명종자(3~5년)	장명종자(5년 이상)
농작물	콩, 땅콩, 옥수수, 메밀, 기장, 목화, 해바라기	벼, 밀, 보리, 귀리, 완두, 유채, 페스큐, 켄터키블루그래스, 목화	클로버, 앨펄퍼, 베치, 사탕무
채소	강낭콩, 양파, 파, 상추, 당근, 고추	무, 배추, 양배추, 꽃양배추, 방울다다기양배추, 호박, 멜론, 시금치, 우엉	가지, 토마토, 수박, 비트
화훼	팬지, 스타티스, 베고니아, 일일초, 콜레옵시스	피튜니아, 카네이션, 시클라멘, 알리섬, 색비름, 공작초	나팔꽃, 접시꽃, 백일홍, 스토크, 데이지

39. 다음 종자 중에서 저장력이 가장 강한 것은?

① 파
② 가지
③ 옥수수
④ 메밀

40. 종자가 발아력을 상실하는 주된 원인은 무엇인가?

① 종자원형질을 구성하는 저장단백질의 변성과 응고
② 호흡으로 인한 저장양분의 소모
③ 종자의 각종 효소 활력 저하
④ 호흡에 의한 유해물질의 집적

정답 37 ④ 38 ① 39 ② 40 ①

41 다음 중 종자의 수명을 가장 오랫동안 유지시킬 수 있는 저장방법으로 생각되는 것은?

① 종자의 수분함량이 적고, 저온·다습·다산소 조건에서 저장한다.
② 종자의 수분함량이 적고, 저온·건조·저산소 조건에서 저장한다.
③ 종자의 수분함량이 많고, 저온·다습·다산소 조건에서 저장한다.
④ 종자의 수분함량은 많을수록 좋고, 고온·건조·저산소의 조건에서 저장한다.

42 다음 중 활력이 떨어진 종자의 특징에 해당되지 않는 것은?

① 다당류가 분해되어 단당류가 늘어난다.
② 종자의 함수량이 저하된다.
③ 종피의 투과성이 증대되어 용출되기 쉽다.
④ 가수분해효소의 활성이 저하된다.

[해설] 활력이 저하된 종자의 생리적 변화
㉠ 다당류가 분해되어 단당류가 늘어난다.
㉡ 종자 함수량이 증가하고 종피의 투과성이 높아져서 여러 가지 전해질이 용출되기 쉽다.
㉢ 호흡률·단백질 합성률·당 이용률 등이 저하된다.
㉣ 여러 가지 가수분해효소의 활성이 저하된다.

43 다음 중 종자의 발아력이 상실되는 원인으로 볼 수 없는 것은?

① 가수분해효소의 활력이 증대된다.
② 저장양분이 소모된다.
③ 호흡에 의한 유해물질이 집적된다.
④ 종자의 단백질이 변성·응고된다.

[해설] 저장종자의 발아력 상실 원인
㉠ 종자의 원형질 구성단백질과 저장단백질의 변성에 있다.
㉡ 종자 함수량이 많으면 단백질이 응고하기 쉽고, 종자의 호흡이 왕성해지며, 저장물질이 소모된다.
㉢ 효소활력이 저하되거나 상실된다.
㉣ 호흡으로 생성된 유해물질이 집적된다.

정답 41 ② 42 ② 43 ①

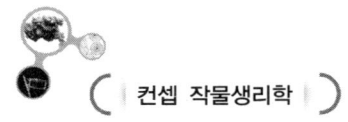

44 종자의 탈수소효소의 활성을 추정하여 발아능을 검정하는 테트라졸리움 검정법의 목적으로 가장 타당한 것은?

① 종자의 발아율 검정
② 종자의 휴면성 검정
③ 종자의 순수성 검정
④ 종자의 활력 검정

45 세대교대와 생식과 관련된 설명 중 틀린 것은?

① 고등식물의 세대교대는 포자체가 이끄는 무성세대와 배우체가 이끄는 유성세대가 교대로 이어지는 것을 말한다.
② 유관속식물의 세대교대는 포자체와 배우체의 형태가 완전히 달라, 포자체는 핵상이 2n인 이배체이다.
③ 무성생식은 암수배우자가 관여하는 생식이며 종자를 형성하기 때문에 종자번식을 한다.
④ 딸기는 포복지를 이용한 무성번식과 종자를 이용한 유성번식을 하는 좋은 예이다.

[해설] 암수배우자가 관여하는 생식은 유성생식이다.

46 다년생초본식물에 속하지 않는 것은?

① 감자
② 마늘
③ 사탕무
④ 국화

[해설] 식물의 생존연한에 따른 분류
　　① 1년생 식물
　　　　• 여름형 : 단일식물인 벼, 콩, 코스모스 등
　　　　• 겨울형 : 월동1년생 추파성맥류, 유채 등
　　② 2년생식물 : 배추, 양배추, 사탕무, 결구상추, 양파, 당근, 케일, 셀러리 등
　　③ 다년생초본식물 : 감자, 고구마, 마늘, 숙근초, 구근류, 목초류, 딸기 등

[정답] 44 ④ 45 ③ 46 ③

47 정아우세성에 의해 유발되는 휴면은?
① 내재휴면
② 외재휴면
③ 환경휴면
④ 타발휴면

[해설] Lang의 종자휴면의 분류(수목에서 눈의 휴면)
① 내재휴면 : 식물체 자체에 원인이 있는 휴면. 자발휴면
② 외재휴면 : 정아우세성에 의해 자라지 못하는 정아 아래의 눈처럼 다른 눈이 주변의 눈의 생장을 억제하는 경우(상관적 억제). 의사휴면, 가휴면
③ 환경휴면 : 환경적 요인에 의한 휴면. 타발휴면, 생태휴면

48 수박종자가 과실 안에서 발아하지 못하는 이유는?
① 종자의 배발달 미숙
② 과즙의 발아억제물질
③ 과실내부의 산소부족
④ 과즙의 높은 당도

49 종자에 층적법으로 습윤처리를 하면 어떤 변화가 예상되는가?
① ABA는 감소하고 GA는 증가한다.
② ABA는 증가하고 GA는 감소한다.
③ ABA와 GA가 다같이 감소한다.
④ ABA와 GA가 다같이 증가한다.

50 온대과수에 눈의 휴면을 유도하는 조건은?
① 저온과 단일
② 저온과 장일
③ 고온과 단일
④ 고온과 장일

51 동아의 휴면에 대한 설명 중 틀린 것은?
① 사과, 포도 등 온대과수는 저온요구도가 커서 한해의 위험이 크다.
② 감, 복숭아는 저온요구도가 낮아서 휴면이 상대적으로 낮다.
③ 휴면 중에는 ABA 농도가 GA에 비하여 높다.
④ 온대과수에 옥신(NAA, 2,4-D)을 시용하면 맹아와 개화가 늦어져 서리해를 막을 수 있다.

[해설] 사과·포도·호도 등 온대과수는 저온요구도가 크기 때문에 한해를 받을 위험은 적다.

[정답] 47 ② 48 ② 49 ① 50 ① 51 ①

52. 마늘의 휴면에 대한 설명 중 틀린 것은?

① 마늘은 고온장일 조건에서 인경을 형성하고 휴면한다.
② 마늘의 휴면은 고온에서 타파되고 저온에서는 휴면타파가 지연된다.
③ 한지형 마늘은 난지형보다 휴면이 깊어 저장성이 좋다.
④ 마늘휴면은 인편분화 직후부터 시작되고 구형성이 완료된 후에도 상당기간 지속된다.

[해설] 마늘의 휴면은 저온에서 타파되고 고온에서는 휴면타파가 지연된다.

53. 종자 전분을 분해하는 효소인 α-amylase 합성과 가장 관계가 깊은 호르몬은?

① auxin
② ethylene
③ cytokinin
④ gibberellin
⑤ abscisic acid

54. 지방성 종자에 많이 함유된 비타민의 종류는 무엇인가?

① Nicotinic acid
② Tocopherol
③ Gelatin
④ Riboflavin
⑤ Thiamin

[해설] Tocopherol은 비타민E이며, 지질성 비타민이다.

55. 전분종자에 속하는 것은?

① 보리, 옥수수
② 완두, 대두
③ 참깨, 땅콩
④ 수박, 호박

56. 오이종자의 발아시 유아갈고리의 역할은?

① 자엽의 보호
② 안전한 출아
③ 양분의 절약
④ 종피의 제거

정답 52 ② 53 ④ 54 ② 55 ① 56 ②

57 발아시 배유와 자엽을 땅속에 남기는 종자는?

① 옥수수, 완두
② 메밀, 양파
③ 강낭콩, 콩
④ 오이, 호박

[해설]
구분	배유 식물	무배유 식물
지상자엽형	메밀, 양파, 피마자, 마디풀	콩, 땅콩, 오이, 덩굴강낭콩
지하자엽형	벼, 보리, 밀, 옥수수, 자주닭개비	완두, 잠두, 팥, 상추, 붉은강낭콩

58 작물의 종자가 수명을 잃는 가장 주된 원인은?

① 단백질의 변성
② 휴면
③ 호흡감소
④ 저장양분의 증가
⑤ 종자의 산도 저하

59 저장종자의 수명을 가장 오래도록 유지시킬 수 있는 저장조건은?

① 종자의 함수량이 적고, 저온, 다습, 다산소의 저장조건
② 종자의 함수량이 적고, 저온, 건조, 저산소의 저장조건
③ 종자의 함수량은 15% 이상이고, 적온, 적습, 통기가 양호한 저장조건
④ 종자의 함수량은 관계가 없고, 저온, 건조, 저산소의 저장조건

60 탄수화물 작물종자의 발아에서 결정적인 역할을 하는 전분분해효소인 α-Amylase를 합성하는 보리 또는 벼종자의 세포는?

① 배세포
② 배유세포
③ 호분층세포
④ 종피세포
⑤ 과피세포

61 종자가 물을 흡수한 후 일어나는 최초의 화학적 변화는?

① amylase 활성화
② 배축의 생장
③ 소화
④ 배로 이동

[해설] 저장양분의 소화 : 종자가 필요한 에너지는 종자 저장양분(전분·지방·단백질 등)으로부터 공급받는데, 저장양분이 물에 녹아 이동하기 쉬운 물질로 전환되는 과정이다. 소화는 종자가 물을 흡수한 후 일어나는 최초의 화학적 변화이다.

[정답] 57 ① 58 ① 59 ② 60 ③ 61 ③

Chapter 02

단원 키워드

1. 세포의 확대생장 과정
2. 지하부와 지상부의 생장상관
3. 개체 생장분석 및 군락 생장분석
4. 광형태형성
5. 작물 생장과 발육에 미치는 요인
6. 작물 생육에 미치는 파이토크롬의 역할

작물 생장·발육 생리

제1절 기관 생장

1 기관의 생장단계

○ 크기·무게가 증가하는 양적 생장 : (1) 세포분열 → (2) 세포확대 → (3) 세포분화

(1) 세포분열 단계

① 식물체 내 분열조직의 종류
   ㉠ 정단분열조직(apical meristem) = 제1차생장(primary growth)
      ⓐ 뿌리·줄기의 선단부(생장점)에 존재하며, 세포분열을 통해 세포수가 증가하고 신장생장이 일어난다.
      ⓑ 줄기 생장점 : 선단부에 존재하며 어린잎으로 싸여 있고, 줄기조직은 형성 및 주경이 신장하여 측생기관을 형성한다.
      ⓒ 뿌리 생장점 : 근관으로 싸여 있고, 측생기관을 형성하지 않는다.
   ㉡ 측재분열조직(lateral meristem) = 제2차생장(secondary growth)
      ⓐ 주연분열조직(periclinal division) : 어린잎 가장자리에서 잎의 크기생장을 담당한다.

ⓑ 형성층분열조직
  ㉮ 유관속 형성층 : 목질부와 인피부의 경계면에 존재하며, 줄기와 뿌리를 비대생장시킨다.
  ㉯ 코르크 형성층 : 2차비대생장을 하는 식물의 줄기·뿌리의 피층 내에 생기는 측생분열조직의 일종이며, 내피에 코르크피층과 코르크조직을 만든다.
    * <u>코르크피층</u> : 코르크 형성층으로부터 그 내측에 형성되는 조직
    * <u>코르크조직</u> : 코르크 형성층으로부터 그 외측에 형성되는 조직
ⓒ 개재(절간)분열조직(intercalary meristem) : 이미 분화된 조직의 사이에 위치하며, 벼·보리 등 마디를 가지는 벼과작물은 절간세포가 분열하여 커짐으로써 마디의 생장을 담당한다.

② 분열조직의 특징
㉠ 식물 전체 세포수에 비해 분열조직이 차지하는 부피나 무게는 아주 작다.
㉡ 분열조직들은 서로 경쟁적 관계에 있으며, 이 경쟁관계를 어떤 방향으로 유도하느냐가 농작물의 수확지수 확보 측면에서 중요하다.
㉢ 볏과식물에서 잎겨드랑이(분얼, 엽액; leaf axil)의 분열조직을 활성화시키면 분얼수가 많아져 수량을 증대시킬 수 있다.

(2) 세포확대 단계

① 신장대(elongation zone) : 세포신장이 활발하게 이루어지는 부위로서, 분열조직에 접해있는 신장대에서 새롭게 생성된 세포의 체적이 지속적으로 커진다. 뿌리에서는 신장대가 생장점 바로 위, 줄기에서는 신장대가 생장점 바로 밑에 위치하고 있다.
② 세포의 확대생장 과정 : 세포가 확대되려면 세포벽 신장과 팽압 유지가 필수이다.
  ㉠ <u>산생장설(acid growth theory)</u> : 옥신 → ATPase → H^+↑ → pH↓ → 세포벽 유연
    ⓐ <u>세포벽의 가소성 증가가 세포벽의 산성화에 의하여 세포생장이 일어난다는 이론</u>
    ⓑ 세포벽은 가소성(plasticity) 증가로 유연해지며, 세포가 확대될 때에는 가소성이 커진다.
    ⓒ 세포벽 가소성은 낮은 pH와 옥신에 의하여 증가하는데, <u>옥신이 세포막에 있는 ATPase 활성을 증가시켜 세포벽 쪽으로 H^+를 방출시킴으로써 세포벽의 pH를 낮춘다.</u>
    ⓓ <u>세포벽 내의 H^+가 증가하면 expansin이 활성화되고, 세포벽 구성물질 간의 수소결합이 약해져서 세포벽이 느슨해지며 세포는 생장하게 된다.</u>
  ㉡ **세포의 팽압 증가** : 세포벽이 유연해지면서 수분이 흡수되면 팽압이 증가하고, 새로운 물질이 합성되고 보충되어야 세포는 확대생장을 한다.

ⓒ 세포벽 물질의 생성과 부가 : 골지체에서 세포벽물질이 합성되어 확대된 세포벽 사이에 끼워지거나 추가된다. 세포의 생장방향은 미세소관이 결정하는데, 세포 생장방향과 미세소관은 수직으로(나란히×) 배열된다.

ⓓ 액포의 발달 : 세포의 확대에 의해 남은 공간을 액포(vacuole)가 발달하여 채워주고 원형질도 증가하게 된다.

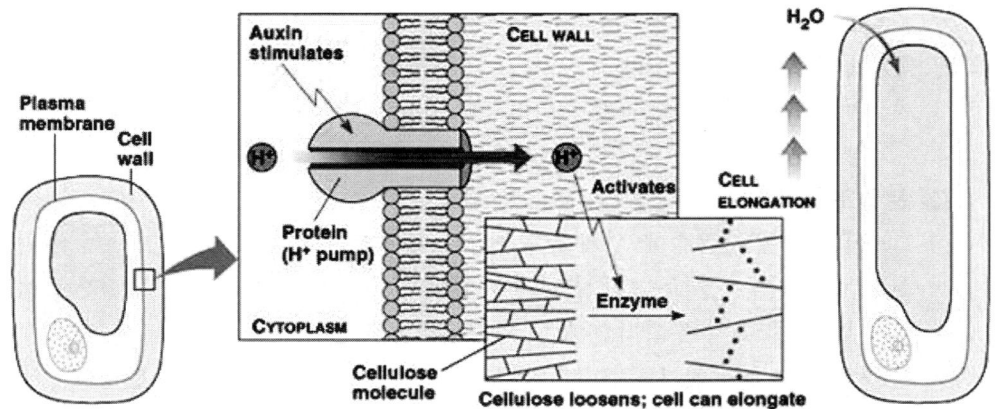

(3) 세포분화 단계

① 세포분화(differentiation) : 세포가 생리·생화학적 차이와 함께 구조적인 변화를 가져오는 일련의 과정
② 세포분화 결과로 다양한 기관이 형성되는데, 배로부터 뿌리와 줄기가 먼저 분화되고, 이후 유관속과 같은 조직의 원기가 분화되며, 마지막 표피세포와 피층세포가 분화된다.
③ 세포 분화는 극성(polarity)과 관련이 있다. 세포 극성은 세포 내 미세소관의 배치와 관련이 깊다. 세포 분화과정은 유전적 특성이지만 환경요인과 식물호르몬에 의해서도 조절될 수 있다.

2   기관의 발달

종자의 배 → 유근·유아가 형성 → 발아가 개시 → 유근이 자라 원뿌리(주근)를 형성하고, 유아는 떡잎(자엽)과 본엽을 전개 → 생장점은 계속해서 새로운 잎·가지의 시원체와 원기를 발달시킨다.

(1) 뿌리

뿌리 신장은 생장점에서 다소 떨어진 신장대에서 일어나며, 신장대 뒤의 분화대(근모, 물관부, 체관부, 내초 등이 생성되는 곳)에서는 신장되지 않는다.

① 주근계 또는 직근계(tap root system) : 식물 뿌리는 종류에 따라 모양이 다르고 곁뿌리 발생 정도도 다르다.
  ㉠ 쌍떡잎식물은 크고 굴지성이 강한 원뿌리, 1차측근, 2차측근 등으로 구성
  ㉡ 1차근 : 배의 유근이 발아·생장하여 이룬 뿌리(원뿌리, 1차근, 종자근)
  ㉢ 2차근 : 1차근에서 분기하여 자란 뿌리(측근, 곁뿌리)
② 부정근(不定根; adventitious root)
  ㉠ 유근·원뿌리·곁뿌리 외의 다른 기관에서 발생하는 뿌리이다.
  ㉡ 외떡잎식물인 볏과식물은 원뿌리의 생장이 멈추면서 지하줄기의 기부에서 다수의 부정근을 발생시키며, 이들로 구성되는 근계를 섬유근계(fibrous root system 또는 수근계)라고 하며, 이 섬유근계는 형성층이 없어 비대생장을 하지 못한다.
  ㉢ 옥수수의 부정근 : 지면에 가까운 지상부 마디에서 지주근으로 불리는 부정근이 생기며, 지주근이 도복방지와 양수분 흡수에 관계한다.

(2) 줄기

① 줄기 신장생장
  ㉠ 종자 발아과정에서 생성된 유아의 세포분열과 생장에 의하여 줄기가 형성되고, 줄기의 마디부분의 액아에서 마디와 잎이 생성된다.
  ㉡ 줄기의 신장생장은 쌍떡잎식물의 경우 정단의 생장점에서, 외떡잎식물의 경우에는 절간분열조직에서 세포 분열 및 확대에 의하여 일어난다.
  ㉢ 볏과식물 : 생육 초기(영양생장기)는 절간분열조직의 활성이 거의 없어 마디가 땅속에 밀집해 있으며, 이곳에서 곁가지·잎·부정근이 발생한다. 생식생장으로 전환되면 기부 절간분열조직이 활성화되면서 4~5개 마디사이가 급격히 신장하게 된다.
② 줄기 비대생장 : 형성층의 기능이 유지되는 정도에 따라 결정된다. 쌍떡잎식물은 비대생장이 이루어지지만, 외떡잎식물은 형성층 기능이 일찍 퇴화되어 비대생장이 거의 일어나지 않는다.

(3) 잎

① 잎의 형성 : 정아 → 엽원기 → 잎
  ㉠ 끝눈(정아)이나 곁눈(측아)의 분열조직에서 분화한 엽원기의 생장으로 잎이 형성된다.
  ㉡ 엽원기는 정단분열조직의 하부에 있는 것일수록 빨리 생장하고, 초기에는 정단생장을, 후기에는 주변생장을 한다.
② 잎의 면적 증대
  ㉠ 주연분열조직은 표면에서 직각방향으로 수층분열을 하여 표피층을 형성하고, 그 아래 분열조직에서 해면조직이나 울타리조직(책상조직)과 같은 내부조직이 형성된다.

ⓒ 잎 내부조직도 서로 직각방향으로만 분열하기 때문에 잎의 두께는 일정하고 면적만 증가한다.
  ⓒ 잎의 유관속은 엽원기 기부의 전형성층(前形成層)에서 분화되어 중륵을 형성하고 줄기의 유관속과 연결된다.
  ⓔ 주연분열조직이 활성화되면서 가장자리를 향한 엽맥이 형성되어 망상조직(network)을 완성하게 된다.
 ③ 볏과식물 잎(나란이맥) : 분열조직은 잎몸(엽신)의 기부에 있어 기부 쪽이 생리적으로 연령이 어리다. 분열조직과 신장대가 기부에 있기 때문에 상부의 줄기와 잎이 절단되어도 다시 생장할 수 있다.

3 생장상관(生長相關; growth correlation)

한 기관이 다른 기관의 생장형태나 생장속도에 영향을 주고받는 현상

(1) 지하부 vs 지상부

지하부 뿌리와 지상부 잎·줄기는 서로 밀접한 관련이 있다.
① 지하부 : 뿌리에서 합성되어 공급되는 아미노산과 식물호르몬이 줄기 생장에 영향을 미친다. 특히 뿌리에서 합성되는 ABA와 cytokinin은 지상부 생장에 큰 영향을 미친다.
② 지상부 : 잎과 줄기는 광합성 산물, 비타민, 호르몬을 공급해 주므로 뿌리의 생장에 영향을 미친다. 특히 지상부에서 공급되는 Auxin은 곁뿌리와 근모의 발생을 촉진시킨다.
③ T/R율(top/root ratio) 또는 S/R율(shoot/root ratio)
  ⓐ 의미 : 작물 지하부 생장량에 대한 지상부 생장량의 비율, 또는 S/R율
  ⓑ 환경조건에 따른 T/R율 변화
    • 질소부족이나 건조, 저온 등의 조건에서는 뿌리의 생장률이 더 높아진다.
    • 감자나 고구마의 경우 파종기나 이식기가 늦어질수록 지하부의 중량감소가 지상부의 중량감소보다 크기 때문에 T/R율이 증대됨(적기파종과 적기이식이 필요)
    • 일사가 적어지면 체내 탄수화물의 축적이 감소되는데, 지상부의 생장보다 뿌리의 생장을 더욱 저하시켜 T/R율이 증대됨
    • 질소를 다량 사용하면, 지상부의 질소집적이 많아지고 단백질 합성이 왕성해지며, 상대적으로 탄수화물 잉여가 적어서 지하부로의 전류는 감소하므로, 지하부 생장이 상대적으로 억제되어 T/R율이 증대됨
    • 토양함수량이 감소하면 지하부 생장보다 지상부 생장이 더욱 저해되므로 T/R율은 감소함
    • 토양통기가 불량하여 뿌리의 호기호흡이 저해되면 지상부보다 지하부 생장이 더욱 감퇴되므로 T/R율은 증대됨

(2) 끝눈 vs 곁눈
  ① 정아우세(apical dominance) : 줄기의 끝눈(정아)이 곁눈(측아)어 비하여 생장이 우세하고, 원뿌리(주근) 정단부가 곁뿌리(측근)에 비하여 생장이 우세한 현상
  ② 쌍떡잎식물에서 정아우세현상의 원인
    ㉠ 끝눈이 강력한 싱크활성(sink activity)을 나타내어 양분을 독점한 결과 곁눈의 영양부족 때문이다.
    ㉡ 정단부와 어린잎에서 합성되는 Auxin이 극성 이동을 하여 곁눈에 고농도로 축적되면서 이 고농도의 옥신이 측아생장을 억제하기 때문이다.
    ㉢ 곁눈에는 cytokinin(뿌리에서 합성되어 지상부로 이동)이 부족하고, 생장억제물질(ABA)이 증가하여 곁눈생장이 억제되어 정부우세성이 나타남
  ③ 줄기의 정아우세 : 식물의 형태를 결정하며, 작물 생산성과 밀접한 연관이 있다. 종류에 따라서는 정아우세를 억제하여 곁눈의 생장을 도모하기도 하고, 정아우세를 유지·강화시키기 위해 곁가지 발생을 억제·제거시키기도 한다.
  ④ 뿌리의 정아우세
    ㉠ 뿌리에서도 원뿌리의 생장이 곁뿌리에 비하여 우세한 정아우세현상이 나타난다. 원뿌리 선단부를 제거하면 곁뿌리의 발생이 많아짐. 곁뿌리의 길이도 원뿌리의 선단으로 갈수록 짧아짐
    ㉡ Auxin과 Cytokinin : 뿌리의 정아우세에 미치는 영향은 줄기의 정아우세에 미치는 영향과는 정반대이다. 곁뿌리의 생장은 옥신에 의하여 촉진되고, 사이토키닌에 의해서는 억제된다.

(3) 영양기관 vs 생식기관
  영양기관과 생식기관의 균형된 생장은 상호 관련되어 있다.
  ① 영양기관의 생장을 억제시키면 생식기관 발달을 촉진시킬 수 있다. 줄기를 수평으로 유인하거나 환상박피 등을 해주면 꽃눈분화가 촉진되고 생식기관의 생장이 촉진된다. 생육환경이 불리하여 영양생장이 억제되면 생식기관이 빨리 분화되고 더 많이 형성되는 것을 볼 수 있다.
  ② 질소시비로 영양생장이 왕성해지면 생식기관 형성이 지연·억제된다.
    토마토의 경우 적엽이나 액아 제거로 꽃눈형성이 촉진되기도 하고, 영양생장을 억제하는 TIBA(triiodobenzoic acid)를 처리하면 꽃눈형성이 크게 촉진된다. 낙엽과수는 신초생장이 멈추는 시기에 꽃눈분화가 시작된다.
  ③ 화아(꽃눈)의 원기를 제거하면 영양생장이 촉진되고 수명이 연장된다. 구근류에서도 꽃을 일찍 제거해버리면 구근의 생장이 촉진되며, 마늘·감자에서도 주아(主芽) 또는 꽃을 일찍 제거하면 인편·괴경의 생장이 촉진된다.

④ 잎과 곁눈의 생장상관 : 강낭콩의 어린잎·성숙잎은 겨드랑이눈(곁눈, 측아, 액아)의 생장을 억제(촉진×)한다. cytokinin은 잎에 의한 생장억제효과를 감소시켜 곁눈 생장을 유도하지만, Auxin·ethylene·ABA는 곁눈 생장을 억제시킨다.
  * 재배학 기술(記述) : 에틸렌은 측아 생장을 촉진함
⑤ 보상적 상관(compensatory correlation) : 식물의 동일한 기관 사이에서 양분·호르몬으로 인한 경쟁관계가 형성될 때 기관의 수를 줄이면 남은 기관의 크기가 커진다. 보상적 상관을 이용하여 적아·적화·적과·적엽·가지치기 등이 이루어진다.

(4) 유한생장 vs 무한생장

① 유한생장(determinate growth)
  ㉠ 꽃눈분화·추대가 이루어지면 모든 영양생장기관의 생장이 급격히 둔화·정지된다. 잎·과실·종자와 같은 기관은 일정한 크기에 도달하면 생장을 멈추고 노화과정을 거쳐 죽게 된다.
  ㉡ 1년생 식물 중 무·배추는 생식생장으로 전환될 때 외형적인 생장이 정지되는 유한생장을 한다. (영양생장과 생식생장이 단계적으로 명확하게 구분)
  ㉢ 콩의 유한신육형(有限伸育型)은 개화기에 도달하면 원줄기·분지 및 가지의 신장과 잎의 전개가 중지되고 개화기간이 짧다.
② 무한생장(indeterminate growth)
  ㉠ 다년생 목본식물의 줄기·뿌리 등은 생장을 계속하여 해가 거듭될수록 크기가 증가한다.
  ㉡ 콩의 무한신육형(無限伸育型)은 개화가 시작된 이후에도 영양생장이 계속되어 원줄기·분지 및 가지의 신장과 잎의 전개가 계속되고 개화기간이 길다.

4 생장분석

(1) 생장속도

① 생장속도 표시 : 초장·엽면적·생체중·건물중의 증가
② 시그모이드곡선(sigmoid curve)
  ㉠ 초기 느린 시기(lag phase) : 주로 세포분열에 의한 생장의 준비시기, 저장양분에 의존하여 생장하는 시기로 생장속도가 느린 것이 특징이다.
  ㉡ 중기 빠른 시기(log phase, exponential phase) : 생장체제가 갖추어지게 되면서 세포의 확대생장이 활발하게 이루어지고, 대사작용이 왕성해지면서 급격히 생장하게 된다. 식물체나 기관생장의 대부분은 이 시기에 주로 이루어진다.

ⓒ 말기 느린 시기(senescent phase, stationary phase) : 다시 생장속도가 둔화하는데, 이는 광·수분·무기양분 등에 대한 경쟁, 생리적 활성의 둔화, 생장억제물질의 축적 등의 영향을 받기 때문이다.

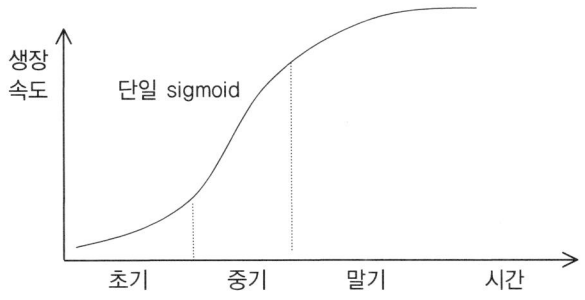

(2) **생장해석(growth analysis)**

작물의 생장특성 또는 생장효율을 수학적으로 분석하고 평가하는 것

① 개체의 생장분석

㉠ 상대생장률(RGR, Relative Growth Rate)

$$\therefore \text{RGR} = \text{NAR} \times \text{LAR}$$
(상대생장률 = 순동화율 × 엽면적률)

ⓐ 일정기간 동안 식물체의 건물생산능력
ⓑ 단위시간동안 원래 무게에 대한 건물중의 증가로 나타냄
ⓒ 건물중은 잎의 동화능력에 의해 결정된다고 보면, RGR은 순동화율과 식물체에서 잎이 차지하는 비율에 의해 결정됨

㉡ 순동화율(NAR, Net Assimilation Rate)

ⓐ 단위엽면적당 단위시간의 건물생산능력(건물중의 증가). 단위엽면적당 일정기간 동안 식물체의 건물생산능력
ⓑ 건물중과 엽면적 사이는 직선적 관계가 있다는 전제지만, 후기로 갈수록 엽면적 증가율이 건물중 증가율을 상회/하회하기도 함
ⓒ NAR은 생장이 진행될수록 점차 감소하는데, 불량환경, 원소결핍, 잎의 상호차폐 때문임

㉢ 엽면적률(LAR, Leaf Area Ratio)

ⓐ 식물체의 단위무게에 대한 엽면적의 비율. 단위는 cm^2/g
ⓑ 엽면적률은 식물의 잎 상태를 반영함

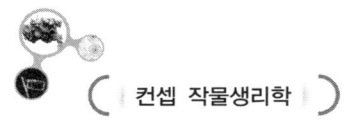

　　　ⓔ 개체엽에 대한 생장분석
　　　　비엽중과 비엽면적은 서로 반대 개념이며, 잎의 두께나 내용물의 충실도를 의미함
　　　　ⓐ **비엽중**(SLW) : 단위엽면적당 무게(g/cm^2)
　　　　ⓑ **비엽면적**(SLA) : 단위무게당 엽면적(cm^2/g)
② 군락의 생장분석
　　㉠ **작물생장률**(CGR, Crop Growth Rate)

$$\therefore CGR = NAR \times LAI$$
(작물생장률 = 순동화율 × 엽면적지수)

　　　　ⓐ 일정기간 동안 단위면적당 작물군락의 총건물생산능력
　　　　ⓑ 재식밀도가 높을 경우 직립형 초형의 작물은 CGR이 높아짐
　　㉡ **순동화율**(NAR) : 단위엽면적당 단위시간의 건물생산능력
　　㉢ **엽면적지수**(LAI, Leaf Area Index)
　　　　ⓐ 단위면적당 작물군락의 엽면적의 총화, 작물이 차지하고 있는 땅면적에 대한 엽면적의 비율
　　　　ⓑ 단위가 없고, 잎의 한쪽 면 면적만 측정한다.
　　　　ⓒ 보통 작물의 LAI는 3~5에서 최대 건물생산이 되고, 직립성인 벼과목초는 8~10까지 증가함
　　　　ⓓ 엽면적이 증가할수록 동화생산량은 증가하지만 한계점을 넘으면 호흡량이 증가하여 순생산량은 감소함
　　㉣ **엽면적기간**(LAD, Leaf Area Duration)
　　　　ⓐ 일정 생육기간동안 엽면적의 총화
　　　　ⓑ 작물 생장기간동안 엽면적 크기와 유지정도를 나타낸다.

> **정리 | 생장 분석**
>
> - **상대생장률**(RGR) : 일정기간 동안 식물체의 건물생산능력
> - **순동화율**(NAR) : 단위엽면적당 단위시간의 건물생산능력
> - **엽면적률**(LAR) : 식물체의 단위무게에 대한 엽면적의 비율
> - **비엽중**(SLW) : 단위엽면적당 무게(g/cm^2)
> - **비엽면적**(SLA) : 단위무게당 엽면적(cm^2/g)
> - **작물생장률**(CGR) : 일정기간 동안 단위면적당 작물군락의 총건물생산능력
> - **엽면적지수**(LAI) : 단위면적당 작물군락의 엽면적의 총화
> - **엽면적기간**(LAD) : 일정 생육기간동안 엽면적의 총화

제2절 생장과 환경

1 작물생장에 영향을 주는 환경

(1) 광

① 의미
  ㉠ 식물생장에 영향을 미치는 광환경 : 광도·광질·일장 등
  ㉡ 광과 관련된 생장반응 : 광합성·굴광성·광주기성·광형태형성 등
  ㉢ 암형태형성에서 광형태형성으로의 변화 예 콩나물
    ⓐ **암형태형성(skotomorphogenesis)** : 암상태에서 자란 황백화식물(etiolated seedling)은 줄기가 길고, 떡잎이 겹쳐져 있으며, 엽록소의 축적이 거의 없다. 유식물이 토양 밖으로 출현하여 햇볕에 노출되면 식물체는 광을 감지하면서 급격한 내·외적 변화를 보이기 시작한다.
    ⓑ **광형태형성(photomorphogenesis)** : 암형태형성에서 광형태형성으로의 변화는 신속하고 복잡한 과정이다. 암조건에서 자란 콩의 유식물에 비교적 약한 광을 조사하더라도 몇 시간 이내에 줄기 신장률이 감소하고, 정단 후크가 열리며, 녹색식물의 특징인 광수용색소의 합성이 개시되는 등의 다양한 발달의 변화가 유도된다.

② 광도(세기)
  ㉠ 일반적으로 광도가 증가하면 광포화점에 이를 때까지 계속해서 광합성속도가 증가한다. 광도가 높으면 생장이 촉진되고 수확량이 증가하고, 광도가 약하면 생장이 쇠퇴하고 수확량이 감소한다.
  ㉡ 음생식물(shade plant)은 광보상점이 낮아 그늘에는 잘 적응하나 광포화점이 양생식물에 비하여 낮아 광도가 증가해도 광합성이 증가하지 않으며, 심할 경우 오히려 광합성이 억제되어 생장이 나빠진다.

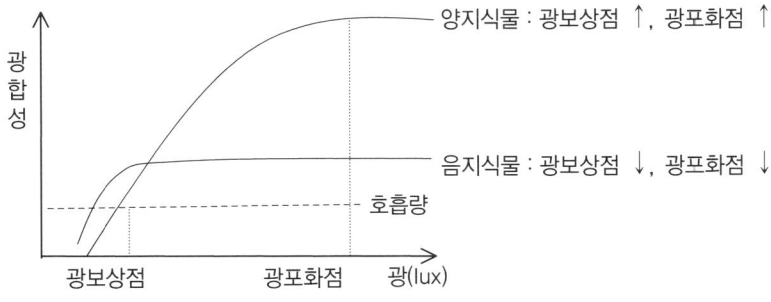

■ 양지식물과 음지식물에서 광도에 따른 광합성 반응

③ 광질(파장)

잎에 도달하는 광은 일반적으로 다양한 파장이 섞여 있는 혼합광 형태이다.

㉠ 광합성 유효광(photosynthetically active radiation, PAR) : 400~700nm 광선
  ⓐ 광합성에 가장 효과적인 파장 : 430nm 부근의 청색광, 650~680nm의 적색광
  ⓑ 파장 400~450nm(청색광) : 굴광반응, 마디의 신장생장 등에 관여
  ⓒ 자외선 파장 영역(200~400nm)
    • UV-A(320~400nm) : 플라보노이드와 각종 색소의 합성에 관여
    • UV-B(280~320nm) · UV-C(200~280nm) : 짧은 파장 때문에 자체가 높은 에너지를 가진 파장이므로 DNA 구조를 변화(260nm 부근)시킬 수 있어 식물 생장에 해롭다.
  ⓓ 적외선(750~4,000nm)
    • 장파장(750nm)의 빛은 광합성에는 효과적이지 못하나 광형태형성 유도에는 중요한 신호로 작용하며, 작물체온의 상승효과가 크다.
    • 적외선은 중배축(mesocotyl) 신장을 촉진시키는데, 군락상태에서 초관 하부에는 원적색광의 비율이 높아 웃자라기 쉽다.

㉡ 광질(파장)이 식물생육에 미치는 영향

구분		자외선	가시광선	적외선	극장파
파장		200~400	400~700	750~4,000	4,000~100,000
태양광 중 비율		0~4	21~46	50~79	-
광의 영향	광합성	×	○ (광합성 유효파장)	×	×
	광형태형성	×	○	○	×
	온도상승효과	×	○	○	○
	생육저해 효과	○	×	×	×

* ○ : 효과적, × : 효과없음

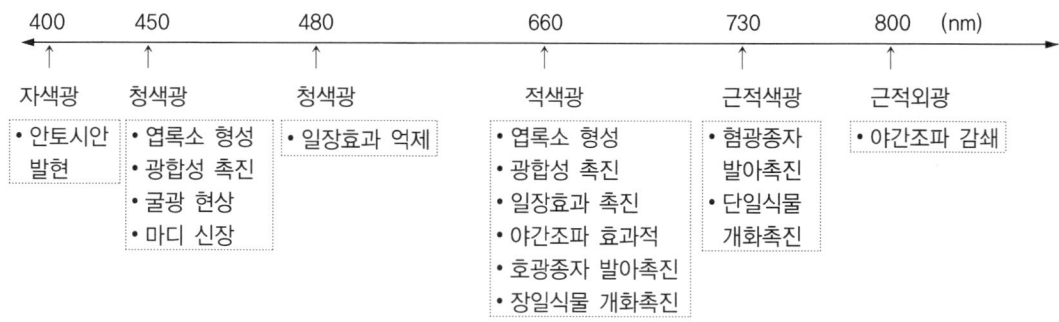

▣ 광 파장과 작물반응

(2) 온도
① 온도에 대한 반응

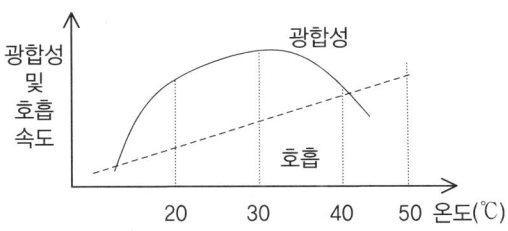

㉠ 온도는 효소반응의 속도를 조절하여 생장에 영향을 끼친다.
㉡ 0℃ 근처에서는 생장이 느리지만, 20~30℃까지는 온도 상승과 함께 생장이 빨라진다.
㉢ <u>일정 온도 이상(고온)에서는 생장속도가 떨어지는데</u>, 증산량이 많고 <u>광합성보다 호흡작용이 더 빠르기 때문에 생장속도가 느리다.</u>
㉣ 생장 최적온도 · 최고온도 · 최저온도는 여름작물(summer crop) · 열대식물에서는 높고, 겨울작물 · 한대식물에서는 낮다.

② **적산온도**(積算溫度; accumulated temperature)
㉠ 식물 생장에 미치는 온도의 영향을 나타내는 지표
㉡ 하루의 평균온도가 기준온도(보통 0℃로 설정)보다 높은 날의 평균온도를 누적한 것
㉢ **유효적산온도** : 0℃가 생장에 실제로 유효한 온도가 아닐 경우가 대부분이기 때문에 기준온도(기본온도)를 겨울작물은 5℃, 여름작물은 10℃로 설정하고 하루평균온도에서 이 기준온도를 뺀 차를 누적하여 생장온도일수(growth degree days)로 표시하기도 한다.

적산온도 (sum of temperature)	• 의미 : 작물이 일생을 마치는 데 소요되는 총온량을 표시한 것 • 적산온도는 작물의 발아로부터 성숙에 이르기까지의 0℃ 이상의 일평균 기온을 합산하여 측정하는데, 작물 생육시기와 생육기간에 따라 달라짐	
	여름작물 (단위 : ℃)	목화(4500~5500), 벼(3500~4500), 담배(3200~3600), 옥수수(2370~3000), 수수(2500~3000), 조(1800~3000), 콩(2500~3000), 메밀(1000~1200)
	겨울작물	추파맥류(1700~2300)
	봄작물	아마(1600~1850), 봄보리(1600~1900) 감자(1300~3000), 완두(2100~2800)
유효온도 (effective temperature)	• 의미 : 기본온도와 유효고온한계온도 범위 내의 온도 • 기본온도(base temperature) : 작물생육에서 저온의 한계, 즉 생육은 멈추지만 죽지는 않는 온도 • 유효고온한계온도 : 작물생육에서 고온의 한계, 즉 특정 온도 이상으로 올라가도 생육은 멈추지만 죽지는 않는 온도	
유효적산온도 (growing degree days, GDD)	• 의미 : 유효온도를 작물의 발아 이후 일정한 생육단계(생식생장기·출수기 등)까지 적산한 것 $$\therefore \text{GDD}(℃) = \Sigma\left\{\left(\frac{\text{일최고기온}+\text{일최저기온}}{2}\right) - \text{기본온도}\right\}$$ • 유효적산온도는 감온성 작물(조생종 벼·옥수수 등)의 적지적작을 선정할 때 이용 • 기본온도는 대체로 여름작물은 10℃, 월동작물과 과수는 5℃로 봄 • 최저온도(냉량지작물 5℃, 온난지작물 10℃, 열대작물 15℃) 이상의 일평균 유효온도만을 합산한 적산온도로 측정할 수도 있지만, 작물간 온도입지의 차이를 잘 나타내지 못함	

③ DIF(differential) = (주간온도 - 야간온도)
  ㉠ 의미 : 주·야 온도차이. 일반적으로 주간온도는 높고, 야간온도는 낮은 것(일교차가 큰 것)이 생장에 유리하다.
    * 재배학 기술 : 밤 기온이 높아서 변온이 작을 때 대체로 생장이 빠름
  ㉡ DIF가 클수록 신장생장이 좋아지는 원인
    ⓐ 야간에 온도가 낮으면 당 함량이 높아진다.
    ⓑ 호흡에 의한 탄수화물의 소모가 감소한다.
    ⓒ 뿌리로의 당 이동이 증가한다.
    ⓓ 지상부에 비해 뿌리생장이 더 활발해진다.
    ⓔ 종자껍질의 기계적 파괴를 유도한다.
  ㉢ DIF값에 반응이 좋은 식물 : 백합·국화·제라늄·거베라·피튜니아·토마토 등
  ㉣ DIF값에 반응이 약한 식물 : 히아신스·수선화·튤립 등

(3) 토양

① 토양공기
- ㉠ 토양산소는 뿌리의 생장, 양분의 능동적 흡수, 토양미생물의 활성화, 무기원소의 유효도 등에 영향을 미친다.
- ㉡ 토양산소는 대기 중 O_2 농도의 1/3이면 뿌리의 생장에 적절한 것으로 알려져 있다.
- ㉢ 벼와 같은 담수적응 작물은 통기조직이 잘 발달되어 있어 O_2가 부족한 조건에서도 잘 적응한다.

② 토양수분
뿌리는 토양수분이 충분하면 지표면 가까이 분포하는 반면, 부족하면 깊게 분포한다.

③ 토양산도
pH 5~8의 범위가 적당하며, 이 범위를 벗어나면 여러 가지 생리장해현상이 나타난다.

④ 토성(土性)
일반적으로 사질토양의 경우 생장속도가 빠른 반면에 조직이 치밀하지 못하고 노화가 촉진되는 경향을 보인다.

2 파이토크롬(phytochrome)

(1) 파이토크롬의 특징

① 파이토크롬의 상호전환

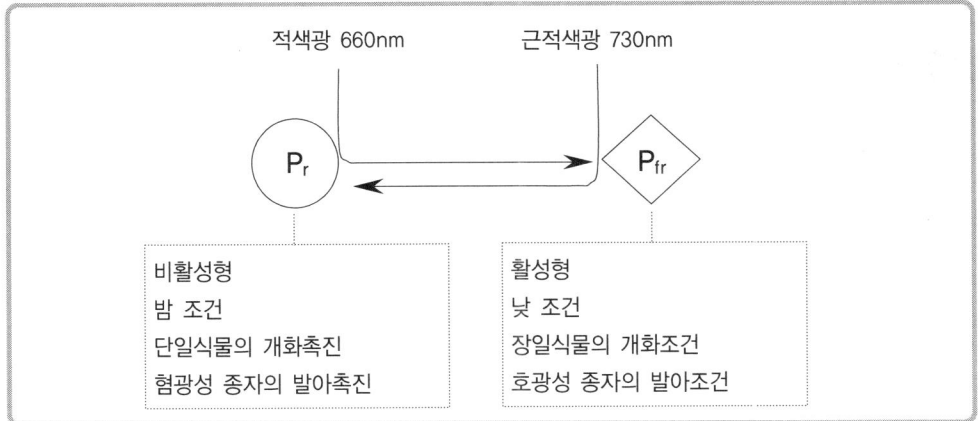

■ 광가역적 피토크롬 반응

- ㉠ 광가역성(光可連性; photoreversibility)
  - ⓐ 암조건(730nm 흡수)에서 자란 황백화식물에서 파이토크롬은 P_r(적색광 흡수형) 형태로 존재한다.

ⓑ 푸른색을 띠는 P_r는 적색광(660nm)에 의해 P_{fr}(원적색광 흡수형) 형태로 바뀌어 청록색을 띤다.
　　　ⓒ P_{fr}는 다시 원적색광(730nm)에 의해서 P_r로 전환된다.
　　　ⓓ 피토크롬의 암전환 속도는 온도와 pH 영향을 받으며, 환원제 처리시 수초 동안에 반응이 일어남
　　ⓛ 광평형상태(photostationary state)
　　　ⓐ 파이토크롬 P_{fr}형과 P_r형의 흡수스펙트럼이 일부 겹쳐지기 때문에 파이토크롬 풀(pool)은 적색광이나 원적색광을 받은 후에 P_{fr}나 P_r로 완전히 전환되지 않는다.
　　　ⓑ 적색광 조사 : P_r형이 적색광(660nm)을 받으면 대부분의 P_r분자는 P_{fr}로 바뀌지만, P_{fr}의 일부는 적색광도 흡수하여 P_r로 다시 바뀐다. 적색광을 포화상태로 조사하더라도 P_{fr} 형태의 파이토크롬 비율은 85% 정도이다.
　　　ⓒ 원적색광 조사 : P_{fr}이 원적색광(730nm)을 받으면 완전히 P_r형으로 바뀌지는 않는다. P_r도 극소량의 원적색광을 흡수하기 때문에 97% P_r와 3% P_{fr}의 비율로 평형에 도달한다.
② 생리활성형 파이토크롬 : P_{fr}
　　⑤ 파이토크롬의 생리반응은 적색광(660nm) 조사에 의해서 유도되므로 이론상 P_{fr} 생성이나 P_r 소실 때문이라고 볼 수 있다.
　　ⓛ P_{fr}가 생리적으로 활성형 파이토크롬이다. 생리적 반응의 정도와 광에 의한 P_{fr} 형성량 사이에는 비례관계가 성립하나, 생리적 반응과 P_r의 소실 사이에는 비례관계가 성립하지 않는다.

참고　파이토크롬의 분포

피토크롬은 세포 내에서 세포질, 색소체, 핵, 미토콘드리아, 소포체 등 거의 모든 세포소기관에 분포한다.
㉠ 암조건(원적색광)에서 황백화된 귀리 자엽초 유조직 세포에서 피토크롬은 불활성상태의 P_r형으로 세포질에 분포하고, 빛(적색광)에 노출되면 활성형 P_{fr}형으로 전환되면서 핵으로 이동하게 된다.
㉡ P_{fr}형이 핵에 도착하면 파이토크롬은 전사조절자와의 상호작용을 통해 유전자 발현을 조절한다.
㉢ 다시 근적외선을 받으면 P_r형으로 전환되어 세포질로 이동하게 된다.

③ 파이토크롬 단백질의 구조와 기능
　㉠ 구조
　　ⓐ 완전단백질(holoprotein) = 결손단백질(apoprotein) + 발색단(chromophore)
　　　　　　　　　　　　　　　　↳ 폴리펩타이드　　　　　　　　↳ 빛을 흡수하는 색소
　　ⓑ 식물체에서 파이토크롬은 약 250kDa의 수용성 단백질 2량체로 존재한다.
　　ⓒ 완전단백질 형태가 되어야만 광을 흡수하여 고유한 특성을 나타낼 수 있다.
　㉡ 파이토크롬 생합성
　　ⓐ 결손단백질 단량체 : 125kDa의 분자량을 가지며 핵 유전자에 의해 생성된다.
　　ⓑ 발색단(색소≒엽록소와 비슷함) : 발색단은 파이토크로모빌린(phytochromobilin) 이라고 하는 선형(열린 구조)의 테트라피롤(tetra phyrol)이며, 엽록소 생합성 경로와 유사한 경로를 통해 헴(heme)으로부터 색소체 내에서 합성된다. 발색단은 결손단백질의 시스테인 잔기에 티오에테르결합을 통하여 단백질과 결합하고 있으며, 적색광 및 원적색광에 따라 탄소 15에서 cis-trans 이성질화를 일으킨다. 발색단의 C-15는 적색광에 의해 cis를 trans로 바꾼다. P_r이 P_{fr}로 전환될 때 구조가 cis형에서 trans형으로 변환된다.

Structures of the chromophores of P_R and P_{FR} forms of phytochrome covalently linked to the peptide region through a sulphur atom in the cysteine residue of the polypeptide.

④ 식물별 파이토크롬의 광가역반응 (必 암기)

구분	식물	발달단계	적색광 효과
속씨식물	상추	종자	발아 촉진
	귀리	유식물(황백화)	탈황백화 촉진
	겨자	유식물	엽원기 형성, 1차엽 발달, 안토시아닌 생성
	완두	성체	절간신장 저해
	도꼬마리	성체	개화(광주기반응) 저해
겉씨식물	소나무	유식물	엽록소 축적 촉진
양치식물	야산고비	어린 배우체	생장 촉진
선태식물	솔이끼	포자 발아체	색소체 발달 촉진
녹조식물	판해캄	성숙한 배우체	방향성을 갖는 약광에 대한 엽록체의 방향성

(2) 파이토크롬의 유도반응

파이토크롬에 의해 유도되는 반응(2가지)은 신속한 생화학적 반응, 식물의 방향성 운동과 신장생장과 같은 느린 형태적 변화로 나눌 수 있다.

① 반응 유도기간과 통제불능기간(escape time)
  ㉠ 반응 유도기간 : 파이토크롬의 광활성화에 따른 형태적 변화는 유도기간 이후에 관찰된다. 유도기간은 몇 분 또는 경우에 따라서는 몇 주가 될 수도 있다.
  ㉡ 통제기간 : 전체 반응이 비가역적일 때까지 걸리는 시간
    파이토크롬에 의해 조절되는 형태적 반응은 관련 세포에서 일어나는 일련의 생화학 반응의 최종 결과이다. 이 일련의 반응 초기단계에서 P_{fr}를 제거하면 역전이 가능하나(가역적), 회귀불가능 시점을 지나면 반응은 비가역적으로 진행된다.

② 광 요구성 : 파이토크롬반응을 유도하는 광량에 따른 구분
  일부 파이토크롬반응은 광의 복사조도(irradiance; 광도, 플루언스율)에도 민감하다.
  * 플루언스(fluence) : 단위면적을 통과하는 광자수(단위 : $\mu mol\ m^{-2}$, 제곱미터당 양자수)
  ㉠ 초저플루언스반응(very-low-fluence response, VLFR)
    ⓐ 매우 낮은 플루언스(반딧불이가 한 번 반짝일 때 플루언스의 1/10 정도)에 의해 유도되는 반응
    ⓑ VLFR을 유도하는 데 필요한 소량의 광은 전체 파이토크롬의 0.02% 이하를 P_{fr}의 형태로 전환시키며, VLFR는 비가역적 반응을 나타낸다.
  ㉡ 저플루언스반응(low-fluence response, LFR)
    ⓐ VLFR와 LFR 모두 빛의 연속적인 짧은 섬광에 의해서 유도되는데, 광에너지 총량이 합산되어 필요한 플루언스에 도달되면 반응이 유도된다.
    ⓑ 총플루언스 = 플루언스율($\mu mol\ m^{-2}\ s^{-1}$) × 조사시간

ⓒ 상추 종자 발아와 잎 운동의 조절과 같은 대부분의 적색광/원적색광 광가역적 반응에서 볼 수 있다.
ⓒ 고복사조도반응(high-irradiance response, HIR)
  ⓐ HIR이 일어나기 위해서는 비교적 높은 복사조도의 광에 장기간 또는 지속적으로 노출되어야 하며, 광을 더 비추어도 더 이상 효과가 나타나지 않을 때까지 반응은 일정 범위의 강도에 비례한다.
  ⓑ 고복사조도에 의해서 유도되는 식물의 광형태형성 반응 기출

작물	광형태형성 반응
여러 쌍떡잎 유식물 및 사과껍질	안토시아닌 합성
겨자, 상추, 피튜니아 유식물	하배축 신장의 저해
사리풀(Hyoscyamus)	개화유도
상추	유아의 후크 열림
겨자	떡잎의 확장
수수	에틸렌 생산

(3) 파이토크롬의 생태적 기능
파이토크롬이 조절하는 생장반응에는 종자발아·개화반응 외에도 여러 가지가 있고, 식물에서 중요한 생태적 역할을 담당한다.
① 잎의 수면운동(nyctinasty) 조절
  ㉠ 수면운동을 하는 잎은 낮에는 빛을 향해 수평하게 펼쳐지고(열리고), 밤에는 수직 방향으로 접힌다(닫힌다).
  ㉡ 잎이나 소엽의 각도 변화는 잎자루(엽병)의 기부에 있는 특수한 구조인 엽침(pulvinus) 세포의 리듬성 팽압변화에 의해 일어난다.
  ㉢ 잎미모사(Mimosa), 자귀나무(Albizia), 사마네아(Samanea)와 같은 콩과식물
② 광질변화 적응(R/FR 비) : $\dfrac{R}{FR} = \dfrac{660nm}{730nm}$
  ㉠ 자연상태의 다양한 환경조건 하에서 원적색광(FR)에 대한 적색광(R)의 비율이 차이가 난다. 직사광(1.19)에 비해, 해질 무렵·토양 아래·다른 식물의 초관(canopy) 아래에는 원적색광(730nm)이 더 많다. 잎의 엽록소는 적색광을 잘 흡수하지만 원적색광을 투과시키기 때문에 초관 아래에서는 낮은 R/FR 값(0.96)을 나타낸다.
  ㉡ R : FR 비와 신장생장
    ⓐ 양지식물과 R : FR 비
      • 그늘에서 R : FR 비는 감소하여 양지식물은 줄기 생장을 촉진시킨다.
      • 그늘에서는 높은 비율의 원적색광(730nm)이 P_{fr}를 P_r로 바꾸기 때문에, 총파이토크롬당 P_{fr}의 비($P_{fr} : P_{total}$)는 감소하게 된다.

- 원적색광의 비율이 높을 때(낮은 $P_{fr} : P_{total}$ 비) 식물들은 지상부(줄기신장)로 더 많은 동화산물을 분배한다.
    ⓑ 음지식물과 R : FR 비
    - 음지식물과 R : FR 비 상관관계는 음지식물에서는 뚜렷하지 않다.
    - 높은 R : FR 값에 노출되더라도 음지식물은 양지식물에 비해 줄기의 신장이 크게 감소하지 않는다.
  ⓒ R : FR 비와 종자발아
    ⓐ 크기가 큰 종자 : 충분한 저장양분을 갖고 있는 큰 종자는 발아하는 데 광이 반드시 필요하지 않다.
    ⓑ 작은 종자 : 크기가 작은 종자들은 광이 있는 조건에서 발아하는데, 광이 없는 조건에서 발아하면 광에 도달하기 전에 저장양분의 고갈로 죽게 될 것이다. 종자들이 토양 위에 노출되더라도 초관에 의해 그늘이 심할 경우 광 환경을 감지하여 발아를 조절한다. 즉 원적색광(730nm) 비율이 높아지면 발아는 저해된다.
③ 그늘(음지)회피반응(shade avoidance response)
  ㉠ 기능 : 파이토크롬은 양지식물 자신이 음지에 있는지 여부를 감지함. <u>양지식물이 음지에 놓이면 빛을 더 받기 위해 줄기를 신장시키고 분지작용은 억제시킴.</u> 그러나 음지식물은 거의 변화가 없음
  ㉡ 생태적 의미 : 식물이 자연상태에서 이웃하고 있는 식생을 감지하고 경쟁할 수 있도록 유도한다. 그늘회피반응으로 생식기관보다 영양기관으로 자원을 재분배하게 되면 작물 생산량이 감소한다.
    예 벼에서 생산량 증대는 개체당 기본 생산량 증가보다 밀식에 대한 내성(그늘회피반응둔감형)이 높은 품종을 육종했기 때문이다.
④ hook opening 현상 : 쌍자엽식물이 발아하여 지면을 뚫고 올라올 때 어린잎을 보호하기 위하여 배축이 구부러져 유아갈고리(hook)를 만드는데, 유아갈고리가 토양을 밀고 위로 솟아 적색광(R)에 노출되면 바로 유아갈고리 열림(hook opening)현상이 나타난다.
⑤ 피토크롬의 기타 반응 : 벼과식물의 분얼도 부분적으로 피토크롬에 의하여 조절된다. 벼를 이앙할 때 밀식된 포기는 인접한 식물의 잎이 적색광을 흡수하고 원적색광을 많이 반사시켜 분얼을 억제시킨다. 이 외에 귀리 유식물의 탈황백화, 겨자의 엽원기 형성, 완두의 절간신장 등의 조절에도 피토크롬이 관여한다.

(4) 피토크롬의 작용기작
① 세포막에서 피토크롬의 신호전달이 일어난다.
  ㉠ 피토크롬은 세포막에 어떤 변화를 일으켜 반응을 유도한다.

ⓒ 엽록체는 광조건에 따라 회전운동을 한다. 적색광을 비추면 빛을 수직으로 받을 수 있도록 회전하고, 원적색광을 비추면 빛과 평행이 되도록 회전하며, 빛을 세포막에만 비추면 빛을 받지 않은 엽록체가 회전하는 것으로 보아 피토크롬이 세포막에 분포하면서 엽록체의 회전현상을 조절한다.

② 적색광에서 피토크롬 P_{fr}이 세포막에 결합한다.
　　㉠ 귀리 유식물에 적색광을 조사하면 미토콘드리아막에 상당량의 P_{fr}가 결합되고, 적색광을 조사하지 않으면 막과 결합한 P_{fr}를 볼 수 없다.
　　ⓒ 미모사·자귀나무에 적색광을 조사하면 잎이 열리고, 원적색광을 비추면 잎이 접히는 운동은 피토크롬이 막의 기능을 조절하는 것이다. 이러한 잎 운동은 엽침의 기동세포에서 K^+이 유입·유출되면서 일어나는 팽압운동의 결과인데, 피토크롬이 막의 투과성에 영향을 미쳐 K^+의 투과를 조절하기 때문이다.

③ 피토크롬은 K^+·Ca^{2+} 수송을 조절한다.
　　피토크롬은 Ca^{2+}의 수송을 조절하여 약한 빛의 신호를 증폭하여 생장을 유도하는데, 세포 내에서 Ca^{2+} 농도를 증가시키고 그 결과로 칼슘결합단백질인 calmodulin을 활성화시켜 줄기신장을 조절한다. 칼모듈린은 신호전달에 참여하는 물질로 Ca^{2+} 농도의 작은 변화로도 관련 효소를 활성화시켜 큰 생리적 반응을 유발한다.

기출 및 출제예상문제

01 〈보기〉에서 작물의 생장상관에 대한 설명으로 옳은 것을 모두 고른 것은? ● 23. 서울지도사

| 보기 |
가. 줄기의 끝눈이 곁눈에 비해 생장이 우세하다.
나. 어린 잎과 성숙한 잎은 겨드랑이눈의 생장을 촉진한다.
다. 수분이 적당하고, 질소가 충분하면 지상부에 비해 지하부의 생육이 촉진된다.
라. 지상부에서 공급되는 옥신은 곁뿌리와 근모 발생을 촉진한다.
마. 지하부에서 합성되는 시토키닌은 지상부 생장에 영향을 미친다.

① 가, 나, 라
② 가, 라, 마
③ 나, 다, 라
④ 나, 다, 마

[해설] 나. 어린 잎과 성숙한 잎은 겨드랑이눈의 생장을 억제한다.
다. 수분이 적당하고, 질소가 충분하면 지하부에 비해 지상부의 생육이 촉진된다.

02 작물의 발달단계와 피토크롬(phytochrome)에 의한 광가역(적색광) 반응을 옳게 짝지은 것은? ● 23. 서울지도사

① 상추 종자 – 색소체 발달 촉진
② 완두 성체 – 개화 저해
③ 귀리 유식물 – 1차엽 발달 및 안토시아닌 생성 촉진
④ 소나무 유식물 – 엽록소 축적 촉진

[해설] **파이토크롬의 광가역반응**

식물	발달단계	적색광 효과
상추	종자	발아 촉진
귀리	유식물(황백화)	탈황백화 촉진
겨자	유식물	엽원기 형성, 1차엽 발달, 안토시아닌 생성
완두	성체	절간신장 저해
도꼬마리	성체	개화(광주기반응) 저해
소나무	유식물	엽록소 축적 촉진
야산고비	어린 배우체	생장 촉진
솔이끼	포자 발아체	색소체 발달 촉진
판해캄	성숙한 배우체	방향성을 갖는 약광에 대한 엽록체의 방향성

정답 01 ② 02 ④

03 단위엽면적당 단위시간의 건물생산능력을 의미하는 것은? ● 22. 경기 농촌지도사

① 상대생장률(RGR)
② 순동화율(NAR)
③ 엽면적지수(LAI)
④ 작물생장률(CGR)

[해설] ① 상대생장률(RGR) : 일정기간 동안 식물체의 건물생산능력
② 순동화율(NAR) : 단위엽면적당 단위시간의 건물생산능력
③ 엽면적지수(LAI) : 단위면적당 작물군락의 엽면적의 총화
④ 작물생장률(CGR) : 일정기간 동안 단위면적당 작물군락의 총건물생산능력

04 기관의 생장단계에 대한 설명이 옳지 않은 것은? ● 21. 경북 농촌지도사

① 측생분열 조직은 2차분열조직이다.
② 성숙한 세포는 세포벽의 가소성 증가와 팽압의 증가로 세포가 확대된다.
③ 세포분화는 표피세포와 피층세포가 분화한 후 물관이 분화한다.
④ 세포의 생장방향과 미세소관은 수직으로 배열된다.

[해설] 세포분화 결과로 다양한 기관이 형성되는데, 배로부터 뿌리와 줄기가 먼저 분화되고, 이후 유관속과 같은 조직의 원기가 분화되며, 마지막 표피세포와 피층세포가 분화된다.

05 DIF가 클 때에 대한 설명이 옳지 않은 것은? ● 21. 경북 농촌지도사

① 뿌리로의 당 이동이 증가한다.
② 호흡량 많아져서 탄수화물 소모가 증가한다.
③ 지상부에 비해 뿌리생장이 더 활발해진다.
④ 야간에 온도가 낮으면 당 함량이 높아진다.

[해설] DIF가 클수록 신장생장이 좋아지는 원인
ⓐ 야간에 온도가 낮으면 당 함량이 높아진다.
ⓑ 호흡에 의한 탄수화물의 소모가 감소한다.
ⓒ 뿌리로의 당 이동이 증가한다.
ⓓ 지상부에 비해 뿌리생장이 더 활발해진다.
ⓔ 종자껍질의 기계적 파괴를 유도한다.

정답 03 ② 04 ③ 05 ②

06. 피토크롬에 대한 설명으로 옳지 않은 것은?
● 21. 경북 농촌지도사

① P_{fr}는 다시 원적색광(730nm)에 의해서 P_r로 전환된다.
② 피토크롬은 완전단백질 형태가 되어야만 광을 흡수하여 고유한 특성을 나타낼 수 있다.
③ 암조건(730nm 흡수)에서 자란 황백화식물에서 파이토크롬은 P_r(적색광 흡수형) 형태로 존재한다.
④ 생리적 반응의 정도와 광에 의한 P_r 형성량 사이에는 비례관계가 성립한다.

[해설] P_{fr}가 생리적으로 활성형 파이토크롬이다. 생리적 반응의 정도와 광에 의한 P_{fr} 형성량 사이에는 비례관계가 성립하나, 생리적 반응과 P_r의 소실 사이에는 비례관계가 성립하지 않는다.

07. 〈보기〉의 식물 기관 생장의 세포 확대 단계에서 산생장설(acid growth theory)에 대한 설명을 순서대로 바르게 나열한 것은?
● 20. 서울지도사

| 보기 |
ㄱ. 세포벽 쪽으로 H^+ 이온을 방출하여 세포벽의 pH를 낮춘다.
ㄴ. 세포벽 구성물질 간의 수소결합이 약해져서 세포벽이 느슨해진다.
ㄷ. 옥신이 수용체와 복합체를 형성하여 H^+-ATPase의 활성을 증가시킨다.
ㄹ. 세포벽 부위에 H^+ 이온이 증가하면 expansin이 활성화된다.

① ㄱ → ㄹ → ㄴ → ㄷ
② ㄱ → ㄹ → ㄷ → ㄴ
③ ㄷ → ㄱ → ㄴ → ㄹ
④ ㄷ → ㄱ → ㄹ → ㄴ

[해설] ㄷ. 옥신이 수용체와 복합체를 형성하여 H^+-ATPase의 활성을 증가시킨다.
ㄱ. 세포벽 쪽으로 H^+ 이온을 방출하여 세포벽의 pH를 낮춘다.
ㄹ. 세포벽 부위에 H^+ 이온이 증가하면 expansin이 활성화된다.
ㄴ. 세포벽 구성물질 간의 수소결합이 약해져서 세포벽이 느슨해진다.

08. 식물의 생장상관에 대한 설명으로 가장 옳지 않은 것은?
● 20. 서울지도사

① 뿌리가 수분과 양분을 줄기에 공급한다.
② 뿌리에서 합성되는 아미노산과 식물호르몬이 줄기생장에 영향을 미친다.
③ 질소가 충분할 때 지상부보다 뿌리의 생육이 더욱 촉진된다.
④ 지상부에서는 광합성 산물, 비타민, 호르몬을 뿌리에 공급해 영향을 미친다.

[해설] 질소를 다량 사용하면, 지상부의 질소집적이 많아지고 단백질 합성이 왕성해지며, 상대적으로 탄수화물 잉여가 적어서 지하부로의 전류는 감소하므로, 지하부 생장이 상대적으로 억제되어 T/R율이 증대된다.

정답 06 ④ 07 ④ 08 ③

09 광파장 영역에 대한 설명으로 가장 옳지 않은 것은?
● 20. 서울지도사

① 400~700nm 파장의 가시광선은 작물 광합성에 이용된다.
② 그늘에서는 상대적으로 짧은 파장의 광이 비친다.
③ 유리 온실에서는 생육을 억제하는 자외선이 부족하여 식물이 도장하기도 한다.
④ 적외선은 기온과 엽온을 상승시킬 수 있다.

[해설] 군락상태에서 초관 하부처럼 그늘에서는 660nm의 적색광보다 상대적으로 긴 730nm의 원적색광이 비친다.

10 낮과 밤의 온도차이(DIF)로 인해 나타나는 반응에 대한 설명으로 가장 옳지 않은 것은?
● 20. 서울지도사

① DIF가 작아질수록 종자 내부의 생리·생화학적 반응이 촉진된다.
② DIF가 커질수록 종자 껍질의 기계적 파괴를 유도한다.
③ DIF가 커질수록 식물체 내에 당 함량이 높아져 생장에 유리하다.
④ 백합, 국화 등은 DIF에 민감한 식물이다.

[해설] 야간에 온도가 낮아 DIF가 클수록 당 함량이 높아지고, 뿌리로의 당 이동이 증가되며, 지상부에 비해 뿌리생장이 더 활발해지고, 호흡에 의한 탄수화물의 소모가 감소하여 생장이 좋아진다.

11 생장상에 대한 설명으로 옳지 않은 것은?
● 18. 경기 농촌지도사(변형)

> 가. 상대생장률 : 단위엽면적당 단위시간의 건물생산능력
> 나. 순동화율 : 일정기간 동안 식물체의 건물생산능력
> 다. 작물생장률 : 일정기간 동안 단위면적당 작물군락의 총건물생산능력
> 라. 엽면적지수 : 단위면적당 작물군락의 엽면적의 총화

① 가, 나
② 나, 다
③ 다, 라
④ 가, 라

[해설] 가. 상대생장률 : 일정기간 동안 식물체의 건물생산능력
나. 순동화율 : 단위엽면적당 단위시간의 건물생산능력

정답 09 ② 10 ① 11 ①

12 목본쌍자엽식물에서 뿌리의 비대생장에 관여하는 조직은?
① 유관속형성층
② 코르크형성층
③ 유관속형성층과 코르크형성층
④ 절간분열조직

13 다음 중 생장과 관련된 설명으로 틀린 것은?
① 신장생장을 1차 생장, 비대생장을 2차생장이라 한다.
② 형성층은 비대생장과 관련이 깊다.
③ 단자엽식물의 2차생장은 활발히 진행된다.
④ 단자엽식물은 유관속형성층이 없으므로 비대생장이 일어나지 않는다.

[해설] 단자엽식물은 유관속형성층이 없으므로 2차생장인 비대생장이 일어나지 않는다.

14 다음 중 단자엽식물의 줄기가 비대되지 않는 이유는?
① 형성층조직이 없기 때문이다.
② 생장점조직이 없기 때문이다.
③ 도관이 발달되어 있지 않기 때문이다.
④ 표피조직이 상대적으로 얇기 때문이다.

15 다음 작물뿌리에 대한 설명으로 옳지 않은 것은?
① 옥수수는 부정근이 잘 발달하여 부정근에 의해서 주로 양분과 수분을 흡수한다.
② 질소를 시용한 식물체의 T/R률은 작아진다.
③ 삽목했을 때 줄기의 내초부에서 세포가 분열되어 발근된다.
④ 종자근, 초생근, 주근은 모두 1차근에 해당된다.

[해설] 질소를 시용하면 식물체의 지상부가 상대적으로 신장하여 T/R률은 커진다.

정답 12 ③ 13 ③ 14 ① 15 ②

16 환경조건과 T/R률과의 관계에 대한 설명으로 잘못된 것은?
① 일반적으로 질소를 시비하면 T/R률이 커진다.
② 충분한 수분과 적당한 온도는 T/R률을 크게 한다.
③ 토양이 건조하면 T/R률은 작아진다.
④ 질소부족 및 저온조건은 T/R률을 크게 한다.

[해설] 질소부족 및 저온조건은 지상부 생육이 둔화되어 T/R률은 작아진다.

17 다음 중 정부우세성에 대한 올바른 설명은?
① 정아가 측아보다, 주근이 측근보다 생장이 우세한 현상이다.
② 측아가 정아보다, 측근이 주근보다 생장이 우세한 현상이다.
③ 정아가 측아보다, 측근이 주근보다 생장이 우세한 현상이다.
④ 측아가 정아보다, 주근이 측근보다 생장이 우세한 현상이다.

18 일정한 기간 동안의 단위면적당 작물군락의 총건물생산량은?
① CGR   ② NAR
③ RGR   ④ LAR

19 다음 중 군락의 생장을 분석하는데 측정하지 않는 것은?
① LAI   ② LAD
③ CGR   ④ RGR

[해설] 군락의 생장분석으로 CGR, LAI, LAD 등으로 분석하고, 개체의 생장분석은 RGR, SLW, SLA 등으로 분석한다.

정답 16 ④ 17 ① 18 ① 19 ④

20 다음 중 생장분석에 대한 설명이 틀린 것은?

① RGR = NAR × LAR
② CGR = NAR × LAI
③ LAI는 단위면적당 작물군락의 엽면적의 총화이므로 단위가 없다.
④ 재식밀도가 높은 경우 직립형 초형일수록 CGR은 감소된다.

[해설] 재식밀도가 높은 경우 직립형 초형일수록 CGR(작물생장률)은 증대된다.

21 작물이 발아에서 성숙까지의 기간 중에서 일평균기온이 0℃ 이상일 때의 일평균기온을 합산한 온도를 무엇이라고 하는가?

① 온도계수
② 주요온도
③ 적산온도
④ 한계온도

22 밤낮의 온도차이와 식물의 생장과의 관계에서 주간온도가 높고 야간온도가 낮은 것이 생장에 유리한 경우의 원인으로 볼 수 없는 것은?

① 야간의 저온으로 당함량이 높아진다.
② 뿌리로의 당이동이 감소된다.
③ 지상부에 비해 뿌리생장이 활발해진다.
④ 호흡에 의한 탄수화물의 소모가 감소된다.

[해설] DIF가 클수록 신장생장이 좋아지는 원인
ⓐ 야간에 온도가 낮으면 당 함량이 높아진다.
ⓑ 뿌리로의 당 이동이 증가한다.
ⓒ 호흡에 의한 탄수화물의 소모가 감소한다.
ⓓ 지상부에 비해 뿌리생장이 더 활발해진다.

23 주야간 온도의 일교차가 작물의 생육에 미치는 영향으로 옳지 않은 것은?

① 생장과 개화를 촉진한다.
② 결실을 촉진한다.
③ 동화물질의 전류와 축적을 촉진한다.
④ 호흡에 의한 양분소모를 촉진시킨다.

[해설] 주야간 일교차가 커지면 야간의 호흡량이 감소하여 양분소모를 줄인다.

정답 20 ④ 21 ③ 22 ② 23 ④

24. 1차 생장을 주도하는 분열조직은?
① 정단분열조직
② 측생분열조직
③ 부간분열조직
④ 모든 분열조직

25. 벼에서 엽신의 일부를 절단해도 재생산이 가능한 이유는?
① 주변 분열조직이 활동하기 때문이다.
② 엽신의 기부에 분열조직이 있기 때문이다.
③ 절단면에 형성층이 활동하기 때문이다.
④ 엽신에는 분열세포가 골고루 분포하기 때문이다.

26. 과수에서 적과는 어떤 상관을 이용하는 것인가?
① 상조적 상관
② 길항적 상관
③ 보상적 상관
④ 보완적 상관

[해설] 보상적 상관 : 식물의 동일한 기관 사이에서 양분·호르몬으로 인한 경쟁관계가 형성될 때 기관의 수를 줄이면 남은 기관의 크기가 커진다. 보상적 상관을 이용하여 적아·적화·적과·적엽·가지치기 등이 이루어진다.

27. 식물의 상대생장률을 나타내는 방법은?
① 일정한 기간동안 식물체의 건물생산능력
② 단위엽면적당 단위시간의 건물생산능력
③ 식물체 단위무게에 대한 엽면적의 비율
④ 일정기간 단위엽면적당 작물군락의 총건물생산능력

[해설] ②는 NAR, ③은 LAR, ④는 CGR

28. 일정 기간 동안 단위면적당 작물군락의 총건물생산능력은?
① LAI
② NAR
③ CGR
④ LAD
⑤ RGR

[정답] 24 ① 25 ② 26 ③ 27 ① 28 ③

컨셉 작물생리학

29 생장량을 평가하는데 쓰이는 용어가 아닌 것은?
① LAI   ② CGR
③ NAR   ④ RGR

[해설] CGR은 작물생장률, RGR은 상대생장률, NAR은 순동화율이며 이들은 생장량을 평가하는 것인데, LAI는 엽면적지수로 단위면적에 대한 잎의 면적비를 평가한 것이다.

30 작물의 엽면적지수(LAI)를 잘 설명한 것은?
① 단위수량생산에 요구되는 작물군락의 총엽면적
② 단위수량생산에 요구되는 작물개체의 평균엽면적
③ 단위토양면적당의 작물군락의 총엽면적
④ 단위토양면적당의 작물개체의 평균엽면적

31 일정한 생육기간 동안 엽면적 또는 엽면적지수의 총화를 무엇이라고 하는가?
① 엽면적기간   ② 작물생장률
③ 순동화율   ④ 엽면적률

32 생장해석과 관련된 용어로 그 내용이 잘못 연결된 것은?
① RGR : 일정기간동안 식물체의 건물생산능력
② NAR : 단위면적당 단위시간의 건물생산능력
③ LAR : 식물체의 단위무게에 대한 엽면적비율
④ SLW : 단위무게당의 엽면적

33 작물의 생장에 크게 관여하는 환경조건에 대한 설명으로 틀린 것은?
① 작물의 생장은 필요한 여러 성분 중 가장 최대량으로 존재하는 성분에 의하여 제한된다.
② 작물의 생장은 광의 강도, 광의 지속시간에 영향을 받는다.
③ 옥수수는 30도 부근에서 최대의 생장속도를 보인다.
④ 광에 따른 식물의 형태적 변화를 광형태형성작용이라고 한다.

[해설] 작물의 생장은 필요한 여러 성분 중 가장 최소량으로 존재하는 성분에 의하여 제한된다.

정답 29 ① 30 ③ 31 ① 32 ④ 33 ①

34 식물의 생장과 광과 관련된 내용 중 틀린 것은?

① 식물은 광도가 증가하면 광포화점에 이를 때까지는 계속해서 광합성 속도가 증가한다.
② 식물을 암조건에 두면 단자엽식물의 잎이 황화현상을 일으키는데, 이 황화현상은 적색광을 단시간 조사함으로써 방지할 수 있다.
③ 적색광은 굴광반응, 마디의 신장생장 등에 관여한다.
④ 식물의 생육에 중요한 광선은 390~760nm의 가시광선이다.

[해설] 굴광반응, 마디의 신장생장 등에 관여하는 것은 청색광이다.

35 화훼작물에서 상업적으로 이용되는 DIF란?

① 누적생장온도일수
② 밤과 낮의 온도차이
③ 개화에 유효한 광선
④ 일장의 상대적 길이

36 DIF(differential)와 식물생육과의 관계를 잘못 설명한 것은?

① 대개 주간온도가 높고 야간온도가 낮은 것이 생장에 유리하다.
② 야간온도가 낮으면 당함량이 높아지고 뿌리로의 당이동이 증가한다.
③ DIF 값이 0이나 (−)인 경우는 생장이 억제되어 식물체를 왜화시킬 수 있다.
④ 온실 내에서 DIF 값에 반응이 좋은 식물로 히아신스, 튤립, 수선화 등이 있다.

[해설] • DIF값에 반응이 좋은 식물 : 백합·국화·제라늄·거베라·피튜니아·토마토 등
 • 반응이 약한 식물 : 히아신스·튤립·수선화 등

37 기관의 생장에 대한 설명 중 틀린 것은?

① 기관의 생장은 유한생장과 무한생장으로 구별한다.
② 해바라기의 유한생장의 경우 정단에 화서가 분화되면 줄기의 신장이 정지된다.
③ 화아, 신생장점, 엽의 분화가 되풀이 되면서 줄기가 신장하고 화방수가 계속 증가하는 품종을 무한생장이라 한다.
④ 무, 배추는 생식생장으로 전환될 때 무한생장을 한다.

[해설] 무, 배추는 생식생장으로 전환될 때 유한생장을 한다.

정답 34 ③ 35 ② 36 ④ 37 ④

38 생장상관에 대한 내용 중 틀린 것은?

① 생식기관의 발달은 영양기관의 생장을 억제함으로써 촉진시킬 수 있다.
② 원예식물의 재배에서 적과, 적엽, 적화, 적아 등은 보상적상관을 이용하는 것이다.
③ 화아의 원기를 제거하면 영양생장이 촉진되고 식물의 수명이 연장된다.
④ 옥신, 에틸렌, 시토키닌은 액아의 생장을 유도한다.

[해설] 시토키닌은 액아의 생장을 유도하지만, 옥신과 에틸렌은 이를 억제한다.

39 식물의 생장곡선을 세분해 볼 때 생장속도가 가장 빠른 시기는?

① 생장 초기
② 생장 중기
③ 생장 말기
④ 생장 초기부터 말기까지

40 유년성, 성년성과 관련된 내용으로 틀린 것은?

① 성년기에는 어떠한 조건에서도 생식생장으로의 전환이 불가능하다.
② 식물이 유년기를 완료하면 화숙 또는 성숙했다고 표현한다.
③ 성년기에는 유년기와는 다른 외부형태적 변화를 수반한다.
④ 식물이 유년기에서 성년기로 넘어가는 것을 생리적인 상전환이라고도 한다.

[해설] 어떠한 조건에서도 생식생장으로의 전환이 불가능한 시기는 유년기이다.

41 어린묘에 절수하면 지하부에 대한 지상부의 비율 즉 S/R은 어떻게 달라지는가?

① 매우 높아진다.
② 약간 높아진다.
③ 낮아진다.
④ 경우에 따라 다르다.
⑤ 변동이 없다.

[해설] 어린묘에 절수를 하면 지하부의 생장이 커져서 S/R(T/R)율은 작아진다.

42 광수용성 단백질로 광발아 종자 내에 함유되어 있는 물질명은?

① florigen
② vernalin
③ pytochrome
④ cytochrome
⑤ dormancy

[정답] 38 ④ 39 ② 40 ① 41 ③ 42 ③

43 다음 중 피토크롬에 대한 설명으로 틀린 것은?

① 암흑상태에서 생체 내에서 P_r이 합성된다.
② 적색광(660nm)에 의해 P_r이 P_{fr}로 전환된다.
③ 원적색광(730nm)에 의해 P_{fr}이 P_r로 전환된다.
④ 암소에서 P_r은 P_{fr}로 천천히 변화된다.

[해설] 암소에서 P_{fr}은 P_r로 천천히 변화된다.

44 광주기성반응에 영향을 주는 조건에 대한 설명 중 틀린 것은?

① 식물의 광주기성에 영향을 주는 광에너지의 양은 매우 약하더라도 효과 있다.
② 광주기성에 효과를 나타내는 광은 적색광선이 청색광선에 비하여 효과가 크다.
③ 어린식물에 일장처리를 하면 그 효과가 나타나지 않을 수 있다.
④ 장일식물에 있어서는 광주기 중의 암기의 온도가 저하되면 암기의 개화억제효과가 감소된다.
⑤ 초적색광을 흡수하는 P_{fr}형은 단일식물의 개화를 촉진한다.

[해설] 초적색광을 흡수하는 P_{fr}형은 P_r형으로 전환되어 단일식물의 개화를 촉진한다.

45 고복사조도에 의해 유도되는 식물의 광형태형성 반응으로 옳지 않은 것은?

① 여러 쌍떡잎 유식물 및 사과껍질은 안토시아닌이 합성된다.
② 겨자, 상추, 피튜니아 유식물은 하배축 신장이 촉진된다.
③ 상추는 유아의 후크가 열린다.
④ 겨자는 떡잎이 열린다.

[해설]

작물	광형태형성 반응
여러 쌍떡잎 유식물 및 사과껍질	안토시아닌 합성
겨자, 상추, 그리고 피튜니아 유식물	하배축 신장의 저해
사리풀(Hyoscyamus)	개화유도
상추	유아의 후크 열림
겨자	떡잎의 확장
수수	에틸렌 생산

[정답] 43 ④ 44 ⑤ 45 ②

Chapter 03

개화 · 결실 생리

단원 키워드

1. 식물의 개화시기 결정 신호 : 일장, 춘화
2. 일장반응을 작물재배에 적용하고 있는 예
3. 광주기성에서 암기가 더 중요하다는 증거
4. 춘화현상과 작물재배에서의 활용성
5. 종자와 과실의 생장패턴
6. 식물의 노화현상

제1절 화아분화에 관여하는 요인

1 상적발육설

개 념	• 신장(elongation) : 작물생육에서 키가 크는 것 • 생장(growth) : 생체중 증가, 초장 신장 같은 여러 기관이 양적으로 증대하는 것 • 발육(development) : 작물이 아생·분얼·화성·등숙 등의 과정을 거치면서 체내에 질적인 재조정작용이 생기는 것 • 발육상(development phase) : 작물발육의 여러 가지 단계(stage)적 양상
상적 발육 (phasic development)	• 작물이 순차적인 여러 발육상을 거쳐서 발육이 완성되는 것 • 화성(flowering, 영양생장 → 생식생장) : 영양기관의 발육단계인 영양적 발육(vegetative development, 영양생장)을 거쳐, 생식기관의 발육단계인 생식적 발육(reproductive development, 생식생장)으로 이행하는 것
제 창	• Lysenko(1932) : 가을밀을 대상으로 실험

2 내적 요인

화성유도 요인	내적 요인	• 영양상태 : C/N율로 대표되는 동화생산물의 양적 관계 • 식물호르몬 : 옥신(auxin)과 지베렐린(gibberellin)의 체내수준관계
	외적 요인	• 온도조건 : 버널리제이션(vernalization)과 감온성의 관계 • 광조건 : 일장효과(광주기성)의 관계

(1) 화성유도(floral induction)
① 화성유도 : 꽃의 각 기관이 분화되기 전에 식물은 영양생장 단계로부터 생식생장 단계로 전환되기 위한 내적 변화가 일어나야 한다.
② 일장조건 : 많은 식물은 적정 일장조건에서만 화성이 유도되며, 이를 위해 일정 수준의 영양생장 단계에 도달해야 된다.
   - 예) 옥수수는 16~17마디까지 생장해야 개화하는 이유
     • 정단분열조직을 꽃눈분열조직으로 바꾸는 데 충분한 영양물질과 개화유도물질을 생산하기 위해서는 최소한 16~17마디의 영양생장이 필요함
     • 정단분열조직이 어떤 특정 생육단계에 이르게 되면 영양단계로부터 화기분열조직으로 바꾸어지도록 미리 프로그램이 되어 있음
     • 정단분열조직이 어느 정도 성숙해야 개화유도신호(floral induction signal)를 만들어 생식생장으로 넘어갈 수 있음

(2) 식물의 유년성과 생리적 상변화
① 유년기(유년성 기간) : 식물 화성이 유도되기 위해서 어느 기간까지의 영양생장 기간
② 유년성(juvenility) : 식물이 유년기에 있는 것
   - 예) 벼에서 기본영양생장기간, 맥류에서 최소엽수확보기간(5엽) 등
③ 상전환(相轉換; phase change)
   ㉠ 의미 : 유년성 기간이 지나 화성이 유도되면서 생식생장을 할 수 있는 성년성(adult phase)으로 넘어가는 것
     • 작물의 생장과 발육은 다르며, 생장은 여러 기관의 양적 증가를 의미하고, 발육은 체내의 순차적인 질적 재조정작용을 의미함
     • 1년생 종자식물의 발육상은 하나하나의 단계, 즉 상(phase)으로 구성됨
     • 하나하나의 발육상은 서로 연결하여 성립되며, 앞의 발육상을 경과하지 못하면 다음의 발육상으로 이행될 수 없음
     • 1개의 식물체가 하나하나의 발육상을 경과하려면 발육상에 따라 서로 다른 특정한 환경조건이 필요함

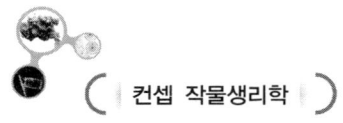

ⓛ 사례
  ⓐ **화곡류・과채류** : 종자・과실을 목적으로 하는 작물에서는 생식생장 과정이 완료되어야 수확이 가능하므로 생육상의 전환이 필수적이다.
  ⓑ **엽채류・근채류** : 수확량은 영양생장량에 의하여 지배된다.
  ⓒ **괴경・괴근** : 개화를 억제시켜 영양기관의 생장을 증가시켜야 좋다.
  ⓓ **목초류** : 생체량과 더불어 영양가치도 고려해야 한다.
© 상전환으로 인한 외부형태 변화
  예 담쟁이덩굴(*Hedera helix*)의 상전환으로 인한 외부형태 변화

특성	유년성	성년성
생장습성	포복성	수직성
굴지성	경사굴지성	정상굴지성
잎차례	대생	2+5나선상(2는 회전수, 5는 잎수를 의미함)
잎의 결각	결각이 있음	결각이 없고 둥근 원형
줄기생장	왕성함	약함
안토시안 형성	많음	거의 없음
발근 능력	강함	약함

3   춘화현상

(1) 개념

① **춘화현상**(春化現象; vernalization) : 침윤종자나 생장 중인 식물에 저온을 처리하여 개화가 유도 또는 촉진되는 현상
② **춘화처리** : 월동 1년생 식물의 최아종자를 1~10℃의 저온에 일정 기간 둠으로써 봄에 파종하여도 정상적으로 출수・결실시킬 수 있는 방법
③ 춘화처리를 반드시 요구하는 식물에 있어서는 저온처리가 없으면 개화가 매우 지연되거나 화성이 유도되지 않는다. → 맥류의 좌지현상
  * Gassner(1908) : 1~2℃에서 최아시킨 가을호밀 종자를 봄에 파종하면 같은 시기에 파종한 봄호밀과 거의 동시에 출수하는 것을 발견함
  * Lysenko(1920) : 호밀의 춘파성과 추파성에 대한 연구를 하는 동안 추파맥류의 최아종자를 저온에 처리한 후 봄에 파종해도 정상적으로 출수, 등숙하는 것을 발견함

(2) 춘화현상에 의한 식물의 유형

춘화처리에 반응하는 식물에는 월동1년생(winter annual)과 2년생(biennial)이 많다.
① **월동1년생 식물** : 종자 춘화
  ㉠ 가을밀의 침윤된 종자나 어린 유식물 상태에서 저온처리가 되어야만 개화가 가능

한데, 보통 늦가을에 파종하여 초기생장을 시작한 상태(5~7마)에서 겨울 동안의 자연적인 저온을 경과하면 봄에 개화한다.
  ⓒ 저온처리에 의하여 개화가 촉진되는 경우(quantitative, facultative)
② 2년생 식물 : 녹체 춘화
  ㉠ 배추·당근 등은 두 번의 생장기를 거친 후 개화하고 생활사를 마친다. 봄에 발아하여 생장하다가 겨울이 되면 잎은 죽고 정단분열조직만 남는데, 이듬해 봄이 오면 새잎이 형성되고 꽃대가 급속히 신장하는 추대(bolting)현상을 나타내며 개화한다. 이 경우 생장기 사이에 있는 겨울철 저온이 개화를 유도하므로 자연적인 춘화처리가 이루어지게 된다.
  ⓒ 화성유도를 위해 저온이 필수적으로 요구되는 경우(qualitative, obligate)
    * 저온처리가 화성유도에 질적 또는 양적으로 작용하는 것은 광주기성에서 일장이 화성유도에 작용하는 것과 비슷하다.

(3) 춘화처리에 영향을 미치는 조건

① 수분함량 : 건조×
  종자가 수분을 흡수하지 않으면 춘화처리 효과는 없다. 가을호밀 종자는 건물중의 50% 가량의 수분이 흡수되어야만 춘화처리 효과를 얻을 수 있다.
② 산소 : 춘화 처리동안·처리 후에도 저온처리 효과를 지속시키기 위해서는 종자나 어린 식물에 대한 산소공급이 필요하다. 발아하는 종자의 호흡이 억제되는 조건이면 춘화처리 효과도 없다.
③ 온도와 처리기간
  ㉠ 춘화처리 온도 : 작물의 종류·품종에 따라 다르나 0~10℃가 가장 효과적이다.
  ⓒ 춘화처리 기간 : 작물의 종류·품종에 따라 다르나 가을호밀 40~50일, 봄호밀 10~15일 정도의 춘화처리기간이 필요하다.
  ⓒ 이춘화(devernalization) : 춘화처리된 종자를 25~35℃ 고온에 다시 처리하면 춘화처리 효과가 감소한다.
④ 탄수화물 : 당과 같은 탄수화물이 있어야 춘화처리 효과가 있다. 종자 배(embryo) 안에 있는 탄수화물 함량과 춘화처리 효과는 정의 상관관계가 있다.
⑤ 품종의 영향 : <u>추파형 품종에서 춘화처리 효과가 잘 나타난다</u>. 추파맥류를 봄에 파종할 때 저온처리를 하면 출수하지만, 저온처리를 하지 않으면 출수하지 않고 고사하는 좌지현상이 나타난다.
⑥ 화학약제 : GA와 ethylene 처리에 의해 처리 기간의 단축이 가능하다. 배양액에 K^+이 함유되어 있으면 춘화처리 효과가 크다.

(4) 춘화현상의 기구

① 춘화처리 감응부위
㉠ 저온에 감응하는 부위는 생장점(광주기성의 감응부위는 잎)
㉡ 생장점뿐만 아니라 식물체 어느 부위든지 분열하고 있는 세포는 춘화처리 자극에 감응할 수 있다.

② 춘화처리 자극의 이동
㉠ 저온처리에 의해 전구물질 A는 불안정한 중간물질 B를 거쳐 춘화처리의 안정된 이동성 전구물질인 vernalin으로 변한다.
  * vernalin : 개화자극물질은 춘화처리에 의하여 형성되고 접목을 통해 이동하는 자극물질
  * florigen : 일장효과와 관련된 개화호르몬
㉡ 버널린은 적당한 일장조건에서 정단분열조직이나 곁눈으로 이동하여 개화호르몬 florigen으로 전환된다.
㉢ 플로리겐이 꽃눈분화과정을 시작하게 하여 개화하게 된다.
㉣ 저온처리 대체물질 : 지베렐린(GA)을 처리하면 춘화처리를 하지 않고도 저온요구 식물이 개화한다. 국화·밀 등에서 저온처리 후 GA 농도가 증가한다.

(5) 춘화처리의 농업적 이용

① 채종재배 및 육종
㉠ 2년생 작물을 1년 이내에 채종하려고 할 경우 : 배추를 봄에 파종하면 영양생장기간이 길어지고 생식생장이 나쁘며 개화기의 고온으로 인한 불임이 많아 채종이 곤란하지만, 종자를 춘화처리 하여 봄에 파종하면 개화기가 촉진되어 채종이 가능하다.
㉡ 월동 1년생 채소작물을 봄에 파종한 후 채종하려고 할 경우 : 추파성 작물을 봄에 파종하여 출수·등숙시킬 수 있기 때문에 추파성 품종과 춘파성 품종과의 교배가 가능하다.

② 조기출하 촉성재배 : 유묘기에 저온처리를 하여 개화를 촉진시킴으로써 조기 수확이 가능하다. 딸기 유묘를 고랭지에서 육성한 후 따뜻한 지역에서 재배하거나, 여름 동안 냉장처리를 한 후 가을에 재배하여 겨울에 수확할 수 있다.

③ 재배지역의 확대 : 맥류 종자를 일정기간 춘화처리 후 봄에 파종할 수 있기 때문에 겨울 저온으로 재배가 불가능한 지역에도 재배할 수 있다.

④ 대파(代播) : 추파맥류가 동사한 경우 춘화처리를 한 후 봄에 파종할 수도 있다(일반적으로 춘파맥류를 대파하는 것이 더 유리함).

참고 | 춘화처리의 농업적 이용

채종	월동채소에서 버널리제이션 처리해서 춘파해도 추대·결실하므로 채종상 유리하게 이용
육종에의 이용	• 맥류는 버널리제이션을 해서 파종하고 보온과 장일조건을 줌으로써 1년에 2세대 진전이 가능하여 육종상 세대단축에 이용 • 사탕무에서 약간의 버널리제이션 처리하여 파종하면 추대성이 높은 계통을 쉽게 도태시킬 수 있음
수량 증대	• 벼의 최아종자를 10℃에 35일간 고온처리 후 파종하면 불량환경에 대한 적응성이 높아지고 증수함 • 추파맥류·추파유채을 버널리제이션 처리하면 춘파가 가능하지만, 수량 증대는 나타나지 않음
촉성 재배	• 딸기는 화아분화에 저온이 필요하며, 딸기모를 여름(8월)에 냉장하여 화아분화를 유도하면 겨울 출하가 가능(촉성재배) • 꽃에서도 종구를 버널리제이션하여 개화기를 앞당길 수 있음
재배법의 개선	• 추파성 정도가 높은 품종은 조파를 하는 것이 안전하며, 유효본얼이 많아져서 증수하고 성숙도 앞당김 • 추파성 정도가 낮은 품종은 조파를 하면 월동 전 생식생장이 유도되어 동사 위험성이 있기 때문에 만파 하는 것이 안전, 만파를 해도 성숙이 늦지 않기 때문에 재배법 개선에 이용
대파	• 추파맥류가 동사하였을 때 버널리제이션을 해서 봄에 대파 가능 • 춘파맥류를 대파하는 것보다 작업이 번잡하고, 결과도 저조함
종·품종의 감정	라이그래스(Lolium spp.)의 경우 종자를 3~24주일 동안 버널리제이션 처리 후 발아율을 보고 종·품종을 구분함

참고 | 춘화처리 vs 일장효과

	vernalization	일장효과
Water	수분 있어야(건조×)	
Air	산소 필요	
Temperature	저온처리	한계온도가 필요
Light	광 관계없음(고온처리시 암조건 필요)	약광일지라도 효과 有(적색광) 단일식물은 야간조파 효과(적색광)
영양성분	탄수화물(당) 있어야 함	단일식물은 질소가 충분해야 함
감응시기	최아종자	어느 정도 발육한 후
감응부위	생장점	성엽
농업적 이용	채종, 육종, 수량, 촉성재배, 재배법, 대파, 종 감정	성 전환, 육종, 개화기조절, 재배법, 수량, 품종선택

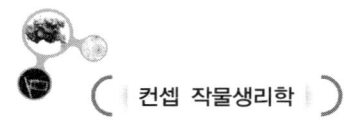

4 일장효과 : 광주기성

(1) 개념

① 광주기성(光週期性; photoperiodism)
  ㉠ 일장(day length)에 대한 식물의 반응(생장, 분화, 대사작용)
    많은 식물에서 영양생장에서 생식생장으로 넘어가는 신호로 활용된다.
  ㉡ 일장에 따라 체내 반응이 달라지는 것은 식물이 밤낮을 구별하고 시간을 감지할 수 있는 능력을 지니고 있기 때문이다.
  ㉢ 생태적 측면에서 식물이 계절 변화를 예측하여 생육을 조절한다.
  ㉣ 일장에 대한 반응은 저장기관 형성, 휴면 시작, 무성번식기관 형성 등 많은 발육과정에서 나타난다.

② 일장·개화 관련용어
  ㉠ 장일식물(長日植物; long-day plant) : 장일조건에서 개화가 촉진되는 식물
  ㉡ 단일식물(短日植物; short-day plant) : 단일조건에서 개화가 촉진되는 식물
  ㉢ 유도일장(誘導日長; inductive daylength) : <u>어떤 식물의 화성을 유도할 수 있는 일장</u>
  ㉣ 비유도일장(non-inductive daylength) : 화성을 유도할 수 없는 일장
  ㉤ <u>한계일장</u>(critical daylength) : 유도일장과 비유도일장의 경계가 되는 일장, 즉 화성유도의 한계가 되는 일장
    예1) 장일식물 사리풀(*Hyoscyamus*)의 한계일장은 11시간이므로 이보다 긴 일장에서만 화성이 유도되어 개화할 수 있다.
    예2) 단일식물 도꼬마리의 <u>한계일장</u>은 15.6시간이어서 이보다 <u>짧은</u> 일장에서만 화성이 <u>유도</u>된다.
  ㉥ 최적일장(optimum day length) : 최단기간에 화성을 유도할 수 있는 일장
  ㉦ 유도기간(induction period) : 개화유도에 필요한 일장처리 기간

(2) 광주기성에 의한 작물 분류

① 장일식물
  ㉠ 장일조건에서 개화가 촉진되고, 일장이 어느 정도 이하로 짧아지면 개화하지 않거나 개화가 늦어지는 식물
  ㉡ 장일식물은 봄에 발아하여 여름에 개화·결실하는 월동1년생작물과 2년생작물 등이 있다.
  ㉢ 보리·밀·<u>귀리</u>·무·순무·<u>사탕무</u>·양배추·상추·양파·시금치·레드클로버·스위트클로버·자운영·알팔파·베치·완두·티머시·박하·아주까리·<u>카네이션</u>

② 단일식물
　㉠ 한계일장보다 짧은 일장조건에서 개화가 촉진되고, 일장이 어느 정도 이상으로 길어지면 개화하지 않거나 개화가 늦어지는 식물
　㉡ 단일식물의 대부분은 1년생으로 봄에 발아하여 여름의 장일에서 영양생장을 왕성하게 하고 가을의 짧은 일장에 감응하여 개화·결실 후 고사한다.
　㉢ 만생종벼·옥수수·콩·조·기장·담배·참깨·국화·코스모스·나팔꽃·도꼬마리·대마 등
③ 중성식물(중일식물)
　㉠ 일정한 한계일장이 없어서 영양생장이 어느 정도 진행되면 일장에 관계없이 개화하는 식물
　㉡ 가지·토마토·고추·오이·조생종벼·조생콩·조생담배·메밀 등
④ 정일식물(중간식물) : 단일 또는 장일에서도 개화하지 않으며, 어떤 좁은 범위의 특정 일장에서만 개화하는 식물. 예 사탕수수 F-106
⑤ 장단일식물(long-short day plant) : 생육 초기에는 장일, 후기에는 단일일 경우 개화하는 식물. 계속 장일 또는 단일에 두면 개화하지 않는다. 예 *Cestrum nocturnum*(밤에 피는 자스민)
⑥ 단장일식물(short-long day plant) : 초기에는 단일, 후기에는 장일일 경우 개화하는 식물. 계속 장일 또는 단일에 두면 개화하지 않는다. 예 *Pelargonium grandiflorum*(베고니아), *Campanula medium*(종꽃)

구분	필수적 요구(절대적)	촉진적으로 작용(조건적)
장일식물	가을보리·귀리·사탕무·시금치·토끼풀·카네이션	봄밀·상추·완두·순무·피마자
단일식물	국화·나팔꽃·담배·딸기·포인세티아	벼의 일부·목화·코스모스
중성식물	토마토·고추·감자·오이·장미	

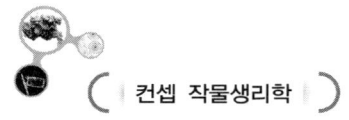

> 📋 **보충** 식물의 일장감응(9형) : 화아분화의 전·후에 따라 다름

분류	명칭	화아분화 전	화아분화 후	종류
장일 식물	LL 식물 LI 식물 IL 식물	장일성 장일성 중일성	장일성 중일성 장일성	시금치, 봄보리 Phlox paniculata, 사탕무 밀
	LS 식물 II 식물 SL 식물	장일성 중일성 단일성	단일성 중일성 장일성	Boltonia, Physostegia 벼(조생종), 고추, 토마토, 메밀 앵초(프리뮬러), 시네라리아, 딸기
단일 식물	IS 식물 SI 식물 SS 식물	중일성 단일성 단일성	단일성 중일성 단일성	소빈국 벼(만생종), 도꼬마리 콩(만생종), 코스모스, 나팔꽃

* 장일식물 : LL 식물, LI 식물, IL 식물
* 중성식물 : II 식물
* 단일식물 : IS 식물, SI 식물, SS 식물

(3) 광주기 반응에 영향을 미치는 조건

① 광(光)

  ㉠ 광도

   ⓐ **장일식물** : 광합성에는 효과가 없을 정도의 약한 조명으로도 장일식물의 개화유도와 단일식물의 개화억제가 이루어진다. 비오는 날의 약광이라도 일장의 장단에는 변동이 없지만, 보름달의 광도보다는 훨씬 높다.

   ⓑ **단일식물** : 단일에 의하여 단일식물의 꽃눈분화가 유도되기 위해서는 낮 동안 높은 광도를 필요로 하는데, 이는 낮 동안에 광합성이 왕성해야 하기 때문이다.

  ㉡ 광질

   ⓐ 광주기성에는 적색광(660nm)과 등황색광이 효과적이며, 청색광(480nm)은 효과가 낮고, 녹색광은 효과가 거의 없다.

   > 📖 **참고** 재배학 기술
   >
   > 일장효과에 영향을 끼치는 광의 파장
   > • 600~680nm의 적색광이 가장 효과적(광합성은 660nm)
   > • 400nm 부근의 자색광은 다음으로 효과적(광합성은 450nm)
   > • 480nm 부근의 청색광은 가장 비효과적(광합성에는 효과적)

   ⓑ 광중단(night break, 야간조파)에 의한 단일식물 도꼬마리의 꽃눈분화 억제와 장일식물 보리의 유수형성 촉진에는 적색광(660nm)이 가장 효과적이며, 원적색광(800nm, far-red)은 효과가 없다. 최종적으로 조사된 광 종류에 의해 단

일식물의 개화반응이 결정된다.
ⓒ **피토크롬(phytochrome)** : 파장에 따른 작물 개화반응은 phytochrome에 의해 조절된다. 피토크롬은 낮에는 주로 P_{fr}형으로 존재하고, 밤에는 P_{fr}형이 P_r형으로 전환됨(밤의 길이에 따라 농도가 달라짐)
- **단일식물** : $P_{fr} < P_r$ 조건에서 개화함. P_{fr} 농도가 한계수준 이하로 떨어지면 개화가 유도되지만, 암기 동안 적색광을 단시간 조사하면(국화에서 야간조파) P_{fr}형 파이토크롬 비율이 높아져 개화가 억제된다.
- **장일식물** : $P_{fr} > P_r$ 조건에서 개화함. P_{fr}에 의하여 개화가 촉진되므로 암기가 짧아야 한다. 광주기성에서 암기의 역할은 P_{fr}의 수준을 조절하는 데 있다.

② 온도
㉠ 자연상태에서 일장 변화는 온도 변화를 동반하므로, 일장과 온도의 상호작용에 의한 영향을 받는다.
㉡ 일장유도 처리된 식물은 비교적 높은 온도에서 개화가 촉진된다.
㉢ 온도가 낮을 경우, 장일식물에서 암기를 늘려 개화를 억제시킬 때 그 효과가 감소되며, 단일식물에서 암기를 늘려 개화를 촉진시킬 때 그 효과가 감소된다.
㉣ 꽃 재배시 밤의 온도에 따른 개화반응
  ⓐ 포인세티아(단일식물)는 야간온도 13℃ 이하에서 단일처리를 해도 꽃눈분화가 안 된다.
  ⓑ 국화도 야간기온 10~15℃ 이하에서 단일에서도 꽃눈분화가 일어나지 않는다.
    * **재배학 기출** : 단일식물인 가을국화는 10~15℃ 이하에서는 일장에 관계없이 개화

③ 생장단계
㉠ 어린 식물에 일장처리를 하면 일장효과는 없고, 어느 정도 생장이 이루어진 다음 일장에 감응한다. 이는 잎의 수와 함께 개화유도물질을 생산할 수 있는 능력이 증가하기 때문으로 본다.
㉡ 잎이 최대 크기에 도달하기 전후(성엽)에 최대 감응성을 보이며, 늙은 잎에서는 다소 감소한다.

④ 무기영양
㉠ 식물체 내 탄수화물(C)과 질소(N)의 비율, 즉 C/N율에 의하여 꽃눈분화가 영향을 받는다. 개화・결실이 양호하려면 탄수화물 생성이 많고 질소 공급이 다소 적어야 한다.
㉡ C/N율 이론(carbohydrate-nitrogen relationship)
- 수분과 질소를 포함한 광물질성분이 풍부하다 하더라도 탄수화물의 생성이 불충분하면 생장이 미약하고 화성 및 결실도 불량하다.

- 탄수화물의 생성이 풍부하고 수분과 광물질성분, 특히 질소도 풍부하면 생육은 왕성하나 화성 및 결실은 불량하다.
- 수분과 질소의 공급이 약간 쇠퇴하고 탄수화물의 생성이 조장되어 풍부해지면 화성 및 결실은 양호하나 생육은 약간 감퇴한다.
- 탄수화물의 증대를 저해하지 않고 수분과 질소의 공급이 더욱 감소되면 생육은 더욱 감퇴하고 화아는 형성되나 결실하지 못하며 더욱 심하면 화성도 이루어지지 못하다.

(4) 광주기 감응부위와 지속성

① 광주기의 감응부위
   ㉠ 일장변화에 감응하는 기관 : 잎
   ㉡ 단일식물 도꼬마리에 1개의 잎만 남기고 단일처리를 해도 꽃눈이 형성되지만, 잎을 모두 없애고 단일처리를 하면 꽃눈이 형성되지 않는다.

② 광주기 자극의 이동
   ㉠ 잎에서 생성된 개화호르몬(flowering hormone, florigen) 또는 개화자극물질이 정단분열조직으로 이동하여 꽃눈형성을 자극하는데, 이 물질은 줄기 위·아래로 이동할 수 있다. 광주기 자극의 이동은 광합성 산물의 전류속도와 비슷하다.
   ㉡ 개화현상은 여러 요인들에 의해 수많은 반응이 유기·조절된 결과이며, 최근 개화 관련 유전자 및 파이토크롬에 의해 조절되는 많은 유전자 발현이 밝혀지고 있어, 보편적인 화성호르몬이 존재하지 않는다는 견해가 있다.

③ 광주기 감응효과의 지속성
   ㉠ **감응효과의 지속성** : 유도일장에 감응된 식물은 감응효과가 지속되어 비유도일장에서도 꽃눈분화·개화가 가능하다. 단일식물이 단일처리에 의해 자극을 받고 난 후에는 장일조건에서도 개화할 수 있다.
   ㉡ **유도일장 처리횟수** : 일반적으로 생육일수가 증가함에 따라 최소처리 횟수는 줄어든다.

(5) 광주기성의 작용기구

① 광주기성과 암기 길이
   ㉠ 식물 개화는 명기(낮 길이)보다 연속적 암기(밤 길이)가 광주기성에 더 큰 영향을 준다. 단일식물은 장야식물(long-night plant), 장일식물은 단야식물(short-night plant)이라고 할 수 있다.
   ㉡ 단일식물은 암기의 길이가 길어질 때 개화하지만, 장일식물은 암기의 길이가 짧아질 때 개화한다. 장일식물의 경우 암기가 길어 개화할 수 없을 때 암기의 중간에

적색광을 잠시 조사하면(야간조파) 개화가 가능해지나, 긴 명기의 중간에 잠시 빛을 차단해도 명기의 감응효과가 없어지지 않고 개화가 유도된다.
   ⓒ **피토크롬 반응** : 암기가 개화에 영향을 미치는 원인은 파이토크롬 종류나 수준 때문이다. 낮 동안 상대적으로 비율이 높은 P_{fr} 형태의 파이토크롬은 암상태에서 P_r로 전환되거나 분해되므로 밤의 길이는 P_{fr} 수준을 조절할 수 있다.
② **야간조파(night break) = 광중단**
   ㉠ 단일식물의 연속암기 중간에 광을 조사하여 연속암기를 중단하는 것. 암기의 합계가 명기보다 길지라도 단일효과는 사라짐 → 개화 안 됨 ◉ 국화 억제재배
      ◉ 콩의 만생종에서 명기 11시간·암기 16시간이 개화에 가장 좋은데, 암기의 중간에 1분 이상의 강한 광(R)을 조사하여 연속암기를 8시간 이하로 분단하면 개화하지 못함
   ㉡ 광 파장은 600~680nm의 적색광이 야간조파에서 가장 효과적(도꼬마리는 1분간의 광조사로 야간조파 효과가 나타남)이며, 적색광 조사 후 곧 780~800nm의 근적외광을 재조사하면 적색광의 조사효과가 감쇄되어 야간조파의 효과가 사라짐 → 개화 유도
   ㉢ 암기의 길이와 광중단에 따른 개화반응

24시간 (명기 / 암기)		장일식물	단일식물
	→	영양생장	개화
	→	개화	영양생장
	→	개화	영양생장
	→	개화	영양생장
	→	개화	영양생장
	→	영양생장	개화

> **참고**
>
> **1 생체시계(biological clock)**
> ① 식물체가 자체적으로 시간을 측정할 수 있는 기작
> ② 많은 식물이 밤 길이에 민감한 반응을 보이는 것은 명·암을 감지하고 시간까지 측정할 수 있기 때문이다.
> ③ 식물의 시간측정 기능은 개화, 잎의 수면운동, 세포의 유사분열, 효소활성, 꽃잎의 운동 등에서 관찰할 수 있다.
>
> **2 시계가설(clock hypothesis)**
> ① 생체시계와 맞물려 식물에서 광민감기(photophilic phase)와 암민감기(ectophilic phase)가 규칙적인 주기로 반복되기 때문에 광주기반응이 일어난다는 가설
> ② 만약 암민감기(밤)에 광을 조사하면 광주기에 의하여 조절되는 개화유도 효과가 없어진다. 광민감기(낮)에 상대적으로 많았던 P_{fr}가 암민감기(밤)에 P_r 형태로 전환되거나 파괴되어 어떤 수준 이하로 유지되어야만 개화가 유도되나, 암민감기(밤) 동안의 광조사로 P_{fr} 수준이 다시 높아지면 개화가 유도되지 않는다.

(6) 광주기성과 지리적 식물분포

① 장단일 식물의 특징
  ㉠ 단일식물 : 가을철 단일 이전에는 충분한 생육할 수 있는 여름이 있으므로 가을에 개화하는 것이 생존전략상 유리하다. 단일식물은 봄에 발아한 후 여름의 장일시기에는 영양생장을 왕성하게 하고 가을에 일장이 짧아지면 생식생장으로 이행하여 개화·결실한다.
  ㉡ 장일식물 : 온대지방에서 장일식물은 일장이 길어지는 시기(늦봄~초여름)에 개화한다.
    예 장일식물은 1년생 식물(이른봄에 발아하여 여름에 개화·결실하고 일생을 마침)이거나, 월동1년생 식물(가을에 발아하여 어린 식물의 상태로 겨울의 저온기를 경과한 후 다음해의 장일시기에 개화·결실함)이다.

② 위도에 따른 식물분포
  ㉠ 고위도 지방 : 생육가능 온도조건 때문에 단일식물은 유성번식이 불리하므로 분포가 제한되지만, 장일식물은 널리 분포하고 있다. 일장의 연변화는 위도가 높은 지역일수록 크다.
  ㉡ 중위도 지방(온대) : 장일식물과 단일식물 모두 존재한다. 일장의 연변화는 위도가 낮은 지역일수록 작다.
  ㉢ 저위도 지방 : 한계일장보다 길어지는 장일조건이 되지 않으므로 장일식물의 개화는 장애를 받지만, 단일식물은 연중 개화가 가능하므로 널리 분포되어 있다. 적도에서는 일장이 연중 12시간이다.

㉣ **중성식물** : 개화가 일장의 영향을 거의 받지 않으므로 온도에 의하여 생육이 제한되지 않는다면 어느 계절이라도 개화가 가능하여 위도가 낮은 지방에서부터 높은 지방에 이르기까지 널리 분포한다.

(7) 광주기반응의 농업적 이용

① 품종 선택
  ㉠ 작물의 출수·개화에는 온도와 일장이 크게 관여한다.
    ⓐ **감온성**(thermosensitivity) : 출수·개화가 온도의 영향을 받는 성질. 벼는 일반적으로 온도가 높아짐에 따라 개화가 빨라진다.
    ⓑ **감광성**(photoperiod sensitiyity) : 단일식물이 단일에 의하여, 장일식물이 장일에 의하여 출수·개화가 촉진되는 정도. 벼는 단일에 의해 출수개화가 촉진된다.
  ㉡ 품종에 따른 개화촉진
    ⓐ **조생종 벼** : 감온성이 크고 감광성이 약하므로, 일장보다는 고온에 의하여 유수분화가 촉진된다.
    ⓑ **만생종 벼** : 단일식물이므로 온도보다는 단일에 의하여 유수분화가 촉진된다.
  ㉢ 위도에 따른 벼 품종선택
    ⓐ **고위도 지방** : 감온성이 큰 품종(blT)을 재배해야 한다. 감광성이 큰 벼 품종을 재배하면 일장이 긴 여름까지 영양생장이 지속되어 출수가 늦어져 가을의 이상저온 시 완전히 성숙하지 못할 경우가 발생할 수도 있다.
    ⓑ **저위도 지방** : 저위도 지방에서는 기본영양생장성이 크고 감온성이 적은 품종(Blt)을 선택하는 것이 좋다. 감온성이 큰 품종을 재배하면 영양생장이 충분히 이루어지기 전에 고온이 되므로 출수가 빨라져 큰 수확량을 기대할 수 없다.

고위도 지대	• 고위도지대·중위도지대 모두 감온성이 적용되는 그온기는 늦봄~여름이 되고, 감광성이 발동하는 단일기는 여름~초가을이 되므로, 기상환경은 감온성의 발동시기가 감광성보다 빠름 • 고위도지대는 blt형이나 blT형 기상생태형이 분포함(기본영양생장성·감광성·감온성이 모두 작아서 생육기간이 짧은 blt형이나, 기본영양생장성·감광성이 작고 감온성이 커서 일찍 고온에 감응하는 감온형(blT형)이 조기 출수하여 안전하게 수확되기 때문) • 감광형(bLt)은 늦게 감응하고, 기본영양생장형(Blt)은 환경에 관계없이 기본영양생장기간이 길어서 출수가 늦어지므로 재배할 수 없음

중위도 지대 (우리나라)	• 중위도지대에서는 서리가 늦게 오므로 어느 정도 늦게 출수해도 안전하게 성숙할 수 있고, 또 이러한 품종들이 다수성이므로 주로 이러한 품종들이 분포함 • 기본영양생장성이 비교적 크고 감온성·감광성이 작은 기본영양생장형(Blt)이나, 기본영양생장성·감온성이 작고 감광성이 큰 감광형(bLt)이 분포함 • 감온형(blT) 품종들도 조생종으로 분포함
저위도 지대	• 저위도지대인 적도 부근은 연중 고온과 단일의 환경이므로 감온성(blT)·감광성(bLt)이 큰 것은 출수가 빨라져서 생육기간이 짧고 수량이 적으나, 기본영양생장형(Blt)은 연중 고온·단일 환경에서도 생육기간이 길어서 다수성이 되므로 Blt형이 분포함 • 적도에서 멀어지고 재배기간이 여름에서 겨울에 이르는 경우(대만의 2기작이나 인도의 가을재배)에는 일장이 장일로부터 단일로 변화하는데, 이 지대에서는 감광성이 높아서 알맞은 한계일장에 감응하는 감광형(bLt형)도 분포함

② 품종 육종
  ㉠ 개화기 일치 : 광주기성을 이용하면 원래 개화기가 다른 품종 간 개화기를 인위로 조절할 수 있으므로 교배가 가능해진다. 단일처리에 의하여 출수를 촉진시키거나 야간조명에 의하여 출수를 지연시킴으로써 품종 간 교배가 가능하다.
  ㉡ 육종기간 단축 : 벼에서 가을에 채종한 교배종자를 겨울철 온실에서 생육시킬 때, 초기에는 장일처리로 영양생장을 유도하고, 후기에는 단일처리로 출수기를 조절하여 육종연한을 단축시킬 수 있다.

③ 화훼작물의 개화기 조절
국화의 경우 야간조파(전등조명)에 의한 억제재배, 단일처리에 의한 촉성재배로 개화기를 조절하고 있다.
  ㉠ 억제재배 : 겨울~봄철까지 출하, 꽃눈이 분화되기 전에 장일처리(야간조파)로 영양생장을 유지시킨 후, 자연일장인 단일조건에서 개화시킨다.
  ㉡ 촉성재배 : 5~9월 출하, 9~10시간의 단일로 개화촉진하며, 단일처리 기간은 보통 30~50일이다.

④ 파종기 선택(재배적 적응)
파종기 선택은 작물 생육에 적당한 일장·온도 조건이 되도록 하여 수량을 증가시킬 수 있다.
  ㉠ 여름콩은 봄에, 가을콩은 여름에 파종해야 유리하다.
  ㉡ 벼를 조기에 재배할 때는 감온성이 큰 조생종을 선택해야 한다.
  ㉢ 청예용 콩은 가을콩을 봄에 파종하여 줄기와 잎을 왕성하게 자라게 하고 결실 되지 않게 재배한다.

보충 | 일장효과의 농업적 이용

성전환의 이용	• 삼(대마)은 성염색체의 조성이 ♀-XX, ♂-XY인데, 단일에 의하여 성전환을 이루어짐 • 성전환에 의하여 생긴 XX개체의 수꽃과 보통의 XX개체의 암꽃을 교배해서 채종하면 다음 대에는 모두 XX개체(암그루)만 생기는데, 삼은 암그루가 생육이 왕성하여 섬유의 수량은 많으나 품질은 낮음
육종에의 이용	• **인위개화**: 고구마순을 나팔꽃 대목에 접목하고, 8~10시간 단일처리를 하면, 인위적으로 개화가 유도되어 교배육종이 가능해짐 • **육종연한의 단축**: 세대단축온실에서 일장처리를 하면 연간 2~3모작을 할 수 있어 육종연한이 단축됨
꽃의 개화기 조절	• 국화는 조생국을 단일처리하면 촉성재배, 단일처리의 시기를 조금 늦추면 반촉성재배, 만생추국에 장일처리를 하여 개화기를 늦추면 억제재배가 가능 • **주년재배**: 품종과 일장처리를 적절하게 이용하면 국화처럼 연중 어느 때나 개화시킬 수 있는 재배방식
자연일장에 대한 재배적 적응	• 벼의 만생종은 단일식물이고 한계일장이 뚜렷하여 조파조식을 하면 영양생장량이 증대하여 증수 가능 • 시금치는 봄철 장일에서 추대가 유도되는데, 추파를 하면 추대 전에 생장량이 증대됨
수량의 증대	• 겨울철 들깨에 야간조파(night break)를 실시하면 잎 수확량이 증가함 • 오처드그래스·클로버 등의 한지형 목초는 장일식물이지만 가을 단일기에 일몰부터 20시경까지 보광하여 장일조건을 만들어 주거나, 심야에 1~1.5시간 야간조파를 하면 → 장일효과가 발생하여 절간신장을 유도하고, 산초량이 70~80% 증대됨 • 호프(hop)는 단일식물이지만 개화 전에 보광을 하여 장일상태로 유지하고 영양생장을 지속시킨 후 개화하면, 꽃은 작으나 수효가 많아서 수량이 증대됨
품종의 선택	지리적·재배적 생태조건의 차이가 있을 때 작물 품종의 일장반응이 그 생태조건에 알맞도록 선택되어야 함

제2절 화기의 형성

(1) 정단분열조직의 변화

① 영양생장을 계속하던 줄기의 정단분열조직이 화성(florigen)이 유도되면 화서분열조직(花序分裂組織), 그 주변에 조그마한 돌기형태로 관찰되는 화기분열조직으로 바뀐다.

② 정단분열조직이 개화유도 자극을 받으면 그때까지 활성이 낮던 분열조직의 중심대(특수한 세포집단)에서 세포분열이 활발하게 일어나 화서분열조직으로 전환된다.

③ 꽃차례 분화 순서
꽃받침, 꽃잎, 수술, 암술의 순으로 진행되며, 각 기관은 하나의 동심원 상에 위치하게 된다.

(2) 웅성기관의 발달

① 수술원기
화기분열조직에서 꽃받침과 꽃잎이 나타난 후에 수술원기가 형성되고, 그 후에 암술원기가 나타난다. 수술원기의 형태형성 직후 꽃밥과 꽃실 부분으로 분화되고, 꽃밥에서 꽃가루주머니(화분낭; pollen sac)가 형성된다.

② 수술(stamen)
㉠ 웅성기관 : 꽃실(화사; filament)과 꽃밥(약; anther)으로 구성된 수술
㉡ 꽃실 : 유관속조직으로 물과 영양의 이동통로로 작용하는 관
㉢ 꽃밥 : 꽃가루(화분; pollen)를 생산하고, 방출하는 기능을 담당

③ 꽃가루
웅성배우자형성(male gametogenesis)은 꽃밥의 소포자낭 내에서 2n 상태의 소포자모세포가 분열하여 꽃가루모세포(화분모세포, 2n, PMC)가 형성되는 것으로 시작되고, 꽃가루모세포는 감수분열을 통해 4개의 소포자(n)를 형성한다. 화분4분자는 약의 융단층(tapetum)에서 합성되는 칼로오스(callose)에 의해 개개의 소포자(n)로 분리된다. 1핵성 소포자는 비대칭 유사분열로 영양세포와 생식세포를 만들고, 생식세포의 제2차 핵분열로 2개의 정핵세포가 만들어진다.

(3) 자성기관의 발달

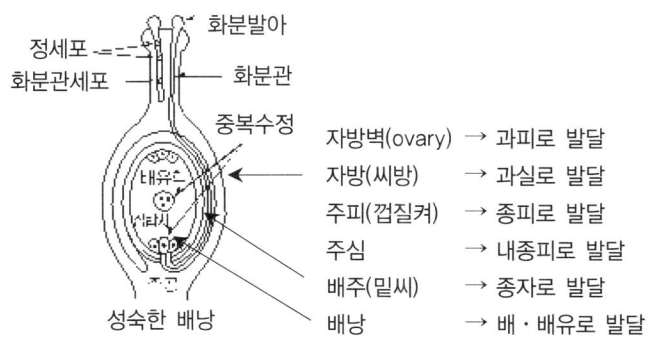

자방벽(ovary) → 과피로 발달
자방(씨방) → 과실로 발달
주피(껍질켜) → 종피로 발달
주심 → 내종피로 발달
배주(밑씨) → 종자로 발달
배낭 → 배·배유로 발달

① **암술(pistil)**

  암술은 꽃의 중앙에 있고, 화기분열조직에서 가장 늦게 형성된다.

  ㉠ **암술 구성**: 수정 후에 종자나 과실로 자라는 배주(ovule)를 가진 씨방(자방; ovary), 씨방 위에 신장되어 있는 꽃대(화주; style), 꽃대의 꼭대기에 있어 수분과 꽃가루 발아가 일어나는 암술머리(주두; stigma)로 구성된다.

  ㉡ **배주(종자의 기원) 구성**: 중앙에 위치한 배낭(embryo sac)을 싸고 있는 주심(nucellus), 주심를 싸고 있는 주피(integument), 주심과 주피를 지지하는 기관인 주병(funiculus)으로 구성된다.

  ㉢ **암술의 발달**: 화기분열조직의 중앙에서 심피원기(carpel primordium)가 형성되고, 심피에서 씨방이 형성된다. 씨방이 형성되면 그 끝이 수직으로 신장하여 꽃대(화주)를 형성한다. 꽃대 길이는 다양하며 식물의 수분방법이 결정되기도 한다. 꽃대의 끝부분은 암술머리(주두)로 분화되며, 주두에서 분비되는 물질은 꽃가루를 잘 부착하게 하고, 불화합성 꽃가루는 배척하고 화합성 꽃가루의 발아를 촉진한다.

② **배주(밑씨)**

  배주형성은 씨방 안쪽 표피에 있는 태좌(胎座; placenta) 세포층의 분열로 배주원기가 만들어지면서 시작된다. 배주원기의 분열과 확대로 주피형성이 시작되며, 이 과정에서 주공(珠孔; micropyle)이 생기고 이곳을 통해 꽃가루관이 들어간다. 주심의 내부에서 4개의 반수체 대포자가 형성되며, 이로부터 배낭이 형성된다.

③ **배낭**

  대포자모세포(배낭모세포, EMC)로부터 → 3개 반족세포, 2개 극핵, 2개 조세포, 1개 난세포를 형성한다.

  ㉠ **난세포**: 배낭 주공 쪽에 있는 난세포(n)는 정핵(n)과 결합하여 접합자(배, 2n)를 형성한다.

ⓒ 조세포 : 난세포 주변에는 2개의 조세포가 존재하며, 조세포는 꽃가루관이 주공을 통해 들어오도록 유도하는 역할을 한다.
ⓒ 극핵 : 배낭의 중심에 자리한 2개의 극핵(2n)은 1개의 정핵(n)과 융합하며, 정핵과 융합된 2개의 극핵은 배유(3n)를 형성한다.
ⓔ 반족세포 : 난세포 반대쪽에 위치하는 3개의 반족세포는 배낭에 영양을 공급하는 역할을 한다.

(4) 개화식물의 성 결정

① 화기에 따른 식물분류

양성화(兩性花)	화기분열조직으로부터 암술과 수술 모두를 형성
단성화(單性花)	암술 또는 수술만을 형성
	<u>자웅동주</u> : <u>옥수수·호박·오이</u>와 같이 암수한그루
	<u>자웅이주</u> : <u>시금치·은행나무·아스파라거스</u>와 같이 암수딴그루

② 성 결정(성 표현, sex expression)
ⓒ 단성화의 경우는 수술원기나 암술원기가 분화되지 않아서가 아니라, 어떤 원인에 의하여 이 원기들이 성숙하지 못하거나 기능을 잃어버린 결과라고 본다.
ⓒ 양성의 분열조직에서 단성화가 형성되는 것은 성 결정 유전자가 작용한 결과이다.
ⓒ 성표현에 내적으로 식물호르몬이 작용 : Auxin은 자성화를 촉진하고, GA는 웅성화를 촉진함
ⓔ 성표현에 외적으로 일장·온도가 작용 : 박과채소에서 저온단일조건이 자성화를 촉진함

> **참고** 꽃 형성의 유전적 조절에 대한 ABC 모델

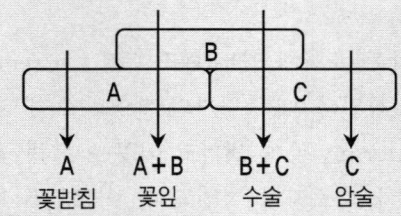

ⓐ A와 B유전자가 모두 발현되면 꽃잎이 형성
ⓑ B와 C유전자가 모두 발현되면 수술이 형성
ⓒ B유전자가 불활성화되면 꽃잎 부위에 꽃받침이 형성

(5) 개화기
① 영양생장과 개화기의 조숙성
   ㉠ 식물의 영양생장을 억제하면 생식생장으로 빨리 전환되어 개화기·수확기가 빨라진다. 모든 식물에 적용되지는 않는다. 일부 식물에서 질소부족으로 영양생장이 억제되면 개화기가 빨라지는 경우가 있다.
   ㉡ 생장을 촉진시켰을 때 생식생장으로 빨리 전환되는 경우도 있다. 지베렐린처리로 로제트형 잎을 가진 장일식물에 추대를 촉진시키거나, 화곡류의 줄기생장을 촉진시킴으로써 개화를 촉진시킬 수 있다.
② 온도나 일장에 따른 품종의 조숙성
   온도는 식물 개화반응을 유도하는 중요한 환경요인임
   ㉠ 토마토를 유묘기에 10~16℃에서 몇 주간 재배하면 꽃이 피는 절위(node order)가 낮아지는 품종이 있다. 조숙성이 일장의 영향을 받는 것은 광주기성보다는 광도·광질의 영향이 더 크다고 본다.
   ㉡ 완두는 일장을 길게 하고 광도를 높임으로써 개화가 촉진된다.

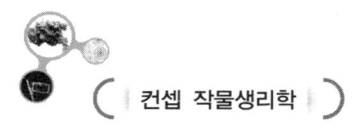

제3절 작물 결실 생리

1 종자의 발달

성숙한 씨방(자방)이 발달하여 과실이 되고, 배주가 발달하여 종자를 형성한다. 대부분 1년생 작물은 종자 그 자체가 재배목적이지만, 생과로 소비되는 과실에서 종자는 무의미하다.

(1) 종자 형성

① 암·수술 수정 → 배·배유 형성 → 종자
  ㉠ 배 : 정핵(n)과 난핵(n)의 접합자가 발달한 것
  ㉡ 배유 : 정핵(n)과 2개 극핵(2n)이 수정된 후 배유핵과 배를 둘러싼 세포질이 발달한 것
   * **중복수정** : 2개의 정세포 중 1개는 난세포와 융합하여 접합자(배, 2n)를 만들고, 다른 1개는 극핵과 융합하여 배유핵(3n)을 형성하는 과정
  ㉢ 종피 : 주피에서 유래, 수정 후 외주피와 내주피의 바깥쪽 층은 소멸되고 안쪽 층이 발달한 것. 배유에 의하여 압축되어 얇은 막이 된다.

② 외떡잎식물(옥수수) 종자의 발달과정
  ㉠ 배유 발달 → 배 발달 : 배유는 수분 후 4~10일째에 형성되나, 배는 수분 후 15~18일째에 발달하기 시작하여 45일째에 완전히 성숙한다.
  ㉡ 세포분열 : 수분 후 28일 정도 지나면 완료된다.
  ㉢ 배유 저장물질의 합성 : 수분 후 약 2주째부터 왕성하게 일어나며, 이때 배는 자라기 시작한다.
  ㉣ 생체량 : 수분 후 30일까지 증가하나, 이후 건조되면서 감소한다.

③ 쌍떡잎식물(콩) 종자의 발달과정
  ㉠ 배의 세포분열 : 수분 후 2주 후 완료되는데, 떡잎 저장양분인 단백질·지질·전분 축적이 일어나기 이전이다.
  ㉡ 세포분열기 동안 배발생 단계 : <u>구상형(globular) → 심장형(heart) → 어뢰형(torpedo) 단계</u>→ 2개 떡잎 형성
   * 외떡잎식물의 배발생은 구상형 배로부터 1개의 떡잎이 배축 방향으로 신장한다.
  ㉢ 배유 발달 : 수분 직후는 배유보다 배의 생장속도가 느리지만 곧 빨라지게 되고, 배유는 배의 생장을 위해 소모된다. <u>성숙기 콩 종자는 배유가 없어지고 배만 남게</u> 되며, <u>종피가 배를 감싸고 있는 형태가 된다.</u> 미성숙 단계에서는 배유세포와 전분이 발견되지만, 성숙한 종자에서는 전분이 없다.

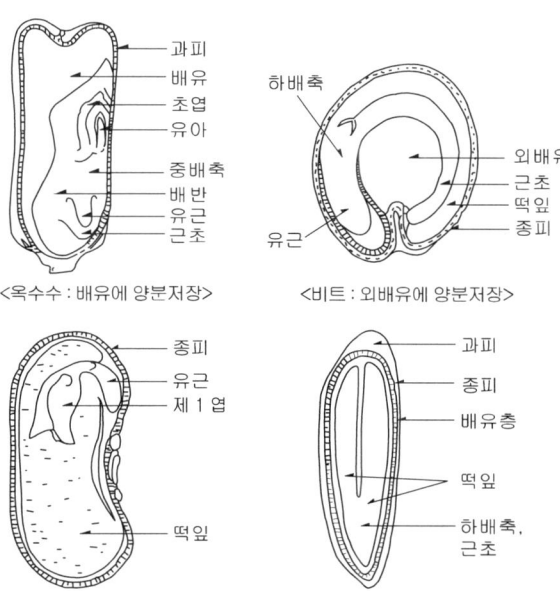

<옥수수 : 배유에 양분저장> <비트 : 외배유에 양분저장>
<강낭콩 : 떡잎에 양분저장> <상추 : 떡잎에 양분저장>

(2) 종자의 비대와 성숙

① **종자비대기** : 수광상태개선과 동화산물 분배에 의한 수확지수(harvest index)를 증가시키는 것은 매우 중요하다.

② **종자의 성숙** : 종자가 최종 크기에 도달하여 건물중 증가율이 0에 가까우며, 종자 특유의 저장양분을 함유하고 있으며, 탈수·건조된 상태를 말한다.

2 과실의 발육

(1) 착과

① **착과(fruit set)**
   ㉠ 착과 : 수정과 함께 과실 발육이 시작되는 것. 착과 후 어린 과실의 왕성한 생장은 영양분의 강력한 수용부위(sink)로 작용
   ㉡ 착과율 : 과실로 발육하는 꽃의 비율
      예) 화곡류 70%(실제 착과율은 더 낮음), 콩 착협률 20~60%, 낙엽과수 5~50%

② **낙과(落果)**
   ㉠ 보통 과실로 발육하지 못할 경우 꽃자루(화경)의 기부에 이층이 형성(ABA, ethylene)되어 떨어져서 낙과된다.
   ㉡ 꽃이 수정되지 않으면 과실 발육이 불량하여 어린 과실이 떨어지는데, 영양결핍이 중요한 요인이다.

③ 옥신의 작용 : 꽃가루는 꽃가루관 신장과 수정에 필요한 옥신을 함유하며, 생장을 시작한 과실은 그 자체가 옥신의 공급부위가 된다. 합성옥신은 가지과·박과작물의 착과 증진 목적으로 이용된다.

(2) 과실의 생장

① 세포분열과 세포신장에 의한 유형
  ㉠ 세포분열이 개화기 때 끝나는 것 예 나무딸기
  ㉡ 세포분열이 개화기에서 수확기까지 소요되는 기간의 20% 기간에 완료하는 것
     예 사과·복숭아
  ㉢ 세포 분열 및 신장이 수확기까지 계속되는 것 예 아보카도·딸기

② 과실 생장 단계
  ㉠ 1단계 : 종피 형성기, 자방벽의 발육에 의해 과실의 크기가 증대되고, 주심·주피 부분도 급속히 발달한다. 주심·주피는 생장이 완료되고, 과실은 절반 정도 발달, 배는 전혀 발달하지 않는다.
  ㉡ 2단계 : 배 형성기, 주심·주피 발육은 거의 이루어지지 않고, 내과피의 목질화가 집중적으로 일어나기 때문에 외형적 크기 증가가 없는 시기이지만, 배의 생장이 왕성한 시기이다.
  ㉢ 3단계 : 과실 비대기, 과피가 다시 급속히 발육하고 배도 계속 발육한다.
  ㉣ 4단계 : 과실 성숙기, 과실의 착색이 일어나고, 당류의 축적과 과당·포도당 등의 전환이 일어나는 시기

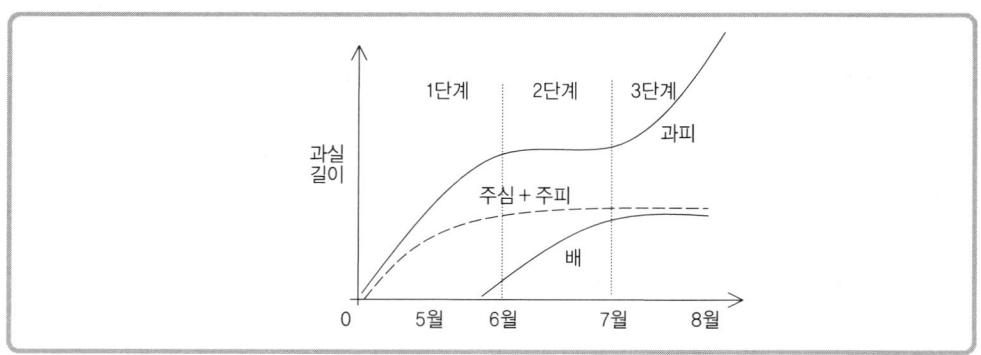

▨ 복숭아 과실의 발육단계

③ 과실 생장 곡선
  ㉠ 단일 시그모이드 곡선(sigmoid curve) : 토마토, 콩 꼬투리 등 대부분 식물
  ㉡ 2중 시그모이드 곡선 : 핵과류(복숭아 등), 포도, 콩 종자 등

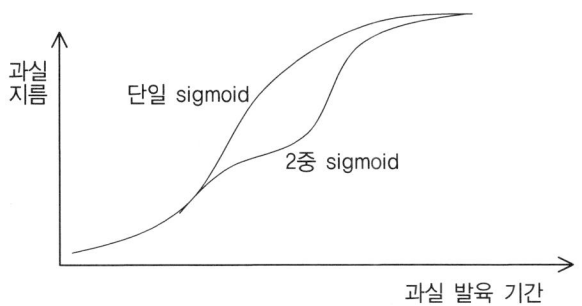

④ 종자가 과실발육에 미치는 영향
  ㉠ 일반적으로 종자수가 많을수록 과실의 생장이 양호하다(자연적 단위결과 제외).
    예 딸기, 수박 등
  ㉡ 종자가 과실 생장에 미치는 영향은 씨방 비대 초기에 특히 큰데, 이는 종자가 합성·분비하는 식물호르몬 때문으로 본다.
  ㉢ 딸기의 표면에 있는 종자를 제거하면 화탁(花托; receptacle) 생장중지와 함께 과실 생장이 중지된다. 이때 옥신을 처리하면 정상적 과실발육을 유도할 수 있다.
⑤ 지베렐린과 사이토키닌 : 과실의 생장을 촉진
  ㉠ GA_3 처리로 무핵화시킨 포도는 개화 후에 GA를 재처리함으로써 비대생장을 촉진시킬 수 있는데, 유핵 품종에서는 그 효과가 거의 없다.
  ㉡ 배의 과실비대에는 GA, 사과의 비대촉진에는 GA과 cytokinin 혼합처리가 효과적이다.
⑥ 보상적 생장상관(compensatory growth correlation) : 한 작물에서 과실 수가 많으면 많을수록 과실 크기가 작아지는 현상을 말하며, 동화산물을 포함한 모든 유기영양과 내생호르몬이 제한적이기 때문이다.

(3) 과실의 성숙
  ① 성숙의 의미
    ㉠ 재배적 성숙 : 단순히 중량, 크기, 형태 등 상업적 이용이나 소비가 가능한 상태에 이른 것 예 오이, 풋고추, 애호박 등은 재배적으로 성숙하면 수확
    ㉡ 생리적 성숙 : 색소, 경도, 화학조성, 호흡량 등이 변하여 익은 상태에 이른 것
      예 사과, 토마토, 참외 등은 생리적으로 성숙해야 수확
  ② 생리적 성숙
    ㉠ 색소의 변화
      ⓐ 엽록소는 감소하고, 카로틴(carotene)·라이코펜(lycopene)·잔토필(xanthophyll) 등과 같은 카로티노이드(carotenoid)와 안토시아닌(anthocyanin)이 증가한다.

ⓑ 두 가지 작용이 동시에 일어나는 것이 일반적이나, 엽록소 분해만으로도 특유 색깔이 나타나는 바나나 같은 경우도 있다.
ⓛ 경도의 변화
  ⓐ 성숙과정에서 대부분 과실은 경도가 감소한다.
  ⓑ 전분 감소와 당분 증가도 경도감소의 원인이지만, 주 원인은 세포의 중층(middle lamella)에서 펙틴질이 분해되어 가용성이 되면서 세포 간 접착능력을 잃게 되기 때문이다.
ⓒ 성숙중 과실 내 성분변화 : 성숙한 과실은 가용성고형물(soluble solid)이 많아 단맛이 증가하고, 유기산은 알칼리와 결합하여 중성염을 만들어 신맛이 감소하고, 과실 특유의 휘발성 향기성분이 발산한다.
ⓓ 과실의 호흡량 변화
  ⓐ 클라이맥트릭형 과실 : 과실 발육과 더불어 호흡이 점차 감소되어 성숙 직전에 최저로 되며, 성숙기에 들면서 호흡이 급상승하여 완숙기에 최대(climacteric rise)가 되고 이후 서서히 감소하는 과실.
  호흡의 급등 원인은 과실 속 가수분해가 진행되어 호흡원 물질이 증가되기 때문이고, 그 후 호흡원이 감소되기 때문에 호흡은 다시 감소된다.
    ⓔ 사과·배·감·복숭아·자두·살구·토마토·바나나·무화과·망고·올리브·아보카도·캔탈로프·멜론·키위 등
  ⓑ 비클라이맥트릭형 과실 : 과실 생장기간 동안 호흡량이 계속 떨어지고 성숙기에 호흡량의 급격한 증가가 나타나지 않는 과실
    ⓔ 귤·포도·오렌지·딸기·수박·레몬·파인애플·피망·체리·가지·고추·오이·양앵두 등

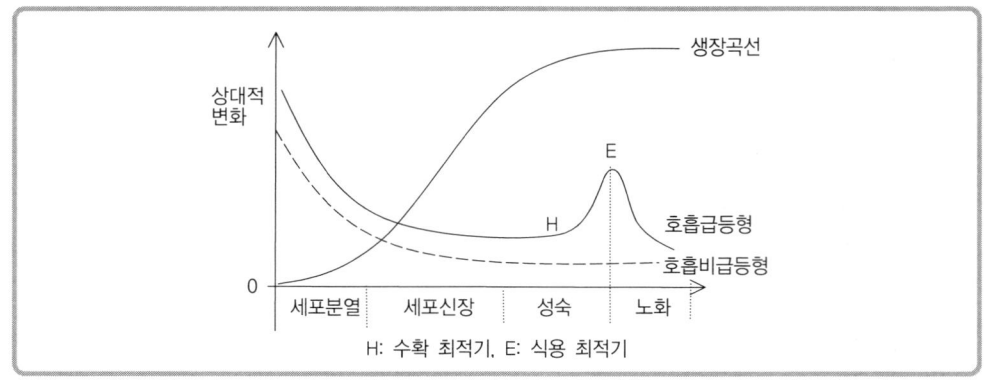

☑ 호흡급등형 vs 호흡비급등형

* 호흡급등형 과실의 수확적기는 급등현상이 나타나기 전이며, 식용적기는 호흡급등이 나타나는 시기이다. 호흡급등이 나타나면 과실은 바로 노화단계로 접어든다. 과실을 냉장보관하면 호흡급등현상이 나타나지 않는다.

(4) 단위결과(單爲結果; parthenocarpy)

씨 없는 과실. 수분·수정이 되지 않아 종자가 형성되지 못하였음에도 불구하고 과실이 비대·발육하는 현상

① 자연적 단위결과 : 토마토·고추·호박·오이·감귤류·바나나·파인애플 등
 ㉠ 파인애플은 자가불화합성으로 인한 단위결과
 ㉡ 바나나·감귤류에서 불완전한 꽃가루로 인한 단위결과
 ㉢ 복숭아·포도 등은 수정이 끝난 후 배 발달이 불완전하여 생기는 씨 없는 과실
 ㉣ 멜론은 유전적으로 불임성인 3배체의 경우 수분은 되지만 꽃가루관이 배주에 이르지 못하여 생기는 단위결과

② 환경적 단위결과
 ㉠ 배·토마토는 고온(저온×)에서 단위결과를 일으킨다.
 ㉡ 오이는 야간저온·단일에 의해 단위결과가 유도된다.
 ㉢ 토마토의 어떤 품종은 야간온도를 6~10℃로 낮게 하면 수정은 되지 않은 채 꽃가루에서 분비되는 물질의 자극으로 씨방이 비대해진다(자극적 단위결과). 자극의 원인으로 온도·일장·환상박피·타가수분·곤충작용 등이 있다.

③ 화학적 단위결과
 ㉠ GA이나 Auxin 계통 화합물(PCA, NAA)로 단위결과를 유기할 수 있다.
 ㉡ 포도 Delaware는 개화 전·후 2회 GA처리로 무핵화시키고 숙기도 단축시킬 수 있다.
 ㉢ 감·배도 GA로 단위결과를 유도할 수 있지만, 종자가 없을 경우 과실이 작아질 수 있다.

3 수확 후 생리

작물은 수확 후 성분이 변하고, 호흡작용이 계속되고, 에틸렌이 생성되며, 증산작용으로 수분 손실이 발생한다.

(1) 성분의 변화

수확 후 녹말, 당류, 펙틴질, 유기산, 색소, 페놀과 방향성 화합물, 비타민 등의 성분이 계속 변한다.

① 단맛
 ㉠ 산물의 품질을 좌우하는 가장 중요한 요소는 단맛으로, 녹말 분해산물인 포도당, 과당, 설탕은 단맛을 결정하는 주요 당류이다.
 ㉡ 보통 과실에서는 수확 후 녹말이 가수분해되어 단맛이 증가한다.

② 과육 연화
  ㉠ 과실은 숙성과정에서 세포벽성분이 분해되면서 과육이 연화되는데, 펙틴질의 분해가 주도적 역할을 한다.
  ㉡ 펙틴질은 복합다당류의 일종으로 세포벽의 중층을 구성하는 성분이며 Ca^{2+}과 협력하여 세포와 세포를 접착시켜 주는 역할을 한다.
③ 색깔 : 엽록소 ↓, 카로티노이드와 안토시아닌 ↑
  ㉠ 바나나, 감귤류, 토마토에서 수확 후 색깔 변화는 엽록소가 파괴되면서 이미 합성되어 있던 카로티노이드가 발현되는 것이다.
  ㉡ 수확 전 토마토에서는 엽록소 파괴와 카로티노이드 합성이 동시에 이루어진다.
  ㉢ 사과, 블루베리 등에서는 안토시아닌(색소배당체)이 고유의 색깔을 나타내는데 가수분해되면 안토시아니딘(당이 분리된 상태)을 형성한다.
④ 유기산 : 채소·과실의 신맛은 말산·구연산 같은 유기산에 의해 결정된다. 유기산은 수확 후 계속되는 호흡으로 소모되고 당으로 전환된다.
⑤ 방향성 화합물 : 바나나·감 과실은 페놀화합물(탄닌, 떫은맛 성분)이 줄고, 멜론·바나나·파인애플에서는 방향성 화합물이 증가한다.
⑥ 비타민 : 수확 후에는 비타민이 파괴되는데, 그중 비타민 C가 가장 쉽게 파괴된다. 저장조건이 열악한 경우에는 산물의 비타민 C 손실이 크게 일어난다.

(2) 호흡의 변화
① 수확 후 호흡은 저장양분을 소모하는 대사작용이기 때문에 산물의 중량과 단맛을 감소시켜 품질을 떨어트린다.
② 수확 후 호흡속도는 작물의 종류에 따라 다르다.
  ㉠ 표면적이 큰 엽채류(브로콜리, 아스파라거스, 시금치)나 생리적으로 미숙한 수확물(완두, 옥수수 등)은 호흡속도가 높아 저장력이 매우 약하다.
  ㉡ 각과류, 사과, 감귤, 감자, 양파, 포도 등은 호흡속도가 낮아 상대적으로 저장력이 강하다.
③ 수확 후 산물의 호흡속도는 재배조건, 주변온도, 공기조성, 스트레스 등의 영향을 받는다.

(3) 에틸렌 대사
과실 성숙 과정에서 호흡이 급등하는 시점에 에틸렌이 급격히 발생한다.
① 에틸렌을 처리하면 과실에서는 성숙촉진효과가 나타나고, 고추·토마토·감귤에서 착색이 촉진된다.
② 에틸렌은 노화를 촉진하고 생리장해를 유발하기도 하기 때문에, 저장고 내의 에틸렌을

제거해주어야 한다.
③ 스트레스 조건(기계적 상처, 병충해, 마찰, 압박, 건조, 저온, 자외선, 방사선 등)에서 에틸렌이 발생한다(스트레스 에틸렌).

(4) 수확 후 증산
① 수확 후 산물은 계속되는 증산작용으로 수분손실이 일어난다. 증산작용은 산물의 중량을 감소시키고, 신선도를 저하시키며, 외관을 손상시킨다.
② 작물체에서 증산작용은 주로 표피조직에서 일어나는데, 주변의 공중습도가 낮고 온도가 높으며 적절한 공기유동은 증산작용을 촉진한다.
③ 증산 억제 대책 : 저온에서 습도를 높이고 공기유동을 제한하거나, 플라스틱 필름으로 포장하거나(MA 저장), 표면에 왁스처리(MAC 저장)를 한다.

4 식물 노화 생리

일장이 짧아지고 기온이 떨어지면 낙엽수 잎은 노화와 죽음을 유도하는 과정이 촉진되어 잎 색깔이 변하게 된다. 노화(aging)와 괴사(necrosis)는 모두 세포의 죽음을 유도하는 현상이지만 서로 구별된다. 노화는 식물체 내 유전적 프로그램에 의해서 조절되는 정상 발달과정이라면, 괴사는 물리적 손상·독소·다른 외적 상해에 의해 야기되는 죽음이다.

(1) 노화의 유형
식물이 죽음으로 가는 과정에는 내적 요인에 의한 능동적인 과정과 외적 요인에 의한 수동적인 과정이 있다. 이들 변화는 세포, 조직, 식물체 전체 수준에서 각각 일어난다.
① 노화 원인
  ㉠ 내부요인 : 진정한 의미의 노화이다. 식물 자체에 의해 일어나는 능동적 퇴행과정으로 결국 죽음에 이르는 과정이다.
  ㉡ 외부요인 : 수동적 퇴행과정이 진행되며 시간이 경과에 따라 퇴행이 증가하게 된다.
② 노화의 의의 : 자원의 재사용
  노화는 식물체가 잎을 만들 때 투자한 자원의 일부를 회수하여 재사용하는 과정을 포함한다. 노화가 진행되는 동안 가수분해효소는 세포 내 탄수화물, 핵산, 단백질을 분해하게 된다. 분해성분인 당·뉴클레오티드·아미노산은 체관부를 따라 체내 필요한 부분으로 수송되며 그곳에서 필요한 화합물을 합성하는 과정에 재사용된다. 무기염류도 노화기관으로부터 다른 필요 부분으로 수송된다.
③ 세포 죽음의 유형
  ㉠ PCD(programmed cell death, **계획된 세포 죽음**)
    ⓐ 유전적으로 암호화된 프로그램에 의해 예정된 노화과정

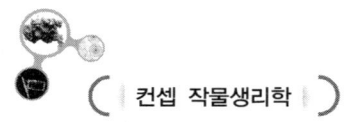

　　　　ⓑ PCD는 손상을 받아 제대로 작용하지 못하는 특정 세포를 식물 자체가 선택적으로 제거하기 위해 다양한 분해효소 작용으로 세포를 죽게 하는 과정. <u>유전적인 통제를 받는 발달과정의 일환</u>이다.
　　　　ⓒ PCD는 세포의 질병이 다른 부분으로 이행되는 것을 저지한다.
　　ⓒ **괴사**(necrosis)
　　　　ⓐ 냉해, 상처, 미생물 침입 등 갑자기 발생하는 외부요인에 의해 일어나는 과정
　　　　ⓑ <u>괴사는 발달과는 무관한 과정</u>으로, <u>핵산분해효소·단백질분해효소의 작용도 필요하지 않고 유전자의 통제도 받지 않는다.</u>
　　　　ⓒ 괴사로 죽은 세포 구성성분이 인접한 다른 세포에 영향을 미치기 때문에 체내 병원균 확산을 저지하지 못한다.
　ⓒ **만성적 퇴행** : 시간이 경과함에 따라 점차 치명적 손상이 누적되면서 나타나는 과정으로 진정한 의미에서의 노화이다. 예 배양세포가 시간이 지나면서 점차 분열능력을 잃어가는 현상, 저장종자가 생존능력을 점차 잃어가는 현상

정리　PCD vs 괴사

PCD	괴사
• 내부 요인	• 외부 요인
• 유전적 통제	• 유전자의 통제 받지 않음
• 분해효소	• 분해효소의 작용 필요없음
• 질병이 이행되는 것을 차단함	• 병원균 확산을 저지하지 못함

(2) 노화의 징후
① 세포 미세구조의 변화
　ⓐ 세포학적인 수준에서 노화과정이 진행되는 동안 일부 소기관은 분해되는 반면, 다른 기관은 자기 기능을 수행하고 있다.
　ⓑ 잎의 노화가 개시될 때 <u>최초 파괴되는 세포기관은 엽록체</u>로서, 틸라코이드막과 스트로마 구성분들이 분해된다. <u>핵은 노화의 후기까지 구조적·기능적으로 완전한 상태로 남아 있다.</u>
② 효소활성 및 유전자 발현의 변화
　ⓐ 분해효소 활성 증가 → 거대분자 가수분해
　ⓑ 유전자 발현 변화 : 잎에 발현되는 <u>대부분의 mRNA는 노화기 동안 현저히 감소</u>하고, 특정 유전자의 전사가 특히 증가한다.
　　　ⓐ <u>노화하향조절유전자</u>(senescence down-regulated gene, SDG) : 노화기에 발현이 감소하는 유전자 예 <u>광합성과 관련된 단백질을 암호화하는 유전자</u>

ⓑ 노화관련유전자(senescence associated gene, SAG) : 노화 동안에 발현이 유도되는 유전자 **예** 가수분해효소(단백질·핵산·지질 가수분해효소 등), 에틸렌 생합성 유전자(ACC synthase와 ACC oxidase)
ⓒ 노화 징후

잎 노화시 특이적으로 증가하는 단백질	과실 노화시 발현이 증가하는 유전자
RNase, proteinase, lipase, alcohol dehydrogenase, methallothionein, pathogene-related protein(PR protein) 등	에틸렌 합성에 관여하는 효소, 섬유소 분해효소(cellulase), polygalacturonase, glutathionine S-transferase 등

ⓐ 핵산·단백질 분해효소가 증가하여 핵산·단백질 분해가 가속화되는 것이다.
ⓑ 노화 진행 세포 내에서는 단백질 양이 지속적으로 줄어든다. 노화가 진행되는 동안 잎에서 감소되는 단백질은 rubisco로 분해되어 질소원으로 재이용된다.
ⓒ 과육을 연하게 하는 세포벽 분해효소 cellulase와 polygalacturonase 등은 과실 성숙시 합성이 증가(감소×)하나, 잎 노화시 생성되지 않는다.
ⓓ 과실이 성숙할 때에는 잎 노화시 증가하는 단백질분해효소는 증가하지 않는다.
③ 세포막의 변화
막에 존재하는 다양한 효소와 신호전달 수용체(receptor)의 기능에 영향을 미친다.
㉠ 노화가 진행되면 세포막의 총체적인 구조가 와해되고, 세포소기관이 파괴되며, 투과성이 증가하여 세포 속에 존재하는 용질이 유출된다.
㉡ 세포막·소포체막·액포막 등으로부터 활성산소 과산화물(superoxide, O_2^-) 유리기의 생성이 증가하여 지방의 과산화반응(peroxidation)과 지방산의 탈에스터반응(de-esterification)이 일어난다(에스터반응 ×).
㉢ 노화가 진행되면서 불포화지방산의 산화 중간산물의 양이 증가하며, 원형질막의 지질가수분해효소(lipoxygenase)의 양이 급격하게 증가한다.

(3) 식물호르몬과 노화

식물 노화는 유전자와 환경요인에 의해서 조절된다.
① 옥신과 노화
㉠ 옥신은 잎·꽃·열매 등의 식물조직에서 노화를 지연시킨다.
㉡ 옥신은 잎의 탈리 초기과정을 지연시키는 반면, 탈엽기·과실 성숙 후기에서는 오히려 촉진시킨다.
② 지베렐린과 노화
㉠ 지베렐린은 떡잎·잎·열매 등의 조직에서 엽록소의 분해를 억제하고, RNA와 단백질의 분해를 억제하여 식물의 노화를 지연시킨다.
㉡ 노화가 진행되는 조직에서는 지베렐린 함량이 감소한다.

③ 사이토키닌과 노화
  ㉠ 사이토키닌은 세포 내 엽록소, 단백질, DNA, RNA 등의 수준을 조절하여 노화를 지연시킨다.
  ㉡ 뿌리 활성이 감소하게 되면 사이토키닌의 합성이 줄어들어 잎의 노화가 급격하게 일어난다.
④ 에틸렌과 노화
  ㉠ 에틸렌에 의해 유도되는 노화현상 : 호흡률 증가, 막투과성 증가, 엽록소 파괴, 과실과 꽃에서는 여러 종류의 색소합성, 탄수화물·유기산·단백질 함량 변화, 과육조직의 경도변화, 휘발성 향기성분 발생 등
  ㉡ 완숙 사과와 미숙 토마토를 비닐봉지에 넣어두면 토마토가 붉은색으로 변하는데, 사과가 방출하는 에틸렌에 의한 노화촉진 때문이다.
  ㉢ 식물이 기계적인 손상, 침수, 병원균에 감염 되면 노화·괴사가 촉진되는데, 에틸렌 생성이 크게 증가한다.
⑤ ABA와 노화
  ㉠ ABA는 식물의 노화를 촉진시키는 호르몬이다. 노화가 진행되는 동안 ABA는 단백질분해효소 합성을 촉진하고, 노화관련 단백질 합성을 촉진한다.
  ㉡ ABA는 엽록소·단백질 분해를 촉진시켜 광합성을 저해하고 호흡률을 증가시키며, 세포막 구조를 변화시켜 세포질 누출을 촉진시킨다.
  ㉢ ABA는 핵산합성을 억제하고 핵산분해효소를 활성화시켜 RNA 분해를 촉진한다.

(4) 식물기관의 노화
① 잎이 노화될 때 잎에 저장된 양분을 식물체의 다른 부분으로 이동시켜서 영양분을 재순환시키는 역할을 한다. 노화시 잎에 저장된 질소는 줄기로 이동하여 저장단백질을 합성하는 데 이용된다.
② 개화·종자가 발달하는 동안 노화되는 잎수가 증가하는 것도 잎에 있는 양분을 종자로 이동시켜서 저장하기 위한 것이다.
③ 콩에서 꽃을 제거하거나 종실이 발달 중인 꼬투리를 제거하면 잎의 노화가 지연된다.

기출 및 출제예상문제

01 식물의 광주기성에 대한 설명으로 가장 옳지 않은 것은? ●23. 서울지도사

① 한계일장은 식물이 개화를 유도할 수 있는 일장을 의미한다.
② 국화, 담배, 딸기 등은 단일식물로 사탕무, 카네이션, 귀리 등은 장일식물로 분류된다.
③ 장일식물은 피토크롬(phytochrome) P_{fr}형이 P_r형보다 많을 때 개화하기 때문에, 개화를 위해서는 밤의 길이가 짧은 조건이 필요하다.
④ 암조건에서 자란 유식물의 피토크롬(phytochrome)은 적색광을 흡수하는 형태인 P_r형으로 존재한다.

[해설]
- **유도일장** : 어떤 식물의 화성을 유도할 수 있는 일장
- **비유도일장** : 화성을 유도할 수 없는 일장
- **한계일장** : 유도일장과 비유도일장의 경계가 되는 일장, 즉 화성유도의 한계가 되는 일장

02 식물의 개화에 대한 설명으로 가장 옳지 않은 것은? ●23. 서울지도사

① 단성화 중에는 옥수수와 같이 자웅동주인 경우와 시금치와 같이 자웅이주인 경우가 있다.
② 온도는 식물의 개화반응을 유도하는 중요한 환경요인이다.
③ 식물에서 꽃의 중요 기관들은 꽃받침, 꽃잎, 정핵, 암술이다.
④ 난세포에서는 식물 체세포 염색체의 절반(n)만 관찰된다.

[해설] 식물에서 꽃의 중요 기관들은 꽃받침, 꽃잎, 수술, 암술이다.

[정답] 01 ① 02 ③

03 과실 성숙에 대한 설명으로 옳지 않은 것은?
●22. 경기 농촌지도사

① 귤, 포도 등은 호흡급등형 과실이다.
② 엽록소는 감소하고, 카로티노이드(carotenoid)와 안토시아닌(anthocyanin)이 증가한다.
③ 성숙한 과실은 가용성고형물(soluble solid)이 많아 단맛이 증가한다.
④ 경도 감소의 주 원인은 세포의 중층에서 펙틴질이 분해되어 가용성이 되면서 세포 간 접착능력을 잃게 되기 때문이다.

[해설] 비클라이맥트릭형 과실 : 귤·포도·오렌지·딸기·수박·레몬·파인애플·피망·체리·가지·고추·오이·양앵두 등

04 개화생리에 대한 설명이 옳지 않은 것은?
●21. 경북 농촌지도사

① 온도 저하시 장일식물에서 암기를 늘려 개화를 억제시킬 때 그 효과가 촉진된다.
② 정단분열조직이 화성이 유도되면 화기분열조직으로 분화된다.
③ 광중단에 의한 도꼬마리의 꽃눈분화 억제에 적색광이 가장 효과적이며, 원적색광은 효과가 없다.
④ 유도일장에 감응된 식물은 감응효과가 지속되어 비유도일장에서도 개화가 가능하다.

[해설] 온도가 낮을 경우, 장일식물에서 암기를 늘려 개화를 억제시킬 때 그 효과가 감소되며, 단일식물에서 암기를 늘려 개화를 촉진시킬 때 그 효과가 감소된다.

05 식물의 광주기 반응에 영향을 미치는 요인으로 가장 옳지 않은 것은?
●20. 서울지도사

① 대기건조도
② 생장단계
③ 무기영양
④ 온도

[해설] 식물의 광주기 반응에 영향을 미치는 요인 : 광, 온도, 생장단계, 무기영양 등

정답 03 ① 04 ① 05 ①

06 식물 노화의 징후에 대한 설명으로 가장 옳지 않은 것은? ●20. 서울지도사

① 일반적으로 엽록체는 잎의 노화가 개시될 때 파괴되는 최초의 세포기관이다.
② 단백질·핵산·지질 가수분해효소가 증가하여 핵산과 단백질의 분해가 가속화된다.
③ 세포막의 투과성이 증가한다.
④ 과실이 성숙할 때에는 세포벽 분해효소 등의 합성이 급격히 감소한다.

[해설] 과육을 연하게 하는 세포벽 분해효소 cellulase와 polygalacturonase 등은 과실 성숙시 합성이 증가한다. 과실이 성숙할 때에는 잎 노화시 증가하는 단백질분해효소는 증가하지 않는다.

07 작물의 노화와 죽음에 대한 설명으로 옳지 않은 것은? ●18. 국가직 7급

① 계획된 세포의 죽음은 제대로 작용하지 못하는 세포를 식물체가 선택적으로 제거하는 과정으로 유전적인 통제를 받는 발달과정의 일환이다.
② 괴사는 발달과는 무관한 과정으로 핵산분해효소나 단백질분해효소의 작용도 필요하지 않고 유전자의 통제도 받지 않는다.
③ 에틸렌에 의해서 유도되는 일반적인 노화현상으로는 호흡률의 증가와 엽록소의 파괴 등이 있다.
④ 과실의 성숙과정과 잎의 노화과정에서는 섬유소분해효소와 단백질분해효소의 합성이 현저히 증가된다.

[해설] 잎이 노화할 때 증가하는 단백질분해효소는 과실이 성숙할 때는 증가하지 않는다.

잎 노화시 특이적으로 증가하는 단백질	과실 노화시 발현이 증가하는 유전자
RNase, proteinase, lipase, alcohol dehydrogenase, methallothionein, pathogene-related protein(PR protein) 등	에틸렌 합성에 관여하는 효소, 섬유소 분해효소(cellulase), polygalacturonase, glutathionine S-transferase 등

08 다음 중 광주기성이 같은 작물끼리 묶인 것은? ●18. 경북 농촌지도사(변형)

① 담배, 귀리, 포인세티아
② 가을보리, 딸기, 사탕무
③ 국화, 나팔꽃, 카네이션
④ 감자, 오이, 고추

[해설]

구분	필수적 요구(절대적)	촉진적으로 작용(조건적)
장일식물	가을보리·귀리·사탕무·시금치·토끼풀·카네이션	봄밀·상추·완두·순무·피마자
단일식물	국화·나팔꽃·담배·딸기·포인세티아	벼의 일부·목화·코스모스
중성식물	토마토·고추·감자·오이·장미	

[정답] 06 ④ 07 ④ 08 ④

09. 광주기성에 대한 설명으로 옳지 않은 것은?

① 단일식물은 한계일장보다 긴 일장조건에서 개화가 촉진된다.
② 광합성에는 효과가 없을 정도의 약한 조명으로도 장일식물의 개화유도가 이루어진다.
③ 장일식물은 단일 조건에서 개화하지 못한다.
④ 광중단에 의한 단일식물 도꼬마리의 꽃눈분화 억제와 장일식물 보리의 유수형성 촉진에는 660nm이 가장 효과적이다.

[해설] 단일식물은 한계일장보다 짧은 일장조건에서 개화가 촉진된다.

10. 호흡급등형 과실로 짝지어진 것은?

① 토마토, 무화과, 망고
② 사과, 파인애플, 감
③ 아보카도, 레몬, 체리
④ 올리브, 자두, 오렌지

[해설]
• 클라이맥트릭형 과실: 사과·배·감·복숭아·자두·살구·토마토·바나나·무화과·망고·올리브·아보카도·캔탈로프·멜론·키위 등
• 비클라이맥트릭형 과실: 귤·포도·오렌지·딸기·수박·레몬·파인애플·피망·체리·가지·고추·오이·양앵두 등

11. 식물 노화의 징후에 대한 설명으로 옳지 않은 것은?

① cellulase와 polygalacturonase 등은 잎 노화시 생성되지 않는다.
② rubisco로 분해되어 질소원으로 재이용된다.
③ 대부분의 mRNA는 노화기 동안 현저히 증가한다.
④ 원형질막의 지질가수분해효소(lipoxygenase)의 양이 급격하게 증가한다.

[해설] 대부분의 mRNA는 노화기 동안 현저히 감소한다.

12. 다음 중 노화촉진 호르몬은?

① 에틸렌, 자스몬산
② 브라시노스테로이드, 폴리아민
③ 앱시스산, 사이토키닌
④ 살리실산, 지베렐린

[해설] 노화촉진 호르몬: 에틸렌, ABA, 자스몬산 등

정답 09 ① 10 ① 11 ③ 12 ①

13. Lysenko(1932)의 발육상이론(상적발육설)의 내용이 아닌 것은?

① 작물의 생장과 발육은 동일한 현상이 아니다.
② 식물의 발육과정은 개개의 단계에 의해 성립된다.
③ 전단계의 발육상이 완료되지 않으면 다음 발육상으로 진행되지 않는다.
④ 개개의 발육상을 완료하는 데에는 동일한 환경조건을 필요로 한다.

[해설] 개개의 발육상을 완료하는 데에는 서로 다른 환경조건을 필요로 한다.

14. 송악(*Hedera helix*)에서 유년기에 볼 수 있는 특성은?

① 잎에 결각이 있다.
② 줄기가 수직성이다.
③ 잎이 둥근원형이다.
④ 화아가 분화한다.

[해설]

송악 특성	유년성	성년성
생장습성	포복성	수직성
굴지성	경사굴지성	정상굴지성
잎차례	대생	2+5나선상(2는 회전수, 5는 잎수를 의미함)
잎의 결각	결각이 있음	결각이 없고 둥근 원형
줄기생장	왕성함	약함
안토시안 형성	많음	거의 없음
발근 능력	강함	약함

15. 춘화처리에 대한 설명으로 적절한 것은 무엇인가?

① 식물의 영양생장을 촉진시키기 위해 온도를 처리하는 것
② 겨울철에 온실에서 작물을 재배하는 것
③ 개화를 유도촉진하기 위하여 저온처리하는 것
④ 휴면 중인 꽃눈을 온탕처리하여 개화를 촉진시키는 것

16. 다음 중 춘화처리와 관계있는 것은?

① 종자에 일장처리를 하여 개화를 촉진시킨다.
② 종자를 고온처리함으로써 종자의 발아를 촉진시킨다.
③ 맥류 종자를 저온처리하여 추파형을 춘파재배할 수 있게 한다.
④ 개화에 소요되는 기간을 단축시킨다.

[정답] 13 ④ 14 ① 15 ③ 16 ③

17 가을밀의 최아종자를 0~3℃에서 40일간 처리하여 봄에 파종하면 정상적으로 출수개화한다는 사실과 관계깊은 것은?

① Allard와 Garner의 광주기성(photoperiodism)
② Johannsen의 순계설(pure line theory)
③ Kraus Kyaybil의 C-N ratio
④ Lysenko의 vernalization

18 맥류의 추파성에 대한 설명으로 옳지 못한 것은?

① 추파형 맥류를 봄에 파종하면 좌지현상이 생긴다.
② 추파성은 맥류의 영양생장을 억제하는 성질이다.
③ 추파성이 큰 것은 내동성이 큰 경향이 있다.
④ 추파성은 품종에 따라 차이가 있다.

[해설] 추파성은 맥류의 내동성을 증대시키고, 영양생장을 지속시키며, 생식생장으로의 이행을 억제하는 성질이다.

19 추파형 맥류가 월동 중에 추파성이 소거되지 못하였을 경우 예상되는 결과에 해당되지 않는 것은?

① 출수가 되지 않는다.
② 좌지현상이 나타난다.
③ 출수가 촉진된다.
④ 분얼수가 많아진다.

20 맥류에서 볼 수 있는 좌지현상은 어떠한 경우에 나타나는가?

① 추파형 맥류를 가을에 파종할 경우
② 춘파형 맥류를 봄에 파종할 경우
③ 춘파형 맥류를 가을에 파종할 경우
④ 추파형 맥류를 봄에 파종할 경우

정답 17 ④ 18 ② 19 ③ 20 ④

21 춘파성 맥류는 봄에 파종한다. 춘파형 품종을 가을에 파종하면 어떤 현상이 나타나는가?

① 발아율이 저하된다.
② 좌지현상이 나타난다.
③ 수량이 증대한다.
④ 한지에서는 동사하기 쉽다.

22 추파성 맥류에 대한 설명 중 잘못된 것은?

① 난지형 맥류는 추파성 정도가 낮다.
② 추파성 품종은 모두 10일 내외의 저온처리로 추파성이 없어진다.
③ 추파성 정도가 높은 품종일수록 일찍 파종해야 한다.
④ 추파성 정도가 낮은 품종을 일찍 파종하면 월동 전에 유수가 형성된다.

[해설] 춘화처리 기간은 작물마다 다르다.

23 다음 중 맥류의 춘화처리에 대한 설명으로 틀린 것은?

① 저온처리기간은 추파성 정도가 클수록 길어진다.
② 처리기간 중 종자가 건조하면 안 된다.
③ 처리기간 중 산소가 없으면 처리효과가 나타나지 않는다.
④ 어두운 곳에서 처리해야 한다.

[해설]

	vernalization
Water	수분 있어야(건조×)
Air	산소 필요
Them	저온처리
Light	광 관계없음(고온처리시 암조건 필요)
영양성분	탄수화물(당) 있어야 함
감응시기	최아종자
감응부위	생장점
농업적 이용	채종, 육종, 수량, 촉성재배, 재배법, 대파, 종 감정

[정답] 21 ④ 22 ② 23 ④

24. 일장효과가 식물의 발육에 영향을 주는 것은?

① 발근촉진
② 낙엽과 낙화
③ 화아분화와 개화
④ 줄기의 비대

[해설]

화성유도 요인	내적 요인	• 영양상태 : C/N율로 대표되는 동화생산물의 양적 관계 • 식물호르몬 : 옥신(auxin)과 지베렐린(gibberellin)의 체내수준관계
	외적 요인	• 온도조건 : 버널리제이션(vernalization)과 감온성의 관계 • 광조건 : 일장효과(광주기성)의 관계

25. 작물의 화아분화에 가장 큰 영향을 미치는 요인은?

① 온도 · 수분
② 수분 · 질소
③ 일장 · 수분
④ 온도 · 일장

26. 다음 일장효과에 대한 설명이 옳지 않은 것은?

① 양파는 단일조건에서 저장기관의 발육이 조장된다.
② 일장의 변화에 의해 식물의 화아가 분화되고 개화하는 현상을 광주기성이라 한다.
③ 식물체에서 일장이 감응되는 부위는 잎이다.
④ 일장효과에 가장 효과가 큰 광파장은 660nm 영역이다.

[해설] 양파는 장일식물로서 장일조건에서 저장기관이 발육한다.

27. 다음 중 광주기 감응효과의 지속과 관련되는 일장유도에 대한 설명으로 맞는 것은?

① 최소한의 일장처리기간을 필요로 하는 것
② 일장처리 후에도 효과가 지속되어 화아분화 또는 개화를 유도하는 것
③ 일장처리를 함으로써 개화가 억제되는 것
④ 장시간 일장처리를 하여 개화가 유도되지 않는 것

[정답] 24 ③ 25 ④ 26 ① 27 ②

28 작물에서 화성호르몬에 의해 화아가 분화되는 과정으로 볼 수 없는 것은?

① 잎에서 화성호르몬인 플로리겐이 합성된다.
② 플로리겐이 줄기선단부의 정아로 이동한다.
③ 정아에서 화아가 분화·발달한다.
④ 화아분화는 생장이 제일 늦은 것부터 순차적으로 이루어진다.

[해설] 화아분화는 생장이 제일 빠른 것부터 순차적으로 이루어진다.

29 다음 중 위도별 일장의 계절적 변화를 바르게 설명한 것은?

① 하지의 일장은 고위도 지방으로 갈수록 길어진다.
② 적도부근에서는 계절별 일장의 변화가 심하다.
③ 춘분과 추분에도 위도에 따라 밤과 낮의 길이가 다를 수 있다.
④ 극지방은 일장의 계절적 변화가 적다.

[해설] ② 적도부근에서는 계절별 일장의 변화가 거의 없다.
③ 춘분과 추분에는 위도와 상관없이 밤과 낮의 길이가 같다.
④ 극지방은 일장의 계절적 변화가 매우 크다.

30 저위도 지방(열대)에서 고위도 지방(한대)의 장일식물을 재배할 경우 개화와 관련된 식물체의 반응은 어떻게 되겠는가?

① 연중 어느 시기에라도 개화가 가능해진다.
② 화아분화가 촉진된다.
③ 개화와 결실이 불가능해진다.
④ 영양생장과 생식생장이 적당하여 수량이 증가한다.

[해설] 장일식물은 항상 단일조건인 저위도에서 개화 및 결실이 불가능하다.

정답 28 ④ 29 ① 30 ③

31 다음 중 단일식물에 대한 설명으로 옳은 것은?
① 단일처리에 의하여 휴면이 유도되는 식물이다.
② 단일처리에 의하여 화성이 유도·촉진되는 식물이다.
③ 생육기간이 짧은 식물이다.
④ 단일조건에서 영양생장이 더욱 더 촉진되는 식물이다.

32 가을에 개화하는 단일식물을 겨울에 개화시키고자 할 때의 일장처리로 알맞은 것은?
① 여름과 초가을에 단일처리한다.
② 여름과 초가을에 장일처리한다.
③ 봄부터 가을까지 단일처리한다.
④ 가을에 개화한 후 장일처리한다.

[해설] 단일식물을 여름과 초가을에 장일처리하여 개화를 억제시킨 후, 가을의 자연단일 조건에서 화성이 유도되어 겨울에 개화가 가능하다.

33 만생종 벼를 생육기간 중 계속 조명등으로 장일처리를 한다면 예상되는 결과는?
① 출수가 다소 촉진된다.
② 출수가 현저히 촉진된다.
③ 출수가 불가능하다.
④ 출수가 정상적으로 이루어진다.

[해설] 만생종 벼는 고온과 단일, 특히 단일조건에서 개화가 유도되는데, 장일처리를 하게 되면 출수가 불가능하다.

34 만생종 벼를 5월에 이앙한 후 7월초부터 계속적으로 9시간의 단일처리 하였을 경우 예상되는 결과는?
① 개화가 현저히 지연된다.
② 개화가 현저히 촉진된다.
③ 자연적 상태에서와 같다.
④ 개화할 수 없다.

정답 31 ② 32 ② 33 ③ 34 ②

35. 다음 중 중성식물에 대한 설명으로 옳은 것은?

① 일정한 한계일장이 없어 일장조건에 관계없이 개화가 유도되는 식물
② 꽃눈의 형성은 장일조건에서, 개화는 단일조건에서 촉진되는 식물
③ 꽃눈의 형성은 단일조건에서, 개화는 장일조건에서 촉진되는 식물
④ 개화가 되지 않기 때문에 영양번식을 해야 하는 식물

36. 광주기성에 의한 분류로서 중성식물에 대한 설명으로 적절한 것은?

① 특정한 한계일장이 없어 대단히 넓은 범위의 일장에서 개화하는 식물이다.
② 12시간 정도의 한계일장을 갖는 식물이다.
③ 특정한 범위의 일장조건에서 개화하는 식물이다.
④ 자연적 일장조건에서만 개화하는 식물이다.

37. 다음 광주기성에 대한 설명이 옳지 않은 것은?

① 콩, 담배, 참깨는 단일식물에 해당한다.
② 조생종 벼 품종은 일장의 영향을 받지 않고 여름의 고온에 의해 유수의 형성이 촉진된다.
③ 클로버는 영양생장이 어느 정도 진행되면 일장과는 관계없이 생식생장으로 이행한다.
④ 오이, 고추, 장미는 중성식물에 해당한다.

[해설] 클로버는 장일조건에서 생식생장으로 이행한다.

38. 다음 중 장일식물에 대한 설명으로 옳은 것은?

① 파종에서 수확까지의 생육일수가 긴 식물
② 장일처리에 의하여 영양생장이 촉진되는 식물
③ 일조시간이 긴 봄부터 여름에만 생육할 수 있는 식물
④ 장일처리에 의하여 화아분화가 촉진되는 식물

정답   35 ①   36 ①   37 ③   38 ④

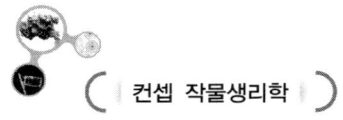

39 일장형의 분류로서 단일식물형에 속하지 않는 것은?

① SS형 ② SI형
③ IS형 ④ LI형

[해설] 식물의 일장감응(9형) : 화아분화의 전·후에 따라 다름

분류	명칭	화아분화 전	화아분화 후	종류
장일식물	LL 식물 LI 식물 IL 식물	장일성 장일성 중일성	장일성 중일성 장일성	시금치, 봄보리 Phlox paniculata, 사탕무 밀
	LS 식물 II 식물 SL 식물	장일성 중일성 단일성	단일성 중일성 장일성	Boltonia, Physostegia 벼(조생종), 고추, 토마토, 메밀 앵초(프리뮬러), 시네라리아, 딸기
단일식물	IS 식물 SI 식물 SS 식물	중일성 단일성 단일성	단일성 중일성 단일성	소빈국 벼(만생종), 도꼬마리 콩(만생종), 코스모스, 나팔꽃

* 장일식물 : LL 식물, LI 식물, IL 식물
* 중성식물 : II 식물
* 단일식물 : IS 식물, SI 식물, SS 식물

40 상추나 양배추를 장일처리하면 어떤 생육반응이 나타나는가?

① 영양생장만을 계속하게 된다.
② 추대와 개화가 촉진된다.
③ 장일처리의 효과가 나타나지 않는다.
④ 생육이 불가능해진다.

[해설]

장일식물	보리·밀·귀리·무·순무·사탕무·양배추·상추·양파·시금치·레드클로버·스위트클로버·자운영·알팔파·베치·완두·티머시·박하·아주까리
단일식물	만생종벼·옥수수·콩·조·기장·담배·참깨·코스모스·나팔꽃·대마 등
중성식물	가지·토마토·고추·오이·조생종벼·조생콩·조생담배·메밀 등

41 다음 중 정일식물에 대한 설명으로 맞는 것은?

① 꽃눈의 형성은 장일에서, 개화는 단일에서 촉진되는 식물이다.
② 발아 후 일정 기간이 지난 후 개화하는 식물이다.
③ 일장보다는 영양생장의 진행정도에 의하여 화성이 유도되는 식물이다.
④ 좁은 범위의 특정한 일장조건에서만 화성이 유도되는 식물이다.

정답 39 ④ 40 ② 41 ④

42 수분의 형태와 그에 대한 설명이 잘못된 것은?

① 타가수분 – 한 꽃의 꽃가루가 다른 개체의 꽃의 주두로 옮겨지는 것
② 자가수분 – 같은 꽃 또는 한 개체에 핀 다른 꽃간에 수분이 이루어진다.
③ 인공수분 – 수술을 인위적으로 제거하고 다른 개체의 꽃가루로 수분시키는 것
④ 폐화수분 – 개화시킨 후 수분시키는 타가수분의 한 형태

43 단자엽 작물의 배와 배유의 핵형에 관한 설명으로 옳은 것은?

① 배는 n상태이고, 배유는 $2n$상태이다.
② 배와 배유 모두 $2n$상태이다.
③ 배는 $2n$상태이고, 배유는 $3n$상태이다.
④ 배와 배유 모두 $3n$상태이다.

44 다음 중 과실의 발육·성숙과정을 단계별로 잘 나타낸 것은?

① 종피 형성기 → 과피 형성기 → 과실 비대기
② 종피 형성기 → 배 형성기 → 과실 비대기
③ 과피 형성기 → 종피 형성기 → 배 형성기
④ 배 형성기 → 과피 형성기 → 과실 비대기

45 과실의 착색이 일어나고, 당류의 축적과 과당·포도당 등의 전환이 일어나는 시기는?

① 주심과 주피가 완성되어 종피가 만들어지는 시기
② 과실의 발육속도가 느리고 배가 급속히 자라는 시기
③ 종피가 완성되고 배가 형성되는 시기
④ 과피가 발육하여 과실이 성숙하는 시기

46 과실의 성숙과 관련되는 climacteric 현상을 바르게 설명하고 있는 것은?

① 유기산의 일시적 상승현상이다.
② 호흡의 일시적 상승현상이다.
③ 과육의 급격한 비대현상이다.
④ 색소의 급격한 발현현상이다.

정답 42 ④ 43 ③ 44 ② 45 ④ 46 ②

47 다음 중에서 클라이맥트릭형 과실에 속하는 것은?

① 사과　　　　　　　　　② 포도
③ 딸기　　　　　　　　　④ 감귤

[해설] • 클라이맥트릭형 과실 : 사과·배·감·복숭아·자두·살구·토마토·바나나·무화과·망고·올리브·아보카도·캔탈로프 등
• 비클라이맥트릭형 과실 : 귤·오렌지·포도·딸기·수박·레몬·파인애플·피망·체리 등

48 다음 중 과실의 성숙에 따른 변화와 관계없는 것은?

① 과실의 경도가 감소된다.
② 착색이 일어나고 당분함량이 증가한다.
③ 과실의 호흡량은 성숙 직전에 최저로 된다.
④ 가용성 고형물이 감소되고, 유기산은 증가된다.

[해설] 성숙한 과실은 가용성고형물(soluble solid)이 많아 단맛이 증가하고, 유기산은 알칼리와 결합하여 중성염을 만들어 신맛이 감소하고, 과실 특유의 휘발성 향기성분이 발산한다.

49 단위결과에 대한 설명으로 잘못된 것은?

① 종자는 형성되지 않지만 과실은 형성되어 비대·발육하는 것을 말한다.
② 이종화분의 자극에 의해 유도되는 경우도 있다.
③ 인위적으로 3배체를 만들면 씨없는 수박처럼 단위결과를 유도할 수 있다.
④ 단위결과에서도 정상적인 종자를 형성한다.

50 포도(델라웨어 품종)의 단위결과 유기를 위한 지베렐린의 처리 시기는?

① 개화전 15일, 개화후 10일
② 화아분화전 15일, 화아분화후 10일
③ 착과후 30일, 수확전 20일
④ 발아전 15일, 발아후 15일

[정답] 47 ①　48 ④　49 ④　50 ①

51 일장과 개화와의 관계에서 한계일장을 가장 잘 설명하는 것은?
① 개화를 유도하는 최장의 일장이다.
② 개화유도일장과 비유도일장의 경계가 되는 일장이다.
③ 개화를 유도하지 못하는 일장이다.
④ 개화를 유도할 수 있는 가장 짧은 일장을 말한다.

52 단일식물을 한계일장으로 설명할 경우 정확하게 나타낸 것은?
① 한계일장이 상대적으로 짧은 식물이다.
② 한계일장이 없어 일찍 개화하는 식물이다.
③ 한계일장보다 짧은 일장에서 개화하는 식물이다.
④ 한계일장이 12시간 이하로 짧은 식물이다.

53 가을국화가 가을에 꽃이 피는 것은 가을의 어떤 기후변화 때문인가?
① 기온의 일교차가 커지기 때문이다.
② 일장이 점차 짧아지기 때문이다.
③ 기온이 서서히 떨어지기 때문이다.
④ 강수량이 점차 줄어들기 때문이다.

54 딸기의 일장형은 SL형이다. 화아분화와 이후 개화를 촉진하는 각각의 일장조건은?
① 장일 – 단일   ② 단일 – 장일
③ 장일 – 자일   ④ 단일 – 단일

55 Lysenko의 상적발육설의 이론적 개념이 아닌 것은?
① 작물의 발육은 양적 증가, 생장은 질적 재조정 작용이다.
② 1년생 종자식물의 제발육과정은 개개의 단계에 의해 성립된다.
③ 개개의 발육상은 앞의 발육상이 완료되지 않으면 다음 발육상으로 옮겨 갈 수 없다.
④ 개개의 발육상을 경과하려면 서로 다른 특정한 환경조건이 필요하다.

[해설] 작물의 생장은 양적 증가, 발육은 질적 재조정 작용이다.

정답 51 ② 52 ③ 53 ② 54 ② 55 ①

56 저온에 감응하여 화아분화가 촉진되는 작물 가운데 종자춘화형 작물이란?
① 종자 때부터 저온에 감응하는 작물을 말한다.
② 종자 때에만 저온에 감응하는 작물을 말한다.
③ 종자만이 저온에 감응하는 작물을 말한다.
④ 저온감응과 종자와는 무관한 작물을 말한다.

57 다음 중 ( ) 속에 알맞은 것은?

> 저온(춘화처리) → 춘화반응 → 버널린 → ( ) → 개화

① 플로리겐 ② 지베렐린
③ ABA   ④ 에틸렌

58 광주기성에 관계하는 화성호르몬은?
① 지베렐린 ② 버널린
③ 피토크롬 ④ 플로리겐

59 장일식물에 장일처리 중 명기의 중간에 암조건을 주면?
① 장일효과가 촉진된다. ② 효과가 나타나지 않는다.
③ 단일효과가 나타난다. ④ 장일효과가 억제된다.

60 성숙한 배낭의 세포와 핵의 수는?
① 세포 4개, 핵 5개   ② 세포 5개, 핵 7개
③ 세포 7개, 핵 8개   ④ 세포 8개, 핵 8개

정답 56 ① 57 ① 58 ④ 59 ② 60 ③

61. 자가수분의 특징이라고 볼 수 있는 것은?

① 자가수분식물은 화기구조가 닫혀 있거나 꽃색이나 밀선 등이 방화곤충의 시선을 끌지 못한다.
② 식물은 진화적으로 자가수분 쪽으로 변해 온 것으로 본다.
③ 자가불화합성은 자가수분을 유도한다.
④ 주로 충매에 의해 수분이 이루어진다.

[해설] 자가수분식물은 폐화 수정이 잘 일어나고, 충매화는 타식성 식물에서 나타난다.

62. 타가수분의 특징으로 볼 수 없는 것은?

① 서로 다른 개체 사이에 일어난다.
② 개화기가 일치하지 않는 경우 타가수분을 하게 된다.
③ 많은 볏과식물에서 타가수분이 이루어진다.
④ 타가수분식물은 방화곤충을 잘 유인하는 화기구조를 갖는다.

[해설] 볏과식물 중에서 옥수수, 호밀, 율무는 타가수분을 하지만, 나머지 대부분 볏과식물은 자가수분을 한다.

63. 충매화와 풍매화에 대한 설명으로 틀린 것은?

① 타가수분식물은 주로 충매화에 해당된다.
② 옥수수는 충매화에 해당된다.
③ 풍매화는 화피가 없거나 발달이 미약하다.
④ 풍매화는 작고 많은 양의 화분을 생산한다.

[해설] 옥수수는 풍매화이다.

64. 폐화수분은 주로 어떤 식물에서 이루어지는가?

① 볏과식물 ② 호박
③ 충매화 ④ 타가수정작물

[해설] 폐화수분은 자식성 작물에서 일어난다.

[정답] 61 ① 62 ③ 63 ② 64 ①

65. 화분관의 세포벽을 구성하는 주요물질은?

① cellulose ② callose
③ pectin ④ lignin

[해설] 화분관의 세포벽은 셀룰로오스 대신 칼로오스(callose)라는 다당류로 구성된다.

66. 화분관 안에 생성되는 영양핵의 역할은 무엇인가?

① 난핵과 접합 ② 화분관 신장
③ 극핵과 접합 ④ 배유 형성

67. 식물의 수정에 관한 설명이 틀린 것은?

① 일반적으로 나자식물은 중복수정을 한다.
② 수정이 이루어지면 배주는 종자로 발달한다.
③ 수분 후 수정에 이르는 시간이 옥수수·보리는 5분, 오래 걸리는 것은 4개월이나 된다.
④ 주두나 화주조직은 화분발아나 화분관신장에 생리적인 영향을 미친다.

[해설] 피자식물에서 중복수정을 한다.

68. 배주와 종자와의 관계를 잘못 연결한 것은?

① 접합체(2n) → 배 ② 배유핵(3n) → 배유
③ 주피 → 종피 ④ 주심조직 → 자엽

[해설]
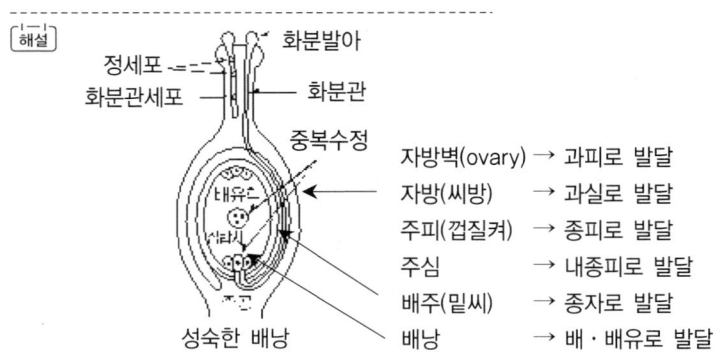

정답 65 ② 66 ② 67 ① 68 ④

69 불임성의 원인으로 볼 수 없는 것은?

① 성적결함에 의한 불임
② 불수정과 불화합성에 의한 불임
③ 수정 후 퇴화로 인한 불임
④ 기관의 탈락에 의한 불임

[해설]

불임성 원인	• 환경적 원인에 의한 불임성 : 환경요소가 부적당하여 나타나는 불임 • 자성기관의 불임 : 암술이 퇴화·변형되어 형태적 이상이 생긴 경우 • 웅성기관의 불임 : 웅성불임 • 자가불화합성 : 암술·화분의 기능은 정상적이나 자가수분으로 종자를 형성하지 못하는 불임 • 생식기관의 형태적 결함에 의한 불임성 : 이형예현상, 장벽수정 • 교잡불화합성 : 종속 간 또는 품종 간 교잡에서 보이는 불화합성

70 양파, 옥수수 등에서 일대잡종을 경제적으로 채종하는데 유용하게 활용되고 있는 것은?

① 자성불임
② 웅성불임
③ 자가불화합성
④ 타가불화합성

[해설]

① 인공교배	호박·수박·오이·참외·멜론·가지·토마토·피망
② 웅성불임성 이용	옥수수·양파·파·상추·당근·고추·벼·밀·쑥갓
③ 자가불화합성 이용	무·순무·배추·양배추·브로콜리

71 자가불화합성에 대한 설명으로 옳은 것은?

① 암술에 결함이 생긴 경우이다.
② 수술에 결함이 있는 것으로 재배 또는 육종학적으로 중요하다.
③ 양성화에서 암수 모두 이상이 없는데 자가수분을 하면 수정이 되지 않아 불임이 되는 현상이다.
④ 종족간, 품종간 교잡에서 주로 나타나 교잡불화합성이라고도 한다.

정답 69 ④ 70 ② 71 ③

72 쌍자엽식물의 종자발달의 특징으로 틀린 것은?

① 배유가 배보다 먼저 발달한다.
② 성숙한 종자는 배유가 없어지고 배만 있게 된다.
③ 종피는 배를 감싸고 있는 형태가 된다.
④ 성숙하면 탈수 건조되어 건물중은 더 이상 증가하지 않는다.

[해설]
- 쌍자엽식물의 배유 발달 : 수분 직후는 배유보다 배의 생장속도가 느리지만 곧 빨라지게 되고, 배유는 배의 생장을 위해 소모된다. 성숙기 콩 종자는 배유가 없어지고 배만 남게 되며, 종피가 배를 감싸고 있는 형태가 된다. 미성숙 단계에서는 배유세포와 전분이 발견되지만, 성숙한 종자에서는 전분이 없다.
- 단자엽식물은 배유가 배보다 먼저 발달한다.

73 딸기에서 부분적으로 종자를 제거하면 나타나는 현상은?

① 부분적으로 단위결과가 발생한다.
② 부분적으로 과실비대가 억제된다.
③ 부분적으로 착생이 나빠진다.
④ 부분적으로 성숙이 촉진된다.

74 과실의 생장곡선이 2중 sigmoid 곡선을 그리지 않는 것은?

① 포도
② 복숭아
③ 콩 종자
④ 토마토

[해설]
- 단일 시그모이드 곡선(sigmoid curve) : 토마토, 콩 꼬투리 등 대부분 식물
- 2중 시그모이드 곡선 : 핵과류(복숭아 등), 포도, 콩 종자 등

75 자연적 단위결과의 예로 볼 수 없는 것은?

① 바나나와 감귤류는 불완전한 화분으로 인해 단위결과를 한다.
② 파인애플은 자가불화합성으로 인해 단위결과를 한다.
③ 오이는 화분이 발아해도 화분관이 배주에 이르지 못해 종자가 형성되지 않는다.
④ 포도는 수정 후 배의 발달이 불완전하여 종자없는 과실이 생기기도 한다.

[해설] 오이는 단일, 야간저온에 의해 단위결과가 유도된다.

정답 72 ① 73 ② 74 ④ 75 ③

76 과실의 성숙과정의 질적 변화로 볼 수 없는 것은?
① 엽록소는 감소하고 카로티노이드와 안토시아닌이 증가한다.
② 과실 경도가 감소하면서 조직이 연화된다.
③ 성숙 중에 호흡이 상승하면 에틸렌 발생량이 감소한다.
④ 가용성고형물이 많아져 단맛이 증가한다.

[해설] 성숙 중에 호흡이 상승하면 에틸렌 발생량이 증가한다.

77 다음 중 이층형성에 의한 기관의 탈락과 관계있는 식물호르몬이 아닌 것은?
① 옥신 ② 에틸렌
③ 지베렐린 ④ 아브시스산(ABA)

[해설] 옥신은 이층형성을 억제하고, 에틸렌과 아브시스산은 이층형성을 유도한다.

78 작물의 노화현상과 이층형성에 의한 기관탈락과 관계깊은 식물호르몬은?
① 옥신 ② 사이토키닌
③ 아브시스산 ④ 지베렐린

정답 76 ③ 77 ③ 78 ③

Chapter 04

> **단원 키워드**
> 1. 식물호르몬의 주요 생합성 부위
> 2. 식물호르몬의 종류별 주요 생리적 역할
> 3. 식물호르몬의 상호작용
> 4. 정아우세현상과 호르몬의 상대적 비율
> 5. 식물호르몬의 농업적 이용

식물생장조절물질

○ 식물생장조절물질 개관

① 의미와 종류

의미	• 식물생장조절물질(plant growth regulator), 식물호르몬(plant hormone, phytohormone) 이라 부름 • 식물체의 어떤 조직이나 기관에서 생합성되어 <u>식물체내의 다른 조직이나 기관으로 운반되어</u> <u>극소량으로도 비가역적으로</u> 형태적·생리적인 특수한 변화를 일으키는 <u>유기화학물질</u>(무기물×) • 관다발식물에서 공통적으로 발견되는 식물호르몬에는 옥신·지베렐린·시토키닌·아브시스산·에틸렌 등이며, brassinosteroid와 polyamine 등이 새로운 생장조절물질로 관심을 받고 있음 • 식물호르몬을 인공적으로 합성할 수 있게 되었으며, 식물호르몬은 천연호르몬과 합성호르몬으로 구분함

종류	구분		종류
	옥신류	천연	IAA, IAN, PAA 〈재배학 기준〉
		합성	NAA, IBA, 2,4-D, 2,4,5-T, PCPA, MCPA, BNOA
	지베렐린류	천연	GA_2, GA_3, GA_{4+7}, GA_{55},
	시토키닌류	천연	zeatin, IPA
		합성	kinetin, BA
	에틸렌	천연	C_2H_4
		합성	ethephon
	생장억제제	천연	ABA, phenol
		합성	CCC, B-9, phosphon-D, AMO-1618, MH-30

② 생육반응

전구체	식물생장조절물질	생육 반응
tryptophan	옥신류	• 뿌리의 신장·발근 촉진, 줄기의 부정근 형성 • 정부우세(측아생장 억제) • 세포신장·줄기생장, 형성층 분열 • 굴성·극성 발현 • 에틸렌 생성 • 탈리현상 억제
G3P+pyruvate	지베렐린	• 절간신장 • 휴면타파, 종자 발아 • 개화 조절 • 성 결정, 유년기에서 성년기로의 전환 • 착과 및 단위결과 촉진 • 화분 및 화분관 발달
isopentenyl-Ⓟ	시토키닌	• 세포분열, 잎과 자엽초의 세포 확대 • 정부생장 억제(측아생장 촉진) • 잎의 노화 억제, 엽록체 발달 • 휴면타파, 종자 발아
methionine	에틸렌	• 휴면타파, 종자 발아 • 잎과 꽃의 노화·탈리 촉진 • 개화 유도·과실 성숙, 수평 생장 • 육상식물의 줄기 비대생장과 수생식물의 줄기신장
G3P+pyruvate	아브시스산(ABA)	• 스트레스 경감 • 기공 폐쇄, 수분손실 방지 • 잎의 노화·탈리 촉진 • 종자 발아 억제(휴면), 수발아 억제
squalene	brassinosteroids	절간 신장, 화분관 신장, 뿌리 생육 억제
benzoic acid	salicylic acid	병원 저항성 유도
linolenic acid	jasmonic acid	stress에 대한 방어 기작, 이층 형성, 괴경 형성
arginine	polyamine	세포막 분해 방지, 잎의 노화 억제

제1절 옥신(auxin)

(1) 옥신 개념

① 옥신 연구
식물호르몬 중 가장 먼저 분리·동정됨
  ㉠ Darwin 갈풀류(Phalaris canariensis L.) 자엽초 연구 : 굴광현상(생장부위)을 일으키는 부분이 광을 인식하는 부위와 다르다는 것을 발견함. 선단부위에서 생성된 어떤 생장물질이 생장부위로 이동하여 굴곡현상을 나타낸다.
  ㉡ Went(1926) 귀리 자엽초 실험 : 자엽초 선단부분에서 생성되어 아래로 이동하는 물질임을 밝히고, 옥신(auxin)이라 명명함. 자엽초 굴곡 정도는 auxin 농도에 비례하였다.
  ㉢ Kogel과 Thimann(1930년대 중반) : 옥신은 indole-3-acetic acid(IAA)로 판명
② 종류
  ㉠ 천연 옥신류 화합물 : 4-chloro-IAA, phenylacetic acid(PAA), indolebutyric acid(IBA), indoleacetaldehyde, indoleacetonitrile, indole ethanol 등
  ㉡ 합성 옥신 : NAA, 2,4-D, MCPA 등 → 제초제·발근촉진제·적과제로 이용

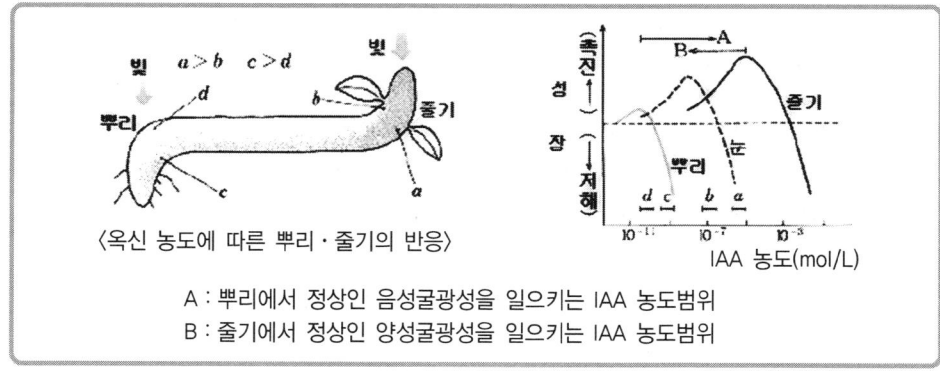

〈옥신 농도에 따른 뿌리·줄기의 반응〉
A : 뿌리에서 정상인 음성굴광성을 일으키는 IAA 농도범위
B : 줄기에서 정상인 양성굴광성을 일으키는 IAA 농도범위

(2) 옥신 이동

① 옥신 극성수송(수송의 극성은 중력의 방향과 무관함)
  ㉠ IAA 생합성의 주요 부위 : 정단분열조직, 어린잎, 발육 중인 열매와 종자
  ㉡ 이동방향 : 정단부에서 기부의 방향으로 극성이동 결과 줄기~뿌리에 이르는 옥신 구배가 형성된다. 줄기나 초엽은 정단부에서 기부 방향으로 일어나고 반대 방향으로는 일어나지 않는다(줄기조직의 극성 때문). 뿌리에서는 극성이 없어 상하 어느 방향으로도 이동할 수 있다.
  ㉢ 이동속도 : 옥신의 극성수송 속도는 상온에서 2~20cm/h(or 1cm/h)으로, 단순확산 속도보다 수배 빠르다.
  ㉣ 줄기에서 뿌리의 분화(발근)는 옥신농도가 높을 때 촉진되고, 새가지(신초) 발생은 옥신농도가 가장 낮은 정단부위에서 형성되는 경향이 있다.

② 옥신의 극성수송 체계
  ㉠ 극성수송(polar transport) : 화학삼투 모델로 설명
    ⓐ 옥신에서만 나타나는 독특한 수송형태로 정단부에서 기부로의 일방향성 향기적 이동. 반대방향으로 이동하지 않음. **예** 줄기를 잘라서 뒤집어 놓아도 중력과 무관하게 원래 정단이었던 쪽에서 원래 기부 방향으로 수송됨
    ⓑ 극성수송의 일방향성은 줄기조직의 극성 때문이고, 뿌리에서는 극성이 약하거나 없음
    ⓒ 줄기와 잎에서 옥신의 하향적 극성수송은 주로 유관속 유조직(주로 물관부)이다.
    ⓓ 극성수송은 심플라스트보다 세포와 세포를 통해 이동한다.
  ㉡ 비극성수송
    ⓐ 성숙한 잎에서 생합성되는 IAA는 대부분 체관부를 통하여 비극성 수송됨
    ⓑ 체관부에서 옥신의 적재·하적은 운반체에 의해 이루어지지만, 체관부 수송은 수동적이며 공급부와 수용부의 힘에 의해 추진됨
    ⓒ 옥신은 체관부 수액 내 다른 성분과 함께 극성수송보다 훨씬 빠른 속도로 잎에서 식물체의 상하 양방향으로 멀리 뿌리까지 이어짐

③ 옥신 극성수송의 화학삼투 모델

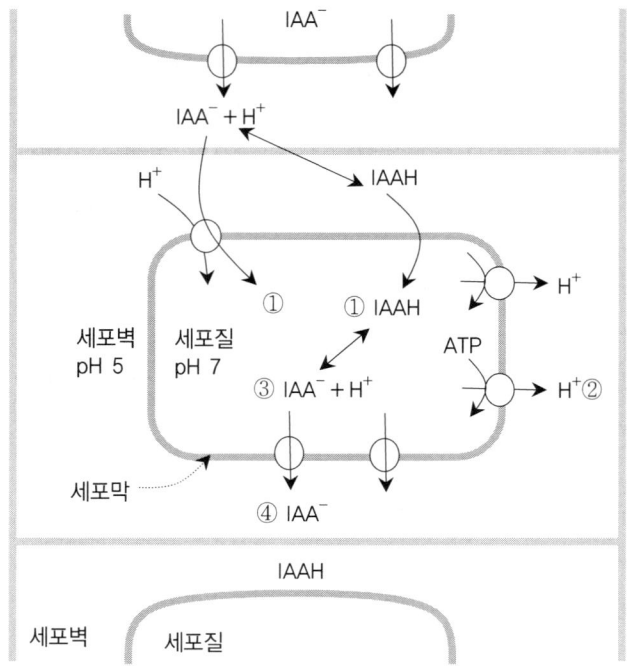

① IAA는 비해리형 IAAH로 수동 이동 또는 해리형 IAA⁻로 2차 능동공수송에 의해 세포로 들어옴

② 세포벽의 pH는 세포막의 H^+-ATP 가수분해효소의 활성화에 의해 산성으로 유지됨

③ 중성 pH를 갖는 세포질에서 IAA⁻(음이온형)이 우세함

④ 각 세포의 해부학적 기부 끝에 많이 존재하는 옥신 음이온 유출 운반체를 통하여 IAA⁻는 세포를 빠져나감

㉠ 인돌-3-초산의 비해리형(COOH)은 지질 이중층인 세포막을 쉽게 통과하지만, 해리형(COO⁻) 옥신은 음전하로 하전되어 막을 쉽게 통과하지 못한다.

㉡ **세포벽** : 세포벽 사이 공간(pH 5 정도; 세포막 H^+-ATPase의 역할 때문) 아포플라스트 내 옥신의 반 정도(pK_a=4.75)는 비해리된 상태로 존재하게 되어 농도 구배를 따라 세포막을 통과하여 수동적으로 확산된다.

㉢ **세포질** : IAA가 세포질(pH 7.2)로 들어오면 거의 모든 IAA는 해리형 형태로 존재하게 되는데, 막은 IAAH보다 IAA⁻에 대한 투과성이 낮기 때문에 옥신은 세포질 내에 축적된다. 세포 내로 들어오는 옥신 대부분은 옥신 유출 운반체를 통하여 빠져나간다.

(3) 옥신 생합성

① 생합성 경로

㉠ 트립토판 의존 경로

ⓐ IAA 전구체 : 트립토판(tryptophan) 또는 indole-3-glycerol phosphate(IGP)

ⓑ 옥신 생합성 경로 : 트립타민(tryptamine, TAM) 경로, 인돌-3-피루브산(indole-3-pyruvate, IPA) 경로

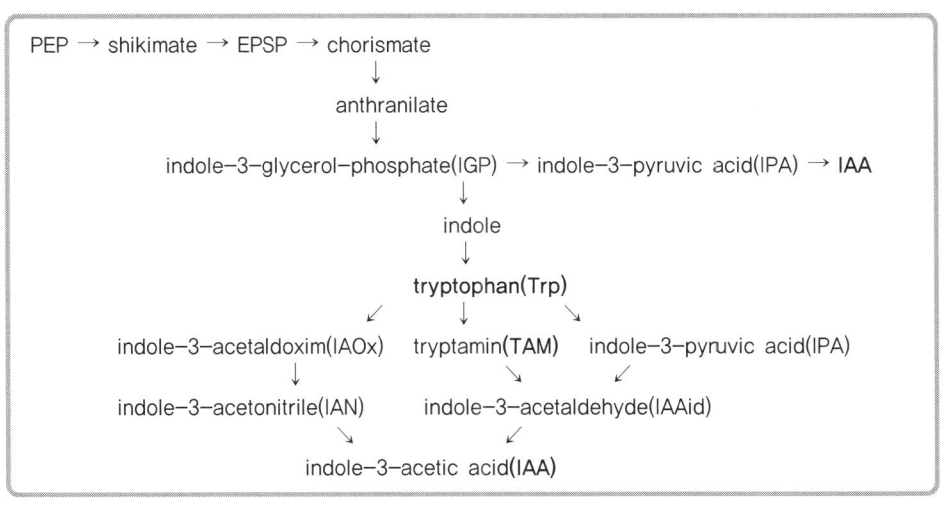

옥신 생합성 경로

　　ⓒ 트립토판 비의존 경로
　　　ⓐ **경로** : anthranilate → IGP → IPA → IAA
　　　ⓑ 옥수수의 오렌지과피(orange pericarp, *orp*) 돌연변이체는 트립토판 생성효소에 결함이 있어 트립토판 생합성이 차단되었는데도 불구하고 야생형보다 50배 이상의 IAA를 함유하고 있다. 이 돌연변이체는 트립토판을 공급하더라도 트립토판을 IAA로 전환시키지 못한다.
　② IAA 분해 또는 불활성화 과정
　　한 가지 이상의 경로로 추정되며, 다른 화합물과 IAA의 결합에 의한 불활성화 과정은 과다로 생성된 IAA 저장, IAA 이동형태 또는 분해로부터 IAA 보호 등의 기능을 한다.

(4) 생물학적 효과
　① 정아우세(apical dominance)
　　정아우세는 생장 중인 끝눈(정아)이 곁눈(측아)의 생장을 억제하는 현상을 말한다. 끝눈을 제거하면 하나 이상의 곁눈이 자라는데, 절단된 끝눈 부위에 IAA를 처리하면 곁눈생장 억제현상이 유지된다.
　② 뿌리 신장 및 발근 촉진
　　⊙ 옥신은 뿌리의 신장을 낮은 농도($10^{-13} \sim 10^{-8}$M)에서는 촉진하고, 높은 농도에서는 억제한다.
　　ⓒ **부정근 발달 촉진** : 줄기 또는 캘러스(callus)로부터 분화되는 부정근은 옥신 작용에 의한 것으로서, 삽목 등에 이용된다.
　　ⓒ IAA에 비해 IBA 또는 NAA가 효소에 의한 분해가 쉽게 일어나지 않아 처리 후 오랫동안 효과가 유지되기 때문에 IBA와 NAA가 많이 이용되고 있다.

③ 굴성 및 극성 발현
　㉠ 굴광성 : 식물에 광을 조사하면 광의 방향으로 생장하는 현상
　㉡ 굴지성 : 식물을 수평으로 두면 지상부는 위쪽으로 중력과 반대방향으로 생장하고, 지하부의 뿌리는 중력 방향으로 아래로 신장하는 뿌리의 반응
　㉢ 굴광성·굴지성은 광 또는 중력의 영향에 의해 줄기 내 옥신 분포가 불균일하기 때문에 나타나는 현상이다.
④ 세포신장 및 줄기생장 촉진
　㉠ 정단분열조직에서 합성된 옥신은 세포분열 촉진과 신장대의 생장을 촉진한다. 고농도 옥신은 자엽초·줄기 생장은 촉진하지만 뿌리 생장은 억제한다.
　㉡ 세포의 신장을 위한 최적의 IAA 농도는 $10^{-6} \sim 10^{-5}$M이며, 이보다 높으면 신장은 오히려 억제되고 에틸렌 생성을 촉진하는데, 에틸렌은 신장을 억제하는 작용을 한다.
　㉢ 옥신에 의한 세포신장 촉진은 산생장설(acid growth theory)에 따라 옥신에 의한 H^+-ATPase의 활성화를 통한 세포벽의 가소성을 증대시켜 세포의 신장을 촉진한다.
⑤ 꽃눈 발달과 잎차례 조절
　꽃차례(화서) 내에서의 극성 옥신수송은 정상적인 꽃의 발달에 필요하다. 정단조직으로부터 꽃 분열조직으로 수송되는 옥신에 의하여 조절되며, 잎의 개시와 잎의 출현패턴(잎차례; 엽서)도 조절한다.
⑥ 유관속(물관부) 분화 유도
　어린잎 바로 밑에서 유관속이 분화하며, 어린잎을 떼어내면 유관속 분화가 저해된다. 잎을 떼어낸 부위에 옥신을 처리하면 유관속의 재생을 촉진시킨다. 옥신농도가 조절되는 형질전환체의 경우나 상처난 경우에도 동일한 현상이 나타난다.
⑦ 과실의 발달촉진
　㉠ 개화 후 수분(pollination) 과정에서 옥신 생합성이 촉진되어 과실의 발달이 촉진된다.
　㉡ 수정 후 열매의 생장은 종자가 발달하면서 옥신이 생합성된다.
⑧ 옥신의 상업적 이용
　과실과 잎의 탈리방지, 파인애플의 개화촉진, 단위결과 형성 유도, 열매 솎아내기, 삽목의 발근촉진 등에 이용된다.
　㉠ 부정근 발달 : 절단된 잎이나 줄기 삽목을 옥신용액에 담그면 절면에서 부정근의 형성이 촉진된다.
　㉡ 단위결과 유도 : 수분되지 않은 꽃에 옥신을 처리하면 종자 없는 과실의 형성이 유도될 수 있다. 단위결과(parthenocarpy)는 옥신에 의한 종자착생 유도작용 때문이다.
　㉢ 제초제 역할 : 합성옥신인 2,4-D, 디캄바(dicamba) 등은 과다한 세포팽창을 유도하여 식물을 고사시키는 제초제로 널리 이용된다. 합성옥신은 논·잔디밭(단자엽식물)에서 광엽잡초(쌍자엽식물) 방제에 이용된다.

제2절 지베렐린(gibberellin, GA)

(1) GA의 개념
① GA 연구
  ㉠ 고등식물과 일부 미생물에서 공통으로 발견, GA_3 분자량 346
  ㉡ Sawada(1912) : GA 연구는 벼의 키다리병(bakanae disease)으로부터 시작. 병균에 감염된 벼의 어린 모는 도장함. 키다리병 원인이 곰팡이(*Gibberella fujikuroi*)가 생성되는 물질이라고 제기됨
  ㉢ Kurosawa(1926), Yabuta와 Sumiki(1938) : 활성물질의 순수분리, gibberellin(GA)라고 명명
  ㉣ Curtis와 Cross(1954) : 지베렐린 구조식을 제기
  ㉤ MacMillan(1958) : 붉은강낭콩 미숙 종자로부터 GA_1을 추출
② GA 명명
  식물이나 미생물에 의해 생합성되는 천연 *ent*-지베렐란(*ent*-gibberellane) 구조를 가진 화합물을 발견순서에 따라 명명하고 있다. 현재까지 136종의 GA가 분리되었으며, 생리적으로 활성을 나타내는 GA는 소수에 불과하다.
③ GA 구조와 특징

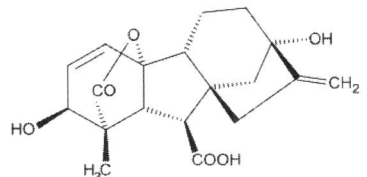

Gibberellic acid(GA_3)

  ㉠ 탄소수에 따라 탄소 20개와 19개(생리활성이 높음)의 두 그룹으로 구분한다.
  ㉡ gibberellane 구조식 2번째와 3번째 탄소 위치는 GA의 생물학적 효과와 깊은 연관이 있어, 3β 위치의 수산화는 높은 생리활성을 보이는 반면, 2β 위치의 수산화는 생물활성을 잃게 한다.
  ㉢ 일반적으로 GA의 생리활성은 개화촉진 효과가 높은 GA는 생장촉진 효과가 낮고, 생장촉진 효과가 높은 GA는 개화촉진 효과가 낮은 현상을 보인다.
  ㉣ 결합형 GA(저장형 GA)는 당과 결합한 GA를 말하며 그 자체로는 활성이 없고, 당이 떨어져야 활성을 갖는다.

(2) GA 생합성

① 합성 장소

줄기나 뿌리 선단부, 어린잎과 어린과실, 발아하는 종자 등에서 합성된다. 식물체 내 옥신처럼 극성 이동이 없이 물관부와 체관부 모두를 통해 이동한다. 옥신과 달리 다량으로 투여해도 부작용을 일으키지 않음

② GA 생합성

㉠ GA 생합성 전반부는 엽록체에서 일어나며, G3P(glyceraldehyde-3-phosphate)와 pyruvate가 GA 생합성 전구체이다.

㉡ 2가지 경로

ⓐ MVA 경로 : 세포질에서 진행되고, 세포질에서 IPP를 공급받는다.
ⓑ MEP 경로 : 엽록체에서 진행되고, IPP(GA, cytokinin, ABA 합성에 이용됨)는 MEP 경로를 통해 엽록체에서 합성된다.

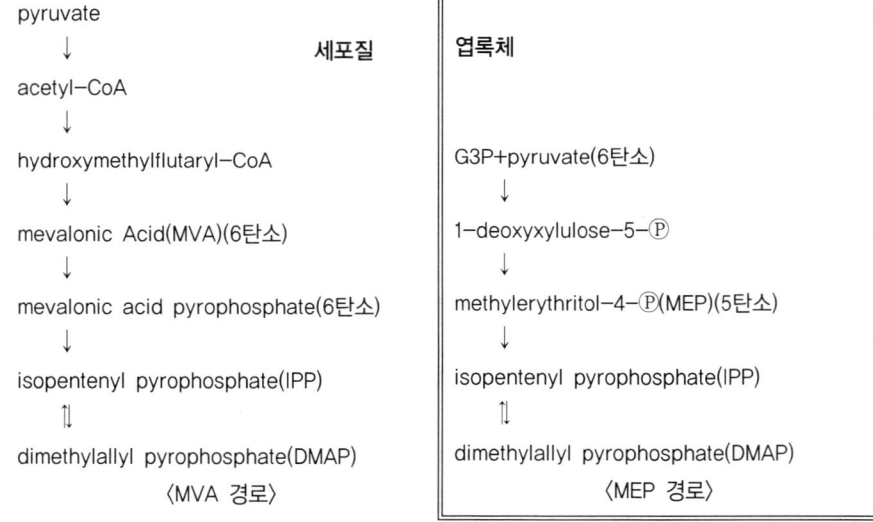

㉢ GA 생합성 3단계

G3P+pyruvate → MVA → IPP → GGPP → ent-카우렌 → GA_{12}-알데하이드 → 다양한 GA

ⓐ G3P+pyruvate로부터 → ent-카우렌 합성(in 엽록체)
ⓑ ent-카우렌(kaurene)으로부터 GA_{12}-알데하이드 합성(in 소포체)
ⓒ GA_{12}-알데하이드로부터 다양한 지베렐린으로의 변환(in 세포질)

㉣ GA 생합성 속도결정단계
  ⓐ *ent*-카우렌 synthetase에 의한 GGPP(geranylgeranyl diphosphate)로부터 *ent*-카우렌 생합성 반응(in 엽록체)
  ⓑ *ent*-카우렌으로부터 GA_{12}-알데하이드가 생성되는 일련의 경로(in 소포체)

> **보충 다양한 GA 합성**
>
> GA생합성 마지막 단계인 GA_{12}-알데하이드 산화반응은 GA 구조식의 탄소위치 20, 3β, 2β 위치에서 발생
> **1** 탄소번호 20위치의 산화 : 생리적 활성형의 GA(탄소 19개)로 생합성되는 중요한 반응이다.
> **2** 3β 위치의 수산화 : GA_3-oxidase는 GA_{20}을 GA_1으로, GA_9을 GA_4로 전환하는 효소이다. GA_1(옥수수·완두·벼·시금치 등)과 GA_4(애기장대)가 절간신장에 관여하는 활성 지베렐린이다.
> **3** 2β 위치의 수산화 : 생물학적 활성을 급격히 저하시키며, GA_2-oxidase에 의한 불활성화 반응이다.

(3) 생물적 효과
  ① 생장촉진 효과
    ㉠ GA에 의한 생장촉진은 절간신장에 의한 것이다(세포신장을 촉진). 왜성 옥수수·유전적 왜성돌연변이체·로제트형 식물에서 절간신장 촉진효과가 나타나지만, 다 자란 식물에는 줄기신장 효과가 없다. GA_3가 가장 널리 이용, GA_1, GA_4, GA_7도 효과적이다.
    ㉡ GA는 뿌리신장에도 관여한다.
  ② 종자의 발달, 휴면타파, 저장양분의 이동
    발아하는 곡류 종자에 GA을 처리하면 호분층에서 많은 가수분해효소(특히 α-amylase)가 활성화된다.

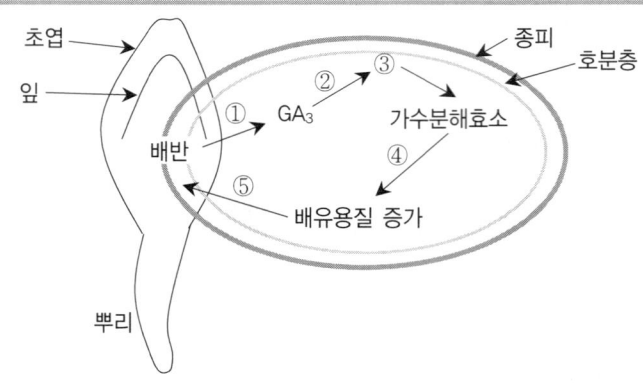

- ■ 발아하는 보리 종자에서 GA₃에 의한 가수분해효소 합성과정
  ① 초엽과 배반에서 합성한 GA₃를 배유쪽으로 방출
  ② GA₃가 호분층으로 확산
  ③ 호분층에서 α-amylase 등 분해효소 합성, 배유로 분배
  ④ 전분 등 대분자화합물 분해
  ⑤ 분해산물이 배반으로 흡수된 후 생장하는 배로 이동

- ■ 작용 기작 : 보리 호분층에서 GA 신호전달모델
  ① 배에서 합성된 GA는 배반을 거쳐 호분층으로 이동하여 세포막에 분포하는 수용체와 결합함
  ② GA-수용체는 세포막에 분포하는 G-단백질을 활성화시켜 2차메신저인 Ca^{2+} 농도를 높이면서 cGMP를 생산함
  ③ 칼슘채널을 열어 세포질에 Ca^{2+} 농도를 높여 칼모듈린 단백질을 활성화시키고, G-단백질에 의해 생산된 cGMP는 F-box 단백질을 활성화시킴
  ④ 칼모듈린-칼슘 복합체는 효소생산을 조절하고, 활성화된 F-box 단백질은 핵 안으로 들어가 유전자 발현을 조절함 → mRNA 전사 → 리보솜에서 번역 → α-amylase 효소 합성

③ 개화유도
  ㉠ 로제트 식물에 춘화처리와 장일조건은 GA 생합성을 촉진시킨다.
    ◉ GA결핍 변이체인 애기장대 gal-3는 장일조건에서 개화하지 않지만, GA를 처리해주면 단일조건에서도 개화를 유도한다.
  ㉡ GA는 춘화처리 요구 식물이나 장일식물에서 영양생장에서 생식생장으로의 전환을 촉진시킨다. GA는 로제트형 식물에서 개화에 필요한 장일 또는 저온 처리를 대체할 수 있다.
  ㉢ 장일식물인 시금치는 단일조건에서 로제트 형태로 있으며 GA 함량이 낮지만, 장일처리를 하면 생리활성형 GA_1 함량이 5배로 증가하여 개화가 촉진된다.

④ 성 결정
  ㉠ 식물의 성 결정은 영양상태·광주기 같은 환경 영향을 받으며, GA가 이를 중개한다.
  ㉡ GA가 성 결정에 미치는 영향은 종에 따라 차이가 난다.
    ⓐ 옥수수는 GA가 수술 발달을 억제하여 암꽃만 형성시킨다.
    ⓑ 오이·대마·시금치에서 GA를 처리하면 수꽃이 형성되지만, GA생합성 억제제를 처리하면 암꽃이 형성된다.
⑤ 유년기에서 성년기로의 전환 조절
  영국담쟁이(*Hedera helix*)에 GA_3를 처리하면 성년성을 중단시키고, 유년성 상태(유년기의 잎 형태와 덩굴생장 특성)로 되돌릴 수 있다. 소나무류에 GA_3, GA_4, GA_7 혼합물을 처리하면 20년 동안 지속되는 유년단계를 2~3년 내로 단축시킨다.
⑥ 착과 및 위과 형성 촉진
  GA에 의한 착과 촉진현상은 배에서 관찰된다. 수정되지 않는 포도에 GA를 처리하면 위과(종자가 없는 열매, 단위결과)를 형성할 수 있다.
⑦ 꽃가루의 발달 및 꽃가루관 생장촉진
⑧ GA 생합성 저해제의 상업적 이용
  일부 작물재배에서 과도한 줄기신장이 재배상 불리한 경우가 있는데, GA 생합성 억제제(CCC, ancymidol, amo1618, paclobutrazol, inabenfide, prohexadione-Ca, trinexapac-ethyl 등)를 처리하면 신장생장을 억제시킬 수 있다.

제3절 사이토키닌(cytokinins)

(1) cytokinins 개념

① 의미

adenine 유도체 화합물로서 세포분열을 촉진하는 물질. <u>천연으로 zeatin 생합성</u>

② 연구

㉠ Haberlandt(1913) : 식물체의 유관속 조직에 어떤 물질이 감자 상처부위의 세포분열을 촉진한다는 것을 발견함

㉡ Skoog(1954) : 효모 추출물로부터 활성이 높은 아데닌(adenine) 유사물질을 발견함

㉢ Letham(1963) : 옥수수 미성숙 배유추출물에서 활성물질을 분리하여 zeatin이라 명명함

㉣ 그 후 zeatin riboside, zeatin ribonucleotide 등 카이네틴 유사 활성물질 분리 동정, 코코넛 밀크에서 세포분열을 촉진하는 물질은 zeatin riboside라는 것이 밝혀짐

③ 구조 및 존재

㉠ 구조 : 사이토키닌은 아데닌(purine 계열)환의 6번째 위치의 'N'에 탄화수소 곁사슬(side-chain)을 갖는 아데닌 유도체

㉡ 존재 : 유리 사이토키닌 형태(고등식물의 주요 형태) 또는 당(ribose)과 결합한 nucleoside 형태(활성의 약함)로 식물체 내에 존재한다.

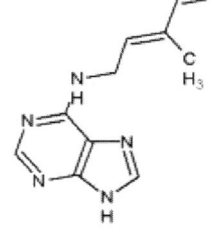

④ 자연계 사이토키닌

식물, 이끼류나 녹조류, 특히 *Agrobacterium tumefaciens*(crown gall), *Corynebacterium fascians*(witch's broom), *Rhizobium* 등의 병원성·비병원성 공생세균 또는 곰팡이 등에서 생합성된다.

(2) 생합성

① 합성 부위

㉠ 뿌리 근단분열조직에서 유리 사이토키닌이 합성되며, 물관부를 거쳐 줄기로 수송된다.

㉡ 식물의 여러 조직에서 생합성되는 근거 : 애기장대에서 *IPT*(iso-pentenyl transferase) 유전자는 근단 물관부, 체관부, 엽맥, 배주, 미성숙 종자, 근원기, 중축 근관세포, 어린 꽃차례(화서)의 상부, 열매의 이층을 포함하는 다양한 조직에서 발현된다.

② 합성 과정
  ㉠ 사이토키닌은 isoprene(C_5)의 전구체인 deoxyxylulose로부터 Δ^2-isopentenyl pyrophosphate(IPP)를 거쳐 생합성된다.
  ㉡ Δ^2-isopentenyl pyrophosphate는 cytokinin synthase에 의해 AMP와 결합하여 isopentenyl-AMP로 바뀐다.
  ㉢ isopentenyl-AMP는 ribosylzeatin을 거쳐 zeatin으로 변환된다.
  ㉣ zeatin은 환원되어 dihydrozeatin으로 바뀐다.

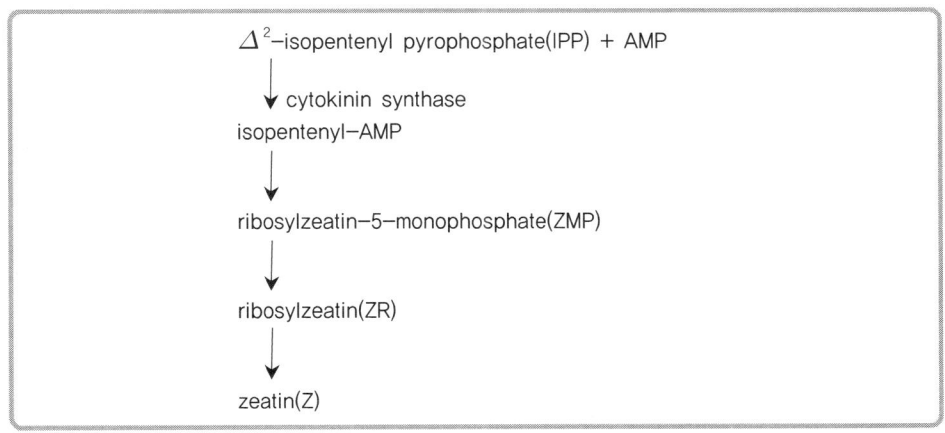

③ 세포 내 사이토키닌 함량
  cytokinin oxidase(isoprene 곁사슬을 제거하여 사이토키닌을 비활성화 함)에 의한 분해 또는 cytokinin glucoside와 같은 비활성 화합물로의 전환 등에 의해 영향을 받는다.

(3) 생물적 효과
노화지연, 동화산물의 분배, 곁눈발육 촉진, 떡잎 신장효과, 엽록체 발달 등
① <u>세포분열 촉진</u>
  담배 수조직(세포분열은 하지 않는 조직)을 옥신과 사이토키닌이 함유된 배양조건 하에 두면 이들 조직은 세포분열을 하여 callus(세포덩어리)를 형성하게 된다.
② 형태형성 촉진
  조직배양 캘러스 조직이 뿌리 또는 줄기로 분화하는지 여부는 배지 내의 Auxin과 cytokinin의 비율에 의해 결정된다. cytokinin에 비해 Auxin의 비율이 높으면 뿌리형성이 촉진되고, Auxin에 비해 cytokinin 농도가 높으면 새가지(신초) 형성이 촉진된다.

③ 측아생장 촉진
  ㉠ 정아(끝눈)을 제거하면 분지형성이 촉진되며 곁눈 생장이 지속된다. 분지는 옥신·사이토키닌, 뿌리로부터 유래하는 어떤 호르몬들 사이의 복잡한 상호작용에 의해서 조절된다.
  ㉡ 식물의 측아에 사이토키닌을 직접 처리하면 세포분열 활성과 생장이 촉진된다.
  ㉢ 정아로부터 극성 수송된 옥신은 측아(곁눈) 생장을 억제한다. 옥신이 곁눈에서 사이토키닌 생합성 효소인 *ipt* 발현을 저해한다.

④ 노화지연과 동화산물 분배
  ㉠ 사이토키닌을 식물체의 여러 잎들 가운데 한 잎에만 처리할 경우, 잎의 특정한 한 부분에만 처리하였을 경우, 모두 녹색을 유지한다(다른 부위는 황변됨).
  ㉡ 사이토키닌을 처리한 잎으로 당 또는 아미노산이 많이 이동·축적된다. 이는 사이토키닌이 대사물질의 이동을 변화시켜 새로운 source-sink 관계가 이루어진다.
  ㉢ 엽록체 발달 촉진
    광조건에서 식물의 전색소체는 엽록체로 성숙하지만, 암조건에서는 전색소체는 틸라코이드계와 광합성에 필요한 엽록소·효소·구조단백질들이 합성되지 않는 황백화식물(etioplast)로 발달한다. 암조건에서 황백화된 잎에 사이토키닌을 처리하면 틸라코이드를 갖는 엽록체를 형성하는데, 사이토키닌도 광합성 색소와 단백질 합성 조절에 관여한다는 것을 알 수 있다.

⑤ 휴면타파 → 발아
  시토키닌은 종자나 눈의 휴면을 타파하는 작용을 한다. 시토키닌을 처리하면 광발아성 상추종자를 광처리 없이 발아시킬 수 있고, 수목류에서 저온처리를 대체하는 경우가 있으며, 감자에서도 ABA 농도가 낮아져 휴면이 타파된다.

GA	cytokinin	억제물질	
○	○	○	→ 발아
○	○	×	→ 발아
○	×	×	→ 발아

제4절 에틸렌(ethylene)

(1) 개념

① 의미
  ㉠ 성숙호르몬 또는 스트레스호르몬
  ㉡ 구조가 간단한 기체($CH_2=CH_2$, 분자량 28)로서 조직에서 쉽게 방출되며, 세포 내 통기간극과 조직 외피를 통해 기체상태로 확산된다.

② 연구
  ㉠ Neljubow(1901) : ethylene 가스에 노출된 완두의 3가지반응(triple response : 줄기 신장억제, 비대생장, 수평생장)을 발견함
  ㉡ Cousins(1910) : 에틸렌이 식물조직에서 자연 발생한다는 사실은 오렌지와 바나나를 함께 보관할 경우 바나나의 성숙이 촉진되는 현상을 발견함
  ㉢ Gane(1934) : 성숙한 사과 과실에서 발생하는 기체가 에틸렌이라는 것을 입증함

③ 에틸렌 생성에 영향을 주는 요인
  ㉠ 내적 생육단계 : 식물의 발아, 생장, 개화, 성숙, 노화 등
  ㉡ 외적 요인 : 상처, 병원균 침입, 저온, 고온, 산소결핍 등
  ㉢ 식물호르몬 : 옥신, 사이토키닌, ABA 등 다른 식물호르몬뿐만 아니라 에틸렌 자체

(2) 에틸렌 생합성

① 생합성 특징
  ㉠ 에틸렌은 노화가 진행 중인 조직과 성숙하는 과실에서 가장 많이 발생하지만, 고등식물의 모든 기관은 에틸렌을 합성할 수 있다. 매우 낮은 농도에서 생물학적 활성을 갖는다.
  ㉡ 발달 중인 어린잎은 완전히 성숙한 잎보다 에틸렌을 더 많이 생성한다.
  ㉢ 건전 상태의 잎이 상처·물리적 압력을 받는 경우, 30분 이내에 에틸렌 생산이 일시적으로 몇 배 증가하지만 시간이 경과됨에 따라 정상으로 회복된다.

② 합성 과정
  ㉠ L-methionine을 전구체로 삼아, 메싸이오닌은 S-adenosyl-methionine(SAM)으로 합성된다.
  ㉡ SAM은 ACC synthase에 의해 ACC(aminocyclopropane-1-carboxylic acid)로 합성된다.
  ㉢ ACC는 ACC oxidase에 의해 ethylene으로 전환된다.

```
methionine                                        CH₃-S-CH₂-CH₂-CH-COO⁻
    ↓                                                              |
                                                                NH₃⁺  [Met]
SAM(S-adenosyl-methionine)                        CH₃-S-CH₂-CH₂-CH-COO⁻
    ↓ ACC synthetase                                   |           |
                                                 adenine-ribose  NH₃⁺ [SAM]
ACC(aminocyclopropane-1-carboxylic acid)
                                                        CH₃
    ↓ ACC oxidase                                        |
                                                 CH₃-C-COO⁻   [ACC]
ethylene(CH₂=CH₂)                                        |
                                                        NH₃⁺
```

③ ethylene 합성 조절
 ㉠ ACC synthase : 에틸렌 생합성률을 조절하는 효소(rate-limiting enzyme)
  ⓐ 과실의 성숙·노화 과정 및 식물조직 상처·스트레스 조건(병원균 감염, 저온, 건조 등) 하에서 ACC synthase 활성 증가에 의해 에틸렌 생성이 증가한다.
  ⓑ 옥신을 처리하면 ACC synthase 활성화가 유도되어 에틸렌 생성이 증가한다.
  ⓒ ACC synthase는 AVG, AOA에 의해 활성이 억제된다.
 ㉡ ACC oxidase : 에틸렌 합성의 마지막 단계에서 ACC를 에틸렌으로 전환하는 효소
  ⓐ ACC oxidase는 ACC synthase와 함께 에틸렌 생합성을 조절한다.
  ⓑ ACC oxidase는 기질로 ACC·O_2·CO_2를 필요로 하므로, 공기 중 O_2나 CO_2 농도 저하는 ACC oxidase의 활성을 저하시킨다.

④ 에틸렌 생합성에 영향을 미치는 요인
 에틸렌 생합성은 낮에는 높고, 밤에는 낮은 일주기성 리듬현상이 나타남
 ㉠ 과실의 성숙 : 과실이 성숙함에 따라 ACC synthase와 ACC oxidase의 활성이 증가하여 ACC와 에틸렌 생합성이 증가한다. 미성숙한 과실에 ACC를 처리하면 에틸렌 생합성이 조금만 증가함
 ㉡ 스트레스 : 가뭄, 침수, 저온, 오존, 기계적인 상처 등 다양한 스트레스 조건에서 에틸렌 생합성이 증가되며, 이러한 조건에서 ACC synthase mRNA 전사도 증가한다. 스트레스 유도 에틸렌은 스트레스 반응(상처 치유, 질병저항성 증가, 노쇠, 탈리 등)의 시작에 관여함
 ㉢ 옥신 : 옥신(IAA) 처리에 의해서 부분적으로 ACC synthase가 증가하기 때문에 에틸렌 생성이 증가하는 것이다.

(3) 생물적 효과
 ① 종자 및 눈 휴면타파 → 발아 촉진
  에틸렌은 일부 식물 종에서 휴면 타파, 발아 촉진시키는 효과가 있다. 감자 괴경의 휴면이 타파되어 맹아가 촉진된다.

② 개화유도

에틸렌은 많은 식물의 개화를 저해하지만, 파인애플·바나나·망고 등에서는 개화를 유도하는 효과가 크다.

③ 과실 성숙촉진

㉠ 과실에 에틸렌을 처리하면 성숙 과정이 시작되고, 에틸렌 생성이 증가되며 성숙이 촉진된다.

㉡ 호흡급증형 과실

호흡급증형 과실 (climacteric)	• 성숙과정에서 호흡의 급격한 증가가 관찰되는 과실 • 성숙이 진행됨에 따라 ACC synthase의 활성이 급격히 증가하고, 에틸렌이 급격히 증가함 • 사과·배·감·복숭아·자두·살구·토마토·바나나·무화과·망고·올리브·아보카도·캔탈로프 등
비호흡급증형 과실 (nonclimacteric)	• 호흡급증 현상이 관찰되지 않는 과실 • 귤·포도·오렌지·딸기·수박·레몬·파인애플·피망·체리 등

㉢ 과실 성숙을 차단하는 방법

ⓐ 토마토의 ACC synthase antisense가 형질전환 된 토마토는 에틸렌을 거의 생합성하지 못하므로 성숙이 진행되지 않는다. ACC oxidase antisense 또는 ACC deaminase 유전자의 과다발현(over expression) 등도 있다.

ⓑ 익지 않는(never-ripe) 토마토 돌연변이는 에틸렌 수용체가 변형되어 에틸렌이 결합하지 못하기 때문에 과실이 성숙하지 못한다.

④ 노화 및 탈리 촉진

㉠ 옥신은 에틸렌에 의한 탈리를 억제하는 작용을 한다. 옥신은 탈리대의 세포들을 에틸렌 비감수성 상태로 유지시켜 탈리를 방지한다. 잎몸(옥신 생산부위)을 제거하면 잎자루(엽병)의 탈리가 촉진되고, 이곳에 옥신을 처리하면 탈리가 지연된다.

㉡ 탈리 유도기에는 잎의 옥신함량은 감소하고, 에틸렌 수준은 증가하며, 에틸렌에 반응하는 특정 표적세포의 반응이 증가하게 된다.

⑤ 줄기 및 뿌리의 생장 억제

㉠ 일반적으로 에틸렌은 줄기·뿌리의 신장을 억제한다. 쌍떡잎식물에서 더욱 뚜렷이 나타나며, 신장은 억제되고 세포 횡적 신장이 촉진되어 줄기·뿌리 두께가 두꺼워진다.

> **보충** 에틸렌에 의한 횡적 신장
>
> 에틸렌에 의해 미세소관의 횡방향 배열 패턴이 교란되고, 종방향 배열이 촉진된다. 미세소관 배열이 바뀌면 셀룰로스 미세섬유의 침적도 병행하여 전환된다. 새롭게 형성되는 세포벽은 횡방향보다는 종방향으로 강화되기 때문에 수직신장보다는 수평팽창이 촉진된다.

ⓒ 일부 식물에서 에틸렌에 의해서 절간신장이 촉진되기도 한다. 벼(deep-water rice)는 담수상태에서 O_2 고갈로 에틸렌이 축적되면, 에틸렌 작용에 의해 ABA의 생합성이 저하되고 ABA와 GA의 균형이 변화되어, GA에 의해 세포분열과 급속한 신장현상을 나타낸다.

⑥ 담수와 에틸렌
  ㉠ 지상부 : 담수시 O_2 고갈 → ACC 축적 → 물관부를 통해 줄기로 이동하게 되고 줄기에서 에틸렌으로 신속히 전환 → 잎은 상편생장현상이 나타난다.

> **보충 상편생장현상(上偏生長現象)**
>
> 잎자루의 위쪽이 아래쪽보다 빨리 자라 아래로 구부러지는 현상. 이는 에틸렌에 대한 잎자루 조직부위간 서로 다른 반응(신장) 정도에 기인하는 것으로, 형태학적 유사한 세포가 한 호르몬에 대해 생리적 다른 반응을 보이는 현상이다.

  ㉡ 지하부
    ⓐ 담수시 O_2 고갈 → ACC가 에틸렌으로의 전환과정 억제 → 에틸렌 생성이 저하된다.
    ⓑ 담수토양 중 에틸렌은 공기 중 확산되지 못하고 근부에 축적 → cellulase를 활성화 → cellulase는 세포벽을 가수분해하여 원활한 산소공급을 위한 통기조직(aerenchyma)을 형성한다.

⑦ 옥신과 에틸렌
  옥신을 처리하면 ACC synthase의 합성이 유도되어 에틸렌의 생성이 촉진된다. 에틸렌이 옥신작용에 대한 2차신호전달자(secondary messenger) 역할을 한다.

⑧ 에틸렌과 에틸렌억제제의 상업적 이용
  ㉠ 에세폰(ethephon, 수용액 형태) : 사과와 토마토의 과실성숙, 귤의 녹색제거, 파인애플에서의 개화시기 조절, 꽃과 과실의 탈리조절 목적으로 쓰이고 있다.
  ㉡ 에틸렌 생합성억제제(AVG, AOA) 또는 작용억제제(Ag, MCP) : 절화 수명연장, 과실저장 등에 이용된다. MCP는 에틸렌 작용억제제로 절화 수명연장 효과가 탁월하다.

제5절 앱시스산(abscisic acid, ABA)

(1) ABA 생합성

① ABA(아브시스산)
  ㉠ 식물생장을 억제하는 스트레스호르몬이며, 식물 휴면을 유도하는 휴면물질로 잎과 같은 기관을 탈락시키는 낙엽호르몬임
  ㉡ ABA는 탄소 15개의 세스퀴테르펜(sesquiterpene)으로 1개의 이중결합과 2개의 메틸기를 가진 지방족화합물 고리와, 끝에 1개의 카르복시기가 있는 불포화 측쇄를 갖음

Abscisic acid

② 생합성 경로
ABA는 잎, 줄기, 미성숙과실의 엽록체에서 주로 합성됨. 대부분 유관속식물과 일부 이끼류·조류에서 생합성됨
  ㉠ 고등식물은 카로티노이드계 색소인 비올라크산틴(violaxanthin)에서 크산톡신(xanthoxin)을 거쳐 ABA가 합성되는 간접 경로를 밟음. ABA는 엽록체와 색소체(plastid)에서 deoxyxylulose 경로를 통해 생합성되므로, ABA 생합성 전반부는 isoprenoid 계통(GA, carotenoid)의 생합성과 동일한 경로로 합성된다.
  ㉡ 균류(병원성 곰팡이류)는 메발론산(mevalonate)으로부터 파네실피로인산(farnesyl pyrophosphate, C_{15})을 거쳐 ABA가 직접 생합성되는 경로를 밟음
  ㉢ 단일조건과 수분부족은 ABA 합성을 촉진시킴

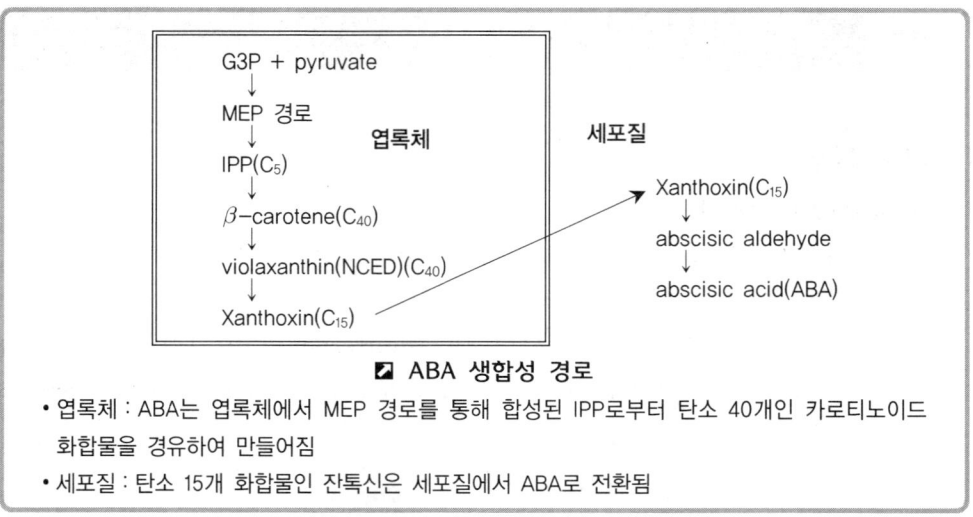

▨ ABA 생합성 경로

- 엽록체 : ABA는 엽록체에서 MEP 경로를 통해 합성된 IPP로부터 탄소 40개인 카로티노이드 화합물을 경유하여 만들어짐
- 세포질 : 탄소 15개 화합물인 잔톡신은 세포질에서 ABA로 전환됨

③ 체내 존재
  ㉠ ABA는 식물체 내 근관에서부터 끝눈까지 대부분 조직 내에 존재하며, 엽록체를 포함하는 거의 모든 세포에서 생합성된다. 세포내 ABA는 광조건 하에서 70% 정도가 엽록체 안에 존재함
  ㉡ 대부분 천연 ABA는 cis와 (+)형태로 존재하며 활성을 나타낸다. 식물체 내에서 cis형과 trans형은 서로 전환될 수 있으나, (+)형과 (−)형은 상호전환이 불가능함. ABA가 생물활성을 나타내는데 카르복실기(carboxyl group)와 방향환 내의 이중결합 등이 관여한다.
  ㉢ ABA는 산화되면 파세산(phaseic acid)과 디히드로파세산(dihydrophaseic acid)으로 변하거나 포도당과 결합하면 ABA는 생리활성이 없어짐. 가장 흔한 결합형은 ABA-글루코실에스테르임
  ㉣ ABA 이동은 물관부·체관부 모두 이루어지나 체관부를 통한 이동량이 훨씬 많으며, 어떤 방향성에 국한되지 않고 쉽게 이동함. 그러나 ABA 전구물질이며 생리적 기능이 유사한 크산톡신은 이동성이 거의 없음

④ ABA 함량
  ㉠ 발달 중인 종자의 ABA 함량은 며칠 사이에 100배 증가할 수 있다. 수분스트레스 조건 하에서 잎의 ABA 농도는 4~8시간 내에 50배 증가한다.
  ㉡ ABA 함량 조절은 생합성뿐만 아니라 세포질 내의 유리 ABA를 분해·구획화·결합·수송 등에 의해서도 조절된다.

(2) 생물적 효과

ABA는 에틸렌과 함께 식물생육 후반부(노화·탈리)를 주로 조절할 뿐만 아니라 불량 환경 하에서 식물세포의 여러 대사작용(단백질합성, 이온이동) 조절도 관여한다.

① 기공개폐
  ㉠ 잎의 건조 : 건조 시 잎의 ABA 농도는 몇 시간 내에 50배까지 증가한다. ABA의 신속한 생합성과 이동은 기공을 닫게 하는 데 매우 효과적이며, 수분스트레스 조건 하 증산으로 인한 수분손실 방지 측면에서 중요한 역할을 한다.
  ㉡ 뿌리 건조 : 수분이 결핍된 식물 뿌리도 ABA를 생합성하며, 물관을 통해 잎으로 이동하여 기공을 닫게 한다.

② 종자휴면(종자발아 억제)과 눈휴면
  ㉠ ABA 함량은 눈(아; bud)·종자가 성숙하여 휴면에 들어가기 전에 증가하며, ABA의 외부살포는 휴면상태가 아닌 눈·종자를 휴면상태로 유도할 수 있다.
  ㉡ 휴면타파 시 종자 내 ABA 함량은 대체로 감소하는 경향이 있지만, 휴면 정도와 항상 일치하는 것은 아니다.

③ <u>스트레스 경감효과</u>
  ABA는 수분스트레스, 염해, 냉해, 고온 조건 하에서도 식물체 내에서 그 함량이 증가한다. 모든 스트레스의 직접적 원인은 원형질체 내 수분결핍이다.

④ 탈리
  ㉠ ABA는 잎 절편과 떼어낸 잎 모두에서 노화를 가속화시킨다. 에틸렌 형성을 간접적으로 유도하여 노화를 촉진시키고 탈리를 촉진하는 것으로 측정된다.
  ㉡ ABA에 의한 탈리촉진 효과는 소수 식물에 제한되어 있고, ABA는 탈리 초기반응을 유도할 뿐이며, ABA 자극으로 에틸렌이 생성되어 탈리가 촉진되는 것이다.

⑤ 종자 저장양분 축적
  ㉠ 종자 내 ABA 함량이 높은 중·후반에 이르는 배발생 동안 저장화합물(저장단백질)을 축적한다.
  ㉡ ABA는 발아환경에 적합할 때까지 휴면상태로 성숙한 배를 유지시킨다.

⑥ 수발아 억제
  ㉠ ABA가 미숙종자의 수발아(vivipary) 현상을 억제한다.
  ㉡ **수발아 억제 실험** : 배 조직 배양에서 ABA와 효과, 종자 발육단계에서의 ABA 함량 측정, 수발아 종자의 ABA 함량 측정 등
  ㉢ 옥수수가 수발아 되기 위해서는 배발생 초기에 GA가 촉진신호로 작용해야 한다.

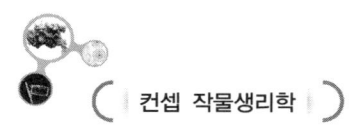

제6절 기타 식물호르몬

1 브라시노스테로이드

(1) 개념

① brassinosteroid(BR) 역할 : 식물 세포분열 및 신장, 광형태형성, 생식생장, 잎의 노화, 스트레스반응 등
② 연구
  ㉠ Mitchell(1970) : 유채(*Brassica napus*) 꽃가루 추출물의 생장촉진 활성을 확인
  ㉡ Grove(1979) : 브라신 화합물 정제, BR 구조를 밝힘
③ 체내 존재 : 피자식물의 꽃가루・종자・잎・줄기・뿌리・꽃・새가지(신초) 등
④ 생합성 : BR는 아이소프레노이드 계열의 화합물로 스쿠알렌(C_{30})을 거쳐 생합성된다.
  squalene → cycloartenol → campesterol → brassinolide

(2) 생물적 효과

① 세포팽창과 세포분열 촉진 : BR가 세포팽창과 세포분열을 모두 촉진하여 생장을 촉진한다.
② 뿌리생장 촉진 또는 억제 : 옥신과 같이 외부에서 공급한 BR는 농도에 따라 뿌리생장을 촉진 또는 억제할 수도 있다. BR 농도가 낮아지면 뿌리생장이 촉진, 농도가 높아지면 뿌리생장이 저해된다.
③ 물관부 분화 촉진 : BR는 물관부 분화를 촉진하고 체관부 분화를 억제하여 유관속 발달에 기여한다.
④ 꽃가루관 생장
  ㉠ BR가 꽃가루에서 공급되며, 웅성기관의 활성과 관련되어 있다. BR는 암술머리(주두)로부터 꽃대(화주)를 통해서 배낭에 이르는 꽃가루관(화분관) 생장을 촉진한다.
  ㉡ BR가 결핍되면 꽃가루관(화분관)은 주두에서 발아하지만 신장하지 못하며, 화분관 신장은 BR 농도에 의존적이다.

2 살리실산(salicylic acid, SA)

(1) 개념

① 식물 생리작용보다 의학적 약리작용으로 알려졌으며, 특히 살리실산 유도체의 하나인 아세틸살리실산(약품명 : 아스피린)은 해열제・진통제로 이용된다.
② 식물의 SA 생리작용 : 식물 병원균에 대한 저항성 유도, 식물 발열반응 촉진작용

(2) 생합성

① 벤조산(benzoic acid)으로부터 살리실산이 생합성된다. 담배모자이크바이러스(TMV)에 감염 저항성을 갖는 담배에서 확인되었다.
② SA 생합성 속도조절 단계 : cinnamic acid로부터 벤조산으로의 전환

$$\text{Phenylalanine} \rightarrow trans\text{-cinnamic acid} \dashrightarrow \text{benzoic acid} \rightarrow \text{salicylic acid (o-hydroxy benzoic acid)}$$

(3) 생리작용

① 병원 저항성의 유도
  ㉠ **자체적인 항균활성** : 괴사병징(세포사멸)이 진행 중인 잎의 살리실산 함량은 건전한 잎에 비하여 100~1,000배 증가하는데, 병원균이 다른 부분에 전파되지 않도록 저항성은 감염 후 수일 정도 계속된다. → 전신획득저항성
  ㉡ 과민반응과 전신획득저항성관련(pathogen-related, PR) 단백질 합성도 유도한다. 예 β-1,3-glucanase와 chitinase
  ㉢ 살리실산 유도체인 메틸-살리실산(휘발성)은 멀리 떨어져 있는 다른 개체의 PR 단백질 발현을 유도하는 정보전달 역할을 한다.
② **에틸렌 생성의 저해** : 아스피린(살리실산 유도체)을 물속에 넣으면 분해되어 살리실산으로 변환 → 살리실산은 ACC가 에틸렌으로 전환되는 과정을 저해 → 에틸렌 발생을 억제 → 꽃의 노화를 지연(꽃병에 아스피린을 첨가하면 절화 수명이 길어짐)
③ **장일식물 꽃눈 유도** : 장일식물인 개구리밥류(*Lemna gibba*)에 살리실산을 처리할 경우, 단일조건에서도 꽃눈이 유도된다. 살리실산을 진정한 개화유도물질로 규정하기에는 한계가 있다.

3 자스몬산(jasmonic acid)

(1) 연구

① 1962년 : 메틸-자스몬산(자스몬산의 메틸 에스터)은 자스민 향기(향수의 원료로 쓰임)의 주요 성분으로 발견되었다.

② 1971년 : 식물 병원균 *Lasiodiplodia theobromae*의 배양액에서 자스몬산이 식물생장을 저해하는 물질로 분리·보고되었다.

(2) 생합성

리놀렌산(linolenic acid)을 전구물질로 lipoxygenase(LOX), allene oxide synthase (AOS), allene oxide cyclase(AOC) 등의 작용에 의하여 자스몬산이 생합성된다. 리놀렌산(linolenic acid)은 세포막과 엽록체막에서 공급되는 것으로 추정된다.

(3) 생리작용

① 생물적 스트레스에 대한 기작
  ㉠ 병균이나 곤충 가해와 같이 식물에 상처가 나면 protease inhibitor의 발현이 현저히 유도되는데, 식물의 대표적 방어 기작이다.
  ㉡ 자스몬산이나 메틸-자스몬산은 protease inhibitor의 발현을 유도한다. 파이토알렉신(phytoalexin) 생합성을 유도하는 유도제(elicitor) 처리에 의해 자스몬산 생합성이 유도되고, 병 저항성 유전자 발현 유도, 알칼로이드 축적이 일어난다.
② 비생물적 스트레스에 대한 기작 : 식물에 UV(자외선)를 조사하면 protease inhibitor와 같은 자스몬산 유도성 유전자가 발현된다.
③ 식물노화 촉진 및 이층형성 촉진 : 자스몬산이나 메틸-자스몬산을 처리하면 잎의 황화가 유도되고 이층 형성 및 분리를 유도하여 과실의 탈리를 촉진시킨다.
④ 괴경형성 : 감자는 단일조건에서 괴경형성이 유도되는데, 튜버론산(tuberonic acid, 자스몬산의 유도체) 함량이 증가한다. 튜버론산은 단일처리를 한 잎에 다량으로 축적된다.
⑤ JA는 식물의 발아·성장을 억제하지만 ABA보다는 억제효과가 낮다. JA는 잎의 노화, 탈리현상, 에틸렌 합성, 뿌리 발생 등을 촉진하는 데 ABA보다 더욱 높은 촉진작용을 나타낸다. 토마토·사과 과실에 JA를 처리하면 엽록소가 파괴되고 β-카로틴 합성이 촉진된다.

4 폴리아민

(1) 개념

① 폴리아민(polyamine)은 2개 이상의 아민기($-NH_2$)를 가지고 있는 다가 양이온 화합물이다. 폴리아민은 매우 작고 용해성이며 확산성 분자이므로 세포 내에서의 위치고정이 어렵다.

② 동식물체에 널리 분포하며 아미노산 arginine으로부터 생합성된다. 식물조직 내 폴리아민의 농도는 다른 식물호르몬보다 높다.

(2) **종류**

① putrescine : $H_2N-(CH_2)_4-NH_2$
② spermidine : $H_2N-(CH_2)_3-NH-(CH_2)_4-NH_2$
③ spermine : $H_2N-(CH_2)_3-NH-(CH_2)_4-NH-(CH_2)_3-NH_2$

(3) **생리작용**

폴리아민은 세포 내에서 양이온으로 존재해 DNA, RNA, 인지질, 단백질 등의 음이온분자와 강하게 결합하여 세포 내 여러 기능에 영향을 준다.

① 세포 내 폴리아민 농도가 낮으면 생육이 억제·중지된다. 폴리아민을 생합성할 수 없는 돌연변이체는 정상적으로 자랄 수 없으며, 폴리아민을 첨가하면 정상적으로 생장 발육한다.
② 원형질막이나 세포 내막이 분해되는 것을 방지하여, 엽록소·단백질·RNA 등의 감소를 지연시키고, 잎이 노화되는 것을 막아 준다.
③ 폴리아민 생합성은 에틸렌과 상호 경쟁적 관계에 있어, 에틸렌 형성을 억제하며 에틸렌에 반대되는 항노화작용을 한다.

> **정리** | 기타 식물호르몬 생리작용
>
> - brassinosteroid(BR) 작용 : 식물 세포분열 및 신장, 광형태형성, 생식생장, 잎의 노화, 스트레스반응, 물관부 분화 촉진, 꽃가루관 생장 등
> - 살리실산 작용 : 병원 저항성의 유도, 에틸렌 생성 저해, 장일식물 꽃눈 유도
> - 자스몬산 작용 : 생물적·비생물적 스트레스에 대한 기작, 식물노화 및 이층형성 촉진, 괴경 형성
> - 폴리아민 작용 : 에틸렌 형성 억제, 항노화작용, 원형질막 분해 방지, 잎의 노화 방지

기출 및 출제예상문제

01 식물호르몬 효과에 대한 설명으로 옳지 않은 것은? ● 22. 경기 농촌지도사

① GA는 장일식물이나 춘화처리를 요구하는 식물에서 영양생장에서 생식생장으로의 전환을 촉진시킨다.
② 식물의 측아에 사이토키닌을 직접 처리하면 세포분열 활성과 생장이 촉진된다.
③ 합성옥신은 화곡류에만 선택적으로 고사시키는 제초제로 이용된다.
④ 과실에 에틸렌을 처리하면 성숙 과정이 시작되고, 에틸렌 생성이 증가되며 성숙이 촉진된다.

[해설] 합성옥신은 광엽잡초에 제초제로 작용한다.

02 식물호르몬에 대한 설명으로 옳지 않은 것은? ● 21. 경북 농촌지도사

① ABA는 식물체 내 근관에서부터 끝눈까지 대부분 조직 내에 존재한다.
② 옥신에서 극성수송의 일방향성은 줄기조직의 극성 때문이고, 뿌리에서는 극성이 약하거나 없다.
③ 시토키닌은 뿌리 근단분열조직에서 합성되며 물관부를 거쳐 줄기로 수송된다.
④ 일반적으로 지베렐린의 생리활성은 생장촉진 효과가 높으면 개화촉진 효과도 높다.

[해설] 일반적으로 지베렐린의 생리활성은 생장촉진 효과가 높으면 개화촉진 효과는 낮다.

03 옥신의 상업적 이용으로 옳은 것은? ● 18. 경북 농촌지도사(변형)

① 신장성장 억제
② 꽃의 수명 연장
③ 토마토 과실 성숙
④ 제초제

[해설] ①은 GA생합성 억제제, ②는 살리실산, ③은 에세폰의 작용이다.
옥신의 상업적 이용 : 과실과 잎의 탈리방지, 파인애플의 개화촉진, 단위결과 형성 유도, 열매 솎아내기, 삽목의 발근(부정근)촉진, 제초제 등에 이용된다.

[정답] 01 ③ 02 ④ 03 ④

04. 다음 중 합성 옥신이 아닌 것은?

① IAA
② NAA
③ 2,4-D
④ MCPA

[해설]

옥신류	천연 합성	IAA, IAN, PAA NAA, IBA, 2,4-D, 2,4,5-T, PCPA, MCPA, BNOA
지베렐린류	천연	GA_2, GA_3, GA_{4+7}, GA_{55}
시토키닌류	천연 합성	zeatin, IPA kinetin, BA
에틸렌	천연 합성	C_2H_4 ethephon
생장억제제	천연 합성	ABA, phenol CCC, B-9, phosphon-D, AMO-1618, MH-30

05. 다음 옥신에 대한 설명이 옳지 않은 것은?

① IAA는 화학적 구조는 트립토판과 유사하다.
② 트립토판이 IAA로 전환되는 과정에서 중간물질로서 indoleacetaldehyde를 경유한다.
③ IAA는 귀리나 고등식물에 존재하는 천연 옥신이다.
④ 트립토판이 IAA로 전환하는데 필요한 효소의 활력이 성숙한 잎에서 가장 높다.

[해설] 트립토판이 IAA로 전환하는데 필요한 효소의 활력은 어린잎이나 정단분열조직에서 가장 높다.

06. 다음 중 식물체에서 옥신의 이동방향에 대한 설명이 잘못된 것은?

① 옥신은 중력에 반응하여 위에서 아래로만 줄기를 통하여 극성 이동한다.
② 줄기와 잎에서 옥신의 하향적 극성수송은 주로 물관부를 통해 일어난다.
③ 옥신의 극성수송은 심플라스트보다는 세포와 세포를 통해 이동한다.
④ 뿌리에서는 극성이 없어 상하 어느 방향으로도 이동이 가능하다.

[정답] 04 ① 05 ④ 06 ①

07 옥신의 농도와 식물체생장과의 관계에 대한 설명 중 옳지 않은 것은?

① 생장을 촉진하는 옥신의 농도는 매우 낮은 편이다.
② 옥신의 농도가 어느 한계 이상이면 도리어 생장을 억제한다.
③ 생장에 필요한 적정농도는 줄기보다 뿌리가 높다.
④ 줄기의 선단부를 잘라버리면 뿌리의 생장이 촉진되는 경우가 있다.

[해설]
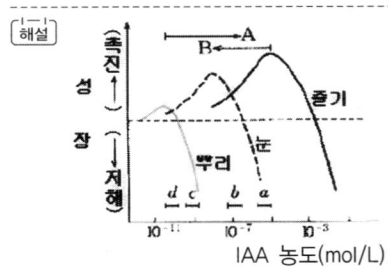

08 아베나 굴곡 시험법은 무엇을 측정하기 위한 생물적 방법인가?

① 식물의 굴광성 정도를 측정하는 것이다.
② 식물의 옥신 함량을 측정하는 방법이다.
③ 식물의 생장곡선을 측정하는 방법이다.
④ 식물의 운동성 정도를 측정하는 방법이다.

09 다음 중 옥신의 생리적 기능이 아닌 것은?

① 세포분열의 촉진
② 이층형성의 억제
③ 개화와 단위결과의 유도
④ 과실의 성숙 촉진

[해설] 옥신의 생리적 기능 : 정아우세, 뿌리의 신장 및 발근 촉진, 굴성 및 극성 발현, 세포신장 및 줄기생장 촉진, 유관속 분화 유도, 꽃눈 발달과 잎차례 조절, 과실의 발달 촉진 등

10 식물체의 지상부가 생장할 때 광선이 쪼이는 방향으로 줄기 끝이 향하는 현상인 굴광성의 원인은 무엇인가?

① 빛을 받는 쪽의 광합성작용이 왕성하기 때문이다.
② 빛을 받는 쪽의 증산작용이 왕성하기 때문이다.
③ 빛을 받는 쪽의 옥신 농도가 낮아지기 때문이다.
④ 빛을 받는 쪽의 옥신 농도가 높아지기 때문이다.

11 정아우세현상의 원인으로 적당한 것은?

① 정아에서 형성된 옥신이 아래쪽 액아에 대해 억제작용을 한다.
② 정아에서 형성된 사이토키닌이 아래쪽 액아에 대해 억제작용을 한다
③ 액아에서 형성된 옥신이 정아에 대해 촉진작용을 한다.
④ 액아에서 형성된 사이토키닌이 정아에 대해 촉진작용을 한다.

12 다음 중 작물의 정아를 자르면 나타나는 현상은?

① 근활력이 급격히 감소한다.
② 축의 상부에 있는 측아가 생장한다.
③ 하위엽의 광합성량이 증가한다.
④ 식물체 전체가 죽게 된다.

13 다음 중 지베렐린이 합성되는 주요장소는?

① 어린잎   ② 줄기의 피층세포
③ 하위엽   ④ 성숙한 잎

[해설] 지베렐린이 합성되는 장소 : 어린잎, 어린과실, 줄기·뿌리 선단부, 발아 종자

14 식물체의 어린잎이나 뿌리에서 생성된 지베렐린이 이동하는 방향은?

① 위에서 아래로만 세포에서 세포로 이동한다.
② 아래쪽의 농도가 높을 때는 아래에서 위로만 이동한다.
③ 아래쪽의 농도가 높을 때는 위에서 아래로 이동하지 못한다.
④ 물관과 체관을 통해 상하 양방향으로 체내 여러 부위로 이동한다.

[정답] 10 ③ 11 ① 12 ② 13 ① 14 ④

15. 지베렐린이 작물체에 미치는 생리적인 효과로 볼 수 없는 것은?

① 세포분열 및 세포신장의 증대
② 줄기의 신장촉진과 단위결과 유도
③ 종자의 휴면타파와 발아촉진
④ 개화지연과 광합성량 감소

[해설] GA의 생리적 효과 : 생장촉진, 종자의 휴면타파와 발아촉진, 줄기의 신장촉진과 단위결과 유도, 개화 유도, 성 결정, 꽃가루관 생장 촉진 등

16. 다음 중 씨없는 포도의 생산에 주로 이용되는 물질은?

① 지베렐린
② colchicine
③ Lasso
④ 2,4-D

17. 옥신과 지베렐린의 처리효과에 대한 설명으로 틀린 것은?

① 옥신과 지베렐린은 세포 신장과 분열을 촉진한다.
② 옥신과 지베렐린은 callus를 유도한다.
③ 옥신은 단위결과를 유도시키고 지베렐린은 휴면을 타파한다.
④ 옥신은 잡초방제의 효과가 있고 지베렐린은 개화를 촉진시킨다.

[해설] 옥신과 사이토키닌에 의하여 callus가 유도된다.

18. 식물호르몬 사이토키닌 물질이 공통적으로 가지는 기본 구조는?

① 퓨린 염기를 가진 아데닌의 유도체
② 피리미딘 염기를 가진 아데닌의 유도체
③ 퓨린 염기를 가진 티아민의 유도체
④ 피리미딘 염기를 가진 티아민의 유도체

정답   15 ④   16 ①   17 ②   18 ①

19 다음 사이토키닌에 대한 설명이 바르지 않은 것은?

① 사이토키닌은 잎이나 생장점 등 영양기관의 노화방지에 효과가 크다.
② 식물의 세포분열을 촉진하고 조직배양시 유용하게 이용된다.
③ 사이토키닌은 빛과 함께 광합성 색소와 단백질 합성 조절에 관여한다.
④ Amo-1618, 키네틴은 세포분열의 촉진효과가 매우 크다.

[해설] Amo-1618는 생장억제제이다.

20 사이토키닌의 생리적 작용으로서 잘못된 것은?

① 노화방지　　　　　　② 형태형성 촉진
③ 측아발생의 억제　　　④ 휴면타파

[해설] 사이토키닌의 생리적 효과 : 세포분열 촉진, 측아생장 촉진, 형태형성 촉진, 노화지연, 엽록체 발달, 휴면타파 등

21 조직배양에서 주로 쓰이는 식물호르몬으로서 맞는 것은?

① 옥신, 사이토키닌　　　② 지베렐린, 에틸렌
③ 지베렐린, 옥신　　　　④ 사이토키닌, 에틸렌

22 색소체에 다량분포하고 휴면 중인 종자와 눈, 어린잎 등에서 합성될 수 있는 식물생장조절물질은 어느 것인가?

① abscisic acid　　　② zeatin
③ kinetin　　　　　　④ IAA

23 다음 식물호르몬에 대한 설명이 바르지 않은 것은?

① ABA는 식물체가 스트레스를 받으면 증가되어 식물의 저항성을 높여준다.
② ABA는 IAA와 함께 생장억제제로 분류할 수 있다.
③ 식물체 내의 수분상태에 따른 위조의 진행과 회복은 ABA의 농도와 관련된다.
④ ABA는 기공의 폐쇄효과가 있어 증산을 억제시킨다.

[해설] ABA는 생장억제제이지만 IAA는 생장촉진제이다.

[정답] 19 ④　20 ③　21 ①　22 ①　23 ②

24 식물호르몬 중에서 생장을 촉진시켜 주는 효과가 없고 생장억제작용을 하는 것으로 이층을 형성하여 가을에 낙엽을 일으키며, 겨울에 나무의 눈을 휴면으로 이끄는 것은?
① ABA
② gibberellin
③ auxin
④ cytokinin

25 다음 ABA의 생리작용에 해당되지 않는 것은?
① 휴면타파
② 노화의 촉진
③ 기공의 폐쇄
④ 종자의 발아억제

26 작물의 줄기가 연약하고 웃자랄 때, 접촉의 자극을 주었더니 줄기가 굵어지고 신장이 억제되는 효과가 나타났다면 다음 중 어떤 호르몬이 관계한 것인가?
① 에틸렌
② ABA
③ 옥신
④ 지베렐린

27 다음 중 에틸렌의 생리적 효과로 볼 수 없는 것은?
① 과실의 성숙과 착색을 촉진시킨다.
② 이층형성을 촉진한다.
③ 세포분열을 촉진시킨다.
④ 식물체의 생장을 억제시킨다.

[해설] 에틸렌의 생리적 효과 : 개화유도, 과실 생장촉진, 노화 및 탈리 촉진, 줄기 및 뿌리생장 억제, 종자 및 눈의 휴면타파 등

28 에세폰이 생장조절제로서 사용될 때의 중요한 용도는?
① 과실의 성숙과 착색의 촉진
② 식물의 노화 방지
③ 감자의 맹아 촉진
④ 줄기의 신장생장 촉진

정답 24 ① 25 ① 26 ① 27 ③ 28 ①

29 다음 중 식물호르몬과 생리적 효과가 옳게 연결된 것은?

① 에틸렌-과실의 착색과 성숙촉진
② 지베렐린-작물의 휴면과 노화촉진
③ 사이토키닌-엽병의 기부에서 이층형성촉진
④ ABA-줄기의 신장생장촉진

[해설] ② ABA-작물의 휴면과 노화촉진
③ ABA-엽병의 기부에서 이층형성촉진
④ GA-줄기의 신장생장촉진

30 귀리 선단으로부터 이동하는 생장물질을 한천에 모아 자엽초의 굴곡각도가 한천 중에 함유된 생장물질농도에 비례함을 발견한 사람은?

① Darwin
② Boysen-Jensen
③ Paal
④ Went

31 식물체의 지상부가 생장할 때 광선이 쬐이는 방향으로 줄기끝이 휘어지는데 그 원인은?

① 빛을 받는 쪽의 증산 작용이 왕성하기 때문
② 빛을 받는 쪽의 동화작용이 왕성하기 때문
③ 빛을 받는 쪽의 옥신 농도가 높아지기 때문
④ 빛을 받는 쪽의 옥신 농도가 낮아지기 때문

32 벼의 키다리병에서 키를 크게 하는 물질은?

① 병원균이 분비하는 미지의 물질
② 병원균이 분비하는 옥신류
③ 병원균이 분비하는 지베렐린
④ 이병된 벼의 뿌리에서 합성된 시토키닌

정답 29 ① 30 ④ 31 ④ 32 ③

33. 결합형 GA에 대한 설명으로 옳지 않은 것은?

① 저장형 GA라고도 한다.
② 당과 결합한 GA이다.
③ 그 자체로 GA 활성을 갖는다.
④ GA glucoside, GA glucosyl ester가 있다.

[해설] 결합형 GA는 당과 결합한 GA를 말하며, 이 자체로는 활성이 없고 당이 떨어져야 활성을 갖는다.

34. 옥신과 함께 과실생장을 촉진하는 대표적인 호르몬으로서 무핵화시킨 포도에서 비대생장을 촉진시키는 호르몬은?

① 에틸렌
② 지베렐린
③ 시토키닌
④ ABA

35. 지베렐린 생합성의 출발물질은?

① Mevalonate(MVA)
② Kaurenol
③ Kinetin
④ Methionine

[해설]

식물생장조절물질	전구체
옥신류	tryptophan
지베렐린	G3P+pyruvate → Mevalonate
시토키닌	isopentenyl-Ⓟ
에틸렌	methionine
아브시스산(ABA)	G3P+pyruvate
brassinosteroids	squalene

36. 지베렐린 생합성을 억제하는 화합물은?

① Amo-1618
② NAA
③ Zeatin
④ Jasmonic acid

정답 33 ③ 34 ② 35 ① 36 ①

37 왜성 작물이 키가 작은 이유는?

① 체내에 옥신의 함량이 적어서
② 체내에 GA 함량이 적어서
③ 체내에 ABA 함량이 적어서
④ 체내에 지베렐린이 많이 분포해서

38 로제트형이 단축경을 갖는 이유는?

① 정단분열조직이 활발하게 활동하지 않고 아정단분열조직이 활발하게 활동한다.
② 정단분열조직과 아정단분열조직이 모두 활발하게 활동하기 때문이다.
③ 정단분열조직과 아정단분열조직이 모두 활발하게 활동하지 않기 때문이다.
④ 정단분열조직은 활발하게 활동하는데 반해 아정단분열조직은 활동이 미미하기 때문이다.

[해설] 아정단분열조직은 정단분열조직과 신장대 사이에 해당하는 부위이며 이 조직의 활동이 미미하면 줄기마디가 신장하지 못한다.

39 조직배양에서 세포분열과 분화를 촉진하는 조합은?

① Auxin, GA
② Auxin, cytokinin
③ ethylene, GA
④ ABA, cytokinin

40 담배 절편체 배양시 시토키닌에 비해 옥신의 농도가 높으면 나타나는 현상은?

① 캘러스가 형성된다.
② 부정근이 발생한다.
③ 신초가 자라 나온다.
④ 기관분화가 억제된다.

[해설] 옥신에 비해 상대적으로 시토키닌이 많으면 신초가 자라고, 반대 경우는 부정근이 발생한다.

41 식물 노화를 방지하는 물질은?

① 뿌리에서 생성되는 Cytokinin
② 생장점에서 생성되는 cytokinin
③ 뿌리에서 생성되는 GA
④ 생장점에서 생성되는 GA

[정답] 37 ② 38 ④ 39 ② 40 ② 41 ①

42 에틸렌과 호흡의 관계가 옳은 것은?
① 호흡급등형에 에틸렌을 처리하면 급등시기가 늦어진다.
② 호흡비급등형에 에틸렌을 처리하면 급등시기가 늦어진다.
③ climacteric 형에 에틸렌을 처리하면 최대호흡속도가 증가한다.
④ non-climacteric 형에 에틸렌을 처리하면 최대호흡속도가 증가한다.

43 토마토에 에세폰을 처리하는 목적은?
① 착색촉진　　　　　　　② 부패방지
③ 당도향상　　　　　　　④ 연화방지

44 에틸렌을 제거하거나 작용을 억제시키는 방법에 대한 설명 중 틀린 것은?
① 주기적으로 저장고를 깨끗한 공기로 환기시킨다.
② Purafil이나 Ethysorb를 이용한다.
③ 에틸렌 작용 억제제인 NDE는 취급에 주의한다.
④ 적외선을 이용하여 에틸렌을 분해한다.

[해설] 자외선을 이용하여 에틸렌을 분해시킬 수 있다.

45 스트레스에틸렌에 대한 설명으로 적당한 것은?
① 식물의 조직에 상처 또는 스트레스를 주면 발생되는 에틸렌이다.
② 식물의 질병저항성을 감소시킨다.
③ 곰팡이 세포벽 구성물질을 합성한다.
④ 식물조직의 상처부위에 callus 형성을 저해한다.

46 ABA의 가장 중요한 생리적 기능은?
① 과실성숙 촉진　　　　　② 종자휴면 유도
③ 줄기신장 촉진　　　　　④ 이층형성 억제

정답　42 ④　43 ①　44 ④　45 ①　46 ②

47 ABA에 대한 설명으로 틀린 것은?
① ABA는 잎, 줄기 및 미성숙 과실의 엽록체에서 주로 합성된다.
② 식물의 생장을 억제하는 대표적인 호르몬이다.
③ 식물의 휴면을 타파한다.
④ 식물이 스트레스를 받으면 증가한다.

48 아브시스산(abscisic acid)에 대한 설명으로 틀린 것은?
① 생체에서 합성되는 것은 거의 모두 cis형이다.
② 기공폐쇄, 휴면유기, 발아억제 등의 기능이 있다.
③ 포도당과 결합한 것은 유리상태의 ABA보다 활성이 높다.
④ 산화되면 dihydrophaseic acid와 phaseic acid 등이 형성된다.
⑤ carotenoid의 분해산물로부터 만들어지기도 한다.

[해설] ABA가 포도당과 결합한 것은 활성이 없다.

49 낙엽 및 낙과현상이 일어날 때 가장 부족한 생장호르몬은?
① GA   ② Cytokinine
③ ABA   ④ ethylene
⑤ Auxin

50 병해충 침입, 기계적 저항, 건조 등의 스트레스 하에서 생합성이 촉진되지 않을 것으로 예상되는 호르몬은?
① GA   ② ABA
③ Ethylene   ④ Jasmonic acid
⑤ Salicylic acid

51 Neljubow가 발표한 ethylene의 3중반응에 속하지 않는 것은?
① 완두의 신장억제   ② 줄기의 비대촉진
③ 줄기의 수평생장   ④ 뿌리의 신장촉진

정답   47 ③   48 ③   49 ⑤   50 ①   51 ④

52 식물체 내에서 에틸렌 생합성의 출발물질은?
① methionine
② SAM(S-adenosylmethionine)
③ arginine
④ ACC(1-aminocyclopropane 1-carboxylate)

53 제6의 호르몬으로 주목받고 있는 물질은?
① brassinosteroid　　② polyamine
③ ethylene　　　　　④ jasmonic acid

54 에틸렌의 형성이나 작용을 억제하며 에틸렌에 반대되는 항노화작용을 하는 것은?
① 브라시노스테로이드　　② 폴리아민
③ 옥신　　　　　　　　　④ ABA

55 향수의 원료로 사용되어 온 휘발성 물질로서 ABA와 비슷한 생리작용을 하는 천연식물생장조절제는?
① 폴리아민　　② BRs
③ JA　　　　　④ SAM

56 CCC는 어떤 기작으로 생장을 억제하는가?
① 지베렐린 생합성과정의 억제
② 옥신 생합성과정의 억제
③ 시토키닌 생합성과정의 억제
④ BR 생합성과정의 억제

정답　52 ①　53 ①　54 ②　55 ③　56 ①

57 다음 작물생장조절물질의 작용을 잘못 설명한 것은?

① 포도의 휴면타파에 $CaCN_2$를 이용한다.
② 오이의 수꽃 착생에 thiourea를 이용한다.
③ MH는 잔디 생장조절, 담배 측지생장억제, 감자 양파의 맹아 억제에 이용한다.
④ daminozide는 영양생장억제와 착과증진 목적에 이용한다.

[해설] 오이의 수꽃 착생에 $AgNO_3$를 이용한다.

정답 57 ②

Chapter 05 작물 Stress

단원 키워드

1. 한발에 대한 작물의 구조적 내건성 반응
2. 내건성 기구로서 삼투퍼텐셜 조절
3. 습해의 기구
4. 냉해의 종류
5. 불포화지방산과 내냉성과의 관계
6. 고온장해의 기구
7. 작물의 내열성 기구
8. 한해와 염해의 차이
9. 광스트레스에 대한 카로티노이드의 기능
10. 산화장해와 환원장해를 유발하는 대기오염물질
11. 오존에 의한 작물의 생리장해
12. 산성비의 형성과정
13. 수질오염 측정시 BOD와 COD 비교
14. 질소 과잉시 작물의 생리적 장해

정리

1 작물 스트레스 요인
- 물리적 요인 : 수분, 온도, 광, 바람 등
- 화학적 요인 : 대기오염, 산성비, 염류, 토양 pH 등
- 생물적 요인 : 병, 충, 잡초 등

2 stress 관련 용어
- 회피성(avoidance) : 물리적, 화학적인 방법으로 스트레스를 받지 않는 특성
  - 예 수분스트레스를 받고 기공을 닫고 뿌리는 깊게 자라는 현상
- 내성(tolerance) : 스트레스를 받지만 이를 감소시키거나 견디어 장해를 받지 않는 특성
  - 예 수분이 부족해도 견디면서 장해를 잘 나타내지 않는 특성
- 저항성(resistance) : 스트레스를 주더라도 작물이 이를 극복하여 장해를 받지 않는 특성
- 경화(hardening) 또는 순화(acclimation) : 저항성 증가. 큰 스트레스가 오기 전에 미리 정도가 낮은 스트레스에 노출시키면 저항성이 증가되는 현상
- 연화(dehardening) : 저항성 감소. 하드닝이 생긴 식물체에서 스트레스가 감소되면 저항성이 상실되는 현상
- 적응(adaptation) : 몇 세대에 걸쳐 유전적인 원인으로 저항성이 증가하는 현상
- 항상성 : 외부환경의 변화가 클 때에도 생물의 내적 조건은 항상 일정하게 유지하거나, 변화의 폭을 가능한 좁게 유지하려는 반응
- 상승작용 : 2개의 환경을 가정할 때 각각 단독으로 작용할 때보다 두 요인이 동시에 작용할 때 효과가 더 커지는 작용
- 타감작용 : 한 식물이 주변의 다른 식물의 생장을 저해하는 것을 말하며, 주로 특정 식물이 생산하는 물질이 다른 식물에 영향을 미치기 때문에 나타나는 현상
- 이월효과 : 환경의 영향이 세대를 건너 이어지는 것
- 포화작용 : 어떤 환경매개변수가 점차 높아지면 포화될 때까지 증가하다가 어느 수준에 이르면 더 이상 증가하지 않거나, 독성이나 저해작용을 나타내는 것

제1절 수분 stress

1 한해(旱害; drought stress)

○ 한해 : 수분이 부족하면 작물은 생육억제, 수량감소, 품질저하 등의 장해를 받게 되는데, 이와 같은 수분부족으로 입는 작물의 피해
○ 내건성(내한성, drought tolerance) : 작물이 수분부족으로 입는 장해를 극복하는 능력

(1) 내건성 기구

① 고사 과정 : 토양 건조 → 일시위조 → 영구위조 → 고사
  ㉠ 일시위조(temporary wilting) : $-1MPa$, 처음에는 증산량이 많은 낮에는 잎이 시들다가 밤에는 기공이 닫히며 수분함량이 증가하여 정상적으로 회복되는 상태
  ㉡ 영구위조(permanent wilting) : $-1.5MPa$, 건조가 더욱 심해지면 관수해도 회복되지 못하는 상태
② 건조에 대한 적응
  ㉠ 내건성은 작물의 종류와 품종에 따라 다르다.
  ㉡ 같은 작물이라도 종자나 휴면상태에 있는 세포는 극단의 건조된 상태에서도 잘 견디지만, 생장하고 있는 세포는 적응력이 약하다.
③ 수분부족 스트레스 극복 방법
  ㉠ 건조 정도가 심하지 않을 때 : 잎의 생장을 억제하거나 기공을 닫아 증산량을 줄임으로써 수분을 보존하고, 뿌리가 수분이 있는 곳으로 생장하여 수분흡수를 조장한다.
  ㉡ 토양이 더 건조하여 영구위조점에 가까울 때 : 토양의 수분퍼텐셜은 $-1.5MPa$(pF 4.2) 정도로 뿌리의 수분퍼텐셜과 비슷하여 물을 잘 흡수하지 못하므로 잎이 시들게 된다. 증산량이 많은 낮에는 수분함량의 감소로 뿌리가 수축하면 근모가 토양입자에서 떨어지는데, 이때 근모가 상처를 받을 뿐만 아니라 피층 외부는 물이 투과하지 않는 수베린(suberin)이 축적되어 물의 흡수가 더욱 어려워진다.
  ㉢ 토양 수분퍼텐셜이 $-1.0 \sim -2.0MPa$(pF $4.0 \sim 4.4$) 사이가 되는 심한 건조상태 물관 속에서 잎으로 향하는 장력과 토양으로 향하는 장력이 모두 증가하여 물기둥이 끊기기 쉽고 잎은 수분결핍의 스트레스를 더 심하게 받는다.
④ 원형질막의 기계적 파괴 : 작물 수분함량이 크게 감소하면 세포가 탈수될 때 또는 탈수된 세포가 물을 재흡수할 때 원형질막의 기계적 파괴로 세포가 죽는다.
  ㉠ 탈수될 때 : 세포벽이 두꺼운 경우, 세포 수분함량이 감소하면 원형질은 수축되지만 세포벽은 수축되지 않으므로 원형질이 분리되어 세포막이 파괴된다.

ⓒ 재흡수할 때 : 세포벽이 얇은 경우는 탄력이 높아 세포 수분이 감소하더라도 세포질이 분리되지 않지만, 수분이 재흡수될 때 세포벽이 세포막보다 먼저 팽창하므로 장력을 받은 세포막이 파괴된다.

(2) 내건성(drought tolerance)

① 개념
  ㉠ 세포의 내건성
    ⓐ 세포의 크기 : 작은 세포가 큰 세포보다 내건성이 강하다.
    ⓑ 액포의 크기 : 액포가 작은 세포가 큰 세포보다 건조·수분흡수과정에서 수축률이 낮으므로 내건성이 크다.
    ⓒ 세포의 성숙 : 생장점에 있는 어린 세포가 성숙된 세포보다 액포가 적고 원형질이 많아 수분퍼텐셜이 낮으므로 내건성이 크다.
  ㉡ 수분요구도에 따라 구분
    ⓐ 수생식물(水生植物; hydrophyte) : 벼·연 등과 같이 부분적으로 또는 전체가 물 속에서 자라는 식물
    ⓑ 중생식물(中生植物; mesophyte) : 토양수분이 어느 정도 유지되는 밭에서 자라는 식물
    ⓒ 건생식물(乾生植物; xerophyte) : 선인장 등 사막 같은 건조한 지역에서 자라는 식물
  ㉢ 내건성 종류(유래에 따라) : 구조적 내건성, 원형질적 내건성

② 구조적 내건성(constitutional drought tolerance)
  ㉠ 의미 : 수분손실을 방지하거나 수분흡수를 증대시킬 수 있는 형태나 구조에 의해 (기공 폐쇄, 엽면적 감소, 뿌리 신장, 잎 표면의 왁스 축적 등) 지배되는 내건성
  ㉡ 종류
    ⓐ 수분보존형(water saver) : 엽면적이 작고 요수량(要水量)이나 증산량이 많지 않으므로 생육초기에 토양수분을 보존하였다가 여름에 건조할 때 이용하여 한해를 지연시키거나 회피할 수 있는 작물이다.
    ⓑ 수분소비형(drought avoidance) : 증산량은 다른 작물과 비슷하지만 땅속 깊은 곳까지 뿌리를 뻗고 근계발달이 좋아 수분 흡수량을 증가시켜 한발에 잘 견디는 작물이며, 이들은 토양수분이 더욱 부족하여 원형질의 수분함량이 감소되면 장해를 받는다.

ⓒ 기공의 폐쇄
  ⓐ 기공이 닫히는 경우
    ㉮ 기공의 수동적 폐쇄(hydropassive closure) : 상대습도가 낮고 풍속이 빠를 경우 공변세포가 물을 증산하는 속도가 주위 세포로부터 물이 공급되는 속도보다 빠르면 기공이 닫히는데, 이는 건조한 공기에 의하여 공변세포가 탈수되어 일어난다.
    ㉯ 기공의 능동적 폐쇄(hydroactive closure) : 수분부족으로 생성된 ABA가 세포막의 선택적 투과성을 잃게 하여 공변세포의 용질이 주위 세포로 확산됨 → 공변세포의 수분퍼텐셜이 높아지므로 수분이 빠져나가 팽압이 낮아짐 → 기공 닫힘

> **참고** 기공의 능동적 폐쇄 기구
>
> **1** 정상생육시 : 잎의 엽육세포는 적은 양의 ABA를 생산하여 엽록체에 축적한다.
> **2** 수분 부족시 : 엽록체에 축적된 ABA가 세포벽으로 이동하고, 증산류를 타고 공변세포로 가서 기공이 닫히게 한다. 수분스트레스를 받은 작물은 40배까지 ABA 농도가 높아지므로 엽록체에 존재하던 ABA가 공변세포로 이동하여 기공을 닫히게 하는 것은 스트레스를 받는 초기이며, 그 후 수분부족의 영향으로 새로 합성된 ABA에 의하여 기공이 계속 닫혀 있게 된다.

  ⓑ 엽록체 내에 ABA가 축적되는 이유 : grana와 stroma 사이의 pH 구배, ABA의 약산성 특성, 세포막의 투과성 때문이다.

> **참고** grana와 stroma 사이의 pH 구배
>
> **1** 광은 스트로마의 H^+을 그라나로 이동시키며, 스트로마는 알칼리성이 된다.
> **2** 스트로마에서 ABA-H는 ABA^-와 H^+로 해리되어 pH의 증가를 억제하므로 ABA 농도는 세포질보다 낮아진다.
> **3** 농도차에 따라 세포질의 ABA-H가 엽록체로 수동적으로 이동하는데(확산), 세포질과 스트로마에서 농도가 같아질 때까지 계속된다.
> **4** 엽록체막은 ABA^-를 투과하지 못하므로 엽록체 내에는 ABA^-가 축적된다.
> **5** 건조시 세포가 탈수되면 엽록체의 pH가 낮아지고, 이에 따라 ABA-H의 양이 증가하여 농도가 낮은 세포질로 유출된다.
> **6** 다시 세포벽으로 확산되어 증산류를 타고 공변세포로 이동하여 기공이 닫히게 한다.

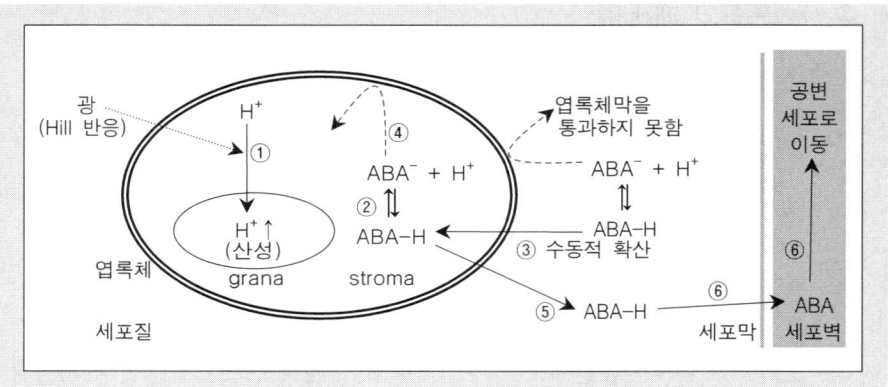

ⓒ 뿌리에서 합성된 ABA : <u>수분부족에 대한 기공 닫힘</u>에 영향을 준다. 건조한 뿌리는 ABA 농도가 높아지고 증산류를 타고 잎으로 이동하게 된다.

㉣ 엽면적 감소
ⓐ 수분결핍의 초기단계는 탈수에 의한 생물리적 현상이다. 수분함량이 감소하면 <u>세포의 크기와 팽압이 감소</u>되고 세포가 신장되지 않으므로 엽면적과 증산량을 줄여 건조에 적응하며, 이때 수분이 다시 공급되어도 세포벽이 비후되어 신축성이 낮아져서 벽압이 높아지므로 생장률은 저하된다.
ⓑ 수분이 부족하면 볏과작물은 잎이 말리고, 쌍떡잎작물은 잎이 아래로 늘어져 광에 노출되는 면적이 줄어든다.

㉤ 수분을 향한 뿌리의 신장
ⓐ 지상부는 뿌리에서 흡수한 물과 무기양분의 공급에 따라 생장이 달라지고, 뿌리는 지상부에서 공급하는 광합성 산물의 양에 따라 생장이 결정된다.
ⓑ 광합성은 잎의 신장만큼 팽압의 영향을 받지 않으므로 수분이 부족할 때 잎은 신장하지 않아도 광합성은 어느 정도 유지된다. 내건성이 강한 작물은 잎의 신장에 이용될 <u>탄수화물이 뿌리로 이행되고 뿌리는 신장</u>하여 더욱 많은 물을 흡수한다.
ⓒ 심근성 작물을 재배하면 일시적 한발에는 견딜 수 있지만, 한발이 장기화 되면 초기 생육촉진으로 인해 엽면적이 크게 증가하여 후기에는 한해가 오히려 더 심하다.

㉥ <u>잎 표면의 왁스 축적</u> : 수분이 결핍되면 잎 표면에 왁스(wax)가 축적되어 각피(cuticle) 증산작용을 감소시킨다. 각피 증산은 총증산량의 10% 이하지만, 건조가 극심하거나 각피가 상처를 입었을 때 잎 표면의 왁스 축적이 수분을 보존하는 데 중요하다.

Ⓢ 생육 특성
  ⓐ 유한생육형(determinate type) 콩 품종 : 개화기에 한발이 오면 결실에 영향이 크지만, 우리나라는 한발기간이 길지 않으므로 유한생육형 품종을 재배한다.
  ⓑ 무한생육형(indeterminate type) 품종 : 한발이 지나고 비가 온 후에 개화·결실하여 한발의 피해는 피할 수 있지만 가을에 저온이 오면 종자가 성숙하기 전 서리 피해로 수량이 감소하게 된다.
ⓞ CAM식물
  ⓐ 기공개폐 : 선인장 등 수분저장형(water collector) CAM식물은 상대습도가 높고 온도가 낮은 밤에는 기공을 열고 낮에는 기공을 닫고 있으므로 수분손실을 줄여 건조한 조건에서 적응할 수 있다.
  ⓑ 저수기구 : CAM식물은 잎이 퇴화되어 가시 또는 줄기 모양을 하고 있어 표면적이 작고, 기공이 깊게 들어가 있으며 각피가 발달하여 증산작용을 줄일 수 있고, 저수조직이 발달되어 다량의 수분을 체내에 저장한다. 뿌리는 물이 통하지 않은 수베린(suberin)이 축적되어 수분을 잘 보유할 수 있다.

③ 원형질(세포질)적 내건성(protoplasmic drought tolerance)
  ㉠ 의미 : 건조한 환경에서 체내 함수량이 감소하고, 세포 내 세포질의 함수량이 감소했을 때 또는 건조한 세포가 수분을 흡수했을 때 세포질이 어느 정도 견디어 내는 성질(진정한 의미의 내건성, 탈수저항성)
  ㉡ 특징
    ⓐ 휴면 종자나 수분퍼텐셜이 낮은 생장점 같은 조직은 내건성이 강하다.
    ⓑ 생장이 왕성한 식물체나 기관은 세포질적 내건성이 약해서 함수량이 반감되면 죽는다.
  ㉢ 생리적 삼투조절 기구 : 수분퍼텐셜 감소 → 뿌리 흡수 유도
    ⓐ 수분이 부족하면 세포 크기가 작아지고 세포액 농도가 높아져 삼투퍼텐셜이 감소(삼투압 ↑)한다.
    ⓑ 효소의 활성이 증가하여 당, 유기산, 무기염류의 절대량이 증가하므로 삼투퍼텐셜이 더욱 낮아지고, 토양으로부터 수분을 더 잘 흡수한다.
    ⓒ 세포질에 존재하는 효소는 이온의 농도가 높으면 활성이 급격히 떨어지므로 이온은 주로 액포 안에 존재하고, 세포질에는 proline · glycine betaine · sorbitol과 같이 효소의 작용을 저하시키지 않고도 이들 이온과 균형을 이루는 물질(compatible solutes, compatible osmolytes)이 축적된다.

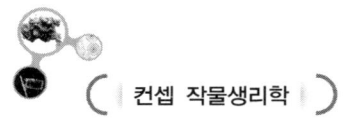

| 보충 | 내건성이 강한 작물의 특성 |

형태적 특성	• 뿌리가 깊고, 지상부보다 근군의 발달이 양호 • 저수능력이 크고, 다육화(succulency)의 경향이 나타남 • 표면적/체적의 비가 작으며, 잎이 작고 왜소함 • 기동세포가 발달하여 탈수되면 잎이 말려서 표면적이 축소됨 • 잎조직이 치밀, 엽맥과 울타리조직(책상조직)이 발달, 표피에는 각피가 잘 발달, 기공이 작거나 적음
세포적 특성	• 탈수될 때 원형질의 응집이 적음 • 수분이 감소해도 세포가 작아서 원형질 변형이 적음 • 원형질막의 수분·요소·글리세린 등에 대한 투과성이 큼 • 세포 중에 원형질이나 저장양분이 차지하는 비율이 높아서 수분보류력이 강함 • 원형질의 점성이 높고, 세포액의 삼투압이 높아서 수분보류력이 강함
물질대사적 특성	• 건조할 때 광합성 감퇴가 낮고, 호흡의 감퇴가 큼 • 건조할 때 단백질·당분의 소실이 늦음 • 건조할 때 증산이 억제되고, 급수할 때 수분을 흡수하는 기능이 큼

2 습해 및 침수해

○ 습해(濕害; excessive water injury) : 비·관수 직후 모든 공극이 물로 채워져 공기가 없어져 뿌리가 썩는 근부현상(根腐現象)과 같은 O_2 부족 장해를 받는 현상

○ 침수해(浸水害; waterlogging stress) : 담수상태에 적응된 벼는 뿌리가 물속에 있어도 통기조직(aerenchyma)을 통하여 잎에서 공급되는 O_2를 이용하여 살아갈 수 있지만 홍수로 인하여 모든 잎이 물속에 잠기면 O_2가 공급되지 않아 죽게 되는 현상

(1) 습해 및 침수해의 기구

① 습해의 기구 : O_2 부족

작물 습해는 수분 과다가 아니라 토양에 O_2가 부족하기 때문이다. 양액재배에서 식물을 수중 재배를 해도 산소만 공급하면 정상 생육이 가능하다. O_2는 물에 잘 녹지 않으며, 물에 녹는 용존산소량은 7~8ppm으로 대기 산소농도(21%)에 비하여 1/30,000 정도이다.

㉠ 호흡기질(에너지원) 고갈 : O_2가 부족하면 뿌리세포는 무기호흡(無氣呼吸)을 하는데, 유기호흡(有氣呼吸)에 비해 에너지 효율이 매우 낮다. 뿌리세포가 대사활동을 위해 필요로 하는 ATP를 얻기 위해 포도당이 과도하게 소모되면 마침내 양분이 고갈되어 에너지를 이용하는 대사작용이 장해를 받는다.

㉡ 체내 저해물질 생성

ⓐ O_2가 없으면 포도당은 해당과정에 의하여 피루브산으로 분해된 후 발효(fermentation)에 의하여 젖산(lactic acid)이 생성되어 세포 내 pH가 내려가며,

ethanol이 축적되어 지질로 구성된 세포막이 용해되어 장해를 받는다.
ⓑ 이것은 뿌리조직의 괴사, 세포벽의 목질화, 양수분의 흡수 저해 등으로 지상부 생육도 억제되고, 경엽은 황백화한다.

ⓒ **토양 내 환원물질 생성** : 산소가 부족하면 토양 내 환원물질이 축적된다. 토양 미생물은 에너지를 얻기 위해 유기물을 분해하며, 이 과정에서 TCA회로의 전자전달계에서 산소를 요구하므로 토중 유리산소(O_2)를 이용하고, 유리산소가 없을 경우에는 NO_3^-, SO_4^{2-}, FeO_2, Fe_2O_3, MnO_2, CO_2 등에 결합된 산소를 이용한다.

ⓐ NO_3^-는 탈질(denitrification)되어 N_2가 되어 공중으로 휘산되면 비료효과가 감소된다.

ⓑ SO_4^{2-}가 환원되어 H_2S가 되면 벼 뿌리가 썩는 근부현상이 일어난다. H_2S는 토양 중 철이 많으면 불용성 황화철(FeS)을 만들어 해가 없지만, 철이 없으면 catalase, cytochrome 등의 철과 결합하여 효소가 기능을 상실하기 때문에 뿌리가 썩는다.

ⓒ FeO_2과 MnO_2은 각각 Fe^{2+}, Mn^{2+}로 변하여 가용성이 증가하여 습할 때 철과 망간의 과잉 해가 문제될 수도 있다.

ⓓ CO_2는 환원되어 CH_4가 되고, CO_2와 CH_4는 함께 온실효과를 유발한다.

참고 산화 / 환원에서 원소의 존재상태

원소	산화 상태	환원 상태
C	CO_2	CH_4, 유기산류
N	NO_3^-	N_2, NH_4
Mn	Mn^{4+}, Mn^{3+}	Mn^{2+}
Fe	Fe^{3+}	Fe^{2+}
S	SO_4^{2-}	H_2S, S
P	H_2PO_4, $AlPO_4$	$Fe(H_2PO_4)_2$, $Ca(H_2PO_4)_2$
Eh	높음	낮음

② 침수해 기구

O_2가 없으면 에너지효율이 낮은 <u>무기호흡</u>을 하여 에너지원의 결핍과 유해물질(<u>에탄올 등</u>)이 생성되어 장해를 받을 수 있다.

㉠ **청고(靑枯)** : 탁한 정체수에 침수되어 수온이 높으면 체내의 탄수화물(당, 전분, 유기산)이 급격히 소모되어 죽는데, 이때 잎은 녹색을 나타낸다.

㉡ **적고(赤枯)** : 맑고 흐르는 물에 잠기면 수온이 높지 않아 탄수화물이 서서히 소모된 후 엽록소에 붙어 있는 단백질도 분해되어 호흡기질로 이용되고 결국 죽게 되는데, 엽록소 색깔이 없어지고 적갈색을 나타낸다.

(2) 내습성 및 내침수성

① **내습성** : 작물이 물리·화학적인 방법으로 과습에 의한 O_2 부족 장해를 극복할 수 있는 능력. 작물·품종에 따라 내습성 정도가 다르다.

㉠ **통기조직의 발달**

작물이 근권에서 O_2가 부족할 때 뿌리가 호흡작용을 할 수 있는 것은 기공이나 지상부 조직에서 뿌리로 O_2를 보낼 수 있는 통기조직(aerenchyma) 발달에 달려 있다.

ⓐ **피층세포 배열** : 세포배열이 사열이고 세포간극이 작은 중생식물보다, 피층세포가 직렬로 배열되고 세포간극이 큰 습생식물이 통기가 높아서 과습조건에 더 잘 적응한다.

ⓑ **벼의 경우** : 산소공급과 관계없이 통기조직이 발달되어 있지만, 산소가 부족하면 피층 세포가 죽어 파생통기조직이 더욱 발달한다.

ⓒ **옥수수의 경우** : 산소가 부족하면 뿌리 선단부에서 ethylene과 그 전구체인 ACC가 생성되어, 에틸렌은 세포를 괴사시켜 통기조직을 발달시킨다.

ⓓ **콩의 경우** : 과습상태에서 제1차 뿌리가 썩으면서 경근부에 통기조직이 발달하여 산소 부족에 적응한다.

㉡ **세포벽의 코르크화 및 목질화**

ⓐ **벼의 경우** : 담수상태로 자라는 벼 뿌리(내습성이 강한 작물)는 표피가 심하게 코르크화(suberization) 또는 목질화(lignification) 되며, 골풀의 경우에 근모까지 목질화된다. 이는 통기조직을 통하여 공급된 산소가 뿌리 밖으로 확산되지 않고 생장점으로 O_2를 공급하는 역할을 한다.

ⓑ **밭작물 경우** : 과습한 곳에서 통기조직은 발달되지만 뿌리 세포가 코르크화나 목질화되지 않으며, 그로인해 지상부에서 내려온 O_2가 뿌리 밖으로 확산되어 나가고, 생장점까지 공급되지 않으므로 뿌리가 습해를 받는다.

㉢ **대사경로의 변화**

ⓐ **담수에 강한 내습성 식물(벼·피 등)** : 유해한 에탄올을 축적하는 대신 무해한 말산을 축적하기 때문에 물속에서도 장해를 받지 않는다.

> 해당과정 → PEP + CO_2 (by PEP carboxylase) → OAA → malic acid 생성

ⓑ **담수에 약한 식물** : 토양산소가 부족하면 뿌리의 무기호흡에서 생긴 알코올 발효에 의한 에탄올 장해를 받는다.

> 해당과정 → PEP → pyruvic acid → acetaldehyde → ethanol

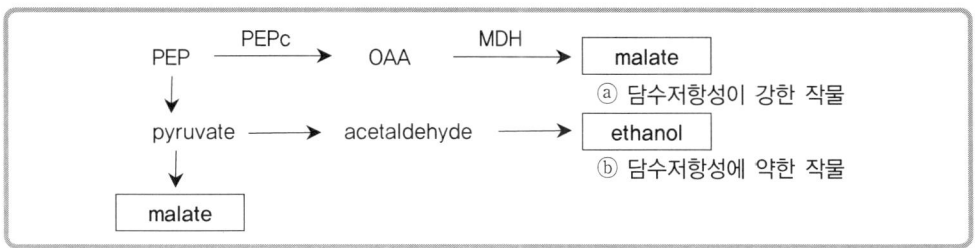

■ 담수저항성에 따른 작물 대사경로

ⓔ 유독물질의 불용화 : 토양이 환원되면 철(Fe^{2+})·망간(Mn^{2+}) 등(산화상태에서는 인산과 결합하여 불용화 됨)이 많이 녹아나온다.
  ⓐ 밭작물(맥류 등)의 경우 : 과습조건에서 Fe·Mn 등의 미량원소를 과잉 흡수하여 장해를 받기 쉽다.
  ⓑ 담수조건에 적응하는 작물(벼 등) : Fe·Mn 등이 흡수되어도 통기조직을 통하여 O_2가 공급되므로 뿌리에서 산화되어 불용태가 되기 때문에 과잉흡수장해가 나타나지 않는다.
ⓜ 발근력의 강화 : 토양 O_2부족으로 뿌리가 피해를 받더라도 새로 발근하여 산소공급이 가능한 뿌리를 가지면 습해를 경감된다. 내습성이 큰 작물은 과습상태에서 지표 부근에 부정근(不定根)이 많이 발생한다.

② 내침수성(耐浸水性; waterlogging tolerance)
벼에서 통일계(Indica)보다 일반계(일본형, Japonica) 품종이 내침수성이 더 크다. 일반계 품종은 통일계 품종보다 키가 더 커서 침수의 해를 회피할 수 있기 때문이다.

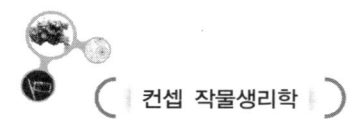

제2절 온도 stress

○ 저온장해(low temperature injury) : 냉해, 동해
○ 고온장해(heat injury) : 열해, 열사(heat killing)

1 저온장해

(1) 냉해(冷害; chilling injury)

조직이 동결되지는 않지만 생육적온보다 온도가 낮을 때 발생하며, 주로 벼·옥수수·강낭콩·토마토·오이·고구마·목화 등 열대나 아열대 원산인 작물을 온대지방에서 봄과 가을에 재배할 때 발생한다. 벼의 경우 생식세포는 온도가 낮은 여름에도 장해를 받을 수 있다.

① 냉해의 기구
  ㉠ 기온이 낮을 경우
    ⓐ **세포막 특성 변화** : 내냉성이 약한 식물의 세포막에는 포화지방산(saturated fatty acid)이 많은데 저온에서 반결정 상태(고체)가 되고, 막의 유동성이 떨어지고, 운반단백질의 기능이 상실된다. 세포막의 무기이온과 기타 용질의 투과가 억제되어 관계되는 대사작용이 장해를 받는다.
    ⓑ **효소활성 저하** : 저온에서 효소의 활성이 떨어지면 광합성·광합성산물의 이행·호흡작용·단백질합성·양수분 흡수 등이 저하되며, 체내에서 일어나는 여러 물질대사가 정상적으로 일어나지 못한다.
  ㉡ 기온이 높고 지온이 낮을 경우
    ⓐ 지온이 낮으면 뿌리의 호흡률이 낮아 무기양분의 흡수가 억제되고, 뿌리에서 시토키닌 생성이 억제되어 생육이 저하된다.
    ⓑ 낮은 지온에서는 물의 점성이 높아 작물의 수분흡수는 잘되지 않지만, 기온이 높아 증산량은 많아지기 때문에, 벼는 수분의 불균형으로 잎이 시들고 고사하는 뜸묘가 발생한다.
    ⓒ 대책 : 잎이 물에 잠기도록 관수하거나 ABA를 처리하여 증산을 감소시킨다.
  ㉢ 냉해 메커니즘
    • 물질의 동화와 전류가 저해
    • 질소동화가 저해되어 암모니아의 축적 증가
    • N·P·K·Si·Mg 등의 양분흡수가 저해
    • 호흡이 감퇴하여 원형질유동(protoplasmic streaming)이 감퇴·정지 → 모든 대사기능이 저해

② 냉해의 종류

지연형 냉해	• 생육 초기~출수기에 걸쳐서 여러 시기에 냉온을 만나서 출수 지연, 등숙 지연 → 등숙기의 저온으로 인하여 등숙불량을 초래하는 냉해 • 벼가 생식생장기에 접어들고서 유수형성을 할 때(특히 출수 30일 전부터 25일 전까지의 약 5일간) 냉온을 만나면 출수가 가장 지연됨 • 분얼 지연 : 벼는 8~10℃ 이하가 되면 잎에 황백색 반점이 생기고, 잎 끝으로부터 위조·고사하며, 분얼이 지연되고 오래 지속됨(10~13℃에서 발아·생육이 개시)
장해형 냉해	• 유수형성기부터 개화기까지(특히 생식세포의 감수분열기)의 냉온으로 벼의 생식기관이 비정상적으로 형성되거나, 화분방출·수분·수정 등에 장해를 일으켜 불임현상이 나타나는 냉해 • 감수분열기에 내냉성이 약한 벼품종은 17~19℃, 내냉성이 강한 품종은 15~17℃의 냉온을 1일이라도 만나면 약강(葯腔)의 외부을 둘러싸고 있는 융단조직(tapete)이 이상비대하고, 화분이 불충실하여 꽃밥(약; anther)이 열리지 않고 미수분되는 불임 발생. 낮 기온이 높으면 밤에 다소 낮아도 냉해가 회피됨. 이 경우 암술은 문제가 전혀 없고 오로지 화분의 이상에 의해서 장해가 일어남 • 불임약에서 proline은 현저히 감소함 • 등숙기에 저온이 오면 임실이 되어도 등숙 불량 → 수량 감소
병해형 냉해	• 저온조건에서 벼는 증산이 감퇴 → 규산 흡수 억제 → 조직의 규질화가 불충분 → 도열병 등 병균침입 용이 • 저온에서는 광합성이 감퇴 → 당분의 생성감소 → 암모니아로부터 단백질 합성이 저해 → 체내 암모니아·아미노산·amide 축적 → 도열병균 번식 용이(저온조건에서는 냉도열병이 문제됨)
혼합형 냉해	혼합형 냉해 = 지연형 냉해 + 장해형 냉해 + 병해형 냉해가 복합적으로 발생, 수량이 급감하는 냉해

③ 내냉성

  ㉠ 유전적 차이

    ⓐ **벼의 내냉성 크기** : 일반계(japonica) 품종 > 통일계 품종 > 인디카 품종

    ⓑ **최저발아온도** : 일반계는 9~10℃이나, 통일계 품종은 약 12℃이다.

    ⓒ 일반계 품종은 통일계 품종보다 저온에서 모의 생육이 빠르고, 적고현상도 없으며, 출수가 지연되는 정도도 크지 않다.

    ⓓ 저온 장해를 받는 최저온도는 감수분열기·개화기·등숙기에 일반계 품종은 각각 17℃·20℃·17℃이나, 통일계 품종은 2℃ 정도 더 높다.

  ㉡ **불포화지방산(unsaturated fatty acid) 함량** : 내냉성이 큰 작물(꽃양배추·순무·완두 등)은 내냉성이 약한 작물(강낭콩·고구마·옥수수)보다 불포화지방산 비율이 높다. 작물을 저온에 두면 경화되는 동안에 불포화지방산의 비율이 증가하여 세포막 유동성을 안정화(최소화×)시켜 내냉성을 증가시킨다.

ⓒ 프롤린 함량 : 벼를 감수분열기에 20℃에서 4일간 처리하였을 때, 꽃밥의 아미노산·당·전분·인산 함량이 감소하였는데, 특히 아미노산 중 프롤린(proline) 함량이 현저하게 감소하였다.

(2) 동해

① 의미
  ㉠ 동해(凍害; freezing injury) : 온도가 낮아 세포 내에 결빙이 생겨 조직이 파괴되어 입는 장해 예 상해, 한해
  ㉡ 상해(霜害; frost injury) : 옥수수 같은 저온에 약한 여름작물 재배 시 봄의 늦서리 또는 가을의 첫서리가 올 때 받는 장해로 0℃가까운 영하 온도에서 받는 장해
  ㉢ 한해(寒害; winter injury) : 가을에 파종하여 월동하는 작물의 경엽, 과수 등 다년생 작물의 눈(bud) 등 월동하는 작물이 받는 장해. 0℃보다 훨씬 낮은 온도에서 피해를 받는다.

② 동해의 기구 : 작물의 동해 기작은 근본적으로 저온 자체의 피해가 아니라, 조직이 동결되거나 녹을 때 받는 세포막의 기계적 장해에 기인한다.
  ㉠ 수분 투과성
    ⓐ 세포 외 결빙(extracellular ice formation) : 조직이 동결될 때 자유수(free water, 수분퍼텐셜 높음)가 있는 세포벽·세포간극에서 먼저 일어난다. 기온이 높아지면 회복되기 때문에 생명에는 지장을 주지 않는다.
    ⓑ 세포 내 결빙(intracellular ice formation) : 영하온도가 계속되면 세포간극의 수분퍼텐셜이 낮아지면서 세포 안의 수분이 이동되어 얼음결정이 점점 커진다. 온도가 급격히 내려가거나 탈수가 잘 안되면 세포 내에서도 결빙이 일어난다.
      ㉮ 내동성이 약한 작물 : 원형질 투과성이 낮아 수분함량이 빨리 감소되지 않아서 세포 내에서도 결빙이 생겨 콜로이드(colloid) 구조에 기계적인 장해를 주며, 심한 탈수로 인하여 원형질 구조가 파괴되어 세포가 죽는다.
      ㉯ 내동성이 강한 작물 : 원형질 투과성이 좋아 수분이 세포벽으로 빨리 이동되므로 세포벽과 세포간극에만 얼음이 형성되며, 원형질은 용질 농도가 높아 수분퍼텐셜이 낮아지고, 어는점이 낮아져 세포질과 액포가 얼지 않는 과냉각(supercooling) 상태가 되어 죽지 않는다.
  ㉡ 동결 속도
    ⓐ 온도가 서서히 빙점 이하로 저하 : 세포벽·세포간극에서 결빙이 일어나고, 원형질 수분이 감소되어 원형질은 장해를 받지 않는다.

ⓑ **급격한 동결** : 원형질이 충분히 탈수되지 않으면 세포 내에 결빙이 생겨 동해를 받는다.
　　ⓒ **아주 급격한 동결** : 원형질이 결빙되어도 결정이 아주 미세하여 세포 내 조직에 기계적 장해를 주지 않아 세포가 죽지 않지만, 자연상태에서는 발생하지 않는다.

> **사례** | -5°C에서 오이의 동결 과정
>
> **1** 초기에는 세포질과 액포가 얼지 않고 온도가 어는점 이하로 떨어지는 과냉각이 된다.
> **2** 세포벽에서 결빙이 시작되면 물은 1g에서 80cal의 잠열(latent heat)을 발산하기 때문에 온도가 올라가고, 세포벽의 물이 모두 결빙될 때까지 온도가 유지되어 세포 내 결빙을 방지한다.
> **3** 오이가 계속 저온에 놓이면 동결되지 않은 원형질에서 동결된 세포벽 쪽으로 수증기가 이동하고, 세포벽 내에 얼음을 형성하면 원형질은 수분퍼텐셜이 낮아져서 어는점이 1~2°C 강하한다.
> **4** 저온이 더욱 계속되면 세포의 원형질이 동결되고 조금씩 열을 방출하는데, 이때 세포가 죽게 된다.

　ⓒ **해동 속도**
　　ⓐ **동결된 세포가 서서히 해동** : 수분이 세포 안으로 들어가 원형질과 세포막이 같이 팽창되면 장해를 받지 않는다.
　　ⓑ **급격한 해동** : 원형질보다 세포막이 먼저 녹아 팽창되면 기계적인 인력을 받아 죽는다.

③ **내동성(freezing tolerance)**
　㉠ **작물체의 함수량**
　　ⓐ 식물체의 함수량이 적으면 세포 내 자유수가 적어 세포 내 결빙이 일어나지 않는다. 건조종자·균 포자는 절대영도(0K=−273°C)에서 장기간 저장해도 해를 받지 않으며, 구근류도 내동성이 강하다.
　　ⓑ 종자 수분함량이 높거나, 수목의 가지·눈도 봄이 되어 함수량이 많아지면 저온의 피해를 받기 쉽다.
　㉡ **당함량** : 체내 당 함량이 높으면 세포의 수분퍼텐셜을 감소(증가×)시키므로 세포가 동결될 때 탈수가 적어 원형질을 보호하므로 내동성이 증가한다.
　㉢ **친수성 콜로이드 함량** : 친수성 콜로이드에 들어 있는 수분은 얼지 않으므로 친수성 콜로이드 함량이 많을수록 내동성이 증가한다. 저온시 내동성이 증가할 때 당분·친수성 콜로이드가 증가한다.
　㉣ **원형질의 특성** : 원형질 투과성이 클수록 내동성이 증가한다. 세포 외 결빙시 세포 외로 탈수되기 쉬워 세포 내 결빙이 어렵고, 세포가 해동할 때에는 세포 안으로 수분이 빨리 흡수되므로 기계적 저항을 적게 받기 때문이다.

ⓜ 단백질의 특성 : 내동성이 강한 작물은 단백질 분자에 −SH(sulfohydryl)기가 많고, 약한 작물에는 −S−S−(disulfide)기가 더 많다.
ⓗ 경화(hardening) : 식물을 4℃의 저온에서 수일간 처리하여 순화·경화시키면 과냉각되어 빙점보다 낮은 온도에서도 결빙되지 않는다. 저온에서 당이나 단백질이 축적되어 탈수피해를 막으면서 세포막을 안정화시킨다. 저온에서 내동성과 관계 깊은 부동단백질(antifreeze protein)이 생성되는데, 부동단백질은 얼음결정의 표면에서 자신의 친수성 아미노산과 얼음결정의 물분자와 수소결합을 하여 얼음이 커지는 것을 방해한다.
  * 연화(dehardening) : 봄의 고온으로 식물체의 내동성이 급격히 저하되는 현상
ⓢ ABA처리 : ABA를 처리하면 내동성이 증가한다.

2 고온장해

(1) 의미

① 열해(熱害; heat injury)
  ㉠ 온도가 생육적온보다 높을 때 생육이 억제되는 현상
  ㉡ 생육온도가 낮은 북방형 목초·호냉성 채소는 여름 고온으로 생육이 억제된다. 호박·오이 같은 호온성 작물이라도 온실 내에서 환기가 되지 않으면 고온 피해를 받는다.
  ㉢ 대부분 식물은 45℃ 이상에서 생육할 수 없지만, 건조한 종자는 120℃, 꽃가루는 70℃에서도 견디며, 선인장 같은 CAM식물은 낮에 수분을 보존하기 위하여 기공을 닫으므로 증산작용에 의한 냉각효과가 없어 잎 온도가 기온보다 높으며 60~65℃에서도 견딜 수 있다.
② 열사(熱死; heat killing) : 온도가 생육한계온도보다 더 높으면 결국 작물이 죽게 되는 피해

(2) 고온장해 기구

① 세포막의 특성 변화 : 저온과는 반대로 고온에서는 세포막 지질의 유동성(fluidity)이 증대 → 세포막의 조성과 구조가 변하여 무기이온을 유출하고 엽록체의 ATP 생성이 억제되는 등 생리적 기능이 낮아진다.
② 효소의 활성 저하 : 세포막의 파괴는 단백질의 변성으로 막에 존재하는 광합성과 호흡에 관련된 효소의 활성이 억제되고, 양분흡수·단백질 대사 등 다른 대사작용을 교란하여 생육이 억제된다.

③ 양분 소모 : 생육적온까지는 광합성·호흡이 모두 증가하지만 광합성 증가율이 더 높다. 생육적온보다 온도가 더 높아지면 광합성·호흡이 모두 감소하는데 호흡보다 광합성이 더 빨리 억제되므로, 고온에서는 당이 축적되지 않아 과실·채소는 단맛이 없어지고, 생육이 억제되며, 양분이 고갈되어 죽게 된다. 이는 고온에서 호흡·광호흡이 증가되는 C3 식물이 C4 식물보다 현저하다.

④ 독성물질의 생성 : 고온에서 물질이 분해될 때 생성된 암모니아(NH_3)에 의하여 장해를 받을 수 있다. 그러나 암모니아가 호흡에서 생성된 유기산과 결합하여 아미노산이나 아마이드(Gln, Asn)를 형성하면 해독된다.

⑤ 증산 과다 : 온도가 높으면 상대습도가 낮아져서 증산과 증발이 모두 많아지므로 토양 수분이 부족하여 한발 피해를 받게 된다.

⑥ 열사의 경우 : 세포막 지질이 액화하고, 단백질이 응고하여 효소의 기능이 상실되며, 전분이 열에 응고하여 엽록체 기능을 상실하여 죽는다.

(3) 내열성

① 잎의 적응
  ㉠ 엽온(葉溫)은 광에 의하여 증가하는데, 잎이 아래로 처지거나 말아서 수광 면적을 줄이면 엽온을 낮추어 고온장해를 피할 수 있다.
  ㉡ 작은 잎은 바람에 흔들려 엽온을 내리는데 유리하고, 잎에 흰털이 많거나 왁스층(납층)이 발달하면 빛을 반사하여 고온장해를 줄일 수 있다.

② 포화지방산의 함량
  지방은 온도가 높으면 유동성이 커지고, 온도가 낮으면 굳어지는 특성이 있다.
  ㉠ 내냉성이 큰 작물은 저온에서도 잘 굳어지지 않는 불포화지방산의 비율이 높아야 한다.
  ㉡ 내열성 작물은 고온에서는 세포막 유동성이 큰 것이 문제되므로 포화지방산 비율이 높아 세포막 안정성이 크다.

③ 단백질 결합 유형
  ㉠ 세포가 고온을 받거나 탈수되면 단백질 변성이 일어나 불활성이 되지만 응고(aggregation) 되지 않으면 다시 그 기능이 회복된다. 단백질결합 중 -SH(sulfohydryl)기는 단백질 분자가 자유롭게 움직일 수 있어서 단백질 활성을 유지하지만, 열에 의하여 응고되거나 탈수되어 -S-S-(disulfide)기로 변하면 단백질 기능을 상실한다.
  ㉡ 작물이나 품종 중에도 내건성·내동성·내열성이 강한 것은 단백질 분자에 -SH기가 많고, 약한 것은 -S-S-기가 더 많다.

④ 열충격단백질(heat shock protein)의 합성
  ㉠ 온도를 급격히 상승시켜 40~50℃의 열충격(heat shock)을 주면 곤충·식물·미생물에서 새로운 열충격단백질이 형성되는데, 식물에서도 이 단백질이 생성되면 내열성이 증가한다.
  ㉡ 열충격단백질은 핵이나 엽록체에 분포하며, 세포막의 포화지방산의 생성이나 단백질의 안정성을 높여주는 것으로 보인다.
  ㉢ 수분부족, ABA처리, 상처, 염류장해 때에도 발생하여 식물이 한 가지 스트레스를 받으면 다른 스트레스에도 저항할 수 있는 능력이 생긴다.

제3절 기타 Stress 요인

1 염해

(1) 염해(salt stress)

① 의미
  ㉠ Na, Mg, Ca 등의 염류로 인한 피해. 식물에 따라 필요로 하는 염(무기이온)의 종류·양이 다르다. 토양 염류 농도를 결정하는 중요한 무기원소는 Na이다.
  ㉡ 염생식물 : 고농도의 염에서도 자랄 수 있는 식물
   예 목화, 사탕무, 보리, 밀, 토마토 등
  ㉢ 비염생식물 : 염농도에 민감한 식물
   예 벼, 콩, 옥수수 등 농업적으로 중요한 대부분의 식물

② 염해 발생지
  ㉠ 해안 염습지 : 조수 범람으로 해안가 저지대는 염 축적으로 염해가 발생할 수 있다.
  ㉡ 간척지 경우 : 염이 제거되지 않은 상태에서 작물을 재배시 염해가 발생할 수 있다. Na에 의해 포화된 토양은 입자 간 집합도가 떨어져 토양입단이 형성되지 않는다.
  ㉢ 내륙 사막지대 : 물의 증발량이 강수량보다 많기 때문에 염류의 집적이 심각하다.
  ㉣ 비닐온실(시설토양) : 채소류를 장기간 재배할 경우 무기질·유기질 비료의 과용, 지속적 수분증발로 토양염류가 집적되기도 한다.

(2) 염해의 기구

① 염해의 유형
  ㉠ 수분퍼텐셜 저하 : 토양수분의 수분퍼텐셜이 낮아서 한해(drought stress)와 같은 장해를 받게 된다. 고농도의 염으로 인하여 토양 수분퍼텐셜은 더욱 낮아져 뿌리가 토양에서 수분을 흡수할 수 없고 오히려 뿌리조직의 수분이 밖으로 유출되어 원형질분리현상이 일어나기도 한다.
  ㉡ 이온독성 : Na^+와 같은 염의 축적 자체가 식물에 유해한 이온독성(ion toxicity)을 나타낸다. 작물은 삼투조절을 통해 한발스트레스와 염을 배제함으로써 이온독성을 해소해야 한다.

② 염생식물(halophyte)
  ㉠ 염조절자(salt regulator) : 주위의 염분을 뿌리에서 능동적으로 배출하여 흡수하지 않거나, 일단 <u>흡수된 염이 염선(salt gland)</u>을 통하여 체외로 다량 방출됨으로써 체내에 염이 축적되는 것을 방지하여 염해를 극복한다. 이들은 염이 체내로 들어오는 것을 원천적으로 봉쇄하거나 염을 체외로 다량 방출함으로써 체내의 염농

도를 어느 수준으로 유지한다.
　ⓒ **염축적자(salt accumulator)** : 토양의 낮은 수분퍼텐셜 조건에서 세포의 수분이 밖으로 유출되지 않고 팽압을 유지하기 위하여 오히려 높은 이온흡수율을 보인다 (삼투압을 높임). 높은 농도의 염을 함유하는 세포질에는 Na^+와 Cl^-의 농도를 낮게 유지하고 여분의 이온을 축적함으로써 보다 많은 수분을 체내에 유지한다.
③ 고농도 염조건에 적응하는 기작
　㉠ 회피 : 식물 생장이 활발하게 이루어지는 시기는 고농도 무기이온이 집적되는 시기를 피한다. 염류농도가 낮아지는 우기에 생장을 한다.
　㉡ 배제 : 식물뿌리는 선택적으로 무기이온을 흡수하여 독성을 나타낼 무기이온 흡수를 차단시킨다. 무기이온의 선택적 흡수는 한계가 있기 때문에 토양 염농도가 높지 않을 때 가능하다.
　㉢ 개선 : 일단 무기이온이 체내로 흡수되면 세포 내외 또는 특정조직(액포 등)에 축적시켜서 염 stress를 최소화 시킨다. K·Ca·Mg 등은 식물 전체에 고르게 분포하지만, Cu·Zn·Mn·Al·Cd 등은 뿌리에 집적한다. 분비샘을 통해 능동적으로 배출하거나 오래된 조직(노엽)에 축적시켰다가 탈리시킴으로써 체내 축적을 방지할 수 있다. 흡수된 무기이온을 다른 화합물에 결합시킴으로써 농도를 줄이거나 독성을 나타낼 수 없는 형태로 바꾼다.
　㉣ 내성 : 염에 대한 내성을 가진 식물은 고농도의 무기이온이 축적되어도 대사작용이 정상적으로 이루어진다. 식물체가 특징적인 구조나 단백질을 가지고 있다.
④ 삼투조절(osmotic adjustment) 물질 : 내염성 물질
　㉠ proline : 내염성 식물은 다량의 프롤린을 함유하는데 삼투적 적응에 중요한 역할을 한다. 원형질 내 삼투퍼텐셜을 낮추면서 효소 활성에는 영향을 주지 않는 물질이다.
　　　＊ 프롤린이 증가하면 내건성, 내냉성, 내염성이 증가함
　㉡ 염스트레스 조건에서 생성되는 물질 : proline, glycine betaine, sorbitol, 만니톨, 글리세롤, 아스파트산, 글루탐산 등

2　광스트레스

(1) 광의 역할

① 모든 생물이 살아가는 데 필요한 에너지의 근원 : 식물은 광합성을 통해 광에너지를 화학에너지로 변환시킨다.
② 광발아종자가 발아할 때, 식물의 개화를 유도할 때, 황백화(etiolated)된 식물에 존재하는 protochlorophyllide가 엽록소 전구체인 chlorophyllide로 변할 때도 광이 필요하다.

(2) 광이 작물 생육에 주는 스트레스
  ① 광질(light quality)
    ㉠ 파장이 400~700nm인 가시광선은 광합성에 필요하고, 자외선(ultra violet, UV)과 같은 파장이 짧은 광은 생육을 억제하며, 적외선(파장이 긴 열선)은 기온을 상승시켜 작물의 생장에 영향을 끼친다.
    ㉡ 그늘에서는 파장이 긴 반사광만이 비치고, 온실도 유리를 통과하는 동안 단파장이 장파장으로 변하므로 식물 생장을 억제하는 자외선이 부족하여 식물이 도장한다.
  ② 광도(light intensity) : 광도가 낮거나 너무 높아도 스트레스를 받아 작물이 정상적으로 생육하지 못한다. 광도가 낮으면 광합성이 떨어져 생육이 잘되지 않으며, 식물의 군락 속에 있는 잎은 충분한 광을 받지 못한다.

(3) 솔라리제이션(solarization)
  ① 의미 : 그늘에서 자란 식물을 강광에 노출시키면 잎이 타서 죽는 현상
  ② 발생원인 : 엽록소의 광산화(photooxidation) 때문
  ③ 광산화 기구
    ㉠ 광합성을 할 때에는 엽록체 내에서 산소와 전자가 모두 발생되는데, 이것이 서로 반응하여 활성산소인 superoxide(O_2^-)가 되며 ($O_2 + e^- \rightarrow O_2^-$), 산화력이 강한 O_2^-가 엽록소와 결합하여 복합체를 형성하면 그 기능을 잃게 된다.
    ㉡ 강광에 적응하는 식물은 카로티노이드(carotenoid)가 산화하면서 산화된 엽록체를 본래의 안정된 엽록체로 환원시키므로 그 기능을 회복할 수 있다.
    ㉢ 벼를 육묘할 때 (약광에서 녹화시키지 않고) 바로 직사광선에 노출시키면 엽록소가 파괴되어 백화묘(白化苗)로 되어 장해를 받는다. 이는 저온에서는 카로티노이드 생성이 억제되어 강광의 엽록소 산화를 방지하는 기능이 약하므로 엽록소가 엽록체에 안정되기 전에 광산화를 받기 때문이다.
    ㉣ 약광에서 서서히 녹화시키거나, 강광일지라도 온도가 높으면 카로티노이드가 엽록소를 보호하여 피해를 받지 않는다.
    ㉤ 엽록소가 일단 형성된 후에는 온도가 높을 때보다 저온에서 엽록소가 더 안정된다.

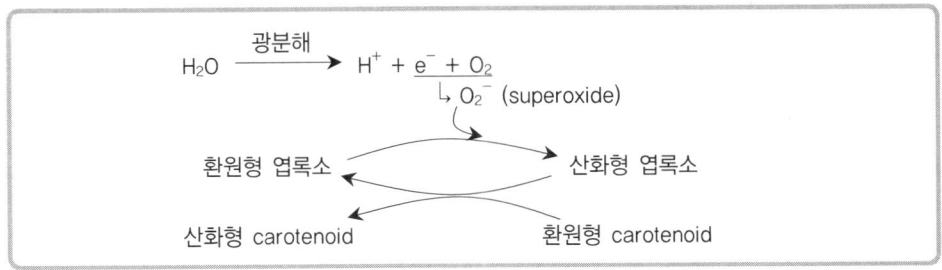

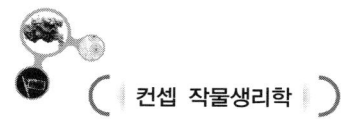

3 풍해

(1) **바람**

① 의미 : 기온차이로 기압이 달라지며, 기압이 높은 곳에서 낮은 곳으로 공기가 움직이는 현상

② 장점
   ㉠ 바람은 잎 주위의 습기를 제거하여 증산을 촉진, 무기양분 흡수·이동을 촉진한다.
   ㉡ 잎이 흔들리므로 광·CO_2를 군락 내부로 잘 투과시켜 광합성을 좋게 한다.
   ㉢ 풍매화의 수분을 돕고, 과도한 기온과 지온을 낮추어 주며, 봄·가을에는 서리피해를 줄여 주고, 수확물과 과습한 토양을 건조시킨다.

③ 연풍(軟風) : 풍속이 4~6km/h(1m/s) 이하인 바람으로, 병균·잡초종자를 전파하며, 건조할 때 이를 더욱 조장한다.

④ 강풍 : 특히 비를 동반할 때 작물 도복을 유발하고, 과수는 가지가 부러지고 낙과되는 물리적 장해가 크다.

⑤ 냉풍(冷風) : 냉해를 유발한다.

(2) **생리적 기구**

① 탈수
   ㉠ 푄현상 : 습하고 따뜻한 바람이 산을 넘을 때에는 위로 올라갈수록 기온이 낮아져 수증기가 응결되어 비를 내리게 하지만, 산을 넘으면 바람은 아래로 내려올수록 기온이 높아져 더욱 건조한 바람이 된다.
   ㉡ 벼의 출수 직후에는 영화의 각피층이 발달되지 않아 건조한 강풍이 불면(습도가 높을수록 ×) 기공이 닫히더라도 탈수가 많으므로 수분스트레스를 받아 수정이 안 되고 백수(白穗)현상이 나타난다.

② 기공폐쇄와 광합성 저하 : 풍속이 빠르면 기공의 공변세포가 탈수되는 속도가 더 빨라 팽압을 잃고 기공이 닫힌다. 이산화탄소가 잎 안으로 들어오지 못하므로 광합성이 저하된다.

③ 호흡 증가 : 강풍에 의한 상처를 통하여 병균의 침입을 받고, 세포막 파괴로 호흡기질과 효소들이 접촉하므로 호흡률이 높아지고 기질 소모가 커지는 상해호흡(wound respiration)이 일어난다.

(3) **내풍성 재배대책**

도복저항성이 강한 작물이나 품종의 재배, 출수기 조절, 방풍림이나 방풍망 설치, 착과조절, 낙과방지제 살포 등

4 산도 스트레스

(1) 의의
① 토양산도(pH)는 미생물 활동과 무기이온 용해도를 결정하는 중요한 요인이다. 적정산도 범위를 벗어나면 식물마다 다양한 스트레스를 받게 된다.
② 특히 토양 pH는 특정 무기이온의 결핍·과잉흡수, H^+ 자체의 독성으로 스트레스를 유발한다.
③ 일반적으로 토양 pH 9 이상이거나 3 이하인 경우에 나타난다.

(2) 스트레스 특성
① 산성토양에서 Ca이 적으면 H^+의 독성이 커진다.
② 알카리성토양에서는 Fe, Cu, Zn, Mn 등이 수산화물로 침전되어 흡수가 억제된다.
③ P의 경우는 pH 5.5~6.5에서 흡수가 가장 잘 된다.
   ㉠ pH가 6.5 이상 높으면 P의 양은 증가하지만 불용성 인산칼슘으로 되어 흡수율은 떨어진다.
   ㉡ pH가 5.5 이하로 낮으면 Al 농도가 높아져 불용성 인산알루미늄이 되어 흡수율이 떨어진다.
   ㉢ pH 4.7 이하는 가용성 Al 농도가 높아져 생장을 억제하고, 가용성 P을 감소시키고, Fe의 흡수를 방해한다.

제4절 환경오염

1 대기오염

(1) 대기오염(air contamination, air pollution)

① 의미 : 사람·동식물의 정상적인 생장에 직·간접적으로 장해를 주는 대기 상태 화석연료를 사용함에 따라 연료 중 C와 S이 산화되어 발생하는 CO_2와 SO_2, 공기 중 질소(N_2)가 내연기관 등 고온에서 산화되어 발생하는 N_2O, 그리고 $Cl_2 \cdot F_2 \cdot O_3$ 등 대기오염물질 함량이 증가하여 그 피해가 우려된다.

② 온실효과(greenhouse effect) : CO_2 증가는 광합성을 증가시켜 작물생산성이 향상될 수 있는 이점이 있는 반면, 수증기(H_2O), N_2O, CH_4 등과 함께 적외선을 흡수하므로 지구에서 대기 중으로 방출되는 에너지를 차단하여 기온상승, 해수면 상승, 생태계 변화에 영향을 준다.

③ 대기오염원 : 공장·발전소·수송기관·난방기·쓰레기소각장 등

(2) 대기오염물질(air contaminants, air pollutants)

① 일반적 분류

구분		오염물질
Eh	산화 장해물질	오존(O_3)·PAN·이산화질소(NO_2)·염소
Eh	환원 장해물질	아황산가스(SO_2)·일산화탄소(CO)·황화수소·알데하이드류
pH	산성 장해물질	불화수소(HF)·염화수소(HCl)·산화황·시안화수소(HCN)
pH	알칼리성 장해물질	암모니아
형태	유기계 가스	에틸렌·아세틸렌·프로필렌·부틸렌
형태	초체 입자상 물질	분진·부유미립자

② 독성의 정도에 따른 분류

A급	독성이 강함. 수ppb~수ppm의 대기 중 농도에서 장해를 유발 예 불화계 가스(불화수소), 염소, 오존(O_3), 에틸렌, PAN(peroxyacetyl nitrate)
B급	독성이 중간. 수~수십 ppb의 대기 중 농도에서 장해를 유발 예 황산화물(아황산가스·3산화황 등), 질소산화물(이산화질소·일산화질소(NO)·아산화질소(N_2O) 등)
C급	독성이 약함. 수십~수천 ppm에서 장해를 유발 예 염화수소·암모니아·일산화탄소·황화수소·시안화수소 등

(3) 대기오염물질 흡수 : 주로 잎, 기공

① 기공 : 가스나 μm단위 이하인 연무(mist, fume) 형태로 주로 기공을 통하기 때문에 기공이 열려 있는 낮에 장해가 크게 발생한다.
② 수공 : 볏과식물에서 잎 가장자리(엽연)에 있는 수공을 통해서 흡수되기도 한다.
③ 식물 표면 : 입자가 큰 연무·분진은 식물 표면에 부착되어 장해를 일으킨다.

(4) 작물피해

① 작물피해 유형

가시장해 (visible injury)	급성형 (acute type)	• 고농도(ppm 이상)의 오염물질이 특수한 기상조건에서 식물에 장해를 입히는 것 • 황화(chlorosis) 또는 괴사(necrosis) 현상이 나타나며, 회복되어도 수량이 크게 감소됨
	만성형 (chronic type)	• 비교적 고농도 ppm~수십ppb 농도의 오염물질이 식물에 접촉되어 생육을 저해하며 가벼운 장해를 나타내는 것 • 주로 도시 근교의 대기오염 피해
	복합형 (mixed type)	급성형 + 만성형
비가시장해 (invisible injury)		• 다년생 목본식물에서 다년간에 걸쳐 생육장해가 나타나는 경우 • ppb 단위의 저농도에서 육안으로 관찰되지 않지만 체내 생리 장해로 생육이 부진해지는 경우

② 작물피해 증상

㉠ 주로 잎에서 관찰되며, 한계치를 넘으면 약간의 가시장해가 나타나고, 2~3일 지나면 피해증상이 명확해진다.
㉡ 한계치(threshold value) : 작물 생육장해와 오염물질의 관계는 비선형함수(선형함수 ×) 관계로서, 어느 특정 농도나 폭로시간(=접촉량, 피폭계수)이 초과할 경우 피해를 급격히 증가하는 한계수준(threshold level)이다.
㉢ 대기오염물질이 작물생육에 미치는 영향

오염물질	피해엽	피해조직	피해한계			잎의 피해 증상
			ppm	$\mu g/m$	노출시간	
SO_2	성숙한 잎	엽육조직	0.30	785	8시간	엽맥 간 갈색점, 표면 작은 반점
NO_2	성숙한 잎	엽육조직	2.50	4700	4시간	엽맥 간 갈색점, 표면 작은 반점
O_3	늙은 잎	해면조직	0.03	59	4시간	엽맥 간 갈색점, 표면 작은 반점
PAN	어린잎	해면조직	0.01	50	6시간	엽맥 간 갈색점, 이면 광택화

③ 피해발생 요인
  ㉠ 오염물질의 종류와 농도 : 피폭 정도, 즉 피폭 시간과 횟수, 피폭 시 작물의 생육단계 등에 따라서도 피해가 다르다.
  ㉡ 작물 생육기 : 작물의 영양생장기보다는 생식생장기에, 과수의 개화기에, 벼의 활착기나 유수형성기에, 작물이 상처를 입었을 때, 피해가 커진다.
  ㉢ 질소 시비 : 과다 사용으로 작물이 과번무 하거나 웃자라서 연약할 경우 대기오염에 의한 장해가 크게 발생한다.
  ㉣ 석회·규산질 시비 : 특정 오염물질에 의한 피해를 경감시킬 수도 있다.
  ㉤ 지형 : 분지와 같이 대기가 정체되기 쉬운 곳에서 피해가 발생하기 쉽다.
  ㉥ 계절과 기상 : 가을·겨울보다 봄·여름에, 하루 중 야간보다 주간에, 이른 아침이나 초저녁 바람이 없고 습도가 높을 때, 피해가 조장된다.

(5) 대기오염물질 피해
  ① 이산화황(SO_2)
    ㉠ 흡수 : SO_2는 CO_2와 같이 기공을 통하여 흡수되는데, 세포 내에서 SO_2가 물에 녹으면 아황산(HSO_3), 황산(H_2SO_4), 황산염 등을 만든다.
    ㉡ 피해
      ⓐ 식물은 기공을 폐쇄하여 SO_2를 흡수를 차단하지만 CO_2 흡수도 억제되어 광합성이 감소한다.
      ⓑ <u>아황산과 황산이 발생하면 H^+에 의하여 엽록소 분자의 Mg^{2+}를 추출하므로 잎이 황화되고, 광합성이 저하된다.</u>
      ⓒ 황산염 자체는 유해하지 않지만 축적되면 칼슘 이용을 저해하고, 체내 양분 균형을 파괴한다. 황산염 농도가 높지 않을 때는 유해작용 없이 대사작용에 이용되므로 시비효과가 나타난다.
  ② 이산화질소(NO_2)
    ㉠ 흡수 : NO_2는 기공을 통해 흡수된다.
    ㉡ 피해 : NO_2는 물에 녹으면 NO_3가 되어 대사작용에 이용되므로 소량인 경우에는 질소비료 효과가 있지만, 대량으로 흡수되면 세포 내 pH를 낮추어 장해가 발생한다.
  ③ 오존(O_3)
    ㉠ 형성
      ⓐ 대기 : O_3은 고도 30km 부근의 오존층에서 자외선에 의하여 산소분자가 해리되어 생성된 산소원자($O_2 + h\nu \rightarrow 2O$)가 다른 산소분자($O_2$)와 결합하여 생긴다. O_3은 생물에 피해를 주는 짧은 파장의 자외선을 흡수하여 생물을 보호하는 기능을 하며, 오존층이 파괴되면 자외선이 많이 투과하여 작물피해가 우려된다.

ⓑ **지상** : 내연기관에서 연소할 때 공기 중 질소(N_2)와 산소(O_2)가 반응하여 NO_2가 되고, NO_2가 광에너지를 받아 O_2와 결합할 때 오존(O_3)이 발생한다.

$$NO_2 \xrightarrow{hv\,(광)} NO + O$$
$$O + O_2 \xrightarrow{m\,(불활성\ 분자)} O_3$$
$$NO_2 + O_2 \xrightarrow{hv\,(광)} NO + O_3$$

ⓒ 오존 기구
 ⓐ 오존은 쉽게 분해되지 않고 반응력이 강하므로 독성 활성산소(reactive oxygen, ROS)인 peroxide(O_2^{2-}), superoxide(O^{2-}), singlet oxygen($^1O_2$), 수산기(hydroxyl radical, ·OH)로 변한다.
 ⓑ 활성산소는 세포막에 결합하여 세포막 지질을 파괴하거나 단백질의 -SH기를 산화하므로 대사작용을 교란시킨다.
 ⓒ 작물의 기공 개폐가 조절되지 않고, 엽록체 틸라코이드막이나 효소가 영향을 받아 광합성이 저해된다. 작물체 내에서는 글루타티온(glutathione)이 이들과 결합하여 장해를 회피하기도 한다.

ⓒ **오존에 대한 장해(민감도)** : 목화 > 땅콩 > 콩 > 겨울밀 > 옥수수 > 수수
(오존에 대한 내성 : 겨울밀 < 옥수수 < 수수)

④ **산성비(acid rain)**
 ⊙ **의미** : 오염되지 않은 비(H_2O)는 대기 중의 CO_2가 녹아 H_2CO_3가 되므로 pH 5.6을 유지되지만, 대기오염물질인 SO_2, NO_2, Cl_2, F_2 등이 빗물(H_2O)에 녹으면 pH가 5.6보다 낮아지는 현상
 ⓒ **이점** : 황산(H_2SO_4) : 질산(HNO_3) = 2 : 1의 비로 섞여서 해를 받지 않는 범위에서는 작물에 질소와 황을 공급한다.
 ⓒ **피해**
  ⓐ pH, 작물, 노출횟수, 기상환경 등에 따라 다른데, 대체로 산성비 피해는 pH 3.0 이하에서 발생한다.
  ⓑ 잎에 대한 피해는 SO_2, NO_2의 피해와 비슷하지만 토양도 산성화시킨다는 것이다. 토양의 양이온치환용량이 낮아져 토양 비옥도가 저하되므로 작물 생육에 불리하다.
  ⓒ 산성비는 잎 표면의 왁스·Ca·K·Mg 등 무기염류를 잎에서 유실시키고, 표피세포와 엽육세포의 생리적 교란을 일으키며, 엽록소함량·생육·수량을 감소시킨다. 피해가 더욱 심하면 잎에 갈색·황색·흰색의 괴사 반점이 발생한다.

ⓓ 경운하지 않은 산림토양에서는 토양이 산성화하고, 심할 경우 Al^{3+}가 용탈되어 하천으로 내려가면 어류가 죽는다.
ⓒ 산성비에 대한 저항성 : 쌍떡잎 초본식물 < 쌍떡잎 목본식물 < 외떡잎식물 < 침엽수
ⓔ 대책 : 매년 경운을 하고, 필요할 경우 석회(Ca)를 사용하여 토양을 중화시킴으로써 작물의 산성비 피해를 경감할 수 있음

2 토양오염

(1) 토양오염원
① 대기·수질을 오염하는 물질, 고형폐기물이 토양에 퇴적하여 토양을 오염시킨다. 고형폐기물에는 산업폐기물, 건축 폐자재, 생활폐기물, 음식물 찌꺼기 등이 있다.
② 농약과 화학비료 사용, 농업자재(농업용 비닐 등)가 토양을 오염시킨다.
③ 카드뮴(Cd), 비소(As), 구리(Cu), 아연(Zn) 등 중금속이 큰 비중을 차지하고 있다. 폐광이나 제련소 주변 농경지에서는 여러 가지 중금속이 발견된다.

(2) 중금속 오염
① 카드뮴(Cd)
  ㉠ 주로 제련과정에서 배출되어 대기와 하천을 경유하여 경지로 유입된다. 일반토양에서 카드뮴 함량은 3ppm 이하이며, 이보다 높으면 오염된 토양으로 본다.
  ㉡ 토양이 산성화되면 카드뮴 흡수가 촉진된다.
  ㉢ 벼의 Cd 함량은 뿌리가 가장 크고, 다음으로 줄기, 잎, 왕겨, 쌀의 순서로 작아진다.
② 비소(As) : 일반토양에 2~10ppm 정도 함유되어 있으며, 토양 중에 비소가 10ppm 이상 함유되어 있으면 수량이 떨어진다.
③ 구리(Cu) : 토양 중 구리함량이 150ppm 이상되면 생육장해를 나타내며, 심하면 고사한다. 구리는 산성토양에서 용해가 잘되고, 알칼리성 토양에서는 용해가 잘 안 된다.
④ 아연(Zn) : 함량은 200ppm 이상이면 오염되었다고 보며, 밀 200ppm 이상, 벼 400ppm 이상, 채소류 400~600ppm에서 피해가 나타난다.

(3) 중금속 대책
① 중금속을 불용화하여 흡수 억제
  ㉠ 중금속화합물의 불용화는 유화물 > 수산화물 > 인산염의 순으로 잘 이루어진다.
       ↳ 황화물   ↳ 수산기(-OH)를 가진 화합물

⓵ 중금속 불용화는 Fe·Mn·As는 산화적으로, Cd·Cu·Zn은 환원적으로 이루어진다.
⓶ 밭토양에서는 산화적 불용화가 일어나고, 논토양은 담수상태이기 때문에 환원적 불용화가 일어나며, 유화수소(H_2S)가 발생하여 유화물이 되어 불용화된다.
② 객토 : 중금속은 토양 중 이동성이 작고, 침투수를 따라 쉽게 용탈되지 않기 때문에 오염된 토양은 제거하고 새 흙으로 객토해야 함
③ 중금속을 많이 흡수하는 양치식물을 심어서 제거
④ pH를 교정하고 P을 시용하면 Cd의 활성을 낮추어 작물흡수를 억제

> **참고** 중금속 피해대책
> - 작물이 중금속을 흡수할 수 없도록 불용화상태로 만듦
> - 중금속류 다량흡수 식물재배(고사리와 같은 축적식물)
> - 담수재배 및 환원물질 시용(토양 Eh저하, 황화물화)
> - 석회질 비료의 시용(pH 상승 및 수산화물화)
> - 인산질 시용(인산화로 불용화)
> - 제올라이트(zeolite)·벤토나이트(bentonite) 등의 점토광물 시용(흡착에 의한 불용화)

3 수질오염

(1) 수질오염

① 수질오염원 : 도시 생활하수, 공장폐수, 가축분뇨, 광산폐수, 비료·농약, 실험실 폐수
② 물의 자정작용
유기물은 수생 미생물이나 어패류의 영양분으로 이용되며, 용존산소(dissolved oxygen)가 충분하면 호기성 미생물의 활동으로 CO_2와 H_2O로 분해된다.
③ 부영양화(富營養化; eutrophication)
다량의 유기물이나 무기염류가 유입되면 식물성 플랑크톤이나 조류와 같은 수생생물이 급속히 증가하고 용존산소량이 부족하게 된다. 혐기성 미생물이 증식되어 H_2S나 NH_3를 방출하여 호수와 하천은 자정능력을 완전히 상실하게 된다. → 녹조현상

(2) 수질오염 척도

pH, BOD, COD, SS, 페놀류, 각종 중금속 함량 등
① 생물학적 산소요구량 : BOD(biological oxygen demand) : 수중의 오탁 유기물을 호기성 미생물을 이용하여 분해하는 데 소요되는 총산소량(ppm 또는 mg/L). 일반적으로 시료를 채취하여 20℃에서 5일간 배양하였을 때 소모되는 산소량으로 나타낸다. BOD는 수질오염의 전형적인 지표항목으로 1ppm은 매우 깨끗한 상태를 나타내고,

5ppm까지는 농업용수로 사용할 수 있으며, 10ppm 이상이면 불쾌감을 주고 공업용수로도 사용하기 어렵다. 일반적으로 하수의 BOD는 200ppm 정도 된다.

② 화학적 산소요구량 : COD(chemical oxygen demand) : 수중의 전 유기물을 화학적으로 산화하는 데 필요한 산소량(ppm 또는 mg/L). 수중의 유기물을 간접적으로 측정하는 방법이다. BOD 측정이 5일 정도 소요되는 데 비하면 COD 측정은 2시간이면 가능하다.

③ 용존산소량 : DO(dissolved oxygen) : 물에 녹아 있는 O_2의 양. 수온이 높아질수록 용존산소량은 낮아진다. DO가 낮아지면 생물화학적 산소요구량·화학적 산소요구량은 높아진다.

④ 부유물질(浮遊物質) : SS(suspended solid) : 물에 녹지 않고 수중에 현탁되어 있는 유기물과 무기물을 함유하는 고형물질. 보통 공극이 0.1㎛ 정도 되는 여과지에 여과시켜 통과하지 못하는 물질들을 부유물질로 보며, 이들을 충분히 건조시킨 후 측정하여 ppm 또는 mg/L로 표현한다.

(3) 수질오염으로 인한 작물 장해

① 질소의 과잉장해 : 오염된 물의 질소 형태는 무기태와 유기태로 나누어지며, 유기태는 미생물에 분해되어 무기화된다. 관개용수의 질소가 과다하면 과번무, 도복, 등숙불량, 병해충 발생 등의 장해를 유발한다.

② 유기물에 의한 토양환원
  ㉠ 유기물이 혐기조건에서 분해되어 수소, 메탄 가스(CH_4), 초산(acetic acid)·낙산(butyric acid)과 같은 유기산, 알코올류 등을 생성한다.
  ㉡ 철·망간·황이 환원되면 Fe^{2+}, Mn^{2+}, H_2S 등이 과잉 생성되어 벼의 양분흡수, 체내대사 저해, 뿌리 신장 억제, 뿌리 부패, 중요한 무기양분 흡수를 방해한다.

기출 및 출제예상문제

01 작물의 환경스트레스에 대한 특징으로 가장 옳은 것은? ● 23. 서울지도사
① 내건성이 강한 작물은 뿌리로의 탄수화물 이행을 유도하여 뿌리 신장을 촉진한다.
② 내습성이 강한 작물은 세포벽의 목질화를 억제하여 공기(산소)의 이동을 촉진한다.
③ 내냉성이 강한 작물은 세포막의 포화지방산 비율이 높아 막의 유동성을 최소화한다.
④ 내동성이 강한 작물은 세포의 수분퍼텐셜을 증가시켜 원형질을 보호한다.

[해설] ② 내습성이 강한 작물은 세포벽이 목질화되어 통기조직을 통하여 공급된 산소가 뿌리 밖으로 확산되지 않고 생장점으로 O_2를 공급하는 역할을 한다.
③ 내냉성이 강한 작물은 세포막의 불포화지방산 비율이 높아 막의 유동성을 안정화시켜 준다.
④ 내동성이 강한 작물은 세포의 수분퍼텐셜을 감소시켜 원형질을 보호한다.

02 원형질적 내건성에 대한 설명으로 옳지 않은 것은? ● 22. 경기 농촌지도사
① 세포질적 내건성은 구조적 내건성이며, 진정한 의미의 내건성이다.
② 수분이 부족하면 세포 크기가 작아지고 세포액 농도가 높아져 삼투퍼텐셜이 감소(삼투압↑)한다.
③ 세포질에는 이온과 균형을 이루는 proline · glycine betaine · sorbitol 등이 축적된다.
④ 휴면 종자나 수분퍼텐셜이 낮은 생장점 같은 조직은 내건성이 강하다.

[해설] 내건성에는 구조적 내건성과 원형질적 내건성이 있으며, 진정한 의미의 내건성은 원형질적(세포질적) 내건성이다.

03 암모니아로부터 단백질 합성이 저해되어 체내 아미노산이 축적되는 냉해의 종류로 옳은 것은? ● 22. 경기 농촌지도사
① 지연형 냉해　　　　　　　　　　② 병해형 냉해
③ 혼합형 냉해　　　　　　　　　　④ 장해형 냉해

[해설] 병해형 냉해는 저온에서는 광합성이 감퇴 → 당분의 생성감소 → 암모니아로부터 단백질 합성이 저해 → 체내 암모니아 · 아미노산 · amide 축적 → 도열병균 번식이 용이해진다.

[정답] 01 ① 02 ① 03 ②

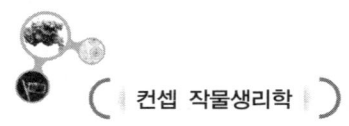

04 한해 시 구조적 내건성에 대한 설명으로 옳지 않은 것은? ●21. 경북 농촌지도사

① 수분이 결핍되면 잎 표면에 왁스(wax)가 축적되어 각피(cuticle) 증산작용을 감소시킨다.
② 건조한 뿌리는 ABA 농도가 높아지고 증산류를 타고 잎으로 이동하게 된다.
③ 엽록체에 축적된 ABA가 세포벽으로 이동하고, 증산류를 타고 공변세포로 가서 기공이 닫히게 한다.
④ 엽록체막은 ABA⁻를 투과하므로 엽록체 내에는 ABA⁻가 세포질로 축적된다.

[해설] 엽록체막은 ABA⁻를 투과하지 못하므로 엽록체 내에는 ABA⁻가 축적된다.

05 내동성에 대한 설명으로 옳지 않은 것은? ●21. 경북 농촌지도사

① 친수성 콜로이드가 많은 경우 내동성이 증가한다.
② 원형질의 투과성이 클수록 내동성이 증가한다.
③ 식물체의 함수량이 적으면 세포 내 결합수가 적어 세포 내 결빙이 일어나지 않는다.
④ ABA를 처리하면 내동성이 증가한다.

[해설] 식물체의 함수량이 적으면 세포 내 자유수가 적어 세포 내 결빙이 일어나지 않는다.

06 식물의 내습성에 대한 설명으로 가장 옳지 않은 것은? ●20. 서울지도사

① 산소가 부족하면 알코올 발효에 의한 에탄올이 축적되고, 이로 인해 지질로 구성된 세포막이 용해된다.
② 토양 내 유리산소가 부족하면 철과 망간이 불용성으로 변하여 흡수장해를 일으킨다.
③ 내습성이 강한 식물은 통기조직이 잘 발달되어 있고, 뿌리 세포의 목질화로 산소의 유실을 막을 수 있다.
④ 내습성이 강한 식물은 무기호흡에 의한 에탄올 축적 대신 malic acid를 축적한다.

[해설] 토양 내 유리산소가 부족하면 토양이 환원되어 철과 망간이 가용성으로 변하며, 밭작물의 경우 과잉 흡수를 하여 장해를 받기 쉽다.

정답 04 ④ 05 ③ 06 ②

07. 식물의 환경 스트레스에 대한 설명으로 가장 옳은 것은? ●20. 서울지도사

① 건조종자는 생육과정의 식물보다 고온장해에 대하여 저항성이 약하다.
② 식물은 영상의 저온에서는 생육장애가 일어나지 않는다.
③ 저온장해는 크게 냉해와 한발 피해로 나눌 수 있다.
④ 저온에서는 세포막의 특성 변화와 그에 따른 투과성 저하 등이 일어난다.

[해설] ① 건조종자는 생육과정의 식물보다 고온장해에 대하여 저항성이 강하다.
② 식물은 영상의 저온에서도 생육장애가 일어나는데 이것을 냉해라고 한다.
③ 저온장해는 크게 냉해와 동해로 나눌 수 있다.

08. 내건성에 대한 설명으로 옳지 않은 것은? ●18. 경북 농촌지도사(변형)

① 수분이 결핍되면 잎 표면에 왁스(wax)가 축적되어 각피(cuticle) 증산작용을 감소시킨다.
② 수분이 부족할 때 잎은 신장하지 않아도 광합성은 어느 정도 유지된다.
③ 수분함량이 감소하면 세포의 크기와 팽압이 감소되고 세포가 신장되지 않는다.
④ 뿌리에서 합성된 Auxin은 수분부족에 대한 기공 닫힘에 영향을 준다.

[해설] 뿌리에서 합성된 ABA는 수분부족에 대한 기공 닫힘에 영향을 준다.

09. 내냉성에 대한 설명으로 옳지 않은 것은? ●18. 경기 농촌지도사(변형)

① 내냉성이 큰 작물은 내냉성이 약한 작물보다 불포화지방산 비율이 낮다.
② 작물을 저온에 두면 경화되는 동안에 불포화지방산의 비율이 증가하여 내냉성을 증가시킨다.
③ 벼를 감수분열기에 20℃에서 4일간 처리하였을 때 프롤린(proline) 함량이 현저하게 감소하였다.
④ 일반계 품종은 통일계 품종보다 출수가 지연되는 정도도 크지 않다.

[해설] 내냉성이 큰 작물(꽃양배추·순무·완두 등)은 내냉성이 약한 작물(강낭콩·고구마·옥수수)보다 불포화지방산 비율이 높다. 작물을 저온에 두면 경화되는 동안에 불포화지방산의 비율이 증가하여 내냉성을 증가시킨다.

[정답] 07 ④ 08 ④ 09 ①

10 수분부족 스트레스 극복 방법에 대한 설명으로 옳지 않은 것은? ●18. 경기 농촌지도사(변형)

① 건조 정도가 심하지 않을 때는 뿌리가 수분이 있는 곳으로 생장하여 수분흡수를 조장한다.
② 토양이 더 건조하여 영구위조점에 가까울 때는 수베린(suberin)이 축적되어 물의 흡수가 더욱 어려워진다.
③ 토양 수분퍼텐셜이 −1.0~−1.2MP 사이가 되는 심한 건조상태는 물관 속에서 잎으로 향하는 장력과 토양으로 향하는 장력이 모두 증가하여 물기둥이 끊기기 쉽다.
④ 작물 수분함량이 크게 감소하면 세포가 탈수될 때 또는 탈수된 세포가 물을 재흡수할 때 원형질막의 기계적 파괴로 세포가 죽는다.

[해설] 토양 수분퍼텐셜이 −1.0~−2.0MP 사이가 되는 심한 건조상태는 물관 속에서 잎으로 향하는 장력과 토양으로 향하는 장력이 모두 증가하여 물기둥이 끊기기 쉽다.

11 다음 중 내건성에 대한 설명으로 틀린 것은?

① 내건성은 작물과 품종에 따라 다르다.
② 종자의 내건성은 매우 강하다.
③ 생장점의 어린 세포가 성숙된 세포보다 내건성이 약하다.
④ 세포의 탈수와 재흡수과정에서 세포가 장해를 받는다.

[해설] 생장점에 있는 어린 세포가 성숙된 세포보다 액포가 적고 원형질이 많아 수분퍼텐셜이 낮으므로 내건성이 크다.

12 작물의 내한성은 식물체의 구조적 내한성이 중요하다. 다음 중 구조적 내한성과 관련이 없는 것은 무엇인가?

① 기공의 개폐효율이 크다.
② 각피증산량이 적다.
③ 통도조직의 발달이 불량하다.
④ 엽면적이 작다.

[해설] 구조적 내건성 관련 성질 : 기공 폐쇄, 엽면적 감소, 뿌리 신장, 잎 표면의 왁스 축적 등

13 다음 중 한해(旱害)에 대한 저항성이 큰 것이 아닌 것은?

① 세포의 크기가 작다.
② 세포 속의 액포가 크고 원형질이 많다.
③ 저장양분과 수분이 많이 함유된다.
④ 세포의 용적 / 표면적의 비가 작다.

[해설] 세포 내 액포가 작은 것이 내건성이 크다.

[정답] 10 ③ 11 ③ 12 ③ 13 ②

14. 건생식물(乾生植物)이 건조지역에 적응하는 특징이 아닌 것은?

① 지상부가 왜화되고 지하부가 발달하여 있다.
② 세포와 세포간극이 작고 기공이 깊숙이 들어가 있다.
③ 각피의 형성물이 많아 각피증산량이 적다.
④ 공기 중의 습기를 흡수·이용할 수 있는 조직이 발달되어 있다.

[해설] CAM식물은 잎이 퇴화되어 가시 또는 줄기 모양을 하고 있어 표면적이 작고, 기공이 깊게 들어가 있으며 각피가 발달하여 증산작용을 줄일 수 있고, 저수조직이 발달되어 다량의 수분을 체내에 저장한다. 뿌리는 물이 통하지 않은 수베린(suberin)이 축적되어 수분을 잘 보유할 수 있다.

15. 다음 중 작물에 습해가 일어나는 주원인은 무엇인가?

① 뿌리조직에서의 탈수현상
② 수분의 과잉흡수로 인한 장해
③ 토양 중 산소부족에 의한 뿌리의 호흡저해
④ 토양 중 산소의 과잉에 의한 뿌리의 산화적 장해

16. 내습성이 강한 작물의 특징으로 옳지 않은 것은?

① 뿌리의 통기조직이 잘 발달되어 있다.
② 뿌리의 외피가 현저히 목화되어 있다.
③ 뿌리의 피층세포가 사열로 배열되어 있다.
④ 뿌리가 황화수소(H_2S)등에 대하여 저항성이 크다.

[해설] 뿌리의 피층세포가 직렬로 배열되어 있어야지 통기성이 좋다.

17. 습해를 받은 작물의 생리적 변화로 볼 수 없는 것은?

① 양분흡수의 저하   ② 수분흡수의 저하
③ 호흡의 저하   ④ 증산과잉

정답 14 ④ 15 ③ 16 ③ 17 ④

18 저온인 겨울철보다 고온인 여름철에 습해가 더 심한 이유는?
① 작물의 생장이 왕성한 시기이므로
② 증산작용이 왕성하기 때문에
③ 뿌리의 호흡이 저해되기 때문에
④ 환원성 유해물질의 과다생성 때문에

19 내습성이 약한 작물의 특징으로 볼 수 있는 것은?
① 통기조직이 발달되어 있다.
② 뿌리의 피층세포가 직렬로 배열된다.
③ 뿌리조직의 목화가 일어나기 어렵다.
④ 환원성 유해물질에 대한 저항성이 크다.

20 관수장해의 형태 중 청고(靑枯)가 가장 나타나기 쉬운 조건은?
① 벼가 수온이 높고 고여 있는 흐린 물에 관수되었을 때
② 벼가 수온이 낮고 흐르는 맑은 물에 관수되었을 때
③ 벼가 수온이 낮고 고여 있는 흐린 물에 관수되었을 때
④ 벼가 수온이 높고 흐르는 맑은 물에 관수되었을 때

21 작물이 수해를 입을 때 관수장해를 비교적 적게 받는 조건은?
① 혼탁한 물이 수온이 높고 정체되어 있는 상태
② 맑은 물이며 수온이 높고 정체되어 있는 상태
③ 맑은 물이며 수온이 높지 않고 유속이 느린 상태
④ 혼탁한 물이며 수온이 높지 않으나 유속이 매우 빠른 상태

22 작물의 관수장해의 생리에 대한 기술 중 잘못된 것은?
① 관수해의 정도는 작물의 종류와 품종간 차이가 크다.
② 관수해의 정도는 생육단계에 따라 차이가 인정된다.
③ 관수해의 정도는 수온이 높을수록 크다.
④ 관수해의 정도는 수질과는 관계없다.

정답 18 ④ 19 ③ 20 ① 21 ③ 22 ④

23 냉해를 입은 작물의 생리적 변화로 볼 수 없는 것은?

① 양·수분의 흡수 감퇴
② 호흡작용의 저하
③ 광합성작용의 저하
④ 동화물질의 전류 과잉

[해설] 냉해 기구
- 물질의 동화와 전류가 저해
- 질소동화가 저해되어 암모니아의 축적 증가
- N·P·K·Si·Mg 등의 양분흡수가 저해
- 호흡이 감퇴하여 원형질유동(protoplasmic streaming)이 감퇴·정지 → 모든 대사기능이 저해

24 다음 중 벼의 장해형 냉해(障害型 冷害)에 해당되는 것은?

① 영양생장기의 냉온으로 출수가 지연되어 등숙장해를 입는 냉해
② 생식생장기의 냉온으로 화분불임(花粉不稔)을 일으키는 냉해
③ 발아기와 유묘기의 냉온으로 발아와 묘의 생육이 지연되는 냉해
④ 등숙기의 냉온으로 등숙률이 낮아지는 냉해

25 벼의 감수분열기 1~1.5일 후인 소포자초기의 냉온에 의한 장해형 냉해의 전형적인 장해 현상은?

① 분얼수의 감소
② 영화수의 감소
③ 출수지연과 등숙저하
④ 화분불임의 유발

26 기온은 높고 지온이 낮은 경우에 작물에 나타나는 냉해의 생리로 옳은 것은?

① 원형질의 유동성 증가
② 흡수의 감퇴와 증산과잉
③ 흡수감퇴와 증산감소
④ 흡수증가와 증산감소

27 작물이 장해형 냉해(冷害)에 가장 약한 시기는?

① 유묘기
② 경엽신장기
③ 감수분열기
④ 성숙기

정답 23 ④ 24 ② 25 ④ 26 ② 27 ③

28 다음 중 타페트(tapete)조직의 이상비대현상이란?
① 타페트가 이상발달하여 화분의 기능을 상실하게 하는 냉온장해
② 타페트가 이상발달하여 암술의 기능을 상실하게 하는 고온장해
③ 타페트가 이상발달하여 화분의 기능을 상실하게 하는 건조장해
④ 타페트가 이상발달하여 암술의 기능을 상실하게 하는 습해

29 작물의 냉해에 대한 설명 중 잘못된 것은?
① 여름철에 작물이 생육적온 이하에 있을 때 발생한다.
② 작물의 생식생장기에 특히 피해가 크다.
③ 냉해의 양상은 위조, 출수지연, 불임, 등숙장해 등으로 나타난다.
④ 냉해가 나타나는 원인은 동해(凍害)와 같다.

[해설] 냉해는 조직이 동결되지는 않지만 생육적온보다 온도가 낮을 때 발생하며, 동해는 세포 내 결빙이 생겨 조직이 파괴되어 입는 상해이다.

30 다음 중 벼의 장해형 냉해와 관계가 없는 것은?
① 타페트세포의 이상비대로 인한 수술의 화분모세포의 발육장해
② 냉해를 입은 약의 프롤린 함량 감소
③ 화분의 불충실로 인한 약의 개열 불량
④ 배주의 기형으로 인한 암술의 불임

31 벼의 냉해에서 장해형 냉해의 주된 원인인 것은?
① 도열병의 발생   ② 유수형성의 지연
③ 자방벽의 이상비대   ④ 화분의 불건전 발육

32 벼의 냉온에 의한 불임약(不稔葯)에서 특이하게 적은 아미노산은?
① Glycine   ② Lycine
③ Tryptophan   ④ Proline

정답 28 ① 29 ④ 30 ④ 31 ④ 32 ④

33 감수분열기에 냉온처리한 약(葯)의 성분함량을 분석할 때 정상약에 비해 현저히 낮아지는 것이 아닌 것은?

① 아미노산   ② 당
③ 인산   ④ 수분

[해설] 벼를 감수분열기에 20℃에서 4일간 처리하였을 때, 꽃밥의 아미노산·당·전분·인산 함량이 감소하였다.

34 다음 중 내동성이 약한 요인으로 볼 수 없는 것은?

① 식물체의 함수량이 많다.
② 체내 당함량이 높다.
③ 친수성 콜로이드 함량이 적다.
④ 원형질의 투과성이 적다.

[해설]
- 내동성이 약한 작물 : 원형질 투과성이 낮아 수분함량이 빨리 감소되지 않아서 세포 내에서도 결빙이 생겨 콜로이드(colloid) 구조에 기계적인 장해를 주며, 심한 탈수로 인하여 원형질 구조가 파괴되어 세포가 죽는다.
- 내동성이 강한 작물 : 원형질 투과성이 좋아 수분이 세포벽으로 빨리 이동되므로 세포벽과 세포간극에만 얼음이 형성되며, 원형질은 용질 농도가 높아 수분퍼텐셜이 낮아지고, 어는점이 낮아져 세포질과 액포가 얼지 않는 과냉각(supercooling) 상태가 되어 죽지 않는다.

35 다음 중 내동성에 관계되는 내용으로 적절치 못한 것은?

① 세포액의 농도가 높을수록 내동성이 커진다.
② 경화(hardening)에 의해 내동성이 커진다.
③ 단백질분자에 –S–S–가 많은 것이 내동성이 크다.
④ 원형질막의 투과성이 큰 것은 세포 내 결빙이 생기기 어렵다.

[해설] 단백질분자에 –SH가 많은 것이 내동성이 크다.

정답 33 ④   34 ②   35 ③

36. 다음 중 한해(寒害)에 대한 설명으로 맞은 것은?

① 늦봄에 기온이 한랭하여 생육이 지연되는 해를 말한다.
② 하계기온의 저하로 생육에 장해를 받는 것을 말한다.
③ 식물체의 생육 중에 0℃에 가까운 저온에서 일어난다.
④ 휴면 중인 식물체 혹은 기관이 받는 저온의 해로서 0℃보다 훨씬 낮은 온도에서 일어난다.

37. 동해의 기구에 대한 설명 중 잘못된 것은?

① 세포 내 결빙에 의해 조직이 죽는다.
② 결빙에 의한 원형질의 탈수에 의해 장해를 받는다.
③ 세포 내 결빙은 항상 세포외 결빙을 동반한다.
④ 동결된 세포를 상온에서 빨리 녹이면 장해를 받지 않는다.

[해설] 동결된 세포가 서서히 해동되면 수분이 세포 안으로 들어가 원형질과 세포막이 같이 팽창되면 장해를 받지 않는다.

38. 식물체의 세포나 세포간극의 결빙으로 인해 일어나는 피해인 것은?

① 냉해(冷害)
② 한해(寒害)
③ 동해(凍害)
④ 습해(濕害)

39. 작물의 내동성을 증가시키며, 저온처리에 의해 작물체 내에서 현저히 증가되는 성분은?

① 전분
② 자당(蔗糖)
③ 수분
④ 단백질

40. 봄에 식물체의 내동성이 급격히 저하되는 것은 무엇 때문인가?

① 장일
② 단일
③ 하드닝(hardening)
④ 디하드닝(dehardening)

정답 36 ④ 37 ④ 38 ③ 39 ② 40 ④

41 다음 중 풍해에 의한 생리적 장해의 내용으로 틀린 것은?

① 탈수작용이 나타난다.
② 상해로 인한 호흡의 증가가 나타난다.
③ 강풍이 불면 기공이 열린다.
④ 광합성이 저하된다.

[해설] 강풍이 불면 기공이 닫히고, 연풍에서 기공이 열린다.

42 다음 중 대기오염물질로서 가장 독성이 강한 것으로 볼 수 있는 것은?

① 염화수소, 암모니아 등
② 불소계 가스, 염소, 에틸렌 등
③ 유황산화물, 질소산화물 등
④ 황화수소, 일산화탄소 등

[해설] [독성의 정도에 따른 분류]

A급	독성이 강함. 수ppb~수ppm의 대기 중 농도에서 장해를 유발 예 불화계 가스(불화수소), 염소, 오존(O_3), 에틸렌, PAN(peroxyacetyl nitrate)
B급	독성이 중간. 수~수십 ppb의 대기 중 농도에서 장해를 유발 예 황산화물(아황산가스·3산화황 등), 질소산화물(이산화질소·일산화질소·아산화질소 등)
C급	독성이 약함. 수십~수천 ppm에서 장해를 유발 예 염화수소·암모니아·일산화탄소·황화수소·시안화수소 등

43 대기오염물질에 의한 피해가 가장 심하게 나타나는 식물체의 부위는?

① 잎 부분
② 뿌리 부분
③ 줄기 부분
④ 화기 부분

44 대기오염물질이 식물체 내부로 침입하는 주요한 경로는?

① 기공
② 각피
③ 뿌리
④ 줄기

[정답] 41 ③ 42 ② 43 ① 44 ①

45. 각 오염물질들에 의해 식물체 잎에서 나타나는 공통적인 피해 증상은?

① 엽맥간 갈반점
② 잎선단의 황화현상
③ 잎표면의 반점
④ 잎의 괴사

46. 다음 중 PAN(peroxyacetyl nitrate)에 의해 작물체에 나타나는 주된 피해증상은?

① 잎의 선단이 황변한다.
② 낙엽현상을 나타낸다.
③ 잎의 이면이 은회색 또는 청동색으로 광택화된다.
④ 잎의 표면에 갈색의 반점이 생긴다.

47. 대기오염물질에 의한 피해증상으로 볼 수 없는 것은?

① 광합성 능력의 저하
② 호흡의 이상 증대
③ 뿌리의 활력 증대
④ 잎의 반점

48. 다음 중에서 유기물 과다해를 일으키는 유기질(有機質) 수질오염원은?

① 화학공장의 배수
② 도시의 오수
③ 금속광산의 배수
④ 탄광의 배수

49. 수질오염에 의해 작물이 받는 피해의 원인으로 볼 수 없는 것은?

① 광산폐수가 농작물에 직접 피해를 준다.
② 토양 속의 유해물질이 증가되어 간접적인 피해가 나타난다.
③ 토양의 물리적 구조가 악화되어 농작물에 피해를 준다.
④ 오존은 관개수에 유입되어 피해를 일으킨다.

[해설] 오존은 대기오염물질이다.

50. 한 식물이 주변의 다른 식물의 생장을 저해하는 것을 무엇이라 하는가?

① 포화현상(saturation)
② 타감작용(allelopathy)
③ 항상성(homeosis)
④ 이월효과(carryovr effect)

[정답] 45 ① 46 ③ 47 ③ 48 ② 49 ④ 50 ②

51. 다음 ( ) 안에 들어갈 알맞은 말은?

> 식물이 스트레스를 받더라도 이를 극복하여 장해를 받지 않는 특성을 ( )이라고 한다. 그리고 이것은 다시 물리적 또는 화학적인 방법으로 스트레스를 피해가는 ( )과, 스트레스를 받지만 이를 감소시키거나 견디어 내는 ( )으로 나눌 수 있다.

① 항상성, 내성, 저항성
② 저항성, 회피성, 내성
③ 회피성, 항상성, 저항성
④ 저항성, 항상성, 내성

52. 벼에서 융단조직의 이상비대로 발생하는 냉해의 유형은?

① 지연형 냉해
② 장해형 냉해
③ 병해형 냉해
④ 복합형 냉해

53. 냉해의 발생기구에 대한 설명이 아닌 것은?

① 세포막의 특성변화와 그에 따른 투과성 저하와 에너지 전달 장해
② 불완전한 산화로 독성물질이 생성되어 냉해가 발생
③ 저온에서 원형질의 점성이 증가하여 투과성이 감소하면서 세포 내 여러 가지 생화학적 교란이 일어나서 냉해가 발생
④ 세포 내 결빙으로 인한 기계적인 장해

[해설] 세포 내 결빙으로 인한 기계적인 장해는 동해의 기구이다.

54. 동해의 발생기구에 대한 설명이 아닌 것은?

① 세포 내 결빙이 일어나면 기계적인 장해를 주고 동시에 심한 탈수로 인하여 원형질의 구조가 파괴되어 세포가 죽는다.
② 동해는 동결속도에 의해 좌우되기도 한다.
③ 동결과정에서 장해를 주지 않는 경우는 녹을 때의 온도와 속도가 또한 중요하다.
④ 수분이 결핍된 상태에서 세포가 탈수될 때 또는 탈수된 세포가 물을 재흡수할 때 일어나는 세포막의 기계적 파괴로 세포가 죽는다.

[해설] ④는 한발 장애에 대한 설명이다.

정답 51 ② 52 ② 53 ④ 54 ④

55. 내냉성이 강한 작물의 특징은?
① 불포화지방산의 비율이 높다.
② 포화지방산의 비율이 높다.
③ 포화와 불포화지방산 비율이 같다.
④ 프롤린의 상대적 비율이 낮다.
⑤ 세포막의 인지질 함량이 낮다.

56. 다음 ( ) 안에 알맞은 말은?

> 온도를 급격히 상승시켜 40~50℃의 열충격을 주면 곤충, 식물, 미생물 등에서 새로운 단백질이 생성되는데, 이것을 ( )라고 한다. 식물에서 이 단백질이 생성되면 내열성이 증가한다.

① 아미노산　　　　　　　　② 열충격단백질
③ -SH 단백질　　　　　　　④ 프롤린

57. 단백질을 구성하는 아미노산으로 그 구조가 특이하고, 작물이 수분부족스트레스에 놓일 때 많이 만들어지는 것은?
① proline　　　　　　　　② cysteine
③ isoleucine　　　　　　　④ methionine
⑤ aspartic acid

58. 광선 스트레스에 대한 설명이 아닌 것은?
① 자외선은 생육을 억제한다.
② 적외선은 광합성, 일장반응에 필요하다.
③ 온실에서는 피복재를 통과하면서 자외선이 흡수되고 광질이 장파장으로 변하여 도장하게 된다.
④ 광도가 낮거나 지나치게 높아도 식물은 장해를 받는다.

[해설] 광합성과 일장반응에 공통적으로 유효한 파장은 적색광(660nm) 영역이다.

정답　55 ①　56 ②　57 ①　58 ②

59. 다음 중 solarization이 일어나는 경우는?

① 음지식물의 강광에 노출시켰을 때
② 단일식물을 장일조건에 두었을 때
③ 양지식물을 암흑조건에 두었을 때
④ 장일식물을 단일조건에 두었을 때

60. 바람스트레스에 대한 설명이 아닌 것은?

① 미풍은 건조를 조장하여 해를 끼친다.
② 강풍은 작물의 도복을 유발하고, 과수의 가지를 부러지게 하거나 마찰에 의한 상처를 준다.
③ 미풍은 광합성을 촉진한다.
④ 강풍은 기온과 지온을 낮추며, 서리피해를 줄이고, 수확기에 생산물의 건조를 돕는다.

[해설] 기온과 지온을 낮추며, 서리피해를 줄이고, 수확기에 생산물의 건조를 돕는 것은 미풍의 효과이다.

61. 염생식물이 갖고 있는 내염성 물질의 역할은?

① 염류의 중화
② 삼투적 적응
③ 길항작용
④ 염의 불용화

62. 내염성 물질이 아닌 것은?

① glycerol
② sorbitol
③ ethylene
④ manitol
⑤ glycine betaine

정답 59 ① 60 ④ 61 ② 62 ③

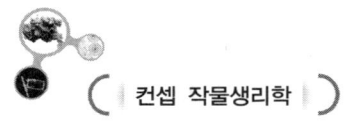

63 식물의 내염성 기구에 관한 설명 중 틀린 것은?

① 뿌리에서 나트륨의 유입을 억제하는 장벽이 있다.
② 유입된 나트륨을 엽육세포의 거대한 액포 속에 격리시킨다.
③ 유입된 나트륨을 뿌리 또는 줄기부분에 축적시켜 잎으로 가는 양을 줄인다.
④ 체내로 유입된 나트륨을 염분비선(salt gland)보다는 기공으로 배출시켜 체내 나트륨 양을 줄인다.
⑤ 염분스트레스 시 세포 내 ABA 함량이 증가한다.

[해설] 체내로 유입된 나트륨을 염분비선(salt gland)으로 배출시켜 체내 나트륨 양을 줄인다.

64 환경오염에 대한 설명이 아닌 것은?

① 지구상에서 환경오염의 단초를 제공한 역사적 사건은 산업혁명이다.
② 환경오염은 작물에게 스트레스를 주어 생산성을 떨어뜨리고, 품질을 저하시킨다.
③ 농업환경의 오염물질은 사료와 식품을 통하여 가축과 인체에 이동축적되어 여러 가지 형태의 중독증상을 나타내기도 한다.
④ 대기오염물질은 대개 잎에 부착되어 식물체에 크고 작은 장해를 일으킨다.

[해설] 대기오염물질은 대개 잎의 기공으로 흡수되어 식물체에 크고 작은 장해를 일으킨다.

65 유기계의 독가스에 해당하는 것은?

① 오존, PAN, 이산화질소, 염소
② 아황산가스, 일산화탄소, 유화수소, 알데히드류
③ 불화수소, 염화수소, 산화유화, 시안화수소
④ 암모니아, 분진, 부유미립자
⑤ 에틸렌, 아세틸렌, 프로필렌, 부틸렌

66 강한 독성을 나타내는 A급에 속하는 물질은?

① 오존, 염소, 불화수소, 에틸렌, PAN
② 황산화물, 질소산화물
③ 염화수수, 암모니아, 일산화탄소, 시안화수소
④ 아황산가스, 이산화질소, 일산화질소

정답 63 ④ 64 ④ 65 ⑤ 66 ①

67 대기오염물질의 5대 발생원이 아닌 것은?
① 공장　　　　　　　　　② 발전소
③ 산업폐기물　　　　　　④ 쓰레기소각장
⑤ 수송기관

[해설] 대기오염 5대 물질 : 공장, 발전소, 난방기, 쓰레기소각장, 수송기관

68 대기오염물질의 피해에 대한 설명이 아닌 것은?
① 오염물질에 노출된 식물은 한계수준을 넘으면 오염에 대처할 능력이 상당히 저하되어 피해가 크게 증가한다.
② 과수와 같은 경우 개화기에 오염물질에 노출되면 치명적인 피해를 준다.
③ 질소질비료를 과다하게 사용하거나 도장하여 연약한 상태에서는 대기오염에 의한 장해가 크다.
④ 계절적으로는 가을 겨울에, 하루 중에서는 야간에 피해가 더욱 조장된다.

[해설] 대기오염의 피해 정도는 계절적으로는 봄과 여름에, 하루 중에서는 낮에 피해가 더욱 조장된다.

69 알칼리성 장해물질에 해당하는 대기오염물질은?
① 오존　　　　　　　　　② 암모니아
③ 불화수소　　　　　　　④ 아황산가스

[해설]
산성 장해물질	불화수소・염화수소・산화황・시안화수소
알칼리성 장해물질	암모니아

[정답] 67 ③　68 ④　69 ②

70. 대기오염에 대한 설명이 아닌 것은?

① 식물의 피해는 가시장해와 불가시장해로 나눌 수 있다.
② 가시장해는 급성형, 만성형, 복합형으로 구분한다.
③ 만성형은 고농도의 오염물질이 특수한 기상조건에서 장해를 입히는 것으로 주로 황화나 괴사현상으로 나타난다.
④ 불가시장해는 ppb 단위의 저농도에서 육안으로 관찰되는 피해증상은 보이지 않지만 내부적으로 생리적 장해가 일어나 생육이 부진해지는 경우이다.

[해설] 고농도의 오염물질이 특수한 기상조건에서 장해를 입히는 것으로 주로 황화나 괴사현상으로 나타나는 유형은 급성형이다.

71. 산성비에 대한 설명이 아닌 것은?

① 대기 중의 아황산가스는 광화학반응으로 물과 결합하여 황산으로 변해 이것이 비를 산성으로 만든다.
② 잎에 대한 산성비의 피해는 SO_2와 NO_2가 비슷하다.
③ 산성비의 피해가 커지면 잎에 갈색, 황색, 흰색의 괴사반점이 생긴다.
④ 식물별로는 쌍자엽초본식물 > 쌍자엽목본식물 > 단자엽식물 > 침엽수 순으로 산성비에 대한 저항성이 크다.

[해설] 산성비 피해의 정도는 쌍자엽초본식물 < 쌍자엽목본식물 < 단자엽식물 < 침엽수 순이다.

72. 과수에서 대기오염물질의 피해가 가장 쉽게 나타나는 시기는?

① 휴면기 ② 개화기
③ 착과기 ④ 수확기

73. 생물화학적 산소요구량을 나타내는 것은?

① BOD ② COD
③ SOS ④ pH

정답 70 ③ 71 ④ 72 ② 73 ①

74 토양오염에 대한 설명이 아닌 것은?

① 카드뮴은 식물이 흡수해도 특별한 장해를 나타내지 않는다.
② 토양 중에 구리함량이 150ppm 이상이 되면 생육장해를 나타내며 심하면 고사한다.
③ 토양 중에 비소가 10ppm 이상이 되면 수량이 떨어진다.
④ 중금속의 불용화는 유화물 < 수산화물 < 인산염 순으로 잘 이루어진다.

[해설] 중금속의 불용화는 유화물 > 수산화물 > 인산염 순이다.

75 토양용액의 중금속 농도를 낮추는 방법이 아닌 것은?

① 환원을 촉진하기 위하여 퇴비, 볏짚 등 유기물을 시용한다.
② 석회나 질소질 비료를 사용하여 토양의 pH를 낮춘다.
③ 담수를 하여 토양을 환원상태로 되도록 한다.
④ 불용성 인산염이 생성되도록 인산질 비료를 다량 시용한다.
⑤ 제오라이트, 벤토나이트 등을 시용하여 흡착량을 증가시킨다.

[해설] 중금속 피해대책
- 작물이 중금속을 흡수할 수 없도록 불용화상태로 만듦
- 중금속류 다량흡수 식물재배(고사리와 같은 축적식물)
- 담수재배 및 환원물질 사용(토양 Eh저하, 황화물화)
- 석회질 비료의 시용(pH 상승 및 수산화물화)
- 인산질 시용(인산화로 불용화)
- 제올라이트(zeolite)・벤토나이트(bentonite) 등의 점토광물 시용(흡착에 의한 불용화)

76 염생식물은 뿌리에서 Na염을 마음대로 흡수하는 능력이 있는데 그 생리적 의의는?

① 세포액의 삼투압을 높여 수분흡수를 가능하게 한다.
② 염해지에 부족한 K의 대치효과를 발생한다.
③ Na은 염생식물 뿌리의 호흡을 증가시킨다.
④ Cl의 해작용을 감소시킨다.

정답 74 ④ 75 ② 76 ①

단원 키워드

1. 벗과작물의 수량구성요소
2. 작물의 고립상태와 군락상태에서 광합성과 수량 관계
3. 최적엽면적형과 최고엽면적형 비교
4. 작물의 이상적 초형(ideotype)
5. 작물의 생육시기에 따른 source와 sink의 관계변화
6. 작물수량을 증대를 위한 source와 sink의 조절
7. 수확지수

Chapter 06 작물수량 결정

1 작물수량

(1) 수량 평가

① 부양능력(carrying capacity) : 주어진 환경조건에서 단위면적이 지속적으로 부양할 수 있는 생물의 개체수. 작물 수량은 작물 1개체에서 수확할 수 있는 수량보다는 단위면적당 수량이 중요하다.

② 수량(收量) : 작물을 재배하여 얻는 수확물의 양, 재배목적에 따라 수확물이 다르다.
  ㉠ 벼 수량 : 쌀 생산이 목적이니까 쌀 생산량을 수량으로 표시, 짚은 부산물
  ㉡ 옥수수 수량 : 종실용 옥수수 · 찰옥수수는 종실량이 수량이고, 경엽은 사료 · 퇴비로 이용되고 부산물로 취급된다. 사일리지(silage)로 이용하면 종실 · 잎 · 줄기 지상부 전부가 수량이 된다.
  ㉢ 과수(사과 · 배)의 수량 : 과실 전체
  ㉣ 배추 수량 : 먹을 수 있는 잎
  ㉤ 감자는 괴경(塊莖), 고구마는 괴근(塊根), 마늘과 양파는 인경(鱗莖), 무는 비대근(肥大根) 등 지하부가 수량이 된다. 고구마의 잎자루(엽병), 무의 잎은 채소로 이용되지만 부산물로 취급한다.
  ㉥ 꽃양배추(cauliflower)와 브로콜리(broccoli) : 꽃봉오리를 채소로 이용한다.
  ㉦ 호프(hop) : 꽃을 맥주 제조에 이용한다.

③ 성분 수량 : 수확물 중 특수한 성분만이 이용될 때 표시한다.
  ㉠ 참깨・콩으로 기름을 짤 때에는 종실 수량보다 기름 수량이 중요하며, 깻묵은 부산물이다.
  ㉡ 사탕수수・사탕무(sugar beet)는 설탕 생산량이 중요하다.
  ㉢ 콩으로 두부를 만들 때는 단백질 수량이 중요하다.

(2) 생육과 수량

① 영양생장 vs 생식생장
  ㉠ 영양생장과 생식생장이 분리되어 있는 작물 → 유한생육형
    ⓐ 벼・밀・보리 등의 볏과작물
    ⓑ 영양생장을 하는 동안에 유수(幼穗)가 분화되어 생식생장이 시작되므로 마지막 잎이 발생할 때까지는 영양생장과 생식생장이 일시적으로 겹친다.
    ⓒ 영양생장이 계속되는 동안에 이삭수, 이삭당 영화수(穎花數), 영화의 크기 등 저장기관의 크기가 먼저 결정되고, 그후 등숙기에 잎과 줄기에서 광합성 등을 통해 합성되고 이동되어 저장기관에 축적되는 양분의 양에 따라 수량이 결정된다.
  ㉡ 영양생장과 생식생장이 오랜 기간 병행하는 작물 → 무한생육형
    ⓐ 완두・녹두 등 일부 콩과작물, 토마토・오이 등 과채류
    ⓑ 일정한 생육기까지 영양생장이 진행되면 개화, 결실하여 생식생장이 진행되지만 영양생장도 계속된다.
    ⓒ 영양부족・가뭄 등으로 광합성이 억제되어 영양기관의 발달이 제한되면 콩과작물은 꼬투리수, 과채류는 과실수 등 수용부위(sink)의 수나 무게가 감소하여 수량이 떨어진다.
  ㉢ 영양기관을 이용하는 작물
    ⓐ 배추・상추와 같은 엽채류, 무・당근・고구마・감자 등
    ⓑ 수확부위가 지하부 영양기관인 작물은 생식생장이 시작되면 수량과 품질이 나빠지는 경우가 많다.
    ⓒ 질소시비는 뿌리보다 경엽 발육을 촉진시키므로 엽채류 수량은 증가시킬 수 있지만 지나치면 조직이 연약하게 자라거나 NO_3^- 축적 등 품질이 저하된다.

② 고립상태 vs 군락상태
  ㉠ 고립상태 : 광과 이산화탄소가 광합성을 하는 데 크게 제한받지 않으므로 광합성량은 엽면적에 비례한다.
  ㉡ 포장(군락)상태 : 작물이 어릴 때는 고립상태이지만, 생장함에 따라 엽면적이 커지고 하위엽이 광을 충분히 받지 못하므로 엽면적 크기・잎의 형태・위치 등도 총광합성량에 영향을 끼친다.

2 잎과 광합성

(1) 엽면적 증가

① 엽면적 증가 = 잎수 + 단위엽면적
  ㉠ 잎수 증가 : 분얼이나 분지수가 많아야 한다.
  ㉡ 개개 잎 크기 증가 : 생육조건이 좋아서 잎이 잘 신장하고, 잎의 노화를 방지해야 한다.

② 잎의 신장 : 벼는 윗마디의 잎일수록 잎몸 길이가 길어지지만 출수기의 최종 4엽은 크기가 비슷하고, 그중 지엽(止葉; flag leaf)은 다른 잎보다 짧으나 폭은 더 넓다.
  ㉠ 온도 : 생육적온까지 온도가 높을수록 잎의 신장률이 높아지나, 잎의 크기는 온도 영향을 크게 받지 않으므로 잎의 신장기간이 단축된다.
    ⓐ **볏과작물** : 잎의 발생·신장속도는 생육 초기에는 지온의 영향을 많이 받지만, 생장점이 지상에 있는 생육 후기에는 기온의 영향을 많이 받는다.
    ⓑ **쌍떡잎식물** : 생육 초기부터 생장점이 지상에 있는 쌍떡잎식물은 항상 기온의 영향을 크게 받는다.
  ㉡ 수분 : 수분이 부족하면 세포 신장률이 낮아져서 잎 크기가 작아진다.
  ㉢ 질소 : 세포분열을 촉진시켜 세포수를 증가시키고, 이에 따라 잎의 신장속도와 크기를 증가, 분얼·가지수를 증가, 전체 엽면적도 증가시킨다.

③ 분얼 및 분지
  ㉠ 작물에 따라 : 볏과작물은 분얼(tiller)을, 쌍떡잎작물은 분지(branch)를 발생시키는데, 분얼이나 분지에서 각각 잎을 발생시킨다.
    ⓐ **볏과작물** : 땅속 주간(主稈)의 아랫마디(분얼절)에서 분얼이 발생하며, 광을 받지 못한 어린 분얼은 죽어 분얼수가 오히려 감소하며, 일정 수의 분얼만이 출수한다.
    ⓑ **콩과작물** : 줄기에서 분지를 발생시키며, 한번 발생한 가지는 환경이 불량하더라도 그 수가 감소하지는 않는다.
  ㉡ 품종에 따라
    ⓐ 분얼·분지수가 적고 잎이 작으며 직립하는 품종(협초폭형)을 밀식하면, 초기 광이용률이 높고, 분얼·분지를 발생시키는 노력이 적으며, 엽면적지수가 큰 생육기에도 하위엽까지 광투과율이 높아 수량성이 크다.
    ⓑ 다분얼성(다분지성) 품종을 소식하면, 분얼(분지)은 많이 발생하지만 늦게 나온 분얼(가지)의 종실수가 적거나 등숙이 불량하다.
    ⓒ 영양체를 이용하는 목초의 경우, 분얼이 많이 발생하는 품종이 더욱 유리하다.
  ㉢ 밀식에 따라
    ⓐ 분얼·분지는 밀식하면 적게 발생하고 소식(疎植: 띄어 심는 것)하면 많이 발생

하는데, 분얼·분지가 많아지면 종실수가 많아지며, 특히 재식밀도가 낮을 경우는 분얼·분지가 많이 발생하는 품종을 선택하는 것이 좋다.
ⓑ 재식밀도가 높거나 질소비료를 적게 시용하면 분얼·분지가 잘 발달되지 않지만, 재식밀도가 낮을 때 질소비료를 시용하면 분얼발생을 촉진시켜 이삭수를 증가시킬 수 있다.
ⓒ 시비에 따라 : 밀식하거나 기비중점시비를 하면 초기에 엽면적이 커서 광이용률이 높지만, 재식밀도가 낮고 후기중점시비를 하면 초기 엽면적이 작아 광이용률이 낮아진다.

> **참고** 벼의 분얼 발생에 영향을 주는 요인
>
> 1. 분얼발생적온은 18~25℃이지만 적온에서 주야간 온도교차가 클수록 분얼이 증가한다.
> 2. 광 강도가 강하면 분얼수가 증가하는데, 분얼초기와 중기에 영향이 크다.
> 3. 토양수분이 부족하면 분얼이 억제된다.
> 4. 분얼이 발생하고 생장하기 위해 무기양분과 광합성산물이 충분히 공급되어야 한다.
> 5. 심식할수록 온도가 낮고 주야 온도교차가 작아 착근이 늦고, 분얼이 억제된다.
> 6. 재식밀도가 높을수록 개체당 분얼수는 감소한다.
> 7. 직파하면 통상 2엽절~12엽절까지 분얼이 발생하여 이앙재배보다 분얼이 증가한다.

④ 잎의 노화
㉠ 잎의 지속기간 : 잎이 노화(老化; senescence)하지 않고 광합성 기능을 수행하는 기간. 재배방법을 개선하여 잎의 노화지연으로 광합성을 할 수 있는 기간을 연장시키면 수량이 증대된다.
㉡ 잎의 노화원인
ⓐ 새로 전개되는 잎이 오래된 잎과 광·무기물·광합성 산물 등에 대한 경합을 하기 때문인데, 오래된 잎부터 차례로 노화한다.
ⓑ 불량한 환경(비료부족, 건조, 고온, 거리, 바람, 병충해 발생 등)은 노화를 더욱 촉진시킨다.
ⓒ 등숙기에는 새로운 잎이 발생하지 않으며 종실로의 양분축적이 일어나 잎의 노화를 촉진시킨다.

(2) 재배방법에 따른 엽면적 증가
① 재배시기
㉠ 여름작물 : 조기 파종하면 저온과 과습으로 발아가 불량해진다.
㉡ 추파맥류 : 조기 파종하면 영양생장이 과도하고, 만기 파종하면 체내에 충분한 영양분을 저장하지 못하여 겨울에 동사한다. 입모수의 확보가 어려워 수량이 떨어지

는 경우 파종량을 증가시키면 필요한 엽면적을 확보할 수 있다.
ⓒ 벼 : 극조식하면 초기 저온으로 생육이 억제되어 감수하고, 조식하면 분얼수가 많아지므로 주당묘수를 줄일 수 있고, 만기 파종하면 영양생장기간이 짧아져서 엽면적이 감소하고 등숙기 저온으로 감수하게 된다.

② 재식밀도
ㄱ) 밀식(密植)의 경우
ⓐ 생육초기의 엽면적지수가 높아 초기의 광이용률이 높다.
ⓑ 주(포기) 간의 경합으로 분얼이나 분지가 많이 발생하지 않는다.
ⓒ 출사기(silking stage) 이후에는 잎의 노화가 빨리 와서 엽면적지수가 급격히 감소한다.
ㄴ) 소식(疎植)의 경우
ⓐ 생육초기의 엽면적지수가 낮아 초기의 광이용률이 떨어진다.
ⓑ 발생한 잎은 충분한 광을 받아 분얼수나 분지수가 많아진다.
ⓒ 엽면적지수는 밀식보다 낮지만 생육 후기의 엽면적지수의 감소가 적다.
ㄷ) 옥수수의 경우
ⓐ 소식하더라도 분얼이 발생하지 않는 옥수수는 재식밀도가 높을수록 엽면적지수가 높다.
ⓑ 종실용 옥수수는 표준재식밀도보다 밀식하면 주당 암이삭수와 이삭당 입수가 감소하여 종실수량은 감소한다.
ⓒ 사일리지의 수량은 밀식하여도 수량이 감소하지 않는다. 한 개체당 수광량이 충분하지 못하기 때문에 종실 발육은 좋지 않지만, 경엽 수량은 많으므로 종실과 경엽을 모두 이용하는 사일리지의 수량은 감소하지 않는다.

③ 질소비료
ㄱ) 질소를 시비하면 엽록소 함량이 증가하여 광합성과 단백질합성이 활발해진다.
ㄴ) 분얼이나 분지가 많이 발생하고, 잎수가 증가하고, 잎 크기도 커진다.
ㄷ) 잎의 노화가 지연되어 엽면적이 증가한다.

(3) 초관에 따른 광합성량
① 최적엽면적지수와 최고엽면적지수
ㄱ) 최적엽면적형(optimum LAI type)
ⓐ 의미 : 건물수량(= 광합성량 − 호흡소모량)은 처음에는 엽면적지수가 커질수록 증가하다가 일정한 한계를 넘으면 오히려 감소하여 대체로 엽면적지수가 4~6일 때 최고수량을 내는 유형

ⓑ **광합성량** : 생육 초기에는 군락 광합성은 엽면적지수에 비례하여 증가한다. 그러나 엽면적지수가 더욱 증가하여 하위엽이 충분히 수광하지 못하면 군락 광합성 증가율이 감소하며, 더욱 엽면적지수가 커지면 하부 엽면적이 증가해도 수광할 수 없으므로 전체 광합성량이 증가하지 않는다.
ⓒ **호흡소모량** : 호흡작용은 엽면적에 비례하여 증가하므로 호흡소모량은 계속 증가한다.
ⓓ 일반계(Japonica type)나 인디카(Indica type)의 Peta 품종처럼 잎이 늘어지는 품종은 최적엽면적형이며, 다수확을 위하여 다비 밀식하여 출수기 엽면적지수가 5 이상 되면 수량성이 낮아질 수 있다.

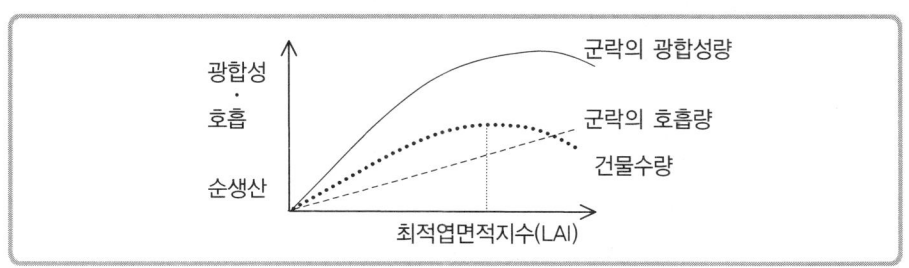

▨ 엽면적지수와 벼의 반응

ⓒ **최고엽면적형(ceiling LAI type)**
ⓐ **의미** : 최적엽면적이 존재하지 않고, 일정 수준 이상의 엽면적이면 최고 수량을 내는 유형
ⓑ **광합성량** : 상위엽이 상대적으로 작고 직립형 초형을 가진 품종은 광투과율이 높으므로 하위엽도 광합성이 충분히 일어날 수 있다.
ⓒ **호흡량** : 호흡작용은 초기에는 엽면적지수가 증가할수록 직선적으로 증가하지만 어느 한계 이상 되면 엽면적지수가 증가해도 호흡량이 크게 증가하지 않아 군락 광합성량은 감소하지 않는다.
ⓓ 통일계·인디카 품종 IR8처럼 잎이 직립하는 품종은 최고엽면적형이며, 출수기 엽면적지수가 5~10이 되어도 수량이 감소하지 않으므로 엽면적지수가 높은 조건에서도 안정적 다수확이 가능하다.

② **초관구조에 따른 광합성**
㉠ **초관구조(canopy structure)**
ⓐ **의미** : 동화기관인 잎과 비동화 기관인 줄기·이삭 등의 공간적 배치
ⓑ 초관구조에 따라 잎의 수광량이 달라지고, 군락 광합성량도 달라진다.
㉡ **수광에 유리한 초관구조**
ⓐ 벼 품종은 지엽이 이삭 위에 있어 광합성에 유리하고, 아래로 내려올수록 엽면

적이 증가하여 군락 전체가 광을 잘 받을 수 있는 형태이다.

ⓑ 간장(稈長)은 작지만 줄기가 굵고, 간기(stem base)가 튼튼하여 다비 밀식에서도 도복이 되지 않은 다수성 품종이 수광에 유리하다.

③ 엽각 : 엽면적지수와 엽각에 따라 광합성에 미치는 영향이 다르다.

㉠ 엽각(leaf angle) : 잎 기부에서부터 잎 끝까지 잇는 직선이 수직면과 이루는 각도

직립형 (erectophile)	• 0~30°, 벼과작물·글라디올러스 등 • 엽면적지수가 클 때는 직립하는 잎이 군락의 광합성량이 더 많다. • 다비 밀식에서 다수확을 목표로 할 때 유리하다.
경사형 (plagiophile)	30~60°, 유채·사탕무 등
수평형 (planophile)	• 60~90°, 오이·강낭콩·클로버·해바라기 등 • 엽면적지수가 작을 때는 수평 잎이 수광량이 많아서 광합성량이 많다. • 소식에서 유리하다.

㉡ 품종에 따른 차이

ⓐ 일반계 품종 : 대체로 엽각이 크고, 질소다비와 출수 4주 후에는 엽각이 커져 엽면적지수가 클 때 군락의 광합성에 불리한 초형이다. 최근 일반계 품종도 밀식에 적응하는 품종으로 육성되고 있다.

ⓑ 통일계 품종 : 일반계보다 엽각이 작아 잎이 직립하고, 질소 시비량이 증가해도 출수 후 4주까지 잎의 각도가 유지된다.

④ 잎의 크기

㉠ 일반계 품종 육종 : 수량과 내재해성에 중점을 두고 선발하였지만 잎의 길이가 점점 짧고 좁게 변하여 상위엽의 면적을 줄이고, 또 바람에 흔들리기 쉬워 하위엽까지 광이 잘 투과할 수 있으므로 군락의 광합성이 좋게 개량되어 수량성이 커졌다.

㉡ 통일계 품종 : 일반계보다 잎의 길이는 짧으나 폭은 더 넓어 잎이 직립하므로, 밀식조건에서도 수량성을 높인다.

⑤ 이상적 초형

㉠ 작물의 이상적 초형(ideal plant type, by Stoskopf)

ⓐ 상위엽은 직립하여 하위엽까지 광이 잘 투과되고, 하위엽은 수평으로 위치하여 도달하는 광을 많이 흡수할 수 있는 크리스마스트리와 같은 모양이다.

ⓑ 키와 영양생장기간은 비교적 짧으나, 생식생장기간이 길어 등숙이 잘되는 초형으로, 다비 밀식에 적응하는 다수성 품종이다.

㉡ 벼의 이상적 초형(IRRI 기준)

ⓐ 분얼수가 적고 이삭당 영화수가 많은 수중형(穗重型)인데, 벼는 6번째 이후 분얼부터 이삭 무게가 급격히 감소하기 때문이다.

ⓑ 영화는 유관속이 큰 1차지경에 착생하고, 영화 크기는 중간이어서 등숙이 잘되는 중립종이어야 하며, 간장(稈長)은 중간 정도이고, 줄기가 굵어 다비 밀식에서도 도복에 강하며, 잎은 두껍고 직립하여 낮은 광도에서도 광합성능력이 높은 중생종이다.

보충 작물의 이상적 초형

벼의 초형	• 키가 적당해야 함(너무 크거나 작지 않아야 함) • 분얼이 약간 개산형(gathered type)인 것이 좋음 • 벼 잎의 분포가 공간적으로 균일한 것이 좋음 • 잎이 약간 좁으며, 너무 얇지 않고, 상위엽이 직립한 것이 좋음
옥수수의 초형	• 수(♂)이삭이 작고 잎혀가 없는 것이 좋음 • 암(♀)이삭이 1개보다 2개인 것이 더욱 밀식에 적응함 • 상위엽은 직립하고, 점차 아래잎으로 갈수록 약간씩 기울어 하위엽은 수평이 되는 것이 좋음
콩의 초형	• 잎은 작고 가늘며, 잎자루는 짧고 직립하는 것이 좋음 • 키는 크지만, 도복에 강하며, 가지는 짧고 적게 치는 것이 좋음 • 꼬투리가 주로 원줄기(주경)에 달리고, 밑까지 착생하는 것이 좋음

3 단위엽면적당 광합성능력

○ 내적 요소 : 작물·품종·생육기·엽록소·무기양분·수분함량 등
○ 환경 요소 : 온도·광도·이산화탄소 농도 등

(1) 유전성(내적요소)

① 광합성능력
  ㉠ 고온조건에서는 C4 작물이 C3 작물보다, 저온조건에서는 C3 작물이 C4 작물보다 광합성능력이 높다.
  ㉡ C4 작물 : 광포화점이 높고, 광호흡이 없으며, 광합성 산물의 이행이 빠르고, 강광·고온 조건에서 C3 작물보다 생산성이 높다.
  ㉢ 최근 육성 품종은 잎이 직립형이어서 광이용률이 높고, 내병성·내충성·내도복성 등이 향상되어 다비밀식에 적응하였기 때문이다.

② 통일계 품종이 일반계보다 광합성능력이 높은 원인
  ㉠ RuBP carboxylase 활성이 현저히 높아 CO_2 고정량은 많지만, 고온에서 광호흡으로 유도하는 RuBP oxygenase 활력은 오히려 낮아지기 때문이다.
  ㉡ 잎이 직립하여 하위엽까지 광투과가 좋아 수량성이 훨씬 높기 때문이다.
  ㉢ 광합성 산물을 경엽보다 종실에서 더 많이 축적하여 수확지수가 높기 때문이다.

③ 벼 1대잡종(F1 hybrid) 수량이 고정종보다 더 높은 원인(20~30%)
  ㉠ 근본적으로는 CO_2 고정능력은 높으나 호흡과 광호흡이 적기 때문이다.
  ㉡ 왕성한 초기생육, 근계의 발달, 양수분의 흡수력 증대, 출수 후 잎의 노화지연 등으로 광합성에 유리하여 영화수가 많아도 등숙률과 입중이 떨어지지 않기 때문이다.
  ㉢ 불량환경에 대한 저항성이 크기 때문이다.

(2) 작물 환경

① 온도
  ㉠ 여름작물(벼·옥수수·콩 등)은 생육적온이 25~30℃이므로, 조기 재배하면 봄에 늦서리 피해나 유묘기 냉해를 받기 쉽고, 만기 재배하면 가을에 첫서리 피해나 등숙이 불량해지므로, 적기에 재배해야 한다.
  ㉡ 종실작물을 조식재배하면, 온도가 높고 일장이 긴 시기에 등숙되어 광합성량이 많아 수량이 증가한다.
  ㉢ 호냉성(好冷性) 작물은 온도가 높으면 생육에 불리하므로 여름 전에 수확하거나 후에 재배한다. 감자는 20℃ 이상에서는 광합성보다 호흡이 우세하여 괴경비대가 어려우므로, 평야지는 봄에 일찍 파종하여 6월 하순 이전에 수확하거나 가을에 재배하지만, 고랭지에서는 봄에 파종하여 가을에 수확하므로 수량과 품질이 높다.

② 광도
  ㉠ 작물 생육시기 : 생육 초기에는 엽면적지수가 낮으므로 모든 잎이 광포화점에 달하지만, 후기에 엽면적지수가 증가하면 하위엽은 광포화점에 달하지 못하고, 밀식조건에서는 엽면적이 가장 큰 출수기에 광부족이 문제된다.
  ㉡ 재식방법 : 산파(散播)를 하면 재배관리가 어려우므로 보통 점파(點播)나 조파(條播)를 한다. 조파의 경우 생육 초기에는 장방형(長方形)이 주간(株間)에 양분·수분에 대한 경합이 일어나므로 정방형(井方形)보다 생육이 떨어지지만, 생육 후기에는 장방형이 조간(줄사이)이 넓어 채광·통풍이 하위엽까지 잘 되어 다비밀식에서 더 유리하다.

(3) 기술 : 시비

① 질소시비와 작물수량
  ㉠ 질소비료를 시용하면 엽록소 함량을 증가시켜 단위엽면적당 광합성이 증가하며, 단백질합성이 촉진되어 엽면적을 증가시켜 생산성도 커진다.
  ㉡ 질소시비량 증가에 따라 흡수량과 수량이 뚜렷이 증가하는 작물(감자 등)과 증가하지 않는 작물(콩)이 있다.

ⓒ 최적질소시비량은 벼보다 옥수수가 크며, 질소비에 의한 분얼발생과 LAI의 필요 이상의 증대에 원인이 있다.

② 벼 생육기별 질소시비
  ㉠ 기비 : 이앙 전에 시비하면 분얼수가 증가한다.
  ㉡ 분얼비 : 생육초기(이앙 2주 후)에 시비하면 분얼수가 증가하여 이삭수가 증가한다.
  ㉢ 수비 : 유수형성기(출수전 25일경)에 시비하면 영화수가 증가한다.
  ㉣ 실비 : 출수기(수전기)에 시비하면 등숙이 잘 된다.

③ 내비성
  ㉠ 내비성이 강한 품종 특징
    ⓐ 초장이 짧고, 직립형의 잎을 가진다.
    ⓑ 다질소 조건 하에서도 광합성과 호흡의 균형을 유지한다.
    ⓒ 체내 전분함량이 비교적 높다.
    ⓓ 다비조건에서 광합성능력은 촉진되나 호흡촉진은 약하다. 내비성이 약한 품종은 반대 반응이 나타난다.
    ⓔ 다비조건에서 광합성은 촉진되지만 생장은 촉진되지 않기 때문에 광합성 산물이 전분 형태로 엽신·엽초에 다량 저장된다.
  ㉡ 단간직립형 엽의 장점
    ⓐ 도복저항성이 크다.
    ⓑ 줄기 호흡량이 줄어 광합성과 호흡의 균형상 유리하다.
    ⓒ 다비조건 하에서도 LAI 증대에 의한 상호차폐의 악영향이 적다.

참고 | 통일계 품종의 특징

키가 작고 줄기가 튼튼하여 도복에 극히 강하고, 잎이 직립하여 엽면적이 증가해도 광합성효율이 높으며, 내병성도 일반계보다 강하여 다비 밀식에서 다수확이 가능하다.

④ 환경조건과 질소시비 효과
  ㉠ 일사량 : 질소시비 효과는 일사량이 많을수록 효과가 크다. 질소증비에 의해 엽면적지수가 증대되면 상호차폐에 의해 광합성과 호흡 균형이 악화된다. 일사량이 충분하면 이를 해결할 수 있다. 질소증비에 의해 수량 Capacity(영화수×영 크기)가 증가하였을 때 일사량이 부족하면 등숙이 저하되어 감수한다.

ⓒ 온도 : 질소시비에 의해 기온이 높을수록 개체 생장률이 높아지며, 기온이 낮을수록 개체 내 질소함유율이 높아진다.

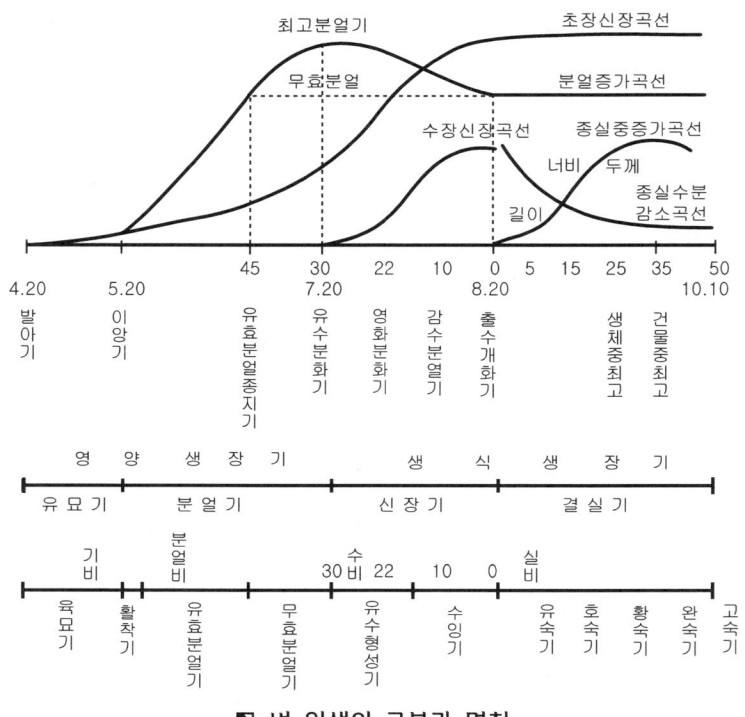

■ 벼 일생의 구분과 명칭

4 동화산물의 이동과 축적

(1) Source vs Sink

① 의미 : 공급기관과 수용기관이 균형 있게 발달해야 수량이 증가한다.
  ㉠ 공급부위(source) : 광합성 산물은 잎에서 만들어져 다른 필요한 기관으로 이동되어 이용되거나 저장된다.
  ㉡ 수용부위(sink) : 광합성 산물을 이용하는 어린잎·뿌리, 양분을 저장하는 기관인 종실·괴경·괴근 등

> **참고** 수용기관(sink)-공급기관(source) 이론의 적용
>
> 1 sink에 관련된 형질 : 이삭수, 이삭당 영화수, 낟알무게, 동화물질의 전류능력
> 2 source에 관련된 형질 : 초형, 잎면적, 엽록소함량, 잎 두께, 광합성능력, 잎기능의 장기 유지, 뿌리활력

② Source와 Sink의 변화
　㉠ 어린잎 : 광합성을 충분히 하지 못하므로, 광합성 산물이 성숙한 잎에서 어린잎·뿌리로 이동하며, 성숙한 잎은 source가 되고 어린잎·뿌리는 sink가 된다. 어린잎이 성숙하면, 다른 어린잎·뿌리로 광합성 산물을 보내므로 수용부위에서 공급부위로 변한다.
　㉡ 종실작물의 경우, 출수·개화기에 전에는 잎 면적은 최대에 달하지만 종실은 아직 생기지 않아 줄기·잎집에 탄수화물을 저장한다. 개화·수정하여 종실이 발달할 때는 잎에서 생성된 탄수화물, 일부 줄기·잎집에 저장되어 있는 탄수화물도 종실로 이동한다.
　㉢ 사탕무에서 광합성량이 적을 때는 탄수화물은 어린잎으로 이동하여 엽면적을 증가시키며, 토양수분이 부족할 때는 잎 생장이 억제되므로 뿌리 발달에 이용되어 수분흡수를 좋게 한다.
　㉣ 볏과작물은 종실이 발달할 때 상위엽 광합성 산물은 종실에 축적되고, 하위엽 광합성 산물은 뿌리 쪽으로 이동한다.
　㉤ 콩·완두·목화 등 잎겨드랑이(엽액)에서 꽃이 발생하는 작물은 주로 열매에 가까운 잎이 양분을 공급한다.
　㉥ 옥수수에서도 이삭이 달리는 마디에서 발생한 잎이 양분을 공급한다.
③ 잎의 광합성 물질이 수용부위로의 이행 : 삼투농도의 구배에 따라 이동한다.
　㉠ 잎에서 광합성이 왕성하여 당이 축적되면 수분퍼텐셜이 낮아져 물이 들어오고, 잎에는 압력이 형성된다(체관부적재).
　㉡ 저장기관에서 당이 저장물질(전분)로 변하면 수분퍼텐셜이 높아져 물이 빠져나가 압력이 감소된다(체관부하적).
　㉢ 압력이 높은 잎에서 압력이 낮은 종실·괴근·괴경 등으로 체관을 통하여 양분이 이동된다.
　㉣ 수용부위가 크면 양분 이동이 많아지고, 잎의 광합성도 증가한다.

(2) 저장기관의 크기

저장기관의 크기가 수량에 영향을 끼치는 정도는 영양기관을 수확하는 작물보다 종실을 수확하는 유한생육형 작물에서 더 크다.

① 수량구성요소 = 이삭수 × 이삭당 영화수 × 등숙률 × 입중
　㉠ 저장기관의 크기 = 영화수 × 한 영화의 저장능력
　　* 영화수 = 이삭수 × 이삭당 영화수
　　* 한 영화의 저장능력 = 왕겨의 크기

ⓐ 이삭수가 많으면 이삭당 영화수는 감소하는데, 통일계 품종은 이삭수가 증가해도 이삭당 영화수가 감소하지 않아, 즉 단위면적당 영화수가 증가하여 다수확에 유리하다.
ⓑ 유수형성기에 질소시비(수비)를 하면 퇴화영화수를 줄여 이삭당 영화수가 증가하나, 밀식조건에서 이삭당 영화수가 크게 감소한다.
ⓒ 왕겨 크기도 영화분화기의 영양상태가 좋으면 커지고 불량하면 작아진다.
ⓛ 출수 후 기상조건
ⓐ 출수 후 불리한 기상조건: 영화에 광합성 산물이 충분히 축적되지 않아 등숙률과 입중이 낮아 수량이 감소한다.
ⓑ 광합성에 유리한 조건: 영화수와 왕겨 크기가 수량의 제한요소가 된다.
② 등숙기간과 유전적 종실크기
㉠ 등숙기간이 충분하면 대립종이 다수확에 유리하지만, 등숙기간이 짧으면 영화수가 많고 저장속도가 빠른 소립종이 유리하다.
㉡ 대립종일수록 배·배유에 비해 왕겨(비저장기관)의 비율이 낮아 다수확에 유리하지만, 종자 내부에는 유관속이 없으므로 저장물질·산소·이산화탄소의 확산이 소립종보다 어려워 종실 발달이 불리하다.
③ 등숙기간의 온도와 일사량
㉠ 어떤 한계까지는 일사량과 온도가 높을수록 수량이 증가하지만 그 이상은 증가하지 않는다.
㉡ 고온일 때에는 등숙기간이 단축되는데, 잎과 이삭의 지경이 빨리 노화되기 때문이다.

(3) 수확지수(harvest index, HI)
① 지상부 전체 건물중(biomass) 중에서 저장기관인 종실 수량이 차지하는 비율(%)
② 전 건물중에 대한 종실수량의 비율로 경제적 수량에 해당한다.

$$HI : 수확지수(\%) = \frac{종실\ 중}{전체\ 건물\ 중} \times 100 = \frac{경제적\ 수량}{생물적\ 수량} \times 100$$

기출 및 출제예상문제

01 다음 작물의 엽면적과 관련된 설명이 옳지 않은 것은? ●21. 경북 농촌지도사

① 재식밀도가 높거나 질소비료를 적게 시용하면 분얼·분지가 잘 발달되지 않는다.
② 재식밀도가 낮고 후기중점시비를 하면 초기 엽면적이 높아 광이용률이 높아진다.
③ 질소를 시비하면 분얼이나 분지가 많이 발생하고, 잎수가 증가하고, 잎 크기도 커진다.
④ 콩에서 분얼이 한번 발생한 가지는 환경이 불량하더라도 그 수가 감소하지는 않는다.

[해설] 재식밀도가 낮고 후기중점시비를 하면 초기 엽면적이 작아 광이용률이 낮아진다.

02 벼 품종에 대한 설명으로 옳지 않은 것은? ●18. 경기 농촌지도사(변형)

① 일반계 품종은 대체로 엽각이 크고, 엽면적지수가 클 때 군락의 광합성에 불리한 초형이다.
② 통일계 품종은 질소 시비량이 증가해도 출수 후 4주까지 잎의 각도가 유지된다.
③ 통일계 품종이 일반계보다 광합성능력이 높은 원인은 RuBP oxygenase 활력이 높기 때문이다.
④ 통일계 품종은 내병성이 강하여 다비밀식에서 대수확이 가능하다.

[해설] 통일계 품종이 일반계보다 광합성능력이 높은 원인
　㉠ RuBP carboxylase 활성이 현저히 높아 이산화탄소(CO_2) 고정량은 많지만, 고온에서 광호흡으로 유도하는 RuBP oxygenase 활력은 오히려 낮아지기 때문이다.
　㉡ 잎이 직립하여 하위엽까지 광투과가 좋아 수량성이 훨씬 높기 때문이다.

03 다음 중 작물의 수량으로 타당한 것은?

① 광합성의 결과로 생긴 탄수화물의 축적량
② 뿌리로부터 흡수된 양분의 총량
③ 호흡에 의해 소모된 탄수화물의 양
④ 당류로 전환된 탄수화물의 양

[정답] 01 ② 02 ③ 03 ①

04 작물의 수량구성요소가 형성되고 발달되는 과정을 3가지 유형으로 나눌 때 이에 해당되지 않는 것은?

① 영양생장과 생식생장이 분리되어 있는 작물
② 영양생장과 생식생장이 오랜 기간 병행하는 작물
③ 영양생장은 이루어지지 않고 생식생장만 하는 작물
④ 영양기관을 수확물로 이용하는 작물

05 다음 중 일정기간의 영양생장이 진행된 후에 생식생장이 진행되지만 생식생장 중에도 영양생장이 계속되는 작물은?

① 토마토　　　　　　　　　② 무
③ 벼　　　　　　　　　　　④ 상추

06 군락상태에서 일사량이 제한요인이 아니라면, 건물생산을 높이기 위해서는 초형과 엽면적은 어떤 것이 좋겠는가?

① 잎이 직립형이면서 최적엽면적지수가 클수록 좋다.
② 잎이 직립형이면서 엽면적지수가 클수록 좋다
③ 잎이 수평형이면서 과번무되는 것이 좋다.
④ 잎이 수평형이면서 최적엽면적지수가 작을수록 좋다.

07 군락상태에서 총엽면적과 평균동화능력이 같을 때 최적엽면적지수는 어떤 조건에 의해 달라지는가?

① 일사량과 수광태세　　　② 온도와 습도
③ 질소 시비량　　　　　　④ 재식밀도

08 군락의 광합성능력이 증대되어 건물생산이 최대가 될 수 있는 엽면적은?

① 총엽면적지수가 커야 한다.　　② 최적엽면적지수가 커야 한다.
③ 엽면적율(LAR)이 커야 한다.　　④ 비엽면적(SLA)이 커야 한다.

정답　04 ③　05 ①　06 ①　07 ①　08 ②

09 다음 중 작물군락의 최적엽면적지수에 대한 설명으로 틀린 것은?

① 최적엽면적지수는 일사량이 클수록 커진다.
② 최적엽면적지수는 수광태세가 좋은 초형일수록 크다.
③ 최적엽면적지수는 작물의 종류와 품종에 따라 다르다.
④ 최적엽면적지수가 증대되면 일반적으로 수량이 감소한다.

[해설] 최적엽면적지수가 증대되면 일반적으로 수량이 증대된다.

10 다음 중 내비성이 큰 품종의 특성이 아닌 것은 무엇인가?

① 간장이 짧아 내도복성이 크다.
② 직립형 엽이므로 수광태세가 좋다.
③ 다질소 조건에서도 광합성과 호흡의 균형이 유지된다.
④ 엽면적이 증가될 때 과번무되기 쉽다.

[해설] 내비성이 큰 품종은 과번무가 되지 않는다.

11 일반적으로 조식재배에 의해 벼 수량이 높아지는 주된 이유는?

① 수수의 증가
② 등숙률의 증가
③ 1수립수의 증가
④ 천립중의 증가

[해설] 벼에서 조식재배를 하면 영양생장기간이 길어져서 분얼수가 증가하여 수수도 증가하게 된다.

12 싱크와 소스에 대한 설명으로 잘못된 것은?

① 탄수화물을 공급하는 기관이 소스이다.
② 영화수와 영화의 크기는 싱크이다.
③ 출수·개화 후의 건물생산능은 소스능이다.
④ 소스와 싱크는 서로 관계없다.

[해설] 소스와 싱크가 균형있게 발달해야 수량이 증가한다.

정답 09 ④ 10 ④ 11 ① 12 ④

13 벼의 수량생산에 있어서 싱크는 무엇에 해당하는가?

① 단위면적당 작물군락의 엽면적
② 광합성기능을 가진 지상부
③ 단위면적당 영화수 × 내·외영의 크기
④ 양분흡수기능을 가진 지하부

[해설] 저장기관의 크기 = 영화수×한 영화의 저장능력

14 다음 중 수확지수 0.5가 의미하는 것은?

① 전체 건물생산의 50%가 수확물이다.
② 전체 수확량의 50%가 이용된다.
③ 식물체의 생체중의 0.5%를 수확물로 이용한다.
④ 단위면적당 생산량의 0.5%가 진정한 의미의 수량이다.

15 단위면적당 수수(穗數)의 증가에 가장 효과가 큰 시비는?

① 기비와 분얼비   ② 기비와 수비
③ 수비   ④ 실비

[해설] 기비와 분얼비는 분얼수를 증가시키기 위한 시비방법이다.

16 다음 중 벼재배에 있어서 실비(實肥)의 효과로서 적당한 것은?

① 출수 후 광합성능력이 촉진되어 등숙률이 향상된다.
② 엽면적이 확대되고 영화의 퇴화가 방지된다.
③ 절간신장이 억제되어 도복이 방지된다.
④ 무효분얼이 유효분얼로 변화된다.

17 벼의 수전기에 사용하는 실비(實肥)가 등숙률을 향상시키는 생리적 요인은 무엇인가?

① 광합성능력의 증대   ② 엽면적의 증대
③ 잎의 조기고사를 촉진   ④ 잎의 직립에 의한 수광태세의 개선

정답 13 ③ 14 ① 15 ① 16 ① 17 ①

18. 질소시비의 효과에 가장 크게 영향을 미치는 환경조건은?
① 온도
② 토양양분
③ 수분
④ 일사량(日射量)

[해설] 생육시기별 차광은 수량구성요소를 낮춘다.

19. 벼의 수량 capacity에 해당되는 것은?
① 엽면적(LA) × 광합성 능력
② 최적엽면적 × 탄소동화량
③ m^2당 이삭수 × 엽면적
④ m^2당 영화수 × 내・외영의 크기

20. 벼에서 수량 capacity를 증대시키기 위한 방법이 아닌 것은?
① 단위면적당 수수를 증가시킨다.
② 수당 영화수를 증가시킨다.
③ 영화의 크기를 증가시킨다.
④ 엽면적을 증가시킨다.

21. 작물체의 영양상관에서 공급부위(source)-수용부위(sink)의 관계에 해당되는 것은?
① 과실-종자
② 잎-과실
③ 뿌리-줄기
④ 암술-수술

[해설]
• sink에 관련된 형질 : 이삭수, 이삭당 영화수, 낱알무게, 동화물질의 전류능력
• source에 관련된 형질 : 초형, 잎면적, 엽록소함량, 잎 두께, 광합성능력, 잎기능의 장기유지, 뿌리활력

정답 18 ④ 19 ④ 20 ④ 21 ②

22. 다음 중 source-sink에 대한 설명 중 틀린 것은?

① source 또는 sink로 역할을 하는 특정기관은 그 역할이 바뀔 수 있다.
② 벼에서 성숙 중인 이삭으로 가장 많은 광합성 산물을 보내는 잎은 가운데에 위치한 잎이다.
③ 성숙 중인 종자는 활발한 sink로 작용한다.
④ 미성숙한 어린잎은 sink로 작용한다.
⑤ source와 sink는 체관에 의해 연결된다.

[해설] 벼에서 성숙 중인 이삭으로 가장 많은 광합성 산물을 보내는 잎은 지엽이다.

23. 다음 중 소스에 해당되는 것은?

① 동화물질을 공급하는 입장
② 종자, 열매, 저장기관, 생장점이나 부근의 생장이 활발한 조직
③ 낙엽과속에 있어서 이듬해 봄에 막 전개하는 잎
④ 감자에 있어서의 괴경

24. 작물의 이상적 초형에 해당되지 않는 것은?

① 다비 적응성이 높다.
② 상위 잎은 직립이고 하위 잎은 수평이다.
③ 초장이 길다.
④ 밀식 적응성이 높다.
⑤ 영양생장기간이 비교적 짧은 편이고 생식생장기간이 길다.

25. 작물체의 생체중(fresh weight)이 600g이고 건물중(dry weight)이 150g일 때 수분함량을 생체중에 대한 비율로 나타내면 얼마인가?

① 45%   ② 55%
③ 65%   ④ 75%
⑤ 85%

[해설] 작물의 수분함량 $= \dfrac{수분함량}{생체중} \times 100 = \dfrac{450}{600} \times 100 = 75\%$

[정답] 22 ② 23 ① 24 ③ 25 ④

26 10a에 생산한 벼의 총건물이 1000kg, 종자는 500kg이었다면 HI는?

① 33
② 50
③ 100
④ 150
⑤ 200

[해설] HI : 수확지수(%) = $\dfrac{종실중}{전체\ 건물중} \times 100 = \dfrac{500}{1000} \times 100 = 50\%$

[정답] 26 ②

컨셉 작물생리학

부록

최신 기출문제

2023. 서울시 농촌지도사 작물생리학
2022. 경기 농촌지도사 작물생리학
2021. 경북 농촌지도사 작물생리학
2020. 서울시 농촌지도사 작물생리학

이하에 게재된 [작물생리학] 기출문제는 시험에 임했던 수험생들의 기억에 의하여 출제경향과 난이도에 맞게 재구성한 문제이므로 실제문제와는 다소 다를 수 있음을 고지하며, 이 점 착오 없기를 바랍니다.

컨셉 작물생리학

2023. 서울시 농촌지도사 작물생리학

01 수용부위(sink)에서 체관부하적이 이루어질 때 체관요소의 특성으로 가장 옳은 것은?
① 체관요소의 당 농도를 낮게 하여 삼투압이 낮아 수분퍼텐셜이 높아진다.
② 체관부의 수분퍼텐셜이 물관부의 수분퍼텐셜보다 낮다.
③ 물은 수분퍼텐셜 차이에 따라 체관부를 떠나서 수용부위의 체관요소의 팽압을 증가시킨다.
④ 물과 동화물질은 집단류에 의하여 팽압이 높은 수용부위로 운반된다.

02 식물의 광주기성에 대한 설명으로 가장 옳지 않은 것은?
① 한계일장은 식물이 개화를 유도할 수 있는 일장을 의미한다.
② 국화, 담배, 딸기 등은 단일식물로 사탕무, 카네이션, 귀리 등은 장일식물로 분류된다.
③ 장일식물은 피토크롬(phytochrome) P_{fr}형이 P_r형보다 많을 때 개화하기 때문에, 개화를 위해서는 밤의 길이가 짧은 조건이 필요하다.
④ 암조건에서 자란 유식물의 피토크롬(phytochrome)은 적색광을 흡수하는 형태인 P_r형으로 존재한다.

03 일반적인 종자의 세 가지 주요 구성성분에 해당하는 것은?
① 탄수화물, 아미노산, 페놀화합물
② 탄수화물, 페놀화합물, 지질
③ 탄수화물, 단백질, 페놀화합물
④ 탄수화물, 단백질, 지질

정답 01 ① 02 ① 03 ④

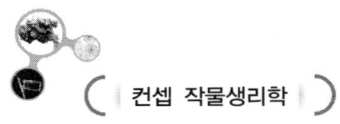

04 작물의 광합성 대사과정에 대한 설명으로 가장 옳지 않은 것은?

① CAM 작물에서는 밤에 이산화탄소를 고정하여 3-인산글리세르산(3-phosphoglyceric acid)을 만든다.
② C4 작물은 광호흡을 하지 않거나 광호흡량이 낮다.
③ C3 작물은 캘빈-벤슨회로(Calvin-Benson cycle)를 통해 자당을 생성한다.
④ C3, C4, CAM 작물들 모두에서 루비스코효소(Rubisco)를 이용하여 캘빈-벤슨회로(Calvin-Benson cycle)를 작동시킨다.

05 식물의 개화에 대한 설명으로 가장 옳지 않은 것은?

① 단성화 중에는 옥수수와 같이 자웅동주인 경우와 시금치와 같이 자웅이주인 경우가 있다.
② 온도는 식물의 개화반응을 유도하는 중요한 환경요인이다.
③ 식물에서 꽃의 중요 기관들은 꽃받침, 꽃잎, 정핵, 암술이다.
④ 난세포에서는 식물 체세포 염색체의 절반(n)만 관찰된다.

06 〈보기〉에서 필수원소의 결핍증상에 대한 설명으로 옳은 것을 모두 고른 것은?

| 보기 |

가. 질소가 결핍되면 하위엽에 있던 질소가 생장점으로 재분배되어 하위엽부터 황백화된다.
나. 인이 결핍되면 분얼이 억제되고 잎과 줄기가 진녹색으로 변한다.
다. 칼륨이 결핍되면 주로 엽맥 사이가 황백화되거나 조직이 갈변 괴사한다.
라. 칼슘이 결핍되면 뿌리가 짧아지며, 심한 경우 생장점이나 어린 잎이 말라죽는다.
마. 마그네슘이 결핍되면 오래된 잎의 가장자리가 황색, 갈색 또는 회색으로 변하며, 점점 잎의 중심으로 퍼진다.

① 가, 나, 다
② 가, 나, 라
③ 나, 다, 라
④ 다, 라, 마

정답 04 ① 05 ③ 06 ②

07 작물의 휴면에 대한 설명으로 가장 옳지 않은 것은?
① 작물에서 대표적인 휴면기관은 종자이다.
② 종자의 발아를 억제하는 대표적인 물질은 앱시스산(ABA)이다.
③ 종자에서 발아억제물질들이 감소하고 발아촉진물질들이 증가하면서 휴면이 타파된다.
④ 작물이 휴면을 타파하기 가장 좋은 방법은 고온처리이다.

08 작물의 세포막에서 물을 통과시키는 기작과 가장 관계가 높은 요인은?
① 튜불린(tubulin)
② ATP합성효소(ATP synthase)
③ 아쿠아포린(aquaporin)
④ 액틴(actin)

09 〈보기〉에서 작물의 생장상관에 대한 설명으로 옳은 것을 모두 고른 것은?

| 보기 |
가. 줄기의 끝눈이 곁눈에 비해 생장이 우세하다.
나. 어린 잎과 성숙한 잎은 겨드랑이눈의 생장을 촉진한다.
다. 수분이 적당하고, 질소가 충분하면 지상부에 비해 지하부의 생육이 촉진된다.
라. 지상부에서 공급되는 옥신은 곁뿌리와 근모 발생을 촉진한다.
마. 지하부에서 합성되는 시토키닌은 지상부 생장에 영향을 미친다.

① 가, 나, 라
② 가, 라, 마
③ 나, 다, 라
④ 나, 다, 마

10 무기물의 엽면시비가 효과적인 경우로 가장 옳지 않은 것은?
① 한 번에 많은 양을 신속히 사용하여 대처해야 하는 경우
② 영양부족 상태를 빠르게 회복시켜야 하는 경우
③ 토양에서 불용태가 되기 쉬운 무기양분의 경우
④ 토양조건에 따라 무기물 흡수가 저해되는 경우

정답 07 ④ 08 ③ 09 ② 10 ①

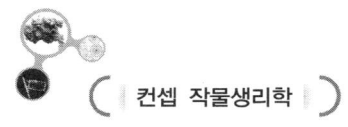

11 작물의 세포호흡에 대한 설명으로 가장 옳지 않은 것은?

① 해당과정(glycolysis)은 시토졸에서 일어나며, 해당과정의 주된 조절 단계는 비가역 반응인 과당-6-인산에서 과당-1,6-이인산으로 되는 과정이다.
② 전자전달계의 복합체Ⅱ는 숙신산의 산화를 촉매하는 막결합 단백질로, 이 복합체는 미토콘드리아 기질로부터 내막공간으로 전자쌍당 4개의 H^+를 퍼낸다.
③ 미토콘드리아 기질에서 일어나는 크렙스회로를 통해 1분자의 아세틸-CoA가 완전히 산화되면 2분자의 CO_2, 3분자의 NADH, 1분자의 $FADH_2$ 그리고 1분자의 ATP가 생산된다.
④ 전자전달계를 거친 전자의 최종수용체는 산소로, 만약 산소가 없다면 전자전달이 중지되어 크렙스회로도 반응이 정지된다.

12 〈보기〉에서 쌍자엽식물을 모두 고른 것은?

보기
가. 바나나　　　　　　　　나. 야자
다. 선인장　　　　　　　　라. 해바라기

① 가, 나
② 가, 다
③ 나, 라
④ 다, 라

13 작물의 증산작용에 대한 설명으로 가장 옳지 않은 것은?

① 주로 잎에서 일어나며 각피증산과 기공증산으로 구분된다.
② 증산작용이 활발하면 수분 흡수가 촉진되고 이산화탄소가 쉽게 유입된다.
③ 작물이 흡수한 수분의 대부분은 증산작용을 통해 기체 상태로 배출되며, 수분 흡수량이 많으면 증산이 활발해진다.
④ 증산으로 다량의 수분이 배출되면 잎세포의 수분퍼텐셜이 증가하여 수분의 상승이동과 뿌리의 수분흡수가 촉진된다.

정답　11 ②　12 ④　13 ④

14 작물의 환경스트레스에 대한 특징으로 가장 옳은 것은?
① 내건성이 강한 작물은 뿌리로의 탄수화물 이행을 유도하여 뿌리 신장을 촉진한다.
② 내습성이 강한 작물은 세포벽의 목질화를 억제하여 공기(산소)의 이동을 촉진한다.
③ 내냉성이 강한 작물은 세포막의 포화지방산 비율이 높아 막의 유동성을 최소화한다.
④ 내동성이 강한 작물은 세포의 수분퍼텐셜을 증가시켜 원형질을 보호한다.

15 작물의 광합성에 대한 설명으로 가장 옳지 않은 것은?
① 광계Ⅰ은 700nm의 원적색광을, 광계Ⅱ는 680nm의 적색광을 잘 흡수하며, 틸라코이드막에는 광계Ⅱ가 광계Ⅰ보다 더 많이 존재한다.
② 명반응의 순환적 광인산화 과정은 NADPH와 ATP를 생성한다.
③ 광계Ⅱ에서 방출된 전자는 빠르게 1차 전자수용체인 페오피틴(pheophytin)으로 전달되며, 광계Ⅱ의 반응중심엽록소는 물의 광분해로부터 전자를 보충한다.
④ 제초제 디우론(diuron, DCMU)은 광계Ⅱ의 퀴논(Q_B)이라는 전자전달체의 결합 부위에 결합하여 전자전달을 차단한다.

16 작물의 발달단계와 피토크롬(phytochrome)에 의한 광가역(적색광) 반응을 옳게 짝지은 것은?
① 상추 종자 - 색소체 발달 촉진
② 완두 성체 - 개화 저해
③ 귀리 유식물 - 1차엽 발달 및 안토시아닌 생성 촉진
④ 소나무 유식물 - 엽록소 축적 촉진

정답   14 ①   15 ②   16 ④

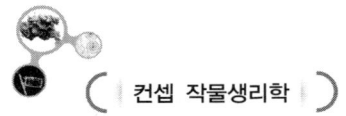

17 흡수된 질산염이 잎에서 환원되는 질소 동화 과정에 대해 〈보기〉의 가-나-다-라 순서대로 바르게 나열한 것은?

| 보기 |

$$NO_3 \xrightarrow[\text{(나) 장소}]{\text{(가) 효소}} NO_2 \xrightarrow[\text{(라) 장소}]{\text{(다) 효소}} NH_3$$

① 질산환원효소(nitrate reductase) – 시토졸 – 아질산환원효소(nitrite reductase) – 엽록체
② 아질산환원효소(nitrite reductase) – 액포 – 질산환원효소(nitrate reductase) – 시토졸
③ 질산환원효소(nitrate reductase) – 액포 – 아질산환원효소(nitrite reductase) – 시토졸
④ 아질산환원효소(nitrite reductase) – 액포 – 질산환원효소(nitrate reductase) – 엽록체

18 작물의 광합성에 영향을 미치는 내·외적 조건에 대한 설명으로 가장 옳은 것은?
① 엽육세포 내 동화물질의 축적은 광합성을 활성화한다.
② 칼슘은 기공의 개폐작용과 CO_2의 고정반응단계의 효소 활성에 영향을 미친다.
③ 식물체의 함수량이 감소하면 삼투량이 감소하여 기공의 가스확산이 증가한다.
④ 강한 광에 의한 광합성의 불활성화는 CO_2 농도의 저하에 의하여 강화된다.

19 〈보기〉에서 설명하는 작물생육에 필요한 필수원소를 가-나-다-라 순서대로 바르게 나열한 것은?

| 보기 |
가. 세포막 구성성분이며 에너지 공급과 수소전달에 관여한다.
나. 세포막의 선택적 투과성에 영향을 끼치며 2차 신호전달자로서 작용한다.
다. 효소활성화, 광합성 산물 수송 및 삼투조절에 관여한다.
라. 세포벽 구성물질의 합성을 촉진하고 옥신작용을 간접적으로 제어한다.

① 인 – 칼륨 – 질소 – 철
② 칼슘 – 칼륨 – 인 – 망간
③ 인 – 칼슘 – 칼륨 – 붕소
④ 칼륨 – 칼슘 – 마그네슘 – 구리

정답 17 ① 18 ④ 19 ③

20 작물의 세포외피에 대한 설명으로 가장 옳지 않은 것은?

① 1차세포벽의 주성분은 섬유소(cellulose)이다.
② 2차세포벽의 주성분은 섬유소(cellulose), 헤미셀룰로스, 리그닌 등이다.
③ 가장 외곽의 1차세포벽은 2차세포벽에 비해 강도가 높다.
④ 원형질연락사는 세포벽을 가로질러 두 세포 사이에 연결된 소포체를 둘러싸고 있다.

정답 20 ③

2022. 경기 농촌지도사 작물생리학

01 식물호르몬 효과에 대한 설명으로 옳지 않은 것은?
① GA는 장일식물이나 춘화처리를 요구하는 식물에서 영양생장에서 생식생장으로의 전환을 촉진시킨다.
② 식물의 측아에 사이토키닌을 직접 처리하면 세포분열 활성과 생장이 촉진된다.
③ 합성옥신은 화곡류에만 선택적으로 고사시키는 제초제로 이용된다.
④ 과실에 에틸렌을 처리하면 성숙 과정이 시작되고, 에틸렌 생성이 증가되며 성숙이 촉진된다.

02 EPSPS는 글라이포세이트에 의해 억제되는데, EPSP 경로에서 유래하는 아미노산이 아닌 것은?
① 페닐알라닌 ② 티로신
③ 트립토판 ④ 류신

03 암모니아로부터 단백질 합성이 저해되어 체내 아미노산이 축적되는 냉해의 종류로 옳은 것은?
① 지연형 냉해 ② 병해형 냉해
③ 혼합형 냉해 ④ 장해형 냉해

04 테르페노이드에 대한 설명으로 옳지 않은 것은?
① 테르페노이드는 5탄소 단위체 구조로 이루어져 있다.
② ABA는 세스퀴테르페노이드이다.
③ GA는 다이테르페노이드이다.
④ 멘톨(menthol)은 트리테르페노이드이다.

정답 01 ③ 02 ④ 03 ② 04 ④

05. 단위엽면적당 단위시간의 건물생산능력을 의미하는 것은?

① 상대생장률(RGR)
② 순동화율(NAR)
③ 엽면적지수(LAI)
④ 작물생장률(CGR)

06. 광합성에 대한 설명으로 옳지 않은 것은?

① RuBP 재생성 단계에서 ATP를 합성한다.
② 3PG는 이산화탄소가 고정되어 생기는 최초의 안정한 광합성 중간산물이다.
③ 루비스코는 캘빈회로에서는 carboxylase로 작용하고, 광호흡 시에는 oxygenase로 작용한다.
④ G3P는 3탄당인산 이성질화효소에 의해 dihydroxyacetone 3-phosphate로 전환된다.

07. 수경재배에서 철(Fe)의 가용도 증가시키기 위해 첨가하는 킬레이트제가 아닌 것은?

① EDTA
② 타타르산
③ ACC
④ DTPA

08. 세포 소기관에 대한 설명으로 옳지 않은 것은?

① 핵, 엽록체, 미토콘드리아는 단위막이며 복막구조계이다.
② 핵 내에서 가장 크게 차지하는 부분은 DNA와 단백질이다.
③ DNA가 핵공을 빠져나와 세포질에서 단백질로 번역된다.
④ 세포주기 중 간기는 염색질로 존재하고, 분열기는 고도로 응축된 염색체 구조로 되어 있다.

09. 지질에 대한 설명으로 옳은 것은?

① 식물의 엽록체에 당지질이 특히 많이 존재한다.
② 인지질은 소수성인 친유성기만 존재한다.
③ 스핑고지질은 아미노당으로 구성된 글리세롤의 에스테르 결합을 하고 있다.
④ 불포화지방산은 입체화학적으로 트랜스형 구조를 갖는다.

정답 05 ② 06 ① 07 ③ 08 ③ 09 ①

10 동화물질 전류에 대한 설명으로 옳은 것은?
① 호르몬은 생성부위에서 작용부위로 이동할 때 물관을 통해 이동한다.
② 말산, 옥살산, 시트르산 등 유기산은 체관 수송에서 중요한 역할을 한다.
③ 환원당이 사관요소에서 효소작용에 대해 반응성이 적고 보다 안정하다.
④ 사과나무에서는 만니톨과 솔비톨이 주요 전류형태이다.

11 구조지질에 대한 설명으로 옳지 않은 것은?
① 큐틴이 수베린보다 더 소수성이다.
② 왁스는 중합체가 아니라 1가알코올과 긴 사슬을 가진 지방산의 에스테르이다.
③ 큐티클은 수분 손실을 막기 위한 투과장벽의 역할을 한다.
④ 수베린은 지방산의 중합체이지만 큐틴과 달리 선상구조로 되어 있다.

12 질소에 대한 설명으로 옳지 않은 것은?
① C3 화곡류는 질소과다시 경엽의 생장이 지나쳐서 성숙이 지연된다.
② 목초류 사료작물에서 질소 시비시 단백질 함량이 증가한다.
③ 벼에서 유수형성기에 질소를 시비하면 영화수가 증가하며, 출수기에 질소를 시비하면 등숙이 잘된다.
④ C4 화곡류는 질소함량이 높으면 개화 및 성숙을 지연시킨다.

13 CAM에 대한 설명이 모두 옳은 것은?

> 가. 엽육세포는 해면상 조직으로 액포가 크다.
> 나. 수분이용효율이 좋다.
> 다. C3 식물보다 CO_2 보상점이 높다.
> 라. 무기영양으로서 Na을 요구한다.

① 가, 다
② 나, 다
③ 가, 나, 라
④ 가, 나, 다, 라

정답 10 ④ 11 ① 12 ④ 13 ④

14 과실 성숙에 대한 설명으로 옳지 않은 것은?

① 귤, 포도 등은 호흡급등형 과실이다.
② 엽록소는 감소하고, 카로티노이드(carotenoid)와 안토시아닌(anthocyanin)이 증가한다.
③ 성숙한 과실은 가용성고형물(soluble solid)이 많아 단맛이 증가한다.
④ 경도 감소의 주 원인은 세포의 중층에서 펙틴질이 분해되어 가용성이 되면서 세포 간 접착능력을 잃게 되기 때문이다.

15 광호흡에 대한 설명으로 옳지 않은 것은?

① 담배보다 옥수수에서 광호흡이 더 많이 발생한다.
② 한여름 기온이 높고, 건조한 때(고온건조) 식물이 증산을 억제하기 위해 기공을 닫는다.
③ 광호흡 기질(基質)은 글리콜산(glycolic acid)이다.
④ 광호흡은 미토콘드리아의 호흡 과정에서 발생하는 대사이다.

16 질소시비에 대한 설명으로 옳지 않은 것은?

① 과실류 결과기에 질소 비료가 충분해야 과실의 발육과 품질 향상에 유리하다.
② 고구마와 같은 근채류는 지하 저장기관이 비대할 시기에 질소를 시비하지 않는 것이 좋다.
③ 벼는 질소 과잉 시비하면 도열병 저항성이 약해진다.
④ 화훼류는 꽃망울이 생길 무렵에 시비하면 개화와 발육이 양호하다.

17 식물별 저장방법과 양분저장위치가 옳지 않은 것은?

① 대두 : 단백질-배유
② 목화 : 지방-배유
③ 땅콩 : 지방-배유
④ 옥수수 : 녹말-배유

정답 14 ① 15 ④ 16 ① 17 ③

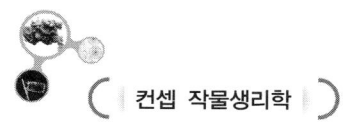

18 원형질적 내건성에 대한 설명으로 옳지 않은 것은?

① 세포질적 내건성은 구조적 내건성이며, 진정한 의미의 내건성이다.
② 수분이 부족하면 세포 크기가 작아지고 세포액 농도가 높아져 삼투퍼텐셜이 감소(삼투압↑)한다.
③ 세포질에는 이온과 균형을 이루는 proline · glycine betaine · sorbitol 등이 축적된다.
④ 휴면 종자나 수분퍼텐셜이 낮은 생장점 같은 조직은 내건성이 강하다.

19 수분퍼텐셜에 대한 설명으로 옳지 않은 것은?

① 종자가 발아할 때 수분을 흡수하는 것은 매트릭퍼텐셜 때문이다.
② 성숙한 액포를 갖고 있는 조직은 매트릭퍼텐셜이 거의 0에 수렴하여 매우 낮아진다.
③ 순수한 물은 삼투막을 자유롭게 이동할 수 있고, 용질이 없기 때문에 삼투압도 형성되지 않는다.
④ 용질의 농도가 높아짐에 따라 물의 농도가 감소하게 되어 삼투퍼텐셜은 낮아진다.

20 Krebs cycle에 대한 설명으로 옳지 않은 것은?

① 피루브산 1분자가 크렙스회로에서 산화되어 3분자의 CO_2를 방출, 3분자의 NADH 생성, 1분자의 $FADH_2$ 생성, 1분자의 ATP 생성한다.
② 시트르산을 생성하는 단계만이 비가역적이고, 나머지 단계는 모두 가역반응이다.
③ acetyl CoA는 고에너지화합물로 아세틸기를 전이하여 해당과정과 크렙스회로를 연결시키는 역할을 한다.
④ Krebs cycle에서 생성되는 GTP는 기질수준의 인산화 반응이다.

정답 18 ① 19 ② 20 ①

2021. 경북 농촌지도사 작물생리학

01 피토크롬에 대한 설명으로 옳지 않은 것은?
① P_{fr}는 다시 원적색광(730nm)에 의해서 P_r로 전환된다.
② 피토크롬은 완전단백질 형태가 되어야만 광을 흡수하여 고유한 특성을 나타낼 수 있다.
③ 암조건(730nm 흡수)에서 자란 황백화식물에서 파이토크롬은 P_r(적색광 흡수형) 형태로 존재한다.
④ 생리적 반응의 정도와 광에 의한 P_r 형성량 사이에는 비례관계가 성립한다.

02 다음 중 자당합성 효소가 아닌 것은?
① sucrose phosphate synthetase
② sucrose synthetase
③ sucrose phosphorylase
④ invertase

03 미토콘드리아의 특징으로 옳은 것은?
① 미토콘드리아는 이중막 구조이며 내막의 75%가 인지질로 구성된다.
② ATP를 합성하는 동화기관이며, 세포 내에서 엽록체 개수보다 더 많다.
③ 자체 유전자가 존재하여 반자치적 자기복제가 가능하다.
④ 원핵세포 내에 미토콘드리아가 존재한다.

04 다음 중 2차 대사물질의 생합성에 대한 설명이 옳지 않은 것은?
① 모든 테르페노이드는 시킴산(shikimic acid) 회로를 경유하여 생합성된다.
② 모르핀(morphine)은 레티큘린(reticuline) 경로를 이용해서 생합성된다.
③ 플라보노이드는 쿠마로일-CoA 1분자와 말로닐-CoA 3분자가 축합되어 tetrahydroxychalcone이 형성되어 생합성된다.
④ 스틸벤(stilbene)은 시나모일-CoA와 쿠마로일-CoA의 축합반응(고리화반응)으로 형성된다.

정답 01 ④ 02 ④ 03 ③ 04 ①

05 다음 중 수분퍼텐셜이 가장 큰 값은 무엇인가?
① 통기가 잘되는 토양에서 뿌리를 내린 식물의 잎
② 발아력이 있는 건조종자
③ 사막지대 관목의 잎
④ 토양 수분이 감소된 식물의 잎

06 수분흡수 기작에 대한 설명이 옳지 않은 것은?
① 식물뿌리에서 수분의 흡수는 수소이온펌프를 이용한 촉진확산에 의해 일어난다.
② 수분퍼텐셜 구배에 따라 물은 토양으로부터 뿌리세포로 들어온다.
③ 근모에서 흡수된 물은 피층세포, 내피의 통도세포, 내초세포, 물관부로 이동한다.
④ 아포플라스트를 통한 물의 이동은 내피를 우회하여 원형질막을 통과하여 세포질로 들어가야만 한다.

07 내동성에 대한 설명으로 옳지 않은 것은?
① 친수성 콜로이드가 많은 경우 내동성이 증가한다.
② 원형질의 투과성이 클수록 내동성이 증가한다.
③ 식물체의 함수량이 적으면 세포 내 결합수가 적어 세포 내 결빙이 일어나지 않는다.
④ ABA를 처리하면 내동성이 증가한다.

08 DIF가 클 때에 대한 설명이 옳지 않은 것은?
① 뿌리로의 당 이동이 증가한다.
② 호흡량 많아져서 탄수화물 소모가 증가한다.
③ 지상부에 비해 뿌리생장이 더 활발해진다.
④ 야간에 온도가 낮으면 당 함량이 높아진다.

정답 05 ① 06 ① 07 ③ 08 ②

09 다음 중 광합성의 암반응 과정에 나타나는 것은?
① 비순환적 광인산화 반응 ② 물의 광분해
③ 전자전달과정 ④ PGA 환원과정

10 질소고정효소 nitrogenase에 대한 설명으로 옳지 않은 것은?
① 질소 고정은 Mo-Fe단백질 복합체에서 진행된다.
② N_2는 질소고정효소의 촉매작용으로 암모니아(NH_3) 1분자로 환원된다.
③ Fe단백질과 Mo-Fe단백질은 결합과 해리를 반복적으로 진행하면서 전자를 전달한다.
④ nitrogenase는 O_2분자에 의해 비가역적인 저해를 받는다.

11 뿌리 무기양분 흡수와 이동 기작에 대한 설명으로 옳은 것은?
① 뿌리 조직의 세포벽 조직은 치밀하지 않아 무기양분 흡수에 영향을 끼치지 않는다.
② 뿌리의 세포벽은 인지질과 단백질로 구성된다.
③ 운반체와 양성자 펌프를 통하여 무기양분은 촉진확산된다.
④ 운반체는 전기화학적 퍼텐셜이 낮은 쪽의 입구가 열려 높은 쪽으로 이온이 확산된다.

12 무기양분이 흡수될 때 흡수형태가 2가지 이온인 것은?
① 질소, 인산, 황 ② 구리, 철, 황
③ 인산, 붕소, 몰리브덴 ④ 질소, 인산, 철

13 식물호르몬에 대한 설명으로 옳지 않은 것은?
① ABA는 식물체 내 근관에서부터 끝눈까지 대부분 조직 내에 존재한다.
② 옥신에서 극성수송의 일방향성은 줄기조직의 극성 때문이고, 뿌리에서는 극성이 약하거나 없다.
③ 시토키닌은 뿌리 근단분열조직에서 합성되며 물관부를 거쳐 줄기로 수송된다.
④ 일반적으로 지베렐린의 생리활성은 생장촉진 효과가 높으면 개화촉진 효과도 높다.

정답 09 ④ 10 ② 11 ① 12 ④ 13 ④

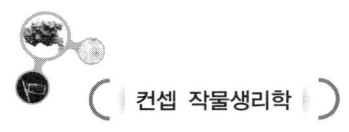

14 다음 작물의 엽면적과 관련된 설명이 옳지 않은 것은?
① 재식밀도가 높거나 질소비료를 적게 사용하면 분얼·분지가 잘 발달되지 않는다.
② 재식밀도가 낮고 후기중점시비를 하면 초기 엽면적이 높아 광이용률이 높아진다.
③ 질소를 시비하면 분얼이나 분지가 많이 발생하고, 잎수가 증가하고, 잎 크기도 커진다.
④ 콩에서 분얼이 한번 발생한 가지는 환경이 불량하더라도 그 수가 감소하지는 않는다.

15 기관의 생장단계에 대한 설명이 옳지 않은 것은?
① 측생분열 조직은 2차분열조직이다.
② 성숙한 세포는 세포벽의 가소성 증가와 팽압의 증가로 세포가 확대된다.
③ 세포분화는 표피세포와 피층세포가 분화한 후 물관이 분화한다.
④ 세포의 생장방향과 미세소관은 수직으로 배열된다.

16 호흡에 영향을 미치는 요인으로 옳지 않은 것은?
① 호흡률이 매우 낮은 성숙한 건조종자·포자에서 호흡의 제한요인은 수분이다.
② 대기 CO_2 농도보다 더 높은 농도에서 호흡이 상당히 감소된다.
③ 지상부 호흡작용은 산소가 제한요인이 되어 산소농도에 큰 영향을 받는다.
④ 식물 호흡은 효소에 의하여 일어나기 때문에 반응속도는 온도의 영향을 받는다.

17 종자의 발아과정에 대한 설명으로 옳지 않은 것은?
① 종자발아과정에서 산소를 가장 먼저 흡수해야 한다.
② 종자발아에 필요한 에너지는 종자 저장양분으로부터 공급받는다.
③ 배나 발아초기의 유식물은 양분을 주로 세포와 세포를 통한 확산으로 이동시킨다.
④ 종자의 수분흡수 2단계는 수분흡수는 정체되고 효소들이 활성화되는 시기이다.

정답　14 ②　15 ③　16 ③　17 ①

18 광합성 효소에 대한 설명으로 옳지 않은 것은?
① 틸라코이드막의 페레독신은 페레독신 NADP 환원효소에 의해 $NADP^+$를 환원시킨다.
② 루비스코는 카르복시화를 촉매하는 효소이다.
③ 공기 중의 CO_2를 고정할 때 C3식물은 루비스코가, C4식물은 PEPc가 효소로 작용한다.
④ 캘빈회로의 루비스코가 oxygenase로 작용하여 2분자의 PGA와 CO_2를 생성한다.

19 개화생리에 대한 설명이 옳지 않은 것은?
① 온도 저하시 장일식물에서 암기를 늘려 개화를 억제시킬 때 그 효과가 촉진된다.
② 정단분열조직이 화성이 유도되면 화기분열조직으로 분화된다.
③ 광중단에 의한 도꼬마리의 꽃눈분화 억제에 적색광이 가장 효과적이며, 원적색광은 효과가 없다.
④ 유도일장에 감응된 식물은 감응효과가 지속되어 비유도일장에서도 개화가 가능하다.

20 한해 시 구조적 내건성에 대한 설명으로 옳지 않은 것은?
① 수분이 결핍되면 잎 표면에 왁스(wax)가 축적되어 각피(cuticle) 증산작용을 감소시킨다.
② 건조한 뿌리는 ABA 농도가 높아지고 증산류를 타고 잎으로 이동하게 된다.
③ 엽록체에 축적된 ABA가 세포벽으로 이동하고, 증산류를 타고 공변세포로 가서 기공이 닫히게 한다.
④ 엽록체막은 ABA^-를 투과하므로 엽록체 내에는 ABA^-가 세포질로 축적된다.

정답 18 ④ 19 ① 20 ④

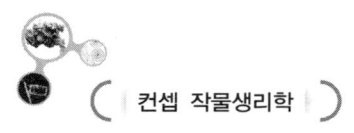

컨셉 작물생리학

2020. 서울시 농촌지도사 작물생리학

01 식물의 환경 스트레스에 대한 설명으로 가장 옳은 것은?
① 건조종자는 생육과정의 식물보다 고온장해에 대하여 저항성이 약하다.
② 식물은 영상의 저온에서는 생육장애가 일어나지 않는다.
③ 저온장해는 크게 냉해와 한발 피해로 나눌 수 있다.
④ 저온에서는 세포막의 특성 변화와 그에 따른 투과성 저하 등이 일어난다.

02 광합성에서 광인산화반응에 의하여 생성된 ATP와 NADPH를 이용해 CO_2를 고정하여 환원하는 곳은?
① 엽록체 이중막 사이
② 스트로마
③ 그라나
④ 틸라코이드 막

03 광파장 영역에 대한 설명으로 가장 옳지 않은 것은?
① 400~700nm 파장의 가시광선은 작물 광합성에 이용된다.
② 그늘에서는 상대적으로 짧은 파장의 광이 비친다.
③ 유리 온실에서는 생육을 억제하는 자외선이 부족하여 식물이 도장하기도 한다.
④ 적외선은 기온과 엽온을 상승시킬 수 있다.

04 수분퍼텐셜이 가장 높은 상태인 것은?
① 식물세포의 팽만상태
② 식물세포의 원형질 분리상태
③ 사막지대 관목의 잎
④ 호글랜드 용액

정답 01 ④ 02 ② 03 ② 04 ①

05
식물체 내에 존재하는 2차대사물질의 주요 특성으로 가장 옳지 않은 것은?

① 개체와 환경의 상호작용을 담당한다.
② 특이적이고 다양하며 적응하는 특성이 있다.
③ 개체의 성장과 발달을 담당한다.
④ 대사과정에 관여하는 유전자는 가변적인 환경의 선발압력을 받는 기능을 유연하게 조절한다.

06
수분생리에서 항상 양의 값을 보유하고 있는 것은?

① 압력퍼텐셜
② 삼투퍼텐셜
③ 매트릭퍼텐셜
④ 수분퍼텐셜

07
〈보기〉의 식물 기관 생장의 세포 확대 단계에서 산생장설(acid growth theory)에 대한 설명을 순서대로 바르게 나열한 것은?

| 보기 |
ㄱ. 세포벽 쪽으로 H^+ 이온을 방출하여 세포벽의 pH를 낮춘다.
ㄴ. 세포벽 구성물질 간의 수소결합이 약해져서 세포벽이 느슨해진다.
ㄷ. 옥신이 수용체와 복합체를 형성하여 H^+-ATPase의 활성을 증가시킨다.
ㄹ. 세포벽 부위에 H^+ 이온이 증가하면 expansin이 활성화된다.

① ㄱ → ㄹ → ㄴ → ㄷ
② ㄱ → ㄹ → ㄷ → ㄴ
③ ㄷ → ㄱ → ㄴ → ㄹ
④ ㄷ → ㄱ → ㄹ → ㄴ

정답 05 ③ 06 ① 07 ④

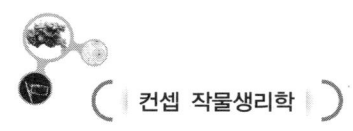

08 〈보기〉에서 지방종자 발아 시 트리아실글리세롤(TAG)이 당으로 전환되는 일련의 과정이 일어나는 세포 내 장소를 각각 순서대로 바르게 나열한 것은?

| 보기 |
㉠ 지방을 분해하여 지방산 생성
㉡ 지방산으로부터 아세틸-CoA를 만들어 숙신산을 공급
㉢ 숙신산을 받아 말산을 공급
㉣ 말산으로부터 설탕을 합성

	㉠	㉡	㉢	㉣
①	올레오솜	엽록체	시토졸	미토콘드리아
②	엽록체	올레오솜	미토콘드리아	시토졸
③	올레오솜	글리옥시솜	미토콘드리아	시토졸
④	글리옥시솜	올레오솜	시토졸	미토콘드리아

09 식물 노화의 징후에 대한 설명으로 가장 옳지 않은 것은?
① 일반적으로 엽록체는 잎의 노화가 개시될 때 파괴되는 최초의 세포기관이다.
② 단백질·핵산·지질 가수분해효소가 증가하여 핵산과 단백질의 분해가 가속화된다.
③ 세포막의 투과성이 증가한다.
④ 과실이 성숙할 때에는 세포벽 분해효소 등의 합성이 급격히 감소한다.

10 식물조직 및 세포의 구조와 기능에 대한 설명으로 가장 옳은 것은?
① 엽록체의 틸라코이드막에는 광합성색소, 전자전달계, ATP 합성효소 등이 배열되어 있다.
② 물관부는 물관, 헛물관, 동반세포, 섬유세포, 유세포로 구성된다.
③ 조면소포체는 단백질과 RNA로 구성된 과립이며, 단백질 합성장소이다.
④ 체관부는 천공을 통해 동화산물이 통과하는데, 상처가 났을 경우 칼로오스로 막아 물질의 이동을 차단한다.

정답 08 ③ 09 ④ 10 ①

11 낮과 밤의 온도차이(DIF)로 인해 나타나는 반응에 대한 설명으로 가장 옳지 않은 것은?

① DIF가 작아질수록 종자 내부의 생리·생화학적 반응이 촉진된다.
② DIF가 커질수록 종자 껍질의 기계적 파괴를 유도한다.
③ DIF가 커질수록 식물체 내에 당 함량이 높아져 생장에 유리하다.
④ 백합, 국화 등은 DIF에 민감한 식물이다.

12 무기양분의 식물체 내 막투과 수송과 이동에 대한 설명으로 가장 옳지 않은 것은?

① 물과 함께 흡수된 무기이온은 카스파리대를 거쳐 선택적으로 투과되어 물관으로 이동한다.
② 엽면시비로 잎에서 흡수된 무기양분은 물관을 통해 상하 이동한다.
③ 2차 능동수송에는 세포막의 양성자펌프(H^+-ATPase)에 의해 생긴 전기화학적 H^+ 기울기가 구동력으로 작용한다.
④ 이온화된 무기양분은 수송관단백질과 운반체단백질을 통한 확산으로 선택적으로 수송된다.

13 식물의 호흡작용에 대한 설명으로 가장 옳은 것은?

① 포도당이 피루브산으로 전환되는 해당과정은 미토콘드리아에서 일어난다.
② 피루브산은 크렙스회로를 거치면서 8개의 NADPH와 2개의 $FADH_2$를 생성한다.
③ 산소를 이용하지 않는 무기호흡(발효호흡)에서는 CO_2를 생성하지 않는다.
④ 5탄당인산회로에서 생성된 $NADPH+H^+$는 에너지 ATP로 산화되지 않고 합성반응에 더 많이 이용된다.

14 식물의 생장상관에 대한 설명으로 가장 옳지 않은 것은?

① 뿌리가 수분과 양분을 줄기에 공급한다.
② 뿌리에서 합성되는 아미노산과 식물호르몬이 줄기생장에 영향을 미친다.
③ 질소가 충분할 때 지상부보다 뿌리의 생육이 더욱 촉진된다.
④ 지상부에서는 광합성 산물, 비타민, 호르몬을 뿌리에 공급해 영향을 미친다.

정답 11 ① 12 ② 13 ④ 14 ③

15
아미노산을 동화하고 동화된 아미노기를 전이시키는 GS/GOGAT 회로에 직접적으로 관여하지 않는 아미노산은?

① 글루탐산　　② 아스파라진산
③ 글루타민　　④ 타이로신

16
결핍될 경우 동화물질의 전류가 억제되고 옥신이 과량 생산되어, 형성층이 이상 비대하여 표피조직에 균열이 생기는 식물의 필수 영양소는?

① B　　② K
③ Ca　　④ P

17
식물의 광주기 반응에 영향을 미치는 요인으로 가장 옳지 않은 것은?

① 대기건조도
② 생장단계
③ 무기영양
④ 온도

18
식물의 내습성에 대한 설명으로 가장 옳지 않은 것은?

① 산소가 부족하면 알코올 발효에 의한 에탄올이 축적되고, 이로 인해 지질로 구성된 세포막이 용해된다.
② 토양 내 유리산소가 부족하면 철과 망간이 불용성으로 변하여 흡수장해를 일으킨다.
③ 내습성이 강한 식물은 통기조직이 잘 발달되어 있고, 뿌리 세포의 목질화로 산소의 유실을 막을 수 있다.
④ 내습성이 강한 식물은 무기호흡에 의한 에탄올 축적 대신 malic acid를 축적한다.

정답　15 ④　16 ①　17 ①　18 ②

19 식물의 동화산물에 대한 설명으로 가장 옳지 않은 것은?

① 녹말은 포도당의 중합체로 엽록체에서 합성된다.
② 전분은 아밀로오스와 아밀로펙틴의 형태로 존재한다.
③ 설탕은 포도당과 과당으로 구성된 수용성 이당류이다.
④ 녹말과 설탕은 같은 장소에서 합성되며 서로 경쟁적이다.

20 엽록소에 대한 설명으로 가장 옳지 않은 것은?

① C3 식물의 경우 엽록소 a와 b의 분포비율은 대략 3 : 1 정도이다.
② 엽록소는 글루탐산을 출발물질로 Mg의 결합 등 여러 단계를 거쳐 생성된다.
③ 엽록소 a는 포르피린에 알데히드기, b는 메틸기를 갖는 구조적 차이가 있다.
④ 겉씨식물은 암상태에서도 효소작용으로 엽록소가 합성되지만 속씨식물은 광조건에서 합성된다.

정답 19 ④ 20 ③

컨셉 작물생리학

수험서의 NO.1 서울고시각

편저자 약력

장사원

- (전) 7·9급 공무원 시험 합격
  - 농촌지도사·농업연구사 시험 합격
  - 9급 공무원 시험 출제편집위원
  - 5급 사무관 승진시험 출제편집위원
  - 농촌지도사 및 농업연구사 출제편집위원
  - 농업연구사(생명공학 연구)
- (현) 서울 윌비스 고시학원 전임교수
- 저서 : 컨셉 재배학(개론)
  - 컨셉 식용작물(학)
  - 컨셉 작물생리학
  - 컨셉 농촌지도론
  - 컨셉 토양학
  - 컨셉 공무원 생물학
  - 컨셉 재배학(개론) 기출문제집
  - 컨셉 식용작물(학) 기출문제집
  - 컨셉 작물생리학 기출예상문제집
  - 컨셉 농촌지도론 기출예상문제집
  - 컨셉 토양학 기출예상문제집
  - 컨셉 공무원 생물학 기출문제집
  - 컨셉 유기농업기능사(필기+실기)

※ 인터넷강의 : www.willbesgosi.net (윌비스 고시학원)
※ Q&A : cafe.daum.net/youryang

CONCEPT 작물생리학

인쇄일 2025년 9월 15일
발행일 2025년 9월 20일

편저자 장사원
발행인 김용관
발행처 ㈜서울고시각
주 소 서울시 마포구 양화로7길 83 2층 (데이비드 빌딩)
대표전화 02.706.2261
상담전화 02.706.2262~6 | FAX 02.711.9921
인터넷서점·동영상강의 www.edu-market.co.kr
E-mail gosigak@gosigak.co.kr
표지디자인 이세정
편집디자인 김수진, 황인숙
편집·교정 서승희

ISBN 978-89-526-5125-9
정 가 39,000원

• 이 책에 실린 내용에 대한 저작권은 ㈜서울고시각에 있으므로 무단으로 전재하거나 복제, 배포할 수 없습니다.